华东鸟类学研究

Studies on Ornithology of East China

朱 曦 宋厚辉 著

Edited by Zhu Xi, Song Houhui

科学出版社

北京

内 容 简 介

　　本书是一部关于华东鸟类学研究的专著，全面系统地介绍了华东百余年来鸟类学的研究进展。全书分列研究简史、分类区系、生物学、生态学、生境选择与巢区空间格局、行为学、迁徙、地理分布、保护、益害、鸟撞等 11 章，计 65 万字。书末附有华东鸟类分布总表和华东鸟类学研究文献1600 余篇，可供读者查阅。

　　本书可供鸟类学教学、科研，以及农业、林业、环境保护、野生动物资源管理、航空业鸟撞防治等领域的专业人员使用，也可供高等院校动物学、生态学、保护生物学、动物资源管理等相关专业的教师和研究生参考。

图书在版编目（CIP）数据

华东鸟类学研究/朱曦，宋厚辉著. —北京：科学出版社，2018.6
ISBN 978-7-03-057797-9

Ⅰ.①华… Ⅱ.①朱… ②宋… Ⅲ. ①鸟纲–研究–华东地区 Ⅳ.①Q959.7

中国版本图书馆 CIP 数据核字(2018)第 126270 号

责任编辑：张会格　侯彩霞 / 责任校对：严　娜
责任印制：张　伟 / 封面设计：北京图阅盛世文化传媒有限公司

科学出版社 出版
北京东黄城根北街 16 号
邮政编码：100717
http://www.sciencep.com

北京虎彩文化传播有限公司 印刷
科学出版社发行　各地新华书店经销
*
2018 年 6 月第　一　版　　开本：787×1092　1/16
2018 年 6 月第一次印刷　　印张：27 1/2
字数：650 000
定价：**228.00 元**

作 者 简 介

朱曦，字元晖，教授，硕士生导师。1967年毕业于杭州大学生物系（现浙江大学生命科学学院）。1978年考入杭州大学两年制进修班，于1980年7月结业。1983年成为复旦大学访问学者，随著名动物生态学家、动物学家黄文几教授研修动物生态学、脊椎动物分类学、拉丁文；1996年晋升教授。系国际生态学会（INTECOL）、英国鸟类学家学会（BOU）会员，世界自然保护联盟（IUCN）物种存活委员会专家组成员，国家自然科学基金委员会生命科学部学科组评审专家。曾任浙江农林大学学术委员会委员、浙江农林大学学报编委、浙江省生态学会副理事长、浙江省生态学会森林生态专业委员会主任、浙江省动物学会理事、浙江省野生动物保护协会常务理事等。创办浙江农林大学动物标本馆，多年主讲"动物学""鸟兽学""保护生物学"等课程，从事动物区系分类、动物生态学、动物行为学、动物形态解剖学、动物地理学、保护生物学和益鸟招引等领域研究，发表学术论文130余篇，科普、散文创作56篇；出版专著《中国鹭类》《华东鸟类物种和亚种分类名录与分布》，高校重点教材《森林鸟兽学》《观赏动物学》，参编著作9部，并整理出版《朱正仕文集》。20世纪90年代初开始进行鸟撞研究，受聘成为多个军用、民用机场鸟撞防治顾问。获浙江省科技进步奖二等奖1项、三等奖2项；浙江省高校科研成果奖一等奖、三等奖各1项；浙江省林业科技进步奖一等奖1项、二等奖2项、三等奖1项。曾先后被评为中国林学会优秀会员、中国林学会优秀科普工作者、浙江省保护野生动物先进个人、中国林学会劲松奖、浙江农林大学"优秀科技工作者"和"十佳科技工作者"。入编《世界华人英才录》《中国世纪专家》《中国当代高校教授大典》《浙江古今人物大辞典》等名人传记与辞书。

前　言

华东地区地处我国东南部，包括山东、江苏、浙江、上海、安徽、江西和福建等省市。在动物地理分区上处于东洋界的暖温带与古北界的寒温带的交汇地区，也是东北亚与南亚、澳大利亚之间鸟类迁徙的主要通道。该区鸟类种类丰富，迁徙期过往候鸟数以百万计，长期以来深受国内外鸟类学家的关注。

近代华东鸟类学研究起步较晚，自鸦片战争以后外国人借着各种名义及身份来华东进行考察，鸟类标本采集和分类区系研究。据文献考证，给华东鸟类命过名的外国人就多达 38 人，被命名的鸟类有 127 种及亚种。其中新种命名人以 Swinhoe 最多，达 32 种及亚种；其次为 La Touche（21 种及亚种）、David（11 种及亚种）、Slater（7 种及亚种）、Hartert（6 种）。模式产地在中国的鸟类中，福建 87 种、上海 9 种、浙江 9 种、安徽 3 种、江苏 8 种、山东 6 种、江西 5 种。Kolthoff 在江苏和安徽，Gee 和 Moffett、Caldwell、Wilkinson 在江苏，David、Styan、Caldwell 在江西南昌和赣北地区，David、Gee、La Touche、Caldwell 等在福建，La Touche、Gee 和 Moffett、Wilder 在浙江，Robb、Duncan、Reichenow 在山东青岛等地进行考察和采集标本。

从 20 世纪 20 年代开始，中国鸟类学家用近代科学的方法进行鸟类学的研究。据初步统计，1917～1949 年共发表关于华东鸟类学的论文 49 篇，主要是关于分类和区系的研究。寿振黄于 1927 年发表了中国学者第一篇论文 *Notes on birds from Fukien*。李铭新和潘瑜意（1939）对白腰文鸟，林琇瑛（1940）对八哥，邵锦缎（1947）对白头鹎的食性分析都是具有开拓性的工作。

在鸟类标本采集和区系分类研究基础上，Wilkinson（1929）出版 *Shanghai Birds*；1939 年，Wilkinson 又总结了过去的工作，写出 *The Shanghai Birds Year*，共记载鸟类 237 种及亚种。La Touche 于 1925～1934 年出版 *Handbook of the Birds of Eastern China* 记载鸟类 750 种及亚种。此外，Gee、Moffett 和 Wilder 1926～1927 年出版的 *A Tentative List of Chinese Birds*；Styan 1991 年出版的 *On the birds of the Lower Yangtse Basin*；Gee 等 1948 年出版的 *Chinese Birds* 也都涉及华东鸟类。国内学者直至近年才有《华东鸟类物种和亚种分类名录与分布》出版（朱曦等，2008，科学出版社）。该书是一部关于我国华东鸟类分类系统及种和种以下分类与分布的专著，计 32.9 万字，收录华东鸟类 661 种 498 亚种，隶属 22 目 84 科 293 属。

新中国成立以后，华东鸟类学研究逐步发展，并在国内占有重要地位。据 1950～2014 年初步统计，关于华东鸟类研究的论文多达 1354 篇，研究涉及形态、繁殖、行为、生态、地理分布、生理、染色体、遗传、换羽、迁徙、鸟撞等众多方面，并获得了非常丰富的资料。

2007 年 10 月在完成《华东鸟类物种和亚种分类名录与分布》编写后，为了能反映百余年来华东鸟类学研究的成果，我在多年鸟类学研究的基础上，继续广泛地收集华东鸟类学研究文献，逐篇进行阅读，并做了大量文献卡片，按研究内容进行分类、分析和总结。2010 年 5 月完成《华东鸟类学研究》大纲的编写，并着手第二章以后内容的编写。研究简史的撰写耗时半年多，主要是论文数达 1600 多篇，需按年份、研究内容及鸟类各类群中已研究的鸟种类进行分类统计，工作量大而浩繁。

编写力求全面系统地反映百余年来，特别是新中国成立以来华东鸟类学研究成果，在选择内容上要有代表性，并尊重原作，对选用的文字、图表一一标明来源。书稿由周一媚、徐露凝、邹李慧录入文字，朱辰绘图，林英帮助查找文献，冯晓晓、苏秀校对文稿，在此对上述人员深表感谢。

在本书付梓出版之际，深切缅怀我敬爱的父亲、教育家朱正仕先生和慈母刘伟光女士，感谢他们的养育和培养之恩。同时也要感谢我的恩师，著名生态学家、动物学家黄文几教授。

本书初稿于 2015 年 5 月完成，几经多次校改，于 2016 年 3 月定稿。终因研究历史悠久，文献浩繁，以及鸟类分类系统的变更及部分鸟种分类归属和名称等的改变，造成编写难度较大。鉴于著者水平有限，不足之处在所难免，仅作为抛砖引玉奉献给读者，希望读者批评指正。

朱曦

2016 年 3 月于浙江农林大学

目　录

第一章 华东鸟类学研究简史

我国华东近代鸟类学研究始于 18 世纪。林奈在所著的《自然系统》第十版（1758年）中，首先用双名制拉丁文鉴定了中国鸟类。该书第十三版（1789年）中又由格梅林（Gmelin）补充了一些中国鸟类，前后约计 20 种，其中分布在华东的有：黑脸噪鹛 [*Garrulax perspicillatus*（Gmelin，1789）] 分布于福建厦门；白额山鹧鸪 [*Arborophila gingica*（Gmelin，1789）] 分布于福建；画眉 [*Garrulax canorus*（Linnaeus，1758）] 分布于福建厦门；蓝胸鹑 [*Coturnix chinensis*（Linnaeus，1766）] 分布于南京等。

19 世纪以后，外国人先后来华东采集标本，其中福建挂墩、三港、大竹岚等地为著名模式标本产地。法国耶稣教神甫大卫（Poere Armand David）（1873年）、英国人 J. D. La Touche（1896～1898年）、美国人波普（Clifford H. Pope）（1925～1926年）在福建挂墩等地采集到大量动物标本，并发表了许多新种。

1854 年施温霍（Swinhoe）以领事身份来华，在我国沿海一带及长江流域从事生物考察和采集。他于 1863 年发表《中国鸟类名录》，记载鸟类 454 种。1871 年提出增订名录，记载鸟类达到 675 种。1874 年，英国皇家亚洲学会设立上海博物馆，收藏华东长江一带的鸟类标本。1893～1894 年，斯泰安（Styan）在长江下游一带收集了许多有关鸟类的资料。安德森（Anderson）于 1904～1911 年也曾涉足长江中下游收集鸟类标本和资料。1862～1873 年大卫（David）以传教为名在我国华东等地进行了大规模的考察和采集，1877 年他与奥斯特莱（Oustalet）共同编著《中国的鸟类》（*Les Oiseaux de China*）一书，该书中记载鸟类 807 种。海德（Heude）于 1868 年在上海设立震旦博物馆，收集长江一带的鸟类。

1915 年，作为私人组织的学术团体中国科学社在美国伊萨卡（Ithaca）成立，创办《科学》月刊，1918 年中国科学社迁归国内。中国科学社是中国近代史中第一个综合性科学团体，该社设有 12 股，包括生物、农林等（郑作新等，1997）。1922 年，中国科学社在南京创建国内第一个生物研究所。

1928 年，前中央研究院在南京创建国立自然博物馆。1921 年，浙江省立西湖博物馆在杭州建立，收藏有鸟类等大量动植物标本。

这期间，在华东进行鸟类调查和采集鸟类标本的外国人也不乏其人，例如，Kolthoff（1921～1922年）在江苏和安徽；Moffett（1912～1913年）、Barker（1914年）、Gee 和 Moffett（1917年）、Caldwell（1913年）、Wilkinson（1929年，1935年）、Kolthoff（1931年）在江苏；David、Styan、Caldwell 等在江西南昌和赣北地区；David、Gee、La Touche、Caldwell 等在福建。1896～1898 年，La Touche 在福建福州海关任税务司，聘请唐家兄弟采集标本，研究范围在闽北、闽中、闽东及沿海一带。Gee、Moffett、Wilder、La Touche 等在浙江进行鸟类调查。Swinhoe 1872 年命名产于浙江宁波的白颈长尾雉（*Syrmaticus ellioti*)。La Touche 等报道了浙江鸟类 42 种，其中候鸟 11 种；Gee 等报道了 109 种鸟类，其中候鸟 69 种。关于上海鸟类的研究，Sawerly 及 Wilkinson 都做了不少工作。Wilkinson 1929 年出版 *Shanghai Birds*，其后于 1935 年又撰写了 *Shanghai Birds Year* 一书，该书记载华东鸟类 237 种及亚种。

Swinhoe 于 1874 年和 1875 年在山东烟台等沿海采集标本，发表了一些新种；在山东做鸟类调查的外国人还有 Reichenow（1903，1907）、Kotle（1907）、La Touche（1925）、Lefever（1927）、Aylmer（1931，1932）、Ascherse（1932）、Herkiots（1935）、Robb（1935），他们在威海等地进行鸟类调查和标本采集。

La Touche 综合以往在我国东部鸟类调查和采集的结果，于 1925～1935 年撰写出版了《华东鸟类手册》（*Handbook of the Birds of Eastern China*），共记载鸟类 750 种及亚种。

1917～1931 年，Gee、Moffett 及 Wilder 等在华东、华北等地进行鸟类调查，于 1926～1927 年出版《中国鸟类名录试编》（*A Tentative List of Chinese Birds*）。1931 年 Gee 又对该名录进行了修订。除上述之外，还有 Styan 1891 年的 *On the birds of the Lower Yangtse Basin*、Gee 等 1948 年的 *Chinese Birds* 也都涉及华东鸟类。

从清代末年到民国初年直至 1949 年，关于华东鸟类的考察和著述大都为外国人所作。这一时期，我国社会极为动乱，进行科学研究十分困难，国内研究鸟类的科学家寥寥无几。直到 20 世纪 20 年代才有中国人用近代科学的方法进行鸟类学研究，该时期为华东鸟类学研究的萌芽阶段。据初步统计，1917～2015 年，共发表关于华东鸟类的论文（包括著作）1549 篇（部）（表 1-1），年均 1.5 篇。

表 1-1 1917～2015 各年发表的论文

年份	1917	1927～1928	1929	1931	1932	1933	1934	1935	1936	1937	1938
论文数	1	6	3	4	4	1	4	3	1	1	4
年份	1939	1940	1941	1943	1944	1947	1948	1949	1950	1951	1952
论文数	1	3	3	1	1	6	1	1	0	1	0
年份	1953	1954	1955	1956	1957	1958	1959	1960	1961	1962	1963
论文数	0	0	1	1	3	3	7	7	0	0	3
年份	1964	1965	1966	1967	1968	1969	1970	1971	1972	1973	1974
论文数	5	5	0	0	0	0	0	1	1	1	1
年份	1975	1976	1977	1978	1979	1980	1981	1982	1983	1984	1985
论文数	1	1	2	2	2	10	14	7	18	16	28
年份	1986	1987	1988	1989	1990	1991	1992	1993	1994	1995	1996
论文数	35	40	45	43	27	50	21	21	28	18	37
年份	1997	1998	1999	2000	2001	2002	2003	2004	2005	2006	2007
论文数	21	33	35	36	41	47	43	47	65	59	59
年份	2008	2009	2010	2011	2012	2013	2014	2015			
论文数	53	41	42	83	45	68	31	42			

早期华东鸟类研究的国内学者首推寿振黄，他在福建（1927 年）、山东（1930 年）、

浙江（1934 年）、青岛（1938 年）等地开展鸟类分类区系研究；继后有章德龄在南京（1932 年）、常麟定在安徽等地（1932~1938 年）、郑作新在福建（1934~1947 年）等做有关鸟类研究。寿振黄于 1927 年发表的《福建鸟类之记录》（*Notes on birds from Fukien*）是国内学者发表的第一篇关于鸟类学的论文。寿振黄于 1934 年发表的《浙江鸟类之调查》（*Notes on the birds of Chekiang*）报道浙江鸟类 179 种，其中除 David、Swinhoe、Styan、Allison、Moffett 和 Gee 有记载的 65 种外，114 种均为首次记录。该文中还首次报道了海岛鸟类 17 种，其中 12 种为舟山海岛鸟类。

郑作新 1934~1949 年主要集中在福建省进行鸟类学研究，发表论文 17 篇。他于 1938 年在 Gee、La Touche、Caldwell 等研究的基础上，编写了《福建省鸟类名录汇编》，记录福建鸟类 607 种及亚种。郑作新（1944a）发表的《邵武鸟类三年来（1937~1941 年）野外观察报告》不但列举了郊外山野所见禽鸟种类，还包括了数量统计和居留时间，这在国内均为首次报道。1947 年，郑作新用外文发表 *Checklist of Chinese Birds*，内列全国鸟类 388 属 1087 种，另 912 亚种，华东鸟类区系、分类的研究成果也被该文所收录。黄振和唐瑞金（1942）发表了《戴云山脉及马江沿岸鸟类调查采集报告》。

李铭新和潘瑜意（1939）对福建白腰文鸟、林琇瑛（1940）对福州八哥、邵锦缎（1947）对邵武白头鹎的食性分析都为国内生态学研究的先驱工作。关于鸟类的繁殖习性，仅在进行鸟类普查时偶尔顾及。

20 世纪 50 年代是国内鸟类专业人才培养与队伍建设阶段，是华东鸟类发展的初期阶段。1950~1959 年的 10 年间共发表关于华东鸟类的论文 16 篇，重点研究区系调查与分类，有些区系调查以食蝗鸟类、食虫鸟类和食松毛虫鸟类及雁鸭等经济鸟类为主要对象来进行。其中主要有郑作新等（1955）《微山湖及其附近地区食蝗鸟类的初步调查》、钱国桢和周本湘（1956）《太湖的野鸭》、田凤翰和李荣光（1957）《济南及其附近鸟类的初步调查》。李致勋等（1959）的《上海鸟类调查报告》记述鸟类 20 目 52 科 299 种及亚种，与 Wilkinson（1939）名录比较新增加了 64 种及亚种。此外，杜恒勤（1959）发表了《泰山常见鸟类的初步调查》及李荣光和田凤翰（1959）发表了《济南近郊春末夏初的鸟类》。周本湘（1957）对鸭科动物年龄、性别的鉴定也做了研究。郑作新等（1955）调查了微山湖及附近地区的食蝗鸟类；周世锷（1958，1960）及周世锷等（1963）调查了江苏茅山林区食松毛虫鸟类，并对农林鸟类、麻雀食性进行了分析。

20 世纪 60~70 年代，是华东鸟类发展中的停滞阶段。由于自然灾害及历史原因，鸟类学研究基本上处于停顿状态。该时期发表论文 31 篇，年均 1.6 篇。研究内容仍以分类区系调查为主，其中有在泰山（李荣光和王宝荣，1960）、黄山（郑作新和钱燕文，1960），琅琊山（王岐山，1965）、九华山（王岐山和胡小龙，1978）等进行的鸟类调查。郑作新记载黄山鸟类 14 目 35 科 92 种，其中 49 种为安徽省新纪录；王岐山记载九华山鸟类 15 目 38 科 111 属 166 种及 3 亚种，其中有 17 种及 2 亚种为安徽省新纪录。经济鸟类方面的著作有《山东南四湖鸭科鸟类》（黄浙等，1960）、《安徽陈瑶湖的野鸭及其狩猎方法》（王岐山，1963）、《洪泽湖、高宝湖雁形目鸟类》（黄文几，1965）等。

行为学、生理学、生态学方面也开始涉及，如《鸟类的效鸣》（庞秉璋，1960）、《光照与鸟类的繁殖》（钱国桢，1964a）及《鸟类恒温机制建立的初步观察》（钱国桢和王培潮，1977）等。钱国桢和虞快（1964）的《天目山习见鸟类的若干生态学问题的初步研究——I区系动态》开创了森林鸟类生态学研究的先河。

自20世纪80年代开始，华东鸟类研究进入发展阶段，研究领域开阔、成果丰硕。据统计，1980~2015年发表论文总数为1349篇，年均37.5篇。

区系分布和鸟类多样性的调查仍是该时期的主要研究内容。其中20世纪80年代具有代表性的鸟类区系调查有：王岐山等（1981，1983）在安徽黄山、大别山、石臼湖；周开亚等（1981）在江西庐山；柏玉昆和纪加义（1982）在山东；虞快等（1983）的《浙江鸟类之研究》记录了浙江鸟类330种与亚种，其中74种及亚种为浙江省新纪录；诸葛阳和姜仕仁（1983）在杭州；朱曦（1982a，1983）在浙江临安；李小惠和梁启华（1985）在江西南部；纪加义（1985）在山东；在纪加义等（1987a，1987b，1987c，1987d）发表的《山东省鸟类区系名录》报道山东鸟类361种32亚种，隶属19目61科；江望高和诸葛阳（1986）在西天目山；朱曦（1983，1985c，1987c，1989a，1989b）在浙江、临安、安吉、东部沿海。其中《浙江鸟类研究》（朱曦和杨春江，1988）较全面地报道了浙江省鸟类410种及亚种，隶属19目64科，较前人记载增加了67种及亚种；郑作新等（1981）在《福建武夷山地区鸟类区系初探》一文中记录鸟类234种3亚种，分隶于18目47科；周本湘（1981）发表了《在黄海车牛山岛（江苏省）猎获的黑喉潜鸟》，是世界上第三位发现此鸟者；朱曦（1989b，1989c）报道秃鹫的新发布及浙江鹤类新纪录，朱曦（1989d）对浙江省鸟类生态地理学也进行了研究。

20世纪90年代，杜恒勤（1991，1995）发表了《泰山鸟类资源》和《泰山鸟类调查续报》；柏玉昆和柏亮（1992）发表的《山东省鸟类研究》计列山东省鸟类19目64科416种及亚种；孙江等（1994）发表的《长江下游江面、江岸鸟类调查简报》记录鸟类111种，隶属16目34科，该文对江面、江岸鸟类区系特征作了初步探讨，并与长江南岸的黄山和北岸的大别山北坡的鸟类区系进行了比较。

郑光美等从1993年开始在浙江乌岩岭自然保护区对黄腹角雉（*Tragopan caboti*）及丁平和诸葛阳（1987）在开化古田山自然保护区对白颈长尾雉（*Syrmaticus ellioti*）都进行了较为全面系统的研究，并在取食、繁殖、栖息地植被类型、行为、活动规律和种群数量调查等方面都取得了丰硕成果。

李悦月等（1994）在《江苏省前三岛鸟类调查报告》中记录黄海车牛山岛、达念山岛和平山岛鸟类129种，隶属15目37科，报道了中国鸟类新纪录黄蹼洋海燕（*Oceanites oceanicus*）；姜仕仁等（1994a）在《钱塘江干流沿岸鸟类调查》中报道了鸟类206种，隶属17目41科；刘世平（1994）的《江西鸟类区系研究》记有鸟类358种，隶属18目53科186属；唐兆和等（1996）在《福建省鸟类区系研究》记载了福建省鸟类546种及亚种，隶属21目66科；朱曦等（1999a）在《华东天目山鸟类研究》记载了天目山区鸟类193种，隶属16目45科，文中分析了鸟类迁徙、环境变化对鸟类的影响。

进入21世纪以后，华东鸟类研究的明显特点是对湿地鸟类的关注，其中福建省、江西省表现尤为突出。福建省湿地鸟类研究报道多达30余篇，主要有林清贤等（2002，2005a）的《厦门凤林红树林区鸟类组成和年变动研究》《厦门东屿红树林湿地鸟类资源及其分布》；方文珍等（2002）的《厦门海滨湿地鸟类的研究（1999~2000）》；刘伯锋（2003）

的《福建沿海湿地鸻鹬类资源调查》及在福建兴化湾（2009）、漳江口（2005，2006，2010）、闽江河口（2004）、泉州湾（2002）的调查；王战宁（2007）的《湿地鸟类调查研究》；黄宗国等（2003）的《泉州湾15年来的鸟类记录》等。刘剑秋等（2010）的《福建湿地及其生物多样性》是作者历时10年在对福建湿地调查研究的基础上总结撰写完成，报道福建省湿地鸟类310种及亚种，隶属17目60科。

江西省湿地鸟类的研究主要集中在鄱阳湖，已见报道的有戴年华等2004年的《江西省湿地和水鸟调查》；涂业苟等（2009）的《鄱阳湖区域越冬雁鸭类分布于数量》；吴建东等（2010）的《航空调查越冬水鸟在鄱阳湖的数量与分布》，调查发现越冬水鸟44种，共409 077只。

江苏省太湖是湿地水鸟调查研究较早的地区，钱国桢和周本湘（1956）及钱国桢（1958）发表《太湖的野鸭》；冯照军等（2006）《江苏骆马湖湿地鸟类资源及其保护》；胥东等（2009）《南京市湿地水鸟种群与分布》；孙永涛和张金池（2010）《长江口北支湿地鸟类多样性研究》；《江苏湿地》（江苏省林业局，2012）报道江苏省湿地鸟类324种，隶属21目54科；黄正一和唐子英（1984）在长乐沿海发现长尾贼鸥。

在浙江省湿地的鸟类研究较早，钱国桢等（1985）进行了"长江口、杭州湾北部的鸻形目鸟类群落"的研究。1985年，朱曦承担林业部下达的"浙江省鹤类及候鸟资源调查"项目，对浙江省江、河、湖泊及杭州湾、象山湾、三门湾、乐清湾、温州湾等海湾和沿海岛屿进行了历时两年的调查；在亚洲湿地局"亚洲隆冬水鸟调查"中，朱曦于1989年开始在千岛湖、青山湖等进行了连续8年的调查，1993～1995进行了"浙江省鹭类资源现况和生态研究"，朱曦（1988b）发表《池鹭繁殖生物学与生态学研究》与朱曦和唐陆法（1998）《生态环境改变对鹭类营巢的影响》等有关湿地鸟类研究的论文；朱曦和邹小平（2001）出版了《中国鹭类》专著。浙江省林业局于1994年组织开展浙江省湿地资源调查，记录湿地鸟类11目21科118种。同时丁平等（2003）也关注浙江沿海滩涂湿地水鸟多样性，陈水华等（2000a）对杭州市湿地水鸟的分布和多样性进行了研究；陈水华等（2005a，2005b）在海鸟方面对黑嘴端凤头燕鸥、海鸥、燕鸥的繁殖种群进行了调查。

安徽省湿地鸟类研究的著作主要有顾长明等（2003）的《安徽湿地与生物多样性保护研究》、徐文彬和程元启（2005）的《安徽升金湖越冬水鸟及生境管理研究初探》、王松等（2009）的《淮河流域（安徽段）重要湿地鸟类多样性研究》、陈军林等（2010）的《巢湖湖岸带鸟类多样性的初步研究》。

上海市湿地鸟类研究地域主要集中在崇明岛及沿海滩涂，如崔志兴等（2001）的《崇明岛湿地夏季鸟类群落11年来的变化》、郭文利等（2010）的《上海南汇东滩湿地鸟类资源调查》。

山东省湿地鸟类研究已见的报道有贾文泽等（2002）的《黄河三角洲浅海滩涂湿地鸟类多样性调查研究》、贾少波等（2003）的《山东聊城水鸟组成及其生态分布》、耿以龙等（2006）的《青岛胶州湾湿地水鸟资源现状及保护对策》、张绪良等（2008）的《胶州湾滨海湿地的水禽多样性特征及保护》（该文记录水禽9目20科140种）。

除上述湿地鸟类研究之外，自然保护区的鸟类资源调查也比较多，如福建省的武夷山（2008）、龙栖山、茫荡山、闽江源、君子峰、将石（2000）等；江西省的井冈山（2004）、三百山（2008）、齐云山（2008）、南矶山（2009）、马头山等；据安徽省林业厅（2005）编辑出版的《安徽省自然保护区》一书，列有安徽省牯牛降、鹞落坪、天马、升金湖、滁州皇甫山、绩溪、歙县清凉峰、皇藏峪、万佛山、潜山板仓、宁国板桥、十里山、休宁岭南、霍山佛子岭、岳西枯井圆、徽州天湖、黟县五溪山、贵地老山、黄山区九龙峰、祁门查湾、东至紫石塔、安庆沿江水禽保护区、五河沱、颍上八里河、霍邱东西湖、贵池十八索、当涂石臼湖等自然保护区的鸟类资源。

全省性鸟类研究报道有卢浩泉和王玉志（2003）的《山东鸟类名录的补充修订与鸟类保护》，该文对山东省已有记录的 427 种鸟类中，证明目前在山东省已无分布或疑已在山东省消失的种类有 22 种；邵明勤等（2010）的《江西省鸟类多样性与区系分析》报道江西省鸟类 19 目 72 科 481 种；陈水华（2010）的《中国海域繁殖海鸟的现状与保护》报道在中国境内海域海岛上繁殖的海鸟 4 目 13 科 25 种，并较为详细地列出了其繁殖分布区域或地点；地区性鸟类调查有朱曦等（2002）的《杭州市鸟类区系研究》记录杭州市鸟类 306 种，隶属 17 目 49 科；唐庆圆等（2008）在《福州市区鸟类多样性研究》中记录鸟类 100 种，隶属 13 目 30 科。

江西省：程松林等（2011）在武夷山，承勇等（2011）在井冈山，章旭日（2011）在南矶山等国家级自然保护区，以及朱奇等（2012a）对鄱阳湖水鸟进行鸟类资源调查。其中对武夷山鸟类调查中，共记录鸟类 17 目 51 科 148 属 263 种；井冈山鸟类调查记录鸟类 15 目 42 科 196 种。安徽省：鲍方印等（2011）对沿淮湖泊湿地，卢萍等（2011）对平天湖湿地，李永民等在芜湖市，以及陈锦云等（2011）对沿江两个浅水型湖泊越冬水鸟作了调查。福建省：程松林等（2011）在《武夷山自然保护区鸟类》中记录武夷山鸟类 17 目 51 科 150 属 267 种；罗盛金等（2012）在江西庐山；张雪芬（2012）在福建龙溪，何中声等（2012a，2012b）在泉州市作了鸟类调查。江苏省：刘彬等（2010，2012，2013）对大丰麋鹿国家级自然保护区进行了鸟类研究。上海市：蔡音亭等（2011）发表《上海市鸟类记录及变化》，文中记录上海市鸟类 20 目 70 科 438 种。浙江省：Chen 等（2012）发表 *The update of Zhejiang bird checklist*，根据历史文献及近年来观鸟者的记录参照新的鸟类分类系统和命名原则，修订了原名录中 131 个拉丁文学名和 41 个中文名，列出浙江省鸟类名录，共计鸟类 483 种 24 亚种。朱曦等（2008）的《华东鸟类物种和亚种分类名录与分布》是国内第一部有关我国华东鸟类系统及种和种下分类与分布的专著，该书首次全面、完整地对华东鸟类物种作了系统总结，共收录华东鸟类 22 目 84 科 293 属 661 种 498 亚种。

近百年来，华东地区共发表鸟类研究论文 1408 篇，按鸟类研究内容统计，论文数和所占百分比列于表 1-2，从表 1-2 可见，论文数最多的研究内容为资源与保护（193 篇，13.71%），其次为区系与分布（157 篇，11.15%）；其后分别为繁殖生态（114 篇，8.09%）、生境选择（85 篇，6.04%）、新记录（84 篇，5.97%）、群落生态（83 篇，5.89%）、鸟类多样性（77 篇，5.47%）、生态（71 篇，5.04%）、行为（66 篇，4.69%）等都为比较热门的研究内容。华东鸟类各类群中已研究的鸟种类多达 19 目 56 科 168 种（表 1-3），华东鸟类各类群中已研究的鸟种类见表 1-4。

表 1-2　华东鸟类研究内容统计

研究内容	发表文献数	比例/%	研究内容	发表文献数	比例/%
综述	14	0.99	遗传与染色体	24	1.70
分类	4	0.28	行为	66	4.69
区系与分布	157	11.15	迁徙与环境	38	2.70
地理分布	13	0.92	生物检测	13	0.92
新记录	84	5.97	资源与保护	193	13.71
鸟类多样性	77	5.47	生物防治	15	1.07
生态	71	5.04	鸟害	27	1.92
越冬生态	28	1.99	鸟撞	38	2.70
繁殖生态	114	8.10	饲养繁殖	13	0.92
种群生态与数量	48	3.41	寄生虫	7	0.50
群落生态	83	5.89	利用	12	0.85
集团	5	0.36	化石	7	0.50
生态位	10	0.71	自然保护区	22	1.56
生境选择（栖息地）	85	6.04	方法	8	0.57
取食与食性	30	2.13	科普	47	3.34
组织与形态	20	1.42	其他	11	0.78
生理与生化	24	1.70	合计	1408	100.00

表 1-3　华东鸟类各类群中已研究的鸟种数

目	鸊鷉目 PODICIPEDIFORMES	鹱形目 PROCELLARIIFORMES	潜鸟目 GAVIIFORMES
科	1	2	1
种	1	3	1

目	鹳形目 CICONIIFORMES	雁形目 ANSERIFORMES	鹈形目 PELECANIFORMES
科	3	1	1
种	13	13	1

目	隼形目 FALCONIFORMES	鸡形目 GALLIFORMES	鹤形目 GRUIFORMES
科	2	1	3
种	11	9	11

目	鸻形目 CHARADRIIFORMES	鸽形目 COLUMBIFORMES	鹦形目 PSITTACIFORMES
科	7	1	1
种	17	2	1

目	鹃形目 CUCULIFORMES	鸮形目 STRIGIFORMES	夜鹰目 CAPRIMULGIFORMES
科	1	2	1
种	6	7	1

续表

目	雨燕目 APODIFORMES	佛法僧目 CORACIIFORMES	䴕形目 PICIFORMES	
科	1	2	1	
种	1	6	3	

目	雀形目 PASSERIFORMES		合计	
科	24	目	19	
种	61	科	56	
		种	168	

表 1-4 华东鸟类各类群中已研究的鸟种类

潜鸟目 GAVIIFORMES

　潜鸟科 Gaviidae

　　黑喉潜鸟 *Gavia arctica*

鸊鷉目 PODICIPEDIFORMES

　鸊鷉科 Podicipedidea

　　小鸊鷉 *Tachybaptus ruficollis*

鹱形目 PROCELLARIIFORMES

　鹱科 Procellariidae

　　白额鹱 *Calonectris leucomelas*、白额圆尾鹱 *Pterodroma hypoleuca*

　海燕科 Hydrobatidae

　　黑叉尾海燕 *Oceanodroma monorhis*

鹳形目 CICONIIFORMES

　鹭科 Ardeidae

　　黄嘴白鹭 *Egretta eulophotes*、白鹭 *Egretta garzetta*、岩鹭 *Egretta sacra*、白脸鹭 *Egretta novaehollandie*、牛背鹭 *Bubulcus ibis*、池鹭 *Ardeola bacchus*、夜鹭 *Nycticorax nycticorax*、海南鳽 *Gorsachius magnificus*、黄斑苇鳽 *Ixobrychus sinensis*

　鹳科 Ciconiidae

　　东方白鹳 *Ciconia boyciana*

　鹮科 Threskiornithidae

　　朱鹮 *Nipponia nipponia*、白琵鹭 *Platalea leucorodia*、黑脸琵鹭 *Platalea minor*

雁形目 ANSERIFORMES

　鸭科 Anatidae

　　小天鹅 *Cygnus columbianus*、大天鹅 *Cygnus cygnus*、鸿雁 *Anser cygnoides*、白额雁 *Anser albifrons*、小白额雁 *Anser erythropus*、灰雁 *Anser anser*、豆雁 *Anser fabalis*、黑雁 *Branta bernicla*、赤麻鸭 *Tadorna ferruginea*、鸳鸯 *Aix galericulata*、绿头鸭 *Anas platyrhynchos*、中华秋沙鸭 *Mergus squamatus*、赤嘴潜鸭 *Netta rufina*

鹈形目 PELECANIFORMES

　鸬鹚科 Phalacrocoracidae

　　海鸬鹚 *Phalacrocorax pelagicus*

隼形目 FALCONIFORMES

　鹰科 Accipitridae

　　黑冠鹃隼 *Aviceda leuphotes*、凤头鹃隼 *Aviceda subcristatus*、黑翅鸢 *Elanus caeruleus*、秃鹫 *Aegypius monachus*、白尾鹞 *Circus cyaneus*、鹊鹞 *Circus melanoleucos*、雀鹰 *Accipiter nisus*、凤头鹰 *Accipiter trivirgatus*

续表

隼科 Falconidae

　　黄爪隼 *Falco naumanni*、红隼 *Falco tinnunculus*、游隼 *Falco peregrinus*

鸡形目 GALLIFORMES

　　雉科 Phasianidae

　　　　白额山鹧鸪 *Arborophila gingica*、黄腹角雉 *Tragopan caboti*、勺鸡 *Pucrasia macrolopha*、白鹇 *Lophura nycthemera*、白冠长尾雉 *Syrmaticus reevesii*、白颈长尾雉 *Syrmaticus ellioti*、环颈雉 *Phasianus colchicus*、红腹锦鸡 *Chrysolophus pictus*、蓝孔雀 *Pavo cristatus*

鹤形目 GRUIFORMES

　　鹤科 Gruidae

　　　　白鹤 *Grus leucogeranus*、白枕鹤 *Grus vipio*、白头鹤 *Grus monacha*、丹顶鹤 *Grus japonensis*、黑颈鹤 *Grus nigricollis*

　　秧鸡科 Rallidae

　　　　普通秧鸡 *Rallus aquaticus*、白胸苦恶鸟 *Amaurornis phoenicurus*、紫水鸡 *Porphyrio porphyrio*、白骨顶 *Fulica atra*、白喉斑秧鸡 *Rallina eurizonoides*

　　鸨科 Otididae

　　　　大鸨 *Otis tarda*

鸻形目 CHARADRIIFORMES

　　鸻科 Charadriidae

　　　　凤头麦鸡 *Vanellus vanellus*、灰头麦鸡 *Vanellus cinereus*、金眶鸻 *Charadrius dubius*

　　燕鸻科 Glareolidae

　　　　普通燕鸻 *Glareola maldivarum*

　　鹬科 Scolopacidae

　　　　斑胸滨鹬 *Calidris melanotos*、红颈瓣蹼鹬 *Phalaropus lobatus*、丘鹬 *Scolopax rusticola*、大滨鹬 *Calidris tenuirostris*、黑腹滨鹬 *Calidris alpina*

　　贼鸥科 Stercorariidae

　　　　长尾贼鸥 *Stercorarius longicaudus*

　　鸥科 Laridae

　　　　黑尾鸥 *Larus crassirostris*、黑嘴鸥 *Larus saundersi*、渔鸥 *Larus ichthyaetus*

　　燕鸥科 Sternidae

　　　　黑嘴端凤头燕鸥 *Thalasseus bernsteini*、须浮鸥 *Chlidonias hybridus*、粉红燕鸥 *Sterna dougallii*

　　海雀科 Alcidae

　　　　扁嘴海雀 *Synthliboramphus antiquus*

鸽形目 COLUMBIFORMES

　　鸠鸽科 Columbidae

　　　　山斑鸠 *Streptopelia orientalis*、珠颈斑鸠 *Streptopelia chinensis*

鹦形目 PSITTACIFORMES

　　鹦鹉科 Psittacidae

　　　　金刚鹦鹉 *Ara macao*

鹃形目 CUCULIFORMES

　　杜鹃科 Cuculidae

　　　　四声杜鹃 *Cuculus micropterus*、大杜鹃 *Cuculus canorus*、大鹰鹃 *Cuculus sparverioides*、褐翅鸦鹃 *Centropus sinensis*、小鸦鹃 *Centropus bengalensis*、红翅凤头鹃 *Clamator coromandus*

鸮形目 STRIGIFORMES

续表

草鸮科 Tytonidae

草鸮 *Tyto capensis*

鸱鸮科 Strigidae

领角鸮 *Otus bakkamoena*、雕鸮 *Bubo bubo*、褐林鸮 *Strix leptogrammica*、斑头鸺鹠 *Glaucidium cuculoides*、长耳鸮 *Asio otus*、纵纹腹小鸮 *Athene noctua*

夜鹰目 CAPRIMULGIFORMES

夜鹰科 Caprimulgidae

普通夜鹰 *Caprimulgus indicus*

雨燕目 APODIFORMES

雨燕科 Apodidae

白腰雨燕 *Apus pacificus*

佛法僧目 CORACIIFORMES

翠鸟科 Alcedinidae

斑头大翠鸟 *Alcedo hercules*、白胸翡翠 *Halcyon smyrnensis*、蓝翡翠 *Halcyon pileata*、斑鱼狗 *Ceryle rudis*、赤翡翠 *Halcyon coromanda*

佛法僧科 Coraciidae

三宝鸟 *Eurystomus orientalis*

鴷形目 PICIFORMES

啄木鸟科 Picidae

星头啄木鸟 *Picoides canicapillus*、大斑啄木鸟 *Picoides major*、灰头（黑枕）绿啄木鸟 *Picus canus*

雀形目 PASSERIFORMES

八色鸫科 Pittidae

仙（蓝翅）八色鸫 *Pitta nympha*

百灵科 Alaudidae

短趾百灵 *Calandrella cheleensis*、云雀 *Alauda arvensis*

燕科 Hirundinidae

家燕 *Hirundo rustica*、金腰燕 *Hirundo daurica*、毛脚燕 *Delichon urbica*、烟腹毛脚燕 *Delichon dasypus*

鹎科 Pycnonotidae

领雀（绿鹦）嘴鹎 *Spizixos semitorques*、白头鹎 *Pycnonotus sinensis*、栗耳短脚鹎 *Ixos amaurotis*

鹡鸰科 Motacillidae

山鹡鸰 *Dendronanthus indicus*

伯劳科 Laniidae

棕背伯劳 *Lanius schach*、黑伯劳 *Lanius fuscatus*

太平鸟科 Bombycillidae

小太平鸟 *Bombycilla japonica*

椋鸟科 Sturnidae

丝光椋鸟 *Sturnus sericeus*、灰椋鸟 *Sturnus cineraceus*、黑领椋鸟 *Gracupica nigricollis*、八哥 *Acridotheres cristatellus*、鹩哥 *Gracula religiosa*、紫翅椋鸟 *Sturnus vulgaris*

鸦科 Corvidae

松鸦 *Garrulus glandarius*、灰喜鹊 *Cyanopica cyana*、红嘴蓝鹊 *Urocissa erythrorhyncha*、喜鹊 *Pica pica*

卷尾科 Dicruridae

发冠卷尾 *Dicrurus hottentottus*

续表

鸫科 Turdidae

红喉歌鸲 *Luscinia calliope*、蓝喉歌鸲 *Luscinia svecica*、虎斑地鸫 *Zoothera dauma*、乌鸫 *Turdus merula*、乌灰鸫 *Turdus cardis*、鹊鸲 *Copsychus saularis*、紫啸鸫 *Myophonus caeruleus*、红腹红尾鸲 *Phoenicurus erythrogaster*

鹟科 Muscicapidae

白腹蓝姬鹟 *Cyanoptila cyanomelana*

画眉科 Timaliidae

黄喉噪鹛 *Garrulax galbanus*、黑脸噪鹛 *Garrulax perspicillatus*、黑喉噪鹛 *Garrulax chinensis*、画眉 *Garrulax canorus*、红嘴相思鸟 *Leiothrix lutea*

鸦雀科 Paradoxornithidae

棕头鸦雀 *Paradoxornis webbianus*、震旦鸦雀 *Paradoxornis heudei*

扇尾莺科 Cisticolidae

黄腹山鹪莺 *Prinia flaviventris*、纯色山鹪莺 *Prinia inornata*

莺科 Sylviidae

北蝗莺 *Locustella ochotensis*、日本淡脚柳莺 *Phylloscopus borealoides*、黄眉柳莺 *Phylloscopus inornatus*、斑背大尾莺 *Megalurus pryeri*

绣眼鸟科 Zosteropidae

暗绿绣眼鸟 *Zosterops japonicus*

攀雀科 Remizidae

攀雀 *Remiz consobrinus*

长尾山雀科 Aegithalidae

红头长尾山雀 *Aegithalos concinnus*

山雀科 Paridae

大山雀 *Parus major*、杂色山雀 *Parus varius*

梅花雀科 Estrildidae

白腰文鸟 *Lonchura striata*、斑文鸟 *Lonchura punctulata*

燕雀科 Fringillidae

燕雀 *Fringilla montifringilla*、黄雀 *Carduelis spinus*、黑头蜡嘴雀 *Eophona personata*

鹀科 Emberizidae

小鹀 *Emberiza pusilla*、黄喉鹀 *Emberiza elegans*、硫磺鹀 *Emberiza sulphurata*

雀科 Passeridae

麻雀 *Passer montanus*

　　从表 1-1 和表 1-2 中可以看出华东鸟类研究发展的过程，1949 年之前多为外国人操作，从事鸟类标本和分类区系研究，发现了一些新种，发表论文并出版专著，而国内学者寥寥无几，因此，这个阶段是华东鸟类研究的萌芽阶段。20 世纪 50 年代是初级阶段，是国内鸟类专业人才培养与队伍建设阶段，由于从事鸟类研究的人员数量太少，基本上局限于科学院及为数不多的几所高等院校。该阶段重视鸟类区系调查，以及益鸟和雁鸭类等经济鸟类的调查。60～70 年代为停滞阶段，由于三年自然灾害及历史原因，此阶段鸟类研究基本上处于停顿状态。80 年代开始为发展阶段，改革开放后思想解放，百废待兴，鸟类学研究空前发展；该时期除了继续有区系分布的文章外，生态学发展迅速，一般生态、越冬生态、种群生态、群落生态、生物多样性、生境选择都成为热门的研究内容，同时也有集团、生态位、行为等新的研究领域。野外研究方法和手段也有更新，航空调查、无线电遥感、鸟类环志、红外相机、采精和精液评定、人工授精等技术得到广泛应用。农药、重金属残留测定及生理常数、血液生化指标、蛋白质氨基酸测定等都有相关报道。染色体核型、DNA 条码、线粒体基因组全序列、MHC II 类 B 基因的克隆鉴定等都有较快的发展。80 年代，国家重视野生动物保护，尤其是濒危物种的保护，促进了驯养繁殖的研究，鸟类迁徙和环志等研究也得到了发展。90 年代中后期，机场鸟撞防范研究兴起，成为鸟类学研究的新领域。相比之下，形态学、生理学、遗传学、寄生虫、化石等领域的研究显得比较薄弱。

第二章 分 类 区 系

第一节 华东鸟类区系组成

2005 年 4 月至 2015 年 5 月，收集整理华东鸟类国内外文献资料，并对其中的鸟类进行分析研究，经过厘定，认定华东鸟类共计 669 种及亚种，隶属 22 目 84 科 293 属，鸟类名录及分布见附录 1。

华东鸟类中，非雀形目鸟类 356 种，隶属 21 目 47 科 171 属，占华东鸟类总种数的 53.2%；雀形目鸟类 313 种，隶属 37 科 122 属，占华东鸟类总种数的 46.8%。

华东鸟类区系组成见表 2-1。

表 2-1 华东鸟类区系组成

	目		科	属	种	亚种
1	潜鸟目	Gaviiformes	1	1	4	1
2	䴙䴘目	Podicipediformes	1	2	5	5
3	鹱形目	Procellariiformes	3	6	8	1
4	鹈形目	Pelecaniformes	4	4	11	6
5	鹳形目	Ciconiiformes	3	16	29	17
6	雁形目	Anseriformes	1	18	45	15
7	隼形目	Falconiformes	3	20	47	39
8	鸡形目	Galliformes	1	11	12	11
9	鹤形目	Gruiformes	4	13	22	14
10	鸻形目	Charadriiformes	11	37	96	41
11	沙鸡目	Pterocliformes	1	1	1	0
12	鸽形目	Columbiformes	1	5	10	9
13	鹦形目	Psittaciformes	1	1	1	1
14	鹃形目	Cuculiformes	1	6	14	12
15	鸮形目	Strigiformes	2	9	16	20
16	夜鹰目	Caprimulgiformes	1	1	2	2
17	雨燕目	Apodiformes	1	2	4	5
18	咬鹃目	Trogoniformes	1	1	1	1
19	佛法僧目	Coraciiformes	3	7	12	9
20	戴胜目	Upupiformes	1	1	1	1
21	䴕形目	Piciformes	2	9	15	19
22	雀形目	Passeriformes	37	122	313	267
	总计		22	84	293	669	496

非雀形目鸟类中,主要有鸻形目(Charadriiformes)、雁形目(Anseriformes)、隼形目(Falconiformes)和鹳形目(Ciconiiformes)等 4 目,计鸟类 18 科 217 种,占非雀形目鸟类种数的 61.0%。雀形目(Passeriformes)中,鸫科(Turdidae)、画眉科(Timaliidae)、莺科(Sylviidae)、燕雀科(Fringillidae)、鹀科(Emberizidae)和鹡鸰科(Motacillidae)等 6 科,计鸟类 171 种,占雀形目鸟类种数的 54.6%。

第二节 华东鸟类的季节型和地理型

华东地区夏季、冬季鸟类的组成相对比较稳定,夏季鸟类主要由留鸟和夏候鸟组成,计 321 种,占华东鸟类种数的 47.98%;冬季鸟类主要由留鸟和冬候鸟组成,计 403 种,占 60.24%,较夏季鸟类为多。春、秋两季鸟类组成较为复杂,主要是由于处在鸟类迁徙期间,鸟类南来北往甚为频繁。春季是冬候鸟陆续北返,由留鸟、旅鸟和前期的夏候鸟组成;秋季为夏候鸟南迁,该季鸟类主要有留鸟、旅鸟和冬候鸟组成。华东鸟类的季节型比较列于表 2-2。

表 2-2 华东鸟类的季节型比较

季节型	非雀形目		雀形目		总计	
	种数	百分比/%	种数	百分比/%	种数	百分比/%
留鸟	80	11.96	135	20.18	215	32.14
夏候鸟	66	9.87	40	5.98	106	15.84
冬候鸟	130	19.43	58	8.67	188	28.10
旅鸟	64	9.57	67	10.01	131	19.58
迷鸟	8	1.20	5	0.75	13	1.94
不清楚	5	0.75	11	1.64	16	2.39
总计	353	52.77	316	47.23	669	100.00

从表 2-2 中可以看出,留鸟和旅鸟是非雀形目少于雀形目,夏候鸟、冬候鸟和迷鸟都是非雀形目种类为多。

华东鸟类地理型与季节型分析表明,东洋界种主要由留鸟和夏候鸟组成,古北界种主要由冬候鸟和旅鸟组成,广布种主要由留鸟、夏候鸟和冬候鸟组成(表 2-3)。

由表 2-3 可见,留鸟有 215 种,占全区鸟类种数的 32.14%;夏候鸟 106 种,占 15.84%;冬候鸟 188 种,占 28.10%;旅鸟 131 种,占 19.58%;迷鸟 13 种,占 1.94%。华东地区鸟类组成以留鸟和冬候鸟为主,夏候鸟和旅鸟相对较少。在 3 种类型的鸟类中,留在华

表 2-3 华东鸟类的地理型与季节型

地理型、季节型	留鸟	夏候鸟	冬候鸟	旅鸟	迷鸟	不清楚	总计
东洋界种	128	34	4	12	2	6	186
古北界种	36	29	160	101	7	7	340
广布种	51	43	24	18	3	1	140
不清楚	0	0	0	0	1	2	3
总计	215	106	188	131	13	16	669

东繁殖的鸟类（包括留鸟和夏候鸟）共 321 种，其中东洋界种 162 种，占繁殖鸟种类的 50.47%；古北界种 65 种，占 20.25%；广布种 94 种，占 29.28%。

华东地区鸟类中属于东洋界的有 186 种，占全区鸟类种数的 27.80%；北古界的有 340 种，占 50.82%；广布种 140 种，占 20.93%；地理型不明的 3 种，占 0.45%。古北界种与东洋界种之比为 1.83∶1；但从繁殖鸟（留鸟和夏候鸟）分析，两界种数之比为 1∶2.49，明显偏于东洋界。说明由于该地区没有高山阻隔，缺乏高大的屏障，东洋界和古北界的分界并不明显，缺乏明显的自然分异。因此东洋界和古北界鸟类相混杂，而形成广泛的过渡地带。

一、华东各省鸟类区系组成

华东鸟类中安徽鸟类最少，计 360 种，隶属 17 目 67 科 188 属，其余鸟类种数从少到多依次为上海、山东、江西、江苏、浙江，最多的为福建，计 574 种，隶属 21 目 82 科 264 属。华东各省鸟类区系组成中目、科、种数比较见表 2-4 和图 2-1。

表 2-4　华东各省鸟类区系组成

	华东	安徽	江西	山东	江苏	上海	浙江	福建
目	22	17	19	20	19	19	19	21
科	84	67	72	73	75	75	78	82
属	293	188	229	206	208	202	232	264
种	669	360	452	440	454	426	496	574

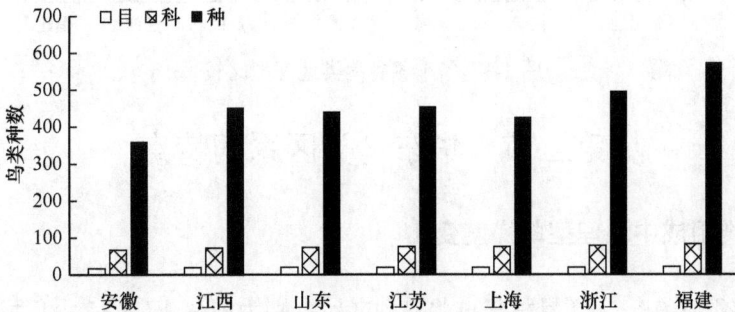

图 2-1　华东各省鸟类目、科、种组成

二、华东各省鸟类季节型、地理型比较

华东 7 省市鸟类季节型比较中（图 2-2），随着纬度的增加留鸟的种数依次递减，夏候鸟和冬候鸟的种数 7 省市相接近。旅鸟中沿海的山东、上海、福建、浙江 4 省市较多，而偏内陆的江西、安徽两省相对较少，该现象可能与沿海 4 省位于迁徙路线上有关。

地理型比较分析（图 2-3），东洋界鸟类种数依福建、江西、浙江、安徽、上海、江苏、山东次序递减；古北界种数以山东最多，上海、福建、浙江、江西、江苏 5 省市比较接近，安徽略少；广布种 7 省市差别不大。

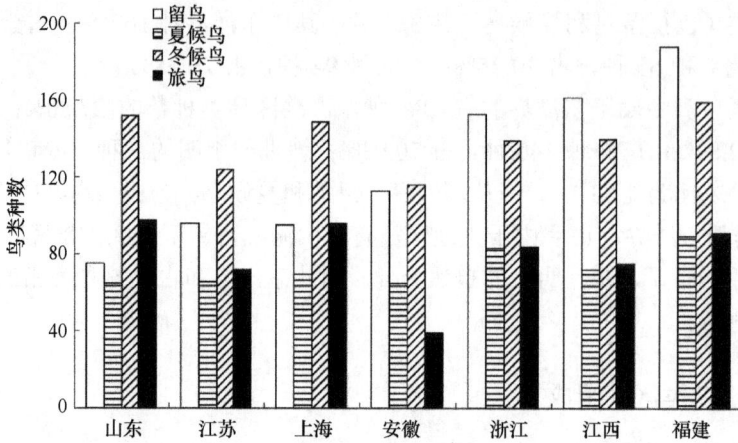

图 2-2　华东各省鸟类季节型比较

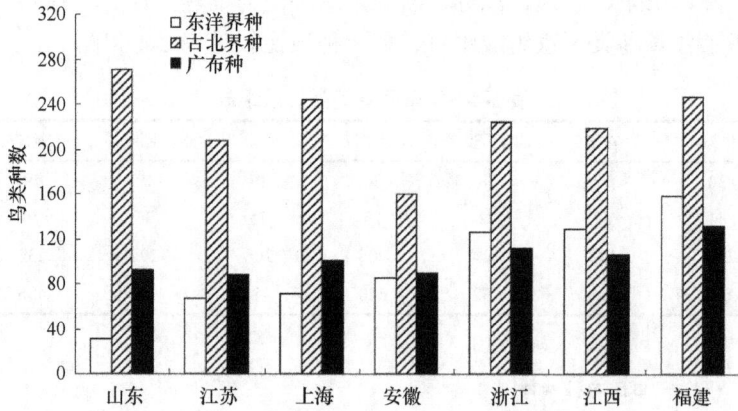

图 2-3　华东各省鸟类地理型比较

第三节　华东鸟类区系的特点

一、华东鸟类组成中地理型的梯度变化

华东各省鸟类中，东洋界种与古北界种之比分别为福建 1：1.56、江西 1：1.69、浙江 1：1.78、安徽 1：1.89、上海 1：3.39、江苏 1：3.10、山东 1：8.74。自福建至山东，随着地理纬度的增高，古北界种数比例逐渐增加。在繁殖鸟（留鸟和夏候鸟）分析中，东洋界种与古北界种之比分别为福建 3.48：1、江西 3.51：1、浙江 2.93：1、安徽 2.53：1、上海 2.0：1、江苏 1.65：1、山东 0.60：1。

二、华东鸟类广布种和特有种的分布

华东鸟类中在东洋界和古北界均有分布的为广布种（In both Oriental realm and Palearctic realm），有苍鹭（*Ardea cinerea jouyi*）、白鹭（*Egretta garzetta garzetta*）、夜鹭（*Nycticorax nycticorax*）、鸿雁（*Anser cygnoides*）、黑鸢（*Milvus migrans*）、赤腹鹰（*Accipiter soloensis*)、普通鵟(*Buteo buteo japonicus*)、红隼(*Falco tinnunculus*)、环颈雉(*Phasianus colchicus*)、黑水鸡(*Gallinula chloropus*)、丘鹬(*Scolopax rusticola*)、白腰草鹬(*Tringa ochropus*)、黑尾鸥(*Larus crassirostris*)、珠颈斑鸠(*Streptopelia chinensis chinensis*)、红翅凤头鹃(*Clamator coromandus*)、普通翠鸟(*Alcedo atthis bengalensis*)、戴胜(*Upupa epops epops*)、灰头绿啄木鸟(*Picus canus*)、家燕(*Hirundo rustica*)、黑鹎(*Hypsipetes leucocephalus*)、棕背伯劳(*Lanius schach schach*)、黑卷尾(*Dicrurus macrocercus cathoecus*)、八哥(*Acridotheres cristatellus*)、红嘴蓝鹊(*Urocissa erythrorhyncha brachypus*)、喜鹊(*Pica pica sericea*)、乌鸫(*Turdus merula mandarinus*)、棕头鸦雀(*Paradoxornis webbianus*)、大山雀(*Parus major*)、麻雀(*Passermontanus saturatus*)等共计140种。

我国现有鸟类特有种105种，其中仅见于我国的鸟类有77种（雷富民和卢汰春，2006）。华东地区鸟类中属于我国鸟类特有种（Endemic bird species to China）的海南鸦（*Gorsachius magnificus*）、黄腹角雉（*Tragopan c. caboti*）、白冠长尾雉（*Syrmaticus reevesii*）、白颈长尾雉（*Syrmaticus ellioti*）、画眉（*Garrulax c. canorus*）、震旦鸦雀（*Paradoxornis heudei*）等计4目10科17种（表2-5）。郑光美认为华东地区中国特有种鸟类应该是9种，即灰胸竹鸡、黄腹角雉、白冠长尾雉、白颈长尾雉、宝兴歌鸫、山噪鹛、棕噪鹛、黄腹山雀和蓝鹀（朱曦等，2008）。

表2-5 华东中国鸟类特有种及其分布

鸟类名称	山东	安徽	江苏	上海	浙江	江西	福建
海南鸦 *Gorsachius magnificus*		+			+	+	+
灰胸竹鸡 *Bambusicola thoracica*		+	+	+	+	+	+
黄腹角雉 *Tragopan c. caboti*					+		+
白冠长尾雉 *Syrmaticus reevesii*		+					
白颈长尾雉 *Syrmaticus ellioti*		+			+	+	+
黑嘴端凤头燕鸥 *Thalasseus bernsteini*	+			+	+		
领雀嘴鹎 *Spizixos s. semitorques*		+		+	+	+	+
褐头鸫 *Turdus feae*	+						
宝兴歌鸫 *Turdus mupinensis*					+		
棕腹大仙鹟 *Niltava davidi*							+
山噪鹛 *Garrulax davidi*	+						
棕噪鹛 *Garrulax poecilorhynchus*					+	+	+
画眉 *Garrulax c. canorus*		+	+	+	+	+	+
震旦鸦雀 *Paradoxornis heudei*			+	+	+	+	
细纹苇莺 *Acrocephalus sorghophilus*			+	+			
黄腹山雀 *Parus venustulus*	+	+	+	+	+	+	+
蓝鹀 *Latoucheornis siemsseni*		+			+	+	

第四节　华东的中国鸟类模式种

鸟类模式产地在中国的有 943 种（包括亚种）（常家传等，1992），华东地区有 127 种（包括亚种），约占中国鸟类模式种数的 13.47%（表 2-6）。自 Linnaeus 1758 年依据来自福建厦门标本命名的画眉（*Turdus canorus*），到 Johansen 1954 年以江苏沙卫山岛命名的矛斑蝗莺亚种（*Locustella lanceolata gigantea*）为止的 196 年间，给鸟类命名的人多达 38 人。Swinhoe 命名鸟类最多，达 31 种（包括亚种），其中福建有 24 种、浙江 3 种、上海 3 种、山东 1 种；其次为 La Touche 命名鸟类 21 种，其中福建 19 种、江苏 2 种；David 命名鸟类 11 种，其中福建 8 种，浙江、江苏、江西各 1 种；Slater 命名鸟类 7 种；Rickett 命名鸟类 6 种。

从地区分布上看，鸟类模式产地在福建的最多，达 86 种（包括亚种），浙江、上海分别为 9 种，其中有产于浙江、宁波的白颈长尾雉［*Syrmaticus ellioti*（Swinhoe）］和褐翅鸦鹃［*Centropus sinensis*（Stephens）］、产于舟山的秃鼻乌鸦［*Corvus frugilegus pastinator*（Gould）］等。模式产地在江苏的有环颈雉（*Phasianus colchicus*）、震旦鸦雀［*Paradoxornis heudei heudei*（David）］等 8 种；在山东的有花田鸡［*Coturnicops exquistus*（Swinhoe）］、大斑啄木鸟［*Picoides major*（Malherbe）］等 6 种；在江西的有棕颈钩嘴鹛（*Pomatorhinus ruficollis styani* Seebohm）、普通䴓（*Sitta europaea sinensis* Verreaux）等 5 种；安徽的模式种最少，仅有勺鸡（*Pucrasia macrolopha joretiana* Heuda）、橙头地鸫［*Zoothera citrina courtoisi*（Hartert）］、红嘴相思鸟［*Leiothrix lutea lutea*（Scopoli）］等 3 种。

最早命名的物种为画眉，1758 年 Linnaeus 依据福建厦门采集的标本命名，当初将画眉归于鸫属（*Turdus*）。1766 年 Linnaeus 以南京标本定名的蓝胸鹑（*Coturnix chinensis*）和 1789 年依据福建挂墩地区采集的标本命名的白额山鹧鸪（*Arborophila gingica*），以及依据福建厦门的标本命名的黑脸噪鹛（*Garrulax perspicillatus*）都是早期的种类。

根据现代鸟类的分类，对 1954 年以前定名的华东鸟类物种（包括亚种）的学名进行厘定，发现已有很大的变动，大致上有下述几种情况。

（一）学名未改变的种和亚种

该类有白鹇［*Lophura nycthemera*（Linnaeus）］、鹰雕（*Spizaetus nipalensis fokiensis* Sclater）、花田鸡［*Coturnicops exquistus*（Swinhoe）］、蚁䴕（*Jynx torquilla chinensis* Hesse）、林鵙［*Tephrodornis gularis latouchei*（Kinnear）］、黑眉苇莺［*Acrocephalus bistrigiceps*（Swinhoe）］、灰脚柳莺（*Phylloscopus tenellipes* Swinhoe）、棕腹大仙鹟（*Niltava davidi* La Touche）、赤胸鹀（*Emberiza fucata kuatunensis* La Touche）、白眉鹀（*Emberiza tristrami* Swinhoe）、红颈苇鹀（*Emberiza yessoensis continentalis* Witherby）、淡绿鵙鹛（*Pteruthius xanthochloris obscurus* Stresemann）、煤山雀（*Parus ater kuatunensis* La Touche）等计 14 种。

（二）分类归属变更

白额山鹧鸪原归松鸡属（*Tetrao*），现归于山鹧鸪属（*Arborophila*）；黄腹角雉（*Ceriornis caboti*），现归于角雉属（*Tragopan*）；白颈长尾雉（*Phasianus ellioti*），现归于长尾雉属（*Syrmaticus*）；黑叉尾海燕（*Thalassidroma monorhis*），现归于叉尾海燕属（*Oceanodroma*）；黄嘴白鹭（*Herodias eulophotes*），现归于白鹭属（*Egretta*）；紫背苇鳽（*Ardetta eurhythma*），现归于苇鳽属（*Ixobrychus*）；褐翅鸦鹃（*Polophilus sinensis*），现归于鸦鹃属（*Centropus*）；斑姬啄木鸟（*Vivia chinensis*），现归于姬啄木鸟属（*Picumnus*）；画眉（*Turdus canorus*），现归于噪鹛属，亦称画眉属（*Garrulax*）等计 47 种。

（三）物种的种改为亚种

勺鸡（*Pucrasia joretiana*）变更为 *Pucrasia macrolopha joretiana* 亚种；斑嘴鸭（*Anas zonorhyncha*）变更为 *Anas poecilorhyncha zonorhyncha* 亚种；棕腹杜鹃（*Cuculus hyperythrus*）变更为 *Cuculus fugax hyperythrus* 亚种；竹啄木鸟（*Gecinulus viridanus*）变更为 *Gecinulus grantia viridanus* 亚种；绿鹦嘴鹎（*Spizixos semitorques*）变更为 *Spizixos semitorques semitorques* 亚种等计 52 种。

（四）学名以命名优先原则已不用或归并

此类如池鹭［*Ardeola prasinosceles* Swinhoe，1860；*Ardeola schistaceus fohkienensis* H. R. et J. C. Caldwell，1931］：Bonaparte 1855 年已命名池鹭为 *Buphus bacchus*，故现池鹭学名为 *Ardeola bacchus*（Bonaparte）。朱鹮：David 于 1872 年命名为 *Ibis sinensis*，之前 Temminck 已根据日本标本命名为 *Ibis nippon*，现学名为 *Nipponia nipponia*（Temminck）。白肩雕［*Aquila heliaca ricketti*（Swann）］：1931 年已由先前 Savigny 于 1809 年命名的 *Aquila heliaca* 取代，白肩雕现用学名为 *Aquila heliaca heliaca*（Savigny）。此类情况较多，计有 117 种，见表 2-6。

表 2-6　华东地区鸟类新种和新亚种学名变更表

名种	原定学名	现用学名
白额山鹧鸪	*Tetrao gingicus* Gmelin，1789	*Arborophila gingica*（Gmelin）
黄腹角雉	*Ceriornis caboti* Gould，1857	*Tragopan caboti*（Gould）
白鹇	*Phasianus nycthemera fokiensis* Linnaeus，1758	*Lophura nycthemera*（Linnaeus）
勺鸡	*Pucrasia joretiana* Heuda，1883	*Pucrasia macrolopha joretiana*（Heude）
环颈雉	*Phasianus holdereri kiangsuensis* Buturlin，1904	*Phasianus colchicus kiangsuensis*（Buturlin）
白颈长尾雉	*Phasianus ellioti* Swinhoe，1872	*Syrmaticus ellioti*（Swinhoe）
黑叉尾海燕	*Thalassidroma monorhis* Swinhoe，1867	*Oceanodroma monorhis*（Swinhoe）
海鸬鹚	*Phalacrocorax aeolus* Swinhoe，1867	*Phalacrocorax pelagicus*（Pallas）
池鹭	*Ardeola prasinosceles* Swinhoe，1860 *Ardeola schistaceus fohkienensis* H. R. et J. C. Caldwell，1931	*Ardeola bacchus*（Bonaparte）
黄嘴白鹭	*Herodias eulophotes* Swinhoe，1860	*Egretta eulophotes*（Swinhoe）

名种	原定学名	现用学名
紫背苇鳽	*Ardetta eurhythma* Swinhoe，1873	*Ixobrychus eurhythma*（Swinhoe）
朱鹮	*Ibis sinensis* David，1872	*Nipponia nipponia*（Temminck）
豆雁	*Anser segetum* var. *serrirostris* Swinhoe，1871 *Anas oatesi* Rickett，1901	*Anser fabalis serrirostris* Swinhoe
灰雁	*Anser cinereus* var. *rubrirostris* Swinhoe，1871	*Anser anser*（Linnaeus）
斑嘴鸭	*Anas zonorhyncha* Swinhoe，1866	*Anas poecilorhyncha zonorhyncha*（Swinhoe）
鹰雕	**Spizaetus nipalensis fokiensis* Swann，1919	*Spizaetus nipalensis fokiensis* Sclater
白肩雕	*Aquila heliaca lricketti* Swann，1931	*Aquila heliaca heliaca* Savigny
［白腿］小隼	*Microhierax chinensis* David，1875	*Microhierax melanoleucus*（Blyth）
蓝胸鹑	*Tetrao chinensis* Linnaeus，1766	*Coturnix chinensis chinensis*（Linnaeus）
花田鸡	*Porzana exquisite* Swinhoe，1873	*Coturnicops exquisita*（Swinhoe）
棕腹杜鹃	*Cuculus hyperythrus* Gould，1856	*Cuculus fugax hyperythrus* Gould
褐翅鸦鹃	*Polophilus sinensis* Stephens，1815	*Centropus sinensis*（Stephens）
红头咬鹃	*Harpactes yamakanensis* Rickett，1899	*Harpactes erythrocephalus yamakanensis* Rickett
白胸翡翠	*Halcyon*（*Entomobia*）*smyrnensis fokiensis* Laubmann et Gotz，1926	*Halcyon smyrnensis perpulchra*（Madarasz）
三宝鸟	*Eurystomus orientalis abundus* Ripley，1942 *Eurystomus orientalis latouchei* Allison，1946	*Eurystomus orientalis calonyx* Sharpe
蚁䴕	*Jynx torquilla chinensis* Hesse，1911	*Jynx torquilla chinensis* Hesse
斑姬啄木鸟	*Vivia chinensis* Hargitt，1881	*Picumnus innominatus chinensis*（Hargitt）
栗啄木鸟	*Brachypternus fokiensis* Swinhoe，1863	*Celeus brachyurus fokiensis*（Swinhoe）
黄冠绿啄木鸟	*Gecinus citrinocristatus* Rickette，1901	*Picus chlorolophus citrinocristatus*（Rickett）
竹啄木鸟	*Gecinulus viridanus* Slater，1897	*Gecinulus grantia viridanus* Slater
大斑啄木鸟	*Picus cabanisi* Malherbe，1854	*Dendrocopos major cabanisi*（Malherbe）
星头啄木鸟	*Yungipicus scintilliceps kurodai* La Touche，1931	*Dendrocopos canicapillus nagamichii*（La Touche）
云雀	*Alauda intermedia* Swinhoe，1863	*Alauda arvensis intermedia* Swinhoe
小云雀	*Alauda coelirox* Swinhoe，1859	*Alauda gulgula coelirox* Swinhoe
崖沙燕	*Riparia fokienesis* La Touche，1908	*Riparia riparia fohkienesis*（La Touche）
毛脚燕	*Hirundo urbica nigrimentalis* Hartert，1910	*Delichon urbica nigrimentalis*（Hartert）
白鹡鸰	*Motacilla ocularis* Swinhoe，1860	*Motacilla alba ocularis* Swinhoe
田鹨	*Corydalla sinensis* Bonaparte，1850	*Anthus novaeseelandiae sinensis*（Bonaparte）
山鹨	*Corydalla kiangsinensis* David et Oustalet，1877	*Anthus sylvanus* Hodgson
赤红山椒鸟	*Pericrocotus speciosus fohkiensis* Buturlin，1910	*Pericrocotus flammeus fohkiensis* Buturlin
林鹀	**Tephrodornis gularis latouchei* Kinnear，1925	*Tephrodornis gularis latouchei*（Kinnear）
绿鹦嘴鹎	*Spizixos semitorques* Swinhoe，1861	*Spizixos semitorques semitorques*（Swinhoe）
白头鹎	*Pycnonotus sinensis septentrionalis* Stresemann，1923 *Pycnonotus sinensis septentrionalis* La Touche，1925	*Pycnonotus sinensis sinensis*（Gmelin）
栗背短脚鹎	*Hemixos canipennis* Seebohm，1890	*Hypsipetes flarala canipennis*（Seebohm）

名种	原定学名	现用学名
棕背伯劳	*Lanius schach ligulacus* Hachisuka，1939	*Lanius schach schach* Linnaeus
喜鹊	*Pica serica* Gould，1845	*Pica pica sericea* Gould
灰树鹊	*Dendrocitta formosae sinica* Stresemann，1913	*Crypsirina formosae sinica*（Stresemann）
秃鼻乌鸦	*Corvus pastinators* Gould，1845	*Corvus frugilegus pastinator*（Gould）
大嘴乌鸦	*Corvus hassi* Reichenow，1907	*Corvus macrorhynchos colonorum* Swinhoe
蓝短翅鸫	*Brachypteryx sinensis* Rickett et La Touche，1897	*Brachypteryx montana sinensis*（Rickett et La Touche）
灰林鹏	*Greicola ferrea haringtoni* Hartert，1910	*Saxicola ferrea haringtoni*（Hartert）
橙头地鸫	*Turdus citrina courtoisi* Hartert，1919	*Zoothera citrina courtoisi*（Hartert）
锈脸钩嘴鹛	*Pomatorhinus swinhoei* David，1874	*Pomatorhinus erythrogenys swinhoei* David
棕颈钩嘴鹛	*Pomatorhinus styani* Seebohm，1884	*Pomatorhinus ruficollis styani* Seebohm
棕颈钩嘴鹛	*Pomatorhinus stridulus* Swinhoe，1861	*Pomatorhinus ruficollis stridulus* Swinhoe
黑领噪鹛	*Garrulax picticollis* Swinhoe，1872	*Garrulax pectoralis picticollis* Swinhoe
黄喉噪鹛	*Garrulax courtoisi* Menegaux，1923	*Garrulax galbanus courtoisi* Menegaux
灰翅噪鹛	*Trochalopteron ninagoense* David et Oastslet，1890	*Garrulax cineraceus cinereiceps*（Styan）
黑脸噪鹛	*Turdus perspicillatus* Gmelin，1789	*Garrulax perspicillatus*（Gmelin）
棕噪鹛	*Ianthocincla berthemyi* Dcid et Oustalet，1877	*Garrulax poecilorhynchus berthemyi*（David et Oustalet）
画眉	*Turdus canorus* Linnaeus，1758	*Garrulax canorus canorus*（Linnaeus）
白颊噪鹛	*Garrulax sannio* Swinhoe，1867	*Garrulax sannio sannio*（Swinhoe）
红嘴相思鸟	*Sylria lutea* Scopoli，1786	*Leiothrix lutea lutea*（Scopoli）
红翅鵙鹛	*Pteruthius ricketti* Ogilivie-Grant，1904	*Pteruthius flaviscapis ricketti* Ogilivie-Grant
褐顶雀鹛	*Ixulus superciliaris* David，1874	*Alcippe brunnea superciliaris*（David）
白眶雀鹛	*Alcippe hueti* David，1874	*Alcippe morrisonia hueti* David
栗头凤鹛	*Sira torgueola* Swinhoe，1870	*Yuhina castaniceps torgueola*（Swinhoe）
黑颏凤鹛	*Yuhina pallida* La Touche，1897	*Yuhina nigrimenta pallida* La Touche
棕头鸦雀	*Suthora webbiana fohkiensis* La Touche，1923	*Paradoxornis webbianus suffusus*（Swinhoe）
黑喉鸦雀	*Paradoxornis gularis pallidus* La Touche，1922	*Paradoxornis nipalensis pallidus*（La Touche）
挂墩鸦雀	*Suthora davidiana* Slater，1897	*Paradoxornis davidiana*（Slater）
震旦鸦雀	*Paradoxornis hendei* David，1872	*Paradoxornis heudei heudei* David
日本树莺	*Arundinax canturians* *Arundinax minutus* Swinhoe，1860	*Cettia diphone canturians*（Swinhoe）
强脚树莺	*Cettia sinensis* La Touche，1898	*Cettia fortipes davidiana*（Verreaux）
高山短翅莺	*Lusciniola melanorhyncha* Rickett，1898	*Bradypterus mandelli melanorhyncha*（Rickett）
棕褐短翅莺	*Cettia russula* Slater，1897	*Bradypterus luteoventris luteoventris*（Hodgson）
北蝗莺	*Locustella styani* La Touche，1905	*Locustella ochotensis pleskei*（Toczanovksi）
矛斑蝗莺	*Locustella lanceolata gigantea* Johansen，1954	*Locustella lanceolata*（Temminck）
黑眉苇莺	*Acrocephalus bistrigiceps* Swinhoe，1860	*Acrocephalus bistrigiceps*（Swinhoe）

名种	原定学名	现用学名
细纹苇莺	*Calamodyta sorghophia* Swinhoe，1863	*Acrocephalus sorghophilus*（Swinhoe）
极北柳莺	*Phylloscopus hulebata* Swinhoe，1860	*Phylloscopus borealis hulebata* Swinhoe
极北柳莺	*Phylloscopus xanthodryas* Swinhoe，1863	*Phylloscopus borealis xanthodryas*（Swinhoe）
灰脚柳莺	**Phylloscopus tenellipes* Swinhoe，1860	*Phylloscopus tenellipes* Swinhoe
冠纹柳莺	*Phylloscopus trochiloides fokiensis* Hartert，1917	*Phylloscopus reguloides fokiensis* Hartert
金眶鹟莺	*Seicercus burkii latouchei* Bangs，1929	*Seicercus burkii ralentini*（Hartert）
白眶鹟莺	*Cryptolopha intermedia* La Touche，1898	*Seicercus affinis intermedius*（La Touche）
黄腹山鹪莺	*Prinia sonitans* Swinhoe，1860	*Prinia flaviventris sonitans* Swinhoe
褐山鹪莺	*Suya parumstriata* David et Oustalet	*Prinia polychroa parumstriata*（David et Oustalet）
白喉林鹟	*Siphia brunneata* Slater	*Rhinomyias brunneata brunneata*（Slater）
棕腹大仙鹟	**Niltava davidi*（La Touche，1907）	*Niltava davidi* La Touche
乌鹟	*Hemichelidon sibirica incerta* La Touche，1925	*Muscicapa sibirica sibirica* Gmelin
灰斑鹟	*Hemichelidon griseisticta* Swinhoe，1861	*Muscicapa griseisticta*（Swinhoe）
红褐鹟	*Hemichelidon rufilata* Swinhoe，1860	*Muscicapa ferruginea*（Hodgson）
寿带鸟	*Muscipeta ncei* Gould，1852	*Terpsiphone paradisi incei*（Gould）
大山雀	*Parus commixtus* Swinhoe，1868 *Parus major fohkiensis* La Touche，1923	*Parus major commixtus*（Swinhoe）
黄颊山雀	*Parus rex* David，1874	*Parus xanthogenys rex* David
银喉长尾山雀	*Mecistura swinhoe* Pelzeln，1865	*Aegithalos caudatus glaucogularis*（Moore）
红头长尾山雀	*Psaltria concinna* Gould，1855	*Aegithalos concinnus concinnus*（Gould）
普通鸤	*Sitta sinensis* Verreaux，1870	*Sitta europaea sinensis* Verreaux
	Sitta montium La Touche，1899	*Sitta europaea montium* La Touche
叉尾太阳鸟	*Aethopypa latouchii* Slater，1891	*Aethopyga christinae latouchii* Slater
（树）麻雀	*Passer montanus inbilaeus* Reichenow，1907	*Passer montanus saturatus* Stejneger
赤胸鹀	**Emberiza fucata kuatunensis* La Touche，1925 *Emberiza fucata fluviatilis* La Touche	*Emberiza fucata kuatunensis* La Touche
白眉鹀	**Emberiza tristrami* Swinhoe，1870	*Emberiza tristrami* Swinhoe
红颈苇鹀	**Emberiza yessoensis continentalis* Witherby，1913	*Emberiza yessoensis continentalis* Witherby
蓝鹀	*Junco siemsseni* Martens，1906	*Emberiza siemsseni* Martens
栗头鹟莺	*Cryptolopha sinensis* Richett，1898	*Seicercus castaniceps sinensis*（Richett）
白背啄木鸟	*Dendrodromas insularis fohkiensis* Buturlin，1908	*Picoides leucotos fohkiensis*（Buturlin）
黄嘴栗啄木鸟	*Lepocestes sinensis* Rickett，1897	*Blythipicus pyrrhotis sinensis*（Rickett）
白喉短翅鸫	*Brachypteryx carolinae* La Touche，1898	*Brachypteryx leucophrys carolinae* La Touche
红尾噪鹛	*Trochalopteron milnei*（David，1874）	*Garrulax milneimilnei*（David）
淡绿鹀鹛	**Pteruthius xanthochloris obscurus* Stresemann，1925	*Pteruthius xanthochloris obscurus* Stresemann
灰头鸦雀	*Heteromorpha fokiensis* David，1874	*Paradoxornis gularis fokiensis*（David）
褐头雀鹛	*Proparus guttaticollis* La Touche，1897	*Alcippe cinereiceps guttaticollis* La Touche

名种	原定学名	现用学名
白斑尾柳莺	*Acanthopneuste trochiloides ogilviegranti* La Touche, 1921	*Phylloscopus davisoni ogilviegranti*（La Touche）
黄胸柳莺	*Cryptolopha ricketti* Slater, 1897	*Phylloscopus cantator rickett*（Slater）
煤山雀	**Parus ater kuatunensis* La Touche, 1923	*Parus ater kuatunensis* La Touche
褐灰雀	*Pyrrhula ricketti* La Touche, 1905	*Pyrrhula nipalensis ricketti* La Touche

注：有"*"标记的为现今仍用学名

第五节　华东鸟类新记录

新中国成立以来，国内鸟类的新种、新亚种的报道较少，而省的鸟类新记录较多。根据郑作新（1986）《建国以来国内鸟类的新亚种》一文，报道国内在新中国成立 30 多年来发现的 24 个新亚种。从新亚种的分布来看多为四川、广东、广西、海南等省份。华东则因鸟类分类区系调查开展得早，在我国鸟类学发展史上占有很重要的地位，模式产地在华东的鸟类物种和亚种数多达 119 种。新中国成立以后，黄正一和唐子英（1984）在华东福建长乐发现长尾贼鸥 [*Stercorarius longicaudus*（Vieillot）]，唐子英（1981）在福建福鼎发现白额圆尾鹱 [*Pterodroma hypoleuca*（Salvin）]，周本湘（1981）在江苏黄海车牛山岛发现黑喉潜鸟 [*Gavia arctica*（Dwight）]，李悦民等（1994）在江苏前三岛发现黄蹼洋海燕（*Oceanites oceanicus*）等 4 种为国内鸟类新记录。

自 20 世纪 50 年代后，华东各省（市）发现的鸟类新记录较多。安徽省黄山为长江下游江南丘陵地区的主要山脉，最高峰海拔达 1948m。常麟定（1933）曾报道鸟类 17 种。郑作新和钱燕文（1960）在该山进行鸟类调查，计鸟类 14 目 35 科 92 种，其中黑苇鳽（*Dupetor flavicollis flavicollis*）、鸳鸯（*Aix galericulata*）等 49 种为安徽省的首次记录。李致勋等（1959）对上海鸟类作了调查，报道鸟类 299 种及亚种，与 Wilkinson（1939）的 *The Shanghai birlds year* 比较，新增 64 种及亚种。钱国桢和冯谋鸿（1960）报道，1951 年 6 月在浙江省西天目山大树王附近密林（海拔约 1000m），猎获雌性褐林鸮（*Strix leptogrammica*），为浙江省新记录。丁汉波和唐瑞干（1959）在福州市郊猎获紫翅椋鸟一个亚种（*Sturnus vulgaris menxbieri*），为我国东南各省新记录。寿振黄等（1938a）在青岛城阳附近获得一只褐鲣鸟（*Sula leucogaster plotus*），该鸟是一种热带的海鸟，在温带极为罕见。据 La Touche（1911）曾在浙江省沿海获得标本，该次发现为山东鸟类新记录，同时还将该种的分布从 31°N 推移到 36°N。王岐山和胡小龙（1978）在《安徽九华山鸟类调查报告》中报道栗鸢（*Haliastur indus indus*）、白尾海雕（*Haliaeetus albicilla albicilla*）等 17 种及 2 亚种，为安徽省鸟类新记录。

郑作新等 1962 年在安徽屯溪深山中获得草鸮一窝 3 只幼鸟，当时为国内最北的记录。1975 年 12 月，庞秉璋在江苏太仓捕获雄性粉红椋鸟（*Sturnus roseus*）；1976 年 1 月，在江苏太仓捕获斑文鸟（*Lonchura punctulata topela*）4 只，均为江苏省新记录。1985 年 2 月 14 日，刘智勇等陪同国际鹤类基金会会长乔治·阿奇波一行在鄱阳湖考察，见到

1 只我国极为罕见的加拿大鹤（*Grus eanadensis*）。

浙江的鸟类区系研究，Shaw（1934b）曾有 *Notes on the birds of Chekiang* 的报道。新中国成立以后，上海师范学院虞快、复旦大学唐子英等对浙江鸟类进行了调查，于 1983 年发表《浙江鸟类之研究》，该文记录浙江鸟类 330 种及亚种，其中 74 种及亚种为浙江新记录。朱曦和杨春江（1988）发表了《浙江鸟类研究》，该文记录浙江鸟类 410 种及亚种，隶属 19 目 64 科 203 属，其中 67 种及亚种为浙江新记录。

朱曦（1989b）报道 1986 年 1 月在浙江杭州临安玲珑捕获秃鹫（*Aegypius monachus*），该鸟于宁波（Styan，1891）、海宁和临平（Shaw，1934）曾有发现，但采获标本极少，这次在临安采获标本对秃鹫 52 年后的越冬分布提供了新资料。1985 年 1 月 24 日，王建南在浙江温州乐清清江发现一只雌性岩鹭（*Egretta sacra sacra*）。朱曦（1989c）报道了 1985～1987 年浙江大型候鸟调查时发现的灰鹤（*Grus gruslilfordi*）、白枕鹤（*Grus vipio*）、白鹤（*Grus leucogeranus*）、丹顶鹤（*Grus japonensis*）等。康熙民于 1985 年 8 月、1986 年 5 月在浙江遂昌伊家、碶下采获凤头鹃隼（*Aviceda leuphotes*）（现名黑冠鹃隼）。

朱曦于 2006 年 6 月 12 日在杭州萧山采到小鸦鹃（*Centropus bengalensis*）雄性亚成鸟，为浙江鸟类新记录。熊李虎和陆健健（2006a）在嵊泗大洋山岛发现了日本淡脚柳莺（*Phylloscopus borealoides*）和硫磺鹀（*Emberiza sulphurata*）。陈水华等（2012）根据近年来观鸟者的记录，对浙江鸟类名录进行了修订，计有鸟类 483 种 24 亚种。

周冬良等（2006）报道福建鸟类新记录白腹军舰鸟（*Fregata andrewsi*）；刘伯锋等（2006）报道白眼潜鸭（*Aythya nyroca*）、白玄鸥（*Gygis albacandida*）、白领翡翠（*Todirhamphus chloris armstrongi*）、斑头大翠鸟（*Alcedo hercules*）和黄腿银鸥（*Larus cachinnans cachinnans*）等 5 种鸟类新记录。

上海鸟类中，马世全和孙忠泉（1988）报道于 1983 年 4 月在奉贤、1984 年 1 月在南汇发现了震旦鸦雀（*Paradoxornis heudei heudei*）；干晓静等（2006）报道，2004 年 9 月至 2005 年 7 月在崇明东滩发现鸟类新记录史氏蝗莺（*Locustella pleskei*）、斑背大尾莺（*Megalurus pryeri*）和钝翅苇莺（*Acrocephalus concinens*）等 3 种。蔡音亭等（2011）对上海鸟类名录进行了整理，鸟类共计 20 目 70 科 438 种，其中 52 种为上海鸟类新记录。周本湘（1981）报道在黄海车牛山岛猎获了黑喉潜鸟（*Gavia arctica*）；封璨等（2009）在江苏连云港海域发现了黄嘴潜鸟（*Gavia adamsii*）；唐伯平和吕士诚（1995）报道了江苏鸟类新记录黄爪隼（*Falco naumanni*）。

江西鸟类新记录中，何芬奇等（2006）报道了斑头大翠鸟（*Alcedo hercules*）；廖承开等（2011）报道了朱背啄木鸟（*Dicaeum cruentatum*）、纯色啄花鸟（*Dicaeum concolor*）等 8 种；程松林等（2011）报道了鸟类新纪录 42 种，并在《武夷山自然保护区鸟类》一书中，记录了江西鸟类新记录 14 种；余军林等（2012）报道了在江西抚州廖坊水库发现的白腹军舰鸟（*Fregata andrewsi*）。

安徽鸟类中，王岐山和胡小龙（1986a）报道了斑嘴鹈鹕（*Pelecanus philippensis philippensis*）等 24 种；胡小龙在东大别山区（1992）、皖南祁门县（1993）采获黑冠鹃隼（*Aviceda leuphotes*）；周立志 2010 年报道了震旦鸦雀（*Paradoxornis heudei heudei*），均为安徽新记录。

山东鸟类中，范强东（1987，1988a）报道了山东鸟类新记录草鸮（*Tyto capensis*）、鹰鹃（*Cuculus sparverioides*）；纪加义等（1986）报道了赤嘴潜鸭（*Netta rufina*）、黑海番鸭（*Melanitta nigra americana*）和灰腹灰雀（*Pyrrhula griseiventris*）等 3 种，1988 年又报道了白肩雕（*Aquila heliaca heliaca*）和猎隼（*Falco cherrug milvipes*）等计 10 种，其中包括 1986 年已报道的赤嘴潜鸭、黑海番鸭和灰腹灰雀等 3 种。范强东（1989）报道在山东长岛发现红腹红尾鸲（*Phoenicurus erythrogaster grandis*），以及范强东和牛世华（1989）报道在山东发现栗色黄鹂（*Oriolus trailliiardens*）；于新建（1988）报道在山东发现黄腹山雀；赵翠芳等（2003）报道在山东荣成发现黑脸琵鹭；张守富等（2008）报道在山东日照发现赤翡翠（*Halcyon coromanda*）。

有关福建鸟类新记录的报道有唐兆和等（1993）《福建鸟类新记录——黑翅鸢》、陈小麟等（2000）《白脸鹭在中国的新记录》、唐兆和（2002）《中国大陆首次发现短尾贼鸥》、刘伯锋等（2006）《福建省 5 种鸟类新纪录种和亚种》等。

第三章 鸟类生物学

第一节 组织与形态

华东鸟类研究中有关各种器官的组织结构、观察及形态学研究做得比较少，目前已见报道的有《三种鹭骨骼比较形态学研究》（朱曦等，2003）、《三种珍稀雉类骨骼形态及量度比较》（姜仕仁等，1991）、《4 种雀形目鸟消化道形态特征》（李铭和柳劲松，2008）、《鸟类盲肠的类型及结构》（柳劲松，2004）、《浙江温州地区 4 种雀形目鸟类消化道形态特征比较》（林琳等，2011）。鸟卵研究主要集中在鹭类、白额鹱、扁嘴海雀、黑叉尾海燕、白琵鹭、大苇莺卵壳的超微结构方面（朱曦等，2000a；赛道建等，1996a，1996b，1996c，1997b，1998a，1999）。

一、鹭骨骼比较形态学

骨骼系统具有支持躯体和保护内脏器官的功能，也是躯干及四肢肌肉的附着点，能在肌群的操纵下完成运动。同时骨骼中贮存的钙在血液中钙、磷代谢的调节及正常的生理活动的维持等方面具有重要作用。朱曦（2003）在进行生态生物学研究中，对夜鹭（*Nycticorax nycticorax*）、白鹭（*Egretta garzetta*）、池鹭（*Ardeola bacchus*）进行了骨骼比较形态学研究。

（一）中轴骨骼

1. 头骨

鹭的头部骨块已广泛愈合，骨缝消失，形成一完整的结构。头骨很轻，夜鹭头骨（包括上下喙）6.5g，仅占体重的 1.02%；白鹭头骨 3.4g，占体重的 0.92%；池鹭头骨 2.7g，占体重的 1.03%。颅腔较大。前颌骨和上颌骨及二者之间狭长的鼻骨向前伸延形成长喙。白鹭与池鹭和夜鹭上喙长度相差较大（表 3-1）。鼻孔狭长，与前端的鼻沟相通，额骨背面中央有一凹沟。夜鹭最为明显，池鹭次之，白鹭稍平（图 3-1）。

表 3-1 白鹭、池鹭和夜鹭部分骨骼量度比较（自朱曦，2003）

骨骼	骨骼量度平均值/mm		
	白鹭 *Egretta garzetta*	池鹭 *Ardeola bacchus*	夜鹭 *Nycticorax nycticorax*
上喙长	81.0	69.2	69.0
鼻孔长（鼻孔最宽部）	13.9（3.5）	12.6（3.6）	16.2（5.0）
鼻孔前缘至方骨距离	48.8	45.4	61.6
前颌骨尖端至方骨距离	112.5	94.5	110.5
两眼眶间的额骨宽度	13.7	12.3	15.6
枕骨大孔横径（纵径）	5.5（4.9）	5.3（4.4）	5.7（5.2）

续表

骨骼	骨骼量度平均值/mm		
	白鹭 Egretta garzetta	池鹭 Ardeola bacchus	夜鹭 Nycticorax nycticorax
下颌骨左右关节突端点距离	12.0	13.8	22.6
尾椎长度	23.9	19.5	22.7
肱骨长（骨干中段宽）	101.1（6.2）	83.5（4.8）	108.2（6.1）
尺骨长（骨干中段宽）	120.5（4.8）	98.0（3.5）	119.3（4.6）
桡骨长（骨干中段宽）	114.5（3.3）	92.0（2.7）	118.0（2.8）
前肢第 2 掌骨长（骨干中段宽）	59.0（3.8）	47.0（2.7）	61.0（2.9）
前肢第 3 掌骨长（骨干中段宽）	51.0（1.5）	42.0（1.3）	53.0（1.4）
第 1 指骨长	7.1	6.2	（未测）
左右髂骨前端最凸起处距离	17.1	16.2	19.3
左右坐骨大孔上方髂骨最凸处距离	25.8	21.9	26.8
左右髂骨后端的外侧缘距离	21.0	15.7	27.3
髂骨前端最凸起处至髂骨后端最外侧缘距离	53.5	46.9	61.8
骰骨长	58.0	56.0	67.0

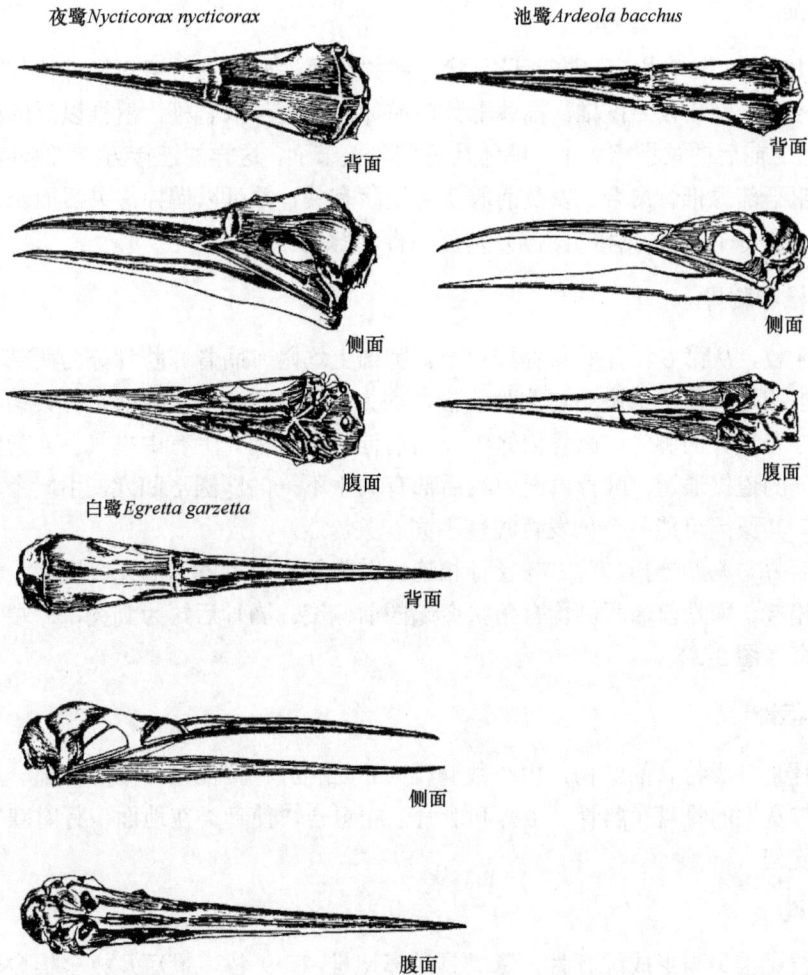

图 3-1　鹭的头骨（自朱曦，2003）

颅骨侧面，眼眶前壁为泪骨，上顶壁为额骨，后壁为眶蝶骨和翼蝶骨，左眼眶与右眼眶之间有很薄的眶间隔，在眶间隔前方有较大的孔，使左右眼眶相连通。在眼眶后壁上方有大的孔与脑室相通，在此大孔右下方另有一较小的孔，使左右眼眶之间相通并向后与脑室相通。上颌骨后端与细长的颧骨相连。颧骨后端又与棒状的方轭骨相连，方轭骨向后又与方骨相关节，形成鸟类特有的下颞弧。犁骨位于上喙底面，前蝶骨又与基枕骨相接，同时向两旁呈"八"字形发出 2 块翼骨连接颚骨、基蝶骨与方骨。基枕骨、外枕骨和上枕骨共同围成枕骨大孔。枕髁 1 个，位于基枕骨上。鹭的腭罩因各骨的缩小及变形而不完整。腭骨成 1 对细的前后平伸的骨片，在腭骨之前有一犁骨，为左右二骨愈合而成。犁骨后的细长棒状骨为副蝶骨吻突，其后方展开贴于基蝶骨腹前方，吻突与背上的眶间隔愈合。翼骨与副蝶骨吻突作关节但不连犁骨，二者以腭骨间隔。腭骨与翼骨间有可动关节。左右颌骨及腭骨在中部不合并，犁骨亦在中央开口分裂，因此属鸟类新腭型中的索腭型类型。下喙由齿骨、关节骨、隅骨、夹板骨和上隅骨等愈合前伸形成。下喙基部与方骨和下颞弧相关节。

2. 颈椎

颈椎 13 枚，第 1 枚为寰椎，呈环状，前关节面深凹为关节窝与头骨枕骨大孔下方的单枕髁相接。第 2 枚为枢椎，椎体上具向前伸的齿突伸入寰椎。枢椎以后的颈椎均具 3 个关节面与前后的颈椎相关节。椎体具马鞍状关节面，这样的连接方式既坚固又灵活。这与鹭类躯干部脊椎骨愈合，以及前肢变为翅膀有关，并可以借异常灵活而长的颈部来加以补偿。在每个颈椎椎体的两侧分别形成椎动脉孔。

3. 胸椎和胸骨

胸椎 8 枚，从第 6 枚开始与荐椎愈合。胸椎上均附有肋骨。肋骨分为两部分：上部椎肋与胸椎相连接，下部胸肋与胸骨连接，均为硬骨。第 2～5 胸椎肋骨具钩状突起。在胸椎下方有很大的胸骨。胸骨前缘中央向前伸为胸骨柄。上有中央气孔，为气孔与胸骨和龙骨突的连接通道。胸骨内面中线后部有大小不一的卵圆形凹穴，不同个体凹穴大小有差别，其原因可能与个体发育程度不同有关。

胸骨后方与胸肋连接，前方与喙骨相连。在胸骨中央有发达的龙骨突起，其前方与锁骨下缘相接。胸骨前端两侧均有角状突起的前侧突。胸骨后端为剑突，后端上部两侧形成后侧突（图 3-2）。

4. 综荐骨

综荐骨是鸟类特有的结构，由少数胸椎（1～2 枚）、腰椎、荐椎及一部分尾椎愈合而成，又与宽大的骨盘（髂骨、坐骨和耻骨）相愈合，使鸟类在地面步行时获得支持身体的坚实支架。

5. 尾椎

前几枚尾椎参与形成综荐骨。鹭类具游离尾椎 7～9 枚，最后几枚尾椎愈合成一块纵扁形舵状的尾综骨，其下部较厚，上端薄。

（二）附肢骨

1. 肩带

肩带由肩胛骨、乌喙骨和锁骨构成。3 块骨的连接处构成肩臼，与翼的肱骨相关节。肩胛骨位于肋骨背方，沿 1～5 对肋骨由前向后延伸，弯曲略呈长刀状。乌喙骨粗壮，由肩带伸向腹面与胸骨连接。左右锁骨及退化的间锁骨在腹中线处愈合成"V"形，并附于胸骨的龙骨突上端（图 3-2）。

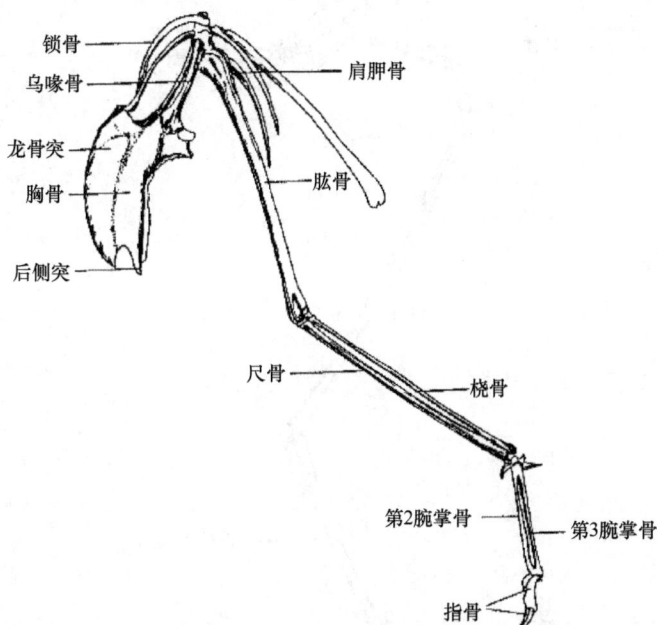

图 3-2 鹭的肩带、胸骨和前肢骨（自朱曦，2003）

2. 前肢骨

肱骨长而粗壮，肱骨头与肩带相关节，在其近端和远端分别突出的侧结节、内结节和桡上髁与尺上髁为翼肌提供了强大的附着点。尺骨粗长，在骨干外侧有 1 行 12 个小的突起，可能与肌肉附着有关。桡骨比尺骨短而细，微弯曲，在尺骨、桡骨与掌骨连接处，尺骨侧有第 3 腕掌骨。桡骨侧有第 2 腕掌骨。第 2～3 腕掌骨两端均愈合，其余腕骨与掌骨愈合成腕掌骨，不可区分。前肢第 2 腕掌骨最大，第 3 腕掌骨比第 2 腕掌骨细。第 2 腕掌骨近端的各个关节面分别与尺骨和桡骨相关节。第 1 指骨仅具 1 骨节，长度上白鹭为 7.1mm，池鹭为 6.2mm。端部与第 2 腕掌骨近端的突起相连接。第 2 指骨具 2 骨节，第 1 节较粗长，并向一侧延生出宽扁的骨片。白鹭第 1 骨节长为 19.9mm；第 2 节尖细，呈椎状，尖端稍弯曲；第 3 指骨与第 2、第 3 腕掌骨的第 3 腕掌骨侧相关节，较短。

3. 腰带

腰带由髂骨、坐骨和耻骨愈合成薄而完整的骨架。髂骨呈长形，前半部向内凹陷，后半部向外凸出。髂骨的前缘附于最末 2 肋骨的椎肋基部，内缘部分与愈合荐椎的外缘相愈合。在髂骨的后部向外延伸坐骨。耻骨较退化而呈细棒状，沿坐骨外侧下缘延伸，其末端与坐骨相并连。左右坐骨和耻骨在腹中线处没有连接，而向侧后方伸展构成"开放式骨盘"（图 3-3）。髂骨与坐骨之间有一大型的髂坐骨孔，白鹭长径为 8.9mm，宽径为 5.2mm。坐骨与耻骨之间形成较小的卵圆形闭孔，其长径白鹭为 4.1mm。髂骨、坐骨和耻骨之间共同形成髋臼与后肢股骨相关节。

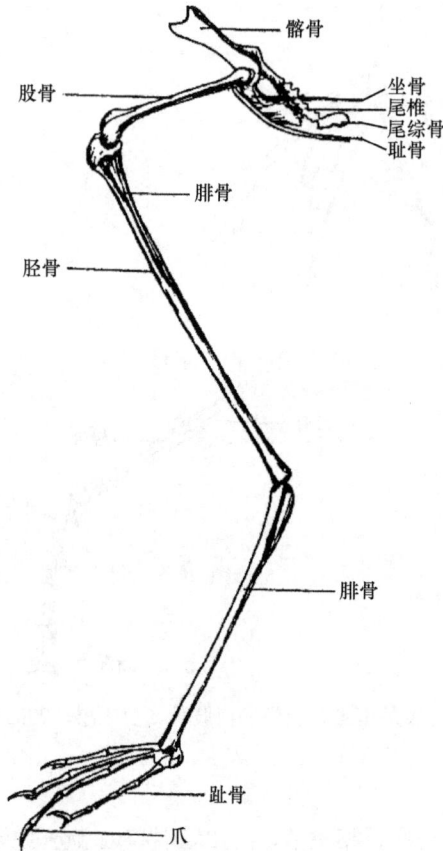

图 3-3　鹭腰带和后肢骨（自朱曦，2003）

4. 后肢骨

后肢骨强健，股骨以股骨头和髋臼相关节，股骨头外侧形成球状突起。股骨的近端中间形成凹面，呈滑车形，两侧为弧形髁。整个股骨长。胫跗骨与近端有 2 个髁，分别与股骨的内侧和外侧髁相关节。在胫跗髁的前面较大的 2 个隆起形成嵴，供肌肉附着。胫跗部的外侧面为退化成刺状的腓骨，在腓骨和胫跗骨之间有长形的空隙。跗蹠骨位于胫跗骨之下，由远端退化的跗骨与其相邻的蹠骨相愈合而形成。跗蹠骨近端中部突出成凸面，两侧形成凹面，与胫跗骨相关节。跗蹠骨下端，每个蹠骨各与相应的趾骨相关节。

鹭有 4 趾，位于同一平面。后趾具 1 趾骨，内趾具 2 趾骨，中趾具 3 趾骨，外趾具 4 趾骨，以中趾为最长。各趾的趾端均具爪。

二、珍稀雉类骨骼形态及度量

白颈长尾雉（*Syrmaticus ellioti*）、白鹇（*Lophura nycthemera*）和勺鸡（*Pucrasia macrolopha*）分别属于鸡形目雉科中 3 个不同的属。姜仕仁等（1991）对该 3 对雉的骨骼系统进行了观察比较和测量分析。

（一）头部骨骼的主要差异

额骨背面中央有一凹沟，白鹇最为明显，白颈长尾雉次之，勺鸡微凹。反之，勺鸡额骨的后部较其他两种明显隆起。另外，两眼眶间的额骨宽度在白颈长尾雉的雄体较宽，雌体较窄，勺鸡（雌）与之相似；但白鹇两性宽度接近，同种两性间及异种同性间的脑颅长与宽都有不同程度的差异。

由鱼鳞状的软骨片呈覆瓦状排列而成的巩膜骨环，白颈长尾雉由 12 片、白鹇和勺鸡均由 14 片构成。

（二）躯干部及四肢骨骼差异

颈椎：大都有 14 枚，唯白颈长尾雉偶有 15 枚。3 种雉各相应颈椎的形态相似，但大小、长度有差异，白鹇的特别粗大。

胸椎：一般有 7 枚，白颈长尾雉偶有 6 枚，白鹇也有 8 枚的。

综荐椎：白颈长尾雉由 16～17 枚、白鹇由 14～16 枚（多数 15 枚）、勺鸡由 14～15 枚荐椎骨愈合成一坚固的结构。根据荐椎骨的形态结构不同，可将综荐椎由前往后分为四部分，即荐胸椎、荐腰椎、原荐椎和综荐尾椎，各部分的骨块数在同种间也不固定。

尾椎骨：白颈长尾雉有 5～6 枚，白鹇有 4～5 枚，勺鸡有 6 枚。

同一种雉上述各局部的骨块数目不完全相同，此可能与发育分化有关。但白颈长尾雉和勺鸡各个体构成脊柱的椎骨总数却恒为 42 块，白鹇共有 40～41 块。

肋骨：白鹇的肋骨较其他两种粗大，钩状突也特别发达。

胸骨：在前宽后窄的双凹形长骨板中，3 种雉在胸骨前端内面中线两侧都有一对大的卵圆形凹穴，将气孔导入胸骨和龙骨突内。另外，白鹇在两凹穴以后的胸骨中线上有一与腹面相通的孔；白颈长尾雉此处仅微凹，有小气孔进入胸骨；勺鸡不仅在此处有孔，而且在胸骨的前缘正中还有一与胸棘基部相通的孔，此为 3 种雉种间的明显区分特征。3 种雉胸骨后部的形状也各不相同。白颈长尾雉和白鹇的胸骨近末端膨大，前者几呈三角形，后者形似匙状；勺鸡胸骨末端与中部几等宽。

3 种雉胸骨腹面的龙骨突发达程度也不同，白鹇的个体虽然比另两种大得多，但龙骨突长度与白颈长尾雉比较无差异，而高度却比它们小，且差异极显著。从龙骨的高与长之比来看，白鹇（雄 0.30，雌 0.32）明显小于其他两种（白颈长尾雉雄 0.35，雌 0.36；勺鸡雌 0.36）。龙骨突的发达程度与飞行能力有关，这是白颈长尾雉和勺鸡比白鹇善飞的结构基础。

白鹇的后肢骨比其他两种明显粗大而长，此显然与白鹇善在地面上快速奔跑的习性有关。

通过对同种两性间个体的骨骼量度比较，雄体大多明显长于雌体，这说明雉类两性间的个体发育和生活习性上存在区别，此为两性异形的形态学基础之一。可是异种同性间的情况不同，白颈长尾雉和白鹇的雄体骨骼量度大多具有极显著的差异；白鹇与其他两种的雌体在部分骨块的长度上有差异；但白颈长尾雉和勺鸡的雌体间几乎没有差异。这说明了雉类的雄体在个体大小上所反映的种属特征比雌体明显。

三、雀形目鸟类消化道形态特征

李铭和柳劲松（2008）对红点颏（*Luscinia calliope*）、红喉姬鹟（*Ficedula parva*）、栗鹀（*Emberiza rutila*）和普通朱雀（*Carpodacus erythrinus*）等 4 种雀形目鸟消化道形态特征进行了比较，结果表明，4 种鸟的消化道长度（TOL）、总去内含物重量（TOE）及总干组织重量（TOD）的差异均达到显著水平 [分别为 $F_{(3,34)}$=71.355，P=0.000；$F_{(3,34)}$=33.835，P=0.000；$F_{(3,34)}$=20.375，P=0.000]。多重比较分析表明，普通朱雀的 TOL 最大，明显长于其他 3 种鸟；红喉姬鹟的 TOL 最短，与红点颏相比差异不显著，但显著低于栗鹀。红点颏的 TOE 和 TOD 最大，明显高于红喉姬鹟、栗鹀和普通山雀。栗鹀和普通朱雀的 TOD 差异不显著，但明显低于红喉姬鹟。

胃（ST）：红点颏的胃长度（STL）与红喉姬鹟、栗鹀和普通朱雀相比差异不显著，但去内含物重量（STE）和胃干重（STD）明显高于其他 3 种鸟类 [分别为 $F_{(3,34)}$=28.517，P=0.000；$F_{(3,34)}$=35.11，P=0.000]。红喉姬鹟、栗鹀和普通山雀 STE 和 STD 彼此差异不显著。

小肠（SI）：4 种鸟的小肠长度（SIL）、去内含物重量（SIE）及干组织重量（SID）均差异显著 [分别为 $F_{(3,34)}$=76.103，P=0.000；$F_{(3,34)}$=20.328，P=0.000；$F_{(3,34)}$=3.727，P<0.05]。普通朱雀的 SIL 最大，栗鹀和红点颏居中，红喉姬鹟最短。红点颏的 SIE 和 SID 最大，明显高于其他 3 种鸟类；栗鹀和普通朱雀最小，显著低于红喉姬鹟和红点颏。

直肠（RE）：4 种鸟类的直肠长度（REL）均达到显著差异水平 [分别为 $F_{(3,34)}$=3.521，P<0.05；$F_{(3,34)}$=12.876，P=0.000；$F_{(3,34)}$=18.635，P=0.000]。普通朱雀的 REL 最大，红点颏和红喉姬鹟最小（二者差异不显著），栗鹀居中。红点颏的直肠去内容物重量（REE）、直肠干重（RED）均为显著高于其他 3 种鸟类。

小肠重量的增加与器官黏膜层的显著增加一致，小肠黏膜厚度的增加可以提高营养吸收率（Hammond et al.，2001；Lee et al.，2002）。红点颏和红喉姬鹟较大的消化道重量可能会提高对营养物质的吸收率，从而更加有效地利用食物资源，满足较高的能量代谢要求。这表明，肠道器官的形态与能量代谢之间存在密切的联系（Caviedes，2000；Witmer，2001）。普通朱雀具有最长的小肠便是对植物性食物条件的适应。较长的消化道可以使食物在消化道内滞留的时间变长，使普通朱雀对食物的消化率增加或保持不变（Hammond et al.，1991）。同时，小肠长度的增加还可以加强肠道内壁的运输功能，增加消化和吸收率（Dekinga et al.，2001）。而栗鹀、红喉姬鹟和红点颏则由于食物质量的逐步提高而表现为消化道长度的依次递减。此外，小肠重量的中间差异反映了动物能量需求的不同。

研究表明，4 种雀形目鸟类的总消化道长度和重量、各消化器官的长度（胃长度除外）和重量均表现出明显的种间差异。栗鹀和普通朱雀的总消化道重量和各消化道器官重量明显低于红点颏和红喉姬鹟；栗鹀和普通朱雀的总消化道长度和各消化器官长度显著长于红点颏和红喉姬鹟。

对于不同的物种来说，食性、生活史特征和能量消耗水平等因素是影响消化和吸收的重要因素（Green et al.，1987）。由于栗鹀等雀形目鸟盲肠退化，因此，胃和小肠对食物的消化及吸收起着至关重要的作用，不同种鸟胃和小肠的种间差异较大，与食性及生活史特征密切相关（柳劲松，2004；Sibly，1981）。植食性鸟类的食物质量相对较差，为了维持生存，这些物种必须增加摄食。如果没有其他调节，摄食量的增加会缩短食物在消化道内的滞留时间，从而导致消化率降低（Slarck，1999，2001），因此它们往往具有较长的消化道，以便增加食物在肠道内的滞留时间，使消化效率增加或保持不变。另外，食虫鸟类由于活动性较高的生活史特征必然要求具有较高的代谢水平，而消化道各器官重量的增加可以满足动物对能量需求的增加，因此，食物的质量与能量需求均可促使动物在消化道形态结构上进行一些有益的调整。

胃的大小与很多因素有关，如温度、食物质量和繁殖状态等。按照 Ellis 等（1994）的理论推测：取食高能值动物性食物的鸟类相对于取食低能值植物性食物的鸟类具有相对较高的活动性，其觅食和防御等活动消耗的能量应该高于后者，故每日的能量需要也较高。红点颏和红喉姬鹟较大的胃容量意味着一次能摄入较多的食物，可以使动物"多食少餐"，缩短了取食时间，既可以降低被捕食的风险，又可以减少冷暴露的时间，从而减少能量消耗（Walsnerg，1990；Dekinga，2001）。

小肠是食物消化和营养吸收的主要场所，其形态学的变化往往与能量需求有关（Karasov，1996）。Karasov（1996）比较了小型鸟类的小肠与食性的关系。发现了消化道长度存在明显的种间差异现象。植食性鸟类小肠长度大于杂食性鸟类；以昆虫为食的鸟类消化道总长度最短（Mcwillians et al.，2001）。

林琳等（2011）对丝光椋鸟（*Sturnus sericeus*）、白头鹎（*Pycnonotus sinensis*）、小鹀（*Emberiza pusilla*）及红头长尾山雀（*Aegithalos concinnus*）4 种雀形目鸟类的消化道形态结构进行了比较研究。结果发现，4 种雀形目鸟类总消化道及各消化器官的长度和重量均存在显著种间差异。其中丝光椋鸟总消化道及各消化器官的长度及重量最高，白头鹎和小鹀居中，而食虫鸟红头长尾山雀的各项指标最低。这些结果表明，食性在 4 种雀形目鸟类的消化道进化中占有十分重要的地位，由于食性的差异其表现出了不同的消化道形态适应特征：丝光椋鸟、白头鹎及小鹀较长及较重的消化道是对食物质量要求相对较低的适应，而红头长尾山雀消化道较小的重量及较短的长度符合其摄取较高质量食物的要求。

四、卵壳的超微结构

卵壳的形态结构与其遗传、生理功能及卵壳的种属特异性相关。因此，卵壳超微结构的研究，对种的分类鉴定、演化、亲缘关系、生态适应及环境因子检测等都具有参考价值。

（一）鹭卵壳超微结构

朱曦于 1997 年 5 月对采自浙江省中部常山县伏江鹭类保护区的池鹭（*Ardeola bacchus*）、牛背鹭（*Bubulcus ibis*）、白鹭（*Egretta garzetta*）、夜鹭（*Nycticorax nycticorax*）等 4 种鹭卵进行了超微结构研究（朱曦等，2000）。

1. 卵壳的结构

鸟类卵壳最外层为钙质蛋壳，内表面紧贴一层外壳膜。在外壳膜与卵蛋白之间还有一些纤维状的内壳膜。卵壳由有机基质和钙盐两部分组成，其中结晶钙占 98%。在有的鸟类卵壳的覆盖物中含有霰石（aragonite）和球霞石（vaterite），为输卵管上的腺细胞分泌在卵壳上的润滑剂或分泌物。4 种鹭卵壳外表面都有由有机基质和钙盐组成的覆盖物。在电镜下观察，4 种鹭卵壳外表面都有不同程度的裂纹（图 3-4 中的 1～4）。夜鹭卵壳表面呈颗粒状，裂纹少而不明显，气孔多，呈圆形。牛背鹭与白鹭极为相似，裂纹中等，裂块呈美丽的灵芝形。池鹭龟状裂纹粗，相互连接，裂块也最大。

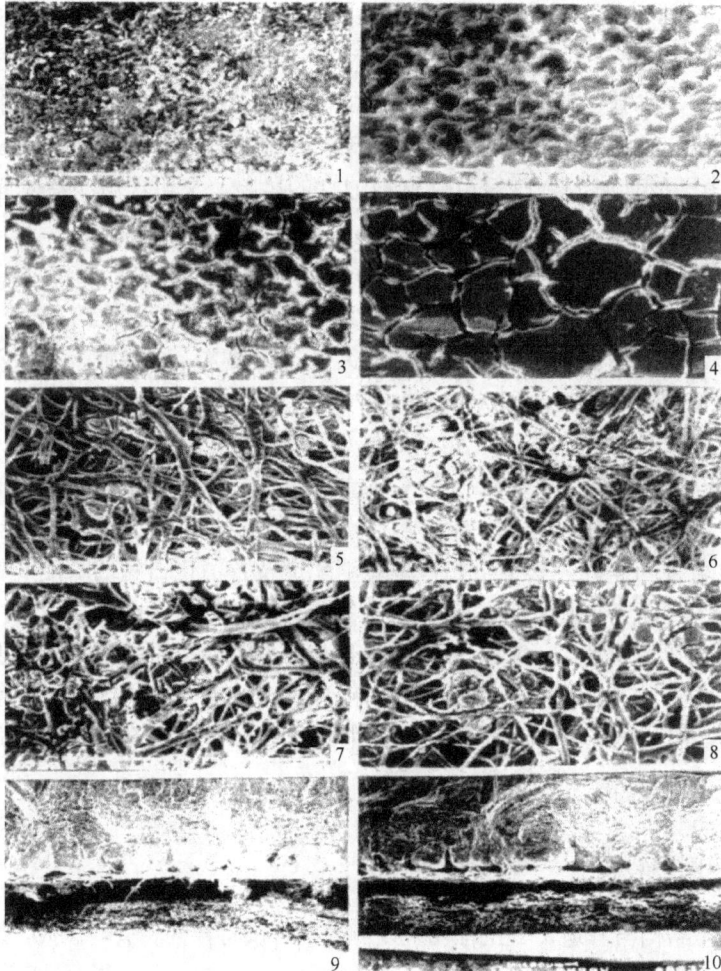

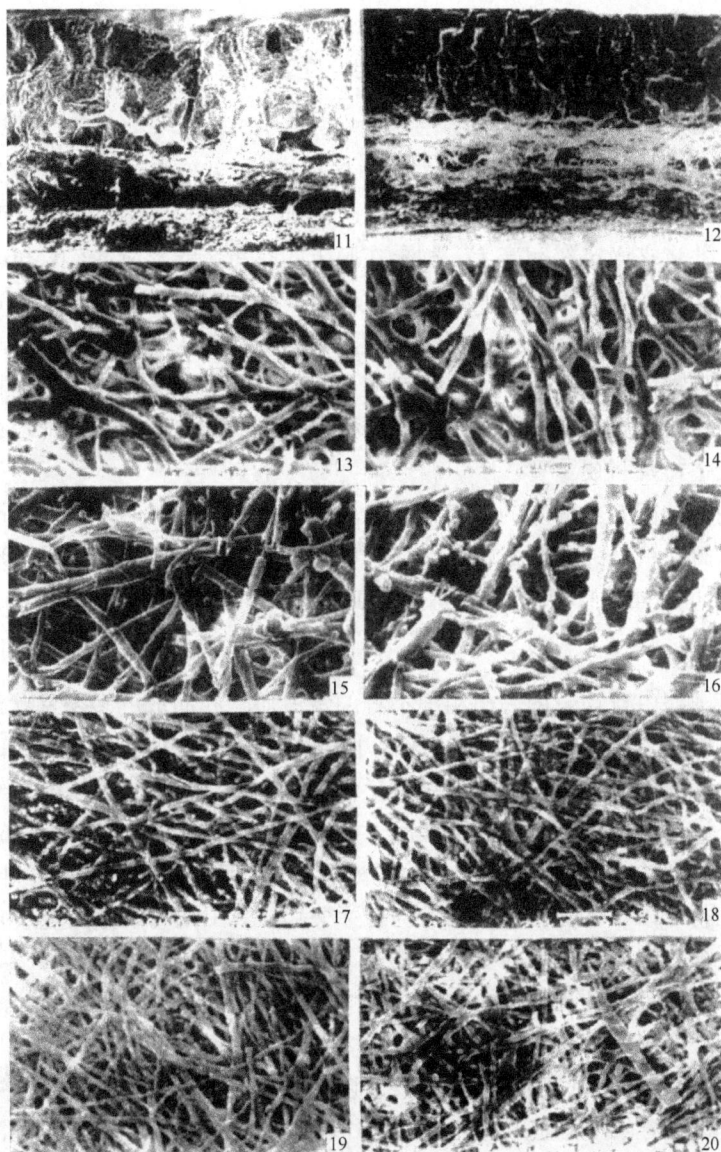

图 3-4 部分鹭卵壳的超微结构（自朱曦等，2000）

1. 夜鹭卵壳的外表面（×700）；2. 牛背鹭卵壳的外表面（×700）；3. 白鹭卵壳的外表面（×700）；4. 池鹭卵壳的外表面（×700）；5. 夜鹭卵壳的内表面（×700）；6. 牛背鹭卵壳的内表面（×700）；7. 白鹭卵壳的内表面（×700）；8. 池鹭卵壳的内表面（×700）；9. 夜鹭卵壳的横断面（×200）；10. 牛背鹭卵壳的横断面（×200）；11. 白鹭卵壳的横断面（×200）；12. 池鹭卵壳的横断面（×200）；13. 夜鹭外壳膜的内表面（×1300）；14. 牛背鹭外壳膜的内表面（×1300）；15. 白鹭外壳膜的内表面（×1300）；16. 池鹭外壳膜的内表面（×1300）；17. 夜鹭内壳膜的内表面（×1300）；18. 牛背鹭内壳膜的内表面（×1300）；19. 白鹭内壳膜的内表面（×1300）；20. 池鹭内壳膜的内表面（×1300）

卵壳的内表面（图 3-4 中的 5～8）均可看到残留纤维和排列整齐的花朵状乳锥。牛背鹭的纤维呈放射状排列，其余 3 种为树枝状网格。

卵壳厚度是种的特性之一，不同种鹭类卵壳的厚度不一致，这与不同鹭种体型大小和卵的大小有关。在 4 种鹭卵中，卵壳厚度分别为：夜鹭 186.7μm、牛背鹭 180.7μm、白鹭 173.3μm、池鹭 170μm，四者厚度之比为 1.10：1.06：1.02：1.00。体重分别为：夜鹭 632g、牛背鹭 354g、白鹭 311g、池鹭 241g，体重之比为 2.62∶1.47∶1.29∶1.00。卵重之比为 1.77∶1.42∶1.31∶1.00，和卵壳的厚度之比接近。

2. 卵壳的断面

4 种鹭卵壳断面基本结构（图 3-4 中的 9～12）与其他鸟类相似，可分为外壳膜、乳头结、基帽、锥体层和木栅层。外壳膜（outer shell membrane）内、外两层包在卵的内含物外面，并将它固定在卵壳上。固定在膜上的有机隆起称乳头结（mammilarcore），它被包围在晶体钙中。晶体钙向下突起并穿入到膜纤维中形成基帽（basal cap）。晶体钙的垂直突起形成锥体层（cone layer）。锥体融合而成木栅层（palisade layer）。

牛背鹭和夜鹭卵壳断面上，可观察到位于卵壳最外层表面的膜纤维结构致密，分别呈放射状或交织成网状，纤维间隙小。池鹭和夜鹭壳膜结构疏松、纤维较少，且粗纤维之间的间隙较牛背鹭和夜鹭宽。

夜鹭和牛背鹭卵壳木栅层的结晶钙形状不规则，但锥体层明显，基帽埋藏在壳膜之中；白鹭的木栅层结晶钙主要呈长梭形；池鹭呈多棱形；夜鹭的基帽呈锥形；牛背鹭呈"U"形，相互间排列较紧密；池鹭和白鹭的基帽不规则，但略似"V"形。

3. 壳膜

壳膜是包围卵内含物表面、由粗细不等的蛋白质交织而成的多层网状结构，分内、外两层。在卵壳形成过程中，膜起着保护卵内含物的作用，并能将内含物锚在钙芽晶体上 4 种鹭的外壳膜由粗细不等的蛋白纤维交织并重叠排列，形成多层网络结构。外壳膜纤维由内到外逐渐变粗，纤维上有芽突起（gemmule）（图 3-4 中的 13～16）。牛背鹭、夜鹭的膜纤维排列较紧密，纤维之间的间隙外观较圆。但牛背鹭壳膜纤维排列呈放射状。白鹭和池鹭壳膜纤维排列疏松、纤维上也有芽突起，其中池鹭的芽突起较多且明显。纤维间的空隙纤维的粗细直接和卵质有关。

4 种鹭内壳膜均由粗细不等的角蛋白纤维组成（图 3-4 中的 17～20），纤维较外壳膜细且致密，纤维上有芽状突起，而以夜鹭内壳膜芽状突起较多。

从 4 种鹭卵壳超微结构的比较和观察可以看出，白鹭、池鹭、夜鹭和牛背鹭因分隶 4 个属，卵壳的结构存在明显差异。夜鹭卵外表面呈颗粒状、龟裂纹细小、数量少，裂纹间呈间断性。外壳膜纤维较致密，呈树枝状网络。木栅层形状有规则、基帽呈锥形。牛背鹭、白鹭卵壳外表面相似，呈比较规则的灵芝花纹图案。龟裂纹多、裂纹粗细中等。牛背鹭卵内表面纤维呈放射状，木栅层形状不规则，基帽呈"U"形。白鹭卵壳内表面、外壳膜纤维网络都显得杂乱无章，呈树杈状错综复杂地交织在一起，非常致密。木栅层长棱形，基帽不规则，"V"形。而池鹭表皮较平坦，龟裂纹数量较多，较大且相连接。卵壳内表面纤维排列疏松，乳锥排列较为有序。外壳膜纤维排列都呈较疏松的球状网络、间隙较大。木栅层呈菱形，基帽略似"V"形。

壳膜纤维致密程度与其韧度有关。4 种鹭中以夜鹭的壳膜纤维更致密、韧度更大，可能与夜鹭个体及卵均较大有关。

上述卵壳结构特征表明牛背鹭与白鹭比较相似，而与夜鹭、池鹭的差异较大。4 种鹭卵内表面上乳锥构成不同形状图案也是种的一种特性，并与纤维网络结构一致。卵壳超微结构上的差异为研究鹱类分类和演化中的亲缘关系提供依据。

（二）海鸟卵壳超微结构

赛道建等（1996b，1996c，1997b，1998a）分别对白额鹱（*Calonectris leucomelas*）、扁嘴海雀（*Synthliboramphus antiquus*）、黑叉尾海燕（*Oceanodroma monorhis*）、大苇莺（*Acrocephalus arundinaceus*）进行了卵壳的扫描电镜观察。

3 种海鸟的卵壳从大公岛和长门岩岛上采得，鹱和海燕的卵壳大小差异很大，前者卵径约 46mm × 70mm（21 枚），后者卵径约 23mm × 31mm（33 枚），呈长椭圆形，浅褐灰色，表层和里层布满大小不等的棕褐色和黑褐色两层斑点，质地较硬。

3 种海鸟卵壳断面基本结构与其他鸟类相似。从内向外分壳层（eggshell membrane）、乳锥层（mammary cone layer）、锥体基层（mammary cone basal layer）、海绵层（spongy layer）和表层（outer layer），但形态上呈明显不同。

壳膜对卵内容物起着保护和把内容物锚在卵壳上的作用。电镜下，壳膜断面可分为内外两层，内层纤维较外层稀疏，内表面观，由粗细不等的蛋白纤维构成，纤维纵横交错呈网络状多层排列，其上有芽状突起。鹱的壳膜纤维呈网状，分布较均匀，纤维走向多样，芽突多呈小球状。海燕壳膜纤维走向基本一致，轴纤维较枝纤维粗，芽突呈棒状或小球状两种。海雀壳膜纤维呈明显的树枝状，轴纤维较侧枝纤维粗，走向基本一致，芽突少。

鹱和海燕在夏季，海雀在冬季来大公岛等海岛上进行繁殖，壳膜纤维间的空隙、密度和粗细等方面的不同，可能与卵质及生理功能有关。

3 种海鸟的乳锥层均呈现多角锥体状，乳锥顶面观方解石晶体均以锥核孔为中轴呈辐射状排列，可分为发达和不发达两种基本类型。鹱和海燕的乳锥比海雀的肥大，但数量较少，壳与壳膜间隙宽大。鹱的乳锥呈蘑菇状或散射晶杆；海燕的乳锥呈菊花状或锥形和板块状；海雀的乳锥呈月季花状或小块状和平台状。在发达的花瓣状乳锥上有纤维缠绕，由此可见，花瓣结构有助于壳膜纤维锚在其上。

锥体基层与壳平行，呈棱柱状，有鹅卵石和多角形两种；海燕的锥体基层呈近似三角形和接近圆形两种形态；海雀的锥体基层呈排列有序的棱柱状，多为近似方形，此层较厚，其基部与海绵层界限不清，不似鹱和海燕那样界限分明。

海绵层较厚，质地较硬，是卵壳的主体部分。由有机质和方解石结晶体沉积在片层基质中，其上有众多纵横交错的气孔，气孔管内层膜质白色、外层钙质灰黑色，断面过程中可将膜质器官拉出。鹱的片层状结构及气孔均不发达；海燕的气孔较粗而发达，缺少片层状结构；海雀则二者均发达，并且气孔管较细。单位面积内气孔数目为鹱∶海燕∶海雀 = 10.5∶18.3∶24.1，气孔管直径则分别为 5.88μm、6.56μm、5.36μm。

表层薄而且表面粗糙，凹凸不平，可分为基质层和表面突起两部分。鹱卵壳表面突起大而不规则，气孔口小而少；海燕卵壳表面突起小而多且均匀，气孔口多而大；二者气孔外口在卵壳表面凹凸处均可见。海雀卵壳表面和前二者不同，呈明显而不规则的龟背状裂纹，表面的球状突起大小不等，分布不均，极少见气孔外口，仅见于壳表凹陷处，和鸡形目卵壳相似。

3 种海鸟在同一海岛上繁殖，隶属 2 目 3 科，卵壳的基本结构、元素组成相似，但是，卵的形态、大小、卵壳的斑纹明显不同，而且卵壳的扫描电镜和无机元素能谱分析表明，超微结构在不同种、属间存在明显差异。在夏季繁殖的海燕和䴙卵壳气孔多贯穿表层，气孔管分枝梢有利于气体和水分的通透；海雀冬季在岛上繁殖，卵壳表层气孔少见，内部气孔片层结构多，既能保证通气，又可防止冷空气的侵袭，有利于孵化。乳锥、锥体和纤维结构、排列方式的不同，则与壳膜的锚连方式不同有关。亲缘关系近者相似性较大，可能与鸟类的系统分类及演化有一定的关系。

（三）白琵鹭、大苇莺卵壳的超微结构

俞伟东等（2000a）对鹳形目（Ciconiiformes）鹮科（Threskiornithidae）琵鹭属（*Platalea*）的白琵鹭（*Platalea leucorodia*）卵壳超微结构进行了研究，结果表明，白琵鹭的卵壳超微结构与其他鸟卵壳相似，都是由表层、木栅层、锥体层、乳突及壳膜组成，但卵壳具体结构仍有明显的差异。

白琵鹭卵壳表面与同为鹳形目鹮科的朱鹮、鹭科的池鹭卵壳表面一样，多有龟背纹状的裂纹。其木栅层及乳突是卵壳的主要部分和典型结构。钙结晶块状排列迹象明显，结构显得较为紧密。

表层由晶体层及覆盖物组成，裂缝细小，微小气孔分布密集，大型气孔通道稀少。木栅层为疏松的层状结构，气孔密度大；锥体层由块状晶体组成，纵向排成棱柱状，乳突排列成花朵状，间隔疏松。

卵壳内表面由表面的花瓣状基帽与朱鹮的基帽结构不同，前者中央无孔，向外突出；后者中央有孔，向内凹进。

壳膜层与其他鸟卵的结构相似，壳膜纤维都有结晶状的芽晶体，内外两层，结合紧密不易分离。纤维纵横交叉成网状，自外向内由粗变细，排列更趋紧密无序。

大苇莺卵壳膜纤维的内外层呈线状，中间则为有孔的膜带状纤维，从纤维形态结构可将壳膜分为3层。纤维上有火柴状芽突、苴膜状芽突和特有的纤维凹坑，外层纤维不仅锚连在锥突上，而且伸达乳椎层深部可能参与气孔有机质内壁的形成。锥体上和锥体间隙有众多大小不一的气孔内口，锥核孔及锥突多而不规则，每一锥体上有许多小锥突，而不是形成一个典型锥突。柱状体内不同层次内气孔大小有差异，气孔内有膜状横隔和球状塞，有助于控制和温暖进入卵内的气流。由于膜、壳结构功能是协调统一的，壳膜层的加厚可能代偿壳薄的部分功能。

第二节　生理与生化

一、生理生化常值

（一）血液

1. 血液生理常值

朱曦等（1999c）用常规方法对人工饲养的夜鹭、白鹭、池鹭等3种鹭血液生理生

化指标进行了测定，3 种鹭血液生理常值测定结果见表 3-2。

表 3-2　3 种鹭血液生理常值测定结果（自朱曦等，1999c）

项目	夜鹭（32 日龄）		夜鹭（27 日龄）	
	平均值	范围	平均值	范围
RBC/（×10^{12}/L）	2.43 ± 0.06	2.37～2.48	2.47 ± 0.11	2.36～2.57
Hb/（g/L）	120.50 ± 0.5	120.0～121.0	124.0 ± 4.0	120.0～128.0
PCV/%	34.75 ± 0.15	34.60～34.90	37.15 ± 2.25	34.90～39.40
MCH/Pg	49.70 ± 0.90	48.80～50.60	50.30 ± 0.50	49.80～50.80
MCV/fL	143.35 ± 2.65	140.70～146.0	150.60 ± 2.70	147.90～153.30
MCHC/%	34.70 ± 0.00	34.70	33.45 ± 0.95	32.50～34.40
血沉（ESR）/mm	5 ± 2.0	3～7	3.5 ± 1.50	2～5
温度（体温）/℃	40.0	40.0	40.0	40.0

项目	白鹭（32 日龄）		池鹭（32 日龄）	
	平均值	范围	平均值	范围
RBC/（×10^{12}/L）	2.55 ± 0.11	2.44～2.66	2.64 ± 0.02	2.61～2.66
Hb/（g/L）	146.0 ± 4.0	142.0～150.0	135.50 ± 8.50	127.0～144.0
PCV/%	38.30 ± 1.5	36.80～39.80	40.10 ± 0.20	39.90～40.30
MCH/Pg	52.70 ± 0.70	52.0～53.40	55.80 ± 1.70	54.10～57.50
MCV/fL	150.20 ± 0.60	149.60～150.80	152.20 ± 2.20	150.0～154.40
MCHC/%	35.10 ± 0.60	34.50～35.70	36.65 ± 0.55	36.10～37.20
血沉（ESR）/mm	4 ± 1.0	3～5	3.5 ± 0.50	3～4
温度（体温）/℃	40.0	40.0	40.0	40.0

注：RBC. 红细胞总数；Hb. 血红蛋白；PCV. 红细胞比积；MCH. 血红蛋白量；MCV. 红细胞平均体积；MCHC. 血红蛋白浓度

中性白细胞：20%～40%；淋巴细胞：60%～80%；淋巴细胞直径 10μm，比人白细胞略小

夜鹭 32 日龄与 27 日龄，在 $P < 0.05$ 时，t 检测无显著差异。32 日龄夜鹭、白鹭、池鹭 F 检测无显著差异（$\alpha = 0.05$）

3 种鹭红细胞总数（RBC）在 2.36×10^{12}～2.66×10^{12}/L 之间，池鹭最高。血红蛋白（Hb）夜鹭最低，白鹭较高。在不同日龄夜鹭中，血红蛋白相差不明显。红细胞比积（PCV）、血红蛋白量（MCH）、红细胞平均体积（MCV）、血红蛋白浓度（MCHC）均以池鹭为最高。

2. 血液生化指标

3 种鹭血液生化指标测定结果见表 3-3。

池鹭血清总蛋白（TP）、血清白蛋白（ALB）、血清球蛋白（GLO）显著高于白鹭和夜鹭。血清 K$^+$ 池鹭最高，夜鹭最低。3 种鹭血清 Na$^+$ 相似，而血清氯化物（Cl$^-$）白鹭稍高，血清 Ca^{2+} 白鹭最低。

3 种鹭血液生理常值与雉鸡、褐马鸡相比，红细胞总数（RBC）与红细胞比积（PCV）

表 3-3　3 种鹭血液生化指标测定结果（自朱曦等，1999c）

项目	夜鹭（32 日龄）		夜鹭（27 日龄）	
	平均值	范围	平均值	范围
TP / (g/L)	31.0 ± 1.0	$30.0 \sim 32.0$	31.5 ± 3.50	$28.0 \sim 35.0$
ALB / (g/L)	19.50 ± 0.50	$19.0 \sim 20.0$	19.5 ± 2.50	$17.0 \sim 22.0$
GLO / (g/L)	11.50 ± 0.50	$11.0 \sim 12.0$	12.0 ± 1.0	$11.0 \sim 13.0$
AKP / (King's Unit)	17.50 ± 3.60	$13.90 \sim 21.10$	29.80 ± 9.60	$20.2 \sim 39.40$
GLU / (mmol/L)	10.65 ± 0.25	$10.40 \sim 10.90$	7.10 ± 1.90	$5.20 \sim 9.0$
PUN / (mmol/L)	1.25 ± 0.15	$1.10 \sim 1.40$	1.20 ± 0.10	$1.10 \sim 1.30$
CO_2CP / (mmol/L)	$21.75 \pm 0.25^{*}$	$21.40 \sim 22.0$	21.0 ± 1.0	$20.0 \sim 22.0$
K^{+} / (mmol/L)	3.19 ± 0.27	$2.92 \sim 3.46$	2.89 ± 0.85	$2.04 \sim 3.73$
Na^{+} / (mmol/L)	145.0 ± 0.0	145.0	145.0 ± 1.0	$144.0 \sim 146.0$
Cl^{-} / (mmol/L)	113.0 ± 1.0	$112.0 \sim 114.0$	110.5 ± 4.5	$106.0 \sim 115.0$
Ca^{2+} / (mmol/L)	2.20 ± 0.10	$2.10 \sim 2.30$	2.35 ± 0.05	$2.30 \sim 2.40$

项目	白鹭（32 日龄）		池鹭（27 日龄）	
	平均值	范围	平均值	范围
TP / (g/L)	29.0 ± 2.0	$27.0 \sim 31.0$	34.0 ± 2.0	$32.0 \sim 36.0$
ALB / (g/L)	16.0 ± 2.0	$14.0 \sim 18.0$	19.0 ± 0.0	19.0
GLO / (g/L)	13.0 ± 0.0	13.0	15.0 ± 2.0	$13.0 \sim 17.0$
AKP / (King's Unit)	66.50 ± 10.70	$55.80 \sim 77.20$	30.2 ± 1.0	$29.2 \sim 31.2$
GLU / (mmol/L)	10.15 ± 0.25	$9.90 \sim 10.40$	10.7 ± 0.80	$9.9 \sim 11.5$
PUN / (mmol/L)	0.95 ± 0.05	$0.90 \sim 1.0$	1.40 ± 0.20	$1.20 \sim 1.60$
CO_2CP / (mmol/L)	18.0 ± 0.0	18.0	19.9 ± 0.90	$19.0 \sim 20.8$
K^{+} / (mmol/L)	4.60 ± 0.51	$4.09 \sim 5.10$	5.13 ± 0.67	$4.46 \sim 5.80$
Na^{+} / (mmol/L)	147.0 ± 1.0	$146.0 \sim 148.0$	147.0 ± 1.0	$146.0 \sim 148.0$
Cl^{-} / (mmol/L)	116.5 ± 1.50	$115.0 \sim 118.0$	113.0 ± 1.0	$112.0 \sim 114.0$
Ca^{2+} / (mmol/L)	1.95 ± 0.05	$1.90 \sim 2.0$	2.25 ± 0.15	$2.10 \sim 2.40$

注：TP. 血清总蛋白；ALB. 血清白蛋白；GLO. 血清球蛋白；AKP. 碱性磷酸酶；GLU. 血清葡萄糖；PUN. 血清尿素氮；CO_2CP. 血清 CO_2 结合量

夜鹭 32 日龄与 27 日龄 $P=0.05$ 时，t 检测皆无显著性差异，$*P=0.05$，F 检测有显著差异

均较雉鸡、褐马鸡低（表 3-4），红细胞平均体积（MCV）褐马鸡与池鹭相当，而比夜鹭、白鹭为高，雉鸡最低。3 种鹭的血红蛋白（Hb）、平均血红蛋白量（MCH）、血红蛋白浓度（MCHC）均比雉鸡和褐马鸡高，这与鹭类飞行活动量较大及耗氧量大有关。

表 3-4　3 种鹭血液生理常值与雉鸡、褐马鸡的比较（自朱曦等，1999c）

项目	夜鹭	白鹭	池鹭	雉鸡[*]	褐马鸡[**]
RBC/ $(\times 10^{12}/L)$	2.43	2.55	2.64	3.30	3.04
PCV/%	34.75	38.30	40.10	—	46.23
Hb/ (g/L)	120.50	146.00	135.50	103.8	97.90
MCH/Pg	49.70	52.70	55.80	41.40	32.20
MCV/fL	143.35	150.20	152.20	137.00	152.07
MCHC/%	34.70	35.10	36.65	30.07	21.18

[*]见卢国秀等，1992；[**]见唐朝忠等，1997

注：RBC. 红细胞总数；PCV. 红细胞比积；Hb. 血红蛋白；MCH. 血红蛋白量；MCV. 红细胞平均体积；MCHC. 血红蛋白浓度

　　3 种鹭血液生化指标与雉鸡（卢国秀等，1992）、褐马鸡（唐朝忠等，1997）相比，TP、ALB、血清 CO_2 结合量（CO_2CP）均比雉鸡、褐马鸡低，血清氯化物（Cl^-）比褐马鸡高（表3-5）。种属不同是导致 3 种鹭血液生化指标差别的重要原因。

表3-5　3种鹭血液生化指标与雉鸡、褐马鸡的比较（自朱曦等，1999c）

项目	夜鹭	白鹭	池鹭	雉鸡*	褐马鸡**
TP /（g/L）	31.00	29.00	34.00	46.78	39.94
ALB /（g/L）	19.50	16.00	19.00	22.88	23.45
CO_2CP /（mmol/L）	21.75	18.00	19.90	22.41	22.97
K^+ /（mmol/L）	3.19	4.60	5.13	5.44	1.33
Na^+ /（mmol/L）	145.00	147.00	147.00	151.59	119.67
Cl^- /（mmol/L）	113.00	116.50	113.00	—	102.78
Ca^{2+} /（mmol/L）	2.20	1.95	2.25	3.37	2.74

*见卢国秀等，1992；**见唐朝忠等，1997
注：TP. 血清总蛋白；ALB. 血清白蛋白；CO_2CP. 血清 CO_2 结合量

（二）肌肉、卵

1. 含水量

　　新鲜夜鹭胸肌、肝脏样品在 105℃下烘干至恒重，测得含水率分别为 68.28%和 69.86%。

2. 蛋白氨基酸

　　新鲜鹭科夜鹭属（*Nycticorax*）、白鹭属（*Egretta*）、池鹭属（*Ardeola*）、鹭属（*Ardea*）、麻鳽属（*Botaurus*）5 属 5 种鹭胸肌样品经处理后，在 835-50 氨基酸自动分析仪上进行分析测定，含 17 种氨基酸（表3-6～表3-8，图3-5，图3-6）。

表3-6　鹭肌肉氨基酸测定结果（2001 年）

成分	夜鹭 含量/（g/100g）	夜鹭 所占比例/%	白鹭 含量/（g/100g）	白鹭 所占比例/%	池鹭 含量/（g/100g）	池鹭 所占比例/%
天冬氨酸（Asp）	1.9787	9.30	2.0690	9.16	2.0508	9.57
苏氨酸（Thr）	0.9412	4.42	1.0412	4.61	1.0133	4.73
丝氨酸（Ser）	0.8023	3.77	0.8577	3.80	0.8040	3.75
谷氨酸（Glu）	3.6324	17.07	3.6485	16.14	3.8651	18.04
甘氨酸（Gly）	1.0093	4.74	1.0676	4.72	0.9656	4.51
丙氨酸（Ala）	1.2425	5.84	1.4480	6.41	1.3345	6.23
胱氨酸（Cys）	0.2342	1.10	0.2425	1.07	0.2187	1.02
缬氨酸（Val）	1.0858	5.10	1.2140	5.37	1.1184	5.22
甲硫氨酸（Met）	0.6112	2.87	0.5669	2.51	0.6472	3.02
异亮氨酸（Ile）	1.0684	5.02	1.0556	4.67	1.0873	5.08
亮氨酸（Leu）	1.9966	9.38	2.1382	9.46	2.0153	9.41
酪氨酸（Tyr）	0.8116	3.81	0.7931	3.51	0.7992	3.73
苯丙氨酸（Phe）	1.0345	4.86	1.0470	4.63	0.9691	4.52
赖氨酸（Lys）	1.9752	9.28	2.0370	9.01	1.9794	9.24
组氨酸（His）	0.5795	2.72	0.8215	3.64	0.5641	2.63
精氨酸（Arg）	1.5279	7.18	1.5223	6.74	1.4055	6.56
脯氨酸（Pro）	0.1559	0.73	0.7228	3.20	0.2844	1.33
总计	21.2802	100.00	22.5988	100.00	21.4193	100.00

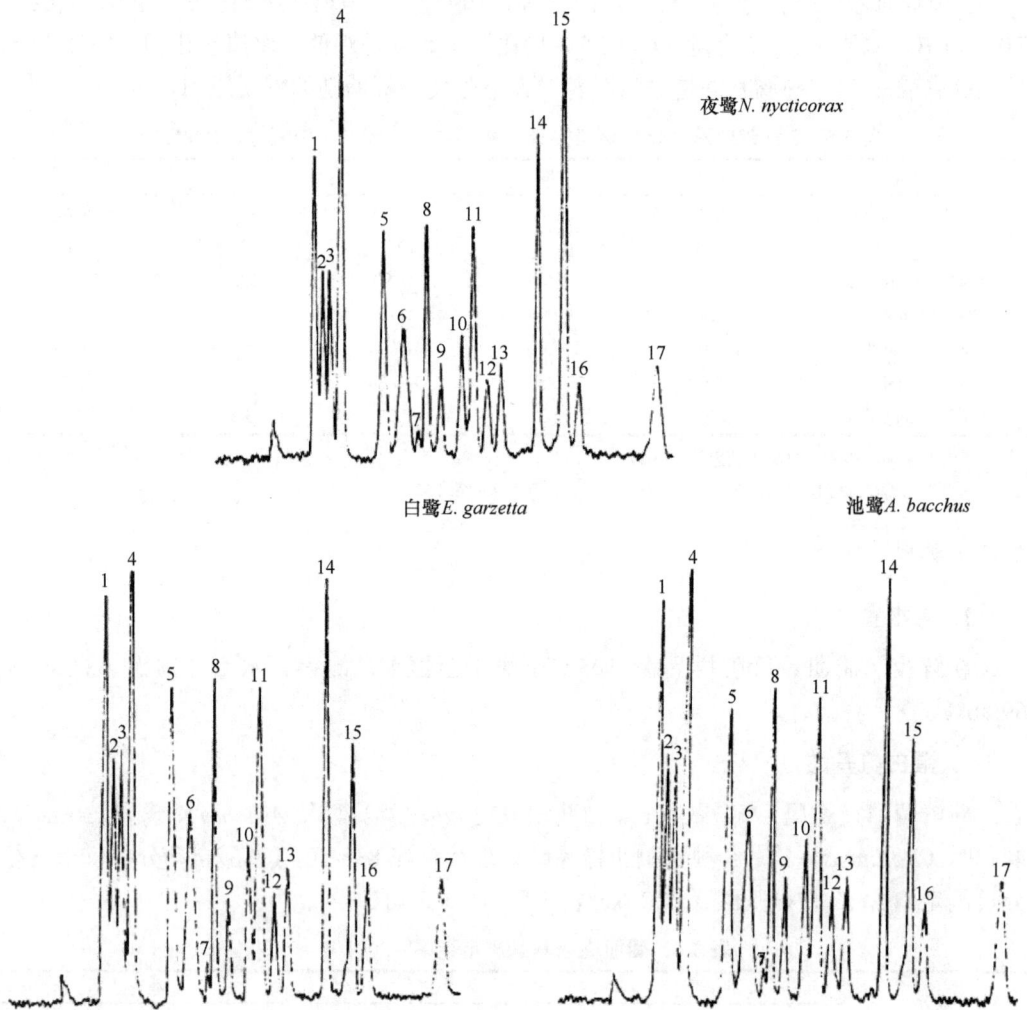

图 3-5 鹭肌肉氨基酸组分分析（2001 年）

1. 天冬氨酸；2. 苏氨酸；3. 丝氨酸；4. 谷氨酸；5. 甘氨酸；6. 丙氨酸；7. 胱氨酸；8. 缬氨酸；9. 甲硫氨酸；10. 异亮氨酸；11. 亮氨酸；12. 酪氨酸；13. 苯丙氨酸；14. 赖氨酸；15. 组氨酸；16. 精氨酸；17. 脯氨酸

表 3-7 苍鹭、大麻鳽肌肉氨基酸测定结果（2003 年）

成分	苍鹭		大麻鳽	
	含量/（g/100g）	所占比例/%	含量/（g/100g）	所占比例/%
天冬氨酸（Asp）	4.6130	9.74	4.8270	9.92
苏氨酸（Thr）	2.3284	4.92	2.2869	4.70
丝氨酸（Ser）	1.8943	4.00	1.8065	3.71
谷氨酸（Glu）	8.0454	16.99	8.6076	17.70
甘氨酸（Gly）	2.2895	4.83	2.1940	4.51
丙氨酸（Ala）	3.0586	6.46	3.0461	6.26
胱氨酸（Cys）	0.4474	0.94	0.3773	0.78
缬氨酸（Val）	2.4711	5.22	2.5939	5.33

续表

成分	苍鹭		大麻鳽	
	含量/（g/100g）	所占比例/%	含量/（g/100g）	所占比例/%
甲硫氨酸（Met）	1.2419	2.62	1.3816	2.84
异亮氨酸（Ile）	2.3714	5.01	2.5732	5.29
亮氨酸（Leu）	4.4896	9.48	4.5071	9.27
酪氨酸（Tyr）	1.7210	3.63	1.7644	3.63
苯丙氨酸（Phe）	2.2156	4.68	2.1119	4.34
赖氨酸（Lys）	3.4566	7.30	3.8870	7.99
组氨酸（His）	1.3283	2.80	1.3406	2.76
精氨酸（Arg）	3.1861	6.73	3.2890	6.76
脯氨酸（Pro）	1.5977	3.37	1.4014	2.88
总计	47.3609	100.00	48.6396	100.00

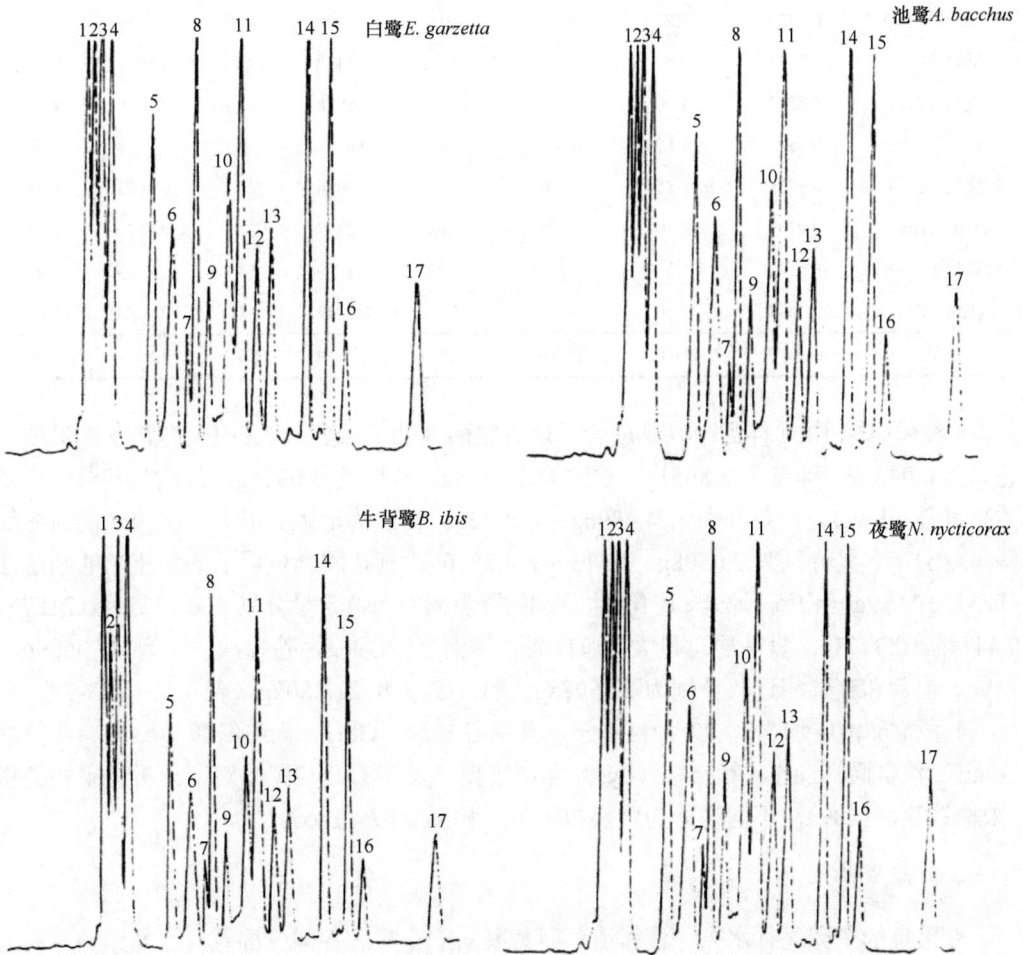

图 3-6 鹭卵清蛋白氨基酸组分分析（自朱曦等，1999e）

1. 天冬氨酸；2. 苏氨酸；3. 丝氨酸；4. 谷氨酸；5. 甘氨酸；6. 丙氨酸；7. 胱氨酸；8. 缬氨酸；9. 甲硫氨酸；10. 异亮氨酸；11. 亮氨酸；12. 酪氨酸；13. 苯丙氨酸；14. 赖氨酸；15. 组氨酸；16. 精氨酸；17. 脯氨酸

表 3-8　鹭卵清蛋白氨基酸测定结果（自朱曦等，1999e）

氨基酸	池鹭		白鹭		夜鹭		牛背鹭	
	含量/(g/100g)	所占比例/%	含量/(g/100g)	所占比例/%	含量/(g/100g)	所占比例/%	含量/(g/100g)	所占比例/%
天冬氨酸（Asp）	1.3205	10.22	1.5818	10.10	1.4147	10.02	0.9351	10.55
苏氨酸（Thr）	0.6262	4.85	0.7819	4.99	0.6723	4.76	0.4498	5.07
丝氨酸（Ser）	1.2051	9.34	1.2316	7.87	1.1814	8.37	0.6306	7.11
谷氨酸（Glu）	1.9378	15.01	2.1265	13.58	2.1014	14.89	1.2999	14.67
甘氨酸（Gly）	0.3906	3.03	0.4626	2.95	0.4120	2.91	0.2645	2.98
丙氨酸（Ala）	0.3985	3.09	0.7592	4.085	0.7212	5.11	0.4277	4.82
胱氨酸（Cys）	0.1941	1.50	0.2751	1.75	0.2223	1.57	0.1688	1.90
缬氨酸（Val）	0.6675	5.17	0.8291	5.29	0.7041	4.98	0.4714	5.32
甲硫氨酸（Met）	0.4755	3.68	0.5355	3.35	0.5581	3.95	0.3234	3.64
异亮氨酸（Ile）	0.7374	5.71	0.9610	6.14	0.7900	5.59	0.5158	5.82
亮氨酸（Leu）	1.2434	9.63	1.5682	10.02	1.3490	9.55	0.8919	10.06
酪氨酸（Tyr）	0.5557	4.30	0.7329	4.68	0.5978	4.23	0.3746	4.22
苯丙氨酸（Phe）	0.7599	5.89	0.9534	6.09	0.8127	5.57	0.5287	5.96
赖氨酸（Lys）	0.9758	7.56	1.1099	7.09	1.0096	7.15	0.6013	6.78
组氨酸（His）	0.2717	2.10	0.3263	2.08	0.2907	2.05	0.1770	1.99
精氨酸（Arg）	0.6848	5.30	0.8174	5.22	0.7729	5.47	0.4366	4.92
脯氨酸（Pro）	0.4644	3.60	0.5183	3.31	0.4247	3.00	0.3098	3.49
总计	12.9089	100.00	15.5707	100.00	14.0349	100.00	8.8069	100.00

5 种鹭肌肉 100g 样品中氨基酸含量以谷氨酸（Glu）最高，其中大麻鳽为 8.6076g，苍鹭为 8.0454g，池鹭为 3.8651g，白鹭为 3.6485g，夜鹭为 3.6324g；其次为苍鹭、白鹭的亮氨酸（Leu），含量分别为 4.4896g、2.1382g；再次为池鹭、苍鹭、大麻鳽的天冬氨酸（Asp），含量分别为 2.0508g、4.6130g、4.8270g；氨基酸含量最低的为夜鹭的脯氨酸（Pro）（0.1559g），白鹭、池鹭、苍鹭、大麻鳽的胱氨酸（Cys）含量分别为 0.2425g、0.2187g、0.4474g、0.3773g；氨基酸总量大麻鳽最高，达到 48.6396g，苍鹭次之，为 47.3609g，白鹭、池鹭和夜鹭相近，分别为 22.5988g、21.4193g 和 21.2802g（表 3-6，表 3-7）。

4 种鹭卵清中均含有 17 种氨基酸，其中谷氨酸（Glu）、天冬氨酸（Asp）、亮氨酸（Leu）、丝氨酸（Ser）、赖氨酸（Lys）含量较高（表 3-8）。与黑琴鸡卵分析结果相类似（宋榆钧等，1989），不同之处为鹭类中多了一种脯氨酸（Pro）。

（三）卵组成的比率

对采集的鹭卵进行水煮，使卵清、卵黄凝固，冷却后各部分称重，计算比例。对池鹭、夜鹭、白鹭测定，其卵组成比例中，卵清蛋白比例最高，其次为卵黄，而卵壳的比例最小，卵组成比例在 3 种鹭中十分相近（表 3-9）。

表 3-9　鹭卵组成比例（1999 年）

鹭种类	卵壳/%	卵清蛋白/%	卵黄/%
池鹭 *A. bacchus*	8.57	70.40	21.03
夜鹭 *N. nycticorax*	7.25	71.00	21.75
白鹭 *E. garzetta*	7.71	70.83	21.46

（四）卵清、卵黄主要成分组成

卵由卵壳、卵清和卵黄三部分组成，而卵清、卵黄的主要成分为水分、粗蛋白、粗脂肪和灰分等。对鹭卵主要成分测定，卵清中水分含量高，卵黄中粗蛋白、粗脂肪、灰分的含量较高（表 3-10）。

表 3-10　3 种鹭卵清、卵黄组成比较（1999 年）

鹭种类	成分	水分/%	粗蛋白/%	粗脂肪/%	灰分/%
池鹭 *A. bacchus*	卵清	85.36	12.40	0.12	0.72
	卵黄	45.62	17.25	34.81	1.22
夜鹭 *N. nycticorax*	卵清	86.21	12.27	0.09	0.87
	卵黄	47.22	16.92	34.19	1.26
白鹭 *E. garzetta*	卵清	85.22	12.88	0.21	0.83
	卵黄	47.12	17.04	33.92	1.66

（五）卵酯酶（EST）同工酶谱

同工酶谱是遗传基因表达后分子水平的表现型，它反映了在生物的系统发生、进化和变异中基因、基因表达和细胞生理代谢及生物整体表型的关系。酶谱的差异可直接从分子水平反映细胞组织中的生化差异。通过对鸟卵的不同部分进行比较，可间接了解卵遗传信息库中的基因差别，进一步了解胚胎发育过程中，特异性基因产物的同工酶对产生新细胞类型的有效标志物的变化。

对鹭科池鹭卵进行了酯酶（EST）同工酶分析。酶带数量为 20 条，其中卵清部分 EST 同工酶谱共 6 条带。不同 pH 梯度下池鹭卵 EST 同工酶的分布数量不同（表 3-11）。

表 3-11　不同 pH 梯度下池鹭卵 EST 同工酶的分布数量（自谢惠安等，1992）

卵组成 ＼ pH	2.5	4.8	5.4	5.6	6.0	6.2	6.4	6.7	7.0	7.2	8.0	9.5
池鹭卵清	0	1	2	2	2	2	2	1	1	1	0	0
池鹭卵黄	0	0	0	0	0	0	0	2	1	2	1	0

卵黄在 pH＞6.4 时，酶带出现；卵清中 pH 在 5.4～6.4 时酶带较多，而 pH＜2.5 或 pH＞8.0 时，无酶带出现（表 3-11）。卵清酶带数比卵黄多，胚胎发育过程中，卵清总是较卵黄先耗尽，卵清中有较多的同工酶存在，促使代谢活动的旺盛有关。

（六）肠蛋白酶

对白鹭（*Egretta garzetta*）和牛背鹭（*Bubulcus ibis*）雏鸟蛋白酶进行研究，发现白鹭和牛背鹭雏鸟肠蛋白酶存在着许多共同的理化特性，包括分子量、等电点、耐热性、抗冻融能力、最适温度等，而且对 Ag^+ 和 Hg^{2+}、EDTA、Ca^{2+} 和 Mg^{2+} 的影响也表现出相同的反应。白鹭和牛背鹭肠蛋白酶主要为中性蛋白酶，其最适 pH 分别为 9.0 和 8.6。两种鹭类肠蛋白酶的比活力虽然存在差异，但是由于同一物种内部不同个体之间的比活力数据变化范围比较大，因此，种间肠蛋白酶比活力差异的统计学比较结果表现为不显著。

在活性中心研究方面，乙酰丙酮和甲醛对酶的活力没有影响，说明两种鹭类肠蛋白酶的活性中心不含有精氨酸和氨基。DTNB 对牛背鹭蛋白酶活力没有影响，对白鹭蛋白酶有影响但并没有能够强烈抑制蛋白酶的活性，所以半胱氨酸也不是两种鹭类蛋白酶活性中心的必需基因，而 NBS 和 PMSF 对两种鹭类的蛋白酶都有强烈的抑制作用，说明酶的活性中心包含有色氨酸和丝氨酸。可见，这些鹭类肠蛋白酶主要是丝氨酸蛋白酶（朱开建等，2005）。

（七）同工酶

赵小凡等（1987）对大斑啄木鸟（*Dendrocopus major*）和灰头绿啄木鸟（*Picus canus*）的血清、肌浆、肝和心肌的乳酸脱氢酶（LDH）同工酶，以及血清和肝的酯酶（EST）同工酶，并进行了肌浆蛋白 SDS-PAGE 电脉。

两种啄木鸟的肌浆 LDH 同工酶表型略有不同，大斑啄木鸟呈现明显的 3 条带，灰头绿啄木鸟亦为 3 条带，但中间带很细，不易分辨。在血清、心肌和肝等 3 种组织中，两种啄木鸟的 LDH 均表现为 1 条带，仅在含量和活性上表现出微小的差异。

大斑啄木鸟和灰头绿啄木鸟的 EST 同工酶差异显著，在同种鸟的不同组织中也有显著差异。大斑啄木鸟的肝酯酶表现出 2 条带，血清酯酶表现出 3 条带；灰头绿啄木鸟的肝酯酶表现出 3 条带，血清酯酶表现出 4 条带。

肌浆蛋白 SDS-PAGE 电泳的结果在两种间表现出较大的差异。大斑啄木鸟为 16 条带，灰头绿啄木鸟为 19 条带。将肌浆蛋白的电泳图谱分成 3 个区段，从正极向负极分别为：I 区段、II 区段、III 区段。在 I 区段，大斑啄木鸟为 4 条带，灰头绿啄木鸟为 5 条带，比前者多了 1 条弱带；在 II 区段，大斑啄木鸟为 6 条带，其中有 3 条粗带，而灰头绿啄木鸟为 5 条带，只有 2 条粗带；在 III 区段，大斑啄木鸟有 6 条带，靠负极端的 1 条带较粗，其余带粗细较均匀，灰头绿啄木鸟有 9 条带，其中 3 条很细的带夹在较粗的带之间。

二、基础代谢、能量生态

（一）昼夜活动节律及能量代谢

钱国桢等（1982）测定鸟类的耗氧量，然后根据耗氧量换算热量单位的间接测热法研究迁徙鸟白腹蓝［姬］鹟（*Ficedula cyanomelana*）的能量代谢。研究表明，白腹蓝［姬］鹟在秋季迁徙期间昼夜活动，白天与夜间活动频率差异不显著，其夜间耗氧量亦无显著差异。迁徙期，将鸟置在光—暗颠倒的环境中数天后，其昼夜耗氧量及活动节律与正常状态的仍有相似趋势。迁徙结束后，进入越冬期的白腹蓝［姬］鹟，其昼夜活动与耗氧量均呈现昼高夜低的特点。

白腹蓝［姬］鹟的耗氧量随环境温度降低（从 30℃降到 10℃）而迅速增加。不论迁徙期还是越冬期的鸟，耗氧量与环境温度都呈现显著的负相关。迁徙期的内部生物因子对白腹蓝［姬］鹟耗氧量的影响是明显的，秋季迁徙期的昼夜耗氧量平均水平明显高于非迁徙的越冬期。迁徙期，经光—暗颠倒的昼夜总耗氧量水平高于正常状态，但差异不显著，说明光—暗颠倒与正常状态的日平均能耗十分接近。

对白腹蓝［姬］鹟做了秋季迁徙期及越冬期的光—暗颠倒的观察，发现正在迁徙期的鸟，光—暗颠倒循环，对它们昼夜代谢节律及活动强度的影响不明显，这可能与鸟类此时在迁徙期处于昼夜"不安状态"有关。越冬期的鸟，置光—暗颠倒的循环中，头 1～2 天内，昼夜活动节律十分紊乱，经 5 天后，代谢与活动节律开始与光—暗循环出现同步。说明鸟类对光—暗环境变化有调整适应过程，光—暗颠倒循环对越冬期鸟类生理钟的改变是有影响的。同时还看到，越冬期的鸟在光—暗颠倒中，白天（黑暗条件下）减少能耗，夜间（光照）增加能耗，而昼夜总耗能与正常状态的很接近，可能越冬期的白腹蓝［姬］鹟，具有调节日能量分配的机能。

（二）环境温度对鸟类热能代谢的影响

环境温度是重要的生态因子，研究环境温度对鸟类热能代谢的影响，将有助于阐明其中种群生理生态特征与适应环境温度的能力。同时，亦有助于探讨鸟类调温机制的演化。

环境温度对不同龄期鸽子热能代谢的影响研究表明：成鸽在 12～36℃环境中的代谢率曲线呈"U"形，其标准代谢率为（1.4333 ± 0.0535）$mlO_2/(g·h)$，中性温度区为 18～32℃，雏鸟在 22℃与 28℃环境，其化学调温机制建成年龄为 8～10 日龄；雏鸽的代谢率呈两个相反趋势的年龄相，当化学调温机制建成之前，代谢率与日龄或体重呈正相关，而后呈负相关；雏鸟在 22～28℃环境中，4 日龄前的代谢率 $[cal/(w^{0.67}·h)]$ 比成鸽低；5 日龄后，则高于成鸽；至化学调温机制建成时，达到最高水平，但是在 36℃环境中，却始终低于成鸽水平（王培潮和钱国桢，1985）。

钱国桢等（1983a）温度对高山岭雀（*Leucosticte brandti*）能量平衡影响研究中发现，高山岭雀总能量摄入随温度的下降而增加，即温度每下降 1℃，每克体重每天总能量摄入相应增加 0.0196kcal。代谢能随着环境温度下降而直线增加，每克体重每天的代谢能以每降低 1℃，增加 1.49%直线上升。

高山岭雀在不同的温度条件下，平均的食物利用率为 81.82%。随着温度下降，利用率降低。排泄能量随温度的升高，是以利用率随温度的上升而增加来维持其能量平衡的。

钱国桢和徐宏发（1986a）对绿翅鸭（*Anas crecca*）、琵嘴鸭（*Anas clypeata*）和斑嘴鸭（*Anas poecilorhyncha*）的静止代谢率（resting metabolic rate，RMR）的测定中，

分析了 RMR 与环境温度及体重之间的关系。结果表明，3 种野鸭的静止代谢率有明显的季节变化，在秋、冬、春三季，绿翅鸭都是 30℃下耗氧量最低；琵嘴鸭是秋季 25℃，冬春季 30℃耗氧量最低；斑嘴鸭冬季 20℃，春季 25℃，秋季 30℃下耗氧量最低。

（三）静止代谢率、生存能

钱国桢和徐宏发（1986b）在静止代谢率、生存能研究中，发现成鹌鹑在 15～40℃时的静止代谢率曲线呈"U"形，25℃时最低，其正常体温（41.52±0.40）℃。1 日龄雏鹌鹑的体温已相当于恒温水平时的 71.57%，但至 20～21 日龄才恒温。1 日龄的静止代谢率较低，仅相当于成鸟的 80%左右；2 日龄后，较成鸟为高；而 20℃时较 35℃时高（王培潮和章平，1986）。在笼养条件下，绿翅鸭换飞羽需 21～25 天，琵嘴鸭则需 25～30 天。换飞羽期间，绿翅鸭和琵嘴鸭的静止代谢率较换羽前分别增高 24.8%和 34.7%。体重在换飞羽开始后增加，重新获得飞行能力前则体重下降仍回复到换羽前水平。

徐宏发等（1989）对绿翅鸭、琵嘴鸭、斑嘴鸭生存能测定表明，3 种野鸭越冬期每天摄食量分别为 32.4g、54.9g、80.2g，食物利用率依次为 75.6%、73.7%、73.8%，生存代谢率依次为 102.7kcal/（只·天）、173.6kcal/（只·天）、248.2kcal/（只·天）。总能量的摄入有 3 个高峰，分别出现在秋季迁来后、冬季寒潮后和春季迁飞前。

黄克坚等（2009）测定了红头长尾山雀（Aegithalos concinnus）、白头鹎（Pycnonotus sinensis）、丝光椋鸟（Sturnus sericeus）和小鹀（Emberiza pusilla）的基础代谢率（basal metabolic rate，BMR），结果显示，基础代谢率与脑、肝、肾、胃、小肠和总消化道干重相关性显著。张永普等（2006）对两种雀形目鸟类的代谢产热特征及其体温调节也进行了研究。

华宁等（2011）对长江口崇明东滩及渤海湾北部的唐海和东港地区的大滨鹬、红腹滨鹬、红颈滨鹬在不同迁徙停歇地的能量积累研究表明，大滨鹬在崇明东滩停歇期间体重随时间的增长不显著，而在唐海和东港则随时间推移显著增加，但在唐海地区的增长速率均显著高于在崇明东滩的增长速率。且 3 种滨鹬在渤海湾北部停歇后期的平均体重均显著高于在崇明东滩停歇后期的平均体重。这说明崇明东滩和渤海湾北部对 3 种滨鹬可能是两种不同类型的迁徙停歇地，前者可能是一个暂时停留修整的地点，后者则是重要的能量补充地。

（四）鸟卵孵化生理

鸟卵胚发育代谢率增长有 3 种类型：早成鸟类为"S"形，平胸类为峰形，晚成鸟类为指数形。胚胎发育代谢率是胚胎生长与维持能量消耗的反映。孵化期的每克入孵卵的总耗氧量：早成鸟类为（100.8 ± 19.1）ml/g，晚成鸟类为（88.4 ± 26.9）ml/g，鸵形鸟类为（151.6 ± 53.2）ml/g。

王培潮（1991）研究表明，鸟卵孵化时期的总失水量占入孵时卵重的 15%，每天失水速率受卵壳传导率及卵壳内外之间的水蒸气压力差影响，随着传导率与水蒸气压力差增大而增加失水速率，而传导率又随壳孔数目与壳孔径增大而增大。

第三节　遗　传

华东鸟类研究中涉及遗传方面的论文较少，其原因可能与鸟类染色体制作上的困难和核型中含有大量的微小染色体而使得分辨时难度增大有关。但核型研究对于细胞水平上探讨鸟类分类和系统演化具有重要的意义。

一、核型研究

郭超文等（1988）对三宝鸟（*Eurystomus orientalis*）核型研究结果表明，三宝鸟核型的染色体数 $2n=68$，AN=74，其中 7 对是大型染色体，27 对是微小染色体。性染色体为 ZW 型。三宝鸟核型中的染色体能被清楚地分成两种类型，是二型性核型（bimodal karyotype），大型染色体占单套染色体总长的 51% 左右（通常鸟类大型染色体占 51%～55%）；多数微小染色体的形态不易辨认，在核型分析中均被舍弃而仅分析大型的或前面的 10 对染色体。三宝鸟的核型中仅有 3 对（Z 染色体）为亚中部着丝点染色体，其余则为亚端部或端部着丝点染色体，这是三宝鸟核型结构的主要特征。在鸟类的核型演化过程中，含中部或亚中部着丝点染色体多的种为比较特化的种，而含中部或亚中部着丝点染色体少的，则相对较原始。根据三宝鸟所含双臂染色体数目极少的特点，可能属于一种比较原始的种类。

陈友铃等（1998a，2000，2002）对 18 种鸟类核型进行了比较研究，核型数据、染色体数目分别如下。

（1）褐翅鸦鹃（*Centropus sinensis*），染色体数目 $2n=76±$，由 7 对大染色体和 31 对小染色体组成。大染色体中 No.1、No.5、No.6 为 m 型，No.2、No.3 为 sm 型，No.4 为 st 型，No.7 为 t 型。小染色体均为 t 型或点状，由于仅检查了雄体，故无法确认性染色体。

（2）大杜鹃（*Cuculus canorus*），染色体数目 $2n=78±$，包括 7 对大染色体和 32 对小染色体。大染色体中 No.1、No.2、No.3 为 sm 型，No.5 为 st 型，No.6 为 m 型，小染色体中除 No.8 为 m 型外，余者均为 t 型或点状。性染色体为 No.4，Z 染色体为 m 型，W 染色体为 m 型，大小介于 No.8 和 No.9 之间。

（3）白胸翡翠（*Halcyon smyrnensis*），染色体数目 $2n=76±$。核型十分特别：No.1 染色体特别长，为 m 型，No.2、No.5、No.7 为 m 型，No.3、No.6、No.8 为 sm 型，No.9 对以后为 t 型或点状，大、小染色体没有明显界限。性染色体为 No.4，Z 染色体为 m 型，W 染色体为 t 型，大小介于 No.9 和 No.10 之间。

（4）普通夜鹰（*Caprimulgus indicus*），染色体数目 $2n=76±$，由 7 对大染色体和 31 对小染色体组成。大染色体中 No.1、No.3、No.6、No.7 为 t 型，No.2、No.4 为 st 型，小染色体中除 No.8 为 m 型外，余者均为 t 型或点状。由于仅检查了雄体，故推测性染色体为 No.5，Z 染色体为 m 型，无法确认 W 染色体。

（5）领角鸮（*Otus bakkamoena*），染色体数目 $2n=82±$，由 7 对大染色体和 34 对小染色体组成。大染色体之间长度差异不大，其中 No.4 为 m 型，No.5 为 sm 型，余者均为 t 型。小染色体均为 t 型或点状。由于仅检查了雄体，故根据前人结果推测性染色体为 No.4，Z 染色体为 m 型，无法确认 W 染色体。

（6）蓝翅八色鸫（*Pitta brachyura*），染色体数目 2*n*=84，由 7 对大染色体和 35 对小染色体组成。小染色体均为 t 型或点状，性染色体为 No.4，Z 染色体为 sm 型；W 染色体为 sm 型，大小介于 No.5 和 No.6 之间。

（7）发冠卷尾（*Dicrurus hottentottus*），染色体数目 2*n*=72，由 7 对大染色体和 29 对小染色体组成。小染色体均为 t 型或点状，性染色体为 No.4，Z 染色体为 sm 型；W 染色体为 t 型，大小介于 No.8 和 No.9 之间。

（8）黑领椋鸟（*Gracupica nigricollis*），染色体数目 2*n*=76，由 7 对大染色体和 31 对小染色体组成。小染色体均为 t 型或点状，性染色体为 No.4，Z 染色体为 m 型；W 染色体为 sm 型，大小介于 No.8 和 No.9 之间。

（9）丝光椋鸟（*Sturnus sericeus*），染色体数目 2*n*=78，由 7 对大染色体和 32 对小染色体组成。小染色体均为 t 型或点状，性染色体为 No.4，Z 染色体为 m 型；W 染色体为 m 型，大小介于 No.8 和 No.9 之间。

（10）鹊鸲（*Copsychus saularis*），染色体数目 2*n*=78，由 7 对大染色体和 32 对小染色体组成。小染色体均为 t 型或点状，性染色体为 No.4，Z 染色体为 m 型；W 染色体为 t 型，大小介于 No.8 和 No.9 之间。

（11）紫啸鸫（*Myophonus caeruleus*），染色体数目 2*n*=78，由 7 对大染色体和 32 对小染色体组成。小染色体均为 t 型或点状，性染色体为 No.4，Z 染色体为 sm 型；W 染色体为 t 型，大小介于 No.8 和 No.9 之间。

（12）黑脸噪鹛（*Garrulax perspicillatus*），染色体数目 2*n*=76，由 7 对大染色体和 31 对小染色体组成。小染色体均为 t 型或点状，性染色体为 No.4，Z 染色体为 sm 型；W 染色体为 t 型，大小介于 No.8 和 No.9 之间。

（13）大山雀（*Parus major*），染色体数目 2*n*=80，由 7 对大染色体和 33 对小染色体 33 对。小染色体中 No.8 和 No.9 为 sm 型，余者均为 t 型或点状，由于仅检查了雄体，无法确认性染色体。

（14）白胸苦恶鸟（*Amaurornis phoenicurus*），染色体数目 2*n*=78，由 5 对大染色体和 34 对微小染色体组成。大染色体中 No.1、No.2、No.5 为 m 型，No.3 为 st 型，微小染色体均为 t 型或点状，性染色体为 No.4，Z 染色体为 m 型；W 染色体为 t 型，大小介于 No.8 和 No.9 之间。

（15）斑鱼狗（*Ceryle rudis*），染色体数目 2*n*=80。No.1、No.2、No.4、No.7、No.9 为 m 型，No.3 为 st 型，No.5、No.8、No.10 及其后染色体均为 t 型或点状，大、小染色体没有明显的界限，由于仅检查了雄体，故无法确认性染色体。

（16）绿鹦嘴鹎（*Spizixos semitorques*），染色体数目 2*n*=78，由 7 对大染色体和 32 对小染色体组成。大染色体中 No.1 为 m 型，No.2、No.3、No.4、No.6、No.7 为 st 型，No.5 为 sm 型，小染色体均为 t 型或点状，由于仅检查了雄体，故无法确认性染色体。

（17）红嘴蓝鹊（*Urocissa erythrorhyncha*），染色体数目 2*n*=78。No.1、No.2、No.3、No.5 为 sm 型，No7、No.8 为 m 型，No.6、No.9、No.10 为 t 型，性染色体为 No.4，Z

染色体为 m 型；W 染色体为 m 型，大小介于 No.7 和 No.8 之间。

（18）长耳鸮（*Asio otus*），染色体数目 2*n*=82，由 6 对大染色体和 35 对小染色体组成。长耳鸮具有鸮形目鸟类核型特点，有较多的 t 型染色体。在大常染色体中仅 No.5 为 m 型，余者均为 t 型。大染色体之间的长度差异不大，小染色体均为 t 型或点状，性染色体为 No.4，Z 染色体为 m 型；W 染色体为 sm 型，长度略短于 Z 染色体。

秃鹫（*Aegypius monachus*）线粒体基因组是环状、双链的 DNA 分子，序列全长为 17 811bp，共包括 37 个基因：*ND1～ND6*、*ND4L*、*ATP6*、*ATP8*、*CO I ～CO III* 和 *Cyt b*，2 个 rRNA 基因（*16S rRNA* 和 *12S rRNA*）、22 个 tRNA 基因和 1 个非编码的控制区（D-loop），另外，还包含一个额外的假控制区（pseudo-control region）。除假控制区外，秃鹫线粒体基因组的排列结构及方向与其他已知隼形目鸟类线粒体基因组全序列相一致。蛋白质编码基因中除 *CO I* 以 GTG 作为起始密码子外，其余均以典型的 ATN 作为起始密码子。除 *CO I* 和 *ND1* 以 AGG 作为终止密码子外，其余 11 个蛋白质编码基因以 TAN 结尾。*12S rRNA* 和 *16S rRNA* 长度分别为 981bp 和 1632bp，分布在 tRNA^{Phe} 和 tRNA^{Leu} 之间，被 tRNA^{Val} 隔开。所有 tRNA 除 tRNA^{Ser}（AGN）和 tRNA^{Lys}（CUN）缺失 DHU 臂外，其余都能折叠成典型的三叶草结构。控制区长度分别是 1225bp 和 1025bp，且假控制区中还有类似微卫星结构的重复序列（李博等，2013）。

刘刚等（2013）分析了中华秋沙鸭（*Mergus squamatus*）、豆雁（*Anser fabalis*）、鸳鸯（*Aix galericulata*）和赤麻鸭（*Tadorna ferruginea*）线粒体全基因组序列的基因组特点，并对各基因组进行了定位。4 种鸟类的线粒体基因组全长分别是 16 595bp、16 688bp、16 651bp 和 16 653bp。其线粒体基因组全序列包括 13 个蛋白质编码基因（*ND1～ND6*、*ND4L*、*ATP6*、*ATP8*、*CO I ～CO III* 和 *Cyt b*）、2 个 rRNA 基因（*16S rRNA* 和 *12S rRNA*）、22 个 tRNA 基因和 1 个非编码的控制区。4 种雁形目鸟类的线粒体基因组各基因长度、位置与已知雁形目鸟类相似，其编码蛋白质区域和 rRNA 基因与其他雁形目鸟类具有很高的同源性，显示其线粒体基因组在进化上十分保守。蛋白质编码基因中，主要以 ATN 和 GTG 作为起始密码子，终止密码子以典型的 TAA、T-或 TAG 为主。非编码区包括少量的基因间隔区和控制区，控制区均位于 tRNA^{Glu} 和 tRNA^{Phe} 之间。预测了 22 个 tRNA 基因的二级结构，除 tRNA^{Ser}（AGN）和 tRNA^{Phe} 缺少 DHU 臂外，其余均能折叠成典型的三叶草结构。2 个 rRNA 基因（*16S rRNA* 和 *12S rRNA*）位于 tRNA^{Phe} 和 tRNA^{Leu} 之间，并以 tRNA^{Val} 间隔。

二、微卫星多态性

1981 年，Miesfeld 等从人类基因文库中首先发现了微卫星 DNA。微卫星 DNA 是以 1～6bp 的核心序列成串联重复分布于整个基因组中的高度重复序列，广泛分布于真核生物中。由于微卫星具有分布广、信息量大、多态性高、共显性孟德尔遗传、多等位基因、扩增结果的重现性高、稳定可靠等优点，被认为是种群遗传结构最常用的分子标记，广泛应用于物种的种群遗传学研究（Wang et al.，2009）。

林芳君等（2010）采用 7 个微卫星位点遗传标记，对白颈长尾雉（*Syrmaticus ellioti*）4 个地理种群，105 个个体进行了种群遗传分析。研究发现，4 个地理种群均偏离哈迪-温伯格（Hardy-Weinberg）平衡，共检测到 62 个等位基因，平均等位基因数目为 8.86；大多数微卫星位点的观察杂合度值较低，平均为 0.504，要明显低于期望杂合度。7 个位点的多态信息含量为 0.549～0.860，平均为 0.712。用无限等位基因模型、逐步突变模型和双向突变模型对 4 个地理种群的种群瓶颈效应检测，发现各种群近期内都经历过瓶颈效应的影响。地理种群之间的 F_{st} 值表明，贵州与湖南地理种群间的分化达到了极显著水平（$P<0.001$）；由 Nei 氏的无偏遗传距离所构建的邻接树显示，贵州地理种群与湖南地理种群的遗传关系较远。微卫星对不同地理种群的分层分子变异分析（贵州地理种群和其他地理种群）发现：来自地理种群间和组群间的遗传变异量相对较小；而同一地理种群内个体之间的变异量较大（92.84%），且达到显著水平。

使用多态性 DNA 微卫星位点（105 个个体和 7 个位点）和线粒体 DNA 控制区序列（63 个个体）来研究白颈长尾雉性别偏倚扩散模式。传统的观点认为，鸟类中雌性个体比雄性个体更具扩散性。研究表明，白颈长尾雉的扩散模式是雄性偏倚的。在鸡形目中，不具群集展示行为的一夫多妻制物种更加倾向于雄性偏倚扩散模式（林芳君等，2011）。

戴宇飞等（2013）利用新一代 DNA 序列分析技术——454 焦磷酸测序筛选一批多态性较好的微卫星位点。通过该技术对黄嘴白鹭基因组进行随机测序，共产生 260 942 条序列，平均长度为 374.5bp。从中挑选出 297 条含有重复片段的序列，发现有 74 条序列具备合适的引物设计区域，成功筛选到 23 个有多态性的微卫星位点。这些位点的等位基因数目为 2～9 个，观测杂合度和期望杂合度分别为 0.094～0.844 和 0.091～0.840。其中 Ee10、Ee17 和 Ee23 三个位点偏离了哈迪-温伯格定律（$P<0.01$），并且发现位点 Ee10 和 Ee17 有空等位基因的出现（空等位基因频率分别为 0.211 和 0.297）。对这 23 个微卫星位点进行跨物种扩增，检测位点引物在另外 7 种鹭科鸟类（大白鹭、白鹭、夜鹭、苍鹭、岩鹭、池鹭和牛背鹭）中的通用性。通过 PCR 扩增及聚丙烯酰胺凝胶电泳银染技术的检测，发现这些位点引物在鹭科鸟类中具有较高的通用性，尤其是在白鹭中，有 87% 的位点扩增成功，并且有 17 个位点表现多态性。

三、性别、DNA 条形码及 MHC II 类 B 基因的克隆鉴定

聚合酶链反应（polymerase chain reaction，PCR）是美国 Cetus 公司人类遗传研究室的科学家 K. B. Mullis 于 1983 年发明的一种在体外快速扩增特定基因或 DNA 序列的方法。

江彬和陈小麟（2006）以鹳形目 5 种鹭科鸟类和 1 种鹮科鸟类的组织为实验室材料，采用 PCR 方法扩增其性别基因相关片段，探讨鹭科鸟类性别的分子鉴定方法。通过鉴定 3 对已知性别的白鹭（*Egretta garzetta*）、岩鹭（*Egretta sacra*）和黄嘴白鹭（*Egretta eulophotes*），以及 12 只未知性别的夜鹭（*Nycticoraxnycticorax*）、池鹭（*Ardeola bacchus*）、白鹭、牛背鹭（*Bubulcus ibis*）、黑脸琵鹭（*Platalea minor*）的性别基因 CHD 或 EEO6 上的基因相关片段并进行了比较，结果表明，利用引物 P_2 和 P_8 扩增的鹭科鸟类 CHD 基因片段，从白鹭、岩鹭、黄嘴白鹭、池鹭、夜鹭、牛背鹭 Z 染色体上能够得到一条大约

380bp 的片段，牛背鹭和黑脸琵鹭的扩增条带大约 385bp，从鹭科鸟类 W 染色体上得到的片段都为 390bp 左右。扩增条带出现两条带可以确定为雌性，样本仅有一条带可以确定为雄性。通过扩增 *EEO6* 或 *CHD* 基因片段的性别鉴定分子方法都能适用于鹭科鸟类的性别鉴定，由此可以解决鹭科鸟类雌雄外形同色而难以从外貌上区分其性别的问题。

王铤等（2013）利用 PCR、3′-RCAE 和 5′-RCAE 获得黄嘴白鹭（*Egretta eulophotes*）MHC Ⅱ 类 B 基因全长 2360bp 的 DNA 序列。分析结果表明：黄嘴白鹭 MHC Ⅱ 类 B 基因 DNA 序列包含 6 个外显子和 5 个内含子。其中外显子 1 编码前导肽，内含子 1 为 596bp，外显子 2 编码 β1 区域，内含子 2 为 266bp，外显子 3 编码 β2 序列，内含子 3 为 110bp，外显子 4 编码部分跨膜区，内含子 4 为 105bp，外显子 5 编码部分跨膜区，内含子 5 为 161bp，外显子 6 编码胞质结构域和部分 3′-UTR。

利用 2010 年福建乐屿繁殖黄嘴白鹭种群的 32 个个体样本检测 MHC Ⅱ 类 B 基因第 2 外显子的遗传多样性，共获得长度为 269bp 的第 2 外显子的 30 种单倍型序列。这些序列包含 75 个变异位点（50 个简约信息位点和 25 个单突变子），占 27.88%，其中密码子的第 1、第 2 和第 3 位点分别有 33 个、25 个和 17 个，各占 44%、33% 和 23%。变异位点包括 37 个转换和 28 个颠换，另有 10 个位点既有转换又有颠换。没有发现任何插入、缺失和异常的终止密码子。非同义替换共 58 个，造成了 44 个氨基酸的替换。基于核苷酸序列和氨基酸序列的 Neighbour-joining（NJ）树均把 30 种单倍型序列分为两支，且两支之间的核苷酸歧异度相当高。RDP 软件分析发现黄嘴白鹭 MHC Ⅱ 类 B 基因第 2 外显子在 21～100bp 和 243～257bp 的两个位置存在着基因转换（gene conversion）现象，提示基因转换也是黄嘴白鹭 MHC Ⅱ 类 B 基因遗传多样性高的维持机制之一。

高航等 2011 年采集国内分布的鹭科鸟类的 19 个物种的 72 个个体，利用通过引物 BirdF1、BirdR1、BirdR2 和 FalcoFA 进行 PCR 扩增和测序后，获得其 *CO I* 基因 5′端长度为 648bp 的 DNA 条码序列；结合 GenBank 和 BOLD 上已发布的其他鹭类 DNA 条码序列，共获得了鹭类 34 种 128 个个体的数据用于分析；利用 MEGA4.0 软件采用 Kmura2-parameter（K2P）距离法计算鹭类种内和种间遗传距离并构建序列间的 NJ 系统发生树。结果显示：绝大多数物种的种间遗传距离显著大于种内遗传距离，在近源物种中，同属种间差异平均约为种内差异的 8 倍；而且，在 NJ 系统发生树上，所有序列均能按照物种分类聚成单一的分支，各分类阶元间的聚类结果同它们的系统发生关系相吻合，因此，DNA 条码能够准确应用于鹭类物种的识别和鉴定。

罗斯特等 2015 年克隆测序白鹭（*Egretta garzetta*）5 个种群 138 份个体组织样本 MHC Ⅱ 类 B 基因（*DAB I*）第 2 外显子（exon2）序列。白鹭 MHC Ⅱ *DAB I* 第 2 外显子基因序列长度为 270bp，共计定义了 139 个等位基因。序列分析显示第 2 外显子基因有 101 个核苷酸变异位点（37.4%）和 31 个氨基酸变异位点（34.4%）。基于贝叶斯法构建的系统树显示白鹭 MHC Ⅱ *DAB I* 第 2 外显子基因有 5 个高支持率的谱系。肽结合位点（PBR）、非肽结合位点（non-PBR）非同义替换率（d_N）和同义替换率（d_S）比值计算显示，PBR 的 d_N/d_S 为 1.99（$P<0.05$＝，而 non-PBR 的 d_N/d_S 则小于 1，表明白鹭 MHC Ⅱ *DAB I* 第 2 外显子基因受到正选择作用。根据等位基因在群体中的分布频率作分子方差分析（AMOVA），得到 F_{st} 为 0.1941（$P<0.0001$），提示白鹭 MHC Ⅱ *DAB I* 第 2 外

显子基因存在显著的种群遗传结构分化；导致白鹭 MHCⅡ *DAB I* 第 2 外显子基因种群分化的原因可能是不同地理种群长期受到不同病原侵扰下引发不同免疫反应的结果，这种种群间的遗传差异反映出不同环境选择压力的作用。

雷威等 2015 年在鹳形目鸟类中鉴定出黄嘴白鹭（*Egretta eulophotes*）的 1 个非经典 MHCⅡ类 B 基因位点（*Egeu-DAB4*），测定分析其特性。基因表达结果显示，*Egeu-DAB4* 在心、肝、肾、食管、胃、胆及肠共 7 种组织中表达，但在肌肉中不表达。对 94 只黄嘴白鹭进行不对称 PCR-单链构象多态性分析，*Egeu-DAB4* 基因第 2 外显子无多态性。比较 *Egeu-DAB4* 与其他经典位点的氨基酸序列发现，*Egeu-DAB4* 在推测的抗原结合位点存在一些特殊的氨基酸残基，暗示其免疫功能可能与经典位点有较大区别。对 227 份羽毛、102 份血液及 36 份肌肉 DNA 样品进行 *Egeu-DAB4* 特异性扩增发现，*Egeu-DAB4* 在这 3 种组织中的出现率（36.56%、31.37%及 30.56%）无显著差别（χ^2=1.11，df=2，*P*=0.57），表明 *Egeu-DAB4* 仅存在于约占整个黄嘴白鹭种群的 1/3 个体中。系统进化分析结果显示，黄嘴白鹭 *Egeu-DAB4* 与其他 9 种鹭科鸟类（白鹭、岩鹭、苍鹭、大白鹭、牛背鹭、池鹭、夜鹭、海南鸦及黑尾鸦）的 *DAB2* 基因有较近的进化关系，提示非经典 MHCⅡ类 B 基因可能存在于整个鹭科鸟类中。

四、种群遗传结构

白头鹤（*Grus monacha*）是我国长江中下游湿地的越冬水鸟，国家重点保护动物。张黎黎等（2012）采集安徽菜子湖、升金湖、江西鄱阳湖、上海崇明东滩 4 个白头鹤越冬地粪便样品 221 份、羽毛样品 9 份和肌肉样品 4 份，从中获得了 72 份样品的 mtDNA 控制区（D-loop）1103～1104bp 序列。结合从 GenBank 获得的两个来自日本的白头鹤个体序列（GenBank AB017625、AB023813），对越冬种群进行了遗传结构分析。长江中下游 4 个越冬种群共发现 26 个变异位点，定义了 23 种单倍型。遗传多样性分析结果显示，白头鹤单倍型多样性 *H* 为 0.823±0.042，核苷酸多样性（π）为 0.001 57±0.000 21。各个种群 F_{st} 值编码我国长江中下游各种群之间无显著的遗传分化。两种中性检验（Tajima's *D*=–2.109 51，*P*<0.05；$F_{u's}F_s$=–19.351，*P*<0.01）分析结果表明，白头鹤在进化史上可能经历了种群扩张。

常青等（2013）对 235 个夜鹭（*Nycticorax nycticorax*）个体线粒体的 DNA 控制区、*cyt b*、*ATP-8* 基因及核 DNA 微卫星变异，对长江中下游地区不同地方繁殖种群的遗传变异进行了研究，探讨大陆夜鹭种群的遗传多样性、遗传结构及种群动态，分析了历史上气候变化及湿地环境变迁给动物带来的影响。主要结果为：夜鹭线粒体 3 个基因表现出具有中等（*ATP-8* 的单元型多样性>0.6）或较高（基于 D-loop 和 *cyt b* 的单元型多样性>0.9）的遗传多样性，11 个微卫星位点的观察杂合度和期望杂合度值均大于 0.8，每个位点的平均等位基因数达到 10.2。表明长江中下游地区夜鹭种群具有较高的遗传多样性，夜鹭种群具有较强的环境适应能力及较高的进化潜力；长江中下游地区夜鹭种群并没有形成显著的地理格局，其迁徙及扩散能力强可能是导致其种群遗传结构不明显的主要原因；种群动态研究表明，夜鹭种群扩展开始在距今 38 000～75 000 年，在末次大冰期间仍处在增长阶段，但距今 4000 年左右，夜鹭种群开始出现下降。人类活动所引起的湿地环境变迁及栖息地丧失是种群下降的主要原因；夜鹭在繁殖上存在配偶外交配现象。

五、线粒体全基因组序列分析

邹祎等（2014）利用 PCR 扩增和引物步移法测定了佛法僧目翠鸟科（Alcedinidae）两个物种：冠鱼狗（*Megaceryle lugubris*）和蓝翡翠（*Halcyon pileata*）的线粒体全基因序列，并分析了基因组序列组成、结构特点及蛋白质编码基因密码子使用情况，预测 22 个 tRNA 和控制区的结构。结构显示：①冠鱼狗线粒体基因组全长为 17 355bp（NC_024280），在佛法僧目已知线粒体基因组中是最小的；蓝翡翠线粒体基因组全长为 17 612bp（NC_024198），属于中间长度 [已知最长为三宝鸟（*Eurystomus orientalis*），线粒体基因组 17 774bp]；基因组碱基组成存在显著 AT 偏好（冠鱼狗和蓝翡翠的 A+T 含量分别为 55.9%和 53.7%，G+C 含量分别为 44.1%和 46.3%），符合线粒体基因组碱基组成特点。②两个线粒体基因组都包含 13 个蛋白质编码基因、2 个 rRNA 基因、22 个 tRNA 基因及 1 个非编码的控制区（D-loop），基因的排列与典型鸟类线粒体基因排布方式一致；基因排列紧凑，冠鱼狗在 18 对基因间存在 80bp 的间隔，7 对基因间存在 32bp 的重叠，蓝翡翠在 16 对基因间存在 89bp 的间隔，6 对基因间存在 30bp 的重叠。③13 个蛋白质编码基因除 *CO I* 和 *ND3* 的起始密码子分别为 GTG、ATT 外，其他均为 ATG；冠鱼狗有 2 个（*ND2* 和 *COIII*），而蓝翡翠有 3 个（*ND2*、*COIII* 和 *ND4*），基因为不完全终止密码子 T；13 个蛋白质编码基因分别编码 3787 个和 4469 个氨基酸，Leu 使用频率最高（17.16%/15.75%），其次为 Ile（12.1%/11.1%）、Thr（9.83%/9.4%）、Ser（7.64%/9.0%）。④线粒体基因组控制区可分为 3 个 domain，其中 domain I 和 domainⅢ碱基变异程度较大，而 domainⅡ相对保守，存在保守框 F-box、E-box、D-box 和 C-box。在 domain I 中发现与复制终止相关序列 ETAS，在 domainⅢ中存在 CSB1-box 和双向复制起点（LSP/HSP）和重链复制起点（O$_H$）结构；18 个 tRNA 可形成典型的四叶草结构，但存在碱基错配现象（常见的为 G-U 错配）；tRNA^{Phe}、tRNA^{Arg}、tRNA^{Cys}、tRNA^{Lys} 和 tRNA^{Ser}（AGY）出现 DHU 臂缺失现象；已知 4 种佛法僧目（冠鱼狗、蓝翡翠和三宝鸟、白眉翡翠）线粒体基因组 13 个蛋白质编码基因的碱基组成在第 1、第 2、第 3 位密码子上的波动范围分别为 1.10%～2.31%、0.54%～2.62%、0.84%～3.84%，相对其他两个位置的密码子，第 3 位密码子的波动范围大于第 1 和第 2 位，与第 3 位密码子的大幅摆动性一致。

六、嗅觉受体基因 *OR14J1* 的比较

嗅觉受调控于嗅觉上皮组织的嗅觉神经元表达出的嗅觉受体（olfactory receptor，OR）。在 OR 基因家族中，其位点相连于主要组织相容性复合体（major histocompatibility complex，MHC）的基因比例最大，有报道推测 *OR* 基因也可能关系到 MHC 功能，动物可能通过嗅觉选择配偶以利于后代免疫力和适应性。刘梦琦等 2015 年运用 PCR 克隆

技术，从鹭科鸟类 11 个物种（包括黄嘴白鹭、牛背鹭、池鹭、大白鹭、黄苇鳽、黑苇鳽、大麻鳽、栗苇鳽、紫背苇鳽）扩增出嗅觉受体基因 *OR14J1*。该基因总长度约为 800bp。其测序结果进行序列拼接比对后发现，11 个鹭类物种的 *OR14J1* 基因的一致性为 93.43%，在夜行性鹭类和昼行性鹭类的 *OR14J1* 基因序列间未发现显著差异。针对每一个鹭类物种的 *OR14J1* 序列建立 NJ 系统发生树进行分析，发现其 *OR14J1* 基因均分为明显两支，推测该基因至少存在两个不同的拷贝。随后对 11 个鹭类物种的 *OR14J1* 序列构建 NJ 系统发生树，分析发现其 *OR14J1* 基因也分为明显的两支，且在每一支中，基因存在明显混群现象，推测鹭类 *OR14J1* 基因存在物种进化。可见，鹭科鸟类嗅觉受体基因存在高度相似性，不同物种之间可能具有识别气味分子的相似嗅觉能力。

第四节　换　羽

换羽是鸟类固有的生理特征，它的季节性更换在生活史中同繁殖一样重要（Blackmore，1969；Dolnik，1979）。野生鸟类换羽的研究开始于 19 世纪末 20 世纪初，主要以飞羽和尾羽的脱换规律为主（雷富民，1996）。

国内鸟类换羽的研究始于 20 世纪 80 年代，李福来和黄世强（1985）对褐马鸡雏鸟换羽顺序进行过细致的研究；此后有红背伯劳（*Lanius collurio*）（郑光美，1979）、绿翅鸭（*Anas crecca*）和琵嘴鸭（*Anas clypeata*）（钱国桢等，1980；钱国桢和徐宏发，1986b）及雉类（仇秉兴等，1988）的换羽研究。对黄腹角雉（郑光美等，1986a）的换羽研究发现，尾羽从中央 1 对开始更换（离心型），随后各羽又是以向心形更换，飞羽更换顺序与雉族相似。

雀形目（Passeriformes）扇尾莺科（Cisticolidae）山鹪莺属（*Prinia*）其部分种类［如黄腹山鹪莺（*Prinia flaviventris*）、纯色山鹪莺（*Prinia inornata*）等］的尾羽具有逆向变化现象，即繁殖期尾羽短于非繁殖期。这种尾羽逆向变化现象在鸟类中非常少见（Prys，1991）。

丁志锋等（2007）对黄腹山鹪莺的秋季换羽进行了研究，结果显示：黄腹山鹪莺成鸟繁殖羽体长和尾羽长皆极显著短于冬羽（$P<0.01＝$，繁殖羽翼长显著短于冬羽（$P<0.05＝$，其余身体量度的差异均不显著（$P>0.05$）。9 月 17 日获得第 1 个黄腹山鹪莺换羽个体，初级飞羽已更换到 P5，次级飞羽已更换到 S6，11 月 20 日后所获样本均已完成羽毛的更换；初级飞羽的换羽模式为递降换羽，次级飞羽为递升换羽，尾羽为离心形换羽（图 3-9）；换羽期间，10 月的个体平均体重最大，显著（$P<0.01$）重于 11 月的体重，其他各月无显著性差异（$P>0.05$）。据此，推测黄腹山鹪莺秋季种群换羽的持续时间约 100 天；相对其他羽毛而言，尾羽更换对黄腹山鹪莺生长发育的影响更为明显。黄腹山鹪莺飞羽、尾羽更换见图 3-7～图 3-9。

换羽对鸟类而言是非常消耗能量的。鸭科中各种野鸭秋天换羽时间不很一致，居住东北部地区的野鸭，秋季换羽比生活在东南方向的要早。大多数野鸭在 8 月底和 9 月初已基本开始秋季换羽。然而野鸭在营巢地的换羽区，往往未全换好即开始秋季的迁徙，在迁徙途中或到达越冬地后继续更换。因此在太湖的秋季越冬地区能够见到未换好羽毛的鸭子（钱国桢等，1980）。

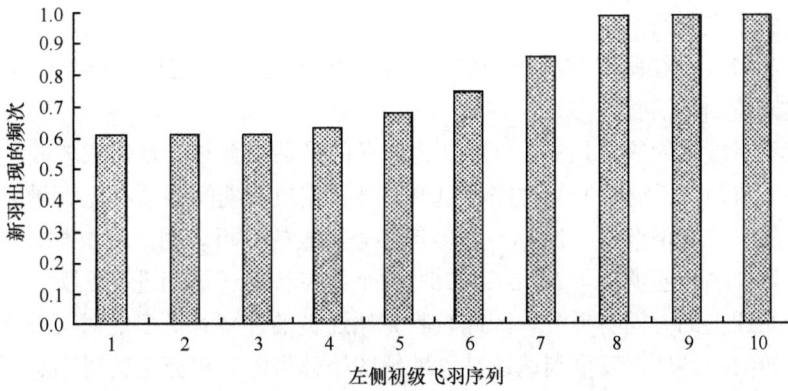

图 3-7 黄腹山鹪莺左侧初级飞羽更换频次（丁志锋等，2007）

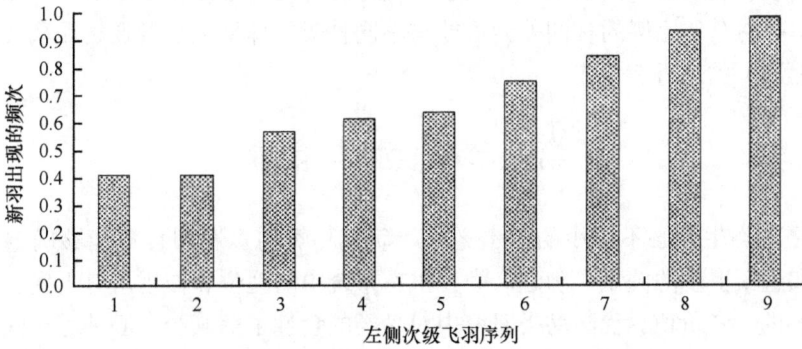

图 3-8 黄腹山鹪莺左侧次级飞羽更换频次（丁志锋等，2007）

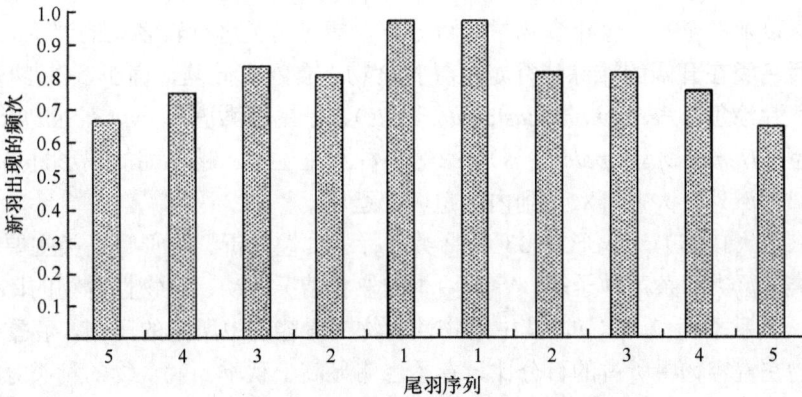

图 3-9 黄腹山鹪莺尾羽更换频次（丁志锋等，2007）

据钱国桢等（1980）观察，绿翅鸭、斑嘴鸭和罗纹鸭羽毛换得较早、较完全，在 10 月中除个别外，大多换羽结束，而其他大多数野鸭实际还未换全。如绿头鸭此时不少还披"夏装"，从羽色上尚难辨雌雄。这时的绿头鸭在尾、背、体侧及颈等各部，都找到有血管毛分布，但几乎所有个体翼羽均已全换好。到 11 月时绿翅鸭的血管毛已大为减少，到 1 月底才完全找不到有任何血管毛的个体。红头潜鸭和凤头潜鸭随机取样 20 只个体，只有 1 只全部换好，19 只见有血管毛，红头潜鸭比凤头潜鸭血管毛分布区还要大，到 1 月底换羽才完全结束。

王会（2007）对红胸滨鹬秋季迁徙的换羽研究表明迁徙期红胸滨鹬的换羽期为 70 天左右，比繁殖期换羽长得多。

鸟类换羽对能量的需求很高，一般认为候鸟的换羽不会与能量需求较高的其他生活史阶段（如繁殖期、迁徙期）的时间相重叠。鸟类在换羽期间必须补充大量能量以维持身体和羽毛生长。周倩彦等（2013）对多年环志数据的分析表明，红脚鹬、黑腹滨鹬、尖尾滨鹬、青脚鹬和翘嘴鹬等有 13%～25%的个体在秋季迁徙期进行换羽。同一物种雌性与雄性开始迁徙的时间有差异，因此较晚开始迁徙的性别有更多的时间补充能量，换羽的可能性较大；另外，较早到达迁徙停歇地的个体可能有更充足的时间进行换羽。从能量积累的角度，能量积累更多（体重较重）的个体进行换羽的可能性较大。换羽可能与飞羽的磨损程度有关，由于飞羽磨损影响飞行，鸟类在迁徙停歇地换羽可减少飞行的能量消耗。换羽个体比例的种间差异可能与不同种类的体型大小及迁徙距离（繁殖地到越冬地的距离）的远近有关。

第五节　食性与食量

食物是鸟类生存必不可少的因素之一，研究鸟类的食性和食量能够确定鸟类与农业、林业和医学卫生的关系。确定鸟类在生态系统中的地位和作用。对于拯救濒危鸟类也具有重要的参考价值。我国鸟类研究中对鸟类的食性了解甚少，但是对一些食虫鸟类（如大山雀、燕鸻等）和食谷鸟类（如麻雀、黄胸鹀等）均有比较广泛与深入的研究。

鸟类的食性随季节不同而有变化，进行全年逐月的食性分析，求出各食物成分的量和百分比，以及占全月、全年食物量的百分比，能对鸟类进行较客观的评价。

鸻形目鸟类在开阔的滩涂边行走边寻找食物，食物有硅藻、卤虫、沙参（*Goniada japonica*）、弹涂鱼（*Periophthalmus cantonensis*）、矛尾复鰕虎（*Synechogobius hasta*）、绒毛近方蟹（*Hemigrapsus peicilatus*）、螺等多种水生生物。越冬期的鸻形目鸟类，除了栖息于河口浅滩外，大多喜欢飞到内地鱼塘中避风。

崔志兴等（1985）对鸻形目 33 种鸟类进行了食性分析。鸻形目鸟类主要取食小型贝壳、螺类、蟹类和杂草种子等。春秋两季的取食情况：动、植物性食物的比例，春季为 3.9∶1，而秋季为 2.47∶1，其中动物性食物在胃容物中所占的比例，春季明显高于秋季。杂物在胃容物中所占的百分比，春季也明显高于秋季。就食物的种类分析，大多数贝类属于绿螂科（Glauconomidae）和蚬科（Corbiculidae），它们大部分的长径约 1.5cm，小部分长径约 2cm。大多数螺类属于滨螺科（Littorinidae）和泊螺科（Scaphandridae）。其中大部分螺的长度约 0.4cm，小部分螺的长度约 0.8cm。大多数蟹类属于方蟹科（Grapsidae）和沙蟹科（Ocypodidae）；其中大部分个体头胸甲的长宽径约 0.7cm×0.9cm，小部分的长宽径约 1.2cm×2cm，在部分红腰杓鹬的胃中发现有宽度约 0.6cm 的步足碎段。大多数昆虫属于鞘翅目（Coleoptera）。杂物包括芦荟叶片、蚕豆壳、棉籽、稻壳、坚果和橡皮。其中鱼刺在 4 只秋季捕获的青脚鹬胃中被发现。在 1 只秋季剖检的细嘴滨鹬和 2 只阔嘴鹬的胃中发现有少量的稻壳。此外，在少量胃中还发现已部分被消化的环节动物和藻类。

在潮间带上，被捕食物的分布存在水平的梯度变化。蟹类、草籽和芦苇主要分布在高潮带，贝类、螺类和环节动物主要分布在中潮带。在低潮带，虽然被捕食物的种类和数量都不太丰富，但相对来说环节动物为优势。

在潮间带上被捕食物的分布存在分层次的现象。被捕食物的种类数和生物量在中潮带最高，高潮带次之，低潮带最低。鸻形目鸟类在各个潮间带上的分布情况是不同的，大部分种类分布在中潮带，环颈鸻、金鸻等主要分布在高潮带，翘嘴鹬等一些小型鹬类主要分布在低潮带的近水区域。鸻形目鸟类在潮间带上的不同区域内具有丰富度差异的现象，在其他地区也较普遍。潮间带上鸟类丰富度的差异显然与被捕食物分层次分布有关。生物量越丰富的被捕食物在鸟胃中的遇见率越高。

朱曦等（1992b）对浙江江山林区食虫鸟类调查，剖检鸟类 9 目 21 科 61 种，胃内容物中 70.0% 以上为昆虫的鸟类有 39 种，占剖检鸟类总数的 63.9%。

朱曦等（1999b）于 1980～1995 年在浙江进行鸟类调查中，剖检 15 目 36 科 148 种鸟胃 1071 号，其中食虫鸟类有 12 目 32 科 119 种，分别占采集鸟类目的 80.00%，科的 88.89%，种的 80.41%。食虫鸟类中留鸟 58 种、夏候鸟 21 种、冬候鸟 25 种、旅鸟 15 种。留鸟和夏候鸟在浙江省内繁殖，育雏期间捕食昆虫量大，该两类鸟计（79 种）占食虫鸟类总数的 66.39%。由于空胃、标本采集月份等，有 29 种鸟类剖检中未见昆虫，这些鸟类包括松雀鹰（*Accipiter virgatus*）、秃鹫（*Aegypius monachus*）、董鸡（*Gallicrex cinerea*）、黑水鸡（*Gallinula chloropus*）、凤头麦鸡（*Vanellus vanellus*）、红腰杓鹬（*Numenius madagascariensis*）、青脚鹬（*Tringa nebularia*）、矶鹬（*Actitis hypoleucose*）、乌脚滨鹬（*Calidris temminckii*）、尖尾滨鹬（*Calidris acuminata*）、山斑鸠（*Streptopelia orientalis*）、领角鸮（*Otus bakkamoena erythrocampe*）、大拟啄木鸟（*Megalaima virens*）、北鹨（*Anthus gustavi gustavi*）、灰背燕尾（*Enicurus schistaceus*）、灰背鸫（*Turdus hortulorum*）、灰头鸦雀（*Paradoxornis gularis fokiensis*）、白腰文鸟（*Lonchura striata*）、斑文鸟（*Lonchura punctulata*）、金翅雀（*Carduelis sinica*）、锡嘴雀（*Coccothraustes coccothraustes*）、黄胸鹀（*Emberiza aureola*）、赤胸鹀（*Emberiza fucata*）、蓝鹀（*Latoucheornis siemsseni*）、凤头鹀（*Melophus lathami lathami*）、小䴘䴘（*Podiceps ruficollis*）、苍鹭（*Ardea cinerea*）、绿翅鸭（*Anas crecca*）和绿头鸭（*Anas platyrhynchos*）。食性分析列于表 3-12。

食物中昆虫出现频次百分比在 90% 以上的鸟类 36 种，占总数的 30.25%；昆虫频次在 70%～89% 的鸟类 24 种，占总数的 20.17%；昆虫频次在 50%～69% 的鸟类 34 种，占总数的 28.57%；昆虫频次百分比在 49% 以下的鸟类 25 种，占 21.01%。

食物分析中，取食鳞翅目蛾、蝶等幼虫和成虫的鸟类有四声杜鹃、普通夜鹰、三宝鸟、画眉、斑姬啄木鸟、大斑啄木鸟、星头啄木鸟、黑枕黄鹂、大山雀、灰眶雀鹛、红嘴相思鸟、灰喜鹊、树鹨、黄眉柳莺等 69 种，占食虫鸟类总数的 57.98%。

取食鞘翅目铜绿金龟子（*Anomala corpulenta*）、大黑金龟子（*Holotrichia diophalia*）、叶甲（*Ambrostoma* sp.）、淡足青步甲（*Chlaeuius pallipes*）、星天牛（*Anoplophora chinensis*）、云斑天牛（*Batocera horsfieldi*）、松墨天牛（*Monochamus alternarus*）、黄萤（*Luciola terminalis*）、叩头虫（*Corymbites pruinosus*）等昆虫的鸟类有红脚隼、红隼、斑头鸺鹠、

表 3-12 浙江食虫鸟类食性分析（白寿曦等，1999b）

	鸟类名称	分析鸟胃数	动物性食物/%									植物性食物/%			
			鳞翅目	鞘翅目	膜翅目	同翅目	直翅目	半翅目	双翅目	其他昆虫	其他动物	树木种子	杂草种子	农作物	其他植物
1	白鹭 *Egretta garzetta garzetta*	2								100					
2	池鹭 *Ardeola bacchus*	87	4.76				8.05	1.15		10.34	51.72				
3	栗苇鳽 *Ixobrychus cinnamomeus*	3		100									100	100	
4	赤腹鹰 *Accipiter soloensis*	4		100			50.0				50.0				
5	红脚隼 *Falco amurensis*	2		100							50.0				
6	红隼 *F. tinnunculus interstinctus*	3		100											
7	环颈雉 *Phasianus colchicus torquatus*	4		50.0						25.0	50.0			100	
8	白胸苦恶鸟 *Amaurornis phoenicurus chinensis*	4								25.0	50.0				
9	灰头麦鸡 *Vanellus cinereus*	5	20.0	40							60.0				
10	剑鸻 *Charadrius hiaticula placidus*	5								40.0	100				
11	金眶鸻 *C. dubius curonicus*	4		25.0	25.0	25.0					5.0				
12	泽鹬 *Tringa stagnatilis*	1								100					
13	珠颈斑鸠 *Streptopelia chinensis chinensis*	21	4.76									47.62	33.33	42.86	
14	四声杜鹃 *Cuculus micropterus micropterus*	1	100												
15	斑头鸺鹠 *Glaucidium cuculoides whiteleyi*	8		37.5			62.5				100				
16	普通夜鹰 *Caprimulgus indicus jotaka*	1	100	100	100										
17	普通翠鸟 *Alcedo atthis bengalensis*	16		12.5						100					
18	蓝翡翠 *Halcyon pileata*	2								100					
19	三宝鸟 *Eurystomus orientalis calonyx*	1		100	100			100		100					
20	戴胜 *Upupa epops saturata*	2	50.0	100	50.0		50.0								
21	蚁䴕 *Jynx torquilla chinensis*	2			100										
22	斑姬啄木鸟 *Picumnus innominatus chinensis*	2	100		100										
23	灰头绿啄木鸟 *Picus canus guerini*	4	50.0		100					50.0		50.0			
24	大斑啄木鸟 *Picoides major*	1	100	100	100			100		100					

续表

鸟类名称	分析鸟胃数	动物性食物/%									植物性食物/%			
		鳞翅目	鞘翅目	膜翅目	同翅目	直翅目	半翅目	双翅目	其他昆虫	其他动物	树木种子	杂草种子	农作物	其他植物
25 星头啄木鸟 Picoides canicapillus	1	100	100	100			100		100					
26 云雀 Alauda arvensis intermedia	2	100	100		100							100		
27 家燕 Hirundo rustica gutturalis	5	100	40.0	40.0			20.0	100	20.0					
28 金腰燕 H. daurica japonica	2	100	50.0	100				100	100					
29 灰鹡鸰 Motacilla cinerea robusta	2	50.0	100			50.0						100		50.0
30 白鹡鸰 M. alba ocularis	28	25.0	25.0	17.86			3.57	3.57	7.14			32.14		
31 田鹨 Anthus richardi sinensis	4								25.0			75.0		
32 树鹨 A. hodgsoni yunanensis	13	38.46	46.15	23.08					23.08			23.08		
33 水鹨 A. spinoletta japonicus	7		100									42.86		
34 山鹨 A. sylvanus	6	66.67	66.67									66.67		25.0
35 暗灰鹃鵙 Coracina melaschistos intermedia	5	60.0	25.0											
36 粉红山椒鸟 Pericrocotus roseus	3		66.67	33.33										
37 绿翅鸭嘴 Spizixos semitorques semitorques	10	30.0	50.0	10.0	10.0			10.0			30.0			30.0
38 黄臀鹎 Pycnonotus xanthorrhous andersoni	2	50.0	50.0											
39 白头鹎 P. sinensis	59	6.78	15.25	3.39		1.69	1.69	3.39	1.69		61.02	6.78		
40 黑鹎 Microseelis leucocephalus leucocephalus	8	1.25	27.50	1.25		1.25		1.25	1.25		62.50			28.81
41 小太平鸟 Bombycilla japonica	1								100		100			
42 虎纹伯劳 Lanius tigrinus	4		25.0	25.0	25.0	25.0						25.0		25.0
43 牛头伯劳 L. bucephalus bucephalus	3	33.33	66.67	33.33		33.33				66.67	33.33			
44 红尾伯劳 L. cristatus lucionensis	10	20.0	70.0	30.0	20.0	20.0				20.0				
45 棕背伯劳 L. schach schach	37	40.54	45.95	24.32	8.11	29.73	5.41	8.11		32.43				
46 黑枕黄鹂 Oriolus chinensis diffusus	11	45.45	27.27	36.36							18.18			
47 黑卷尾 Dicrurus macrocercus cathoecus	3	66.67	33.33		66.67	66.67	33.33		100					
48 灰卷尾 D. leucophaeus leucogenis	3		100	33.33			33.33	33.33	100					

续表

序号	鸟类名称	分析鸟胃数	动物性食物/%									植物性食物/%			
			鳞翅目	鞘翅目	膜翅目	同翅目	直翅目	半翅目	双翅目	其他昆虫	其他动物	树木种子	杂草种子	农作物	其他植物
49	发冠卷尾 *D. hottentottus brevirostris*	6		83.33	33.33	50.0	66.67			16.67					
50	丝光椋鸟 *Sturnus sericeus*	4	25.0	50.0	25.0	25.0	25.0	50.0	25.0	75.0					
51	灰椋鸟 *S. cineraceus*	10	10.0	10.0			20.0	50.0		20.0		80.0			
52	八哥 *Acridotheres cristatellus cristatellus*	8	25.0	75.0	12.50	12.50	50.0		12.50		50.0				
53	松鸦 *Garrulus glandarius sinensis*	4	100	25.0			100	50.0		25.0					
54	红嘴蓝鹊 *Urocissa erythrorhyncha erythrorhyncha*	24	37.50	50.0	8.33		4.17	4.17		4.17	8.33	33.33		8.33	
55	灰喜鹊 *Cyanopica cyana swinhoei*	1	100	100											
56	喜鹊 *Pica pica sericea*	7	14.29	14.29	14.29		42.86			28.57				42.86	
57	灰树鹊 *Dendrocitta formosae sinica*	5	40.0	40.0						80.0					
58	大嘴乌鸦 *Corvus macrorhynchos colonorum*	2		50.0	50.0										
59	红胁蓝尾鸲 *Tarsiger cyanurus cyanurus*	27	18.52	33.33	11.11							7.41	18.52		
60	鹊鸲 *Copsychus saularis prosthopellus*	11	18.18	36.37	18.18				72.73	18.18	9.09				9.09
61	北红尾鸲 *Phoenicurus auroreus auroreus*	15	22.22	20.0	33.33	13.33	13.33	13.33	13.33		6.67		26.67		
62	红尾水鸲 *Rhyacornis fuliginosus fuliginosus*	10	10.0	30.0	50.0			20.0			20.0		10.0		
63	小燕尾 *Enicurus scouleri*	1	100												
64	黑背燕尾 *E. leschenaulti sinensis*	7		57.14					28.57	14.29	14.29				
65	黑喉石䳭 *Saxicola torquata stejnegeri*	3	66.67	66.67				33.33							
66	蓝头矶鸫 *Monticola cinclorhynchus gularis*	1		100					100						
67	蓝矶鸫 *Monticola solitarius pandoo*	11	18.18	63.64	18.18					27.27	18.18				
68	紫啸鸫 *Myophonus caeruleus caeruleus*	4	25.0	50.0			25.0	25.0		25.0			25.0		
69	白眉地鸫 *Zoothera sibirica sibirica*	2	50.0	50.0											
70	虎斑地鸫 *Z. dauma aurea*	11		54.55	36.36		36.36			18.18					9.09
71	乌鸫 *Turdus merula mandarinus*	26	13.58	7.69	3.85		11.54		11.54	15.38		23.08	36.36		
72	白腹鸫 *T. pallidus pallidus*	10	40.0						10.0	10.0	20.0	50.0			30.0

续表

鸟类名称	分析鸟胃数	动物性食物/%									植物性食物/%			
		鳞翅目	鞘翅目	膜翅目	同翅目	直翅目	半翅目	双翅目	其他昆虫	其他动物	树木种子	杂草种子	农作物	其他植物
73 红尾斑鸫 *T. naumanni eunomus*	31	9.68	9.68	3.23		3.23		3.23	3.23		48.39	3.23	6.45	3.23
74 乌斑鸫 *T. naumanni naumanni*	4	50.0								25.0				
75 棕颈钩嘴鹛 *Pomatorhinus ruficollis styani*	2		50.0	50.0							50.0	25.0		
76 红头穗鹛 *Stachyris ruficeps davidi*	4		50.0											
77 黑脸噪鹛 *Garrulax perspicillatus*	5		40.0							20.0	60.0			
78 黑领噪鹛 *G. pectoralis picticollis*	2		50.0								50.0			
79 画眉 *G. canorus canorus*	12	50.0	33.33			25.0				8.33	25.0			
80 红嘴相思鸟 *Leiothrix lutea lutea*	2	100	50.0	50.0					50.0			50.0		
81 白眶雀鹛 *Alcippe morrisonia hueti*	1	100	100											
82 棕头鸦雀 *Paradoxornis webbianus webbianus*	24	4.17	29.17	12.50			8.33		20.83			37.50		
83 日本树莺 *Cettia diphone canturians*	8	37.50	62.50				25.0			25.0				
84 强脚树莺 *C. fortipes davidiana*	4	25.0	75.0	50.0										
85 黄腹树莺 *C. acanthizoides acanthizoides*	6		16.67	50.0				50.0						
86 矛斑蝗莺 *Locustella lanceolata*	2		50.0			100			50.0					
87 黄眉柳莺 *Phylloscopus inornatus inornatus*	9	55.56	66.67	33.33	11.11					22.22		11.11		
88 极北柳莺 *Ph. borealis borealis*	2	50.0		50.0										50.0
89 冠纹柳莺 *Ph. reguloides fokiensis*	3							75.0						
90 棕脸鹟莺 *Abroscopus albogularis*	2		100									50.0		
91 褐头鹪莺 *Prinia sunflava extensicauda*	3		100	33.33								33.3		
92 黄腹山鹪莺 *P. flaviventris sonitans*	2							100				50.0		
93 褐山鹪莺 *P. polychroa parumstriata*	2		100											
94 黄眉姬鹟 *Ficedula narcissina narcissina*	2		50.0	100										
95 白腹蓝鹟 *F. cyanomelana cumatilis*	1	100					100							
96 乌鹟 *Muscicapa sibirica sibirica*	3		100	66.67						66.67				

续表

鸟类名称	分析鸟胃数	动物性食物/%									植物性食物/%			
		鳞翅目	鞘翅目	膜翅目	同翅目	直翅目	半翅目	双翅目	其他昆虫	其他动物	树木种子	杂草种子	农作物	其他植物
97 灰斑鹟 *M. griseisticta*	1		100											
98 北灰鹟 *Muscicapa danurica*	3	66.67	33.33	33.33										
99 寿带鸟 *Terpsiphone paradisi incei*	8	25.0	62.50	50.0		37.50			25.0	25.0				
100 紫寿带鸟 *T. atrocaudata atrocaudata*	2		100			100								
101 大山雀 *Parus major artatus*	33	57.58	42.42		6.06	12.12	9.09					42.42	3.03	
102 黄腹山雀 *P. venustulus*	5	40.0	20.0	20.0	20.0							40.0		
103 沼泽山雀 *P. palustris hellmayri*	2	100												
104 红头长尾山雀 *Aegithalos concinnus concinnus*	8	25.0	37.50	12.50			12.50			12.50				
105 普通䴓 *Sitta europaea sinensis*	1		100											
106 暗绿绣眼鸟 *Zosterops japonicus simplex*	6	66.67	83.33		33.33		16.67					33.33		
107 麻雀 *Passer montanus saturatus*	61		3.28						1.64			63.93	59.02	
108 山麻雀 *P. rutilans rutilans*	15	6.67	6.67	13.33					53.33			20.0	80.0	
109 燕雀 *Fringilla montifringilla*	2	50.0										50.0		
110 黄雀 *Carduelis spinus*	6		16.67		33.33							66.67	33.33	
111 黑尾蜡嘴雀 *Eophona migratoria migratoria*	3								33.33		66.67	33.33		
112 栗鹀 *Emberiza rutila*	1					100							100	
113 黄喉鹀 *E. elegans ticehursti*	12	8.33	50.0	25.0			16.67	16.67	25.0			100		16.67
114 灰头鹀 *E. spodocephala spodocephala*	15	13.33		13.33				6.67		6.67	80.0	26.67		
115 三道眉草鹀 *E. cioides castaneiceps*	31	9.68	25.81	3.23	3.23	6.45						54.84	41.94	
116 田鹀 *E. rustica rustica*	8		37.50	12.50				12.50				37.50	25.0	
117 小鹀 *E. pusilla*	9	22.22		11.11					11.11			88.89	11.11	
118 黄眉鹀 *E. chrysophrys*	3							33.33				66.67	33.33	
119 白眉鹀 *E. tristrami*	9	11.11		11.11								77.78	33.33	

普通夜鹰、三宝鸟、戴胜、黑枕绿啄木鸟、大斑啄木鸟、星头啄木鸟、灰鹃鵙、树鹨、粉红山椒鸟、虎纹伯劳、牛头伯劳、红尾伯劳、棕背伯劳、发冠卷尾、八哥、灰喜鹊、褐山鹪莺、褐头鹪莺、乌鸫、寿带鸟、紫寿带鸟、暗绿绣眼鸟等 91 种，占食虫鸟类总数的 76.47%。

取食同翅目蚱蝉（*Cryptotympana atra*）、黑尾叶蝉（*Nephotettix bipunctatus*）、桃粉蚜（*Hyalopterus amygdali*）等昆虫的鸟类有金眶鸻、云雀、绿鹦嘴鹎、虎纹伯劳、红尾伯劳、棕背伯劳、黑卷尾、发冠卷尾、丝光椋鸟、八哥、北红尾鸲、黄眉柳莺、暗绿绣眼鸟、大山雀、黄腹山雀、黄雀和三道眉草鹀等 17 种，占食虫鸟类总数的 14.29%。

取食直翅目青脊竹蝗（*Ceracris nigricornis*）、蝼蛄（*Gryllotalpa africana*）、蟋蟀（*Gryllulus chinensis*）、油葫芦（*Gryllus testaceus*）、蚱蜢（*Acrida chinensis*）等昆虫的鸟类有赤腹鹰、斑头鸺鹠、戴胜、灰鹃鵙、虎纹伯劳、牛头伯劳、红尾伯劳、黑卷尾、发冠卷尾、丝光椋鸟、松鸦、八哥、喜鹊、画眉、矛斑蝗莺、寿带鸟、紫寿带鸟、栗鹀、三道眉草鹀等 30 种，占食虫鸟类总数的 25.21%。

取食膜翅目天目扁叶蜂（*Cephalcia tienmu*）、姬蜂（*Acropimpla* sp.）、斑胡蜂（*Vespa mandarinia*）、普通黑蚁（*Lasius niger*）、黄猄蚁（*Oecophylla smaragdina*）等昆虫的鸟类较多，计 53 种，占食虫鸟类总数的 44.54%。

取食双翅目伊蚊（*Aedes albopicltus*）、淡色库蚊（*Culex pipiens*）、蝇（*Atherigona atripalpis*）、虻（*Tabanus* sp.）、果蝇（*Drosophila melanogaster*）等昆虫的鸟类有家燕、金腰燕、白鹡鸰、绿鹦嘴鹎、黄腹树莺、冠纹柳莺、黄腹山鹪莺等 22 种，占食虫鸟类总数的 18.49%。

庞秉璋（1983a）分析了珠颈斑鸠与山斑鸠的冬季食性，两者的食性大致相似，但仍有不同。

珠颈斑鸠纯以植物性食物为食。食物种类较少，为 11 种（其中农作物 8 种），所食农作物主要为谷（占取食总频次 47.1%）、小麦（占 36.5%），偶食合子草（*Actinostemma lobatunn*）种子。此外还啄食少量黄豆、赤小豆、绿豆、大麦、荞麦和花生等。

山斑鸠主以植物性食物为食，兼食少量动物性食物（螺类）。食物种类稍多，为 18 种（其中农作物 9 种），所食农作物主要为谷（占 18.5%）、小麦（占 27.8%），嗜食合子草种子（占 15.1%）。亦啄食少量黄豆、赤小豆、赤豆、豇豆、玉蜀黍、高粱和大麦。

孙明荣等（2002）对绿啄木鸟、大斑啄木鸟、星头啄木鸟繁殖期食性进行了分析，啄木鸟的食性以昆虫为主，昆虫种类达 6 目 21 科 39 种（表 3-13）。

绿啄木鸟以蚂蚁为主，占食物总量的 99.9%，其余为草籽和沙粒；大斑啄木鸟觅食昆虫为主，昆虫占食物总量的 90.7%，其余为麦粒、草籽和沙粒；星头啄木鸟食物全为昆虫。

李炳华（1988）在安徽进行"牯牛降自然保护区鸟类区系及若干生态的研究"时，剖检 73 种鸟胃 240 个，分析表明动物性食物占其食物总量的大部分，其中昆虫占 64%，主要包括有鞘翅目、鳞翅目、直翅目、膜翅目、双翅目和同翅目昆虫及卵。在林区较常见的大斑啄木鸟和灰头绿啄木鸟，主要捕食天牛幼虫、蜡象、金龟甲、蚂蚁及虫卵等，由于它们常年留居于林区，搜捕在树皮内而别的鸟类又不易捕食的各种害虫及虫卵，对保护森林资源起了积极的作用。本地猛禽较常见的有斑头鸺鹠和鹰鸮等。在解剖的一只斑头鸺鹠的胃内，曾发现有体形完整的黑线姬鼠一只及蝗虫碎片等，而其他几只鸮的胃内均见有鼠类残体及鼠毛；鹊鸲常在厕所捕食蝇蛆；白腰雨燕、毛脚燕和金腰燕等善捕各种蝇、蚊、蛾、蝼蛄和蜻象等；灰喜鹊、杜鹃、黑枕黄鹂和大山雀等尤喜捕食松毛虫，对消灭控制林区松毛虫起了很大的作用。

表3-13　3种啄木鸟觅食昆虫种类（自孙明荣等，2002）

昆虫种类	寄主	昆虫种类	寄主
大蓑蛾 Eumeta pryeri	刺槐、榆、柳等	刺槐谷蛾 Hapsifera barbata	刺槐
白囊蓑蛾 Chalioides kondonis		苹枯叶蛾 Odonestis pruni	苹果、李
黄刺蛾 Cnidocampa flavescens	杨、栎、苹果等	桑尺蠖 Phthonandria atrilineata	桑
黄缘绿刺蛾 Latoia consocia	山楂、刺槐、桃等	杨二尾舟蛾 Cerura menciana	杨、柳
双齿绿刺蛾 L. hilarata	杨、柳等	杨扇舟蛾 Clostera anachoreta	杨、柳
桃叶斑蛾 Illiberis nigra	桃、杏等	腰带燕尾舟蛾 Harpyia langiera	杨、柳
苹褐卷蛾 Pandemis heparana	苹果、桃	杨小舟蛾 Micromelalopha troglodyta	杨、柳
杨叶柳小卷蛾 Gypsonoma minutana	杨、柳	榆黄足毒蛾 Ivela ochropodaa	榆
舞毒蛾 Lymantria dispar	杨、柳、榆等	金绿吉丁 Scintillatrix limbale	山楂、苹果、桃等
角斑古毒蛾 Orgyia gonostigrma	杨、柳、栎	紫穗槐豆象 Acanthoscelides plagiatus	紫穗槐种子
杨雪毒蛾 Stilpnotia candida	杨、柳	桑斑叶蝉 Erythroneura mori	柿、桑、桃
雪毒蛾 Stilpnotia saliais	杨、柳	栗大蚜 Lachnus tropicalis	板栗、麻栎
山楂粉蝶 Aporia crataegi	山楂、苹果、桃等	刺槐蚜 Aphis robiniae	刺槐
苹果透翅蛾 Synanthedon hector	苹果、桃、李等	苹果瘤蚜 Myzus malisuctus	苹果
白杨透翅蛾 Paranthrene tabaniformis	杨	桃蚜 Myzus persicoe	桃、李
七星瓢虫 Coccinella septempunctata	蚜虫	麦二叉蚜 Schizaphis graminum	麦
异色瓢虫 Leis axyridis	蚜虫	柳瘿蚜 Rhabdophaga salicis	柳
青杨楔天牛 Saperda populnea	杨	广肩小蜂 Bruchophagus philorobinioe	刺槐种子
光肩星天牛 Anoplophora glabripennis	杨	双齿多刺蚁 Polyrhachis sp.	（栖息于榆、柳树洞内）
桃红颈天牛 Aromia bungii	桃、苹果		

　　在居民区较常见的山斑鸠、珠颈斑鸠、麻雀和白腰文鸟等，它们主要食稻、麦、油菜籽、豆类种子和少量杂草草籽等，这些鸟类对农作物造成一定的危害。

　　丹顶鹤（Grus japonensis）是大型杂食性鸟类，以取食无脊椎动物为主，主要有钉螺（Oncomelania sp.）、沼螺（Parafossarulus sp.）、泥螺（Bullacta exarata）等，对食物的选择性见表3-14。

　　周璐璐等（2013）利用粪便显微分析法，对安徽沿江白头鹤（Grus monacha）的主要越冬地升金湖和菜子湖食物组成进行分析，得到白头鹤越冬期主要取食的食物有3种，即稻谷、朝天委陵菜和蓼子草；常见食物11种，偶尔采食食物13种。在升金湖越冬白

表3-14　丹顶鹤对食物的选择性（自董科等，2005）

生境类型	食物总量/kg	所占比例/%	蟹/(×10⁷kg)	螺/(×10⁷kg)	沙蚕/(×10⁷kg)	鱼虾/(×10⁷kg)	稻谷/kg	其他谷物/(×10⁷kg)	饲料/kg
泥滩	115.937×10⁷	77.43							
盐地碱蓬滩	6.635×10⁷	4.43		6.635					
白毛草滩	5.046×10⁷	3.38	5.064						
獐毛草滩	3.655×10⁷	2.44	1.827 5	1.837 5					
芦苇地	4.057×10⁷	2.71	4.057						
水产养殖塘	4.872×10⁷	3.25				4.872			
盐田	7.821×10⁷	5.22		3.910 5	3.910 5				
稻田	50 000	0					50 000		
其他农用地	1.684×10⁷	1.12						1.684	
人工投食点	5 000	0							5 000
总计	149.730 5×10⁷	100							
食物可利用量/kg			10.948 5	12.373	3.910 5	4.872	50 000	1.684	5 000
所占比例/%			32.4	36.61	11.57	14.42	0.02	4.98	0
食物利用量（鹤数）			343	306	90	48	248	15	16
所占比例/%			32.18	28.71	8.44	4.5	23.26	1.41	1.5
食物选择性			—	—	—		+		+

头鹤的取食植物为11科23属22种，主要食物有3种：稻谷、朝天委陵菜、蓼子草，占取食食物总量的66.514%；越冬前、中期主要取食均为禾本科植物，分别为61.997%和48.769%，越冬后期，主要取食蔷薇科和禾本科植物，分别占46.739%和31.788%。菜子湖越冬白头鹤共取食植物为11科23属24种，主要食物有1种（稻谷），占采食食物总量的54.416%，3个时期均以禾本科为主，分别占69.357%、71.223%和68.914%。

食果鸟类除取食植物果实外，也能传播植物种子而对植物的更新起到一定作用。李宁等（2013a）在研究食果鸟类对濒危南方红豆杉的取食和传播中，发现鸦科、鹎科和鹟科的鸟类能传播种子。植物园中南方红豆杉主要依赖于白头鹎和红嘴蓝鹊搬运种子；而自然生境中，黑鹎、绿翅短脚鹎、栗背短脚鹎和红嘴蓝鹊则为植物的主要传播鸟类。绿翅短脚鹎和红嘴蓝鹊种子搬运至新生境从而促进植物更新。

第六节　繁　殖

一、鸟巢与鸟卵

不同的鸟类，其鸟巢的形状、大小、构造、巢材、巢址都有很大的不同，而且同一种鸟在栖居不同的自然地理环境和生态条件下，也有区别。鸟巢的形状主要有杯形、球形（或卵形）、悬挂等几种。杯形巢呈杯形，出入口在巢上面，根据其营巢地点不同又有营巢在山地石缝或灌丛地面的，如黑喉石䳍、鹪鹩、灰鹊鸲、夜鹰、草鸮；营巢在乔灌木上的，如松鸦、秃鼻乌鸦、红尾伯劳、黑卷尾、红嘴蓝鹊；营巢在树洞中的，如三宝鸟、啄木鸟、大山雀、普通鸸、蚁䴕、红尾鸫、白眉姬鹟、灰椋鸟。球形巢（或卵形巢）呈球形或卵形，全部掩蔽，出入口在巢的侧面，呈圆形小孔状，如褐柳莺、褐河乌、鹪鹩。悬挂巢是用巢壁的上部或边缘固着在树枝或植物的茎秆上，巢底下悬，如黑枕黄鹂、䴓类。

绝大多数鸟类所产卵的壳上都带有不同的色泽和花纹，这种多变的色泽和花纹在同种鸟类中是比较稳定的，因此，通过各种鸟卵颜色的比较，就可以区分鸟类。鸟类的卵色主要有下述几种：

（1）青绿色：绿鹭。

（2）淡绿色：黄斑苇鸻、白鹡鸰、喜鹊。

（3）蓝绿色：池鹭、秃鼻乌鸦、大嘴乌鸦、棕头鸦雀、画眉、蓝矶鸫。

（4）纯白色：绿头鸭、雕鸮、长耳鸮、翠鸟、鸬鹚、鹊鸲、灰头绿啄木鸟、银喉长尾山雀、黑卷尾、山斑鸠、褐河乌、鹪鹩、大山雀。

（5）白稍带绿色：石鸡、红骨顶、白骨顶、红角鸮。

（6）粉红色：红耳鹎、虎纹伯劳、黑枕黄鹂、白头鹎。

（7）橙黄色：灰卷尾。

（8）灰黄色：松鸦。

鸟卵卵壳上的斑纹都是卵在输卵管移动过程中形成的，在静止时卵壳上形成点斑，而在卵移动时，则形成云纹、线纹等。条纹状，如三道眉草鹀；块状，如鹌鹑；环斑状，如红尾伯劳；细密斑，如麻雀；稀疏斑，如金翅雀。

二、鸟卵的研究

卵的大小可以用鲜卵重（W_{ef}）、卵的体积（V）或卵的长径（L）和短径（B）的乘积（$L \times B$）来表示。根据 Hoyt（1979）计算卵体积公式 $V = K_V L B^2$（$K_V = 0.51$）及鲜卵重公式 $W = K_W L B^2$（$K_W = 0.50$），可得到卵体积和鲜卵重。鹭卵的大小和体积见表 3-15。

表 3-15　鹭卵的大小和体积（自朱曦和邹小平，2001）

种类	地点	长径/mm	短径/mm	体积/cm³	鲜卵重/g
夜鹭	杭州余杭（朱曦，1999 年）	49.68	35.08	31.18	30.57
白鹭	杭州余杭（朱曦，1999 年）	48.52	32.78	26.59	26.07
牛背鹭	杭州余杭（朱曦，1999 年）	46.04	31.87	23.85	23.38
池鹭	杭州余杭（朱曦，1999 年）	39.22	30.00	18.00	17.65
苍鹭	山西娄烦（1998 年）	61.00	43.00	57.52	56.39
黄嘴白鹭	辽宁长山列岛（1999 年）	48.50	34.00	28.59	28.03
草鹭	内蒙古乌梁素海（1999 年）	59.10	40.07	48.39	47.45
大白鹭	内蒙古乌梁素海（1988 年）	63.96	42.52	58.97	57.82
中白鹭	浙江舟山（朱曦，1999 年）	47.55	33.25	26.81	26.28
栗头鸻	日本（小林桂助，1982 年）	47.00	43.00	44.32	43.45

续表

种类	地点	长径/mm	短径/mm	体积/cm³	鲜卵重/g
黑冠鹃	东北（赵正阶，1995 年）	46.00	37.00	32.12	31.49
小苇鳽	新疆（马鸣，1989 年）	35.00	25.00	11.16	10.94
黄苇鳽	山西太原（刘焕金，1984 年）	29.57	22.71	7.78	7.63
紫背苇鳽	吉林向海（刘义，1988 年）	26.30	33.00	14.61	14.32
栗苇鳽	山西太原（刘焕金，1981 年）	34.50	26.30	12.17	11.93
大麻鳽	东北（赵正阶，1995 年）	52.00	38.00	38.29	37.54

注：括号中为测量者和测量年份

三、鸟类的繁殖

鸟类的繁殖具有明显的季节性，一般都在春季。繁殖过程可分为准备阶段、巢期、卵期和雏期 4 个阶段。研究内容主要包括以下几项。

（1）求偶。求偶是繁殖的准备阶段，鸟类在求偶期间会表现出各种各样的求偶姿态及行为，如发情，优美的飞翔姿态，炫耀漂亮的羽毛或冠、角、裙、囊等特殊的装饰物。观察求偶行为主要记录求偶行为的开始时间、高潮和终期，以及各阶段的表现；形成配偶后的行为；配偶保持时间及在生殖期中配偶关系的变化。

（2）选择巢区和领域。在繁殖期间，每一对鸟占有作为筑巢、取食和活动的区域称为巢区。领域则是鸟类为阻止其他同种个体侵入的保护范围。

巢区的测量方法是以巢址为中心，以 100m 为半径画圆，再把圆八等分，与圆交接的点上作标记，然后按这个比例在坐标纸上画出图。选一适宜观察的地点，记录雄鸟从早晨起的活动路线，标成各点，按比例记在坐标图上，然后将活动最频繁的各个点远端连线，即可测算出巢区面积。

朱曦（1987～1989 年）在人工招引大山雀防治松毛虫的研究中，采用两窝间距中点作为半径求面积的方法。据对 20 窝的测量，大山雀巢区面积为 0.129hm²。

领域的概念最早是由 Altum 提出的，他认为，在许多鸟类中，大量的配偶不能紧挨在一起筑巢，每对鸟都必须在与其他配偶相隔一定距离的地方定居和繁殖。鸟类为避免饥饿都需要占有一个特定大小的活动区域，这就是鸟类的巢区。依据不同功能，鸟类领域可分为全能型领域、繁殖领域、交配领域、营巢领域、取食领域、冬季领域、栖宿领域和群体领域等类型。

领域的测定方法一般是先选择一块样地，面积为 2～6hm²（森林地带可加大 3 倍左右）。在样地中可以 50m×50m 划出方格，在坐标纸上作出平面图，把样地中所在鸟巢的位置都标在图上。对每个巢连续观察 3d，每天 3h，每 5min 记录一次雄鸟的着落点，最后把距巢最远的点连成直线，使之成为领域图，再用积分法求出领域面积。

（3）巢期。巢期的观察内容有：①营巢的时间和地点，需用时间、巢位、巢形、筑巢生境及周围环境特点；②巢的测量（单位 cm），包括巢外径（最宽×最窄）、巢内径（最宽×最窄）、巢窝（从巢底到巢上边缘）、巢深（从外壁边缘到巢底距离）、出入口的外径和内径；③营巢高度，包括巢距地面高度（单位 m）（巢底到地面距离）、出入口距地面高度；④营巢材料、种类、比例。

（4）卵期。鸟类筑好巢后（也有的鸟边筑巢边产卵，如鹭类），一般即开始产卵，隔天或数天产 1 枚卵。产卵时间多在清晨或上午，卵的形状有椭圆形、长圆形、圆形、梨形及钝卵圆形等。卵上的斑点有块状、条状、环状、点状等。

卵期主要观察产卵时间，记录产第 1 枚卵、最后 1 枚卵的时间和日期；产卵时外界环境温度及年产卵次数；测量卵的大小（单位 mm）、形状、颜色、重量（单位 g）和窝卵数（最多、最少及平均窝卵数）；参与孵化的亲鸟、白天孵卵、晾卵时间及气候情况。孵卵的初期、中期、后期各进行 3～6d 全日观察，并记录坐巢时间、出巢时间、雌雄鸟的活动习性、出巢取食范围、孵卵温度、何时孵化、孵化率。

繁殖力按 Nicl（1937）公式计算：

$$繁殖力 = \frac{平均卵数/每窝 \times 孵化率 \times 窝数/年繁殖}{2（1对成鸟）}$$

（5）雏期。孵化期满，大部分种类，雏鸟会用上嘴尖端临时着生的角质突起啄破软壳，也有在亲鸟的帮助下出壳的。1 窝卵全部出齐 2～3 天。

出壳后的雏鸟以天数计算日龄，一天就是一日龄。育雏期的观察研究可以选择多个巢同时进行，记录第一雏及最末雏的出壳日期，测定并称量出壳后各日龄雏鸟的体重、外部形态、体长及跗蹠、翅、尾、嘴的长度，羽区与裸区的变化。全天观察记录亲鸟喂雏的时间、次数、食性、食量，以及幼雏出飞时间、特点等。测定各日龄雏鸟的温度，观察雏鸟恒温能力及发育过程。

在鸟类合作繁殖现象的研究中，评价其育雏合作强度的指标通常为种群中合作繁殖家族的占比或平均家族群体大小。生态限制假说认为育雏合作的强度与生态严酷性成正比。然而，生态严酷性理论上也可能反作用于育雏工作强度。柯坫华自 2010～2014 年，对江西省吉安市郊区生活在栖息地破碎化条件下的黑脸噪鹛（*Garrulax perspicillatus*）合作繁殖种群开展了一系列研究。该种群中 88.4%的家族群体表现出合作繁殖行为，其夏季平均家族群体大小为（3.97±1.24）只（*n*=138）。进一步通过对家族群地理位点进行聚类，把整个种群分为 21 个亚群体，并统计这些亚群体所对应的可用适宜栖息地面积，发现：无论是合作繁殖家族占比，还是合作繁殖群体大小，两种育雏合作强度指标（*Y*）均与长期的家族平均可利用适宜栖息地面积（*X*）显著地成截距为零的二次曲线关系（$Y=aX^2+bX$）。在特定研究区内，平均每个家族长期可利用的适宜栖息地面积越小，说明其栖息地质量越好；同时，相对于特定的群体而言，其总的可利用适宜栖息地面积代表了资源的相对有限性。因此，本研究结果完整展现了一定的生态严酷性梯度下，鸟类育雏合作强度先增加后降低的倒"U"形的二次曲线关系。这也充分说明了鸟类合作繁殖现象发生的生态起源本质。

（一）鹭类的繁殖

鹭类和其他鸟类一样，繁殖都要经过选择巢区、求偶、营巢、交尾、产卵、孵卵和育雏过程。鹭的性成熟大多在出生后一年，我国多数鹭类每年繁殖一窝。

1. 繁殖

1）巢区选择

鹭类巢区的功能主要供交尾、筑巢和喂雏等行为活动之用。不同的鹭类因雏的习性不同，选择的巢区也有差异。鹭类选择树林、竹林为营巢地。苇鸦类则选择湖畔、溪流两岸的苇丛或灌木丛。混合群体中的鹭类常因种类不同而在同一林地中形成不同的巢区，巢区的选择取决于：鹭在混合群体中的地位；鹭种迁到期的迟早；鹭种对营巢的习性。混合群体中鹭种个体较大、性较凶悍、迁到期较早的种类往往占据最优的生境作为巢区。相反，体型较小、性怯弱、迁到期较迟的种类，巢区的生境一般较差。在浙江省常山鹭类保护区的针阔叶混交林中，栖息的鹭类有夜鹭、白鹭、牛背鹭、池鹭4种，夜鹭、白鹭迁到时间较早，首先占领条件优越的中心区，而体小、迁到期较迟的池鹭只能在山丘林缘地带营巢，彼此形成巢区，鹭类分布较均匀。

鹭类的巢区主要是提供栖息和作为繁殖场所，而觅食地点在沼泽、水田、湖泊、溪流、沟渠等。由于飞行能力强，食物来源较为丰富，并能够在距离较远的地方为自己和雏鸟取得食物。因而巢间距离较近，巢间区也没严格的界限，对巢区的保护也不十分明显。不同种鹭可以自由地在巢区上空飞翔。不发生争斗，只在营巢期间寻找适当的筑巢地点时，才可能发生冲突。繁殖期间，夜鹭和白鹭的护域行为较强，在它们的巢区内如果有同种或异种个体进入，会先发出急促的鸣叫警告声，使进入的鹭类发现自己的存在，否则会伸颈、展翅，直至攻击赶走进入的鹭。结群营巢的鹭类其巢区一般都较小，但巢区的大小、形状和建立都随鹭的种类，不同的地理和生态条件、性别、年龄、活动季节而有变化。在营巢地区有限、种群密度较高时，巢区可能被其他鹭类分隔而变小。

2）求偶和交尾

鹭在迁到期的求偶，主要表现在鹭成小群在栖息地上空盘旋、鸣叫、互相追逐、用嘴梳理羽毛、咬喙及扑翅等。池鹭雄鸟叫鸣时引颈竖羽，鸣声洪亮似"gua-gua"声，雌鸟鸣叫较低，似"hu-ge-ge"或"gu-gu-gu"声。雄苍鹭用嘴为雌鹭梳理羽毛，发出"ge-ge"的叫声，同时做一些异常的摇摆动作。

鹭多在筑巢时进行交尾，交尾活动常在早晨9:00以前和午后14:00～16:00。交尾时雄鸟跃上雌鸟背部，雌鸟呈蹲卧状，双翅展开，颈向前伸，雄鸟用喙衔住雌鸟的羽，双翅不断扇动，站稳后开始交尾。交尾时间很短，一般为15～30s。交尾后雄鸟从雌鸟背上跳下，双方共同抖动翅膀及羽毛，相互交颈理羽，表现得十分亲热。

牛背鹭交尾前，雄鸟靠近雌鸟，雌鸟蓬松羽毛，伸展翅膀，在雌鹭附近发出鸣叫，然后与雄鸟的喙相互交合4～6次，用喙梳理羽毛。雄鸟用喙咬住雌鸟颈部羽，双翅下垂并不停地扇动。雄鸟蹲伏，尾部上翘，扇动双翅。每次交尾约20s。交尾后，雄鸟停在雌鸟附近休息，而雌鸟用喙不停地梳理身体两侧及腹下的羽毛。

鹭类在迁到营巢地时一般都已完成配对，一夫一妻制。但在繁殖期间也常具有混交行为。据史东仇等（1991）对白鹭的观察，雄鸟有趁邻巢配偶不在，强行与雌鸟交尾的现象，其发生频率比配偶间的正常交尾多近一倍。但常因返回雄鸟的强烈攻击和雌鸟的反抗，失败率达50%，正常交尾极少失败。

苇鳽类在稀疏的芦苇丛中交配，紫背苇鳽交尾前先发出"ga，ga-ga，ga"的叫声，之后，双双飞起互相追逐，叫声不断。停落后，雌鸟全身羽毛松散，微展双翅，前行几米后以跗蹠着地呈半蹲状，两翼平展，然后雄鸟跳到背上进行交尾。每次交尾 4～6s。交尾结束后，雄鸟从雌鸟背上跳下，雌鸟站起抖动全身羽毛，然后双双飞入密集的芦苇丛中。栗苇鳽交尾多在早晨 5:00～8:00 时，有时在下午 15:00 时也可见到。

3）营巢

鹭有利用旧巢的习性，先迁到的个体可占据旧巢加以修补，后到者则选新址筑新巢。在夜鹭、白鹭、池鹭与鹭类的混合群体中，由于夜鹭迁来繁殖的时间比白鹭、池鹭早，因此夜鹭大多选择巢区内树木的中上部旧巢，白鹭则在巢区内选择树的顶部和中下部旧巢，池鹭仅选择林缘树木营巢。

多数较迟迁到的个体选择新巢址营建新巢。新巢的巢位多由两亲鸟共同选定，树栖种类的巢位多选在高大而多分枝的树上，地栖种类及鳽类的巢位多选在苇塘中。营巢期的天数长短不一，沿用旧巢的加修补只需 2～3d，重建新巢则需 5～7d。

营巢活动由雌雄鸟共同完成。营巢时，雄鸟寻觅巢材，雌鸟担负护巢和构筑。筑新巢时除采树枝外，也有拆兀鹭旧巢的巢材加以利用的。营巢过程中雌雄鹭合作较好，有时雌雄鹭同时取材轮流修建，或一鸟取材回巢传递给另一留巢的鸟修建，或两鸟同时站巢内修建。营巢过程中除捡拾地面枯枝外，有时也用嘴掰断新鲜树枝。白鹭还会从相邻的其他鹭巢中盗取巢材，有时甚至从池鹭的巢中抢取巢材。在产卵、孵卵育雏期间，鹭还衔枝补巢。

鹭巢的形状多呈浅盘状，结构简陋，巢材为树枝。夜鹭的巢全由粗而长的枝条构成，白鹭、牛背鹭的巢由枯枝组成，但巢中部枯枝较细。池鹭巢除用枯枝外，还铺垫少许细枝、松针和枯草等。池鹭巢的松枝数为 53 条（表 3-16），长度在 20～30cm 的枝条数占全部枝条数的 73%。

表 3-16　池鹭巢材料组成（自朱曦，1988b）

巢材	长度/cm	数量	百分比/%
	大于 35	5	9
	30～35	9	18
松枝	25～30	16	36
	20～25	17	37
	小于 20	6	9
其他枯枝、杂草	少许		

颜重威（1995）对台湾的夜鹭、牛背鹭、白鹭的巢进行了解析：夜鹭巢的枝条数 205～461 条，平均 346.3 条，最长的枝条达 140cm，最大直径 12mm；牛背鹭巢的枝条数 235～400 条，平均 318 条，最长的枝条达 103cm，最大直径 13mm；白鹭巢的枝条数 186～544 条，平均 312.9 条，最长的枝条达 105cm，最大直径 12mm。苇鳽类巢的巢材主要是干的芦苇秆和少量的苇叶。

4）产卵

鹭于 3 月开始陆续迁到繁殖地，苍鹭、草鹭、大白鹭等大型鹭类迁到最早。鹭类产卵多在清晨，隔日产或隔几日产 1 枚卵，并有边营巢、边产卵的习性。

苍鹭在辽宁省产卵最早时间为 3 月 25 日（邱英杰和田荣久，1990），在山西省为 4 月 30 日（刘焕金等，1988）；在内蒙古于 4 月 9 日可发现草鹭产卵（邢莲莲等，1989）；夜鹭于 4 月中旬进入产卵期，在浙江省常山县产卵最早时间为 4 月 20 日（朱曦，1998a）。白鹭、牛背鹭、池鹭、黄嘴白鹭一般均在 4 月上中旬陆续迁到浙江省。杭州市余杭县白鹭产卵最早时间为 4 月 27 日，牛背鹭产卵最早时间为 5 月 7 日（朱曦等，1999f）；浙江省安吉县池鹭产卵最早时间为 5 月 7 日（朱曦等，1998a）。绿鹭、黄嘴白鹭于 5 月中旬开始产卵。

鹭卵呈椭圆形、蓝绿色或淡绿色。苍鹭、草鹭、大白鹭、夜鹭卵较大，池鹭、白鹭卵较小。窝卵数一般为 3～5 枚，池鹭窝卵可多达 8 枚。

苇鳽类 4 月下旬、5 月上旬迁到，5～7 月为繁殖期。苇鳽于营巢结束后开始产卵，日产 1 枚，每日产卵多在 5:00～6:30 时，雌鸟产卵后迅速离巢。在产卵期间，雌鸟不进行孵卵，雌雄鸟在巢址附近守护，遇惊时起飞盘旋并发出急促的叫声。苇鳽窝卵数一般为 3～6 枚，小苇鳽产卵可多达 10 枚。卵呈白色，卵圆形。大麻鳽的卵最大，其次为栗头鳽、黑冠鳽，而小苇鳽、黄苇鳽、紫背苇鳽的卵较小。

鹭有补产的习性，在产卵期间当一窝卵部分或全部破损，就会重新产卵。苍鹭的窝卵数为 3～6 枚，在取卵实验时最多可产 12 枚卵。

Arendt（1988）研究认为窝卵数与纬度具有密切的相关性，由南向北随着纬度的升高窝卵数逐渐增加。鹭类中牛背鹭和夜鹭的窝卵数变化也得到证实。造成这种情况的原因是高纬度地区的夏季仅有赤道地区的一半，其他条件相同的情况下，高纬度地区的鸟每天能够寻找更多的食物，因而能够养活更多的幼雏，经长期的自然选择便形成了较多的窝卵数。

5）孵卵

鹭在第 1 枚卵产出后即开始孵卵，属于异步孵化类型。雌雄鸟共同孵卵，孵化初期因产卵未结束，雌雄亲鸟除取食、叼材外互不分开，双亲轮流坐巢。换孵时，大部分是换孵者飞落巢旁，用嘴修整巢，有时衔枝放在巢上，在巢边站数分钟，卧鸟站起进行换孵。有时换孵者停落巢边，用嘴给孵卵鸟整梳头部和颈部羽毛。有时换孵者在巢边站数分钟后不见孵卵鸟站起，就将嘴插入肩羽里，长时间呆立、休息等待。有时孵卵鸟长时间不见配偶归来替换，便会起卧频繁，四周张望，表现得急促不安，当配偶归到巢边时，它就立即飞走。产卵结束后，每天换孵坐巢次数减少。据对池鹭孵卵第 6 日的观察（朱曦，1988b），雌鸟孵卵时间占全日活动时间（12h 计）的 64.9%，雄鸟占 25.1%，晾卵时间占 10%。

鹭在孵卵期间，有时站起梳理羽毛、整理巢材、翻卵，并不时地调换方位，使头部处于侧顶风的方向。孵化后期卵重减轻，平均卵减重 10% 左右。

苇鳽类是产完最后 1 枚卵才开始孵卵的，孵卵主要由雌鸟担任，雄鸟在离巢不远处警戒。遇惊时雄鸟立即起飞，并发出惊叫声，孵卵雌鸟听到惊叫，随即从巢中起飞在巢上空盘旋 1～2 圈后，隐没于它处。孵卵至出雏前一天，卵的平均重量减少为初卵重量的约 1/2。

大型鹭类如苍鹭、草鹭、大白鹭等的孵卵期为 25～27d，中型鹭类为 22～24d，小型鹭类为 19～21d，苇鳽类为 16～20d。

6）育雏

鹭科鸟类的雏鸟属晚成雏。刚出壳的雏鸟全身湿润，头较小，眼紧闭，腹部很大。体除前颈、腹部和腋下裸露无羽外，被灰白色胎绒羽。

双亲育雏：出壳不久的雏鸟主要由亲鸟把半消化的食物逆呕出来喂饲，以后随着日龄增加喂饲小鱼、泥鳅、蛙等。日喂食次数与食物需求量随日龄增长或增大。

苍鹭的育雏期较长，40～60d（朱曦，2001），草鹭为 42d，大白鹭为 30～42d，牛背鹭为 35～39d（文祯中和孙儒泳，1993），白鹭为 30～35d（朱曦等，1999f），夜鹭为 30～35d（朱曦等，2000b），黄嘴白鹭为 35～40d（文祯中和夏敏，1996）。

苇鳽类的育雏期：小苇鳽为 30d（赵正阶，1995），黄斑苇鳽为 14～15d（马世全，1991），紫背苇鳽为 30～40d（刘义等，1988），栗苇鳽为 25d（刘焕金等，1982），大麻鳽为 45～60d。

7）雏鸟食性

鹭雏鸟以动物为食，不同鹭类其食物种类也不同。苍鹭为鱼类和蛙类，间或食少量水生甲壳类及啮齿类；大白鹭食物以鱼类为主，也到稻田、农田里觅食金龟子、蝼蛄、蚱蜢等昆虫；池鹭的食性较广，涉及的动物有 4 门 7 纲 17 目 32 科，包括寡毛类、甲壳类、蛛形类、多足类、昆虫类、鱼类和两栖类，其中以昆虫类、甲壳类和鱼类为主（黎道洪和辜永河，1991）；白鹭雏鸟食物由甲壳类、昆虫类、鱼类和两栖类组成，而以鱼类和甲壳类为主；牛背鹭雏鸟食物主要有小鱼、蛙、蝌蚪、泥鳅、黄鳝、蝗虫、蚯蚓、虾等 30 余种，其中 85%以上为昆虫；黄嘴白鹭的主要食物是小虾和小鱼，而以泥鳅为主；夜鹭雏鸟的食性由甲壳类、昆虫、鱼类、两栖类等组成，浙江省常山县夜鹭雏鸟食物主要是鱼类，但浙江省余杭县夜鹭除鱼类外还有大头虾（*Cambarus clarkii*）。据在余杭县观察，不同日龄夜鹭雏鸟的食性也有差异。低日龄雏鸟的食性为亲鸟呕吐的半消化鱼类，6～7 日龄后为小型鱼类，并出现大头虾；以后随日龄增加，大头虾的比例增高，食物频次百分比分别为大头虾 45%，麦穗鱼（*Pseudorasbora parva*）、鲫（*Carassius auratus*）、草鱼（*Ctenopharyngodon idellus*）40%，泥鳅（*Misgurnus anguillica udatus*）15%（朱曦等，2000b）。

紫背苇鳽雏鸟食性主要是鱼虾及蛙，食物有鲫、暗色沙塘鳢（*Odontobutis obscura*）、泥鳅、麦穗鱼、青蛙、蝌蚪、水蛭等；黄苇鳽雏鸟食物主要是麦穗鱼、青鳉（*Oryzias latipes*）、圆尾斗鱼（*Macropodus chinensis*）、沼虾（*Macrobrachium* sp.）、野螅（*Agriocnemis* sp.）、黄螅（*Ceriagrion* sp.）及蛙等，以鱼类为多。

2. 繁殖力

繁殖力是鸟类种群增长的重要标志，它决定着种群的发展趋势。繁殖力可根据 Nicl（1937）公式进行计算。

根据该公式计算得出，苍鹭的繁殖力为 1.96 只（高中信等，1991）；大白鹭为 1.995 只（邢莲莲，1988）；夜鹭为 3.50 只（朱曦等，2000b）；池鹭为 3.21 只（朱曦，1988b）；

白鹭为 3.38 只（朱曦等，1999f）；黄斑苇鳽为 1.64 只（马世全，1991）。

3. 雏鸟生长

1）雏鸟生长

雏鸟的生长发育是鸟类学研究的内容之一，但过去多着重于个体的重量变化，而实验饲养和对外部器官生长发育的观察及雏鸟发育阶段的研究较少。朱曦 1999 年对白鹭繁殖生物学研究中，观察到白鹭雏鸟巢期时间约为 34d，生长发育可分为 4 个阶段：第 1 阶段日龄 1～6d，这是器官形成、生长速度快的时期；第 2 阶段日龄 7～16d，这是物质积累、生长速度中等和恒温机制逐渐建立的时期；第 3 阶段日龄 17～29d，这是物质积累、生长速度相对较慢、恒温机制建立的时期；第 4 阶段日龄 30～35d，此阶段物质消耗大于积累、体重减轻，是雏鸟出飞前的准备阶段。

白鹭刚孵出的雏鸟眼球突出，眼周皮肤青色。羽绒湿润，腹部呈圆球状，不能站立。嘴峰肉红色，尖端褐色。身上羽绒白色。被毛处皮肤呈绿色，不被毛处呈肉红色。

3 日龄：背、腰部和两翼出现羽囊。腹部和脚呈绿色，常将头伸直。

4 日龄：背部、腰部羽囊出现羽鞘。亲鸟仍卧巢暖雏，喂食时将食物吐在巢中，由雏鸟啄食。

5 日龄：尾部羽囊出现羽鞘。在巢内常发出"ge-ge-ge"叫声。

6 日龄：雏鸟皮肤呈青绿色，羽鞘全部长出。腿脚较强，能在巢内爬行和蹲立，会主动接受亲鸟的食物。

9 日龄：活动能力增强，羽轴内外皆呈肉色。嘴峰基部少许变黑。

12 日龄：行为较为熟练，捕获时能从巢内爬到其他枝条上，有时会展翅。

14 日龄：雏发育较快，恒温机制逐渐建立。嘴峰中部带肉红色，其余变为黑色。背羽 40mm；胁羽 30～50mm；后股区有 20mm 长黄色羽；初级飞羽 55mm，羽轴内外为肉红色，但外面颜色较浅。羽缨长 70mm，已较会展翅。

16 日龄：嘴峰已全部变黑。股区羽长 40mm，初级飞羽长 80mm，羽缨长 25mm，羽轴外面基本变白色。尾长 32mm。雏鸟可离巢活动。

18 日龄：嘴峰变黑。初级飞羽长 100mm，羽缨长 60mm；背羽长 55mm，后背、股区羽长 50mm，变为白色。幼鸟体羽丰满，常站在树枝上振翅欲飞，并能在树之间跳跃，活动能力较强，雏鸟难以捕捉。

20 日龄：翅长 160mm，初级飞羽长 91mm，尾长 36mm。

24 日龄：幼鸟飞翔能力增强，有短距离飞跃能力，但仅限于巢区附近。

26 日龄：翅长 206mm，初级飞羽长 125mm；嘴峰长 54mm，尖端 20mm，呈黑色；尾长 53mm；跗蹠长 85mm。

29 日龄：翅长 221mm，初级飞羽长 150mm；雏鸟已会在林间自由飞翔。亲鸟仍衔食飞回喂食。

30 日龄：体重 410.1g，体长 467mm；翅长 245mm，初级飞羽长 179mm，其中羽片长 128mm，羽片长占初级飞羽长的 71.5%。嘴峰长 60mm；尾长 78mm；跗蹠 91mm。随亲鸟离巢飞往食场觅食。

39 日龄：体长 522mm，翅长 251mm，初级飞羽长 194mm，其中羽片长 143mm，已占初级飞羽长的 73.7%；嘴峰长 60mm，上喙全变黑色，下喙端部黑色，余部肉色；尾长 85mm；跗蹠长 91mm。

41 日龄：体重 430.9g，已达成鸟体重 95.6%。翅长 264mm，初级飞羽长 190mm；尾长 90mm。

45 日龄：体长 522mm；翅长 266m，初级飞羽长 200mm；嘴峰长 63mm；尾长 90mm；跗蹠长 91mm（图 3-10）。

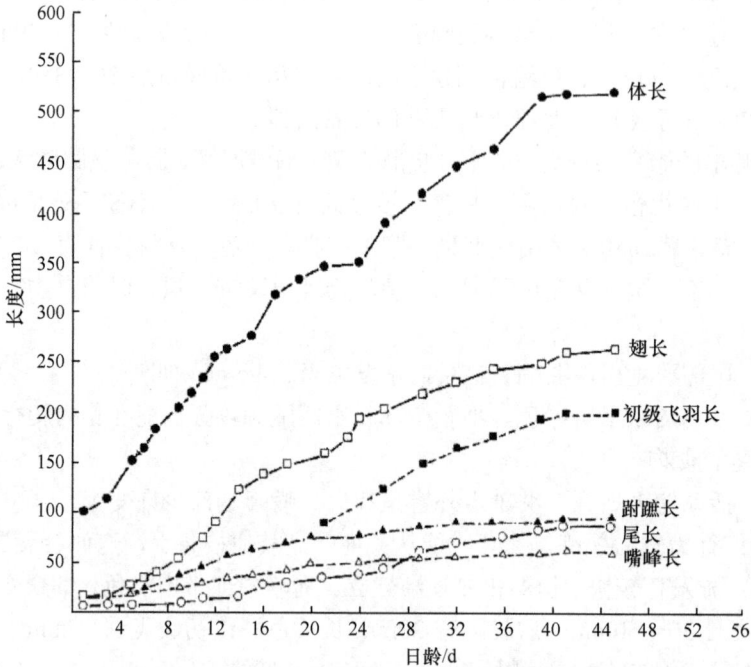

图 3-10　白鹭雏鸟生长（1999 年）

对鸟类生长发育的研究，从 19 世纪 60 年代中期以后才得到迅速发展。根据幼鸟从孵出到离巢期间的身体重量、长度及外部各器官每日变化可绘制成生长曲线。

对池鹭、白鹭、夜鹭雏鸟的生长研究可知：雏鸟体重在完成总生长量一半以上时，绝对生长率才开始下降，在雏鸟会飞以后其体重和各器官增长明显减慢（表 3-17）。据

表 3-17　池鹭、白鹭、夜鹭雏鸟体重、体长及各器官日增量和增长率（1998 年）

鹭种类及增长量		相隔天数	1~5	6~8	9~13	14~18	19~23	24~28	29~33
池鹭	体重	日增量/g	9.9	16.1	14.5	7.6	−0.7	−1	−0.4
		增长率/%	34.9	22.7	11.1	3.9	−0.3	−0.5	−0.2
	体长	日增量/cm	1.5	1.0	1.1	1.0	0.8	1.1	0.6
		增长率/%	15.3	12.2	4.9	3.9	2.5	3.0	1.4
	跗蹠	日增量/cm	0.23	0.33	0.28	0.12	0.06	0.02	0
		增长率/%	10.7	11.1	4.5	2.5	1.1	0.4	0

续表

鹭种类及增长量		相隔天数	1～5	6～8	9～13	14～18	19～23	24～28	29～33
池鹭	翅长	日增量/cm	0.5	1.5	0.74	0.74	0.48	0.32	0.18
		增长率/%	25.7	36.3	8.2	5.8	3.0	1.8	0.9
	嘴峰长	日增量/cm	0.23	0.33	0.12	0.08	0.08	0.06	0.02
		增长率/%	16.1	14.5	3.7	2.1	1.9	1.3	0.4
	尾长	日增量/cm	0.03	0.23	0.18	0.16	0.28	0.2	0.18
		增长率/%	4.7	29.4	11.1	6.4	8.0	4.2	3.1
白鹭	体重	日增量/g	14.4	15.6	17.8	10.8	8.7	3.7	−1.04
		增长率/%	27.0	14.5	10.3	4.3	2.9	1.1	−0.3
	体长	日增量/cm	1.4	1.33	1.22	0.92	0.92	1.14	1.12
		增长率/%	11.8	7.8	5.5	3.3	2.8	3.1	2.8
	跗蹠	日增量/cm	0.25	0.3	0.34	0.22	0.16	0.14	0.1
		增长率/%	11.2	9.4	7.7	3.7	2.3	1.8	1.2
	翅长	日增量/cm	0.63	0.7	0.82	0.82	0.78	0.58	0.48
		增长率/%	30.8	15.8	11.1	7.1	5.0	3.0	2.4
	嘴峰长	日增量/cm	0.23	0.17	0.16	0.14	0.12	0.1	0.08
		增长率/%	14.1	7.1	5.3	3.7	2.7	2.0	1.5
	尾长	日增量/cm	—	—	0.18	0.22	0.18	0.34	0.36
		增长率/%	—	—	16.3	10.5	5.7	7.9	5.9
夜鹭	体重	日增量/g	—	24.9	27.6	22.7	4.6	4.6	−0.08
		增长率/%	—	27.8	14.4	7.0	1.1	1.1	−0.02
	体长	日增量/cm	—	1.23	1.44	1.08	1.1	1.02	0.86
		增长率/%	—	8.0	7.0	4.0	3.4	2.7	2.0
	跗蹠	日增量/cm	—	0.37	0.26	0.3	0.12	0.1	0.02
		增长率/%	—	13.4	6.5	5.6	1.8	1.4	0.3
	翅长	日增量/cm	—	0.53	0.7	0.86	1.0	0.52	0.6
		增长率/%	—	0.8	14.2	9.8	7.5	3.0	3.0
	嘴峰长	日增量/cm	—	0.2	0.18	0.18	0.14	0.06	0.06
		增长率/%	—	8.7	5.9	4.6	2.9	1.1	1.1

朱曦于 1994～1998 年对白鹭卵观察和研究，在种间比较，不同日龄雏鸟在不同生长阶段也存在显著差异（表 3-18）。

表 3-18　不同日龄夜鹭、池鹭、白鹭雏鸟体重、体长和外部器官生长（1998 年）

日龄	器官名称	夜鹭 A		池鹭 B		白鹭 C		显著性（t）检验		
		X	SD	X	SD	X	SD	A–B	A–C	B–C
5 日龄	体重	68.7	3.22	56.9	6.41	93.6	10.5			**
	体长	14.2	0	13.8	1.88	15.8	0.67			

续表

日龄	器官名称	夜鹭	A	池鹭	B	白鹭	C	显著性（t）检验		
		X	SD	X	SD	X	SD	A–B	A–C	B–C
5 日龄	跗蹠	2.4	0.48	2.7	0.59	2.9	0.15			
	翅长	2.1	0.45	3.0	0.75	3.8	0.75			
	嘴峰长	2.1	0.45	2.0	0.25	2.2	0.32			
	尾长			0.6	0.07					
8 日龄	体重	143.4	15.83	105.1	8.21	140.5	9.95	*		**
	体长	17.9	0.71	19.5	0.70	19.8	1.25	*		
	跗蹠	3.5	0.58	3.7	0.48	3.8	0.34			
	翅长	3.7	0.51	7.6	0.45	5.9	1.0	**	*	*
	嘴峰长	2.7	0.10	3.0	0.53	2.7	0.25			
	尾长			0.08		0.8	0.13			**
13 日龄	体重	281.4	44.28	177.7	18.53	229.4	35.76	*		
	体长	25.1	2.80	24.8	2.15	25.9	0.98			
	跗蹠	4.8	0.43	4.6	0.14	5.5	0.65			
	翅长	7.2	0.57	11.3	1.18	10.0	0.81	**	**	
	嘴峰长	3.6	0.46	3.6	0.45	3.5	0.32			
	尾长			2.2	0.42	1.7	0.43			
18 日龄	体重	395.1	42.22	215.7	10.95	283.2	54.4	**	*	*
	体长	30.5	1.41	30	1.56	30.5	2.99			
	跗蹠	6.3	0.39	5.2	0.56	6.6	0.84	*	*	
	翅长	11.5	1.08	15.0	1.67	14.1	1.22	*		
	嘴峰长	4.5	0.58	4	0.22	4.2	0.19			
	尾长			3.0	0.7	2.8	0.67			
23 日龄	体重	418.3	75.7	212.4	7.91	326.7	36.01	*		**
	体长	36.0	2.36	30.0	2.76	35.1	1.23	*		*
	跗蹠	16.5	1.58	17.4	0.14	18.0	1.13			*
	翅长	6.9	0.9	5.5	0.60	7.4	0.85		*	
	嘴峰长	5.2	0.69	4.4	0.16	4.8	0.57			
	尾长			4.4	0.72	3.7	0.69			
28 日龄	体重	441.5	38.29	207.4	21.60	345	21.69	**	**	**
	体长	41.1	2.68	39.4	1.12	40.8	1.77			
	跗蹠	7.4	0.60	5.6	0.08	8.1	0.72	**		**
	翅长	19.1	1.56	19.0	1.09	20.9	1.41			
	嘴峰长	5.5	0.48	4.7	0.53	5.3	0.23			
	尾长			5.4	0.14	5.4	0.90			

续表

日龄	器官名称	夜鹭	A	池鹭	B	白鹭	C	显著性（t）检验		
		X	SD	X	SD	X	SD	A–B	A–C	B–C
33日龄	体重	44.1	41.65	205.1	12.71	339.8	43.44	**	*	**
	体长	45.4	2.65	42.3	0.81	46.4	1.09			**
	跗蹠	7.5	0.63	5.6	0.08	8.6	0.15	**	*	**
	翅长	22.1	0.71	19.9	0.82	23.5	0.39	*	*	**
	嘴峰长	5.8	0.24	4.8	0.08	5.7	0.63	**		
	尾长			6.3	0.64	7.2	0.23			

*差异显著；**差异极显著

2）生长量的分析

生长量是生物学研究的重要内容，它能清晰地反映雏鸟生长速度的快慢。为了便于说明这一问题，现把白鹭的体重、体长和外部器官如嘴峰、翅、跗蹠等作进一步分析。

（1）体重的生长。白鹭刚孵出时体重 36.7g，它增长的速度较快，到 9 日龄时体重为 145.4g，已达 1 日龄时的 3.96 倍。1～6 日龄体重增长最快。7 日龄后体重的增长率减缓。23 日龄体重为 370g，已为成鸟体重的 82.2%，但之后体重增长缓慢。29 日龄会飞后体重下降，这与雏鸟活动能力增强、能量消耗过大有关。38 日龄之后体重基本恒定在 430g 左右。根据 Brody 1945 年的公式 $W=A \times e^{kt}$（W 是体重，A 为常数，e 为自然对数的底，t 为时间，k 为生长率）得：6 日龄之前的生长率（k）为 0.167；7～16 日龄为 0.11，17～25 日龄为 0.026。由于白鹭在觅食前后体重相差较大，为了避免误差过大，在称重时都应在饲喂前空腹进行（图 3-11）。

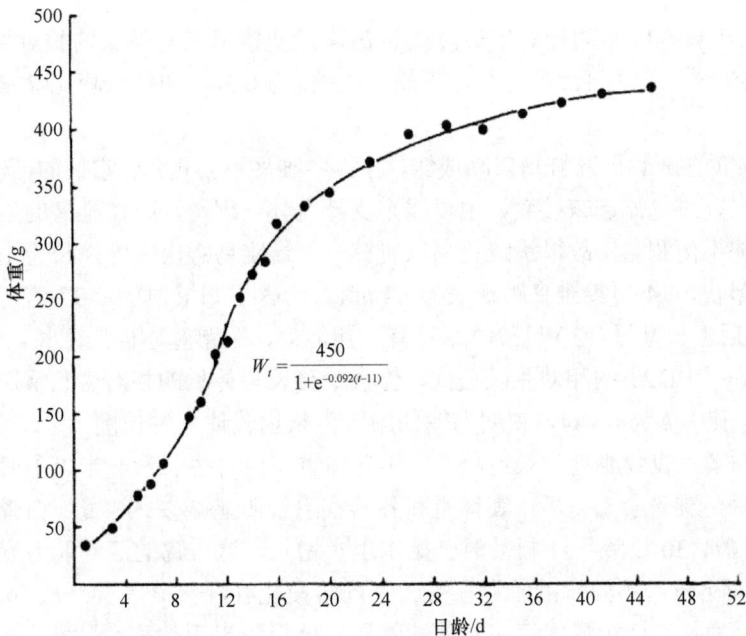

$$W_t = \frac{450}{1+e^{-0.092(t-11)}}$$

图 3-11 白鹭雏鸟体重生长曲线（自朱曦，1999h）

Ricklefs（1967）指出，鹭鸟不适合逻辑斯谛（Logistic）生长曲线，我们在建模中也证实了这点。采用 Ricklefs（1967）拟合生长曲线方程图解法，渐近线为 450g，拐点 11d，生长率（k）为 0.092，$t_{10\sim90}$ 为 21 天，其方程为：$W_t = \dfrac{450}{1 + e^{-0.092(t-11)}}$。

（2）体长的生长。雏鸟长度的测量是自嘴端至尾端的直线长，也称全体长。刚孵出的雏鸟体长 104mm，随着雏鸟的生长体长增加。在 13 日龄前平均日增长 1.33mm，在 13～39 日龄平均日增长 0.99mm。39 日龄以后体长基本停留在 520mm，几乎与成鸟相当，而不再增长。从雏鸟体长的生长曲线发现，该曲线波动频繁，特别在 12～26 日龄这段，体长平均日增长量呈上升和下降互交的现象。

（3）翅长的生长。翅长可分为两部分：一部分是前肢的肉体，另一部分是以飞羽为主的羽毛。在研究翅长生长时把两部分看作一个整体。刚孵出的雏鸟翅长 14mm，此时，几乎没有羽毛，基本上就是肉体的长。3 日龄出现羽囊，4 日龄时开始出现羽鞘。14 日龄翅长 125mm，初级飞羽长 55mm，占翅长的 44.0%，18 日龄翅长 151mm，初级飞羽长 100mm，已占翅长的 66.2%。29 日龄时雏鸟已会飞翔，初级飞羽占翅长的 67.9%。飞羽是构成翅长的主要部分，因此在雏鸟未丰羽前翅长都在增长。在 45 日龄时翅长达到最大值，初级飞羽长 200mm，已占翅长的 75.2%。

（4）嘴峰的生长。嘴在鸟的胚胎阶段，已经生长得相当完好。在其体型的比例上显得较大，这样才能保证在亲鸟饲喂时可以吞下相当大的食物，如小鱼、泥鳅、虾等，而有利于物种的存活。但在雏鸟阶段，嘴并未停止生长，只是生长较慢而已。孵出当日嘴峰长 13mm，12 日龄前生长较快，平均日增长 2.2mm；12～20 日龄平均日增长 1.75mm。20 日龄后嘴峰增长显著减慢，到 45 日龄时也只有 62mm。25 天仅增长 13mm，平均日增长 0.52mm。

按照 Huxley 1932 年的相对生长公式 $y=bx^k$，检查嘴峰长与体长的相对生长情况，得关系式 $y=0.998x^{0.54}$。12 日龄前符合此项规律，k 值为 0.54，和体长相比嘴峰生长显然要慢一些。

（5）跗蹠的生长。白鹭雏鸟属晚成雏，在巢中雏鸟不会飞翔，它们的活动主要靠腿。在亲鸟饲喂时，雏鸟站起来接食，也以腿来支持身体，因此，腿在雏鸟的生活中有一定的意义。但腿不便测量，故以跗蹠长加以研究。白鹭雏鸟孵出时跗蹠长为 19mm。在 14 日龄前生长最快，14 日龄雏鸟跗蹠长为 64mm，已达 1 日龄时的 3.37 倍，平均日增长 3.46mm，其后生长减慢。30 日龄时雏鸟有飞翔能力，跗蹠基本停止生长。

以 Huxley（1932）的相对生长公式，检查跗蹠长与体长的相对生长情况，得关系式 $y=1.88x^{0.444}$，其中 k 为 0.444，说明白鹭的跗蹠生长也较体长生长慢。

池鹭、白鹭、夜鹭雏鸟生长过程中，雏鸟体重完成总生长量一半以上时，绝对生长率才开始下降。雏鸟会飞以后，其体重和各器官生长明显减慢。池鹭、白鹭、夜鹭体重分别在 19 日龄、30 日龄、31 日龄时开始出现负增长，这与鹭的活动能力增强及学飞有关。在鹭种间比较，不同日龄雏鸟在生长不同阶段也存在显著差异（$P<0.01$）。在 18 日龄前，体重增长在 3 种鹭间存在显著性差异，28 日龄以后体重、跗蹠长及翅长生长的差异更为明显。

雏鸟体重的增加是许多变化过程的总和，又是一种最容易测定的变量。池鹭、白鹭、夜鹭雏鸟的体重增长曲线呈"S"形。体重日增长量最初增长缓慢，接着出现一段迅速生长期，之后又出现一段缓慢增长期，最后接近成鸟体重（图 3-12）。

鹭科鸟类的雏鸟生长利用 Gompertz 方程和 Von Bertalanffy 方程拟合度最好。对上述 3 种鹭体重增长拟合 Gompertz 曲线方程，并获得了相关生长参数（表 3-19）。

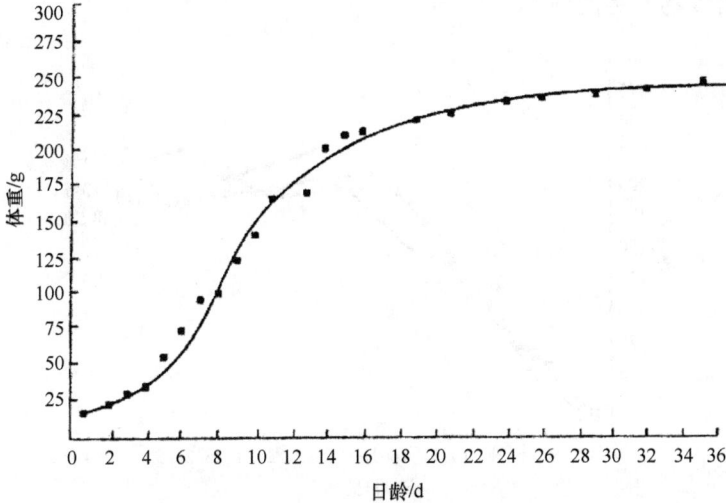

图 3-12　池鹭雏鸟体重增长（1988 年）

表 3-19　3 种鹭体重增长的 Gompertz 曲线方程及生长特征参数（1998 年）

种类	渐近线	拐点	增长率	$t_{10\sim90}$	Gompertz 曲线方程
池鹭	260	7.4	0.16	23.5	$260\exp\left[-3.28e^{-0.16t}\right]$
白鹭	450	9.2	0.14	25.5	$450\exp\left[-3.49e^{-0.14t}\right]$
夜鹭	550	9.6	0.13	30.2	$550\exp\left[-3.81e^{-0.13t}\right]$

从增长曲线的拐点看，池鹭生长曲线的拐点最小，夜鹭雏鸟的最大，说明池鹭体重生长早于白鹭和夜鹭（表 3-19）。从体重由渐近线的 10%增长到 90%所需时间看，夜鹭所需的时间最长，池鹭最短，表现出同科或同目的鸟类中生长率与成鸟体型呈负相关（表 3-19）。

4. 不同时孵化对幼雏生长的影响

鹭在产完满窝卵之前便开始孵化，这种孵化方式称为异步孵化（hatching asynchrony）。早在 1947 年，著名鸟类学家 David Lack 就提出，异步孵化是鸟类对育雏期间不可预测的外界条件的一种适应性行为。由于异步孵化所产出来的雏鸟日龄不同，在食物缺乏时，自然选择使得年幼的雏鸟在孵出后迅速被淘汰，从而保证同巢中其他雏鸟有足以生存的食物。而在食物丰盛时，异步孵化的繁殖将明显高于同步孵化的繁殖力。

鹭科雏鸟属晚成雏，同其他科晚熟性鸟类一样，在同巢幼雏之间产生明显大小差异。也因此导致幼雏间不同的竞争能力。这种现象是因亲鸟产卵大小不同或不同时期孵化而产生的结果。朱曦 2005 年对浙江省常山白鹭、池鹭、夜鹭雏鸟的实验研究表明，幼雏的体重和孵化的日数及孵化顺序相关（图 3-13～图 3-15）。幼雏体重随日龄增加而增加，但幼雏生长曲线随其孵出次序而有所不同。第 1、第 2 孵出的幼雏生长曲线相近，第 3 孵出雏鸟生长较缓慢，而第 4 孵出雏鸟生长速度最慢。较早孵化者有一个快的生长曲线，显示出较早孵化者其获得食物的能力较强，而第 4 雏鸟的生长显示出食物不足的现象。

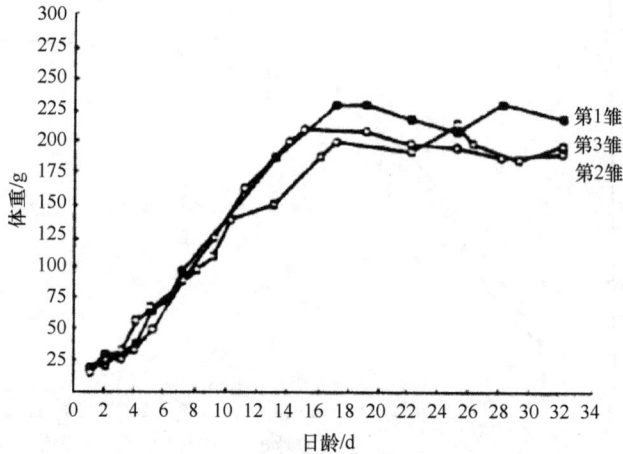

图 3-13　不同孵化顺序池鹭雏鸟体重增长（2005 年）

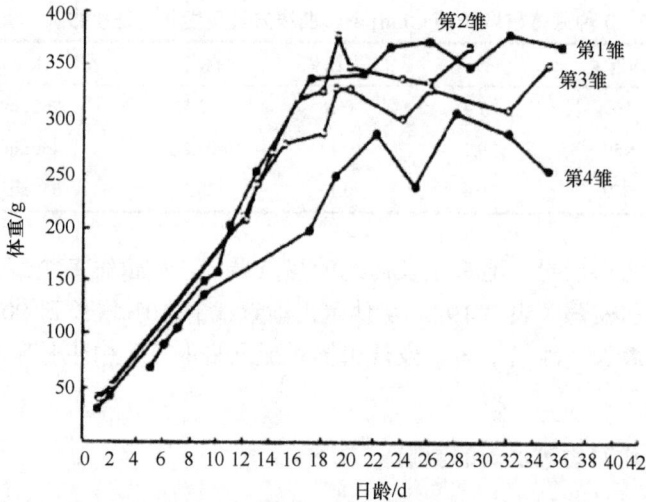

图 3-14　不同孵化顺序白鹭雏鸟体重增长（2005 年）

幼雏的死亡率也和孵化顺序相关，雏鸟的死亡多从最晚孵化出的幼雏开始，且巢内幼雏数随之降低。对于这种现象有多种解释。Lack（1947）、Mock 和 Parker（1986）等认为不同时孵化是一种对不可预测环境的适应，亲鸟借此可因食物丰富度而调整适当的幼雏数。Stinson 1979 年则提出"insurance hypothesis"假设，亲鸟在产下预期卵数，会再多生出卵。当预期的卵未受精或较大的幼雏因意外死亡，则有预备的卵或幼

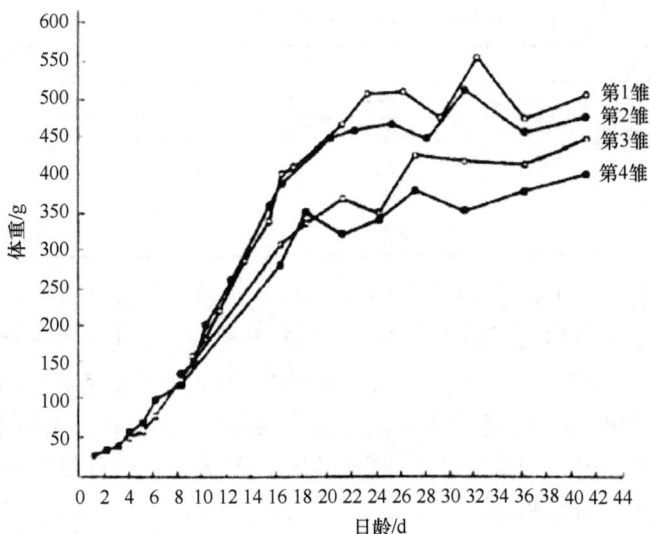

图 3-15　不同孵化顺序夜鹭雏鸟体重增长（2005 年）

雏可供替补，多一层保险。Richter 和 Ploger（1982）则认为是强大的捕食压力减少孵卵及幼雏羽化的时间，因此，亲鸟在卵未完全产下就开始孵卵，不同时孵化只是个伴随结果。Hussell（1972）认为，当全部的幼雏一起长大，所需求食物会到达一个高峰，亲鸟可能无法负担，因此不同时孵出雏鸟，使高峰分散而下降，以减轻亲鸟的负担。Mock 和 Ploger（1987）等认为，不同时孵化可使幼雏间竞争减少，使亲鸟负担降低。

Nisbet 等 1975 年的研究表明，不同时孵化造成幼雏死亡，使巢内幼雏数下降，弱小者因竞争力小而饿死（Parsons，1975；Howes，1976）。幼小者因亲鸟喂食，其获得食物的机会显著小于强壮个体。另外，Braun 和 Hunt 1983 年的研究显示，强壮幼雏的攻击行为使得幼小者无法得到食物或死亡。因此，不同时孵化与亲鸟及幼雏间的食物传递有关，而幼小的幼雏死亡，对于强壮的幼雏而言是有利的，并可降低其死亡的风险。

5. 移卵、易亲的实验研究

鹭在产卵期当卵遗失时具有补产的习性，朱曦等（1999f）在夜鹭、池鹭刚产第 1 枚卵时就开始移卵，每产 1 枚移走 1 枚。夜鹭连续产 8 枚卵，池鹭产 6 枚卵，均较一般情况为多。在白鹭产 5 枚卵时全部移走，后又补产 3 枚。对夜鹭移走的卵进行逐一测量，发现卵大小和重量减少。夜鹭第 1 枚卵最大，其大小为 51.31mm×36.42mm，重 33.8g，而第 7 枚卵大小仅为 46.48mm×33.12mm，重 30.1g，明显较第 1 枚卵小。导致上述结果的原因可能是亲鸟连续产卵、营养损耗过多和疲劳，且与气温逐渐升高，以及因失卵过多产生的生理障碍也有一定关系。

根据朱曦等（1999f）对鹭类繁殖期移动巢、卵的研究表明，不同鹭属种类之间移卵易亲彼此是可以接受的（表 3-20）。

表 3-20　不同鹭种移卵易亲实验结果（自朱曦等，1999f）

义亲			巢中卵的组成		出雏数		
日期	义亲种类	卵数	义子种类	卵数	日期	义亲卵出雏	义子出雏
5 月 12 日	夜鹭	3	池鹭	2	6 月 1 日	2	1
5 月 14 日	池鹭	2	牛背鹭	1	6 月 1 日	1	1
			白鹭	1			1
			夜鹭	1			1

杨家骥等 1986 年在扎龙保护区内采取移卵、移雏、移换鸟巢等方法在苍鹭与草鹭之间进行了移巢易亲的研究，结果表明，在形态上相近、生态习性相似的同属两个种：草鹭与苍鹭之间，卵的形态颜色相似，产卵时间大体同步的卵彼此换卵互相可以接受，并能正常孵卵、孵化，草鹭、苍鹭人工相互移换雏鸟时，义子在义亲巢中受到正常哺育，发育良好。两种鹭对自己的营巢位置的定位记忆是稳定的，这种稳定的定位就巢行为有利于在复杂群落中的繁殖秩序。

张太忠等 1994 年对牡丹江鹭岛上栖息的苍鹭进行易地人工招引试验，也获得成功。

（二）大山雀的繁殖

大山雀是国内分布较广的一种林栖食虫鸟类，长江中下游为华北亚种（*Parus major artatus* Thayer et Bangs）分布的南界（李桂垣等，1982）。朱曦于 1987～1989 年，在浙江省西南部江山市西山马尾松林区进行了大山雀招引和繁殖生态研究。

西山马尾松林区位于江山市市郊，植被主要为马尾松（*Pinus massoniana*）、榉树（*Zelkova schneideriana*）、板栗（*Castanea mollisima*）、黄檀（*Dalbergia hupeana*）和苦楝（*Melia azedarach*）等，森林覆盖率达 80%以上。

3 月前悬挂圆筒形油毡纸人工巢箱（表 3-21），挂箱前在林区以路线统计法统计大山雀的数量。巢箱悬挂高度为 1～5m，挂箱后每隔 5～10d 普查一次，产卵后对部分巢箱隔日检查。记录巢箱占用情况、巢的营造程度、产卵数、出雏数、卵和雏鸟的损失数及各繁殖阶段的天数和繁殖窝数。绘制巢位图，测量巢间距。在孵卵期和育雏期进行全天观察，对雏鸟进行测量、称重并对雏鸟和成鸟的食物进行定性定量分析。

表 3-21　人工毡纸巢箱规格（自朱曦等，1989a）

体片		盖片		进出口	
长/cm	宽/cm	长/cm	宽/cm	形状	大小/cm×cm
33	28	18	14	方	3×3

1. 繁殖前种群密度和挂箱效果

（1）种群密度。3 月中旬在试验区统计大山雀繁殖种群密度，结果见表 3-22。

（2）挂箱效果。1987 年挂箱 160 个，在繁殖期前损坏了 69 个，5 月 9～20 日筑巢 33 个，营巢率为 36.3%（表 3-23）。

为了比较挂箱林地与未挂箱林地山雀数量的差异，在 1988 年 4～5 月进行数量统计，遇见率见表 3-24。

表 3-22 试验区大山雀繁殖前密度与繁殖种群密度（自朱曦等，1989a）

年份	样地长度/m	宽度/m	面积/hm²	繁殖前数量/只	遇见率/（只/h）	繁殖前密度/（只/hm²）	繁殖巢数/巢	营巢密度/（巢/hm²）
1987 年	1875	250	46.88	58	20.2	1.24	12	0.26
1988 年	1050	200	21.00	27	29.5	1.29	8	0.38

表 3-23 1987～1988 年大山雀招引效果（自朱曦等，1989a）

挂箱日期	巢形	巢箱颜色	巢箱数	筑巢成功		筑巢但未成功		总计
				数量	百分比/%	数量	百分比/%	
1987 年 3 月	圆筒形	浅绿色	91	12	13.2	21	23.1	36.3
1988 年 3 月	圆筒形	灰黑色	68	8	11.8	15	22.1	33.9

表 3-24 挂箱林地与对照林地大山雀遇见率比较（1989 年）

日期	挂箱林地	对照林地	差数/d
1988 年 4 月 23 日	29.5	16.8	12.7
1988 年 4 月 24 日	30.0	13.8	16.2
1988 年 4 月 26 日	18.0	7.2	10.8
1988 年 5 月 4 日	19.5	16.7	2.8
1988 年 5 月 13 日	20.4	15.4	5.0
1988 年 5 月 14 日	14.1	12.7	1.4
1988 年 5 月 18 日	9.8	9.6	0.2
总计	141.3	92.2	49.1

统计分析得 $t=2.992$，$t_{0.05}$（6）$=2.447$，$t>t_a$ 挂箱林地大山雀数量显著多于对照林地大山雀数量，挂箱效果显著。

2. 繁殖

1）巢和卵

3 月中下旬开始营巢，营巢高峰在 4 月中旬，5 月上旬仍有少数在营巢。营巢期一般为 5～6d，但也有长达 10d 以上的。巢呈杯形，外壁由苔藓、地衣、草茎、树叶、松针等组成，内壁垫以猪鬃、棉花、烟花和羊毛等细软件。巢的大小受巢箱限制而比自然巢小，但巢高度增加，巢壁比较薄（表 3-25）。

表 3-25 大山雀巢箱与自然巢大小比较（自朱曦等，1989a）

巢型（个）	外径/cm	内径/cm	高/cm	深/cm	壁厚/cm
自然巢（2）	145×140	75×70	65	37	70
箱内巢（6）	98×87	50×59	68	50	22～34

3 月下旬至 4 月上旬开始产卵，日产卵 1 枚，卵圆形，白色微染粉红色，密布红褐色斑点，钝端尤多。据对 14 枚卵的测量，平均大小为 16.25（15.2～17.0）mm×13.24（12.2～14.0）

mm，卵均重 1.47g，含水率 84%，干重 0.195g，产 1 窝卵约需 5.1d（4～8d，*N*=17）；平均窝卵 5.5 枚（3～8 枚，*N*=48），较昌黎 7.9 枚（6～9 枚）为少（郑作新等，1958）。

2）孵卵

第一批大山雀孵卵时间在 4 月中下旬，双亲孵卵，以雌鸟为主。全天孵卵占全天活动时间的 68.1%，空巢时间占 31.9%（表 3-26）。

表 3-26　大山雀全天孵卵活动（1989 年）

日期	巢号	天气	活动次数	坐巢次数	坐巢时间/min	离巢次数	离巢时间/min	平均每次坐巢时间/min	平均每次离巢时间/min	最长坐巢时间/min	最短坐巢时间/min
1987 年 4 月 17 日	2	晴	32	16	500	16	262	31.25	12.63	78	9
1987 年 5 月 6 日	109	阴雨	23	11	436	11	228	39.64	18.91	90	6
1988 年 4 月 21 日	67	阴	18	9	545	9	174	60.56	19.33	97	33
平均	—	—	24.3	12	439.7	12	201.3	43.8	16.96	—	—

一天中亲鸟第一次出巢亮度（空旷地）为 800lx，末次进巢亮度为 181lx。据 19 窝观察，孵卵期约 15d，平均出雏率为 88.5%。

3）育雏和雏鸟发育

（1）大山雀一般在 4 月下旬至 5 月上旬进入育雏期，但也有在 4 月中旬就开始育雏的。4 月 24 日至 5 月 10 日对不同日龄 13 雏育雏进行观察，发现刚孵出几天的雏鸟食量较小，喂食次数也较少。3 日龄 5 雏全天喂雏共计 31 次，平均 0.447 次/（雏·h）。11 日龄 4 雏全天喂食 52 次，平均 1 次/（雏·h）。7 日龄喂雏达到高峰，4 雏全天喂雏 117 次，平均 2.25 次/（雏·h），为 3 日龄雏的 5.03 倍。育雏期为 16.4d（15～18d）。

（2）雏鸟的发育。刚出卵壳的雏鸟两眼紧闭，全身裸露，仅头顶、背中央、两翅具一簇绒羽。雏鸟体长 29.40mm（$S_{\bar{x}}$=0.86，23～32mm，*N*=10）；体重为 1.22g（$S_{\bar{x}}$=0.11，1.1～2.0g，*N*=10）。

体重的增长。1～3 日龄雏鸟生长缓慢，4～13 日龄生长较快，平均日生长量为 1.12g，9 日龄时体重已超过鸟体重的 2/3。13 日龄后体重增长呈折线上下波动，体重几与成鸟相近。16 日龄时略有下降，17 日龄又增加到最大值（图 3-16）。

体长的生长。育雏期雏鸟体长生长比较稳定，日生长量为 3.52mm，在出飞时，雏鸟体长为成鸟的 2/3。

其他器官的生长。嘴峰长的日生长量为 0.30mm，整个生长过程比较平稳，出飞时已达到成鸟嘴峰长的 4/5。翅长的日生长量为 2.67mm，1～5 日龄生长缓慢，5 日龄生长较快，出飞时超过成鸟翅长的 2/3。尾羽 4 日龄后开始生长，7 日龄后生长较快，5 日龄后平均日生长量为 1.73mm，出飞时雏鸟尾羽为成鸟尾羽长的 2/3。跗蹠的日生长量为 0.95mm，出飞时已达到成鸟跗蹠的长度（图 3-16）。

（3）出飞。刚出飞的雏鸟在体长、嘴峰长、翅长、尾长、跗蹠长等方面与成鸟还有一定差距（表 3-27）。

（4）巢区及繁殖力，1987 年测得 5 窝巢间距，均值 48.5m，巢区半径 24.25m，巢区面积约 0.185hm²。1988 年测得 6 窝巢间距，均值 51.83m，巢区面积 0.211hm²。

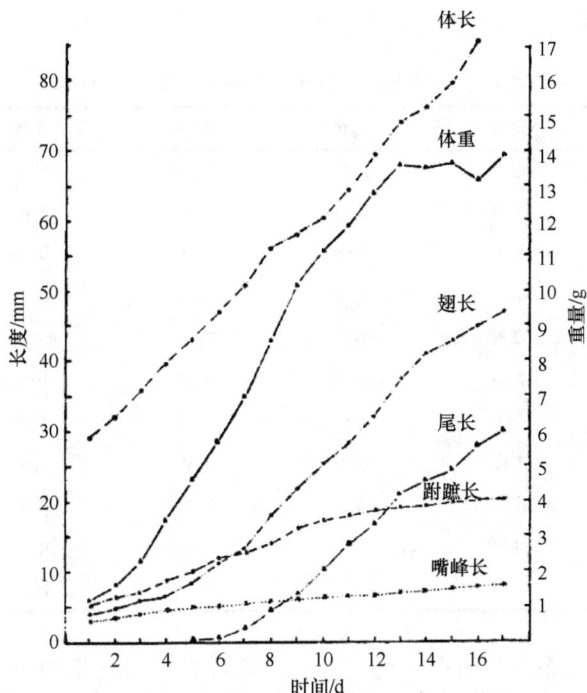

图 3-16　大山雀雏鸟的生长（自朱曦等，1989a）

表 3-27　出飞雏鸟与成鸟体重、体长及外部器官比较（自朱曦等，1989a）

	体重/g	体长/mm	嘴峰长/mm	翅长/mm	尾长/mm	跗蹠长/mm	鸣声
成鸟	13.7	128.5	10.1	66.5	62.8	19.1	粗浊
雏鸟	13.9	85.8	8.3	47.5	28.3	20.2	清细

根据 Nicl（1937）的公式计算，其繁殖力为 4.87 只/对。

第七节　重金属、农药残留

随着工业的加快发展，鸟类所赖以生存的生态环境受到严重污染。污染物会通过食物链传递，逐步累积于鸟类体内，而鸟类比其他脊椎动物对环境污染更为敏感。近年来，重金属污染被认为是影响鸟类生存和繁殖的影响因子之一。

重金属可能会导致鸟类产卵大小的变化，从而对鸟类的胚胎发育产生有害的影响，降低雏鸟的成活率。卵壳变薄将导致孵卵期的卵破损，卵内含物水分的过度蒸发而变干，从而降低了孵化率。

一、重金属在卵中的富集

朱曦 2001 年对浙江省白鹭、池鹭、中白鹭、牛背鹭、夜鹭卵壳钙（Ca）、镁（Mg）、钠（Na）、钾（K）、铁（Fe）、锰（Mn）、铜（Cu）、铅（Pb）、锌（Zn）、钴 Co）、镍（Ni）11 种矿物元素进行了分析测定。

5 种鹭卵壳矿物元素分析结果见表 3-28。

表 3-28　5 种鹭卵壳矿物元素含量的比较（2001 年）

项目	池鹭	白鹭	中白鹭	夜鹭	牛背鹭
Ca/%	28.15	27.60	29.20	29.70	28.15
Mg/%	0.23	0.22	0.22	0.19	0.22
Na/%	3.75	3.80	3.10	4.00	0.75
K/%	0.06	0.07	0.07	0.08	0.09
Fe/$\times 10^{-6}$	52.20	59.20	71.60	59.20	200.20
Mn/$\times 10^{-6}$	7.60	10.60	9.10	9.10	9.10
Cu/$\times 10^{-6}$	5.50	4.40	5.50	5.40	4.40
Pb/$\times 10^{-6}$	7.40	6.40	8.30	5.50	8.20
Zn/$\times 10^{-6}$	153.70	50.10	71.50	61.10	88.40
Co/$\times 10^{-6}$	34.00	38.00	24.00	32.00	32.00
Ni/$\times 10^{-6}$	42.00	44.00	51.00	42.00	36.00

卵壳矿物元素结果分析表明，钙（Ca）在 5 种鹭中的含量相似，而镁（Mg）夜鹭偏低。牛背鹭钠（Na）偏低，而钾（K）较高，铁（Fe）特高。白鹭中的锰（Mn）、钴（Co）都最高，而白鹭和牛背鹭的铜（Cu）则较低。中白鹭和牛背鹭的铅（Pb）、中白鹭的镍（Ni）、牛背鹭和池鹭的锌（Zn）都较高，而池鹭的锌（Zn）特别高（朱曦，2001）。

重金属铜（Cu）、铅（Pb）、锌（Zn）为重要污染因子，镍（Ni）及其化合物被确认为环境致癌物。在鹭卵壳的 11 种矿物元素中，镍（Ni）、铁（Fe）、锌（Zn）、钴（Co）、铅（Pb）的含量都较高，其中牛背鹭的铁（Fe）、池鹭的锌（Zn）特别高，其原因还不清楚，尚待继续研究。由于鹭类喜集群栖息于湿地、森林，与人类关系密切，因此，鹭卵矿物元素的测定可作为环境监测的一项指标。

赛道建等（1997b）应用 TN-5500 能谱仪对鹱形目的白额鹱（*Calonectris leucomelas*）、黑叉尾海燕（*Oceanodroma monorhis*）与鸥形目的扁嘴海雀（*Synthliboramphus antiquus*）三种海鸟卵壳无机元素进行了分析，结果表明，壳的主要无机成分为钙（Ca），即由方解石结晶体构成，其波峰相似，但其钙（Ca）的相对含量为白额鹱＞黑叉尾海燕＞海雀。壳膜由硫（S）、钾（K）、氯（Cl）等元素构成，其含量为扁嘴海雀＞白额鹱＞黑叉尾海燕，其他鸟类则缺乏这些元素，此外，海燕的壳膜含有一定量的钙（Ca），海雀的壳膜含有一定量的硅（Si），这是其他两种海鸟所没有的。

Hegstel（1985）认为，硅是必需元素，少量的硅（Si）有利于胚期骨的形成与钙化，并在黏多糖代谢、胶原物质形成机制中起重要作用，因此壳膜含有一定量的硅（Si），有利于雏海燕出壳后即跟随亲鸟下海活动，而鹱和海燕则需在巢内经历 2 个多月的育雏期才能离巢。

硫（S）是环境污染硫化物的重要组成成分。3 种海鸟均比其他鸟类多含一定量的硫，是与其摄食含较多硫、钾、氯的海洋生物有关，还是与环境污染的生物积累作用有关，尚需进一步深入研究。

林琳和陈小麟（2005）采用原子吸收法测定和比较了厦门白鹭自然保护区鸡屿岛白鹭（*Egretta garzetta*）卵的 4 种重金属（Pb、Cd、Cu、Zn）含量。结果表明，在白鹭卵的混合内含物中或者在卵清和卵黄中，4 种重金属的含量都是 Zn＞Pb＞Cu＞Cd；在卵壳中的含量则是 Zn＞Pb＞Cu＞Cd；白鹭卵壳中 Pb、Cd、Cu、Zn 的含量分别为（22.594 ± 2.383）μg/g、（3.534 ± 0.390）μg/g、（11.850 ± 1.877）μg/g、（26.802 ± 1.649）μg/g（鲜重）；白鹭卵清中 Pb、Cd、Cu、Zn 的含量分别为（0.506 ± 0.110）μg/g、（0.180 ± 0.032）μg/g、（2.837 ± 0.786）μg/g、（10.389 ± 0.361）μg/g（鲜重）；白鹭卵黄中 Pb、Cd、Cu、Zn 的含量分别为（0.965 ± 0.131）μg/g、（0.537 ± 0.092）μg/g、（4.667 ± 0.335）μg/g、（13.536 ± 0.327）μg/g（鲜重）；白鹭卵壳中 Pb、Cd、Cu、Zn 的含量显著高于卵清和卵黄内的（P＜0.05），卵黄内 Pb、Cd、Cu、Zn 的含量高于卵清内的（P＜0.05）。这表明鸟类能通过将过多的或不需要的重金属分泌到卵壳而排到体外，由此调整体内的元素平衡。

周立志等（2005）对合肥地区大蜀山、肥西圆通山、肥东太子山集群繁殖的夜鹭、白鹭、池鹭和牛背鹭鸟卵及组织样品进行研究，用原子吸收法测定了卵壳、内容物及组织中 Cd、Pb、Cr 的残留量。结果表明，4 种鹭卵壳、内容物及组织的绝大多数样品中均检出相当高水平的 Cd、Pb 和 Cr 的残留量，且卵壳和骨骼是重金属富集的主要场所，表明通过卵壳可以排出体内部分重金属污染物。卵壳中重金属显著高于卵内容物，卵壳中重金属残留量为 Cr＞Pb＞Cd，4 种鹭卵壳中重金属残留量的种间差异都极其显著，Cr 残留水平的种间波动幅度最大，池鹭卵壳中的最高，牛背鹭的最低；Pb 的种间波动幅度相对较小，Cd 的种间波动幅度最小；而卵内容物中 3 种重金属残留量的种间差异都不显著，Cr 的残留量种间波动幅度最大，池鹭卵内容物中，Cr 含量最高，牛背鹭卵内容物中没有检出；Pb 的种间波动幅度相对较小，Cd 的种间波动幅度最小（图 3-17）。

周立志等（2006）测定了安徽淮河颍上八里河自然保护区的夜鹭（*Nycticorax nycticorax*）、白鹭（*Egretta garzetta*）鸟卵的卵壳及内容物中重金属 Cd、Pb、Cr 的残留量。结果表明，所有卵壳样品中均检出一定水平的 Cd、Pb 和 Cr 残留量，夜鹭卵壳中重金属残留量为 Pb＞Cr＞Cd，白露卵壳中重金属残留量为 Cr＞Pb＞Cd，卵壳中 Pb 和 Cr 残留量的种间差异都不显著，但 Cd 的种间差异显著；在 2 种鹭卵内容物中，Cr 都被检出，在夜鹭卵内容物样品中，Pb 只有部分被检出，Cd 在 2 种鹭卵内容物样品中都没有被检出，3 种重金属在内容物中残留量的种间差异都不显著。2 种鹭卵壳中 Pb 和 Cd 残留量极其显著高于卵内容物，但 Cr 的这种残留分布上的差异不显著。

二、重金属在组织中的富集

鸟类器官积累高浓度的重金属可能引起器官的病理变化和生理机能的下降，甚至还会影响鸟类的繁殖能力和种群数量。

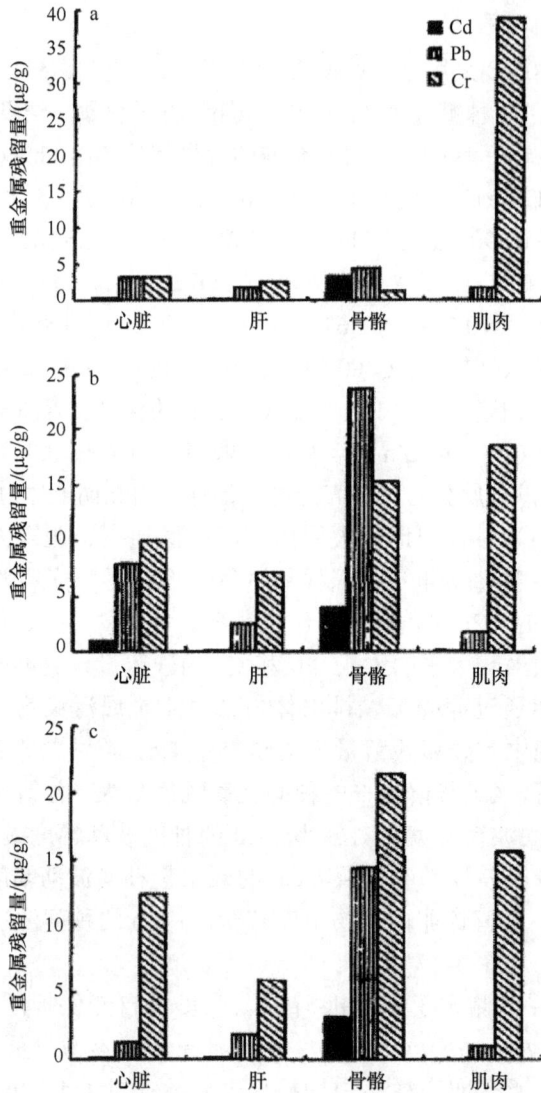

图 3-17　白鹭（a）、夜鹭（b）和池鹭（c）组织中的重金属分布（自周立志等，2005）

朱曦 2001 年对夜鹭的胸肌、肝，夜鹭、池鹭、白鹭的骨骼和羽毛进行了矿物元素分析。

采集夜鹭标本，取新鲜胸肌、肝样品，在 105℃，5.5h 烘干至恒重研磨成粉末。用 AAS-Vario 6 型原子吸收分光光度计，MK 型压力自控微波溶样系统等仪器设备，采用空气—乙炔火焰原子吸收分光光度法进行测定，其肌肉矿物元素含量为：

Cu：8.41µg/g；Mn：1.63µg/g；Fe：209.7µg/g；Zn：216.1µg/g；Ca：878.1µg/g；Mg：828.8µg/g；K：227.3µg/g；Na：2674µg/g。

肝矿物元素含量为：

Mn：7.69µg/g；Cu：12.53µg/g；Ni：8.55µg/g；Co：1.85µg/g；Zn：26.80µg/g。

取夜鹭、池鹭、白鹭的后肢骨骼烘干、研成粉末制成样品。用空气—乙炔火焰原子吸收分光光度法进行测定，其矿物元素含量见表 3-29。

表 3-29 鹭骨骼矿物元素测定结果（2001 年） （单位：μg/g）

鸟种类	Cu	Mn	Fe	Zn	Ca	Mg	K	Na
夜鹭	3.81	7.25	60.3	222.4	25 900	1 537.6	92.95	14 628
池鹭	5.56	6.88	77.56	246.4	23 388	1 291.2	87.20	15 873
白鹭	3.59	5.48	101.1	230.9	25 165	1 355.2	81.76	15 506

取鹭的初级飞羽，用洗涤剂把羽毛样品浸泡数小时后分别洗刷干净，用自来水冲洗至无泡沫。再用蒸馏水和沸蒸馏水洗涤干净，放入恒温电热箱中低温烘干。用不锈钢剪刀把样品剪成小段，用搅拌机搅碎，混匀备用。用空气—乙炔火焰原子吸收分光光度法进行测定，其矿物元素含量见表 3-30。

表 3-30 鹭羽毛矿物元素测定结果（2001 年） （单位：μg/g）

鹭种类	Cu	Mn	Fe	Zn	Ca	Mg	K	Na
夜鹭（成鸟）	19.9	10.9	41.94	175.3	935.7	154.2	58.83	148.2
夜鹭（亚成鸟）	9.2	6.45	59.21	242.0	1387	129.8	89.21	136.9
池鹭	13.6	2.43	86.0	114.1	86.4	105.2	51.93	175.2
白鹭	14.9	2.19	85.58	145.3	1596	134.1	34.91	186.5

周晓平等（2004a）采用原子吸收法测定及比较厦门白鹭自然保护区鸡屿岛的白鹭（*Egretta garzetta*）雏鸟和成鸟体内铅（Pb）、镉（Cd）、铜（Cu）、锌（Zn）的含量。结果显示，4 种重金属在白鹭肌肉和羽毛组织中的含量都是 Zn>Cu>Pb>Cd；白鹭成鸟羽毛中 Pb、Cd、Cu、Zn 的含量分别为（6.029 ± 0.005）μg/g（干重）、（0.356 ± 0.100）μg/g（干重）、（7.269 ± 1.452）μg/g（干重）、（117.275 ± 63.420）μg/g（干重）；成鸟肌肉组织中的 4 种重金属含量高于雏鸟。结果显示白鹭体内重金属含量都随着分布地区、年龄和器官组织的不同而发生变化，重金属随着年龄增长而产生富集。

周立志等（2009）对夜鹭雏鸟的骨骼、肝、胃、心脏、肌肉组织和羽毛用原子吸收法测定重金属 Cd、Pb、Cr 的残留量。结果表明，重金属 Cr 和 Pb 在组织中 100% 被检出。重金属 Cr 在各组织富集顺序为肾>胃>骨骼>肌肉>心脏>肝>羽毛，7 种组织中 Cr 的富集水平差异极其显著。重金属 Cd 在夜鹭雏鸟各组织样品中的检出率相差很大，在心脏中没有被检出，在羽毛中 100% 被检出，检出率高低次序为：羽毛>肝>胃、骨骼>肾、肌肉>心脏，7 种组织中 Cd 富集量的差异不显著。重金属 Pb 在组织中富集顺序为肾>胃>心脏>骨骼>羽毛>肝>肌肉，7 种组织 Pb 的富集量差异极其显著。各组织的重金属富集顺序均为 Cr>Pb>Cd，各组织中 3 种重金属的富集量差异都极其显著。雏鹭的羽毛样品能较好地表征体内 Pb 的富集状况。

三、有机氯农药在羽毛中的残留

有机氯农药（OCP）自 20 世纪 50 年代以来曾被大量用于农业害虫和疾病的控制。此类物质不易分解，且具有一定的挥发性，对生物体的免疫系统、内分泌系统及生殖和发育造成严重影响。同时，它们可以沿食物链逐级放大，在较高营养级生物体内富集，造成全球性的环境污染，严重威胁野生动物和人类的生存与繁衍。目前，全球大部分国家和地区已禁止使用这类农药。

陈春玲等（2008）对东方白鹳（*Ciconia boyciana*）、白鹤（*Grus leucogeranus*）的胸部廓羽、飞羽及尾羽分别用气相色谱法分别检测其中的 op'-DDT、pp'-DDD、pp'-DDE、pp'-DDT、α-六六六、β-六六六、γ-六六六、δ-六六六及六氯苯 9 种有机氯农药的残留量。检测结果发现，pp'-DDD、pp'-DDE、pp'-DDT、β-六六六及 δ-六六六 5 种有机氯农药在东方白鹳和白鹤羽毛中都有不同程度的检出，其中 pp'-DDD 的残留量最高，在东方白鹳的廓羽、飞羽和尾羽的平均残留量分别达到 0.8936μg/g（干重）、0.8353μg/g（干重）和 0.7516μg/g（干重），在白鹤的廓羽、飞羽和尾羽中的平均残留量分别达到 0.5685μg/g（干重）、0.5077μg/g（干重）和 0.4657μg/g（干重）；pp'-DDD 和 pp'-DDT 在两种鸟胸部廓羽、飞羽和尾羽间的残留量无显著差异；pp'-DDD 在东方白鹳飞羽和尾羽中的残留量显著高于白鹤。

pp'-DDD、pp'-DDE、pp'-DDT、β-六六六、δ-六六六在东方白鹳胸部廓羽中都有检出，其中 pp'-DDD 和 pp'-DDT 的检出率较高，分别达到 85.71% 和 57.14%；pp'-DDD 的平均残留量最高为 0.8936μg/g（干重）。白鹤胸部廓羽中只有 pp'-DDD、pp'-DDT 及 δ-六六六 3 种有机氯农药有不同程度的检出，其中 pp'-DDD 和 δ-六六六的检出率较高，分别达到 100% 和 70%；其中平均残留量最高的仍为 pp'-DDD，为 0.5685μg/g（干重）。op'-DDT、α-六六六、γ-六六六及六氯苯在东方白鹳和白鹤胸部廓羽中都没有检出。

东方白鹳飞羽中均检出不同程度的 pp'-DDD、pp'-DDE、pp'-DDT、β-六六六及 δ-六六六，pp'-DDD、pp'-DDT 及 δ-六六六的检出率较高，分别为 85.71%、71.433% 和 57.14%；平均残留量最高的是 pp'-DDD，达 0.8353μg/g（干重）。白鹤飞羽中 pp'-DDD、pp'-DDT 及 δ-六六六有不同程度的检出，pp'-DDD 的残留程度较高，检出率达 90%。其平均残留量也是最高的，为 0.5077μg/g（干重）。在东方白鹳和白鹤飞羽中都没有检出 op'-DDT、α-六六六、γ-六六六及六氯苯 4 种有机氯农药。

pp'-DDD、pp'-DDE、pp'-DDT 和 δ-六六六 4 种有机氯农药在东方白鹳尾羽中有不同程度的检出，尾羽中 pp'-DDD 的检出率较高，达 85.71%。平均残留量最高的仍为 pp'-DDD，达 0.7516μg/g（干重）。pp'-DDD、pp'-DDT、β-六六六及 δ-六六六在白鹤尾羽中有不同程度的检出，其中只有 pp'-DDD 的检出率最高，达 90%；其中平均残留量也最高，为 0.4657μg/g（干重）。其余 4 种有机氯农药 op'-DDT、α-六六六、γ-六六六及六氯苯在东方白鹳和白鹤尾羽中都没有检出。

pp'-DDD、pp'-DDE、pp'-DDT、β-六六六和 δ-六六六 5 种有机氯农药在东方白鹳和白鹤的羽毛中都有不同程度的检出，但 pp'-DDD、β-六六六及 δ-六六六 3 种在羽毛中的检出率较低。

pp'-DDD 在东方白鹳和白鹤不同部位羽毛中的检出率都较高。pp'-DDD 在东方白鹳和白鹤不同部位羽毛中平均残留量由高到低顺序都是：胸部廓羽＞飞羽＞尾羽。pp'-DDD 的残留量在东方白鹳的 3 个部位羽毛之间差异不显著（$F=0.225$，$df=2$，$P=0.778$）；在白鹤的 3 个部位羽毛之间差异也不显著（$F=0.180$，$df=2$，$P=0.836$）。

pp′-DDD 的残留量在东方白鹳及白鹤的不同部位羽毛中的相关分析，未发现胸部廓羽与飞羽、胸部廓羽与尾羽、飞羽与尾羽间的相关性。

pp′-DDT 的平均残留量在东方白鹳和白鹤不同部位间分布不均匀。东方白鹳的尾羽中平均残留量最高，胸部廓羽中最低；而在白鹤的胸部廓羽中平均残留量最高，飞羽中的最低。pp′-DDT 在东方白鹳（$F=1.072$，$df=2$，$P=0.410$）和白鹤（$F=0.695$，$df=2$，$P=0.524$）不同部位羽毛中的残留量没有显著差异。

pp′-DDT 的残留量在东方白鹳的胸部廓羽与飞羽、胸部廓羽与尾羽、飞羽与尾羽间都没有相关性；但在白鹤飞羽和尾羽中的残留量有极显著相关。

对东方白鹳与白鹤相同部位羽毛中 pp′-DDD 残留量比较发现，东方白鹳 3 个部位羽毛中的 pp′-DDD 平均残留量均高于白鹤，且飞羽和尾羽中 pp′-DDD 残留量种间差异显著（飞羽：$F=2.251$，$df=13$，$P=0.042$；尾羽：$F=2.021$，$df=14$，$P=0.014$）。

四、鸟粪及营巢地土壤矿物元素

李伟等（2005）对厦门白鹭自然保护区鸡屿岛上的鹭类集群营巢地的表层土壤进行测定，比较繁殖前营巢地、繁殖后的营巢地及非营巢地土壤中的全氮（TN）、全磷（TP）、全钾（TK）的含量。实验测得，繁殖前营巢地土壤全氮百分含量为 0.038 ± 0.006，全磷百分含量为 0.086 ± 0.015，全钾百分含量为 1.049 ± 0.048；繁殖后营巢地土壤全氮百分含量为 0.090 ± 0.015，全磷百分含量为 0.262 ± 0.154，全钾百分含量为 1.236 ± 0.077。繁殖后营巢地的土壤含氮、磷、钾的水平均显著高于繁殖前（$P<0.05$），亦显著高于非繁殖地（$P<0.05$）。说明鹭鸟的集群繁殖活动能够提高营巢地土壤的营养状况，这种影响经过长期积累后可能导致营巢地植被结构和生境发生变化。

第八节 寄 生 虫

我国鸟类寄生虫的研究 Harrach 早在 20 世纪初就有报道，20 世纪 50 年代以后，国内鸟类寄生虫研究报道较多。华东地区有《江西省双腔科吸虫的分类研究》（王溪云和周静仪，1988）记录寄生于池鹭肝、胆管中的双腔科吸虫（*Brachylecithum pici* Oschmarin）。

鸟类体表寄生虫主要包括羽虱和羽螨，它们通常寄生在宿主的头、颈、翅和背部的羽毛间。鸟类寄生了羽虱和羽螨后，常出现羽毛脱落、焦躁不安、饮食减退、体重减轻等症状，严重感染的导致死亡。近年来，体表寄生虫与宿主鸟类之间的协同进化关系研究受到广泛关注。储杏枝等 2015 年研究分析了我国热带、亚热带地区1093 只鸟（隶属于 8 目 35 科）的体表寄生虫，结果表明：鸟的总感染率37.4%，其中羽虱感染率 29.3%，羽螨感染率 5.6%；鸟类各科之间羽虱感染率具显著性差异（$\chi^2=21.68$，$df=11$，$P=0.027$），其中卷尾科（71.4%）、拟鹨科（75%）、阔嘴鸟科（75.6%）的羽虱感染率较高，而鹎鹛科（0）、山椒鸟科（0）、雅雀科（0）、山雀科（5%）羽虱感染率较低；鸟种间以银胸丝冠鸟（87.5%）、栗背短脚鹎（80%）具较高的羽虱感染率；白喉扇尾鹟（32±10.93）、斑胸钩嘴鹛（16±12.58）和棕头幽鹛（14.25±11.93）平均每只鸟体上感染羽虱的数量较多。

黄威等（2013）对江西鄱阳湖、升金湖、菜子湖 3 个湖泊的 821 份越冬白头鹤新鲜粪便样本进行了寄生虫检验和多样性分析。在检验中共发现 11 种寄生虫，57.7%的粪便样本出现寄生虫感染，其中包括球虫(70.7%)、线虫(22.5%)、吸虫(6.3%)和绦虫(0.5%)。除鄱阳湖白头鹤种群未发现感染膜壳属绦虫（*Hymenolepis* sp.）外，其他种类寄生虫在 3 个地区均有发现。在感染频度上，大部分样本感染 1～2 种寄生虫。白头鹤种群感染率最高的寄生虫种类是艾美尔球虫（53.1%），感染强度为（2.7～150）×10^5OPG（每克粪便卵囊数量）。

第四章　鸟类生态学

第一节　生态因子对鸟类的影响

一、生态因子对鸟类的生态作用

（一）生态因子的分类

生态系统中，有机体与外界环境是相互联系、相互影响的，两者关系错综复杂，构成一个统一体。外界环境对有机体的生命能产生影响作用的因素称为生态因子（ecological factor），或称环境因子（environmental factor）。生态因子可分为：气候因子（空气、温度、湿度、光、风等）、土壤因子（土壤的物理结构、机械组成、温度、湿度、化学性质，水的化学性质、水温等）、地貌因子（地形）、生物因子（其他有机体的影响）及人类因子（人类活动的影响）等。如根据性质、组成作用等不同又把生态因子分为非生物因子（abiotic factor）和生物因子（biotic factor），前者包括温度、光、大气、水、火、湿度、土壤等，后者包括环境中的动物、植物和微生物的种内及种间关系，种间关系包括竞争、捕食、寄生、互利共生等。

生态因子有直接和间接两种不同的影响。属于直接影响的生态因子有温度、光、湿度、土壤环境、水环境、动物可食植物、人类对动物的驱除等；属于间接影响的因子有地形、山峰的特点，人为地改变动物和植物栖息地的条件等。每个生态因子的作用在直接和间接影响时可能是不同的，在某一种情况下只是某种因子的影响占优势，在另外一种情况下则是另一种因子的影响占优势。

（二）非生物因子

1. 光

光是生命有机体的最终能源，鸟类的食物都是直接或间接地由绿色植物利用光合作用而制造的。光对鸟类的繁殖、生长、发育、行为、分布和生存都有直接影响。光昼夜节律控制鸟类的行动。白昼光照时间长短的季节变化对鸟类的繁殖周期、迁徙、换羽都有影响。

2. 温度

温度是一个重要的生态因子，能直接影响鸟类的新陈代谢，从而对鸟类的活动、生殖、生长、发育、遗传、生存、行为和分布等方面都能产生影响，低温和高温对鸟类的生存都能产生一定的伤害。

3. 大气

大气中包括 O_2、CO_2、N_2 及其他多种气体。O_2 是有机体呼吸及物质氧化作用需要的气体，CO_2 是绿色植物光合作用的原料。大气中 O_2 含量过少可以成为高山鸟类分布的限制因素。

风是大气流动产生的，风的作用也是多种多样的，风可以影响鸟类水分和热的代谢，能限制鸟类的飞行。

4. 水

水是原生质的组成部分，新陈代谢必须在水的参与下才能进行。鸟类缺乏水分，活动就降低，因此，鸟类离不开水。空气中水分含量的多少，对鸟类色素及鸟卵和胚胎发育也有一定影响。

水分的来源主要是雨水和降雪。充足的降水量有利于某些动物的繁殖，但过多的雨水，直接对许多鸟类有害。羽毛过湿会破坏热能代谢，引起鸟类过冷，容易造成小型鸟类的死亡。冬季积雪过厚，会影响鸟类的觅食，造成鸟类死亡。

5. 土壤

陆地表面是由矿物层和其中的生物相互作用而形成的，它是鸟类栖息和活动的基底，也是植物生长的基础。同时，又通过植被对鸟类产生影响。土壤的物理、化学性质对不同种动物有不同的影响。

6. 火

火也是重要的环境因子，在温带地区的森林、苔原地区，火具有重要作用，它决定植被的组成和分布，并直接和间接地通过对植物、土壤和其他环境条件的影响而影响动物的种类和种群数量。火一方面有破坏生态平衡的作用，另一方面又能将生态系统中死的干燥有机物还原为植物需要的元素，刺激新植物的生长。火在一个生态系统中对有些植物群落起抑制或毁灭作用，而对另一些植物群落的存在和发展都是不可缺少的重要因素，使它们能保持生态系统中的地位，而不至于衰落和消失。

（三）生物因子

生物因子包括动物、植物和微生物彼此之间的关系，主要表现在物质和能量的转移上。绿色植物利用太阳光能制造食物，微生物以矿质为营养，并利用太阳光的辐射能制造有机物。动物不能制造有机物，只能以其他有机体为营养而获得能量。由于各种生物间的营养关系，互相吞食而形成错综复杂的食物链网。鸟类以植物为栖息、活动、觅食、隐蔽和繁殖的场所，而植物则依赖动物传播花粉和散布种子以扩大植物分布区。

二、主要自然因子和生态作用

（一）环境温度对鸟类的影响

外界环境温度是鸟类重要生态因子，在鸟类的生活中起着重要的作用。它直接或间接影响鸟类的生长、发育、生活状态、生存、行为、数量和分布。温度在不同地理位置、不同纬度、鸟类栖息场所的不同深度和高度，以及同一地方一年中不同季节或同一天的不同时间都有所差异。温度的变化，在不同程度上直接影响鸟类的新陈代谢，因而也就影响鸟类的活动、生殖、生长、发育及其他生命活动。鸟类在有利的温度条件下具有最适的活动范围，但在温度过高或过低时鸟类靠迁徙来避免不能忍受的温度。

据朱曦 1981～1995 年对浙江临安金腰燕的观察，3 月间当气温在 10～15℃时，金腰燕迁到临安。日期为 3 月 15 日至 4 月 1 日，期间 3 月 25 日前后迁到的只数最多。1989 年和 1990 年都是 3 月 25 日迁到，阴雨天，气温 15.0℃。1992 年为 3 月 27 日迁到，阴雨天，气温 16.0℃。一般当气温 10.0～15.0℃时金腰燕迁到。1992 年 4 月 15 日至 6 月 2 日观察，4 月 15～30 日平均气温 18.0℃，金腰燕迁到数量增加，在 3 月 27 日至 5 月 1 日达到数量高峰。5 月平均气温 18.3℃，为金腰燕产卵、孵卵阶段，野外统计数量在 30～38 只（图 4-1）。8 月上旬平均气温 26.0℃，第 2 窝雏鸟出飞，常停栖于电线上。1992 年 9 月下旬平均气温 20.0℃，金腰燕陆续迁离。1993 年 8 月中旬第 2 窝雏鸟出飞，26 只雏停栖在电线上，仍需亲鸟喂饲。9 月中旬金腰燕迁离前有集群活动，已见 52 只集群停栖电线上或成群地飞翔于天空。9 月下旬平均气温 18.5℃，金腰燕陆续迁离。9 月底 10 月初 1992 年和 1993 年都为阴雨天，迁离完毕。

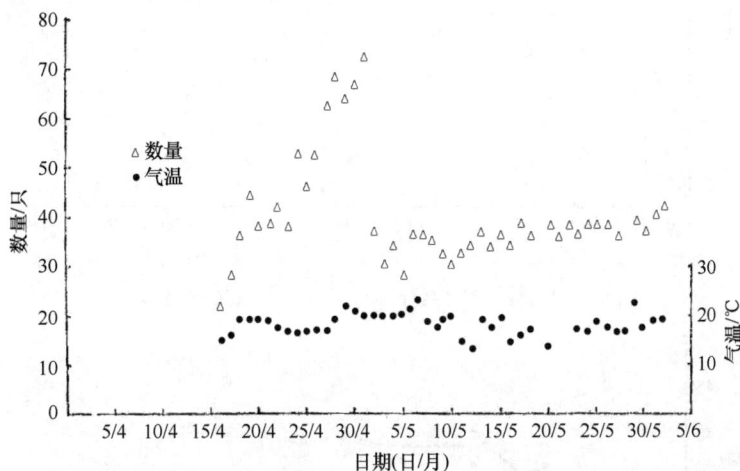

图 4-1　气温与金腰燕数量关系（1995 年）

气温对金腰燕醒觉和出飞活动有一定影响（图 4-2）。4 月气温低，醒觉和出飞时间迟，5～8 月气温增高，醒觉和出飞活动提早。在 6 月上旬醒觉和出飞时间分别为 4:41 和 4:47。9 月气温下降，金腰燕醒觉和出飞时间又推迟。9 月下旬醒觉和出飞活动时间分别为 5:44 和 5:53，与迁到期相接近。

金腰燕在育雏期与日气温变化也有一定关系，气温高育雏频次降低（图 4-3）。

雏鸟恒温能力发育的过程与环境温度之间有着密切的关系（图 4-4），恒温能力的发育是随着日龄的增长而日趋完善。恒温能力反映在两个指标上：①平均体温随恒温能力的发育过程而提高；②在不同环境条件下，温度变化幅度大小反映恒温能力的强弱。白

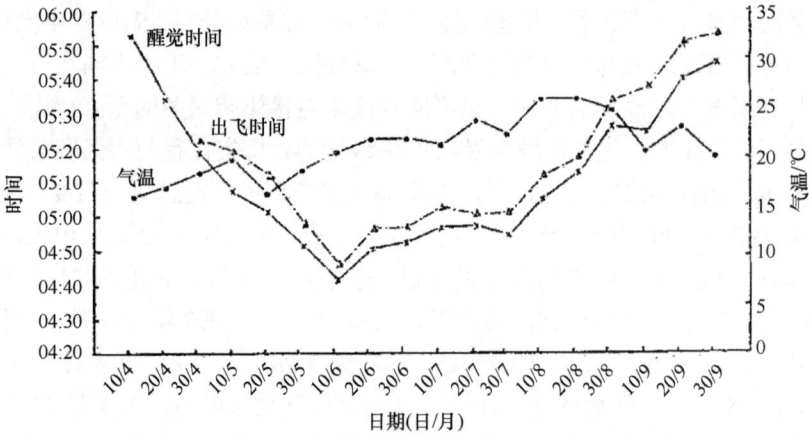

图 4-2 气温与金腰燕出飞和醒觉的关系（1995 年）

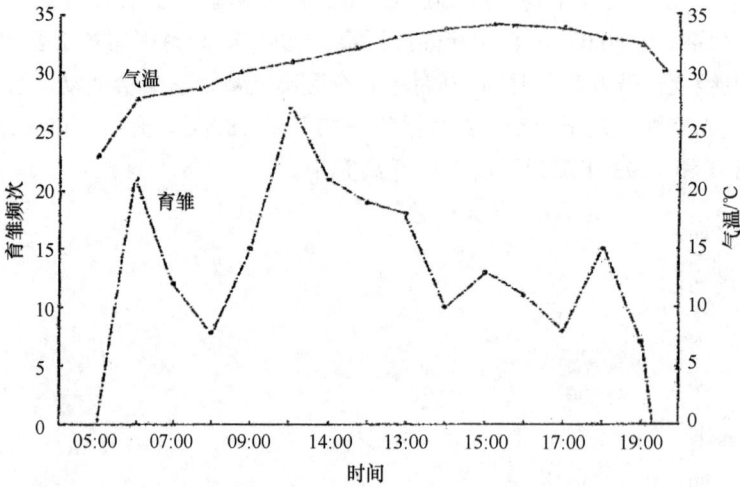

图 4-3 9 日龄金腰燕育雏与日气温关系（1995 年）

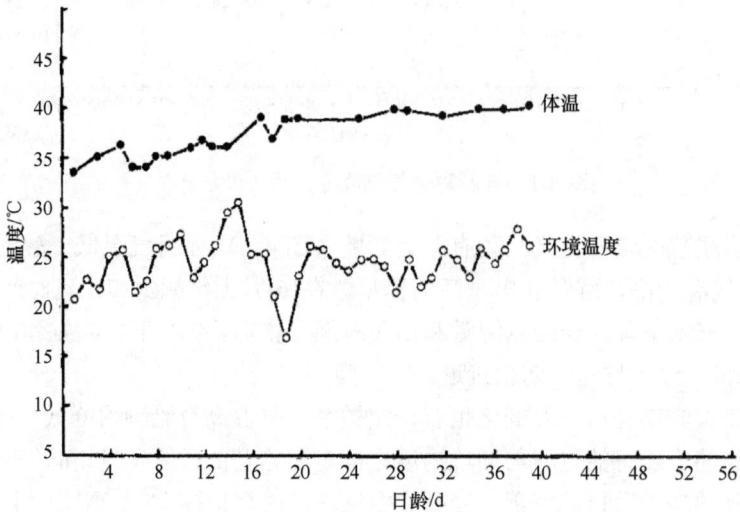

图 4-4 白鹭雏鸟恒温能力发育（1999 年）

鹭雏鸟恒温能力发育可分为 3 个时期：迅速发育期（1～5d），体温从 33.7℃增加到 36.0℃，平均日增长 0.575℃；缓慢发育期（6～19d），体温上升随日龄增加变缓，平均日增长 0.214℃；稳定期（20d 以后），体温稳定在 39～40.1℃。从 19～35 日龄体温测定，体温变化幅度小，平均增长 0.069℃。此期体温不受环境温度的干扰，恒温能力发育完善（朱曦等，1999f）。

侯银续等（2007）对东方白鹳（*Ciconia boyciana*）的观察，2 月，巢区气温多在 0℃以下，在巢塔上停歇休息的亲鸟常收紧双翅，缩拢身体，蜷曲脖颈，将长喙埋于颈部和上胸部羽中。高温对东方白鹳的亲鸟和雏鸟的影响都很明显。5 月以后，在太阳直射下气温高达 55℃以上。在强日光下，亲鸟背对日光，微开双翅，喙张开，偶有振翅行为；30 日龄前，巢中幼鹳彼此疏散开，喙张开，伸长颈项；30 日龄后，羽毛基本丰满，行为接近亲鸟。多次观察到高温时亲鸟给幼鹳喂水，半撑开双翅为幼鹳遮挡日光的现象。亲鸟对雏鸟采取这一系列行为对策是为适应辐射胁迫。

鸟卵孵化是亲鸟或环境给受精卵发育的一种最适温度调节与时间过程。孵化期长度与鸟种卵室正相关，并受孵化环境因子与卵代谢特性影响。孵化时期卵内温度：15 种非雀形目鸟为（39.53±1.35）℃，9 种雀形目鸟为（35.02±0.50）℃，如果长时间低于 25℃，其胚胎发育即停止（王培潮等，1991）。

鹭类中的多数种类一年中都要发生迁徙，2 月和 3 月气温升高，鹭类陆续从南方迁到我国各地营巢繁殖。9 月以后气温逐月下降，鹭类又到南方越冬。鹭类一年中发生的季节性迁徙，环境温度的变化也是其中重要因素之一。

在繁殖期温度的骤然升高可以引起鹭类产卵数的减少、卵变小、孵化率降低和幼雏死亡率的增高。

（二）光对鸟类的影响

光是与温度密切相关的太阳辐射能的一种形式，是生命有机体热能的最终能源。光能促进鸟类生殖腺机能的活动，从而影响鸟类的繁殖。其主要机制是光通过眼和脑影响到脑下垂体的机能，刺激它的前叶分泌两种促性腺激素，使生殖器官活动起来，引起雌性排卵，因此，光照是环境信号的因素。

大部分鸟类具有季节性繁殖的特性，而光周期被认为是鸟类季节性繁殖最重要的同步信号。缩短光照对鸟类性腺发育及繁殖性能有抑制作用，而延长光照可促进性腺发育、提高繁殖性能。

光对鸟类的繁殖行为、生活周期和地理分布有直接或间接的影响，造成鸟类醒觉时的光照强度称为"醒觉照度"。鸟类早晨开始鸣叫与光照强度有直接关系，不同种类的醒觉照度也不同，据朱曦 2004 年 7 月 21 日对舟山普陀山岛鸟类醒觉时间和照度测定：4:29 时棕背伯劳开始鸣叫，其照度为 0.1lx，以后依次为白头鹎（*Pycnonotus sinensis*）4:30 时（0.2lx）、珠颈斑鸠（*Streptopelia chinensis*）4:35 时（0.8lx）、画眉（*Garrulax canorus*）4:36 时（0.9lx）、暗绿绣眼鸟（*Zosterops japonicus*）4:40 时（2.9lx）、白鹡鸰（*Motacilla alba*）5:08 时（382lx）、麻雀 5:09 时（386lx）、家燕（*Hirundo rustica*）5:10 时（602lx）、强脚树莺（*Cettia fortipes*）5:30 时（23401x）。随着季节的变化，鸟类鸣叫时间也相应变化。朱曦等（1995）对金腰燕的观察表明，醒觉、出飞活动与天空光照的强弱也有密切关系。金腰燕平均醒觉照度为 45.60lx（1.6～252.0lx，$N=129$），出飞平均照度为74.27lx（1.80～261.0lx，$N=120$）。金腰燕醒觉和出飞时间随季节变化而改变（图 4-5）。晴天醒觉到出飞时间间隔短，为 6.53min（1～15min，$N=43$），而阴天天气间隔时间为 7.48min（1～20min，$N=44$）、雨天为 9.85min（2～28min，$N=26$），均较晴天长。

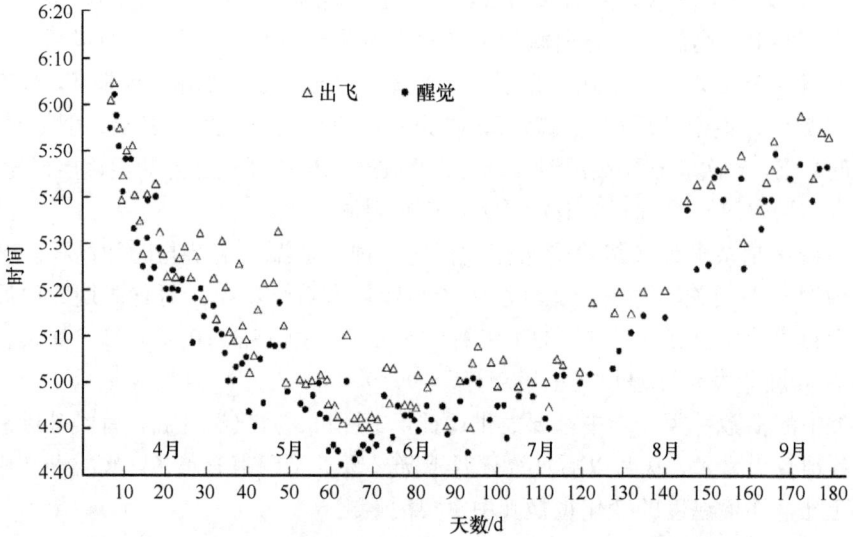

图 4-5　金腰燕醒觉和出飞时间季节变化（自朱曦等，1995）

醒觉时间和醒觉照度的旬平均值列于表 4-1。

表 4-1　金腰燕醒觉时间和醒觉照度值（自朱曦等，1995）

醒觉照度/lx	164.3	160.7	29.4	22.8	59.8	25.9	16.0	25.2	9.5	22.0	10.8	8.4	6.7	7.7	32.9	19.4	40.0	38.7
醒觉时间/min	113	93	79	68	61	52	41	51	52	57	57	55	66	73	88	85	101	104

注：时间的计算以 4:00 为 0 分，5:00 为 60 分，5:53 分为 113 分，余类推；表 4-1 和表 4-2 数据均为旬平均值

以表 4-1 中数据做线性回归分析，醒觉时间（Y）关于醒觉照度（X）的一元线性回归方程为：$Y=61.28+0.2757X$，相关系数 $r=0.6135$，大于临界值 $r_{0.01}(16)=0.5425$。进一步做线性回归显著性检验 $F=9.66$，临界值 $F_{0.01}(1, 16)=8.53$，$F>F_{0.01}$，线性回归关系极显著，可见金腰燕的醒觉时间与醒觉照度有密切的线性相关关系。

同样出飞时间与出飞照度的旬平均值列于表 4-2。

表 4-2　金腰燕出飞时间和出飞照度值（自朱曦等，1995）

出飞照度/lx	67.8	81.4	128.6	76.7	50.6	57.1	45.2	62.9	41.6	17.3	23.4	19.5	65.3	116.4	64.4	87.3
出飞时间/min	83	80	72	59	47	56	56	63	61	61	72	78	92	94	112	111

出飞时间和出飞照度的线性回归方程为：$Y=60.2+0.2343X$，$r=0.3720$，临界值 $r_{0.10}(14)=0.4259$，$r<r_{0.10}$，相关不显著。显著性检验 $F=2.25$，临界值 $F_{0.10}(1, 14)=3.10$，$F<$

$F_{0.10}$，线性回归关系不显著，说明金腰燕出飞时间与照度无线性回归关系。

光照的季节性变化与鹭类的繁殖、迁徙、昼夜活动、鸣叫等有一定联系。光照强度是引起鹭活动变化的主要因子。5 月雌鹭于早晨 5:00 左右出飞，17:00 开始陆续回林，最迟为 19:20 左右。据在浙江安吉西亩鹭类营巢地的测定（朱曦，1988b），池鹭阴天早晨出飞平均亮度为 50.8lx；晴天为 223.3lx；末次回巢 17:15，阴天亮度仅为 4.5lx。

鹭的活动与光照周期密切相关，随着日出时间提早，鹭飞出时间也相应提早。1994 年 5 月 5 日对浙江常山同马鹭类保护区鹭群活动光亮度测定，鹭出飞亮度为 0.1lx；5:10 时出飞高峰亮度为 65.6lx；5:40 时亮度为 1897lx，出飞个体已很少。傍晚回归时间为 16:30～19:10，18:40 时亮度为 344lx，为鹭回归高峰（朱曦等，1999f）。

夜鹭为昼伏夜出鸟类，一般于 18:30 开始出飞，19:00 左右达到高峰。清晨于 4:30 开始陆续返回栖息地。上海动物园从 5 月底起有成对夜鹭于傍晚转黑时（光照强度在 1.2～0.2lx）在湖面盘旋，然后向四周扩散飞去，天明前（0.2lx 以前）返回。

王天厚和钱国桢（2000）对夜鹭的研究表明，在黄昏光照强度 10lx 以上时，夜鹭并不产生飞离栖息地取食的行为，当光照强度降至 2～0.2lx 时，出现夜鹭起飞高峰。夜鹭在迁徙期前和迁徙期后对光照强度的反应是不同的；在迁徙期前，夜鹭起飞的初始光照强度为 4.3lx，起飞数量高峰为 0.48lx。迁徙期间，夜鹭起飞的初始光照强度为 9.6lx，而起飞数量高峰为 1.02lx（图 4-6）。

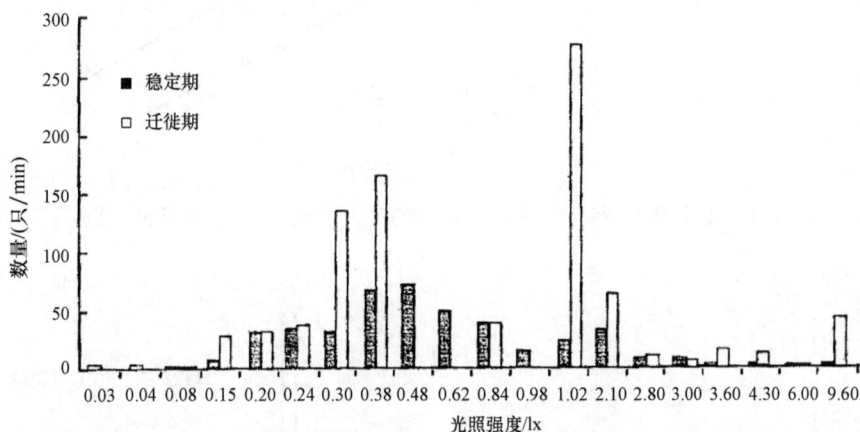

图 4-6 比较夜鹭在迁徙期前后光照强度与取食飞离数量的关系（自王天厚和钱国桢，2000）

将夜鹭取食起飞时间与日期、夜鹭返回栖息地的时间与日期做相关分析（图 4-7，图 4-8），可见夜鹭取食起飞时间随日期推移而延晚，呈正相关；返回栖息地时间随日期推迟提早，呈负相关。昏影终和晨始初也随日期推移相应地呈显著的正相关和负相关，说明夜鹭的取食时间受到当地光照周期影响。随着日期的推移，夜鹭取食时间缩短，而有提前起飞、推迟返回的趋势。日光照时的增长，夜鹭取食时间的缩短（约 2h）将对夜鹭迁徙北上起着"扳机"作用。夜鹭在迁徙期前后光照强度与取食飞离数量的关系见图 4-9。

金腰燕阴天和雨天醒觉时间均较晴天迟，醒觉照度和出飞照度也相应较低（表 4-3）。

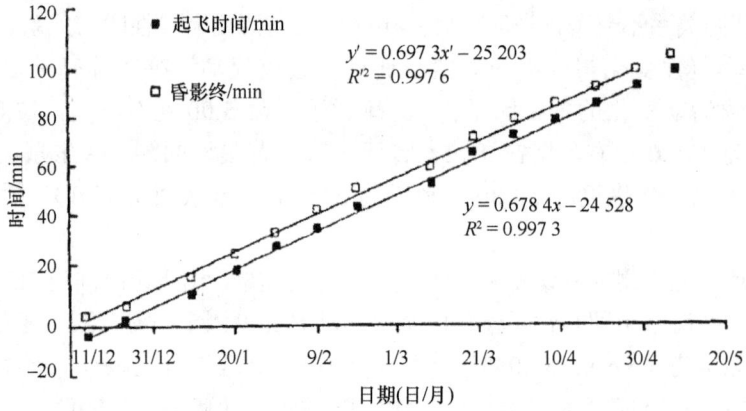

图 4-7　夜鹭取食起飞高峰时间与昏影终的对比（自王天厚和钱国桢，2000）

$y' = 0.697\,3x' - 25\,203$
$R'^2 = 0.997\,6$

$y = 0.678\,4x - 24\,528$
$R^2 = 0.997\,3$

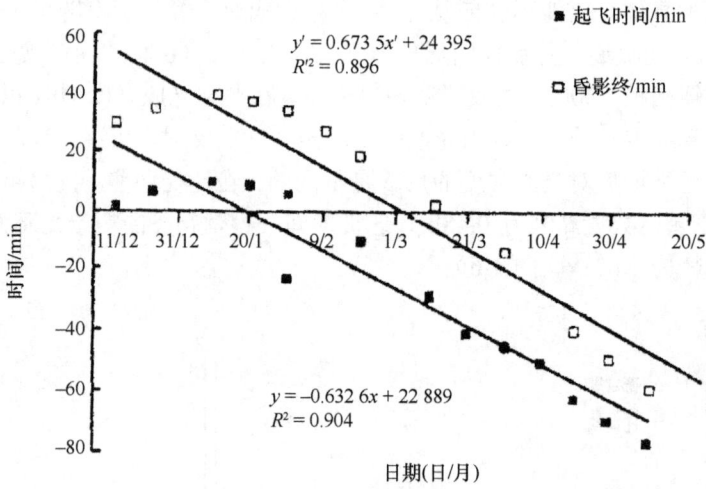

图 4-8　夜鹭取食返回高峰时间与晨始初的对比（自王天厚和钱国桢，2000）

$y' = 0.673\,5x' + 24\,395$
$R'^2 = 0.896$

$y = -0.632\,6x + 22\,889$
$R^2 = 0.904$

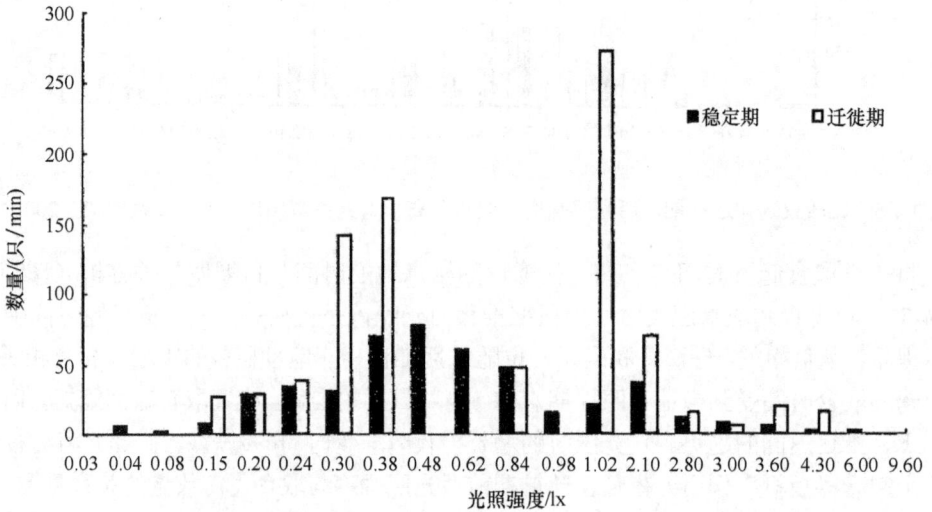

图 4-9　比较夜鹭在迁徙期前后光照强度与取食飞禽数量的关系（2000 年）

表 4-3　不同天气金腰燕醒觉、出飞的时间和照度比较（自朱曦等，1995）

天气	醒觉时间	出飞时间	觉醒照度/lx	出飞照度/lx
晴天	5:10 4:42～5:47，N=50	5:13 4:49～5:45，N=48	26.84 3.70～93.60，N=5042	76.90 8.60～248.00，N=48
阴天	5:17 4:45～5:48，N=53	5:20 4:50～5:55，N=49	23.25 3.60～76.90，N=41	73.03 1.80～224.00，N=47
雨天	5:24 4:45～6:02，N=31	5:29 4:45～6:13，N=26	22.97 1.60～58.40，N=21	66.42 10.40～213.00，N=23

光照强度是引起鹭活动变化的主要因子，据朱曦 1985 年对浙江安吉西亩鹭类营巢地的测定，5 月池鹭于早晨 5:00 左右出飞，阴天出飞平均亮度为 50.8lx，晴天为 223.3lx；末次回巢（17:15 时）阴天亮度仅为 4.5lx。1994 年 5 月 5 日，对位于浙江西部的常山同弓鹭类保护区鹭群活动光照强度测定（朱曦等，1999f），鹭出飞亮度为 0.1lx，5:10 时出飞高峰光照强度为 65.6lx；5:40 时光照强度为 1897lx，出飞个体已很少。傍晚回归时间为 16:30～19:10，18:40 时光照强度为 3442lx，为鹭回归高峰。

（三）天气对鸟类的影响

气候条件在鸟类生活中起着重要作用，不仅表现为直接的影响，而且具有多方面的间接影响（傅桐生，1987）。天空照度及其变化取决于当日天气情况。金腰燕从醒觉到出飞这段时间的长短与当天天气情况有一定的关系（图 4-10）。晴天醒觉到出飞时间间隔短，为 6.53min（1～15min，N =43），而阴天天气间隔时间为 7.48min（1～20min，N =44），雨天为 9.85min（2～28min，N=26），均较晴天长。天气与金腰燕醒觉、出飞照度的季节变化如图 4-11 所示。

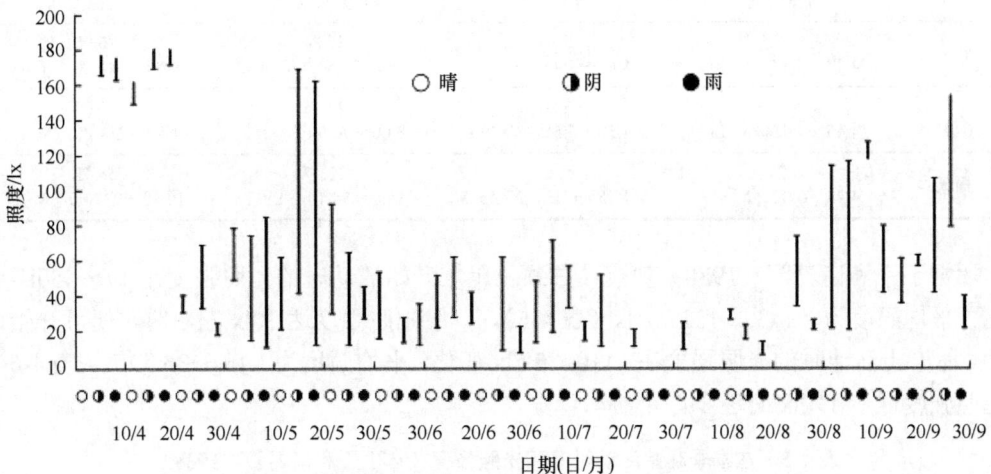

图 4-10　不同天气金腰燕醒觉和出飞照度（自朱曦等，1995）

从图 4-11 可看出，天气的变化对金腰燕醒觉和出飞活动有一定影响。但对晴天、阴天和雨天金腰燕醒觉和出飞照度的旬平均值做方差分析，结果表明，晴天、阴天和雨天对金腰燕的醒觉和出飞没有密切的相关性。

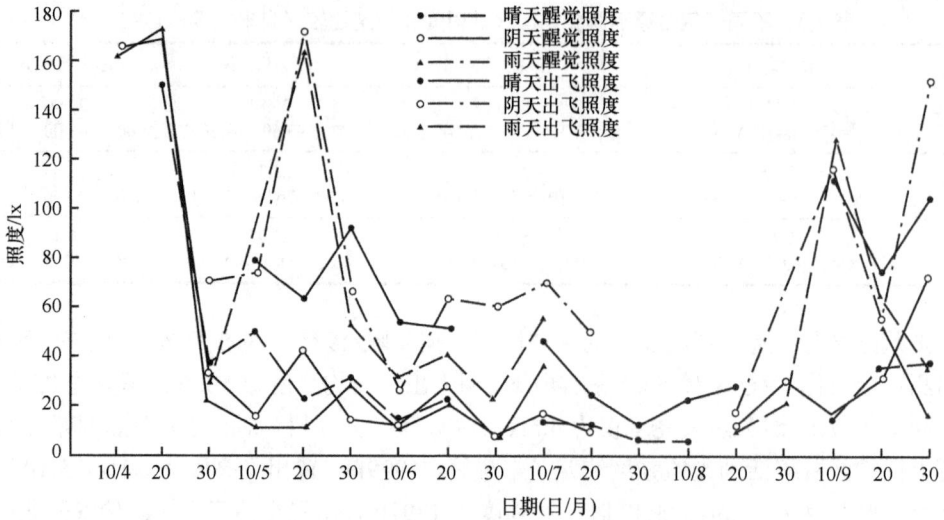

图 4-11 天气与金腰燕醒觉和出飞照度的关系（自朱曦等，1995）

王生敏 1959 年观察结果显示，下雨或刮风的天气不影响家燕的活动，对金腰燕的观察结果相同。但降雨可以调节气温、影响食源、阻碍迁飞等（郝纪纲，1985）。8 月 30 日台风和暴雨天气，金腰燕醒觉时间为 5:20，出飞时间为 6:13，出飞照度为 22.00lx，均比往常延迟，时间间隔增长，说明台风和暴雨对金腰燕活动具有明显阻碍作用。

晴天、阴天和雨天醒觉时间、出飞时间、醒觉照度和出飞照度比较见表 4-4。从表 4-4 可以看出，金腰燕阴天和雨天醒觉时间均较晴天迟，醒觉照度和出飞照度也相应较低。

表 4-4 不同天气醒觉、出飞的时间和照度比较（自朱曦等，1995）

天气	醒觉时间	出飞时间	醒觉照度/lx	出飞照度/lx
晴天	5:10 4:42~5:47，N=50	5:13 4:49~5:45，N=48	26.84 3.70~93.60，N=5042	76.90 8.60~248.00，N=48
阴天	5:17 4:45~5:48，N=53	5:20 4:50~5:55，N=49	23.25 3.60~76.90，N=41	73.03 1.80~224.00，N=47
雨天	5:24 4:45~6:02，N=31	5:29 4:45~6:13，N=26	22.97 1.60~58.40，N=21	66.42 10.40~213.00，N=23

据丁平和诸葛阳（1988）观察，白颈长尾雉开始活动时的光照强度在 17~450lx 变化，平均照度为（143.4±132.9）lx（表 4-5），一般光照强度达 20lx 左右时，便可开始活动。而停止活动时的光照强度在（110~5）lx 变化，平均照度为（45.6±36.3）lx（表 4-6）。光照强度低于 110lx 时逐步停止活动。

表 4-5 在春季起始活动时间和光照强度（自丁平和诸葛阳，1988）

日期(日/月)	30/3	30/3	9/4	12/4	13/4	15/4	16/4	18/4	23/4	23/4	23/4	23/4	2/5
时间	5:37	6:06	5:53	5:40	5:52	5:33	5:23	6:21	5:22	5:24	5:25	5:31	5:18
照度/lx	—	—	190	20	300	50		450	17	20	—	100	—
天气	晴	晴	雨	雨	阴	晴	晴	雨	晴	晴	晴	晴	阴

表 4-6　在春季停止活动时间和光照强度（自丁平和诸葛阳，1988）

日期(日/月)	29/3	29/3	11/4	12/4	12/4	17/4	22/4	22/4	22/4	22/4	23/4	24/4	30/4
时间	6:34	6:42	6:10	6:35	6:42	6:27	6:48	6:49	6:51	6:52	6:50	6:56	6:42
照度/lx	—	—	90	110	—	—	40	35	20	19	—	5	—
天气	晴	晴	雨	阴	阴	雨	晴	晴	晴	晴	晴	阴	晴

　　白颈长尾雉在各时间单位具有不同的活动强度，并且存在两个活动高峰：第 1 高峰在 5:00～7:00；第 2 高峰在 15:00～19:00，11:00～13:00 活动处于最低潮。天气的变化影响白颈长尾雉的起止活动，晴朗天气起始活动较早，停止活动时间延迟；阴雨天气情况恰好相反。天气还影响其活动范围，雨天活动范围较小且固定，晴天则范围明显扩大。

　　红腹锦鸡取食节律的日取食频次和取食时间在一天中的上午和下午各有一个高峰。上午为 6:00～9:00，下午为 15:00～18:00。天气的变化、温度、湿度和光照强度等气候的因素发生变化，对取食活动有一定的影响。阴雨天取食活动的节律其起始与终止时间比晴天分别推迟与提前，其取食频次和取食时间也相对减少，但取食节律在上、下午也同样各具一个高峰（邵晨，1996）。

　　浙江西天目山繁殖的夏候鸟烟腹毛脚燕（*Delichon dasypus*），据俞伟东等（1996）观察，在繁殖阶段动情期的日活动规律与光照强度密切相关，其醒觉亮度为 3～5lx，始止活动时间分别为 5:00～5:15 和 18:30～18:50。光照强度低于 9000～10 000lx 时为活动高峰期，通常日活动高峰期时间是上午 5:30～7:30、下午 17:30～18:30，其主要活动内容是：发情、交配、觅食和筑巢。光照强度超过 12 000lx 时，大多数烟腹毛脚燕回巢中或林中栖息。遇到阴雨天光照强度弱时，整日都可见烟腹毛脚燕活动，遇恶劣天气，如大雨、炎热则很少活动，即使活动，也主要是觅食。

（四）降水、冰雹对鸟类的影响

　　降水对鸟类的影响有直接和间接两方面。暴雨直接冲击鹭类，浸没地面营巢的苍鹭或鸦类的巢，使雏鸟淹死。降水使鸟类身体潮湿、热能代谢遭到破坏造成过冷而死亡。降水影响环境中温度和湿度的变化、食物的来源，因而间接地影响鸟类的生活和数量的变动。在育雏期间，过多的降水使亲鸟觅食困难，食物量不足影响雏鸟生长或导致死亡（朱曦，1994a）。

　　冰雹是降水的另一种形式，由于冰雹的打击造成雏鸟的直接死亡。但雪覆盖对夜鹭在栖息地的分布没有很大影响（朱曦，1996a）。

（五）风对鸟类的影响

　　风是大气流动产生的，风能影响鸟类热的代谢，限制鸟类的飞行。刮大风时直接破坏了树栖鹭类的巢，引起卵、雏鸟的损失，对雏鸟的生存和生长有较大影响。气温下降使亲鸟外出觅食困难，导致部分巢内雏鸟死亡，并且生存下来的雏鸟体重也有不同程度的减轻。Teal 1965 年和 Raymond 1982 年研究夜鹭繁殖习性和繁殖率后，指出风暴是夜鹭繁殖失败的主要因素。

　　风也是一种鹭类分布的主要因子。海岛栖息的中白鹭，其巢多筑于背风面近地面的灌丛，以降低风的直接影响（朱曦等，1991c）。对夜鹭的研究（王天厚和钱国桢，2000）表明，在寒冬季节，当平均风速小于 4m/s 时，无论晴天、下雨，还是下雪，夜鹭均集中在树的中上层。平均风速大于 4m/s 时，夜鹭集群下移，灌木丛中的夜鹭数量增多，可能是一种躲避强风的主动行为，这与夜鹭节约能量消耗有关。

风对鹭的出飞活动有明显影响，天晴无风时，白鹭在日出前 5min 开始飞离，而在阴雨强风时，白鹭则在日出以后 5～10min 才开始离去。

风对东方白鹳的繁殖也产生一定影响，5 级以上强风对营巢初期的繁殖活动影响较大。巢的迎风一侧常被吹得变形，外侧内陷，内陷处巢凌乱。强风对巢的破坏会引起取材次数的增多和修巢频次的增加。5 级以上强风也增加了取材活动的难度，东方白鹳叼运的巢材常在飞向巢塔的途中被风吹掉。

无风或微风天气，东方白鹳修巢行为显得比较轻松，常收拢双翅，一边啄理巢材一边双脚压住突出的部分，并沿着巢沿缓缓前移，间或伴有休息、理羽等行为；强风时（>5 级），则迎着风向，一翅倚抵着铁板，当修巢的外周面时，身体轴线与巢台面常保持一定角度（30°～90°），双翅微开，保持平衡。但也常观察到身体被风吹得失去重心前后摇摆的现象。

亲鸟立于角台或巢侧休息时，通常迎着风向站立。无风或微风时，行为则较自由随意，或理羽，或展伸一翅，或单脚曲立休息等。

无风或微风天气东方白鹳从地面飞到塔上，通常采取直线飞翔或先直线而后盘旋飞落巢上；大风天气（>6 级）东方白鹳飞翔的策略是"S"形，即先逆风爬升一定高度，再顺风向前滑翔，再逆风爬升一定高度，再顺风滑翔，逐渐靠近巢塔，最后逆风飞落巢上（侯银续等，2007）。

（六）环境变化对鸟类的影响

鹭类的环境主要包括栖息地、营巢地、觅食地等。栖息地是鹭类停栖、活动的场所；营巢地提供了鹭类营巢地点；觅食地是鹭类生活及雏鸟生长的食物来源。不同种鹭对栖息地的要求不同，鹭类选择森林、竹林或湿地苇丛，而鸦类则选择近湖、溪流的苇丛和灌丛。环境的改变，如人口增长、耕地减少、农药化肥过量施用、工业化和环境污染都对鹭类有一定影响。

森林、苇丛为鹭类主要栖息和营巢地点，森林、苇丛的郁闭度的改变也会引起鹭种群数量的下降。浙江安吉鹭类营巢地，1985 年因对杉木林进行疏伐，1986 年该林已无鹭群栖住。而未进行疏伐的林地，鹭群如同往年，说明在同一地点，人为因素也相同时，林分郁闭度的改变对鹭群有明显的影响。

人为或其他动物的干扰，都可能导致鹭群飞离。当干扰在栖息地附近时，往往会造成鹭群飞离，改变出入栖息地的时间，严重时会使鹭群不敢回树林而被迫迁移他处。

（七）天敌对鸟类的影响

鹭在产卵期、孵化期、育雏期，亲鸟晾卵或离巢采食时容易遭到天敌的扑食，造成卵和雏鸟的损失。主要天敌有白头鹞、白尾鹞、鹊鹞、喜鹊及蛇等。吴长申等 1986 年研究表明，大白鹭卵的损失中，被鸦类捕食的占 65%左右。

鹭种间也有捕食现象。在同一营巢地中，发现夜鹭捕获未离巢的白鹭雏鸟，并吞食。

第二节　种群生态学

一、繁殖生态概况

繁殖是鸟类个体生态学研究中最引人关注的一个领域,长期以来一直是我国鸟类生态学研究的最重要内容。华东地区鸟类繁殖生态的研究涉及鹱形目黑叉尾海燕（*Oceanodroma monorhis*）（赛道建和曹善东，1994）、白额鹱（*Calonectris leucomelas*）（赛道建，1993）；鹈形目海鸬鹚（*Phalacrocorax pelagicus*）（张世伟等，2002）；鹳形目白鹭（*Egretta garzetta*）（朱曦等，1999f；张迎梅等，2000；姜殿卿和刘亚华，1986；王松等，2001；魏国安等，2002）、池鹭（*Ardeola bacchus*）（朱曦和杨春江，1988；朱曦，1994a）、绿鹭（*Butorides striatus*）（曹垒等，2002）、夜鹭（*Nycticorax nycticorax*）（王天厚等，1986；朱曦等，2000b；杜恩民，1991a；张迎梅等，2000；李镇桐和洪修默，2002）；隼形目黑翅鸢（*Elanus caeruleus*）（林清贤等，2004）、金雕（*Aquila chrysaetos*）（韩云池等，1992a）；鸡形目勺鸡（*Pucrasia macrolopha*）（王岐山和胡小龙，1980）、白鹇（*Lophura nycthemera*）（李炳华和陈璧辉，1984）、黄腹角雉（*Tragopan caboti*）（郑光美等，1985b）；鸻形目普通燕鸻（*Glareola maldivarum*）（侯端环，1990）、金眶鸻（*Charadrius dubius*）（吴建东等，2000）、黑尾鸥（*Larus crassirostris*）（张世伟等，2000）、黑嘴鸥（*Larus saundersi*）（杜进进，1994）、黑嘴端凤头燕鸥（*Thalasseus bernsteini*）（陈水华等，2005a）、须浮鸥（*Chlidonias hybridus*）（章克家等，2006）、扁嘴海雀（*Synthliboramphus antiquus*）（马金生，1990）；鸽形目山斑鸠（*Streptopelia orientalis*）（邵晨，2001）、珠颈斑鸠（*Streptopelia chinensis*）（晏安厚和马金生，1994）；鹃形目大杜鹃（*Cuculus canorus*）（张天印，1989）；鸮形目纵纹腹小鸮（*Athene noctua*）（高登选等，1993）、领角鸮（*Otus bakkamoena*）（杜恒勤等，1991a）、草鸮（*Tyto capensis*）（张天印等，1986）；佛法僧目蓝翡翠（*Halcyon pileata*）（陈玉泉等，1995）；䴕形目灰头绿啄木鸟（*Picus canus*）（陈石泉，1992；杜恒勤，1987c）、星头啄木鸟（*Picoides canicapillus*）（周世锷等，1980）、啄木鸟（赛道建等，1994）；雀形目仙八色鸫（*Pitta nympha*）（周立志等，1998c）、金腰燕（*Hirundo darica*）（朱曦等，1995）、山鹡鸰（*Dendronanthus indicus*）（刘岱基等，1990）、白鹡鸰（*Motacilla alba*）（杜恒勤等，1993）、白头鹎（*Pycnonotus sinensis*）（李炳华，1981）、棕背伯劳（*Lanius schach*）（张守富，1990）、红嘴蓝鹊（*Urocissa erythrorhyncha*）（李炳华，1984）、喜鹊（*Pica pica*）（朱曦，1987b；杜恒勤，1965）、乌鸫（*Turdus merula*）（晏安厚，1984）、灰喜鹊（*Cyanopica cyana*）（晏安厚，1983a）、北红尾鸲（*Phoenicurus auroreus*）（杜恒勤等，1990a）、大山雀（*Parus major*）（朱曦等，1989a）、山麻雀（*Passer rutilans*）（杜恒勤和韩云池，1992；李升阳和曹志芬，1993）、白腰文鸟（*Lonchura striata*）（晏安厚，1987a）、毛脚燕（*Delichon urbica*）（张守富，1990）、三道眉草鹀（*Emberiza cioides*）（杜恒勤，1994）、棕头鸦雀（*Paradoxornis webbianus*）（杜恒勤等，1990b）、震旦鸦雀（*Paradoxornis heudei*）（王子玉

和田耕芜，1988）、暗绿绣眼鸟（*Zosterops japonicus*）（朱献恩和朱晓华，1994）、红头长尾山雀（*Aegithalos concinnus*）（周立志等，2003）。

二、种群与数量动态

种群是同一时期内占有一定空间的同种生物个体的集合。同一种群中不同鸟类个体之间互相依赖、彼此制约并依据一定的种间关系构成一个复杂而有序的统一整体。种群的界限有时非常清楚，但在大多数情况下种群边界是根据研究者研究的目的而人为确定的。

鸟类种群中的每一种群都有特定的地理分布区，在生态系统中占据一定的生态位、种群内的不同个体具有特定的空间分布特征；每一种群都由一定数量的同种个体所组成；同一种群的鸟类拥有相同的基因库。

鸟类种群生态学探讨鸟类种群与周围环境之间、不同种群之间及种群内不同成员之间的相互关系，探讨鸟类种群的数量或密度；种群的分布与空间结构；种群数量变动及影响因子；种群数量变动的调节机制。

种群数量的调查统计最早见于周本湘和冯谋鸿（1960）《建阳邵武山区盛夏时节鸟类的分布状况》。周本湘首先应用路线统计方法，在早晨 5:30～8:00；傍晚 16:30～18:30 进行观察统计，并依鸟类出现强度划分为优势种、普通种和稀有种 3 个等级。

在鸟类种群数量动态监测方面，钱国桢和虞快（1965）首次在《天目山习见鸟类的若干生态学问题的初步研究——Ⅱ密度和数量波动问题》中，对密度与数量波动问题进行了深入探讨。天目山区可见鸟的个体密度与种的平均出现率在一年中都有周期性波动。个体每小时平均只数于 4 月及 11 月为两高峰；种的每小时平均只数以 3 月、5 月、6 月为较高的峰。鸟类个体密度波动高峰不与种类数目高峰相一致，个体密度的高峰主要受鸟类集群活动所支配和影响，而非种的季节性交汇所影响；个体密度的周期动态及种类的周期动态既有相似的规律，也有不同的规律。相似处在于曲线都具有双峰，不同处在于所属的峰型不同，高峰出现的月份有先后；个体的密度波动，藻溪及禅源寺海拔较低受平原条件影响，表现为前峰型（春夏峰型），而一都、老殿及仙顶受高峰条件所影响，表现为后峰型（秋冬峰型）；优势种类在不同季节其组合是不同的。全山区优势种以留鸟为基础，在不同月份以各种候鸟组成不同配合的优势种。候鸟成为优势种符合山区的区系动态时期的规律性。

池鹭（*Ardeola bacchus*）在浙江为夏候鸟，每年 4 月中下旬、5 月上旬迁到，9 月下旬迁离，居留期约 152 天。据朱曦和杨春江 1984 年浙北西畲林场杉木林鹭群统计，其密度为池鹭 80.7 只/hm²，白鹭 1.13 只/hm²，牛背鹭 0.38 只/hm²。

刘智勇等（1987a）对鄱阳湖鹤类越冬习性进行了观察和统计，鹤类种群数量见表4-7。

表 4-7　鄱阳湖越冬鹤类数量

种类	1981	1982	1983	1984	1985	1986
白鹤（*Grus leucogeranus*）	148	189	450	840	1482	1510
白枕鹤（*Grus vipio*）			700	1162	1900	2200
白头鹤（*Grus monacha*）			73	115	178	210
灰鹤（*Grus grus*）				20	109	95

李凤山等 2005 年采用航空调查方法调查了白鹤在鄱阳湖区的数量和分布。1999~2000 年在江苏盐城滩涂越冬丹顶鹤（*Grus japonensis*）数量为 1076 只，其中，草滩与盐地碱蓬滩共 431 只，芦苇地 127 只，养殖塘 48 只，盐田 181 只，农田 263 只，大米草滩 10 只，人工投食点 16 只（王会等，2005）。

海岛鸟类多样性及种群生态学研究比较少，王博（2005）调查了厦门无居民海岛鹭类繁殖期种群数量，白鹭为（3460±694）只，占繁殖鹭类数量比例为 86.89%，其次为夜鹭和池鹭，分别为（298±151）只和（184±58）只，牛背鹭繁殖种群数量最少，为（40±24）只。大屿岛、红屿岛上的鹭群于 3 月上旬至 4 月上旬营巢并开始产卵，鸡屿鹭群最迟在 5 月开始繁殖，繁殖期为 3 个月。

浙江沿海繁殖海鸟记录了黑尾鸥（*Larus crassirostris*）、大凤头燕鸥（*Thalasseus bergii*）、黑嘴端凤头燕鸥（*T. bernsteini*）、黑枕燕鸥（*Sterna sumatrana*）、粉红燕鸥（*S. dougallii*）、褐翅燕鸥（*S. anaethetus*）等 6 种海鸟，49 个繁殖群体（范忠勇等，2011）。

烟腹毛脚燕（*Delichon dasypus*）在浙江为夏候鸟，3 月 31 日（1996 年）迁到天目山区。据俞伟东等（1996）观察，烟腹毛脚燕自 4 月初开始种群数量逐日上升，4 月 5~20 日为迁到高峰期，5 月初以后种群数量趋于稳定，多数个体开始进行繁殖，8 月中下旬迁移，居留期约 150 天。每年 5 月，种群稳定时进行数量统计，其种群数量动态见表 4-8。

表 4-8　烟腹毛脚燕的种群数量

巢区　　年份	西关水库						禅源寺				
	1983	1984	1985	1986	1987	1988	1992	1993	1994	1995	1996
数量	30	36	40	20	16	12	20	34	40	60	80

上海郊区红隼（*Falco tinnunculus*）种群密度：熊李虎等（2005a，2005b）经过 53 次调查统计，共记录到红隼个体 1982 只，其中混合农作物区 1786 只，芦苇区 196 只，路线平均密度为（0.0356±0.0242）只/hm^2，混合农作物区红隼种群密度为（0.0404±0.0269）只/hm^2，芦苇区红隼种群密度为（0.0120±0.013）只/hm^2。

红隼种群具有明显的季节变化，种群密度在 9 月到次年 2 月较高，5~8 月较低，6 月密度最低，约为 0.0060 只/hm^2（2003 年 6 月）和 0.0013 只/hm^2（2004 年 6 月）。

黄斑苇鳽（*Ixobrychus sinensis*）为夏候鸟，每年 5~8 月在上海奉贤县沿新海塘繁殖，种群密度平均为 11.4 对/hm^2，灌水苇塘为（31.18±13.74）对/hm^2。种群分布属集群分布型，集群分布巢占 64.04%，每群（6.08±1.76）只（*N*=12）（马世全，1990）。

震旦鸦雀（*Paradoxornis heudei*）在山东黄河三角洲国家级自然保护区夏季数量为 6527~7188 只，冬季数量为 24~82 只（朱书玉等，2001）。

王天厚和钱国桢（1988a）对长江口、杭州湾的鸻鹬类种群数量的季节动态及其与气候因子的关系，优势种的季节相及其与食性生态位竞争的关系等进行了深入研究，是这一领域研究中具有开拓性工作。

Zhang 和 Zheng 2007 年根据 20 多年的数据资料对浙江乌岩岭国家级自然保护区黄腹角雉（*Tragopan caboti*）的种群生存力进行了研究。结果表明，该地区黄腹角雉的数量在未来 10 年内将逐渐增长，在 20 年后达到 180 只，而后数量保持稳定或有小幅减少。

在未来 100 年内，该种群发生灭绝的概率只有 7.3%。

三、池鹭种群生态学

朱曦于 1990~1991 年在浙江北部东包坞林场对池鹭种群进行了种群生态学研究。

（一）种群的数量及其变动

池鹭自 4 月中下旬开始迁到，最早见于 4 月 18 日（1990 年）。自 4 月下旬种群数量逐日增加，5 月 3~14 日为迁到高峰。5 月 14 日以后种群数量逐渐趋于稳定，多数池鹭已开始产卵繁殖。9 月下旬 10 月上旬迁离。

1990 年东包坞 6hm^2 杉木林均有池鹭栖息营巢，由于猎捕等人为干扰，1991 年营巢地缩小在 2.6hm^2 长势较好的杉木林里。种群稳定后于 5 月 26 日、6 月 3 日、6 月 4 日进行数量统计，1990 年成鸟数量为 7802 只，1991 年为 3642 只。1990 年和 1991 年繁殖种群密度分别为 1300 只/hm^2 和 1401 只/hm^2。池鹭孵化率为 76.32%，雏成活率为 89.66%，年繁殖率为 3.21 只/对（朱曦，1988b），1990 年和 1991 年繁殖后池鹭种群密度增加数量为 2087 只/hm^2 和 2248 只/hm^2。

（二）池鹭营巢和巢的分布

池鹭树上营巢，对营巢树种的选择性较广。据国内报道，营巢树种有杉木、柳、竹、樟（朱曦，1988b）；杨、槐、橡、榆（李永新和刘喜悦，1963）；枫树、檫木、樟、竹（沈猷慧等，1987）；榕、松、芒果（郑作新和徐亚军，1963）；有时也在楠木、慈竹上营巢（黎道洪和辜永河，1991）。

1. 水平分布

东包坞杉木林由于立地条件不同，林木生在西部和北部有明显差异，加上人为干扰等造成池鹭巢分布的不均衡。据 1991 年对 10 个样方（10m×10m）内营巢数的调查，池鹭的水平分布划分为北部的高密度区（9 巢/样方）、中部的低密度区（1 巢/样方）和西南部的无巢区。低密度区也常见池鹭停栖，为高密度区和无巢区之间的缓冲地带。

池鹭巢的分布密度与树种及树龄有关，阔叶树枝繁叶茂，一株树上能营多个巢（李永新和刘喜悦，1963）。针叶树以一树一巢为多见（朱曦，1988b），巢间距较小，且因人工杉木林树木间隔相等，造成巢间距大致相同。池鹭的领域性不十分明显，但各有自己的核域（core area），在杉木园中核域半径在 3~5m。

2. 垂直分布

鸟类的分布区是一个空间，在整个空间里，鸟类能够充分进行个体发育和繁殖后代。鸟类都占据有利的空间营巢，窝巢的垂直分布是鸟类合理利用空间的一个特征。

池鹭在杉木林中营巢高度不一致，据 1991 年对 10 个样方调查（表 4-9），有巢树 70 株，占样方内树木数的 31.53%，在同一样方内有巢树的平均高度为 11.3m，无巢树为 10.1m。对有巢树高和无巢树高做差异显著性检验 $t=5.825$，取 $\alpha=0.01$ 得临界值 $t_{0.02}$（220）=2.576，

所以 $t>t_\alpha$，有巢树高和无巢树高存在着极显著差异，池鹭喜在高大的树上营巢。

表 4-9 池鹭巢位与树高关系（1991 年）

样地		1	2	3	4	5	6	7	8	9	10	平均树高/m
有巢	平均树高/m	8.0	8.2	10.1	11.0	11.1	11.5	11.9	12.1	12.5	13.8	11.3
	树木数/株	1	8	10	2	7	11	9	4	10	8	
无巢	平均树高/m	8.4	7.7	9.2	10.8	10.3	11.2	10.5	10.8	12.0	11.8	10.1
	树木数/株	26	12	15	20	13	11	16	12	11	16	

通过对池鹭巢位分布频率的统计分析，树高在 11.1～12.1m（占 35.70%）或胸径在 13.9～15.9cm（占 44.3%）的杉木上分布频率最高，巢高在 10.9～11.9m 的分布频率占 40%（图 4-12）。

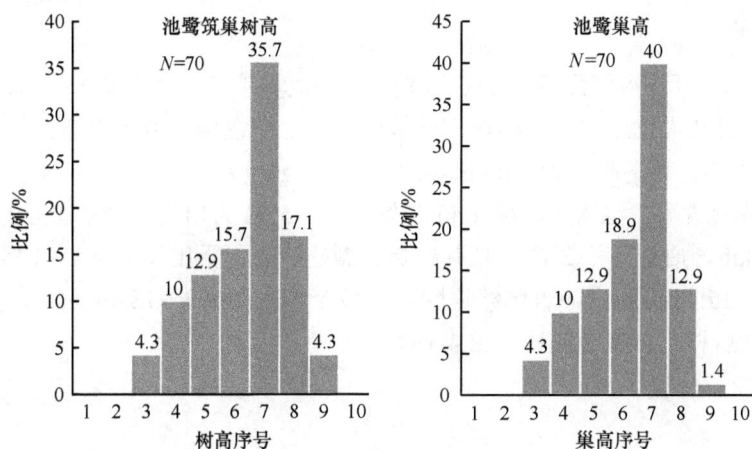

图 4-12 池鹭巢位的垂直分布（1994 年）

（三）采食场类型及数量分布

池鹭采食范围较广，可达到 10km（李永新和刘喜悦，1963），但常随环境的变化而有所不同。调查结果表明，池鹭采食场有水稻田、麦田、油菜田、水塘、小溪 5 种（表 4-10），出现频次分别为水稻田 62.2%，麦田 26.4%，小溪 4.6%，油菜田 3.4%，水塘 3.4%。

表 4-10 池鹭在采食场的分布（1988 年）

日期	油菜田	麦田	水稻田	小溪	水塘
4 月 25 日		1			
4 月 30 日		1			
5 月 3 日	2	3	17	2	
5 月 9 日		11	2		
5 月 12 日	1	7	12	2	3
6 月 2 日			23		
总计	3	23	54	4	3
比例/%	3.4	26.4	62.2	4.6	3.4

（四）种群的个体活动

鸟类活动范围的大小由个体运动能力决定，但环境因子如食物来源、季节变更、动物本身的年龄和行为也都可能影响繁殖活动，决定群内个体的分布（dispersion）和散布（dispersal）（单国桢，1983）。池鹭群栖性，群体营巢，能同白鹭、夜鹭、牛背鹭混群（朱曦，1988b），也能同夜鹭、树鹊、灰喜鹊（郑作新和徐亚军，1963）及白鹭、绿鹭（沈猷慧等，1987）混群繁殖。

池鹭 4 月中下旬迁到浙江，9 月下旬迁离，居留期 152 日（朱曦，1988b）。种群个体的活动分为 5 个时期（即迁到期、动情期、繁殖期、离巢期、集群活动和迁离期），但因池鹭个体每年回归和个体间繁殖期的差异，各活动期发生交错和重叠现象，而不能截然分割。

1. 迁到期

4 月下旬至 5 月初池鹭迁到，为迁到期。初期数量不多，往往仅 2~3 只在林区上空盘旋鸣叫。5 月初大批迁到，停栖杉木林梢或林区上空盘旋，鸣叫嘈杂。雄鸟声音洪亮似 "gua-gua" 声，雌鸟鸣声为 "hu-ge-ge" 或 "gu-gu-gu"。

据 5 月 6 日观察，池鹭于早晨 4:45 开始出飞，5:30 为出飞高峰（图 4-14）。飞时静风时速约 14km。拍翅每秒 2 次，且具较响的振翅声。由于出飞觅食，白天在林中见到的数量不多，15:45 开始有小群陆续返回，多数个体在 16:00~18:40 回林，少数可迟到 19:00，19:30 后杉木林趋于安静（图 4-13）。

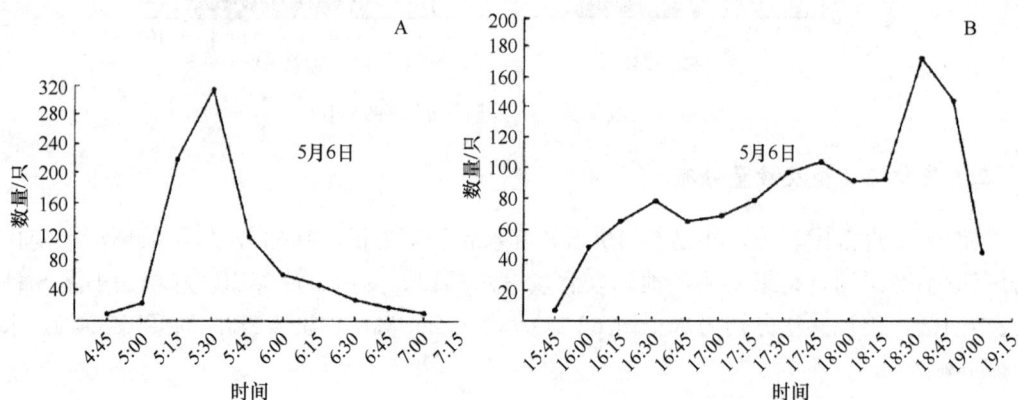

图 4-13　池鹭出飞（A）和返飞（B）的数量变化（自朱曦，1994b）

2. 动情期

4 月底至 5 月上旬为动情期。越冬返回的种群个体数量已基本稳定，鸣声增加，并在林间互相追逐，有翅击、交嗉等发情求偶表现。该期警觉性甚高，当人进入林间会使其周围 20~30m 内的池鹭惊飞，停栖于远离的树梢上张望，回归早的个体开始筑巢。

3. 繁殖期

5 月中旬至 9 月上旬为繁殖期。池鹭种群进入繁殖期后多数成对活动于林内，选好巢位，衔枝营巢或利用旧巢重新建筑。巢材多为林间和林缘采集的杉木枝、竹枝、菝葜藤等，以杉木枝为主。巢位一般选在距树顶 0.5～1.5m 处的主干与侧枝的枝杈间。

营巢活动频繁、来去往返不停，每天 7:00～10:00、15:30～16:30 为营巢高峰。据 5 月 11 日 7:00～9:30 统计，从林间地面衔枝飞行的池鹭为 60 只/分，从林外飞回 24 只/分，林内飞出 21 只/分。

由于迁到及营巢迟早个体间有差异，产卵日期也不一致。1990 年平均每窝卵 4 枚（2～5 枚，N=11），1991 年为 4.4 枚（3～6 枚，N=30）。5 月中旬多数个体已孵卵，此时亲鸟恋巢性强，雄鸟鸣叫减少，林中几乎全是"ga-ga"声。雌鸟受惊时只飞往离巢不远的杉木顶端张望，发出"ai-ai-ai"叫声。

产卵早的个体 5 月下旬已孵出雏鸟，孵卵期 20～24 天，育雏期 30 天。雏鸟鸣声为"ji-ji-ji-ji"，亲鸟以小鱼、泥鳅、蛙、蚯蚓、蝼蛄、水蛭、蜡、田鳖等喂饲。第 1 窝于 7 月初离巢，产第 2 窝的数量较少，9 月上旬第 2 窝雏鸟离巢。繁殖期最长的，从营巢至幼鸟离巢出飞需 2 个月。由于池鹭种群中个体迁到日期迟早不同，繁殖有先后，因此导致整个种群繁殖期延长。

4. 离巢期

9 月上旬至中旬为第 2 窝鸟的离巢期。刚离巢的幼鸟除尾羽较成鸟稍短外，其他外部器官几与成鸟相当；而体重有时略微超过亲鸟。幼鸟飞翔能力差，活动范围通常以巢为中心的数十米内杉木的树冠部分。

5. 集群活动和迁离期

9 月下旬至 10 月初为集群活动和迁离期。9 月上旬繁殖结束，除第 2 窝少数幼鸟之外，大多数幼鸟飞翔能力加强，活动范围扩大并可以自行觅食。野外观察中，成、幼鸟较难辨认。9 月末和 10 月初天气转冷，在迁飞前几天种群显得兴奋不安，在杉木林上空盘旋绕飞，经久也不见降落，几天之内迁离完毕。

四、鹭群数量及变动

（一）鹭群数量的季节性变动

朱曦 1998 年在进行鹭群数量变动的研究中，发现在栖息地内，鹭群数量在不同季节差异较大。浙江余杭仓库整个鹭混合群体，在全年有上升期、稳定期、高峰期、下降期等 4 个较大的数量变动期。4 月中旬夜鹭、白鹭开始迁来，4 月下旬 5 月初牛背鹭、池鹭迁到，鹭群数量增加，为上升期。5～6 月鹭类进行繁殖，鹭群数量稳定，为稳定期。7～8 月鹭雏鸟离巢，鹭群数量达到第 2 个高峰。8 月中旬以后幼鸟随亲鸟一道结群分批飞离栖息地，使鹭群数量降低。9 月以后全部迁离，该期鹭群数量下降，为下降期。

四川南充鹭栖息地内，整个混合群体在全年中有 3 个较大的数量变动期。2 月底 3 月初白鹭的繁殖期开始，有大量个体结群另觅栖息繁殖地。部分不参加繁殖的个体迁离，过着游荡式生活。3～5 月趋于稳定，在 5 月下旬至 9 月底雏鸟长大离巢。多数幼鸟随亲鸟一道结群分批飞离栖息繁殖地，鹭群数量降低到全年最低限度。在 11 月，白鹭又开始结群飞回栖息繁殖地，此期仅由白鹭组成群体，数量达到全年最高峰。

（二）鹭群数量的年间变动

鹭种群数量在不同年份而有变化，在一般情况下栖息地环境稳定，人为干扰破坏少，食物资源丰富，则鹭的种群结构也较稳定，种群数量增加。在浙江舟山五峙山鸟类保护区繁殖的中白鹭，在 1987～1999 年的 13 年中，其种群数量逐年增加（图 4-14）。

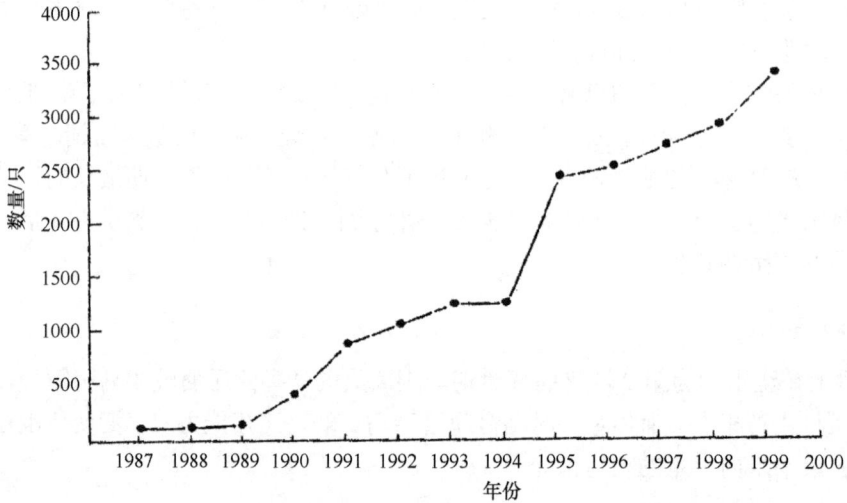

图 4-14　浙江舟山五峙山鸟岛中白鹭数量年间变化

（三）鹭群数量变动与食物资源的关系

我国鹭科鸟类中苍鹭、池鹭、白鹭、牛背鹭、夜鹭等种类数量较多，群体较大，且分布也较广泛。近年来，牛背鹭、池鹭、夜鹭、白鹭等种类分布区扩大，数量明显增加，并向北扩散。其原因可能与这几种鹭的食性和觅食栖息地多样化有关。据朱曦和杨春江 1988 年对池鹭剖胃分析，成鸟食物主要是水生动物，其中有鱼、两栖类、昆虫、软体动物的螺类及环节动物蛭类等。黎道洪和辜永河（1991）对池鹭夏季食物分析，池鹭所吞食的动物种类涉及 4 门 7 纲 17 目 32 科以上，其中以蛛形纲的蜘蛛目，昆虫纲的鞘翅目、直翅目、半翅目、双翅目，鱼纲的鲤形目和两栖纲的无尾目种类为主。牛背鹭（王中裕等，1992）的食物中，85%以上为昆虫、蠕虫，也有鼠类、软体动物、蛙、鱼等。从近年来鹭种群扩张中发现，鹭类的觅食生态位已拓展到牧场、农田、沼泽、河流、湖泊、沿海滩涂及库塘等多种不同类型的生境中。人类的生产活动、水产养殖的发展、河流蓄水和灌溉系的建设、农田水陆交错区动物多样性丰富，以及都市化发展、垃圾和废弃物的大量增加、昆虫繁衍等都为鹭类个体提供了觅食场地。

陈正修等 1990 年对鹭鸟食量的实验研究表明，白鹭、夜鹭可以吞食 4cm 以下的虾类。取食 4cm 以上的虾类时，先摔断虾头和尾，吞食中段虾体。摄食鱼时，如鱼之体幅超过鹭鸶嘴宽度，则无法吞食，但会啄伤鱼。

环境污染造成湖泊、江河、沟渠中生物种类减少，但能使一些耐污性生物物种的数量增加，鱼类向单一化、小型化发展，这样往往为白鹭、夜鹭、池鹭、牛背鹭等种类提供了丰富的食物，从而也会导致鹭数量的增加。

五、繁殖种群生物生产量和繁殖生产力

生物生产量是生态系统研究的一个重要方面，是研究能量流动与物质循环的基础，该方面研究国内较少。朱曦于 1990～1991 年池鹭繁殖季节，对其种群生物生产量进行了测定。

（一）池鹭繁殖种群生物生产量

1. 产卵和雏鸟生长

据对 1990 年 10 窝，1991 年 30 窝进行测定，窝卵 3～6 枚，1990 年均卵 4.04 枚，1991 年为 4.43 枚，2 年平均为 4.24 枚。卵重 16.17g（13.3～18.9g，N=12）；卵径 37.83mm×28.95mm。

刚孵出的雏鸟体重为 10.1～12.5g，均重 11.06g。卵重、雏重均较低纬度的长沙为小（沈猷慧等，1987）。29 日龄体重增长到 276g，几乎与亲鸟相近，30 日龄后离巢出飞。

在同一地点，不同年份池鹭窝卵量也有差别，浙江安吉 1985 年窝卵 4.2 枚，雏重 13.84g。而 1991 年窝卵 4.43 枚，雏重 11.06g，窝卵数增加，雏重则相对减少。

1～30 日龄雏鸟（N=93）体重变化如图 4-15 和图 4-16 所示。

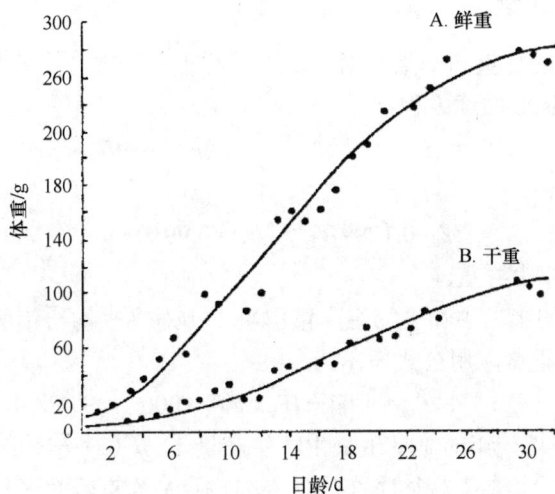

图 4-15　雏重与日龄的关系（自朱曦，1994b）

2. 卵生物量

卵重 16.17g（N=12），含水率 79.5%，卵损失率 21.95%。

卵鲜物质生物生产量：

$$P_{egg}=W_{egg}×N_{egg}/1000$$

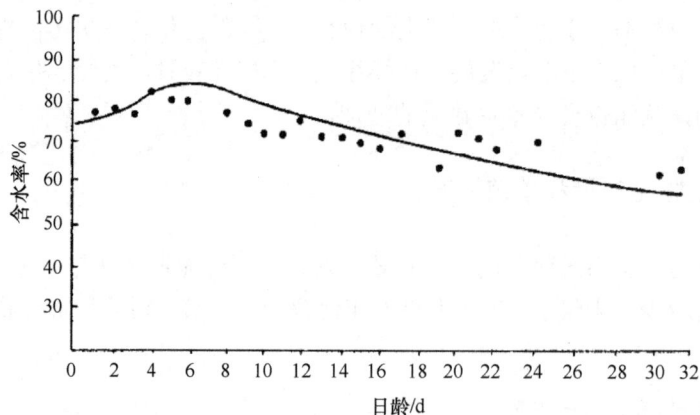

图 4-16　雏鸟含水率变化（自朱曦，1994b）

式中，P_{egg} 为 1 对鸟产卵的鲜物质生物生产量 [kg /（对·年）]；W_{egg} 为平均卵鲜重（g/枚）；N_{egg} 为 1 对鸟平均 1 年的产卵数 [枚/（对·年）]；1000 为单位换算系数。

卵干物质生物生产量：

$$P_{egg}=W_{egg}\times（1-79.5\%）\times N_{egg}/1000$$

根据上述公式计算，1 对鸟产卵鲜物质生物量 1990 年损失部分按 0.014 339kg/（对·年）；1991 年损失部分 0.015 723kg/（对·年），成活部分 0.055 910kg/（对·年）。1 对鸟产卵干物质生物生产量1990 年损失部分 0.002 940kg/（对·年），成活部分 0.010 452kg/（对·年）；1991 年损失部分 0.003 223kg/（对·年），成活部分 0.011 461kg/（对·年）。

3. 雏鸟的生物生产量

根据各日龄雏鸟的鲜重和干重数据计算，其鲜重和干重之间的关系如下。

鲜重生长的 Logistic 曲线方程：

$$W_F=286/1+e^{-0.0409（t-12.6）}（r=0.9890）$$

干重与鲜重关系：

$$W_d=0.1299W_F^{1.146}（r=0.9910）$$

式中，W_d 为干重；W_F 为鲜重。

1 对鸟平均一年的雏鸟生长生物生产量取决于 1 对鸟平均一年所产的雏鸟成活数及雏鸟生长积累物质的重量，用公式表示为

$$P_{fg}=（W_f-W_h）\times N_t/1000$$

式中，P_{fg} 为 1 对鸟平均一年的雏鸟生长生物生产量 [kg/（对·年）]；W_f 为平均 1 只离巢雏的干重（g/只）；W_h 为雏鸟出壳时的干重（g/只）；N 为育雏数（只/年）。

按上述公式计算，1990 年、1991 年 1 对鸟平均 1 年的雏鸟生长生物生产量成活部分分别为 0.249 793kg/（对·年）和 0.287 091kg/（对·年），损失部分分别为 0.028 807kg/（对·年）和 0.3202kg/（对·年）。

4. 繁殖种群的生物生产量

1990 年、1991 年池鹭繁殖种群密度分别为 650 对/hm² 和 700.5 对/hm²；产卵的鲜物

质生物生产量分别为 34.625 500kg/hm² 和 50.178 917kg/hm²；干物质生物生产量分别为 8.704 80kg/hm² 和 10.286 142kg/hm²。

1990 年、1991 年雏鸟密度分别为 2087 只/hm² 和 2248 只/hm²，1 对成鸟产卵分别为 4.04 枚和 4.43 枚，孵化率 76.32%，因此，产出雏鸟的成鸟对数分别为 676.9 只/hm² 和 664.9 只/hm²。雏鸟的生物生产量分别为 188.584 34kg/hm² 和 212.900 98kg/hm²。

1990 年池鹭种群产卵和雏鸟生长的总生物生产量为 197.289 14kg/hm²，1991 年为 223.187 012 2kg/hm²。

（二）大山雀繁殖种群生物生产量

大山雀（*Parus major*）是欧亚大陆常见的一种林栖食虫鸟类，在森林生态系统和生态学中是国内外引人重视的研究对象。研究大山雀繁殖及进行种群生物生产量的测定是森林生态系统的能量与物质积累、转化和消耗等方面研究的内容之一。朱曦于 1987～1989 年在林业部马尾松毛虫（*Dendrolimus punctatus*）综合防治区之一的浙江省江山市马尾松林区进行大山雀繁殖及种群生物生产量的测定。

1. 卵重、体积及生物量

卵重（14 枚）平均 1.22g（1.10～1.30g）；卵大小（14 枚）平均为 16.25（15.20～17.00）mm×13.24（12.20～14.00）mm，根据 Hoyt（1979）计算卵体积公式 $V=0.51LB^2$（L 为卵长径，B 为卵宽径），计算得每枚卵体积为 1452.78mm³。鲜卵密度约为 0.84g/cm³。卵含水率 81%，卵干重平均为 0.9g。按平均窝卵 5.5 枚计，窝卵干重为 1.07g。

2. 雏鸟干重和含水率

雏鸟生长中其生物生产量的积累常以干物质的重量来表示，雏鸟干重的增长在 4 日龄后较快，8 日龄已达 2 日龄的 8.2 倍。雏鸟干重增长与鲜重生长同步，雏鸟含水率随日龄增长呈下降趋势。

3. 繁殖种群生物生产量

1987 年和 1989 年两年大山雀繁殖种群密度分别为 2.6 巢/10hm² 和 7.5 巢/10hm²，根据上列公式计算得 1 对鸟的各单项生物生产量（P_{egg}、P_{fg}、P_1）及繁殖种群的生物生产量。

（1）1 对鸟平均一年产卵的生物生产量（P_{egg}）1987 年为 0.002 24kg，其中损失部分为 0.0026kg，成活部分为 0.001 98kg，1989 年一年产卵的生物生产量为 0.003 99kg。

（2）1 对鸟平均一年雏鸟生长的生物生产量（P_{fg}）1987 年为 0.027 18kg，其中损失部分为 0.000 28kg，成活部分为 0.026 90kg，1989 年雏鸟生长的生物生产量为 0.036 02kg。

（3）1987 年和 1989 年大山雀繁殖种群的产卵生物生产量为 0.058 24kg/km² 和 0.298 35kg/km²。雏鸟生长的生物生产量为 0.706 68kg/km² 和 2.701 50kg/km²。

1987 年和 1989 年产卵与雏鸟生长的年总生物生产量分别为 0.764 92kg/km² 和 2.999 90kg/km²。

大山雀种群的生物生产量受产卵的生物生产量影响，而且也受个体生物生产量动态及种群密度变动的影响。Ricklefs（1980）认为大山雀窝卵数与纬度有关系，在高纬度地区每窝卵数较低纬度地区为高。Lack（1968）认为 1 窝卵数的变异在相同类型雀形目鸟类中，在高纬度比在低纬度能为幼雏获得最丰富的食物。窝卵数对鸟类的繁殖很重要，能直接影响产卵后的繁殖过程和成效，也影响鸟类的生长率（Ricklefs，1968，1976）和生产力（Ricklefs and Bloom，1977），浙江江山西山（28°40′N）大山雀平均窝卵 5.5 枚（3～8 枚）、河北昌黎（39°38′N）7.9 枚（6～9 枚）（郑作新等，1959）、吉林安图（42°23′N）11.8 枚（10～14 枚）（李世纯等，1983）。纬度较低的浙江江山，大山雀卵干重平均为 0.19g，远较吉林安图（0.29g）为低，1 对鸟产卵的生物生产量也是低纬度为低。Cody 1971 年认为窝卵量变化的原因是多种多样的，除纬度之外，还有亲鸟的年龄、繁殖的时间或季节、食物的供给、种群的密度、经度、海拔、栖息地、巢的位置等，该方面国内未见报道，尚需继续研究。

六、繁殖力

鸟类繁殖力按 Nicl（1937）公式计算：繁殖力=$\dfrac{平均卵数/窝 \times 孵化率 \times 窝数/年繁殖}{2(1对成鸟)}$。

池鹭繁殖力据朱曦（1986）对 9 窝 38 枚卵孵化观察，出雏 29 只，孵化率 76.32%，雏鸟成活率 89.66%。每年每对池鹭的繁殖力为 3.21 只；白鹭 8 窝卵孵化观察，孵化率 86.96%，白鹭为 3.38 只（朱曦，1999f）；夜鹭为 3.50 只（朱曦等，2000b）；大山雀为 4.87 只（朱曦等，1989a）。

马世全（1991）按 Snow（1995）公式，即繁殖成功率（成功窝数/总窝数）与每窝离巢幼雏平均数的乘积来计算黄斑苇鳽（*Ixobrychus sinensis*）的繁殖力。据 16 窝 84 枚卵孵化观察，繁殖生产力为 1.63 只（表 4-11）。

表 4-11　黄斑苇鳽不同月份育雏成功比较（自马世全，1991）

月份	6 月	7 月	8 月	合计
窝数/个	2	11	3	16
离巢幼鸟数/只	7	35	0	42
成功窝数/个	2	8	0	10
繁殖成功率/%	100	72.73	0	62.50
每窝离巢幼鸟数/只	3.5	3.18	0	2.63
生产力/只	3.5	2.31	0	1.63

第三节　群落生态学

一、群落定义和基本特征

Odum 1981 年曾指出，一个生物群落是生存在一个特定地区或自然生境里的任何种群的聚集，它是一个结构单位，其个体和种群成分通过几个代谢转化而作为一个功能单位外还有其他特征。现在已知群落的特征有五类：①群落中物种的多样性（Species diversity）：在一个群落中有多少种动植物，它涉及这些物种名录的多样性和丰盛度等；②生长形式及其结构（growth form and structure）：群落中主要类型的生长形式，它决定群落的分层或垂直分层；③优势（dominance）：在群落中，并非所有种类对群落的特性都起相同的决定作用，其中必有体大、数量多、活动性强的种类起控制群落的作用，这些都是优势种；④相对丰盛度（relative abundance）：在群落中不同物种的相对比例；⑤营养结构（trophic structure）主要讲能量转化，谁以谁为食。

二、群落结构

鸟类群落结构包括鸟类种的组成、群落大小、鸟类的扩散能力、栖息地和种间关系等。鸟类群落结构随着植物群落外形的变化而变化，一般都有垂直分层现象。鸟类群落的分层结构，首先取决于植物的生活型即高低、大小、分枝情况、叶等，它是受光照强度的递减所决定的（高玮，1993）。鸟类在群落中既有垂直结构，又有分层现象，虽然大多数鸟类可同时利用不同的层次，但是每一种鸟都偏好一个层次。据朱曦等（1992b）在浙江江山林区对食虫鸟的调查，食虫鸟类取食基底就有明显的分层现象（表 4-12）。按其取食基底划分，分别为：叶层 3.30%；树枝 37.36%；树干 1.10%；地面 47.25%；空中 10.99%。地面和树枝为森林食虫鸟的主要取食基底，也决定了森林鸟类以拾取和出击为主要取食方式。

表 4-12　浙江江山林区食虫鸟的特征（自朱曦等，1992b）

科名		食虫期		迁徙状况		取食基底					取食方式			
		全年	繁殖期	留鸟	候鸟	叶层	树枝	树干	地面	空中	拾取	探取	出击	飞捕
鹰科	Accipitridae	3		1	2					3			3	
隼科	Falconidae	1			1					1			1	
雉科	Phasianidae	4		4					4		4			
鸠鸽科	Columbidae	3		3					3		3			
杜鹃科	Cuculidae	2			2		2						2	
鸱鸮科	Strigidae	1		1				1						1
翠鸟科	Alcedinidae	3		3					3		3			
蜂虎科	Meropidae	1			1			1						1
啄木鸟科	Picidae	1		1				1				1		
百灵科	Alaudidae		1						1		1			
燕科	Hirundinidae	2			2				2					2
鹡鸰科	Motacillidae	6		3	3				6		6			
山椒鸟科	Campephagidae	2			2	2							1	1
鹎科	Pycnonotidae		3	3					3		3			
伯劳科	Laniidae	4		1	3				4				4	
黄鹂科	Oriolidae	1			1		1						1	
卷尾科	Dicruridae	2			2		2						2	
椋鸟科	Sturnidae	1		1					1		1			

续表

科名		食虫期		迁徙状况		取食基底					取食方式			
		全年	繁殖期	留鸟	候鸟	叶层	树枝	树干	地面	空中	拾取	探取	出击	飞捕
鸦科	Corvidae		5	5			4		1		5			
鹟科	Muscicapidae	25		12	13	1	9		11	4	15		6	4
山雀科	Paridae	4		4			4				4			
绣眼鸟科	Zosteropidae	1		1			1				1			
文鸟科	Ploceidae		3	3			2		1		3			
雀科	Passeridae		12	3	9				12		12			
	合计	67	24	49	42	3	34	1	43	10	61	1	20	9
	百分比/%	73.63	26.37	53.85	46.15	3.30	37.36	1.10	47.25	10.99	67.03	1.10	21.98	9.89

（一）群落组成

根据在浙江太公山常绿落叶针阔混交林鹭类群落结构研究（朱曦等，1998c），在林内栖息繁殖的鹭类有池鹭（*Ardeola bacchus*）、白鹭（*Egretta garzetta*）、夜鹭（*Nycticoraxnycticorax*）和牛背鹭（*Bubulcus ibis*）4 种。1994 年鹭类 7300 只，每种鹭的数量与密度分别为：池鹭 4100 只，1366.7 只/hm²；白鹭 1900 只，633.3 只/hm²；夜鹭 1100 只，366.7 只/hm²；牛背鹭 200 只，66.7 只/hm²。1995 年鹭类 7920 只，密度为 2640 只/hm²。主要树种重要值列于表 4-13。

表 4-13　太公山针阔混交林主要树种的重要值（自朱曦等，1998c）

种类	相对密度/%	相对频度/%	相对优势度/%	重要值/%
马尾松	47.15	29.67	40.50	117.34
枫香	39.72	29.64	43.27	112.63
香樟	11.23	25.92	14.27	51.42
苦槠	2.01	14.93	2.15	19.09

马尾松、枫香为优势树种。主要乔木高度为枫香 13.74m、马尾松 12.16m、香樟 11.97m、冬青 11.09m、麻栎 8.00m、苦槠 8.00m。

3 种主要乔木马尾松、枫香、香樟上都有鹭类筑巢。9 个样方内鹭类鸟巢的分布状况见表 4-14。

表 4-14　太公山鹭类的鸟巢分布（自朱曦等，1998c）

	池鹭	白鹭	夜鹭	牛背鹭	样方内鹭类个体总数	样方内鹭类种数	鹭类多样性指数（H）	鹭类均匀性指数（J）
枫香	38	28	4	2	72	4	1.238	0.619
马尾松	34	—	8	—	42	2	0.733	0.367
香樟	10	10	10	2	32	4	1.313	0.657
生态位宽度值（H）	0.890	0.525	0.943	0.631				

（二）群落中种群的分布型

根据太公山 4 种鹭在林内的分布，运用检验其成群性标准的 S^2/m 来划分鹭类的分布型，结果列于表 4-15。4 种鹭均为成群分布，这也许与鹭类长期进化过程中所形成的群栖习性有关。

表 4-15　太公山 4 种鹭的分布型和水平分布（自朱曦等，1998c）

样方序号	1	2	3	4	5	6	7	8	9	生态位宽度值（H）	S^2/m	分布型
池鹭	10	24	22	—	—	—	4	8	14	0.749	9.453	成群
白鹭	—	—	4	22	—	8	—	—	4	0.509	12.429	成群
夜鹭	—	2	2	—	4	10	4	—	—	0.644	4.417	成群
牛背鹭	—	2	—	2	—	—	—	—	—	0.315	1.770	成群
样方内个体总数	10	28	28	24	4	18	8	8	18			
样方内鹭种数	1	3	3	2	1	2	2	1	2			
多样性指数（H）	0.257	0.924	0.808	0.682	0.310	0.686	0.457	0.227	0.538			
均匀性指数（J）	0.129	0.462	0.414	0.341	0.155	0.343	0.229	0.114	0.269			

池鹭大多分布于林内东侧、西南侧，为单独成群。据 51 株池鹭筑巢树调查，1 树 1 巢的有 43 株，占筑巢树总数的 84.314%。池鹭筑巢树中马尾松占 36.585%、枫香 34.146%、香樟 14.634%，其余巢分布在麻栎、冬青等树上。白鹭、夜鹭、牛背鹭在林地成群较为分散，有夜鹭和白鹭、夜鹭和牛背鹭、白鹭和牛背鹭 3 种同树筑巢形式。该 3 种鹭巢在树上的位置，一般以白鹭为最高，夜鹭和牛背鹭巢居树冠中下位。但同树筑巢的鹭中，夜鹭或牛背鹭的巢多于白鹭，则夜鹭巢也居上位。

一般情况下，大型种比小型种的巢位高，并可利用更多的垂直空间。这种巢位高差异取决于鹭迁到时间的不同，但很可能与保卫领地的能力大小不同有关。在竞争的相互影响下，小型种不可能保卫大的垂直空间，而使小型种利用巢高范围缩小。在其他鹭类存在时，池鹭的巢低，而无其他鹭存在的树上池鹭的巢就位于树的高处。

（三）群落的垂直分布

4 种鹭在林内乔木层筑巢高度不同，因而在群落内形成明显的垂直分布（表 4-16）。

表 4-16　太公山 4 种鹭的垂直分布（自朱曦等，1998c）

巢高/m	池鹭/只	白鹭/只	夜鹭/只	牛背鹭/只	鹭鸟总数/只	占鹭鸟总数百分比/%	鹭种数	多样性指数（H）	均匀性指数（J）
6~8	6	6	8	—	20	13.699	3	0.851	0.426
8~10	52	6	6	2	66	45.205	4	1.281	0.641
10~12	14	4	4	2	24	16.438	4	1.195	0.591
12~14	10	22	4	—	36	24.658	3	0.883	0.442
生态位宽度值（H）	0.749	0.820	0.968	0.500	146	100.000			

在巢高 8~10m 的鹭类最集中，约占总数的 45.205%，这是由优势种池鹭在这一高

度出现的概率较大引起的。

鹭类可在多种树上筑巢，对筑巢树种的选择不太严格，但因地域差异，筑巢树种也有不同（朱曦等，1996c）。池鹭对树种的选择性较广（朱曦等，1994b）。太公山常绿落叶针阔混交林中，4 种鹭对筑巢树种的选择程度上仍有差异。池鹭、白鹭对枫香的利用率高，这与枫香长得最高、树杈多及阔叶层有较好的隐蔽作用有关。4 种鹭对树种选择的生态位宽度以夜鹭、池鹭为最大，白鹭较小。巢位水平分布上，夜鹭、池鹭都在主干附近的粗树杈上，白鹭、牛背鹭的巢多筑在离主干较远的细树杈间。

鸟类都占据有利的空间筑巢，窝巢的垂直分布是鸟类合理利用空间的一个特征（朱曦等，1994b）。空间生态位宽度值（H）可以反映鹭类的活动范围和强度。对太公山 4 种鹭的研究表明，空间生态位宽度以夜鹭为最大。在巢位垂直分布上，种类之间的筑巢高度有明显不同。池鹭在 8～10m，有 52 巢（占 63.41%）；白鹭在 12～14m，有 22 巢（57.89%）；夜鹭在 6～8m，8 巢（36.36%）；牛背鹭 4 巢，分布在 8～12m。表明不同种类占据空间的不同部位和高度，从而分割了不同的资源。

鹭类群落的聚类分析表明，白鹭与夜鹭的聚合水平最低，空间分布格局相似，并以相似的方式利用相似的资源，生态位重叠也越大，为栖位竞争的种对。在栖位树种的分布上，白鹭、夜鹭集群对池鹭、牛背鹭 2 个集群在不同程度上表现出行为上的生态分隔。

张龙胜等（1994）认为，造成鹭类筑巢高度选择上的差异与鹭种迁到早迟有关。作者认为，除此之外，也与栖息地结构、植被多样性、植物的水平与垂直层次的复杂性等因素有关。而鹭类的繁殖习性、行为也是值得考虑的因素。

三、群落生物量、消费生物量

（一）种类组成

浙江鹭科计 10 属 18 种（朱曦和杨春江，1988）。近年调查发现的主要种类有苍鹭（*Ardea cinerea*）、池鹭（*Ardeola bacchus*）、牛背鹭（*Bubulcus ibis*）、大白鹭（*Egretta alba*）、白鹭（*Egretta garzetta*）、中白鹭（*Egretta intermedia*）、夜鹭（*Nycticorax nycticorax*）5 属 7 种。其中池鹭、牛背鹭、白鹭和夜鹭 4 种均在树林混群繁殖，中白鹭群体仅发现于海岛，在草灌间营巢。7 种鹭中，除苍鹭、夜鹭为留鸟外，其余 5 种均为夏候鸟。

（二）群体密度和生物量

根据野外调查和样方统计，鹭类群体密度（PD）列于表 4-17。7 种鹭的平均个体重分别为：苍鹭 1250g、池鹭 393g、牛背鹭 420g、大白鹭 975g、白鹭 418g、中白鹭 498g、夜鹭 545g。群体生物量的计算结果列于表 4-18。

根据 Wiens（1970）公式：SCB=$W_i \cdot N_i$ 计算总生物量（SCB）。式中，W_i 为种 i 在单位面积的鲜重；N_i 为种 i 在单位面积的数量。利用 Karr 1968 年公式：CB=NW^x 计算消费生物量（CB）。其中，N 是 1hm^2 内的平均个体数量；W 是鹭种的平均体重（g）；x 值为 0.6722。

表 4-17　浙江省 7 种鹭的群体密度（PD）（自朱曦和杨春江，1988）（单位：只/hm²）

居留期	调查地点	代号	生境类型	苍鹭	池鹭	牛背鹭	大白鹭	白鹭	中白鹭	夜鹭	群体密度
越冬期	泗安水库	C-s-1	水库	1.6							1.6
	南北湖	H-n-1	水库	4.5				1.0			5.5
	平水江水库	S-p-1	水库	0.8							0.8
	青山湖	L-q-1	湖泊	8.7							8.7
	蛇盘坶	S-s-1	港湾岛屿	2.6			2.9	0.7			6.2
	温岭东片农场	W-d-1	沿海滩涂	2.3			1.2	0.4			3.9
	千岛湖	C-q-1	湖泊	0.9							0.9
	大猫岛	D-d-1	海岛滩涂	0.6							0.6
	洞头岛	D-d-2	海岛滩涂	0.7				0.5			1.2
繁殖期	龙山林场	A-l-1	针阔混交林	543.5				220.5		441.0	1205.0
	黄金林场	A-h-2	杉木林	603.5				100.5		201.0	905.0
	蛇桐坶	A-j-3	杉木、马尾松林	345.0				105.0			450.0
	缸窑坶	L-g-1	杉木林	296.0				174.0			470.0
	丁家山	H-d-1	针阔混交林	738.0	492.0			246.0		738.0	2214.0
	金旺	Q-j-1	针阔混交林	274.0				119.9			393.9
	寺底袁	L-s-1	杉木林	1394.0				1091.0			2485.0
	同弓	C-t-1	针阔混交林	1366.7	66.7			633.3		366.7	2433.4
	五峙山岛	W-m-1	海岛低树草灌						556.0		556.0

　　鹭类种群生物量既与物种个体大小有关，也受种群密度的影响。个体大或种群密度高，种群生物量相应也较高。浙江 7 种鹭中，体重大小依次为苍鹭、大白鹭、夜鹭、中白鹭、牛背鹭、白鹭和池鹭，以苍鹭为最大，池鹭最小。

　　苍鹭虽广泛分布于浙江全省，但数量很少，仅在冬季于海岸滩涂、水库等有浅水地方见到，单独或成小群活动，种群密度相当低。大白鹭在浙江主要见于海滨，数量也不多，往往成 3～5 只的小群。牛背鹭同池鹭、白鹭和夜鹭合群营巢繁殖，但只有零星几只，种群密度也低。中白鹭种群密度较高，达 556 只/hm²。但在浙江省内目前仅见于舟山群岛的五峙山岛，成为浙江鹭中相对隔离的群体。

　　池鹭、白鹭和夜鹭个体大小在 7 种鹭中均属中小种类，但在浙江分布广，种群密度大，为优势种。据对同弓、寺底袁等 8 个鹭群的统计，3 种鹭群体的总密度为：池鹭 5560.7 只/hm²，白鹭 2690.2 只/hm²，夜鹭 1746.7 只/hm²；相应的总生物量为：池鹭 2185.394kg/hm²，白鹭 1124.503kg/hm²，夜鹭 950.952kg/hm²。该 3 种鹭在浙江为夏候鸟，常在同一林区混群繁殖，但因不同种鹭迁到时间迟早不同，取食地点和取食基质存在明显差异。

　　池鹭觅食地点为水稻田、麦田（朱曦，1994a），食物以泥鳅、小鱼、蛙和昆虫为主（朱曦，1988b）；白鹭觅食地为水稻田、沼泽、溪流和水库，食物为小鱼及昆虫；夜鹭为夜行性，觅食地点为池塘和水库，食物为鱼类。池鹭在树上营巢，对营巢树种的选择性较广（朱曦，1994a），采食范围较广。这可能是池鹭种群密度和生物量较高的一个原因。

表 4-18　浙江省 7 种鹭群体生物量（B）和消费生物量（CB）（自朱曦等，1998b）

（单位：kg）

栖息地点	苍鹭 B	苍鹭 CB	池鹭 B	池鹭 CB	牛背鹭 B	牛背鹭 CB	大白鹭 B	大白鹭 CB	白鹭 B	白鹭 CB	中白鹭 B	中白鹭 CB	夜鹭 B	夜鹭 CB	总生物量 SB	总消费量 SCB
C-s-1	2.000	1.859													2.000	1.859
H-n-1	5.625	5.228							0.418	0.556					6.043	5.784
S-p-1	1.000	0.929													1.000	0.930
L-q-1	10.875	10.108													10.875	10.108
S-s-1	3.250	3.021					2.828	2.851	0.293	0.390					6.371	6.262
W-d-1	2.875	2.672					1.170	1.180	0.167	0.223					4.212	4.075
C-q-1	1.125	1.046													1.125	1.046
D-d-1	0.750	0.697													0.750	0.697
D-d-2	0.875	0.813							0.209	0.278					1.084	1.091
A-l-1			213.595	290.102					92.169	122.677			240.345	293.252	546.109	706.031
A-h-2			237.176	322.124					42.009	55.914			109.545	133.659	388.730	511.697
A-j-3			135.585	184.147					43.890	58.418					179.475	242.565
L-g-1			116.328	157.993					72.732	96.807					189.060	254.800
H-d-1			290.034	393.915	180.180	274.610			102.828	136.865			402.210	490.748	975.252	1296.138
Q-j-1			107.721	146.304					50.118	66.708					157.839	213.01
L-s-1			547.842	744.061					456.038	606.989					1003.880	1351.050
C-t-1			539.113	729.490	28.014	37.229			264.719	352.343			198.852	243.844	1030.698	1362.906
W-m-1											276.888	347.978			276.888	347.978
合计	28.375	26.373	2187.394	2968.136	208.194	311.839	3.998	4.031	1125.590	1498.168	276.888	347.978	950.952	1161.503	4778.864	6318.290

浙江鹭科鸟类一般选择在植物丰盛度高，隐蔽级大于 0.5，海拔低于 200m，水源距离小于 500m，坡度为 5°~25° 的缓坡栖息（朱曦等，1996b）。栖息地结构对鸟类多样性的影响，主要是通过食物资源条件和隐蔽条件来实现。针阔混交林中栖息繁殖的鹭类种类较单纯人工林多，这是由针阔混交林的叶层高度多样性较高，具有较好的筑巢和隐蔽条件决定的。近年来由于浙江低山丘陵区原始生境遭到不同程度的破坏，池鹭和白鹭多迁徙到人工杉木林等营巢，扩散范围增大。水稻田中饵料较为丰富，适合池鹭觅食，也导致池鹭种群数量和生物量的增加。

第四节　空间生态位和集团

一、空间生态位和种间关系

生态位（niche），20 世纪 50 年代首次译为"生态龛"，后来又译为"小生境"。前者强调空间概念，后者又与 microhabitat 一词同义。目前多译为"生态位"，既有空间含义又有功能含义（高玮，1991b）。Hutchison 是现代生态位研究最有影响的生态学家，他于 1957 年首先提出多维生态位（hypervolumeniche）的概念，使得生态位理论得以迅速发展。

国内鸟类生态位的研究始于 20 世纪 80 年代，《天童常绿阔叶林中鸟类群落结构的空间生态位分析》（高颖和钱国桢，1987）是生态位研究早期的论文之一。

（一）森林鸟类生态位和种间关系

天童常绿阔叶林内，从鸟类在林中分布的总频率看，大多分布在 6~18m（约占总数的 57%），这是由于优势种发冠卷尾、白头黑鹎在这一区域出现的概率较大。此外，红嘴蓝鹊、树鹊亦多集中分布于此区域。仔细分析各种鸟类在林中的垂直分布情况，可分成 4 种类型：①树冠生活的鸟类，一般分布于 6~18m，有发冠卷尾、白头黑鹎、树鹊、红嘴蓝鹊、白脸山雀和红头山雀；②下木层生活的鸟类，多分布于 3~10.5m，有黑领噪鹛、松鸦和绿啄木鸟；③灌木层生活的鸟类，多分布于 0.6~6m，有白框雀鹛和画眉；④还有两种地面生活的鸟类，即黑背燕尾和竹鸡。

一般说来，空间生态位宽度值可以反映鸟类的活动范围和强度。各种鸟类在林中垂直分布的生态位宽度，其顺序按大小排列为：画眉（0.809）、松鸦（0.750）、白眶雀鹛（0.728）、白脸山雀（0.708）、黑领噪鹛（0.703）、发冠卷尾（0.673）、树鹊（0.643）、红头山雀（0.613）、绿啄木鸟（0.551）、白头黑鹎（0.506）、黑背燕尾（0.365）、红嘴蓝鹊（0.172）、竹鸡（0.121）。

各种鸟类在森林中的分布状况及生态位宽度值见表 4-19。其中发冠卷尾、白头黑鹎、白框雀鹛和松鸦数量多、分布广；红头山雀、白脸山雀常分布在混有针叶林的森林区段；而绿啄木鸟、红嘴蓝鹊分布区域较小。

从鸟类种类分布的总状况来看（表 4-19），各个区段的种类分布比较均匀。种类最少的分布区域有 4 种鸟（9、12、17、19 区段），最多的有 9 种（2 区段），大多区段分布有 6~8 种鸟类（占 75%）。从数量上看，除 1、4 区段外（其区段内个体总数分别为

表 4-19　13 种鸟类在天童常绿阔叶林中的水平分布（自高颖和钱国桢，1987）

区段　鸟类	1	2	3	4	5	6	7	8	9	10	11	12	13	14	15	16	17	18	19	20	21	22	23	24	25	26	27	28	B 值
1. 发冠卷尾	17	13	8	4	6	10	15	10	7	15	11	8	7	15	7	11	15	9	3	15	6	16	24	31	13	10	9	10	0.956
2. 白头黑鹎	—	—	—	3	15	4	14	28	22	23	28	24	14	21	2	6	4	20	19	4	3	2	3	3	4	4	5	4	0.839
3. 红头山雀	85	30	6	2	—	30	—	—	—	—	—	—	—	—	35	3	1	1	1	1	—	32	1	30	—	1	—	35	0.443
4. 白眶雀鹛	—	1	1	1	—	7	7	24	—	—	—	1	4	9	3	—	2	10	6	5	26	—	19	2	3	1	8	10	0.678
5. 竹鸡	4	1	—	—	1	—	—	1	—	—	3	—	1	1	—	—	—	6	—	—	3	1	9	4	2	—	7	5	0.773
6. 树鹨	—	5	3	5	—	2	6	1	—	—	—	3	1	1	—	—	—	—	—	—	2	—	6	—	—	2	1	—	0.668
7. 松鸦	5	4	—	—	1	—	—	2	1	—	—	—	—	—	2	1	—	6	—	2	3	2	—	1	1	2	—	—	0.766
8. 绿啄木鸟	2	2	2	—	—	—	4	2	—	1	1	—	1	—	—	1	—	—	—	—	—	1	1	1	—	—	3	—	0.560
9. 画眉	—	—	12	—	6	—	—	—	—	1	4	—	—	—	—	2	—	—	—	—	—	4	—	—	—	—	1	5	0.730
10. 黑领噪鹛	—	—	—	—	—	—	—	—	—	5	—	—	—	—	—	—	—	—	—	—	—	—	—	—	—	—	3	5	0.570
11. 黑背燕尾	—	1	—	—	—	—	—	—	—	3	1	—	—	—	—	—	—	2	—	—	—	—	—	—	—	—	—	5	0.601
12. 红嘴蓝鹊	—	—	1	—	—	—	—	—	1	—	—	—	—	—	—	—	—	—	—	—	—	—	—	—	—	—	—	—	0.328
13. 白脸山雀	8	6	2	1	—	2	1	2	1	—	—	—	1	1	2	1	—	2	—	—	1	1	1	2	2	1	1	3	0.496
区段个体总数	121	63	35	16	29	55	47	70	31	48	48	36	29	48	51	25	22	56	29	27	44	59	64	74	25	21	35	77	
区段种数	6	9	8	6	5	6	6	8	4	6	6	4	7	6	6	7	4	8	4	5	7	8	8	8	6	7	8	8	
鸟类多样性指数（H）	1.015	1.448	1.750	1.634	1.223	1.334	1.594	1.338	0.799	1.282	1.190	0.911	1.427	1.202	1.127	1.547	0.928	1.760	0.998	1.236	1.358	1.306	1.568	1.335	1.420	1.555	1.807	1.703	
鸟类均匀性指数（J）	0.305	0.435	0.525	0.490	0.367	0.400	0.478	0.402	0.240	0.385	0.357	0.273	0.428	0.361	0.338	0.464	0.279	0.528	0.300	0.371	0.408	0.392	0.471	0.401	0.426	0.467	0.542	0.511	

121 和 16），大多区段内出现的个体总数在 30～70。再从计算得到鸟类多样性指数（H）、均匀性指数（J）来看，不存在一个明显的变化趋势，因而可以认为此森林中的鸟类在群体水平上是分布均匀的。

从鸟类对栖位利用的总分布频率来看，小于 1cm 的树枝上分布频率最大，占 41.7%（含叶簇分布 14.7%）；其次为 1～2.5cm 的树枝（占 30.8%），在这 13 种鸟类中，红头山雀、白脸山雀只分布于小于 1cm 的树枝上；黑背燕尾、竹鸡多分布于地面；而绿啄木鸟则专一分布于粗大树木的树皮上。其他鸟类的栖位分布谱相应较宽。

通过计算群落内两种种类之间的生态位重叠值，就可估算得到群落矩阵中的元素。所得的矩阵是一对称矩阵，即其中的元素 $a_{ji}=a_{ji}$ 对角线上的元素 a_{ji} 都等于 1。对群落矩阵中的第 i 行（或列）的元素做均值计算，就可获得第 i 种鸟类的群落重叠值（community overlap）或平均重叠值（average overlap）。

在垂直高度分布、林内水平分布和栖位分布 3 个维度上各自可计算得到一张群落矩阵表，其相应元素可通过 Cody（1974）介绍的"总和 α"加以综合，所得结果列于"总和 α"群落矩阵表（表 4-20），并按 Cody（1974）介绍的聚类分析方法对此鸟类群落制作了树状图（图 4-17），用来进行群落内种间关系的分析。

表 4-20　"总和 α"群落矩阵表（样本 $N=156$，$\alpha=0.367$，$\alpha_{156}=0.146$）

	1	2	3	4	5	6	7	8	9	10	11	12	13
1. 发冠卷尾	1.000	0.227	0.645	0.508	0.490	0.194	0.620	0.659	0.343	0.480	0.503	0.391	0.374
2. 黑背燕尾		1.000	0.197	0.178	0.288	0.662	0.246	0.199	0.259	0.256	0.281	0.192	0.226
3. 白头黑鹎			1.000	0.409	0.488	0.133	0.503	0.543	0.210	0.418	0.512	0.447	0.278
4. 红头山雀				1.000	0.469	0.172	0.441	0.482	0.331	0.315	0.496	0.258	0.725
5. 白眶雀鹛					1.000	0.295	0.465	0.465	0.346	0.542	0.538	0.179	0.413
6. 竹鸡						1.000	0.202	0.178	0.327	0.158	0.143	0.158	0.146
7. 树鹊							1.000	0.538	0.350	0.484	0.491	0.339	0.424
8. 松鸦								1.000	0.330	0.518	0.562	0.357	0.409
9. 绿啄木鸟									1.000	0.168	0.347	0.209	0.258
10. 画眉										1.000	0.462	0.280	0.321
11. 黑领噪鹛											1.000	0.390	0.519
12. 红嘴蓝鹊												1.000	0.240
13. 白脸山雀													1.000

集群是指一些利用相同资源的群体。天童常绿阔叶林内的鸟类群落由 4 个集群及 2 个边缘种（fringe species）所组成。

（1）树冠食虫鸟集群：是一组林内分布广泛树冠生活的鸟类，常栖息生活在林内高大树木上，拾集和掠捕林内昆虫，由发冠卷尾、白头黑鹎、树鹊和松鸦组成，但其中树鹊、松鸦亦食少量植物种子和果实。

（2）灌木食虫鸟集群：由白眶雀鹛和画眉组成，多分布在灌木的叶簇或下木层内较细的树枝上觅食活动，觅食方式为拾集或翔捕。

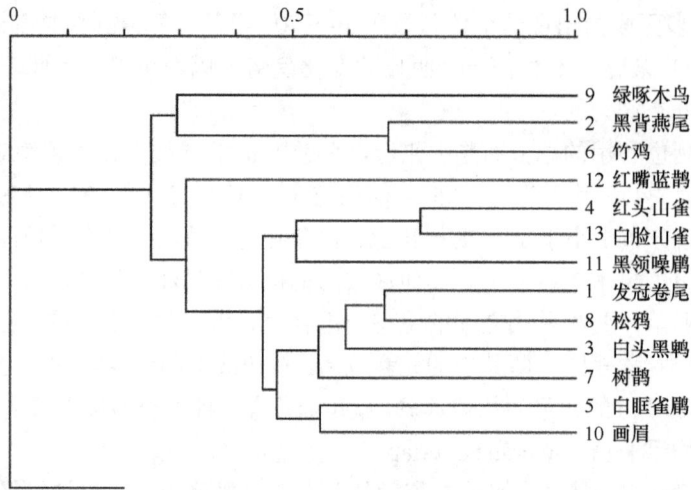

图 4-17　天童常绿阔叶林中鸟类群落树状图（自高颖和钱国桢，1987）

（3）针阔混交林食虫鸟集群：由红头山雀、白脸山雀和黑领噪鹛组成。主要分布在针阔混交林的树冠层，并专一地在小于 1cm 的树枝或叶簇上拾集或翔捕昆虫。

（4）地面啄食鸟集群：由竹鸡和黑背燕尾组成，几乎专一地在地面水溪中啄食昆虫和草籽。

另外，还有两个群落边缘种红嘴蓝鹊和绿啄木鸟，它们在林中各个生态位维度上与其他种的分布上相差很大，因而在聚类分析初始阶段便与其他种相分离而未能形成小派，只能作为狭生态位者联接在集群的外侧。

赛道建等（1994）对黄河林场的黑枕绿啄木鸟、斑啄木鸟和小星头啄木鸟繁殖期生态位研究表明，3 种啄木鸟活动、取食频次，多集中于树干轴心区域，而黑枕绿啄木鸟主要集中于树的中下部，小星头啄木鸟则倾向于中上部，斑啄木鸟在树的上、中、下部活动频率集中不明显，但中部较多。这可能与 3 种啄木鸟体型、食性有关，也是 3 种啄木鸟种间竞争的结果。啄木鸟在地面 0～5m 区出现频率高，则与他们在地面求偶繁殖行为相关，尤其是在 4 月，求偶活动频繁时多见，以后则少见。

生态位宽度和生态位重叠值计算结果见表 4-21。

表 4-21　3 种啄木鸟空间、时间生态位宽度及生态位重叠值（自赛道建等，1994）

	黑枕绿啄木鸟	斑啄木鸟	小星头啄木鸟
黑枕绿啄木鸟	0.7181（0.8210）	0.7639（0.8449）	0.5331（0.8050）
斑啄木鸟		0.8539（0.9151）	0.7039（0.8808）
小星头啄木鸟			0.8121（0.9309）

注：对角线上数字为生态位宽度，其他数字为重叠值，括号内数字为时间生态位

空间生态位计算结果表明，3 种啄木鸟宽度都较大，绿啄木鸟与小星头啄木鸟之间重叠值较小，而斑啄木鸟与二者之间的重叠值较大。说明 3 种啄木鸟的活动、取食空间生态位有分化，绿啄木鸟以树的底部为主，小星头啄木鸟以树冠中上部及中外层为主，

斑啄木鸟则主要在树的中部活动。取食活动观察，小星头啄木鸟取食树皮部位害虫；另2种啄木鸟则可取食木质部害虫。

3种啄木鸟的生态位宽度较大，3者之间在时间生态位上的重叠值也较大。说明它们白天活动不仅时间较长，而且有较强的同步性。

虽然3种啄木鸟之间时间、空间生态位重叠值较大，但从它们取食啄击树干声音看，绿啄木鸟、斑啄木鸟啄取木质部害虫，啄击时声音清脆响亮；小星头啄木鸟啄取皮质部害虫，啄击音低沉而弱。由于生态位之间只发生部分重叠。即一部分资源被共同利用，其他部分则分别被各自独占，两个物种在一个生态位维度上重叠多，在另一生态位维度上就很少重叠。因此，取食方式（啄击）相似，时间、空间生态位宽度大、重叠多的3种啄木鸟栖息在同一林区，有利于林木各部位驻干害虫的控制。

啄木鸟的巢位高度为3～16m，其中位于4～6m的占总巢数的53.18%。在巢树胸径20～26cm的占总巢数的47.13%。20年生以上中熟混交林中的巢占总巢数的96.23%；林龄不足10年的幼林，不论纯林还是混交林均未见有啄木鸟筑巢。筑巢的树种，以柳树最多，占总巢树的80.10%，杨树为16.74%，泡桐为2.55%，刺槐仅0.61%。而在果园内2行杨树（共57株）上的巢占杨树总巢数的30.30%；混交林中刺槐上无巢。表明啄木鸟喜欢在中龄林以上木质松软的树木上筑巢。

种群密度的水平分布，20年生以上混交林中啄木鸟的种群密度为（1.51±0.03）只/hm²，斑啄木鸟为（1.40±0.02）只/hm²，小星头啄木鸟为（0.27±0.03）只/hm²；纯林中绿啄木鸟的种群密度为（0.14±0.02）只/hm²，斑啄木鸟为（0.10±0.01）只/hm²，幼林中则少于0.01只/hm²；小星头啄木鸟在纯林和幼林中未见活动。

（二）沼泽、水域鸟类生态位和种间关系

鹭类种群之间在垂直高度、水平分布、栖位分布3个维度上的关系，利用群落中每一物种繁殖对之间生态位重叠（niche overlap）来确定。根据Schoener（1968）提出的计算公式及Cody（1974）的"总和α"加以综合，结果列于表4-22和表4-23，并按"总和α"群落矩阵画出鹭类群落树权状图（图4-18）。

以空间分布型为参数指标，可将鹭类群落划分为白鹭和夜鹭集群、池鹭集群、牛背鹭集群3个集群类型。

表4-22 太公山4种鹭之间生态位重叠值（自朱曦等，1998c）

鹭类	垂直分布	水平分布	栖位分布	总和值（α）
池鹭—白鹭	0.458	0.211	0.215	0.323
池鹭—夜鹭	0.443	0.231	0.521	0.398
池鹭—牛背鹭	0.281	0.293	0.209	0.261
白鹭—夜鹭	0.522	0.302	0.645	0.490
白鹭—牛背鹭	0.263	0.500	0.405	0.354
夜鹭—牛背鹭	0.455	0.091	0.146	0.291

表 4-23 "总和 α" 群落矩阵表

鹭种	池鹭	白鹭	夜鹭	牛背鹭
池鹭 A. bacchus	1.000	0.323	0.398	0.261
白鹭 E. garzetta		1.000	0.490	0.354
夜鹭 N. nycticorax			1.000	0.291
牛背鹭 B. ibis				1.000

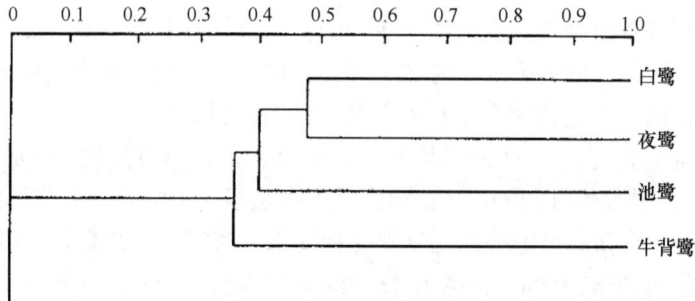

图 4-18 太公山鹭类群落树权状图（自朱曦等，1998c）

　　鸟类对资源利用的宽度和重叠，在群落结构的分析中是非常重要的，前者表示了物种生态特化的程度，后者表示的是种间潜在的相互作用水平（高玮，1993）。生态位宽度（niche breadth）表示了一个物种或种群对资源利用的多样化程度。鹭类在繁殖期，水平位、垂直位不同，生态位宽度存在差异。水平位上生态位宽度值以池鹭最大，牛背鹭最小。从鹭类多样性指数（H）、均匀性指数（J）分析，H 值由 0.924 减少到 0.227，J 值由 0.462 减少到 0.114，种类数及分布的均匀性都存在明显的差异，其原因与池鹭在数量上、分布上占有优势相关。在垂直位上，夜鹭最大，牛背鹭最小。表明 4 种鹭中，夜鹭、池鹭能开拓更广泛的栖息环境，生态幅较宽。牛背鹭生态位较小，在该群落中是比较特化的（朱曦等，1998c）。

　　太公山 4 种鹭在种间生态位上有一定重叠（0.261～0.490），重叠程度以白鹭和夜鹭最大，池鹭和牛背鹭最小。白鹭是白天活动、觅食，而夜鹭为傍晚、清晨及夜晚觅食，生态要求也有所不同。觅食时间的不同取决于不同种所食的食物种类和食性的性质，也避免了在资源利用上的重叠。减缓种间竞争的有利方式就是改变各种繁殖时间、觅食时间及觅食方式，这样就可以错开取食相同食物资源的高峰期，使之得到较为均衡的资源利用。每种鹭都各自占有一部分没有竞争的生态位空间，因此仍然实现共存，使鹭类混合群中的种间竞争趋于缓和（朱曦等，1998c）。

　　池鹭分布在山体中下部及近山脚林缘地带。夜鹭、白鹭、牛背鹭占据林中心山脊地区。种群间对于资源的合理分配，不仅能充分地利用资源，和平共处，而且还可维持较高的生产力。由于护域，也发现池鹭与其他鹭之间发生争斗（fighting），有明显的排斥现象。王中裕等（1990）认为，夜鹭、白鹭迁入时间早，首先占领了条件优越的中心区，同时还因该两种鹭护域行为较强而产生生态分离。

　　4 种鹭在筑巢树上有 4 种混群结构形式，除池鹭一般单独筑巢外，其余 3 种都可混群筑巢。但鹭巢在树上的位置与夜鹭（王中裕等，1990）居高位不同，而以白鹭为最高，夜鹭、牛背鹭处中下位。差异的原因可能和浙江太公山与陕西城固县二岭沟村马尾松、青冈林树种组成不同有关。

伍烈等（2001）对厦门白鹭自然保护区大屿岛鹭类繁殖的空间分布进行研究。结果表明：鹭类在大屿岛繁殖时，具有明显的水平分布特征，水平分布见表 4-24。夜鹭（*Nycticorax nycticorax*）主要分布于核心区中部偏南的中央大片区域；白鹭（*Egretta garzetta*）各处都有分布；池鹭（*Ardeola bacchus*）仅分布于核心区的南北；牛背鹭（*Bubulcus ibis*）和黄嘴白鹭（*Egretta eulophotes*）只分布在核心区中部偏北的局部区域，和白鹭、夜鹭共栖一处。鹭类在大屿岛上的繁殖也具明显的垂直分布现象，夜鹭巢位最高，白鹭和牛背鹭的巢居中，而且二者巢位相近；在白鹭和池鹭营巢在同一树上的情况下，池鹭的巢处于上层。大屿岛高海拔和低海拔鹭鸟种类及垂直分布见表 4-25 和表 4-26。

表 4-24 大屿岛 5 种鹭的水平分布（自伍烈等，2001）

样方序号	I	II	III	IV	V
夜鹭 *Nycticorax nycticorax*	—	28	114	14	—
白鹭 *Egretta garzetta*	22	12	8	52	6
池鹭 *Ardeola bacchus*	84	20	2	—	10
牛背鹭 *Bubulcus ibis*	—	—	—	14	—
黄嘴白鹭 *Egretta eulophotes*	—	—	—	8	—
鹭类物种数	2	3	3	4	2
多样性指数（H）	0.737	1.505	0.503	1.606	0.953
均匀性指数（J）	0.317	0.648	0.217	0.692	0.411

表 4-25 大屿岛高海拔处 4 种鹭的垂直分布（自伍烈等，2001）

巢高/m	夜鹭/只	白鹭/只	牛背鹭/只	黄嘴白鹭/只	鹭鸟种类
8～10	28	—	—	—	1
6～8	15	8	2	—	3
4～6	2	15	13	8	4

表 4-26 大屿岛低海拔处 2 种鹭的垂直分布（自伍烈等，2001）

巢高/m	池鹭/只	白鹭/只	鹭鸟种类
5.5～6	14	3	2
5～5.5	26	8	2
4.5～5	2	17	2
4～4.5	2	9	2

滩涂越冬水鸟生态位方面，周慧等（2005）从鸟类取食空间生态位、食性生态位及形态生态位 3 个维度确认其生态资源分配状况，并由此确认了占据优势种群地位的鸟类在不同生态位维度上的分离是群落结构处于稳定状态的主要原因。

根据 13 种鸟的生境偏好与选择，进行聚类分析，可得到其取食空间生态位的分布（图 4-19）。

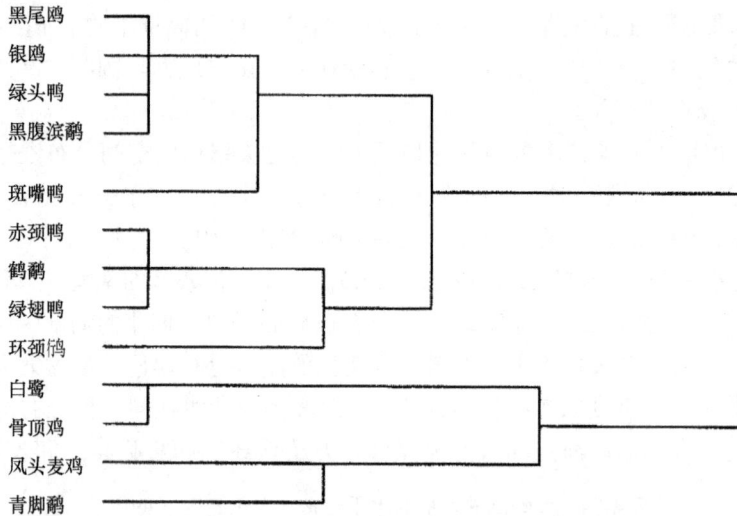

图 4-19　取食空间生态位聚类结果（自周慧等，2005）

由图 4-19 可见，这些占据优势种群地位的鸟类在取食空间生态位上可分为 4 个类群。

第 1 类由黑尾鸥、银鸥、绿头鸭、黑腹滨鹬组成，集中在低潮盐沼光滩带附近取食。它们各自在低潮盐沼光滩带取食的概率一般达 98%左右。所以生态位宽度较狭窄。

第 2 类由赤颈鸭、鹤鹬、绿翅鸭组成，集中在 I 和 V，即在低潮盐沼光滩带和堤内鱼塘-芦苇区附近取食。它们各自在两区取食的概率不等。大多在低潮盐沼光滩带取食的概率偏高。

第 3 类由斑嘴鸭、环颈鸻、白鹭、骨顶鸡组成，分别出现在低潮盐沼光滩带、海三棱藨草外带、海三棱藨草内带、堤外芦苇带、堤内鱼塘-芦苇区的概率不等。除骨顶鸡为生态位甚窄的一种鸟类外，其他三者均可归为生态位较宽的类群。

第 4 类由凤头麦鸡、青脚鹬组成，它们在海三棱藨草外带、堤内鱼塘-芦苇区出现的频率比上述其他鸟类高出许多，成为取食空间生态位的独立者。

解剖胃体，可发现这些鸟的胃中食物大体可分为 11 类：小坚果、茎类、草屑、草籽、螺类、贝类、甲壳类、昆虫、鱼类、贝壳沙砾、卵壳及雏鸟的骨骼。

由图 4-20 可见，这些占据优势种群地位的鸟类在食性生态位上可分为 3 个类群。

第 1 类由绿翅鸭、斑嘴鸭、绿头鸭组成，取食植物根茎叶、杂草种子，部分食螺、昆虫，这是一类活动性较强的鸟类。

第 2 类由环颈鸻、鹤鹬、青脚鹬组成，是一类均匀地取食螺、贝、蟹等食物的种类，食性较广，同时它们胃中草屑出现频率偏高，这与它们在海三棱藨草带中出现频率较高有关。

第 3 类由赤颈鸭、凤头麦鸡、骨顶鸡、黑腹滨鹬、白鹭、黑尾鸥、银鸥组成，是一群食性生态位上的相对独立者，通过聚类分析发现，它们之间的欧氏距离 D 差别较大，即所占据的食性生态位与别的种类鸟选择结果明显分开。

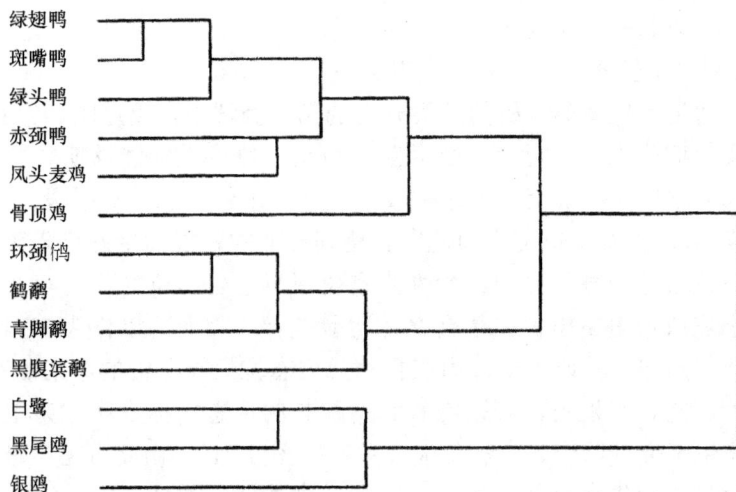

图 4-20 食性生态位聚类结果（自周慧等，2005）

将喙长与跗蹠长进行统计，这些占据优势种群地位的鸟类在形态生态位上可分为 3 个类群。

对形态特征中喙长与跗蹠长的数据进行聚类分析，可得形态生态位聚类结果（图 4-21）。

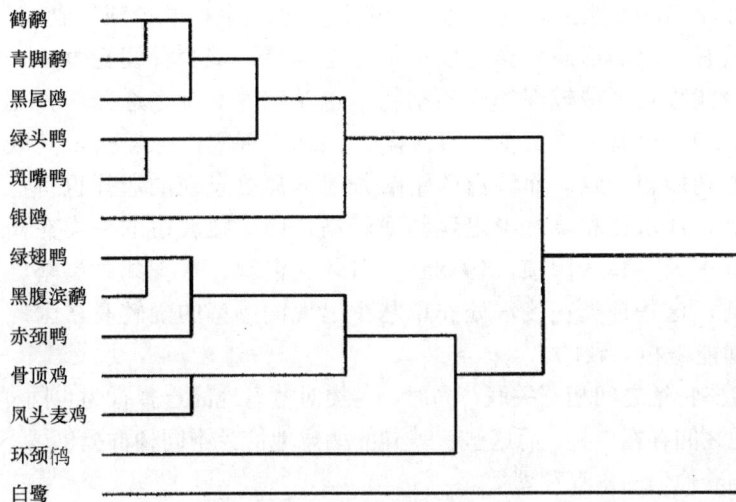

图 4-21 形态生态位聚类结果（自周慧等，2005）

第 1 类由鹤鹬、青脚鹬、黑尾鸥、绿头鸭、斑嘴鸭组成。由喙长排序和跗蹠长排序发现，这些鸟类在做喙长比较时，都比较接近，皆处于 50～60mm 的范围，同样在跗蹠长比较时，处于 47～60mm 的范围。

第 2 类由绿翅鸭、黑腹滨鹬、赤颈鸭、骨顶鸡、凤头麦鸡组成。它们的喙长在 25～38mm 的范围，它们的跗蹠长在 25～45mm 的范围。

第 3 类由银鸥、环颈鸻、白鹭组成。白鹭的喙长、跗蹠长突出，居第 1 位。环颈鸻则喙长、跗蹠长皆较短，银鸥在这些鸟类的跗蹠长排序中仅次于白鹭，这些结果与其他鸟类的排序结果可明显分开，因此将它们归为独立的一群。

由取食空间生态位聚类分析的结果确定的第 1 类群中，黑尾鸥、银鸥、绿头鸭、黑腹滨鹬取食空间生态位接近，在食性生态位这一维度上却能够明显分开，即食性生态位能够作为它们在取食空间生态位较接近情况下的生态隔离手段（图 4-19）。如图 4-21 所示，形态生态位也可作为此取食空间相似的种群的生态位隔离手段，即在取食空间生态位接近的种类之中，食性生态位或形态生态位往往会存在明显差异，因而食性生态位或形态生态位往往会存在明显差异，因而可以作为生态位维度上分离的内因之一。同样，验证可知，由取食空间生态位聚类分析的结果确定的第 2 类群的赤颈鸭、鹤鹬、绿翅鸭，若以喙长和跗蹠长的形态指标再次作为生态位分析，将发现其形态生态位可以作为生态位隔离手段（图 4-21）。由此可见，最终这些占据优势种群地位鸟类的生态位能够错开，它们在食物资源系列及生存空间中的利用是相对均匀的，仍可较稳定的共存。

鸟类的食性、喙长与跗蹠长、是否具蹼等特征是经过长期进化形成的。在进化过程中，动物选择了适应本身条件发展的最佳觅食策略。对个体较大的鸟类而言，往往选择一种活动性较小，觅食成功率较大，所觅食物个体较大的方式发展，以减少体型较大所带来的活动能耗，故它们食性单调，生态位宽度较狭（如白鹭）。而中小型的鸟类（如黑腹滨鹬）则以提高觅食活动率，增加食物量为其觅食策略，他们的食物选择性较小，食性生态位较宽。一般认为在一个栖息地或取食空间的群落中，共存种往往具有一定的形态差异，以增加生态隔离，减少种间竞争。一般来说，喙长往往意味着能啄食匿藏较深的底栖动物，也意味着对食物选择的分化（王天厚和钱国桢，1988a）。白鹭、绿头鸭、青脚鹬、鹤鹬、银鸥的喙较长，其取食空间的选择与喙的形态功能相一致。而涉禽的跗蹠长对涉禽栖息地的选择也有一定关系，跗蹠较长的种类在浅水处和草丛中出现频率较高，而跗蹠较短的种类在裸露地带出现的频率较高（王天厚和钱国桢，1988a）。白鹭、银鸥、青脚鹬、鹤鹬、黑尾鸥的跗蹠长排名靠前，这些种类在浅水处和草丛中出现的频率的确较高，因此也可以验证形态结构与功能是相一致的。

不同的生态特征之间相互关联，同时，鸟类对栖息地的选择行为也同样表明了可供选择的栖息地之间存在差异，而这些有差异的栖息地恰为不同种群提供了不同的生态环境，从而影响着他们的生存和繁衍。

赵锦霞等（2008）通过对崇明东滩养殖塘越冬鸟类群落调查，运用空间自相关检验、空间插值分析和景观格局分析，研究越冬鸟类在养殖塘人工湿地的空间分布格局。结果显示：雁鸭类和鸻鹬类在养殖塘分布特征显著不同。雁鸭类呈现显著的空间自相关，为聚集分布，且丰富度和多度分布较为一致；而鸻鹬类在养殖塘以随机分布为主，丰富度显示一定的聚集分布。养殖塘已经成为崇明东滩越冬鸟类重要的栖息地，不同生态类群栖息地选择存在差异；芦苇植被发育好，水域面积较小且水深较深，不同斑块以聚集为特征的养殖塘是雁鸭类的适宜生境；鸻鹬类则偏好有一定芦苇植被、水域面积大且水深较浅的养殖塘。

在人类活动频繁的上海动物园天鹅湖中，冷季节和暖季节水鸟的空间利用特征表明：天鹅类和鸭类对天鹅湖空间利用均比较广泛，占湖水总面积的 62.0%～72.3%；鹈鹕类的活动区域面积相对较小，占湖水总面积的 24.8%～51.4%；核心活动区占整个活动区的 17.3%～21.8%。水鸟的活动范围及核心活动区域的面积在暖季节大于冷季节。天鹅类和鸭类对天鹅湖的空间利用存在很大重叠，重叠度系数（OI）为 0.83～0.86，在冷季节鹈鹕类的活动区则与天鹅类（OI=0.54）和鸭类（OI=0.49）存在明显的空间分离，核心活动区的分离则更加明显（王叶等，2011）。

二、集团

集团（guilds）的概念首先由 Root 于 1967 年提出，他认为集团是以相似方式、利用相同等级环境资源的种类的一个类群。聚集一起的许多种类的类群，不考虑分类位置，而在生态位需求中显著重叠。而且，集中在包括有竞争相互作用的全部相同种类上，不考虑它们的分类相互关系。

刘彬等（2009）在安徽大别山鹞落坪，对落叶间叶次生林鸟类的集团结构的季节变化进行了研究。结果表明，鸟类群落在非繁殖季节可以分为地面、灌丛、树干（枝）、冠层 4 个取食集团，而在繁殖季节还出现空中取食集团。候鸟影响鹞落坪次生林鸟类群落取食集团的结构，产生新的取食集团。

在非繁殖季节，鸟类群落可以分为 4 个集团。

（1）地面取食集团：由白额燕尾（*Enicurus leschenaulti*）、蓝鹀（*Latoucheornis siemsseni*）和勺鸡（*Pucrasia macrolopha*）3 种鸟组成。它们以探取或拾取的方式取食地面枯枝落叶层下的食物，处于群落垂直层的最下层。

（2）灌丛取食集团：由画眉（*Garrulax canorus*）、棕头鸦雀（*Paradoxornis webbianus*）、黄喉鹀（*Emberiza elegans*）、棕颈钩嘴鹛（*Pomatorhinus ruficollis*）、灰眶雀鹛（*Alcippe morrisonia*）、领雀嘴鹎（*Spizixos semitorques*）和红胁蓝尾鸲（*Tarsiger cyanurus*）7 种鸟组成。以拾取为主，取食灌丛中的食物，它们处于群落垂直层的稍高层。

（3）树干（枝）取食集团：由大斑啄木鸟（*Picoides major*）、灰头绿啄木鸟（*Picus canus*）和斑姬啄木鸟（*Picumnus innominatus*）3 种鸟组成。大斑啄木鸟和灰头绿啄木鸟以探取的方式取食树干里面的昆虫，而斑姬啄木鸟则以探取的方式取食枝条中的昆虫，它们处于群落垂直层中更高的一个位置。

（4）冠层取食集团：由大山雀（*Parus major*）、红嘴蓝鹊（*Urocissa erythrorhycha*）、松鸦（*Garrulus glandarius*）、燕雀（*Fringilla montifringilla*）、普通鸻（*Sitta europaea*）、红头长尾山雀（*Aegithalos concinnus*）、黄腹山雀（*Parus venustulus*）、斑鸫（*Turdus eunomus*）、银喉长尾山雀（*Aegithalos caudatus*）、黄雀（*Carduelis spinus*）和黑头蜡嘴雀（*Eophona personata*）11 种鸟组成，其中 4 种为冬候鸟。主要以拾取的方式取食群落树冠层的食物，它们处于群落垂直层最高位置。

在繁殖季节，鹞落坪次生林群落内鸟类可以分成 5 个集团。

（1）地面取食集团：由白额燕尾、勺鸡和蓝鹀 3 种鸟组成。与非繁殖季节一样，它们也是以探取或拾取的方式取食地面枯枝落叶层下的食物。

（2）灌丛取食集团：由斑姬啄木鸟、金眶鹟莺（*Seicercus burkii*）、大山雀、灰眶雀鹛、领雀嘴鹎、棕颈钩嘴鹛、画眉、棕头鸦雀和强脚树莺（*Cettia fortipes*）9 种鸟组成。其中，多数鸟都是以拾取的方式取食灌丛中的食物。而斑姬啄木鸟和金眶鹟莺分别以探取和飞取的方式取食。

（3）树干（枝）取食集团：由大斑啄木鸟、灰头绿啄木鸟和普通鸸3 种鸟组成。与非繁殖季节相似，两种啄木鸟以探取的方式取食树干里面的食物，普通鸸则主要以拾取方式在树干表面取食。

（4）冠层取食集团：由红头长尾山雀、黄腹山雀、暗绿绣眼鸟（*Zosterops japonicus*）、银喉长尾山雀、黑短脚鹎（*Hypsipetes leucocepalus*）、红嘴蓝鹊和松鸦 7 种鸟组成。这一集团的鸟类，主要以拾取的方式取食群落树冠层的食物。

（5）空中取食集团：由发冠卷尾（*Dicrurus hottentottus*）、黄眉柳莺（*Phylloscopus inornatus*）、冠纹柳莺（*Phylloscopus reguloides*）和乌鹟（*Muscicapa sibirica*）4 种鸟组成，捕捉空中的昆虫。

在鹞落坪次生林群落中，冬候鸟和夏候鸟对鸟类集团组成和结构的影响较大。在非繁殖季节，冬候鸟主要影响冠层取食集团和灌丛取食集团的鸟类组成。黑头蜡嘴雀、斑鸫、燕雀和黄雀等树冠取食的鸟类在非繁殖季节迁入群落，由于这几种鸟都在群落的树冠层取食，因而使得冠层取食集团组成变得复杂。而冬候鸟红胁蓝尾鸲和黄喉鹀主要在灌丛的位置以飞取或拾取的方式获得食物，因此，它们的加入改变了灌丛取食集团的组成。冬候鸟的迁入对非繁殖季节集团的结构变化无影响，未产生新的集团。

夏候鸟主要影响繁殖季节冠层取食集团和灌丛取食集团。小型鸟类金眶鹟莺、强脚树莺等在灌丛位置以飞取或者拾取方式获得食物，它们在繁殖季节加入灌丛取食集团，使得该集团组成变复杂；夏候鸟的迁入使得繁殖季节出现了一个全新的取食集团——空中取食集团，这是因为像乌鹟、发冠卷尾和柳莺能够以飞取或者出击的方式取食空中或其他基质中的食物，这与非繁殖季节的鸟类集团结构是不同的。

在鹞落坪次生林群落中，由于发冠卷尾、冠纹柳莺和乌鹟等在繁殖季节主要以飞取和出击的方式取食，这种取食方式的差异导致一个新集团在繁殖季节出现，从而改变了集团的结构。留鸟中勺鸡的取食方式变化较大，其取食方式在繁殖季节以探取为主（100%），而在非繁殖季节则还以拾取的方式取食（13.3%），但是，取食方式的改变没有影响集团结构，它一直保留于地面取食集团之中。同样，虽然红嘴蓝鹊、黄腹山雀、灰头绿啄木鸟和银喉长尾山雀的取食高度在两个季节都发生显著变化（$P > 0.05$），但未影响集团组成和结构的变化，它们在不同季节始终保留在同一集团。而斑姬啄木鸟取食位置的改变使得它在不同季节属于不同集团。在繁殖季节主要在灌丛位置取食（100%），而在非繁殖季节则扩大了取食位置的范围，也较多地利用其他位置的食物资源。大山雀在不同的季节属于不同的取食集团。比较其两个季节的取食行为，发现大山雀在非繁殖季节除了利用冠层的食物之外，还利用地面上的食物，而繁殖季节则较多地利用灌丛食物。普通鸸在繁殖季节和非繁殖季节取食位置、取食基质差异显著（$0.01 < P < 0.05$），取食高度差异极显著（$P < 0.01$），因此在两个季节中分别属于树干（枝）取食集团和冠

层取食集团。由此可见，在不同季节，鹧落坪次生林内鸟类的取食方式、取食位置、取食基质和取食高度都在发生不同程度的变化。鸟类正是通过改变自身的取食行为特点来适应不断变化的食物资源分布，进行次生林群落资源分割，在群落中共同生存。

第五节　森林鸟类群落

森林是陆地生态系统中重要的组成部分，森林鸟类区系的研究有比较长久的历史。生态学方面：钱国桢等在 1961～1963 年曾对天目山习见鸟类的区系动态、群组成数量等问题作过调查。20 年后又对天目山鸟类群落结构变化趋势作了分析。

1979～1980 年，在非自然保护区内调查，观察到鸟类的种类与个体数，较 20 年前都有显著下降。以藻溪地带为例，1961 年 6～7 月曾统计到鸟类有 34 种，20 年后仅出现 22 种，有些鸟在那里根本已绝种，如在乔木上营巢的鹭科鸟类，其他上层鸟也近趋于绝迹，中层鸟和下层鸟也都因丧失栖居环境而减少（表 4-27）。

保护区鸟类群落结构，在相隔 20 年后，从原来的 4 个观察地带采样分析中看到，鸟的种数都有所增加。但群落内种群的组成则起了变化，原来有些种的个体数减少或消失，而另有些种类却出现或增多。

以自然保护区内两个观察点，即朱陀岭（A）和禅源寺（C），分别与相邻的非保护区的两个点，即鲍村（B）和大有村（D）相比，不仅鸟类个体密度（单位面积的个体数）和种密度差异显著（$P<0.01$ 或 $P<0.05$），而且保护区内鸟类群落的物种多样性指数也大于非保护区（表 4-28）。

植物群落或环境的毁坏，是引起鸟类群落结构变更的基本因素。在夏季鸟类繁殖期，从非保护区调查其群落组成的分析中看到，鸟种多样性指数在下降，说明群落趋向于不稳定。在天目山的非自然保护区，可能主要还是人口不断增加，导致植被环境遭受破坏。如藻溪地带，原来的乔木林，当今全部砍光，大片灌丛也被铲除，耕地频繁使用农药，水源也受到污染，因而引起鸟种急速减少。又如在天目山东侧的一条溪流的转弯处有一片高达阔叶乔木林，远处眺望，郁郁葱葱，仿佛似一座绿色的小"林岛"。从前人们在该处筑石垒坝，植树挡山洪。1953 年调查，很多株树木已长到 10～20m 高。林岛能稳固小三角洲，保护谷间村庄农田。由于林岛地处在开阔的山谷，旁边有溪流，周围有居民区与农田，所以能招引到较多的鸟种栖息营巢，也就是生态学上所述的边缘效应（edge effect）的作用。近年来，由于树木受到极度砍伐，林下灌丛铲光，人口激增，居民点已逐渐侵入林岛东侧之内，西端有一公路穿越，岛内兴建一个锯木小工场，由于原来生态环境被改变与破坏，鸟类群落的稳定性也显著下降（表 4-29）。因为在其邻近的保护区，实际上也只是成为所谓保护的"橱窗"。由于生态环境被毁坏，能迅速引起生物群落间的食物网的环链能量流发生变化，环境破坏最严重的地区，鸟类可丧失其特化的最适生境，从而促使进入亚适生境的保护区的"橱窗"地段，以致出现保护区地带的鸟种遇见率，从表面上看，反而比 20 年前常常有所增加。

同样保护区内植物群落的更替，也能迅速影响到鸟类群落结构的变化，如在海拔 400m 的禅源寺地带及其附近山麓，原来的乔木及灌木，现在有相当一部分已为生态条

表4-27 天目山不同地带20年前后6~7月常见鸟类种类组成的变化（自线国桢等，1983b）

地区 海拔 观察时间(年、月) 鸟类种名 20年前后情况	非自然保护区		自然保护区							
	藻溪 200m		朱陀岭地带 300~450m		禅源寺地带 400~700m		老殿地带 800~1200m		仙顶地带 1200~1540m	
	1961.6~7	合计 1979.6 1980.7	1961.6~7	合计 1979.6 1980.7	1961.6~7	合计 1979.6 1980.7	1961.6~7	合计 1979.6 1980.7	1961.6~7	合计 1979.6 1980.7
20年后6~7月未出现的种类	池鹭 中白鹭 黑鹳 山斑鸠 珠颈斑鸠 栗鹀 蓝翡翠 小灰山椒鸟 棕头鸦雀 绿嘴嘴鹀 白胸秧鸡 金翅雀 赤鸠 环颈雉		褐鹰鸮 虎纹伯劳 金翅雀		夜鹭 珠颈斑鸠 蓝翡翠 树鹨 相思鸟 红头穗鹛 山树莺 林鹬鸰 寿带鸟 金翅雀 赤斑鸠		鸢 红脚隼 斑啄木鸟 大拟啄木鸟 短翅树莺		竹鸡 红头长尾山雀 暗绿绣眼鸟	
20年后6~7月新出现的种类	灰椋鸟 三宝鸟		姬啄木鸟 凤头雀 寿带鸟 白头黑鹀 白脸山雀 八色鸟		姬啄木鸟 雀鹰 红翅凤头鹃 鹌鹛 大嘴鸦 白脸山雀		黑卷尾 红头长尾山雀 白眶雀鹛 白头鹎 紫啸鸫 红尾溪鸲		白眶雀鹛 山麻雀 三道眉草鹀 小角鸮	

续表

20年前后情况	非自然保护区		自然保护区		
地区	潢溪	朱陀岭地带	禅源寺地带	老殿地带	仙顶地带
海拔	200m	300~450m	400~700m	800~1200m	1200~1540m
观察时间(年,月)	1961.6~7　1979.6 合计 1980.7	1961.6~7　1979.6 合计 1980.7	1961.6~7　1979.6 合计 1980.7	1961.6~7　1979.6 合计 1980.7	1961.6~7　1979.6 合计 1980.7
20年后6~7月新出现的种类		长尾蓝鹊 黑卷尾 黑啄木鸟 林鹟莺	棕颈钩嘴鹛 带领黑鹎 白头黑鹎 红尾溪鸲 黑背燕尾 凤头雀 白腰文鸟	黑背燕尾 山麻雀	
种类数	34　22	36　43	44　46	20　22	10　11

表 4-28　天目山自然保护区与非保护区邻近地带鸟类结构比较（自钱国桢等，1983b）

地点	观察时间（年.月.日）	统计面积/hm²	观察次数	种数/种	个体数/只	密度		密度显著性测定		物种多样性指数（H'）
						个体数/（只/hm²）	种数/（种/hm²）	个体密度	种密度	
A 朱陀岭（保护区）	1980.7.14	20	3	6.67±0.58	33.33±2.89	6.67±0.47	1.33±0.09	A∶B t=13.9507 P＜0.01	A∶B t=12.5051 P＜0.01	3.0515
B 鲍村（非保护区）	1980.7.14	30	3	14.00±1.00	59.00±2.65	1.97±0.07	0.47±0.03			2.7140
C 禅源寺（保护区）	1980.7.17	20	3	12.33±1.15	86.33±8.51	4.23±0.35	0.62±0.05	C∶D t=7.1105 P＜0.01	C∶D t=2.9083 P＜0.05	2.8970
D 大有村（非保护区）	1980.7.17	30	3	14.67±1.93	76.67±6.35	2.55±0.17	0.49±0.04			2.6272

表 4-29　天目山东侧的“林岛”16 年前后鸟类营巢数量统计（自钱国桢等，1983b）

调查时间（年.月）	统计区内高大乔林株数*（胸径在 30～50cm 及以上，高度在 10～20m 及以上）	统计面积/hm²	鸟巢种类**/种	鸟巢总数/只	鸟巢密度/（只/hm²）	物种多样性指数（H'）
1964.7	95	1.47	17	38	25.85	4.8310
1980.7	48	1.47	7	18	12.24	3.8843

*高大乔木以麻栎、青冈、刺槐等为主，下层有杂树灌丛

**1980 年未出现的鸟巢种类计：褐鹰鸮、八哥、虎纹伯劳、长尾蓝鹊、林鹡鸰、黑翅卷尾、雀鹎、珠颈斑鸠、大嘴鸦、山麻雀、绿啄木鸟、茶腹䴓。

1980 年新出现的鸟巢种类计：三宝鸟、红脚隼

件单纯的毛竹林所镶嵌或代替，于是过去常见的相思鸟、山树莺、山鹡鸰、金翅雀、寿带鸟、红头穗鹛等如今不见了，画眉数量也在减少，而却出现以竹林为最适生境的斑姬啄木鸟等。

华东亚热带鸟类生物群落，每年有明显四度波动期，即春季动乱期、夏季平稳期、秋季动乱期和冬季平稳期（钱国桢和虞快，1964，1965）。因而在亚热带地区研究鸟类生物群落的结构与物种多样性，要考虑季节波动的影响，在分析和比较群落的结构时，其调查时间应选在鸟种组合稳定的季节。

朱曦等于 1992～1993 年鸟类繁殖季节对西天目山低山带繁殖鸟类群落结构进行了研究。调查总面积 120hm²，繁殖鸟类 48 种，总个体数 765 只（表 4-30）。除赤腹鹰（*Accipiter soloensis*）和鸢（*Milvus korchun lineatus*）两种为猛禽之外，其余都为中小型鸟类。根据 Wiens（1970）的公式计算，鸟类群落的总生物量（SCB）为 313.4/hm²。

表 4-30　鸟类群落的组成和密度（自朱曦等，1994a）

种名	缩写	数量/只	鸟体重*/g	密度/（只/hm²）	种名	缩写	数量/只	鸟体重*/g	密度/(只/hm²)
强脚树莺	Cf	29	9.0	0.2417	短翅树莺	Cd	2	28.0	0.0167
白头鹎	Ps	36	38.0	0.3000	麻雀	Pms	4	22.0	0.0333
棕头鸦雀	Pw	80	10.0	0.6667	绿缨嘴鹎	Ss	11	42.0	0.0917
画眉	Gc	114	68.0	0.9500	寿带鸟	Tp	2	17.0	0.0167

种名	缩写	数量/只	鸟体重*/g	密度/(只/hm²)	种名	缩写	数量/只	鸟体重*/g	密度/(只/hm²)
大山雀	Pm	68	13.9	0.5667	暗绿绣眼鸟	Zs	3	10.0	0.0250
金翅雀	Cs	6	19.0	0.0500	山鹨	As	2	24.0	0.0167
白鹡鸰	Ma	12	21.8	0.1000	四声杜鹃	Cm	15	178.0	0.1250
夜鹭	Na	4	588.0	0.0333	三宝鸟	Eo	13	130.0	0.1083
红头长尾山雀	Ac	47	5.6	0.3917	蓝翡翠	Hp	1	103.0	0.0083
红头穗鹛	Sd	1	10.0	0.0083	黑枕绿啄木鸟	Pcg	2	153.0	0.0167
斑鸠	Tn	5	750.0	0.417	红嘴蓝鹊	Ce	10	170.0	0.0833
珠颈斑鸠	Sc	1	178.0	0.0083	黑卷尾	Dm	2	49.0	0.0167
黄腹山雀	Pv	1	11.0	0.0083	黑领噪鹛	Gp	2	165.0	0.0167
锈脸钩嘴鹛	Pe	4	87.0	0.0333	松鸦	Gg	7	157.0	0.0583
红胁蓝尾鸲	Tc	1	14.0	0.0083	灰鹡鸰	Mc	2	17.0	0.0167
白眉姬鹟	Fz	3	13.0	0.0250	粉红山椒鸟	Pr	3	21.0	0.0250
黑背燕尾	Ec	3	46.0	0.0250	虎斑地鸫	Zd	1	158.0	0.0083
金腰燕	Hd	75	17.6	0.6250	小鹀	Ep	1	14.0	0.0083
黄眉柳莺	Ri	14	7.0	0.1167	山麻雀	Prr	2	19.0	0.0167
黑枕黄鹂	Oc	20	80.0	0.1667	树鹨	Ah	4	22.5	0.0333
灰卷尾	Ol	30	50.0	0.2500	乌鸫	Ms	5	20.0	0.0417
冕柳莺	Pc	25	9.5	0.2083	白腰雨燕	Ap	22	49.0	0.1833
棕噪鹛	Gpb	5	83.0	0.0417	赤腹鹰	As	1	170.0	0.0083
乌鸫	Tm	33	120.0	0.2750	鸢	Ml	1	1700.0	0.0083

*参考历年采获鸟体重（平均值）

各种林型鸟类群落的多样性指数、均匀性指数和优势种见表4-31。

表4-31　不同林型鸟类群落结构比较（自朱曦等，1994a）

森林类型	平均树高/m	覆盖度	鸟类种数	多样性指数（H）	均匀性指数（J）	优势种
常绿阔叶林	14	0.80	31	2.7751	0.8081	Pm、Tm、Ce、Dm、Oc
常绿落叶针阔混交林	7	0.75	20	2.4784	0.8273	Ac、Gc、Pm、Ri、Pc
灌丛竹林	5	0.70	16	2.2332	0.8055	Pw、Gc、Tm、Ss
马尾松林	10	0.70	11	2.1800	0.9091	Pw、Gc、Ps、Cf
杉木林	10	0.75	8	1.8554	0.8923	Gc、Pw、Pv、Pm

注：Pm. 大山雀；Tm. 乌鸫；Ce. 红嘴蓝鹊；Dm. 黑卷尾；Oc. 黑枕黄鹂；Ac. 红头长尾山雀；Gc. 画眉；Ri. 黄眉柳莺；Pc. 冕柳莺；Pw. 棕头鸦雀；Ss. 绿缥嘴鹛；Ps. 白头鹎；Cf. 强脚树莺；Pv. 黄腹山雀

因此，天目山低山带林区鸟类群落可划分为：①常绿阔叶林大山雀+乌鸫+红嘴蓝鹊+黑卷尾+黑枕黄鹂鸟类群落；②常绿落叶针阔混交林红头长尾山雀+画眉+大山雀+黄眉柳莺+冕柳莺鸟类群落；③灌丛竹林棕头鸦雀+画眉+乌鸫+绿鹦嘴鹛鸟类群落；④马尾松林棕头鸦雀+画眉+白头鹎+强脚树莺鸟类群落；⑤杉木林画眉+棕头鸦雀+黄腹山雀+大山雀鸟类群落（表4-31）。

鸟类的多样性与叶子高度多样性是直线相关的。鸟类的垂直分布也与植物的垂直分布有关。从鸟类在林中的分布看（表 4-32），大多数鸟类分布在 6.0~15.0m，而在地面 0.5m 鸟的种类也较多。这与该区鸟类的习性和取食方式有关。树冠生活的鸟类一般分布 6.0~15.0m 以上，代表种类有黑卷尾、发冠卷尾、灰卷尾、粉红山椒鸟、三宝鸟、黑枕黄鹂、红头长尾山雀等。下木层生活的鸟类分布于 3.0~10.0m，代表种类有松鸦、黑领噪鹛、黑枕绿啄木鸟、暗绿绣眼鸟、棕噪鹛、黄眉柳莺等。灌木层鸟类多生活于 0.5~6.0m，代表种类有画眉、绿鹦嘴鹎、乌鸫、寿带鸟、四声杜鹃、红嘴蓝鹊、白头鹎、山树莺、棕头鸦雀、金翅雀、黄腹山雀等。地面生活的鸟类有白鹡鸰、黑背燕尾、红尾水鸲、红胁蓝尾鸲、麻雀、灰鹡鸰、山麻雀、小鸦等。

表 4-32　繁殖鸟在栖息高度上的分布（自朱曦等，1994a）

栖息高度/m	0~0.5	0.6~2.0	2.1~6.0	6.1~9.0	9.1~15.0	15
百分比/%	37.4	2.0	10.1	14.5	19.4	16.4
鸟种类数	19	5	13	15	19	17
栖息基底	叶层	小枝（小于 1.5cm）	粗枝（大于 15cm）	树干	地面	空中
百分比/%	6.1	32.4	11.5	0.4	30.5	19.4
鸟种类数	5	27	15	1	17	20

从鸟类栖息基底分布的百分比看，径粗小于 1.5cm 的小枝上分布频率最大，鸟类种数达到 27 种，个体数量占 32.4%，优势种类有大山雀、红头长尾山雀、黑枕黄鹂、暗绿绣眼鸟、短翅树莺、粉红山椒鸟。其次为空中取食鸟类，占 19.4%，优势种类有金腰燕、灰卷尾、黑卷尾、白眉鸡鹛、白腰雨燕、乌鸫等。黑枕绿啄木鸟活动于树干部，白鹡鸰、黑背燕尾等分布于地面，而其他鸟类的分布较宽。

在西天目山 5 种典型林型中，繁殖鸟类群落的组成以常绿阔叶林为显著，繁殖鸟种数、个体数及生物量都最高（表 4-33）。常绿落叶针阔混交林和灌丛竹林，马尾松林和杉木林鸟类群落结构彼此比较接近。造成上述相似现象的原因是 5 种林型位于西天目山脉低山地带，气候等环境因子相差不大。其次是由于环境异质性的存在，植被由群落交错区（ecotone）组成。在群落交错区鸟类的数目增多，一些种群的密度增大，群落的边缘效应（edge effect）十分明显。针叶林、灌丛竹林鸟类种数较常绿阔叶林少。但由于毁林开荒，使森林边缘灌木草丛地消失，农田直接延伸到林边。在农田荒地、林缘灌丛中栖息取食的鸟类如白鹡鸰、灰鹡鸰、山麻雀、白头鹎、大山雀、山树莺、棕头鸦雀等进入林缘，而导致几种林型间鸟类群落相似性的提高（表 4-34）。

表 4-33　繁殖鸟类群落种类、数量和生物量（自朱曦等，1994a）

森林类型	面积/hm²	鸟种数	个体数	密度/（只/hm²）	生物量/（g/hm²）
常绿阔叶林	30	31	283	9.43	277
常绿落叶针阔混交林	30	20	237	7.90	171
灌丛竹林	20	16	133	6.65	155
马尾松林	20	11	66	3.30	98
杉木林	20	8	62	3.10	67

表 4-34 5 种典型鸟类群落相似性指数（自朱曦等，1994a）

森林类型	常绿阔叶林	常绿落叶针阔混交林	灌丛竹林	马尾松林
常绿落叶针阔混交林	0.3874			
灌丛竹林	0.3973	0.4754		
马尾松林	0.2206	0.4290	0.4361	
杉木林	0.4683	0.4008	0.3706	0.6720

从表 4-34 可以看出，各林型间相似程度在 0.2～0.7，说明各种林型鸟类群落间有一定差异。马尾松林、杉木林群落相似性较高（0.6720），其次为常绿落叶针阔混交林、灌丛竹林群落（0.4754），而马尾松林与常绿阔叶林鸟类群落相似性指数最低。

天目山低山带阔叶林、针阔混交林植物组成多样，层次分明，气候又温暖，使之成为鸟类的主要栖息地。

Bailey 1984 年指出："物种对其相应的自然环境的适应，又使动物离不开其生存的环境，离不开环境能提供的食物和隐蔽物。""一种动物的适应性使它们在一特定的环境或在一有限的环境范围内生存和繁殖。因此，这种动物对其他环境的适应就会降低。"由于天目山低山带人类活动频繁、森林砍伐、农田及居民点的扩大、生态环境发生变化，因而使有利于鸟类繁殖的森林植被日趋减少，栖息地内鸟类拥挤，繁殖压力增大，鸟类的繁殖力在不同程度上降低。

一、古田山森林鸟类群落

鸟类群落是鸟类与环境相互关系，以及鸟类组成的种类之间关系的综合反映（王直军，1986），鸟类群落的结构与栖息地结构、植被多样性、植物的水平与垂直层次的复杂性等因素相关（MacArthur，1961）。

浙江西部古田山国家级自然保护区植被层，亚热带南缘阔叶林植被区域，其生态地理动物群为亚热带林灌、草地-农田动物群。该地区据丁平等 1979～1984 年调查，鸟类共计 48 种，其中优势种有 14 种，占 29.17%。根据鸟类生境的分布系数分析，中性分布型有（25%～100%）28 种，占 58.33%。不同生境内鸟类群落的种类数目和群体密度存在差异，结构复杂的生境，其鸟类群落由 3 个分布群组成，如农田村落、农田河滩、混交林和阔叶林；结构简单的生境，如竹林、针叶林和迹地灌丛，其鸟类群落由 2 个分布群组成，各种鸟类分布群在鸟类群落内的比例随栖息地结构的变化而变化。由于栖息地结构的变化，同样也导致鸟类群落 Shannon-Wiener 多样性指数（H）、Simpson 优势度（D）、种间相遇概率（PIE）等参数的变化（表 4-35）。

二、东明山森林公园鸟类群落

东明山森林公园位于杭州市郊的东北角和西北角，生境类型比较简单，不同生境内鸟类群落的种类数目和群体密度同样存在差异，各种鸟类分布群落在鸟类群落内比例随栖息地结构的不同而不同，因而也导致鸟类群落的相应参数的不同（表 4-36，表 4-37）。

表4-35　古田山各生境鸟类群落结构参数比较（自丁平等，1989a）

生境类型	结构特点	鸟类群落					
	群落参数	种数	群体密度/（只/h）	优势种数	H	D	PIE
农田村落	农田及其各种农作物居民点及其居民点周围的高大乔木、溪流	24	125.19	10	2.7733	0.2112	0.8025
农田河滩	农田及其各种农作物溪流、河滩灌丛	24	46.49	9	3.3466	9.8400	0.8932
常绿针阔混交林	乔木层主要树种：马尾松、杉木、石栎（ Lithocarpus glaber ）、青冈（Cyclobalanopsis glauca）、木荷（Schima superba）、米槠（Castanopsis carlesii）、苦槠（C. sclerophylla）等，高灌木层、矮灌木层、地被层	18	32.09	8	2.7656	6.1258	0.8480
阔叶林	乔木层主要树种：石栎（Lithocarpus glaber）、青冈（Cyclobalanopsis glauca）、木荷（Schima superba）、米槠（Castanopsis carlesii）、苦槠（C. sclerophylla），高灌木层、矮灌木层、地被层	18	20.14	8	2.2650	4.9810	0.7637
竹林	乔木层：毛竹少量灌丛	6	21.73	3	1.6180	2.8833	0.6347
针叶林	乔木层：马尾松（Pinus massoniana）、杉木（Cunnlnghamia canceolata），少量灌丛	4	10.32	2	1.3762	2.7760	0.6260
迹地灌丛	采伐迹地及少量萌发灌丛	4	8.5	3	0.9860	2.6905	0.5492

表4-36　3种不同生境类型中鸟类群落组成（2001年）

生境	广布型种类	中性型种类
农田村落	白鹡鸰、白头鹎	白腰文鸟、麻雀、家燕、池鹭、牛背鹭、珠颈斑鸠、八哥、鹊鸲、白鹭、褐头鹪莺、金腰燕、乌鸫、棕北伯劳
常绿针阔混交林	大山雀、白头鹎、黑鹎	棕头鸦雀、强脚树莺、发冠卷尾、红头穗鹛、灰胸竹鸡
竹林	白鹡鸰、大山雀、白头鹎、黑鹎	灰树鹊、红尾水鸲、山鹧、画眉

表4-37　东明山森林公园鸟类群落多样性（2001年）

生境	样方	Shannon-Wiener 指数	种间相遇概率	群体密度/（只/h）	种数	总个体数
农田村落	1	2.523	0.831	79.2	7	33
	2	2.918	0.939	14.4	8	12
	3	1.950	0.857	14.0	4	7
	4	2.250	0.893	24.0	5	8
竹林	5	1.500	0.714	24.0	3	8
常绿针阔混交林	6	2.948	0.858	33.3	10	50

三、莫干山森林鸟类群落

莫干山地处浙江省西北部，系天目山支脉，为我国著名避暑胜地，朱曦于1992～1993年对莫干山植被与鸟类群落关系进行了调查研究。

调查中采集和记录鸟类 77 种，隶属 9 目 25 科，其中，留鸟 49 种（63.6%）、夏候鸟 14 种（18.2%）、冬候鸟 10 种（13.0%）、旅鸟 4 种（5.2%）；古北界鸟类 26 种（33.8%）、东洋界鸟类 48 种（62.3%）、广布鸟 3 种（3.9%）。繁殖鸟类 66 种，占鸟类总数的 85.7%。鸟类群落中的优势种按钱国桢和虞快（1965）公式计算，以 $C_{>0.5}^{=1}$ 为优势种，$C_{=0.5}^{<1}$ 为普通种，$C_{=0.05}^{<0.1}$ 为稀有种。

群落中鸟类的相对多度按以下公式计算：

$$相对多度(\%)=\frac{物种i的个体数}{所有物种的总个体数}\times 100$$

对鸟类在不同生境的分布系数按下列公式计算：

$$ADC=\left(\frac{n}{N}+\frac{m}{M}\right)\times 100\%$$

式中，ADC 为鸟类对生境的分布系数；n 为鸟类出现的样方数；N 为调查总样方数；m 为鸟类出现的生境数；M 为被调查生境类型数。

根据上述公式计算，莫干山森林鸟类群落组成结果见表 4-38。

表 4-38　莫干山森林鸟类群落组成（自朱曦和樊厚德，1994）

鸟类名称		密度/(只/h)	相对多度/%	出现生境数	分布系数/%	鸟名缩写
池鹭	*Ardeola bacchus*	0.032	0.123	1	16.67	Ab
鸢	*Milvuskorchun lineatus*	0.032	0.123	1	16.67	Mk
赤腹鹰	*Accipiter soloensis*	0.032	0.123	1	16.67	As
苍鹰	*Accipiter gentilis schvedowi*	0.032	0.123	1	16.67	Ag
红隼	*Falco tinnunculus interstinctus*	0.129	0.490	2	33.33	Ft
环颈雉	*Phasianus colchicus torquatus*	0.032	0.123	1	16.67	Pc
灰胸竹鸡	*Bambusicola thoracica thoracica*	0.032	0.123	1	16.67	Bt
白鹇	*Lophura nycthemera fokiensis*	0.032	0.123	1	16.67	Ln
山斑鸠	*Streptopelia orientalis orientalis*	0.032	0.123	1	16.67	So
珠颈斑鸠	*Streptopelia chinensis chinensis*	0.032	0.123	1	16.67	Sc
四声杜鹃	*Cuculus micropterus micropterus*	0.161	0.613	2	33.33	Cm
大杜鹃	*Cuculus canorus bakeri*	0.032	0.123	1	16.67	Cc
褐翅鸦鹃	*Centropus sinensis sinensis*	0.032	0.123	1	16.67	Cs
普通夜鹰	*Caprimulgus indicus jotaka*	0.032	0.123	1	16.67	Ci
蓝翡翠	*Halcyon pileata*	0.032	0.123	1	16.67	Hp
戴胜	*Upupa epops saturata*	0.032	0.123	1	16.67	Ue
黑枕绿啄木鸟	*Picus canus guerini*	0.032	0.123	1	16.67	Dc
大斑啄木鸟	*Picoides major mandarinus*	0.065	0.245	1	16.67	Dm
大拟啄木鸟	*Megalaima virens virens*	0.032	0.123	1	16.67	Mv
家燕	*Hirundo rustica gutturalis*	0.419	1.593	2	33.33	Hr
金腰燕	*Hirundo daurica japonica*	0.581	2.206	1	16.67	Hd
白鹡鸰	*Motacilla alba leucopsis*	0.677	2.574	4	66.67	Ma
田鹨	*Anthus richardi*	0.419	1.593	2	33.33	An
水鹨	*Anthus spinoletta japonicus*	0.613	2.328	2	33.33	As

续表

鸟类名称		密度/(只/h)	相对多度/%	出现生境数	分布系数/%	鸟名缩写
黑鹎	*Microseelis leucocephalus*	1.000	3.799	2	33.33	Hm
绿鹦嘴鹎	*Spizixos semitorques semitorques*	0.129	0.490	1	16.67	Sa
白头鹎	*Pycnonotus sinensis sinensis*	0.968	3.676	3	50.00	Ps
小太平鸟	*Bombycilla japonica*	0.032	0.123	1	16.67	Bj
棕背伯劳	*Lanius schach schach*	0.065	0.245	2	33.33	Ls
虎纹伯劳	*Lanius tigrinus*	0.032	0.123	1	16.67	Lt
牛头伯劳	*Lanius bucephalus bucephalus*	0.032	0.123	1	16.67	Lb
红尾伯劳	*Lanius cristatus lucionensis*	0.065	0.245	1	16.67	Lc
黑枕黄鹂	*Oriolus chinensis diffusus*	0.258	0.980	2	33.33	Oc
黑卷尾	*Dicrurus macrocercus cathoecus*	0.032	0.123	1	16.67	Dmc
灰卷尾	*Dicrurus leucophaeus leucogenis*	0.065	0.245	1	16.67	Dl
发冠卷尾	*Dicrurus hottentottus brevirostris*	0.452	1.716	2	33.33	Dh
八哥	*Acridotheres cristatellus cristatellus*	0.194	0.735	1	16.67	Acc
松鸦	*Garrulus glandarius sinensis*	0.032	0.123	1	16.67	Gg
红嘴蓝鹊	*Urocissa erythrorhyncha*	0.581	2.206	3	50.00	Ce
灰树鹊	*Dendrocitta formosae sinica*	0.032	0.123	2	33.33	Cf
喜鹊	*Pica pica sericea*	0.194	0.735	2	33.33	Pp
秃鼻乌鸦	*Corvus frugilegus pastinator*	0.032	0.123	1	16.67	Cfp
大嘴乌鸦	*Corvus macrorhynchos colonorum*	0.484	1.838	3	50.00	Cm
红胁蓝尾鸲	*Tarsiger cyanurus cyanurus*	0.935	3.554	2	33.33	Tc
鹊鸲	*Copsychus saularis prosthopellus*	0.032	0.123	1	16.67	Cs
红尾水鸲	*Rhyacornis fuliginosus fuliginosus*	0.097	0.368	1	16.67	Rf
灰林䳭	*Saxicola ferrea haringtoni*	0.065	0.245	1	16.67	Sf
黑背燕尾	*Enicurus immculatus*	0.161	0.613	3	50.00	El
小燕尾	*Enicurus scouleri*	0.032	0.123	1	16.67	Es
蓝头矶鸫	*Monticola cinclorhynchus gularis*	0.032	0.123	1	16.67	Mc
虎斑地鸫	*Zoothera dauma aurea*	0.194	0.735	1	16.67	Zd
棕颈钩嘴鹛	*Pomatorhinus ruficollis styani*	0.355	1.348	1	16.67	Pr
红头穗鹛	*Stachyris ruficeps davidi*	0.387	1.471	1	16.67	Sr
棕头鸦雀	*Paradoxornis webbianus webbianus*	1.452	5.515	3	50.00	Pw
黑领噪鹛	*Garrulax pectoralis picticollis*	0.258	0.980	1	16.67	Gp
画眉	*Garrulax canorus canorus*	1.097	4.167	2	33.33	Gc
灰头鸦雀	*Paradoxornis gularis hainannus*	0.516	1.961	1	16.67	Pg
强脚树莺	*Cettiafortipes davidiana*	0.355	1.348	1	16.67	Cf
黄腹树莺	*Cettia acanthizoides acanthizoides*	0.516	1.961	1	16.67	Ca
灰头鹪莺	*Prinia flaviventris sonitans*	0.667	2.574	1	16.67	Pf
棕脸鹟莺	*Abroscopus albogularis*	0.839	3.186	1	16.67	Sa
乌鹟	*Muscicapa sibirica rpthschilidi*	0.097	0.368	2	33.33	Ms
黄眉姬鹟	*Ficedula narcissina narcissina*	0.387	1.471	1	16.67	Fn
大山雀	*Parus major artatus*	1.323	5.025	3	50.00	Pm

鸟类名称		密度/(只/h)	相对多度/%	出现生境数	分布系数/%	鸟名缩写
红头长尾山雀	*Aegithalos concinnus concinnus*	1.032	3.922	2	33.33	Ac
黄腹山雀	*Parus venustulus*	0.226	0.858	1	16.67	Pv
暗绿绣眼鸟	*Zosterops japonicus simplex*	2.032	7.721	3	50.00	Zj
麻雀	*Passer montanus saturatus*	0.516	1.961	1	16.67	Pms
山麻雀	*Passer rutilans rutilans*	0.806	3.064	2	33.33	Pr
白腰文鸟	*Lonchura striata swinhoei*	0.290	1.103	1	16.67	Ls
金翅雀	*Carduelis sinica sinica*	0.032	0.123	1	16.67	Cs
黄喉鹀	*Emberiza elegans ticehursti*	0.709	2.696	2	33.33	Ee
三道眉草鹀	*Emberiza cioides castaneiceps*	0.839	3.186	3	50.00	Ecc
田鹀	*Emberiza rustica rustica*	0.903	3.431	2	33.33	Er
黄胸鹀	*Emberiza aureola aureola*	0.065	0.245	1	16.67	Ea
灰头鹀	*Emberiza spodocephala sordida*	0.419	1.593	1	16.67	Ess
黄眉鹀	*Emberiza chrysophrys*	0.387	1.471	1	16.67	Ec

从表 4-38 可知，个体遇见率大于或等于 1.0 只/h 的优势种有 6 种，常见种（0.1 只/h 以上）36 种，偶见种（0.1 只/h 以下）35 种。相对多度高于 3%的种类有暗绿绣眼鸟（7.721%）、棕头鸦雀（5.515%）、大山雀（5.025%）、画眉（4.167%）、红头长尾山雀（3.922%）、黑鹎（3.799%）、白头鹎（3.676%）、红胁蓝尾鸲（3.554%）、田鹀（3.431%）、三道眉草鹀（3.186%）、棕脸鹟莺（3.186%）和山麻雀（3.064%）12 种。相对多度在 1%～3%的有 20 种，1%以下 45 种。

分布系数（ADC）在 25%～100%的中性分布种有 27 种，占 35.06%，其中 ADC 值以白鹡鸰最高，为 66.67，其次为白头鹎、红嘴蓝鹊、大嘴乌鸦、黑背燕尾、棕头鸦雀、大山雀、暗绿绣眼鸟、三道眉草鹀等。分布系数（ADC）低于 25%的有 50 种，属于狭性分布种类。

鸟类群落的物种多样性指数的计算采用生态学中广泛使用的 Shannon-Wiener（1963）指数公式 $H' = -\sum PiLnPi$，并以 Pielou（1975）的公式 $J=H'/H'_{max}$ 计算均匀性指数，计算结果见表 4-39。

表 4-39　不同生境中鸟类群落结构比较（1994 年）

地点	生境类型	优势树种	鸟类种数	群体密度/(只/h)	多样性指数 H	均匀性指数 J	优势种
后坞	毛竹林	毛竹	9	12.714	2.868	0.956	Ps、Pm、Dh、Hd、An、Cm
碧坞	常绿落叶阔叶混交林	青冈、石楠、枫香、冬青	16	41.0	3.847	0.962	Sa、Pf、Pw、As、Pm、Er、Ps、Ec、Gp
庾村	竹林	石竹、苦竹	15	21.167	3.493	0.894	Pr、Zi、Er、Es、Ls、Ma、Ac、Py
莳山街	阔叶落叶毛竹林	毛竹、枫香、悬铃木、三角枫	22	26.250	3.798	0.850	Hm、Ac、Zi、Oc、Pm、Pv、Cc
芦花荡	落叶针叶林	金钱松	16	43.500	1.883	0.471	Zi、Hm、Gc、Tc、Pm
青草塘	常绿针叶阔叶毛竹林	毛竹、柳杉、茶、马尾松	36	30.500	4.378	0.847	Pw、Ee、Tc、Gc、Pg、Ca、Ac、Pm、Sr、Fn、Cf、Pr

从表 4-39 可知，多样性指数（H）以常绿针叶阔叶毛竹林最高（4.378），均匀性指数（J）为常绿落叶阔叶混交林最高（0.962）。

Sørensen 1984 年为比较两个群落种类的相似程度，提出共同系数公式：

$$S_s = \frac{2S_c}{S_a + S_b}$$

式中，C_s 为共同系数；S_a、S_b 是 A 群落、B 群落的种数，S_c 是共同种数。

Hurlbert 1971 年则以种间相遇概率（PIE）来表示群落的多样性，其公式为

$$\text{PIE} = \sum (\frac{N_i}{N})(\frac{N - N_i}{N - 1})$$

式中，PIE 为种间相遇概率，N 为物种总个体数，N_i 为 i 物种个体数。

鸟类群落的总生物量根据 Wiens（1970）公式 $\text{SCB} = \sum (W_i \cdot N_i)$ 计算，式中，W_i 为物种 i 的鲜重，N_i 为物种 i 在单位面积的数量，为了便于比较各鸟类群落的总生物，N_i 一律用每小时每公顷的鸟类数量。

根据上述公式计算，结果见表 4-40。

表 4-40　不同生境鸟类群落共同系数（C）、种间相遇概率（PIE）和总生物量（SCB）（1994 年）

	毛竹林	常绿落叶阔叶混交林	竹林	落叶阔叶毛竹林	落叶针叶林	常绿针叶阔叶毛竹林	PIE	SCB/（g/hm²）
毛竹林							0.868	99.649
常绿落叶阔叶混交林	0.240						0.823	130.085
竹林	0.000	0.258					0.905	61.805
落叶阔叶毛竹林	0.387	0.211	0.162				0.909	152.62
落叶针叶林	0.080	0.188	0.258	0.263			0.835	142.115
常绿针叶阔叶毛竹林	0.178	0.154	0.078	0.138	0.192		0.947	203.34

落叶阔叶毛竹林和毛竹林群落间鸟类相似程度（C）最高（0.387），种间相遇概率（PIE）以常绿针叶阔叶毛竹林最高（0.947），鸟类群落的总生物量（SCB）以常绿针叶阔叶毛竹林最高（203.34）。

Margules 等（1982）指出空间异质性包括环境多样性和自由度两个方面，环境多样性反映了环境内部的差异程度，而自由度则反映环境受人为影响所改变的程度。Lancaster 和 Rees（1979）认为空间异质性主要通过提供觅食、繁殖场所和掩蔽栖息条件等表现出鸟类对环境的可利用性。植被对空间异质性的自由度和环境多样性两方面都具有决定性的影响，提出以植被结构多样性为衡量空间异质性的指标。

莫干山森林鸟类群落研究表明，环境多样性和自由度两者对鸟类群落均有明显影响，青草塘多样性最高（4.378），其次为碧坞（3.847），而芦花荡（1.883）、后坞（2.868）较低。青草塘植被复杂、多样性高，除有高大的柳杉林外，还有大片毛竹林、茶园、桃园及马尾松林和灌丛，森林群落交错区（ecotone）十分明显。同时人为干扰少，因而为鸟类提供了较优越的觅食、繁殖和掩蔽栖息条件，边缘效应的结果导致青草塘鸟类种数最多（36 种），多样性指数也最高（4.378）。相反，位于旅游中心地带的芦花荡金钱松

群落、后坞毛竹林群落植被结构单一，环境多样性差，又受人为干扰的影响，鸟类缺少觅食、繁殖场所，掩蔽条件差，因而形成了由少数优势种构成较为简单的鸟类群落的现象，芦花荡鸟类多样性指数（1.883）、均匀性指数（0.471）都显得较低。

鸟类群落的生物量由鸟的鲜重和种在单位面积的数量决定，由于栖息地多样性的不同，各生境能提供鸟类觅食、繁殖的场所和掩蔽栖息条件不同，栖居的鸟类和数量也不同。莫干山各生境鸟种类和密度为：青草塘 36 种（30.5 只/h）＞荫山区 22 种（26.25 只/h）＞芦花荡 16 种（43.50 只/h）＞碧坞 16 种（41.0 只/h）＞庚村 15 种（21.1 只/h）＞后坞 9 种（12.71 只/h）。青草塘鸟类除棕头鸦雀、黄胸鹀、黄腹树莺、红头长尾山雀、大山雀、山树莺等小型种类之外，还有大中型鸟类环颈雉、白鹇、灰胸竹鸡、画眉、山斑鸠、珠颈斑鸠、褐翅鸦鹃等，总生物量最高。庚村、碧坞、后坞位于山脚带，具有开阔的农田，鸟种类以暗绿绣眼鸟、麻雀、棕头鸦雀、棕脸鹟莺、白头鹎、金腰燕等小型鸟类为主，个体生物量都较小，所以尽管鸟种类多、密度也较高，但其总生物量仍较低。

四、赣西山区鸟类群落

崔志兴等（1999）研究了赣西官山、井冈山、九连山 3 个自然保护区内 3 个生境 8 个夏季鸟类群落（表 4-41）。结果表明，该地区夏季鸟类计 121 种，其中优势种 18 种，占 14.88%，除 4 种为夏候鸟外，其余均为留鸟。优势种的组合存在着地区和生境的差异。空间异质性对鸟类群落的多样性和密度有显著影响。随着环境梯度的增加，类似生境的鸟类群落的相似性逐渐减小。

表 4-41　赣西山区鸟类群落结构比较（自崔志兴等，1999）

地点（生境）	统计面积/hm²	种数	个体数/只	密度		多样性指数（H）	最大多样性指数（H_{max}）	均匀性指数（E）
				个体数/(只/hm²)	种数/(种/hm²)			
A（一）	161.5	30	169	1.0464	0.1858	1.1206	1.4771	0.7587
A（二）	400	41	644	1.6100	0.1025	0.9233	1.6128	0.5725
B（一）	215	33	142	0.6605	0.1535	1.0831	1.5185	0.7133
B（二）	285	44	702	2.4632	0.1544	1.1640	1.6435	0.7083
B（三）	360	39	408	1.1333	0.1083	1.1652	1.5911	0.7323
C（一）	171.5	37	394	2.2974	0.2157	1.0548	1.5682	0.6726
C（二）	95	32	328	3.4526	0.3368	1.1545	1.5051	0.7671
C（三）	327	26	310	0.9480	0.0795	0.8921	1.4150	0.6305

群落的相似性上 A（二）群落和 C（一）群落具有较大的独立性，而 A（一）群落和 B（一）群落，B（二）群落和 C（二）群落、B（三）群落和 C（三）群落之间相似性较高（图 4-22）。

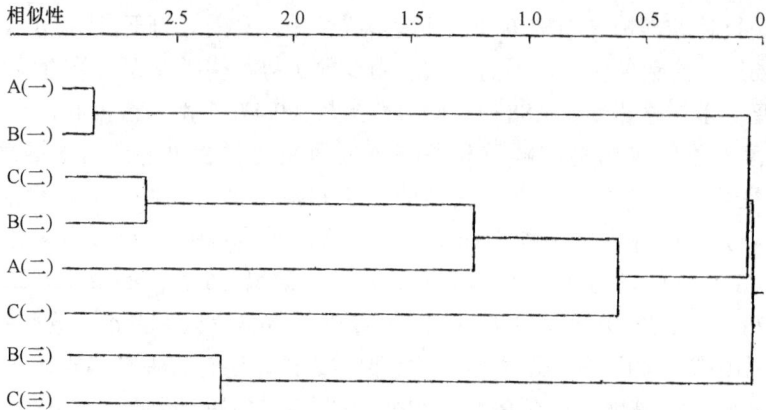

图 4-22　鸟类群落聚类树状图（自崔志兴等，1999）

A（一）为官山自然保护区的常绿阔叶林及落叶阔叶混交林生境；A（二）为官山自然保护区驻地附近的杂木林、经济林及观赏林等混合生境；B（一）为井冈山自然保护区的常绿阔叶林及落叶阔叶混交林生境；B（二）为井冈山自然保护区驻地附近的杂木林、经济林及观赏林等混合生境；B（三）为井冈山自然保护区的农田生境；C（一）为九连山自然保护区的常绿阔叶林及落叶阔叶混交林生境；C（二）为九连山自然保护区驻地附近的杂木林、经济林及观赏林等混合生境；C（三）为九连山自然保护区的农田生境

第六节　湿地鸟类群落

按《湿地公约》，湿地指天然或人工、长久或暂时之沼泽地、泥炭地或水域地带，带有静止或流动的淡水、咸淡水或咸水的水体，包括低潮时水深不超过 6m 的海域。华东地区湿地包括近海及海岸湿地、湖泊湿地、河流湿地、人工湿地、山地沼泽及红树林湿地等主要湿地类型。

一、湖泊湿地鸟类群落

湖泊湿地鸟类群落的研究较早，钱国桢等于 1962～1964 年对太湖野鸭的动物群落学进行了研究，调查到越冬鸭科（Anatidae）鸟类 23 种，其中数量有年度和月度的波动。由于数量变动特点不同把野鸭分成 3 个不同的越冬生态类型：第一种类型为绿头鸭（*Anas platyrhynchos*）、斑嘴鸭（*A. poecilorhyncha*）等，在越冬地留驻时间长，整个越冬期保持相当个体数量，不同年度和不同季节表现有数量波动，是太湖越冬野鸭的最基本类群。第二种类型为潜鸭属，红头潜鸭（*Aythya ferina*）、青头潜鸭（*A. baeri*）、凤头潜鸭（*A. fuligula*）、斑背潜鸭（*A. marila*）一般来得迟，返得早，但在留驻太湖期间数量庞大，常成为当时主要类群，从 11 月至次年 1 月各月中分别占总种类的 41.58%、43.72%和 60.64%。第三类型是白眉鸭（*Anas querquedula*）、绿翅鸭（*A. crecca*），来得最早，去得最迟，而中间一段时间在太湖量较少，到 3～4 月，它们从南方成群返回，突然形成一个数量高峰，在当时越冬野鸭中个体数量占绝对优势的类群。

群落中各组合的昼夜活动规律：据观察结果，在越冬期野鸭多夜晚觅食，白天休息；而潜鸟属与此相反，白天取食，夜间休息。野鸭这种取食和休息的规律性所形成的日夜活动规律，同光照季节变动有关，尤其对一定的昏暗光在何时出现十分重要。昏暗光出现的早晚直接影响野鸭进出荡的先后。昏暗光对进荡、出荡可能具有信号的意义（钱国桢等，1980）。

太湖越冬野鸭对栖居环境的选择分为 3 种类型：①鸭属种类白天主要在滨湘一带和人迹罕至的浅水活动，黄昏趋近岸边。天黑前后，集成不同大小的群飞向芦苇荡、浅滩和农田积水处。拂晓前后又从内荡飞向湖中。②潜鸭不喜在浅水或混浊的水面上活动，常到清波荡漾的水面上随波浮沉。③除①、②两类之外的种类对栖息环境的选择较不一致。鸳鸯（*Aix galericulata*）多数在孤岛近岸灌丛中生活，秋沙鸭属（*Mergus*）和鹊鸭属（*Bucephala*）常至湖心或较深的水塘中栖留觅食。

太湖野鸭在越冬地区有明显的集群性，如白眉鸭、绿翅鸭、凤头潜鸭和红头潜鸭等均集成大群，针尾鸭（*Anas acuta*）、赤颈鸭（*A. penelope*）、罗纹鸭（*A. falcata*）、花脸鸭（*A. formosa*）、绿头鸭、斑嘴鸭和青头潜鸭也喜集群，但较小。鹊鸭、鸳鸯及少数秋沙鸭常见单个或成对出现，未见成大群。

群落中不同种的混群现象十分普遍，绿头鸭和斑嘴鸭常集聚在一起，受惊起飞时亦不分队，直到天黑才各自分离飞向取食地区。潜鸭的混群更为明显，不仅属间相混，而且还经常与不同目的种类生活在一起，如秧鸡目的白骨顶和鸥形目的银鸥等。较严格不愿混群的是鸳鸯和针尾鸭。

安徽省的沱湖是河迹洼地型浅水湖泊，湘北接沱河，南入漴潼河，最后汇入洪泽湖，属河迹洼地型湖泊湿地。据鲍方印等 2008~2009 年调查，记录鸟类 13 目 33 科 69 种。

调查显示，区内生物多样性指数为 1.26，但不同季节和生境有明显的变化，水草滩涂和丛林是鸟类栖息的主要生境。不同生境中物种多样性指数（H）为滩涂（1.3681）＞丛林（1.2586）＞农田（0.8059）＞水域（0.7390）＞居民区（0.6420）；均匀性指数（J）为水域（0.3800）＞滩涂（0.3761）＞丛林（0.3600）＞农田（0.3142）＞居民区（0.2677）（表 4-42）。科属多样性指数均不高，其中，丛林的 G 指数最高，滩涂生境的 F 指数及 G-F 指数值最高，而居民区生境的 G 指数、F 指数及 G-F 指数值最低。可能是由于滩涂生境有大量的芦苇及其他植被，且一般都有浅水环绕，鸟类食物资源丰富，因而科属多样性指数较高，而居民区生境是受人类活动影响最大的地区，因此这里的鸟类种数最少，科属多样性指数也最低。在 5 种生境类型中，鸟类多样性指数与各生境统计到的鸟类种类基本一致；但是，由于各生境鸟类集群方式及数量不同，其均匀性指数与多样性指数的排序有一定的差异。同一种鸟类会在不同生境出现，但根据该地区鸟类分布的特点，结合当地生态环境类型，可将该区鸟类的分布划分为如下几个相对稳定的生态类群。

表 4-42　沱湖保护区内 5 种生境中鸟类生物多样性比较

生境类型	物种数	H	J	G 指数	F 指数	G-F 指数
居民区	12	0.6420	0.2677	2.3296	2.6770	0.1298
丛林	37	1.2586	0.3600	3.2817	4.5666	0.2814
农田	12	0.8059	0.3142	2.5886	3.0625	0.1547
滩涂	33	1.3681	0.3761	3.1541	4.7540	0.3365
水域	14	0.7390	0.3800	2.7514	4.0608	0.3224

（1）居民区类型主要由稀疏阔叶林和草丛组成，该生态类群主要是一些中小型雀形目鸟类，如家燕（*Hirundo rustica*）、麻雀（*Passer montanus*）和喜鹊（*Pica pica sericea*）等。

（2）丛林类型主要由堤岸防护林和周边的针阔混交林、落叶阔叶林及林下灌木组成，分布于这一生境的鸟类主要是鹭类和一些雀形目鸟类，如池鹭（*Ardeola bacchus*）、大白鹭（*Egretta alba*）、夜鹭（*Nycticorax nycticorax*）、大山雀（*Parus major*）、黑卷尾（*Dicrurus macrocercus*）和日本树莺（*Cettia diphone*）等。

（3）农田类型的鸟类主要指在池塘、水田等分布的鸟类，如苍鹭（*Ardea cinerea*）等；在冬季池塘干涸时，偶尔还可以发现一些鸻鹬类，如凤头麦鸡（*Vanellus vanellus*）和红脚鹬（*Tringa totanus*）等。

（4）滩涂类型以禾本科（Gramineae）和莎草科（Cyperaceae）植物为主，分布有芦苇（*Phragmites communis*）等湿生植物，食物丰富，栖息于此的鸟类主要有普通翠鸟（*Alcedo atthis*）、小云雀（*Alauda gulgula*）及鹭类，该区也是小型鸭类的觅食地。

（5）水域类型以挺水植物如芦苇（*Phragmites communis*）、菖蒲（*Acorus calamus*）、茭白（*Zizania caduciflora*），以及浮叶植物、漂浮植物为主，在此区栖息停留的以游禽类为主，主要的鸟类有鸭类，如绿翅鸭（*Anas crecca*）、绿头鸭（*A. platyrhynchos*）、针尾鸭（*A. acuta*）、斑嘴鸭（*A. poecilorhyncha*）、赤麻鸭（*Tadorna ferruginea*）和罗纹鸭（*A. falcata*）等，另外还有小䴙䴘（*Tachybaptus ruficollis*），以及部分鸥类如红嘴鸥（*Larus ridibundus*）、白翅浮鸥（*Chlidonias leucopterus*）等。

二、近海及海岸湿地鸟类群落

近海及海岸湿地包括岩石性海岸湿地、泥沙平原海涂及近海岛屿等。鸻鹬类是近海及海岸湿地生态系统中主要的部分，我国东海北部沿海是鸻鹬主要越冬栖息地之一。

钱国桢等于1981～1983年在长江口、杭州湾北部对鸻鹬群落进行了系统研究，其内容包括鸻鹬食性分析、性比与鸟体量度、鸻鹬群落的结构年变化及影响鸻鹬群落空间结构的因子分析等。结果表明，在剖检26种鸻鹬胃体655只之后，分析得知鸻鹬属于广食性鸟类，食物平均出现率为：小石子（23.83%）、螺类（20.40%）、草屑（15.67%）、贝类（15.18%）、草籽（5.49%）、蟹类（5.25%）、昆虫（5.14%）、砂泥（4.51%）。♀♂性比分析23种，♀♂接近1∶1的为10种（如细嘴滨鹬、红脚鹬等），♀♂显著小于1∶1的为8种（如黑尾塍鹬、翘嘴鹬等），♀♂显著小于1∶1的为5种，发现优势种黑腹滨鹬有♀、♂分离迁徙现象。据崇明岛陈镇海涂全年观察，本区域鸻鹬群落主要由38个种组成，其中留鸟2种，冬候鸟7种，其他均为迁徙鸟和夏候鸟。一年中，本地区的鸻鹬数量与种类出现2次高峰期，一次在春季3月下旬到4月下旬，另一次在秋季9月中旬到10月上旬。但气候较恶劣条件下，则可推迟迁徙鸻鹬的高峰。如1983年4月底和5月上旬连续下雨7天，降雨量是1982年同期雨量的1.731倍，从而阻止了鸻鹬的北上迁徙，致使5月上旬和中旬仍能看到迁徙鸻鹬的高峰。本区域的春季鸻鹬迁徙高峰在数量上大大超过秋季鸻鹬的迁徙高峰，比值约为2.5∶1。春季鸻鹬北上迁徙绝大部分途经本区域，而秋季南下则扩散迁徙，仅部分途经本区域。

本区域优势种为红胸滨鹬、细嘴滨鹬、黑腹滨鹬等，这些种群在本区域出现的时间顺序是交错的。在长期进化中，优势种之间在时间生态位上形成分离。

影响本海涂区域鸻鹬群落空间分布的主要因素有人为干扰、地理位置、气候变异及食物分布等。

对东海岸线瓯江口灵昆岛至长江口崇明岛前哨农场的基岩海涂、泥沙平原海涂及过渡类型海涂的鸻鹬类调查，结果表明：各样区鸻鹬种数基本相同。说明东海北部沿海的鸻鹬群落组成有一定稳定性，种类分布也具一定的均匀性；黑腹滨鹬、环颈鸻、青脚鹬、白腰杓鹬等在样区遇见频率较高，为各样区的普遍共有种，说明整个观察范围作为这些鸟的越冬地是适宜的；黑腹滨鹬、环颈鸻在各样区出现的频率和密度均较大，是群落的优势种（陆健健等，1988）。

三甲港是长江口南岸的一个河汊，据胡伟和陆健健（2000）调查，春季鸻鹬类有33种，隶属3科12属（表4-43）。其中冬候鸟5种，留鸟1种，其余均为过境旅鸟。鸻鹬飞行高度一般低于300m，天高气爽时飞行高度可达500m。在多数情况下，小型鸻鹬只在不超过 100m 的高度上盘旋飞行。鸻鹬飞行的方向不确定，向堤内飞行纵深不超过3km，夜间观察到鸻鹬的迁飞活动。

表 4-43　三甲港鸻鹬群落的多样性指数（自胡伟和陆健健，2000）

时间	4.5	4.6	4.7	4.8	4.9	4.10	4.11	4.12	4.13	4.14	4.15	4.16	4.17
天气	晴	阴	阴雨	阴雾	浓雾	大雨	浓雾	阴雨	多云	晴	晴	晴	晴
种数	7	6	13	8	8	13	10	12	11	10	7	7	11
总数	211	154	170	795	470	964	109	3197	1080	487	859	137	136
密度	2.64	1.93	2.13	9.94	5.88	12.05	1.36	39.74	13.5	6.09	10.74	1.71	1.7
H	1.98	1.58	2.68	2.43	2.18	2.70	2.49	2.86	2.51	2.75	1.88	2.17	2.79
H_{max}	2.81	2.58	3.70	3.00	3.00	3.70	3.32	3.58	3.46	3.32	2.81	2.81	3.46
E	0.70	0.61	0.72	0.81	0.73	0.73	0.75	0.80	0.73	0.83	0.67	0.77	0.81

在福建厦门潮间带均无植被覆盖的裸露地，据陈小麟和宋晓军（1999）在春季的调查，记录到鸟类18种，隶属6目10科，非雀形目鸟类以鸻形目种类最多，共有8种，占总数的44.4%，其中红脚鹬为主要优势种。

厦门滨海湿地夏季鸟类有11科27种，鸟类种类组成和数量以鹭科、鹬科和鸻科等涉禽占优势，其中白鹭、环颈鸻和矶鹬为优势种，其种群数量之和占全部鸟类总数量的73.48%（方文珍等，2006）。夏季鸟类群落参数比较见表4-44。

表 4-44　厦门滨海湿地夏季鸟类群落参数（自方文珍等，2006）

样区	筼筜湖	香山	刘山	钟宅	浦口	石湖	澳头	西堤	杏林湾	高浦	东屿
H	2.33	3.18	0	1.72	0.97	1.44	2.14	1.57	2.10	1.08	1.28
H_{max}	3.70	3.45	0	2.00	1.00	2.00	2.32	1.59	2.59	1.59	1.59
J	0.63	0.92		0.86	0.97	0.72	0.92	0.99	0.81	0.68	0.81

厦门滨海湿地冬季鸟类有15科45种，其中以鹭科、鸭科、鸻科和鸥科种类最多，数量最多，白鹭分布最广。数量最多的物种为凤头潜鸭（28.7%）、红嘴鸥（23.7%）、白

鹭（12.2%）和黑腹滨鹬（11.4%）。凤头潜鸭、红嘴鸥、黑腹滨鹬均为厦门越冬和越冬迁飞的鸟类，有集大群的特性，显示出滨海湿地作为湿地水鸟越冬栖息场所的重要性。湿地冬季鸟类群落参数见表4-45。

表4-45　厦门滨海湿地冬季鸟类群落参数（自方文珍等，2007）

样区	筼筜湖	香山	刘山	钟宅	浦口	石湖	澳头	西堤	杏林	东屿	海沧	高浦
H	3.10	3.06	2.36	1.26	2.05	1.88	0.94	0.59	0.65	2.49	2.39	0
H_{max}	4.17	3.17	4.09	3.00	3.00	3.58	2.59	2.32	3.46	3.58	4.00	—
J	0.743	0.965	0.58	0.42	0.68	0.53	0.36	0.25	0.19	0.695	0.597	0
D	16.37	2.50	42.00	8.66	2.25	16.50	14.50	15.67	57.63	4.88	34.50	1.06

湿地的食物资源是影响水鸟分布的主要因子，对厦门春季潮间带鸟类群落的研究表明，潮间带底质的相似性在一定程度上决定着鸟类群落结构的相似性。潮间带底质通过影响作为鸟类食物资源的底栖动物的种类组成和数量分布，进而对潮间带鸟类的种类和数量及其群落结构产生影响作用。

裴恩乐等（2007）对上海沿江沿海5个湿地区域内的水鸟进行了调查，共记录到7目15科101种水鸟。其中总数量最多的10种鸟类是斑嘴鸭（*Anas poecilorhyncha*）、黑腹滨鹬（*Calidris alpina*）、白鹭（*Egretta garzetta*）、绿翅鸭（*Anas crecca*）、环颈鸻（*Charadrius alexandrinus*）、绿头鸭（*Anas platyrhynchos*）、青脚鹬（*Tringa nebularia*）、赤颈鸭（*Anas penelope*）、西伯利亚银鸥（*Larus vegae*）和红嘴鸥（*Larus ridibundus*）。沿江沿海湿地调查结果见表4-46～表4-48。

表4-46　上海沿江沿海湿地各调查区域记录水鸟总数量、物种数目的月变化（自裴恩乐等，2007）

		2005 年				2006 年				总计
		9 月	10 月	11 月	小计	9 月	10 月	11 月	小计	
奉贤边滩	总数量	1 315	3 027	2 760	7 102	1 063	435	483	1 981	9 083
	物种数	8	21	23	36	29	14	15	40	53
南汇边滩	总数量	1 465	924	310	2 699	21 599	3 545	1 693	26 837	29 536
	物种数	30	25	12	44	42	31	28	64	76
东滩地区	总数量	3 732	2 761	9 161	15 654	3 208	9 729	8 995	21 932	37 586
	物种数	42	36	39	70	35	40	30	58	78
崇明北湖	总数量	1 883	6 735	3 633	12 251	293	2 015	359	2 667	14 918
	物种数	23	27	26	51	25	11	8	33	63
九段沙保护区	总数量	861	2 728	8 708	12 297	664	2 158	1 686	4 508	16 805
	物种数	22	24	16	39	27	24	12	39	54
全部区域	总数量	9 256	16 175	24 572	50 003	26 827	17 882	13 216	57 925	107 928
	物种数	49	56	51	86	66	61	47	93	101

表 4-47 上海沿江沿海湿地不同区域记录的各水鸟类群数量（自裴恩乐等，2007）

		奉贤	南汇	东滩	北湖	九段沙	小计
雁鸭类	数量	1 867	1 061	16 077	5 105	11 663	35 773
	种类	10	14	19	14	13	22
鹬类	数量	4 430	25 935	10 676	6 812	3 129	50 982
	种类	21	36	35	26	22	40
鸥类	数量	1 389	662	2 239	1 813	880	6 983
	种类	10	9	10	8	10	14
鹭类	数量	1 300	917	6 721	1 025	1 132	11 095
	种类	8	10	11	8	8	13
其他	数量	99	961	1 873	163	1	3 097
	种类	4	7	10	7	1	12

表 4-48 上海沿江沿海湿地各水鸟类群的数量变化状况（自裴恩乐等，2007）

		2005 年				2006 年				总计
		9 月	10 月	11 月	小计	9 月	10 月	11 月	小计	
雁鸭类	数量	65	4 061	18 853	22 979	16	4 718	8 060	12 794	35 773
	种类	2	11	20	22	3	10	16	18	22
鹬类	数量	2 902	9 474	2 773	15 149	23 675	8 643	3 515	35 833	50 982
	种类	27	28	13	35	35	27	11	37	40
鸥类	数量	2 948	782	925	4 655	659	1 236	433	2 328	6 983
	种类	7	6	5	11	10	7	4	14	14
鹭类	数量	3 121	1 458	967	5 546	2 395	2 606	548	5 549	11 095
	种类	9	6	6	10	12	9	6	12	13
其他	数量	220	400	1 054	1 674	82	679	662	1 423	3 097
	种类	4	5	7	9	6	8	10	12	12

　　长江口、杭州湾是鸻鹬迁徙的重要中转站之一（王天厚和钱国桢，1988a），已围垦区域不仅成为鸻鹬类躲避潮水的理想场所，而且其水位深度是决定鸻鹬类数量多少的一个重要因素（唐承佳和陆健健，2002）。鸻鹬类一般是混群迁徙，当鸻鹬在迁徙途中逗留补充物质和能量时，由于南汇边滩的已围垦区域不受潮水的影响，只要能合理地控制其水位变化，稳定现有的栖息地特征，就有可能成为上海市鸻鹬类南北迁徙过程中一个重要的停歇地。

　　9～10 月是上海地区南迁水鸟的高峰期，在此期间既有大量的旅鸟迁徙经过上海，也有大量的越冬水鸟从北方迁来，而在本地繁殖的夏候鸟在此期间陆续迁离上海。至 11月，上海湿地区域内的水鸟以越冬鸟类为主体。

　　鸻鹬类的南迁一般从 8 月中旬至 11 月初，持续时间为 90d 左右（王天厚和钱国桢，1988a）或南迁时间约为 80d。根据本次调查结果，从 8 月中旬起陆续发现南迁过境的鸻鹬，至 9～10 月达到高峰，但后续鸻鹬［如林鹬（*Tringa glareola*）、红颈滨鹬（*Calidris ruficollis*）、灰头麦鸡（*Vanellus cinereus*）等］南迁将一直持续到 11 月下旬，估计鸻鹬类的南迁持续时间可能更长，预计达到 100d 左右。

　　雁鸭类一般自 10 月中旬迁来（少量在 9 月底）（黄正一等，1993）；虞快（1991）

认为雁鸭类自9月中旬起陆续迁来。本次调查期间，在9月仅发现极少量的雁鸭类，雁鸭类的物种数和总数量在12月至次年1月达到高峰。

鹭类和鸥类另外两大类群由于其繁殖鸟陆续迁离、旅鸟过境结束，呈现出物种数量和总数量逐月下降的趋势。

从近年来国内有关鸟类分布新纪录的报道中可以发现一个明显规律，那就是许多鸟类的分布区在向北扩展，而且这一趋势近年来有所增强（孙全辉和张正旺，2000）。作者也发现2006年南迁期记录的冬候鸟总数量比2005年同期有了较大幅度的减少。这可能与2006年天气异常变暖对越冬鸟类产生影响，改变其迁徙的时间、路线，并可缩短迁徙的距离造成的，也有可能是鸟类的越冬地北移所造成的。

裴恩乐等于2006～2010年，在上海地区水鸟群落结构和动态分布特征，调查研究中记录到各类水鸟8目17科133种（表4-49）。从居留类型上看，留鸟4种（3.0%）24 331只次（3.0%），冬候鸟58种（43.6%）508 784只次（63.9%），夏候鸟12种（9.0%）62 212只次（7.8%），旅鸟59种（44.4%）201 411只次（25.3%）。冬候鸟和旅鸟的种类和数量分别占到了全部记录的88.0%和89.1%。

表 4-49　2006～2010 年记录鸟类种类数及数量状况（自裴恩乐等，2007）

目	科	2006 年		2007 年		2008 年		2009 年		2010 年	
		种数	数量	种数	数量	种数	数量	种数	数量	种数	数量
鹱形目 Procellariiformes	鹱科 Procellariidae							1	1		
潜鸟目 Gaviiformes	潜鸟科 Gaviidae	2	5	1	15	2	23	2	13	2	11
鸊鷉目 Podicipediformes	鸊鷉科 Podicipedidae	3	938	3	1 519	4	2 833	4	3 904	3	4 138
鹈形目 Pelecaniformes	鸬鹚科 Phalacrocoracidae	1	405	1	219	1	236	1	139	1	301
鹳形目 Ciconiiformes	鹭科 Ardeidae	12	11 801	12	10 041	13	19 153	13	14 716	13	14 650
	鹮科 Threskiornithidae	2	64	2	126	2	180	2	110	2	144
	鹳科 Ciconiidae	2	6	1	2					1	1
雁形目 Anseriformes	鸭科 Anatidae	24	81 405	23	42 760	24	40 416	26	64 423	23	48 562
鹤形目 Gruiformes	鹤科 Gruidae	5	414	4	307	2	192	2	363	4	397
	秧鸡科 Rallidae	5	2 601	3	4 321	4	8 599	4	37 736	4	9 667
鸻形目 Charadriiformes	燕鸻科 Glareolidae	1	32	1	28	1	85	1	404	1	356
	水雉科 Jacanidae	1	11	1	4	1	28	1	8	1	19
	蛎鹬科 Haematopodidae	1	4	1	2	1	2				
	鸻科 Charadriidae	10	8 436	9	6 773	9	8 408	10	8 535	9	11 482
	鹬科 Scolopacidae	32	90 349	34	74 089	35	47 331	30	22 754	32	44 753
	反嘴鹬科 Recurvirostridae	2	178	2	612	1	354	1	113	2	439
	鸥科 Laridae	15	8 886	14	6 989	14	9 733	13	7494	14	10 081
总计	8 目 17 科	118	205 535	112	147 807	114	137 573	112	160 713	112	145 001

　　所调查鸟类种类数量最多的是鸻形目（53 种），其次是雁形目（28 种）、鹳形目（17 种）、鹤形目（11 种）。鸻形目和雁形目鸟类占总种类数的 60.9%。总数量依次为鸻形目 325 589 只次（40.9%）、雁形目 277 566 只次（34.8%）、鹳形目 71 003 只次（8.9%）、鹤形目 64 697 只次（8.1%）。鸻形目和雁形目鸟类占到全部记录数量的 75.7%。

　　根据张斌等 2009 年 12 月至 2010 年 5 月水鸟调查，从鸻鹬类、雁鸭类和鹭类中选择优势种及一些关键物种作为这 3 类水鸟的代表物种。统计 19 种水鸟在各类大尺度生境中出现的频率（表 4-50），运用聚类分析方法得出南汇东滩鸻鹬类、雁鸭类和鹭类的大尺度栖息地偏好。

表 4-50　代表种在各生境中的出现频率（自衡楠楠等，2011）

种类	生境出现频率/%				
	深水区	浅水区	泥滩	植被	旱地
赤膀鸭 *Anas strepera*	84.99	9.47	0.00	5.53	0.00
罗纹鸭 *A. falcata*	91.07	5.37	0.00	3.55	0.00
赤颈鸭 *A. penelope*	84.29	7.30	0.41	7.99	0.00
斑嘴鸭 *A. poecilorhyncha*	90.70	8.14	0.78	0.39	0.00
琵嘴鸭 *A. clypeata*	93.10	3.45	0.00	3.45	0.00
针尾鸭 *A. acuta*	100.00	0.00	0.00	0.00	0.00
绿翅鸭 *A. crecca*	83.62	11.86	0.00	4.52	0.00
黑尾塍鹬 *Limosa limosa*	0.00	57.97	36.23	5.80	0.00
黑腹滨鹬 *Calidris alpina*	0.00	15.13	67.11	16.45	1.32
青脚鹬 *Tringa nebularia*	0.00	8.72	87.66	2.13	1.49
林鹬 *T. glareola*	0.00	3.57	91.07	3.57	1.79
翘嘴鹬 *Xenus cinereus*	0.00	30.00	56.25	13.75	0.00
红颈滨鹬 *Calidris ruficollis*	0.00	2.21	94.97	4.38	0.73
黑翅长脚鹬 *Himantopus himantopus*	0.00	82.69	13.46	1.92	0.00
环颈鸻 *Charadrius alexandrinus*	0.00	2.92	91.97	4.38	0.73
白鹭 *Egretta garzetta*	0.00	55.60	4.38	32.69	7.34
大白鹭 *E. alba*	0.00	6.21	5.52	85.52	2.76
牛背鹭 *Bubulcus ibis*	0.00	55.56	13.58	25.93	4.94
苍鹭 *Ardea cinerea*	0.00	13.86	7.23	77.11	1.81

　　第一类全部是鸻形目鸟类，由泽鹬、青脚鹬、林鹬、翘嘴鹬、红颈滨鹬和环颈鸻组成。主要集中在滩涂及堤内湿润地，作为其取食地和栖息地。

　　第二类由赤膀鸭、罗纹鸭、赤颈鸭、斑嘴鸭、琵嘴鸭、针尾鸭和绿翅鸭组成，主要集中在深水区和浅水区。根据野外调查，发现雁鸭类主要出现在水面大且水深的区域，而水产养殖正好为其提供了适宜的栖息环境。

　　第三类以鹭类和个体大的鸻鹬类为主，由黑尾塍鹬、黑翅长脚鹬、白鹭、苍鹭和大白鹭组成。这几种水鸟在体型上基本偏大，主要分布在浅水区域和泥滩地。涉禽的形态与其生境选择具有一定关系（周慧等，2005），小型个体的鸻鹬类具有较短的跗，这限制了其能在较深的水域摄食，但大个体的鸻鹬类，如黑翅长脚鹬（*Himantopus himantopus*）具有较长的跗，在浅水区出现的频率较高。

崔志兴等在 1988 年 5 月和 1999 年 5 月对崇明岛内 8 个湿地生境中的夏季鸟类群落作了比较，发现组成群落的物种数减少而个体数增加。鹭类、燕鸥和乌鹟等已扩散至崇明岛湿地，并成为优势种。随着白鹭、夜鹭和白翅浮鸥等作为优势种出现，原先的一些优势种如棕扇尾莺和黑尾腊嘴雀等已不再作为优势种。整个湿地区域的鸟类密度较 11 年前有明显的增加，此现象与长江口迁徙鸻形目鸟类群落较相似。

比较 11 年（1988～1999 年）来各鸟类群落的多样性指数，北四滧港鸟类群落已取代东旺沙鸟鸟类群落，为多样性指数最高的群落。而新建港鸟类群落已取代团结沙鸟类群落，为多样性指数最低的群落。此现象的出现可能与植被和自然环境的变化及干扰有关。11 年前的团结沙尚未与崇明岛相连，该地区的芦苇不仅分布广而且密度高，形成了由大苇莺和黄鹡鸰为优势种所构成的较为简单的鸟类群落的现象。11 年后的新建港，由于地处岛的西南端，受长江水流的冲刷，江滩宽约 100m，其上生长着茂密的芦苇，江岸上人为干扰较大，该生境的多样性指数仅为 0.179 963，均匀性指数为 0.0682。北四滧港鸟类群落多样性指数最高，可能与该调查点地处岛的东北部，由于泥沙在江岸的沉积，使湿地的面积有所扩大，人为干扰相对较小，加之该处 11 年间未进行过大规模围垦有关。

近年来，长江口滩涂湿地高强度的促淤围垦对生物多样性保育造成了严重影响。据张斌等 2006～2010 年在上海南汇东滩对水鸟进行的调查，发现雁鸭类和鹭类每年的总数量呈上升趋势，鸻鹬类的总数量呈严重下降趋势；在种类数方面，鸻鹬类和雁鸭类差异不显著，鹭类种类数变化极显著。通过对水鸟栖息地选择因子偏好的分析，发现滩涂减少是鸻鹬类数量下降的主要因素，而大型水产养殖塘和芦苇增加是雁鸭类和鹭类数量增加的主要原因。

三、河流湿地鸟类群落

王天厚等 1985 年发表《长江口、杭州湾北部鸻形目鸟类》，对长江口及杭州湾北部滩涂的生物群落特征作了分析。海岸带滩涂的鸻形目鸟类分布较广泛，但不同种类的分布具有较大的差异（表 4-51）。

表 4-51　常见鸻形目鸟类在各带的出现频率（自王天厚和钱国桢，1987）（单位：%）

种类	样本数/只	芦苇带	藨草内带	藨草外带	藻类盐渍带
环颈鸻 *Charadrius alexandrinus*	153	3.27	77.12	15.69	3.92
灰斑鸻 *Pluvialis squatarola*	12		91.67	8.33	
蒙古沙鸻 *Charadrius mongolus*	84		54.76	38.10	7.14
铁嘴沙鸻 *C. leschenaultii*	12		66.67	33.33	
大滨鹬 *Calidris tenuirostris*	101		30.69	45.55	23.76
大滨鹬 *C. tenuirostris*	53			26.42	73.58
红颈滨鹬 *C. ruficollis*	372		8.60	43.55	47.85
尖尾滨鹬 *C. acuminata*	113		10.62	19.47	69.91

续表

种类	样本数/只	芦苇带	蕙草内带	蕙草外带	藻类盐渍带
黑腹滨鹬 C. alpina	410		4.15	27.07	68.78
弯嘴滨鹬 C. ferruginea	53			49.06	50.94
小杓鹬 Numenius minutus	12	41.67	33.33	25.00	
中杓鹬 N. phaeopus	71	25.35	43.66	8.45	22.54
红腰杓鹬 N. madagascariensis	11	63.64	36.36		
红脚鹬 Tringa totanus	41	36.59	48.78	12.19	2.44
青脚鹬 T. nebularia	103	0.97	48.54	44.66	5.83
灰鹬 T. incana	70		15.71	58.57	25.71
翻石鹬 Arenaria interpres	70		12.86	68.57	18.57
斑尾塍鹬 Limosa lapponica	124		37.00	50.81	11.20

　　滩涂鸟类群落的分布呈区带性，从低潮带的近水域、低潮带至中潮带，到高潮带。主要依次分布着水禽（鸭鸥类）、涉禽（鸻鹬类）和鸣禽（雀形目类）。不同生态类型鸟类，其躯体结构和功能特化完善，适应了特定生境。如鸭鸥类前三趾间具蹼，益于水中浮游；鸻鹬类腿颈喙较长，适应滩涂行走取食。而鸣禽则足趾三前一后，跗蹠后部的鳞片愈合成一块，与陆栖适应。同时不同鸟类的食性与其栖息取食地的食物分布相关联。滩涂鸟类群落的这些分布特征反映了鸟类在长期进化中生态位分离的结果。

　　钱塘江发源于安徽境内，流经浙西与浙北而后入杭州湾，全长 605km，是浙江省第一大河，其干流分为 3 个区段，即长溪至梅城段为新安江，梅城至浦阳江口为富春江，浦阳江口至澉浦为钱塘江。姜仕仁等（1992）对钱塘江干流沿岸鸟类群落结构及分布特征进行了调查研究，鸟类数量统计见表 4-52。

表 4-52　钱塘江干流沿岸鸟类数量统计（自姜仕仁等，1992）

区段	新安江		富春江		钱塘江	
季节	春夏	秋冬	春夏	秋冬	春夏	秋冬
统计时数	14.7	13.25	7.75	19.2	9.5	5
总个体数	1284	1384	815	2689	2451	589
种数	42	63	35	57	32	20
群体密度/（只/h）	87.3	104.5	105.2	140.1	258	117.8
候鸟种数	4	18	5	19	10	9
候鸟占比	9.5%	28.6%	14.3%	33.3%	31.3%	45%
优势种数	18	17	19	14	9	12
优势种占比	42.9%	27.0%	54.3%	24.6%	28.1%	60.0%
多样性指数（H）	2.130	2.544	2.765	2.480	2.172	1.946
优势度（C）	0.161	0.235	0.212	0.243	0.306	0.350

　　春夏季 3 个区段的群体密度大小依次为钱塘江＞富春江＞新安江。秋冬季的群体密度以富春江段最高，主要是受雁鸭类种群数量的控制。3 个区段鸟类群落的 Shannon-

Wiener 多样性指数（H）的大小顺序是：新安江（2.875）＞富春江＞（2.570）＞钱塘江（2.059）。由新安江到钱塘江，由中山丘陵→低山丘陵→平原农田、河滩，鸟类的群落结构也由山地林区鸟类向平原田野和沼泽水域鸟类变化。鸟类相似性系数表明，新安江和富春江段之间相似性系数最大（0.695）；其次为富春江和钱塘江段（0.370）；新安江和钱塘江段之间相似性系数最小（0.291）。年平均优势度指数值钱塘江段（0.328）＞富春江段（0.232）＞新安江段（0.193）。

四、山地沼泽湿地鸟类群落

浙江景宁望东垟高山沼泽湿地，位于上标林场。山地沼泽湿地有望东垟沼泽和茭白塘沼泽 2 处，范围面积 130hm²，山地沼泽湿地面积 20hm²。其中望东垟沼泽较大，范围面积 92hm²，山地沼泽湿地面积 18hm²。望东垟沼泽湿地海拔 1300m，四周环山。

沼泽湿地植被

Ⅰ. 落叶阔叶林湿地型

 1. 江南桤木林（Form. *Alnus trabeculosa*）

Ⅱ. 落叶阔叶灌丛湿地型

 2. 圆锥绣球华山矾灌丛（Form. *Hydrangea paniculata*，*Symplocos chinensis*）

Ⅲ. 高草湿地型

 3. 菰群落（Form. *Zizania caduciflora*）

 4. 芒群落（Form. *Miscanthus sinensis*）

 5. 沼原草群落（Form. *Moliniopsis hui*）

 6. 菖蒲群落（Form. *Acorus calamus*）

 7. 曲轴黑三棱群落（Form. *Sparganium fallax*）

 8. 华东藨草群落（Form. *Scirpus karuizawensis*）

 9. 密花拂子茅群落（Form. *Calamagrostisepigejos*var. *densiflora*）

Ⅳ. 低草湿地型

 10. 星花灯心草群落（Form. *Juncus diastrophanthus*）

 11. 芒尖苔草群落（Form. *Carex doniana*）

 12. 三腺金丝桃群落（Form. *Triadenum breviflorum*）

Ⅴ. 浅水植物湿地型

 13. 满江红群落（Form. *Azolla imbricata*）

本区山地天然植被组成以黄山松林为主体，面积最大，占全区森林植被面积的 50%以上。保存最好的森林植被是鱼漈坑林区的天然次生常绿阔叶林。湿地植被中，江南桤木林面积 2.67hm²，是国内罕见的以乔木组成的山地沼泽森林群落，另外茭白塘的三腺金丝桃、曲轴黑三棱等湿地群落也属珍稀类型。

据朱曦（2001）调查，望东垟高山沼泽湿地及周边地区鸟类有 18 目 51 科 273 种，其中沼泽湿地鸟类 17 目 46 科 214 种（表 4-53）。鸟类组成中以鹟科种类最多，计 69 种，其次为雀科、鹭科、鹰科、鸭科、雉科、秧鸡科、鹬科等。

表 4-53　景宁望东垟高山湿地自然保护区鸟类种数与浙江省种数之比较（自朱曦，2001）

	鹈鹕目	鹱形目		鹈形目	鹳形目		雁形目	隼形目		鸡形目
	鹈鹕科	海燕科	鹱科	鸬鹚科	鹭科	鹳科	鸭科	鹰科	隼科	雉科
景宁望东垟及周边地区种数	2	1	1	1	16	1	11	14	6	8
浙江种数	4	1	2	2	18	2	30	26	7	9
百分比/%	50.0	100.0	50.0	50.0	88.9	50.0	36.7	53.8	85.7	88.9

	鹤形目		鸻形目					鸥形目	鸽形目	鹃形目
	鹤科	秧鸡科	雉鸻科	彩鹬科	鸻科	鹬科	燕鸻科	鸥科	鸠鸽科	杜鹃科
景宁望东垟及周边地区种数	1	8	1	1	5	8	1	2	3	8
浙江种数	3	9	1	1	9	25	1	16	15	11
百分比/%	33.3	88.9	100.0	100.0	55.6	32.0	100.0	12.5	20.0	72.7

	鸮形目		夜鹰目	雨燕目	佛法僧目				鴷形目	
	草鸮科	鸱鸮科	夜鹰科	雨燕科	翠鸟科	蜂虎科	佛法僧科	戴胜科	须鴷科	啄木鸟科
景宁望东垟及周边地区种数	1	9	1	1	5	1	1	1	1	6
浙江种数	1	11	1	2	5	1	1	1	1	6
百分比/%	100.0	81.8	100.0	50.0	100.0	100.0	100.0	100.0	100.0	100.0

	雀形目									
	百灵科	燕科	鹡鸰科	山椒鸟科	鹎科	和平鸟科	太平鸟科	伯劳科	黄鹂科	卷尾科
景宁望东垟及周边地区种数	2	3	8	3	6	1	1	5	1	3
浙江种数	2	4	10	5	7	1	2	5	1	3
百分比/%	100.0	75.0	80.0	60.0	85.7	100.0	50.0	100.0	100.0	100.0

	雀形目										
	椋鸟科	鸦科	河乌科	鹟科	山雀科	䴓科	啄木鸟科	太阳鸟科	绣眼鸟科	文鸟科	雀科
景宁望东垟及周边地区种数	7	7	1	69	5	1	1	1	1	4	17
浙江种数	7	10	1	89	6	1	1	1	1	5	22
百分比/%	100.0	70.0	100.0	77.5	83.3	100.0	100.0	100.0	100.0	80.0	77.3

　　从地理型分析，东洋界 146 种，占总鸟类数的 53.5%；古北界 118 种，占 43.2%；广布型 9 种，占 3.3%。动物区系组成以东洋界种类为主，但因该区位于东洋界北缘，与古北界相毗邻，因此，鸟类区系组成中，古北界种类向东洋界渗透现象比较明显，但特有种类较少。属于中国鸟类特有种的有白颈长尾雉（*Syrmaticus ellioti*）、黄腹角雉（*Tragopan caboti*）、黄腹山雀（*Parus venustulus*）、白喉林鹟（*Rhinomyias brunneata*）4 种。被列入世界自然保护联盟（IUCN）濒危物种红皮书红色名录的鸟类有 12 种（表 4-54）。

表 4-54　濒危、受威胁及保护鸟类

种类	红色名录 IUCN	中国濒危动物红皮书	国家保护鸟类	中国鸟类特有科
黄嘴白鹭 *Egretta eulophotes*	VU	E	II	
东方白鹳 *Ciconia boyciana*	E	E		
金雕 *Aquila chrysaetos*	V	V		
白肩雕 *Aquila heliaca*	VU	V	I	
秃鹫 *Aegypius monachus*	NT	V	II	
蛇雕 *Spilornis cheela*	LC	V	II	
黄腹角雉 *Tragopan caboti*	VU	E	I	+
白颈长尾雉 *Syrmaticus ellioti*	VU	V	I	+
小青脚鹬 *Tringa guttifer*	EN	I	II	
褐翅鸦鹃 *Centropus sinensis*	NT	V	II	
雕鸮 *Bubo bubo*	LC	R		
震旦鸦雀 *Paradoxornis heudei*	NT	R		+

五、红树林湿地鸟类群落

红树林湿地位于海洋到陆地的过渡地带，发育于热带、亚热带的滨海潮间带，是一种主要的湿地类型。红树林湿地是一种森林、滩涂、水域的鸟类复合生境，是候鸟迁徙中途主要的停歇地和越冬地。

福建省是中国红树林自然分布的北界，从最南端的漳州地区到最北端的宁德地区都有红树林分布，但以最南端的漳州地区红树林分布面积最大。

方文珍等 2010 年对福建红树林区鸟类作了全面系统的调查，共记录了鸟类 211 种，占福建省鸟类种数的 38.9%，其中雀形目鸟类 21 科 83 种，占 39.3%；非雀形目鸟类 28 科 128 种，占 60.7%。鸟类生态类群组成及居留型见表 4-55。

表 4-55　福建红树林区鸟类生态类群与居留型关系

种类	游禽	涉禽	猛禽	陆禽	攀禽	鸣禽	合计
留鸟	4	11	2	3	7	32	59
冬候鸟	24	58	5	1	5	49	142
夏候鸟	0	4	0	0	4	2	10
合计	28	73	7	4	16	83	211

图 4-23 和图 4-24 为厦门凤林红树林区不同生活型和不同居留型鸟类种数的周年变化趋势线。从图 4-23 和图 4-24 中可以看出，鸟类的年变动主要与水禽和冬候鸟的变动有关。它们的年变动曲线呈现类似的趋势。除水禽外的其他鸟类也有相应的变动趋势，但相对较为缓和。夏候鸟的变动趋势与其他几条曲线呈相反的变动趋势，由于夏候鸟的种类数量较少，其年变动情况不足以影响到总种数的变动趋势。鸟种的年变动曲线出现两个高峰，一个出现在春季，另一个出现在冬季，春季的波峰比冬季高许多。

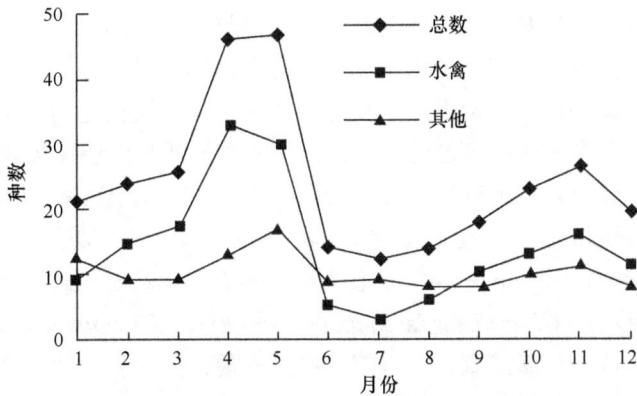

图 4-23　不同生活型鸟类种数的年变动

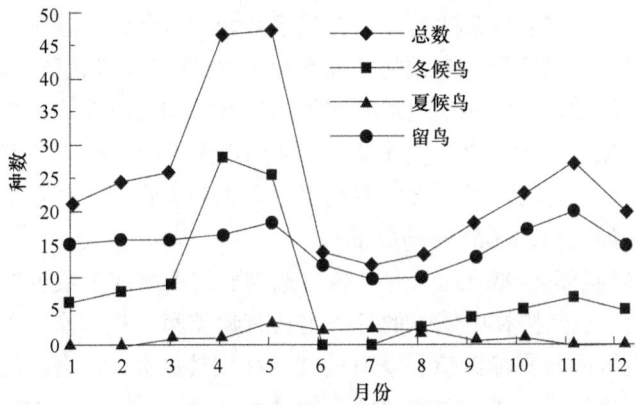

图 4-24　不同居留型鸟类种数的年变动

红树林区是鸟类觅食、繁殖和休息的重要场所。不同生态类群的鸟类在红树林区空间和时间上要求不同，对红树林区的利用情况有较大差别，同样在不同的生境带中分布着不同鸟类群落。

海面带通常分布着一些游禽，这些鸟类大多是冬候鸟，9～11 月迁来，翌年 2～4 月离开，如鸭科、鸬鹚科和鸥科的一些种类。它们在海面带上进行觅食和休息。福建红树林区海面带的主要鸭科鸟类有绿翅鸭（*Anas crecca*）、赤颈鸭（*Anas penelope*）和斑嘴鸭（*Anas poecilorhyncha*）等，它们经常在浅水区域活动，并随着潮水的涨落在红树林区的不同生境带中移动。鸬鹚科的普通鸬鹚（*Phalacrocorax carbo*）是福建红树林区比较常见的游禽，但总体数量不多，通常只有几只到数十只的群体。鸥科鸟类主要有红嘴鸥（*Larus ridibundus*）、黑嘴鸥（*Larus saundersi*）和黄腿银鸥（*Larus cachinnans*）等，其中红嘴鸥和黑嘴鸥的数量较多，是福建沿海红树林区中主要的鸥类，黄腿银鸥数量不多但比较常见，而黑尾鸥比较少见，但有时出现的数量非常多，如在泉州洛江口红树林区曾调查到上千只的黑尾鸥亚成体群体。鸥科中燕鸥类在福建主要为夏候鸟或过境鸟，它们也经常在海面带上进行觅食活动，福建红树林区的主要种类有夏候鸟白额燕鸥（*Sterna albifrons*），过境鸟白翅浮鸥（*Chlidonias leucopterus*）、须浮鸥（*Chlidonias hybridus*）和鸥嘴噪鸥（*Gelochelidon nilotica*）等。

在光滩带活动的红树林鸟类主要为涉禽，主要类群有鸻鹬类和鹭类，但一些其他类群鸟类也经常光顾滩涂。鸻鹬类的大部分种类为冬候鸟和过境鸟，它们是秋、冬、春三个季节在光滩带活动的最主要类群，退潮时一些种类在滩涂上觅食，而有些种类会随着潮水进行觅食活动。春、秋候鸟过境时，成群结队的鸻鹬类出现在福建红树林区滩涂上觅食，而有些种类会随着潮水进行觅食活动。主要种类有红颈滨鹬（*Calidris ruficollis*）、红脚鹬（*Tringa totanus*）、弯嘴滨鹬（*Calidris ferruginea*）、灰尾漂鹬（*Heteroscelus brevipes*）、翘嘴鹬（*Xenus cinereus*）、大滨鹬（*Calidris tenuirostris*）、中杓鹬（*Numenius phaeopus*）、铁嘴沙鸻（*Charadrius leschenaultii*）、灰鸻（*Pluvialis squatarola*）等。冬季种类相比较少，主要由黑腹滨鹬、青脚鹬、白腰杓鹬、环颈鸻等种类构成，其中黑腹滨鹬的数量最多。鹭类是在滩涂上活动的另一大类涉禽，主要种类有大白鹭（*Egretta alba*）、苍鹭（*Ardea cinerea*）、白鹭（*Egretta garzetta*）和池鹭（*Ardeola bacchus*），前两者为冬候鸟，后两者为留鸟，它们经常随着潮水在浅水区域捕食鱼虾。除了涉禽，许多游禽也经常出现在光滩带。如绿翅鸭、赤颈鸭、红嘴鸥、黑嘴鸥等，除了在滩涂上休息外，有时也进行一些捕食活动，主要捕捉潮水带来的鱼虾及一些底栖动物，其中黑嘴鸥主要在滩涂上而很少在水域中进行捕食。在涨潮时，被潮水淹没的光滩带是鸭类所喜欢的觅食场所，许多在海面带活动的鸭类经常随着潮水进入该带觅食。在光滩带还可以看到一些雀形目鸟类活动，如白鹡鸰（*Motacilla alba*）。

红树林带的鸟类群落组成比较复杂，各生态类群的鸟类或多或少地利用红树林进行休息、觅食或繁殖。在红树林中繁殖的鸟类主要有鹭类和一些雀形目鸟类。由于福建省红树林除了漳州地区的云霄漳江口和龙海的红树林比较高大，不会被潮水所淹没外，其他地区的红树林高度较矮，在大潮时通常会被潮水淹没，不适宜鸟类筑巢繁殖。云霄漳江口和龙海的红树林都是鹭科鸟类的重要繁殖地，主要种类有白鹭、池鹭、牛背鹭（*Bubulcus ibis*）和夜鹭（*Nycticorax nycticorax*），繁殖期为3～8月，漳江口红树林每年都有数千只鹭科鸟类在红树林内繁殖，白鹭、牛背鹭和夜鹭通常在红树林比较高大的树上筑巢，而池鹭筑巢范围比较分散，甚至在林缘地带也有池鹭巢的分布，除了这4种主要鹭科鸟类外，少量的绿鹭（*Butorides striatus*）和黄斑苇鳽也在红树林带繁殖。雀形目鸟类是在红树林繁殖的另一大类群，主要种类有白头鹎（*Pycnonotus sinensis*）、暗绿绣眼鸟、棕背伯劳（*Lanius schach*）、大山雀（*Parus major*）等。

除了提供繁殖场所外，红树林还是鸟类觅食的重要场所。在红树林上觅食的主要是一些雀形目鸟类，如鹎类、莺类、暗绿绣眼鸟、棕背伯劳、大山雀等，而林下是一些秧鸡科鸟类喜欢的觅食地，如黑水鸡（*Gallinula chloropus*）、白胸苦恶鸟（*Amaurornis phoenicurus*）等，褐翅鸦鹃和小鸦鹃也经常在林下觅食，不少鹭科鸟类也喜欢在红树林带的空地及水沟上觅食，涨潮时一些鸭类也进入红树林带进行觅食活动。

红树林带是红树林鸟类重要的休息场所。涨潮时，滩涂上活动的鹭类经常进入红树林休息。在福建，一些红树林比较低矮会被潮水淹没的地方，在刚涨潮时，鹭类经常是先进入红树林，并随着潮水从一些比较低矮的红树林渐渐转移到相对比较高大的红树林上，直到所有的红树林都被潮水淹没才飞到其他地方。除了鹭类，滩涂上活动的一些鸻鹬类也会被潮水赶到红树林上休息，如青脚鹬、矶鹬、白腰杓鹬、灰尾漂鹬等。红树林还是鸟类夜间休息的理想场所，大量的鹭类、雀形目鸟类和鸭类晚上经常在红树林间休息。在云霄漳江口红树林保护区，秋冬季有数万只的椋鸟科鸟类，如丝光椋鸟（*Sturnus sericeus*）、灰椋鸟（*Sturnus cineraceus*）、八哥（*Acridotheres cristatellus*）和黑领椋鸟（*Gracupica nigricollis*）等。

基围洼地灌丛带的基围鱼塘是一些游禽的重要觅食地和休息地，须浮鸥、白翅浮鸥和小鸊鷉（*Tachybaptus ruficollis*）主要在鱼塘生境中出现，而红嘴鸥、黄腿银鸥、绿翅鸭、斑嘴鸭等也经常出现在基围鱼塘中。在涨潮滩涂被淹没时，滩涂上活动的涉禽也主要进入一些干涸或浅水的基围鱼塘中休息和觅食，主要是一些鸻鹬类和鹭类。在灌丛带中活动的主要是一些小型雀形目鸟类，如雀类、莺类和鸫类等。秧鸡类也经常在基围洼地灌丛带活动。

陆缘旱地生境带中农田是许多涉禽的觅食场所，如鹭类的牛背鹭、白鹭、池鹭、大白鹭等，鸻鹬类的林鹬（*Tringa glareola*）、白腰草鹬（*Tringa ochropus*）、彩鹬（*Rostratula benghalensis*）、黑翅长脚鹬（*Himantopus himantopus*）、凤头麦鸡（*Vanellus vanellus*）等，秧鸡类的白胸苦恶鸟、黑水鸡等。游禽中的绿翅鸭、斑嘴鸭等也经常在农田中出现。陆缘旱地生境带的灌丛、稀树灌丛和森林是许多灌丛鸟类和森林鸟类的繁殖、觅食和休息场所，灌丛中常见鸟类有褐翅鸦鹃及雀形目的鹛、鹀、鹟莺、鸫等类群，森林中常见鸟类有斑鸠、鹃、鹭（繁殖）及雀形目的鹟、鹟莺、鸫、柳莺、鹎、椋鸟、绣眼鸟等类群。

六、人工湿地鸟类群落

人工湿地包括水库、池塘、沟渠、水产养殖塘、水稻田及具景观用途的湿地公园等。

（1）新安江水库（千岛湖），位于浙江省淳安县，流域面积 $104.42\times10^4hm^2$，湿地面积 $5.63\times10^4hm^2$。

水库于1959年9月22日截流蓄水，大坝高108m，长62m。据朱曦等1985~1987年调查库区鸟类有69种，主要种类有小鸊鷉（*Tachybaptus ruficollis*）、凤头鸊鷉（*Podiceps critatus*）、普通鸬鹚（*Phalacrocorax carbo*）、苍鹭（*Ardea cinerea*）、白鹭（*Egretta garzetta*）、白鹳（*Ciconia ciconia*）、黑鸢（*Milvus migrans*）、松雀鹰（*Accipiter virgatus*）、灰胸竹鸡（*Bambusicola thoracica*）、白鹇（*Lophura nycthemera*）、白腰草鹬（*Tringa ochropus*）、矶鹬（*Actiti shypoleucos*）、环颈雉（*Phasianus colchicus*）、中华秋沙鸭（*Mergus squamatus*）、草鸮（*Tyto capensis*）、雕鸮（*Bubo bubo*）、红角鸮（*Otus sunia*）、冠鱼狗（*Megaceryle lugubris*）、普通翠鸟（*Alcedo atthis*）、蓝翡翠（*Halcyon pileata*）等。近年来，发现了海南鳽（*Gorsachius magnificus*）。

（2）杭州西溪国家湿地公园，位于杭州城市西部，距主城区6km，总面积 $11.7hm^2$。西溪湿地国家河流兼沼泽型湿地，园内河道总长有100km，约70%面积为河港、池塘、湖漾、沼泽等水域，平均水深1.15m左右。

2004年初，西溪湿地一期工程启动，2005年1月建成对外开放，同年2月被命名为全国首个国家湿地公园。2007年9月二期建成，2009年3月三期建成对外开放。2009年7月经国际湿地公约秘书处批准，被正式列入国际重要湿地名录。

西溪湿地公园是国内唯一的集城市湿地、农耕湿地和文化湿地于一体的城中次生湿地。该湿地公园建园规划时曾作过鸟类多样性调查，记录鸟类 15 目 41 科 126 种（蒋科毅等，2008）。截至 2010 年 12 月，共记录到鸟类 15 目 44 科 142 种（范忠勇等，2011）。主要种类有小䴙䴘（*Tachybaptus ruficollis*）、白鹭（*Egretta garzetta*）、夜鹭（*Nycticorax nycticorax*）、大麻鳽（*Botaurus stellaris*）、绿翅鸭（*Anas crecca*）、斑嘴鸭（*Anas poecilorhyncha*）、白胸苦恶鸟（*Amaurornis phoenicurus*）、黑水鸡（*Gallinula chloropus*）、普通翠鸟（*Alcedo atthis*）、斑鱼狗（*Ceryle rudis*）、家燕（*Hirundo rustica*）、八哥（*Acridotheres cristatellus*）、喜鹊（*Pica pica*）等。

范忠勇等（2011）调查增加的鸟类有鹭科的草鹭（*Ardea purpurea*）和大白鹭（*Egretta alba*），鸭科的棉凫（*Nettapus coromandelianus*），鹰科的凤头鹰（*Accipiter trivirgatus*）和赤腹鹰（*Accipiter soloensis*），反嘴鹬科的黑翅长脚鹬（*Himantopus himantopus*），燕鸥科的白翅浮鸥（*Chlidonias leucopterus*），杜鹃科的大鹰鹃（*Cuculus sparverioides*），啄木鸟科的蚁䴕（*Jynx torquilla*）和斑姬啄木鸟（*Picumnus innominatus*），鹡鸰科的黄腹鹨（*Anthus rubescens*），鸫科的虎斑地鸫（*Zoothera dauma*），以及画眉科的黑脸噪鹛（*Garrulax perspicillatus*）等。但蒋科毅等（2008）记录的 126 种鸟类中有 31 种本次调查未观察到。

第七节　城市鸟类群落

对城市鸟类的关注可以追溯到 20 世纪 30～40 年代。自 70 年代以后，城市自然保护从理论到实践都有了较大发展，并逐渐为人们所接受，成为自然保护的重要组成部分。与此同时，鸟类群落生态学经过 20 世纪 50～60 年代的酝酿和发展，也逐渐成为群落生态学独立的分支。在大量有关鸟类群落与其栖息地关系的研究基础上，部分研究者开始把目光从自然栖息地转向了城市。

随着城市化进程的加剧，城市建设日新月异，其生物区系组成受到严重影响，城市生物多样性正急剧减少，影响了城市生态系统的稳定与协调发展。城市鸟类作为城市生物多样性的重要组成部分和城市生态环境的指示种（石春芳和赵明华，2005；隋金玲等，2004），群落的数量特征与城市生态环境密切相关，其研究已经引起生态学家的广泛关注。近年来，城市鸟类群落的研究发展迅速，主要集中在园林鸟类群落的组成和多样性，鸟类群落与园林大小和内部植被结构的关系，以及城市中人为干扰对鸟类的影响等。

一、城市鸟类多样性

对城市鸟类的调查，是城市鸟类群落研究的早期工作，也为进一步研究鸟类在城市生态系统中的作用，以及生态城市的建设与规划提供基础资料和理论依据，在这方面国外已经做了大量研究。华东城市鸟类研究早期有 Wilkinson（1929）的 *A study of bird life in Shanghai and the surrounding districts*。之后有 Wilkinson（1935）的 *The Shanghai Bird*

Year；Sowerby（1932）的 *The fauna of the Shanghai area：Birds* [共记载上海鸟类237种及亚种（其中个别种类为同物异名，实际上是235种及亚种）]；Sowerby（1943）的 *Birds recorded from or known to occur in the Shanghai area* 等。

20世纪50年代初，复旦大学生物系唐善康开始采集和调查上海鸟类，李致勋等（1959）总结8年调查结果，发表《上海鸟类调查报告》，记载上海鸟类299种及亚种，隶属20目52科141属。20世纪80年代，复旦大学、上海师范大学、华东师范大学、上海自然博物馆等对上海的鸟类种类、数量和分布进行了大规模的调查。黄正一等（1993）出版《上海鸟类资源及其生境》一书，记录上海鸟类379种（424种和亚种），隶属19目58科178属。蔡音亭等（2011）报道上海鸟类20目70科438种，其中2000年后记录到鸟类373种，与20世纪90年代鸟类名录相比较，增加鸟类新记录52种，但有65种鸟类在近年没有记录，其原因可能与气候变化及人类活动所带来的环境改变有关。

据Shaw（1934b）的 *Notes on the birds of Chekiang* 记载，杭州鸟类有109种和4亚种。诸葛阳等自1959年开始杭州市鸟类调查，1983年发表《杭州鸟类调查》，该文根据寿振黄记录的109种和浙江博物馆的标本名录139种，结合作者调查记录，杭州鸟类计有188种，隶属16目40科。

1981~1985年，朱曦在杭州临安城郊进行鸟类生态学研究，1980~1983年调查、采集鸟类73种，隶属12目29种。其中城区鸟类35种，平均数量47.34只/h；1980~1984年冬季鸟类86种，隶属13目28科，其中城区鸟类39种，平均数量51.3只/h。

据调查，兰溪市鸟类有113种，隶属12目31科（朱曦等，1992a）；黄岩市鸟类16目35科93种（郑保有等，1993）；永康市鸟类16目40科156种（朱曦等，1996a）。朱曦等（2002）在1981年以来调查、采集的基础上，参考有关文献，记录杭州市鸟类306种，隶属于17目49科，其中非雀形目鸟类142种，占杭州市鸟类种数的46.41%；雀形目鸟类164种，占53.59%（表4-56）。杭州鸟类16目46科266种。其中留鸟124种，占40.52%，夏候鸟45种，占14.71%；冬候鸟96种，占31.37%；旅鸟40种，占13.07%；迷鸟或漂鸟1种，占0.33%（表4-56）。从地理型分析，古北界种143种，东洋界种114种，广布种49种（表4-57）。

表4-56 杭州市鸟类的季节型比较（自朱曦等，2002）

项目	非雀形目		雀形目		总计	
	种数	占杭州市鸟类总数比例/%	种数	占杭州市鸟类总数比例/%	种数	占杭州市鸟类总数比例/%
留鸟	48	15.69	76	24.83	124	40.52
夏候鸟	25	8.17	20	6.54	45	14.71
冬候鸟	58	18.95	38	12.42	96	31.37
旅鸟	10	3.27	30	9.80	40	13.07
迷鸟或漂鸟	1	0.33	0	0	1	0.33
总计	142	46.41	164	53.59	306	100.00

表 4-57　杭州市鸟类的地理型与季节型（自朱曦等，2002）

项目	季节型					总计
	留鸟	夏候鸟	冬候鸟	旅鸟	迷鸟或漂鸟	
古北界种	15	7	87	33	1	143
东洋界种	81	27	3	3	0	114
广布种	28	11	6	4	0	49
总计	124	45	96	40	1	306

　　芜湖市地处长江沿江平原丘陵区，该市鸟类已记录有138种，隶属于16目41科，其中城市园林中有鸟类70种（李永民等，2012）。

　　福建省泉州市生境可分为森林、农田、居民点、果园、水域5种类型，据调查，森林鸟类有158种，农田鸟类有155种，居民点鸟类有74种，果园鸟类有76种，水域鸟类有97种（何中声等，2012b）。

　　据调查，南昌市鸟类共记录到鸟类144种，隶属14目44科，其中留鸟57种，候鸟（包括夏候鸟、冬候鸟和旅鸟）87种（汪志如等，2011）（表4-58）。鸟类区系组成上以雀形目（Passeriformes）为主，有28科83种，占本区鸟类种数的57.6%；其次是鸻形目（Charadriiformes），有6科16种，占11.1%；鹳形目（Ciconiiformes）有1科10种，占6.9%。

表 4-58　南昌市鸟类各科种数比较（自汪志如等，2011）

科名	种数	占比/%	科名	种数	占比/%
1. 䴙䴘科 Podicipedidae	1	0.7	23. 燕科 Hirundinidae	2	1.4
2. 鸬鹚科 Phalacrocoracidae	1	0.7	24. 鹡鸰科 Motacillidae	6	4.2
3. 鹭科 Ardeidae	10	6.9	25. 山椒鸟科 Campephagidae	3	2.1
4. 鸭科 Anatidae	3	2.1	26. 鹎科 Pycnonotidae	2	1.4
5. 鹰科 Accipitridae	6	4.2	27. 伯劳科 Laniidae	3	2.1
6. 隼科 Falconidae	1	0.7	28. 卷尾科 Dicruridae	2	1.4
7. 雉科 Phasianidae	3	2.1	29. 椋鸟科 Sturnidae	4	2.8
8. 秧鸡科 Rallidae	3	2.1	30. 鸦科 Corvidae	3	2.1
9. 水雉科 Jacanidae	1	0.7	31. 鸫科 Turdidae	13	9.0
10. 彩鹬科 Rostratulidae	1	0.7	32. 鹟科 Muscicapidae	6	4.2
11. 鸻科 Charadriidae	4	2.8	33. 王鹟科 Monarchinae	1	0.7
12. 鹬科 Scolopacidae	7	4.9	34. 画眉科 Timaliidae	3	2.1
13. 鸥科 Laridae	1	0.7	35. 鸦雀科 Paradoxornithidae	1	0.7
14. 燕鸥科 Sternidae	2	1.4	36. 扇尾莺科 Cisticolidae	4	2.8
15. 鸠鸽科 Columbidae	2	1.4	37. 莺科 Sylviidae	12	8.3
16. 杜鹃科 Cuculidae	5	3.5	38. 绣眼鸟科 Zosteropidae	1	0.7
17. 鸱鸮科 Strigidae	1	0.7	39. 长尾山雀科 Aegithalidae	1	0.7
18. 翠鸟科 Alcedinidae	4	2.8	40. 山雀科 Paridae	2	1.4
19. 蜂虎科 Meropidae	1	0.7	41. 雀科 Passeridae	1	0.7
20. 戴胜科 Upupidae	1	0.7	42. 梅花雀科 Estrildidae	2	1.4
21. 啄木鸟科 Picidae	3	2.1	43. 燕雀科 Fringillidae	4	2.8
22. 百灵科 Alaudidae	2	1.4	44. 鹀科 Emberizidae	5	3.5

山东省西部聊城，是黄淮平原的中心区域，据贾少波等（2002）调查，境内雀形目鸟类有 14 科 59 种，其中留鸟 13 种、其他繁殖鸟 15 种、冬候鸟 9 种、旅鸟 22 种。各科鸟的种类按由多至少的顺序排列为：鹟科（18 种）＞雀科（11 种）＞鹪莺科（7 种）＞百灵科（5 种）＞鸦科（4 种）＞伯劳科（3 种）＞山雀科、燕、绣眼鸟科（皆为 2 种）＞椋鸟科、黄鹂科、卷尾科、鹎鸟科、文鸟科（皆为 1 种）。近 10 年的记录表明，雀形目鸟类物种及数量分布不同年度有明显差异，其中大部分种类为跳跃式曲线分布，约 60%的种类其数量趋于减少，而且近 3 年内已经有 6 种鸟类（棕背伯劳、秃鼻乌鸦、白颈鸦、乌鸫、黑喉石䳭和北朱雀）难以见到；大山雀、家燕、金腰燕、白鹡鸰和三道眉草鹀等分布较为平稳；喜鹊和麻雀的数量经过几年的锐减之后又有增长趋势；灰喜鹊种群数量增长最快。

然而，近 10 年鸟种及数量下降，调查显示，人为有意干扰和危害鸟类的现象已不是该地区的主要问题，除了全球性气候变化和大气污染等因素外，以下几个方面可能是重要的：①人口增加导致人类住房面积的大幅扩增，减少了农耕田、林区、水域等野生鸟类赖以生存的基本栖息地；②人类在"改造自然"过程中漠视生态效应，无意中破坏了本不该破坏的鸟类喜栖的生境，如"清除"路边、村头、沟边、河围的多层次植被，使得"边缘效应"大降乃至丧失；③大块农田的单一化种植使得栖境简单化（过多的大棚化种植亦是典型例子）；④对鸟类生存有着直接危害的农田施用农药问题，在该区仍普遍存在。调查表明，鸟类分布密度大或趋于增大的区域正是以上问题存在不严重或有所改善的区域（如聊城境内的黄河堤坝区）。

二、城市绿地鸟类群落

城市绿地包括乔木、落木、草地等是城市鸟类栖息、繁殖、觅食和活动的场所。陆祎玮等（2007）对上海市区绿地鸟类进行了调查，共记录到鸟类 34 种，隶属 5 目 16 科。研究发现，冬季鸟类群落结构相对稳定，优势种为麻雀（*Passer montanus*）和白头鹎（*Pycnonotus sinensis*）。城市绿地冬季鸟类多样性受到多种因素的影响，其中绿地面积、乔木盖度和栖息地类型多样性等生境因子是影响鸟类多样性的关键因子，而水面积比率、灌木盖度等因子对鸟类群落影响并不显著。其中绿地面积是影响鸟类多样性的重要生态因子，鸟类的物种数和丰富度随着绿地面积的增加而增加。

人工和自然植被生长良好，灌木层和草被层丰富，为更多的鸟类提供了更多的活动空间。目前，上海城市绿地过于注重景观的需求，灌木层植被种类较少，配置不够合理，且常分布于道路两侧，人为干扰严重，使得鸟类的隐蔽和栖息场所减少，导致了灌木丛鸟类多样性较低。上海市绿地各样点鸟类群落特征见表 4-59；各样点生境指标见表 4-60；鸟类群落特征与生境因子的相关性分析见表 4-61。

袁晓等（2011）对上海城区 18 个公园绿地的鸟类群落结构及其季节变化进行了调查，共记录到鸟类 108 种，隶属于 13 目 30 科，其中留鸟 28 种（占 25.9%），夏候鸟 17 种（占 15.7%），冬候鸟 30 种（占 27.8%），旅鸟 33 种（占 30.6%）。

表 4-59　上海市绿地各样点鸟类群落特征（自陆祎玮等，2007）

样点	鸟类群落参数				
	物种数	多样性	均匀性指数（J）	优势度（I）	密度（D）/（只/hm²）
长风公园 CFP	18	3.0266	0.7258	0.1700	50.0842
中山公园 ZSP	12	2.6234	0.7318	0.2340	47.9100
大宁灵石公园 DNP	19	3.1199	0.7345	0.1794	38.8984
植物园 BOG	25	3.6643	0.7891	0.1094	51.1814
静安公园 JAP	6	2.1888	0.8468	0.2605	74.6187
延中绿地 YZG	6	2.0836	0.8061	0.2812	26.1299
外环线绿地 OCG	7	2.2066	0.7860	0.2715	39.7351
动物园 ZOO	19	3.1156	0.7334	0.1801	32.2542
平均	14.0±7.3	2.75±0.6	0.77±0.0	0.21±0.0	45.10±14.8

表 4-60　上海城市绿地各样点生境指标（自陆祎玮等，2007）

样点	绿地面积/hm²	植物种类	水面积比率/%	乔木盖度/%	灌木盖度/%	道路平均宽度/m	栖息地类型多样性	人流量
长风公园 CFP	36.56	2	0.3900	54.0809	41.6176	3.3000	6	270
中山公园 ZSP	21.43	3	0.0569	47.7214	22.2500	2.6857	7	247
大宁灵石公园 DNP	68.00	2	0.1513	49.5000	38.5000	4.7400	8	47
植物园 BOG	71.21	5	0.0771	53.5764	23.2708	3.0000	9	111
静安公园 JAP	3.93	1	0.0102	38.0000	42.8750	2.7500	5	150
延中绿地 YZG	23.00	3	0.0054	31.7857	41.4286	2.5643	4	180
外环线绿地 OCG	6.16	1	0.0500	35.6000	45.7000	2.3400	4	23
动物园 ZOO	72.68	4	0.0744	42.0833	53.7500	3.1667	8	140

表 4-61　鸟类群落特征与生境因子的相关性分析（自陆祎玮等，2007）

	物种数	多样性	均匀性指数（J）	优势度（I）	密度（D）/（只/hm²）
绿地面积	0.905**	0.888**	−0.518	−0.847**	−0.3444
植物种类	0.672	0.674	−0.244	−0.642	−0.328
水面积比率	0.465	0.433	−0.607	−0.483	0.047
乔木盖度	0.843**	0.851**	−0.597	−0.864**	0.24
灌木盖度	−0.283	−0.32	0.057	0.314	−0.253
道路平均宽度	0.567	0.545	−0.492	−0.515	−0.102
栖息地类型多样性	0.912**	0.924**	−0.508	−0.882**	0.011
人流量	−0.013	−0.021	−0.248	−0.02	0.168

**$P<0.01$

　　总数量最多的 10 种鸟类分别是：麻雀（*Passer montanus*）、白头鹎（*Pycnonotus sinensis*）、乌鸫（*Turdus merula*）、珠颈斑鸠（*Streptopelia chinensis*）、灰喜鹊（*Cyanopica cyana*）、黑尾蜡嘴雀（*Eophona migratoria*）、棕头鸦雀（*Paradoxornis webbianus*）、斑鸫（*Turdus naumanni*）、大山雀（*Parus major*）和白腹鸫（*Turdus pallidus*），它们属于优势种。

　　在全年调查记录的 108 种鸟类中，出现频次排在前十位的分别是：麻雀、白头鹎、乌鸫、珠颈斑鸠、白鹡鸰（*Motacilla alba*）、黑尾蜡嘴雀、大山雀、棕头鸦雀、棕背伯劳和黄腰柳莺（*Phylloscopus proregulus*）。共有优势鸟类 24 种（占 22.2%），常见鸟类 21 种（占 19.4%），可见鸟类 31 种（占 28.7%），偶见鸟类 32 种（占 29.6%）。其中可见鸟类和偶见鸟类的物种数占到了记录物种数的近 60%。

由于上海市的城市化发展迅速，大量的城市建筑取代了原生态的栖息环境，城区公园绿地作为市民业余活动的主要场所，密集人类活动所产生的垃圾为地面取食的杂食性鸟类提供了丰富的食物资源，同时，城市中的天敌相对稀少而缺乏捕食压力，以及人为干扰抑制了竞争物种等因素，使得城区鸟类中以杂食为主要食物的留鸟占据了群落主体。

城区公园绿地的岛屿化也是制约鸟类分布的一个重要原因，上海城区公园绿地分布较散，树种相对单一，公园绿地内植物群落中的建群种与优势种不甚丰富，仅为 12 种左右，且城市中人造景观的边界众多、异质程度高、干扰频繁、污染严重，同时，城郊的自然保护地段与城区处于隔离状态，也隔断了城区与外界的种群交换。

南昌市不同生境中鸟类群落物种多样性存在一定差异（表 4-62）。南昌市鸟类群落物种 Shannon-Wiener 指数、Pielou 均匀性指数和 Simpson 优势度指数分别为 4.535、0.864 和 0.975。从各生境群落物种多样性指数看，林地中鸟类群落物种 Shannon-Wiener 指数最大（4.246），其次是湖泊洼地（4.161）和草洲（3.939），居民区的 Shannon-Wiener 指数最小（3.109）；Simpson 优势度指数在不同生境的变化趋势与群落物种 Shannon-Wiener 指数相似；湖泊洼地中鸟类群落物种 Pielou 均匀性指数最高，林地的鸟类群落物种均匀性指数最低。

表 4-62 南昌市不同生境鸟类群落物种多样性（自汪志如等，2011）

生境类型	科数	种数	Shannon-Wiener 指数	Pielou 均匀性指数	Simpson 优势度指数
林地	32	65	4.246	0.829	0.983
灌丛	24	47	3.689	0.860	0.965
草洲	22	45	3.939	0.887	0.974
湖泊洼地	27	52	4.161	0.918	0.980
农田	29	40	3.136	0.913	0.978
居民区	17	25	3.109	0.882	0.945

城市不同环境类型，也影响鸟类的分布（表 4-63）。

表 4-63 潍坊市不同绿地环境类型鸟类组成（自邢在秀和邢云，2009）

绿地类型	广性分布群	中性分布群	狭性分布群
居民区	麻雀、家燕、大斑啄木鸟、家鸽、楼燕、灰喜鹊	灰椋鸟、大山雀、山斑鸠、楔尾伯劳、画眉、戴胜、喜鹊	树鹨、八哥、金腰燕、长耳鸮、红尾水鸲、（黑）鸢、三道眉草鹀
公园广场	麻雀、家燕、楼燕、灰喜鹊、金腰燕、灰椋鸟、树鹨鸰、大山雀、山斑鸠、珠颈斑鸠、大斑啄木鸟、大嘴乌鸦、家鸽、戴胜	喜鹊、小嘴乌鸦、八哥、云雀、虎纹伯劳、楔尾伯劳、大苇莺、暗绿绣眼鸟、金眶鸻、画眉、燕雀、金翅雀	棕头鸦雀、池鹭、苍鹭、长耳鸮、鹌鹑、（黑）鸢、四声杜鹃
商业区	麻雀、家燕、金腰燕、楔尾伯劳、大斑啄木鸟、家鸽、戴胜、楼燕、灰喜鹊	喜鹊、三道眉草鹀	

续表

绿地类型	广性分布群	中性分布群	狭性分布群
校园区	麻雀、家燕、金腰燕、灰鹡鸰、大山雀、山斑鸠、大斑啄木鸟、楼燕、灰喜鹊	喜鹊、豆雁、灰椋鸟、红尾水鸲、虎纹伯劳、楔尾伯劳、家鸽、戴胜、三道眉草鹀	树鹨、红嘴蓝鹊、暗绿绣眼鸟、翠鸟、寿带鸟、（黑）鸢
交通区	家燕、麻雀、金腰燕、大山雀、山斑鸠、楔尾伯劳、大斑啄木鸟、家鸽	喜鹊、大杜鹃	田鹨、树鹨、红嘴蓝鹊、红隼、暗绿绣眼鸟、寿带鸟
工业区	麻雀、家燕、金腰燕、灰椋鸟、大山雀、山斑鸠、家鸽、灰喜鹊	家鸽、白头鹎、喜鹊、小沙百灵、云雀、戴胜	暗绿绣眼鸟、（黑）鸢、大杜鹃

分析发现，城市功能景观区中，工业区、商业区、街道的自由度低，只有种类较少的广性分布和中性分布2个鸟类群分布。而结构复杂、生境斑块多样、自然度较高的风景防护林区、公园、大学校园，有较多营巢、取食、活动的3个鸟类群栖息，城市鸟类特有类群都集中于此区。狭性分布为主体的鸟类群落表明，自然度较高的森林风景区、公园具有适于鸟类栖息的林冠、下木层、土被，即城市绿地的水平分布、结构和发育状况是鸟类环境资源异质的主要因素，林地结构与功能、年龄的变化既影响林地内鸟类群落的组成，也影响其扩散作用，还影响周围环境的鸟类组成，自然度较高的森林风景区、公园对城市鸟类具有一定的调控作用。

因此，森林风景区、公园最适于鸟类生存，所以在城市建设中，应该保留那些已经形成的风景区、原有森林和湿地，并大量建设适于鸟类生存的公园、绿地，这样不仅能调节城市气候、环境，增加城市景观多样性，而且可以吸引更多鸟类进入城市，控制病虫害，提高城市自我调控能力。

三、城市园林鸟类群落

园林是城市重要的绿化林地，是城市基础设施建设中唯一有生命的部分，多呈零星斑块状分布，使其具有很多岛屿栖息地的特征。园林为城市鸟类提供繁殖、觅食和隐蔽条件，对城市鸟类的生存和繁衍具有主要影响。

作为鸟类的栖息地，城市园林与自然地区的林地相比具有许多不同的特征：①园林的林木很大部分为人工种植，而且有较多的外来树种；②基于游人活动的需要，园林植被在垂直结构上多数缺乏灌木层和草本层；③园林中大多有水域、裸地、草地、建筑、矮林区和高林区（杨赉丽，1995），在水平空间上具有较高的微景观异质性；④游人的干扰比较频繁；⑤园林大多位于城区中，为城市建筑所包围，城市建筑区作为园林栖息地岛屿底模，对园林鸟类群落也可能存在影响（陈水华和王玉军，2004）。

1980~1985年，朱曦对临安城郊鸟类的区系动态、群落组成及生态分布进行了研究（朱曦，1983，1985c）。在初步了解鸟类群落结构特点、季节活动规律及环境条件的相互关系基础上进行了城市公园林木数量与鸟类群落结构研究（朱曦，1988a）。

1980~1985年夏、冬两季调查统计鸟类56种，隶属8目20科，其中留鸟31种，占55.4%；夏候鸟12种，占21.4%；冬候鸟13种，占23.2%。从地理分布分析，东洋界种28种，占50%；古北界种22种，占39.3%；广布种6种占10.7%。在本区繁殖的鸟类（留鸟与夏候鸟）共计 43 种，其中东洋界种 28 种，占 65.1%；古北界种 9 种，占 20.9%；广布种 6 种，占 14.0%。地理分布及繁殖鸟分析，本区鸟类群落组成具有东洋界华中区与古北界华北区相过渡的特征，但偏于华南区的区系。

林型结构不同（表 4-64），为鸟类提供栖息、取食和繁殖的条件也不尽相同。在城市公园中，由于植被明显受到人为的影响，各林型中鸟类群落组之间也有差异。为了比较群落组间的差异水平，选用 Whittaker（1960）的相似性指数进行比较。计算结果列于表 4-65。

表 4-64　样地植被类型（自朱曦，1988a）

森林类型	针叶林		阔叶林			针阔混交林		次生落叶阔叶林
	水杉林	柳杉林	枫香落叶阔叶林	板栗、麻栎、白栎落叶阔叶林	香樟常绿阔叶林	玉兰、柏木、银杏林	马尾松、麻栎林	灌丛
树高	18～20m	15m	20m 以上	7～10m	5～7m	10～17m	10～15m	2～3m
树种	南天竺、夏腊梅、云南黄馨、臭牡丹、芦竹	柏木、圆柏、构树、桂花灯台树、小竹	榔榆、黄山栾树、泡桐、麻栎、花桐木、白蜡、紫穗槐、山皂荚	乌桕、覆盆子、栝楼、杠板归、葎草、小竹、苎麻	小竹、鹅掌楸、棕榈	黑柏、圆柏、金钱松、桃、桂花、腊梅、枇杷、白杨	枫香、白栎、泡桐、梧桐、女贞、黄檀、榔榆、苦楮、乌桕	为枫香、白栎、三角枫等砍伐后形成的次生灌丛，芒、狗尾草、小藁、蕨、杠板归、葎草、葛藤、覆盆子、仙鹤草、鸡屎藤、桑、小竹、葛藤

表 4-65　同一林型不同样地中鸟类群落相似性指数（自朱曦，1988a）

针叶林	I	阔叶林	III	IV	针阔混交林	VI
II	0.9619	IV	0.8810		VII	0.9970
		V	0.7495	0.7093		

由表 4-65 可见，在城市公园各林型组合中鸟类群落相似性指数比较高，说明在城市公园中鸟类分布区重叠（sympatry）也十分明显。针叶林 I 和 II、针阔混交林 VI 和 VII 间相同种类较多，因而，鸟类群落相似性指数较高。反而，阔叶林 III 和 V、IV 和 V 间相同种类较少，相似性指数略低，反映了单纯常绿阔叶林的植被配置对鸟类群落的影响较针阔混交林大。次生落叶阔叶林带由于植被复杂，灌丛茂密，适宜于杜鹃科，雉科，鹛科中的画眉、乌鸫、棕头鸦雀，文鸟科中的斑文鸟、白腰文鸟，雀科鹀类及绣眼鸟科的暗绿绣眼鸟等鸟类活动，因而种类及种群数量都最大。

从表 4-66 可以看出，次生落叶阔叶林（灌丛），枫香落叶阔叶林，板栗、麻栎、白栎林鸟类群落多样性指数（diversity indice）和均匀性指数（evenness indice）较高，说明群落组成种的丰富度（abundance）和种间个体分布的均匀性（homogeneity）较高。针叶林带的水杉林和柳杉林因林型结构单纯，鸟类群落组成的丰富度和均匀性指数相对都比较低。而香樟常绿阔叶林，玉兰、柏木、银杏林，马尾松、麻栎林处于阔叶林和针叶林的过渡类型（overgrazing）多样性指数几相接近，但马尾松、麻栎林鸟类群落的均匀性指数略低。

一般情况下，针阔混交林的植物种类比较丰富，为鸟类创造的栖居环境和食物条件也较为优越，鸟类群落的多样性指数和均匀性指数都应比较高。但在城区，由于人口集中，人为活动频繁，干扰很大，树木相对又比较低矮，因而，妨碍了一些中小型鸟类特

表 4-66　鸟类群落组成的多样性指数与均匀性指数（自朱曦，1988a）

林型	样地类型	鸟类种数 S	多样性指数与均匀性指数		
			H'	H'_{max}	J
针叶林	水杉林	8	2.5147	3.000	0.8382
	柳杉林	9	2.5273	3.170	0.7973
阔叶林	枫香落叶阔叶林	16	3.5223	4.000	0.8806
	板栗、麻栎、白栎林	14	3.1332	3.808	0.8228
	香樟常绿阔叶林	8	2.6143	3.000	0.8714
针阔混交林	玉兰、柏木、银杏林	9	2.6383	3.170	0.8323
	马尾松、麻栎林	13	2.8715	3.700	0.7761
灌丛	灌丛	18	3.8750	4.170	0.9292

别是小型群集性鸟类的停栖活动，导致鸟类种数的减少。枫香落叶阔叶林树木高大，一般都在 20m 以上，因此，尽管分布在道路旁，对鸟类的干扰并不太大，停栖在树冠中上层的中小型鸟的种类也较多。灌丛的植被群落结构十分复杂，鸟类栖居及取食条件也比较好，又加处于公园的边缘地带，人为干扰很少，因而，鸟类种类也较多，中小型鸟类的活动也十分频繁，其中中型鸟类有灰胸竹鸡、大杜鹃、四声杜鹃、画眉、乌鸫、斑鸫及小型群集性鸟类如棕头鸦雀、斑文鸟、白腰文鸟、暗绿绣眼鸟、山树莺及多种鸦类，说明边缘效应（edge effect）在城市居民区的作用也十分明显。

上述分析可以看出，城市公园各林区鸟类群落结构的均匀丰盛程度与林木的配置及所处环境条件有密切关系。林木配置越复杂，人为干扰越少，栖息的鸟类越丰富，群落多样性指数上升，而林木配置单纯或人为干扰过大，鸟类的种类和均匀稳定程度相应减少，群落的多样性指数也必随之下降。

组成群落成分的不同种的种群变动表现在种群结构上的变化，这些变化常会因外界生存条件及种群本身活动特点的改变而发生变化。Odum（1971）认为迁徙行为（migratory behaviour）是种群散布（population dispersion）的一种特殊类型，有时规模达到整个种群。季节迁徙不仅能占据没有迁徙时所不适的地区，而且还能使动物保持较高的平均密度和活动率。在不利的季节中，非迁徙种群常常不得不大幅度降低密度。

本区鸟类群落的变动可分为：3～5 月为上升期；5 月中旬至 9 月中旬为稳定期；9 月下旬至 12 月为下降期；12 月至次年 2 月为稳定期。其间，3 月中旬至 5 月中旬因夏候鸟迁到、冬候鸟飞离，9 月中旬至 10 月底冬候鸟迁到、夏候鸟飞离，群落组成比较混乱，为动荡更替期。主要候鸟迁徙时间列于表 4-67。

鸟类栖息地的选择、活动范围的大小固然决定于鸟类个体的运动能力，环境因子也有很大的关系，如食物来源、季节变更、动物本身的年龄和行为，都可影响繁群的活动，决定群内个体的分布和散布（单国桢，1983）。鸟类群落中各种种群之间的相互关系包括同种个体之间的关系和异种间个体之间的关系。随着鸟类数量的增加，种内对食物、隐蔽场所等各种生存条件的竞争加剧。鸟类群落中各成员分占生态位的情况是可以从它们取食基底来加以分析的（Holmes et al.，1979）。城市生态系统中鸟类群落各成员取食基底和方式列于表 4-68。

表 4-67 临安城区候鸟迁徙时间（自朱曦，1988a）

种类	季节迁徙（月.日）	
	最早迁到	最迟迁离
家燕 *Hirundo rustica gutturalis*	3.10	9.27
三宝鸟 *Eurystomus orientalis calonyx*	4.17	8.26
黑枕黄鹂 *Oriolus chinensis diffusus*	4.28	10.10
四声杜鹃 *Cuculus micropterus*	4.26	8.13
大杜鹃 *Cuculus canorus fallax*	5.4	8.15
寿带鸟 *Terpsiphone paradisi*	4.15	8.15
灰卷尾 *Dicrurus leucophaeus*	4.31	9.14
红尾伯劳 *Lanius cristatus lucionensis*	5.8	10.9
小灰山椒鸟 *Pericrocotus cantonensis*	4.17	10.8
黑尾蜡嘴雀 *Eophona migratoria*	9.25	3.21
锡嘴雀 *Coccothraustes coccothraustes*	10.4	3.17
黑卷尾 *Dicrurus macrocercus cathoecus*	5.30	10.6
发冠卷尾 *Dicrurus hottentottus*	4.28	10.6

表 4-68 鸟类群落主要成员栖位、取食基底和取食方式（自朱曦，1988a）

种类	栖位				取食基底	取食方式
	空中	树冠上层	树冠下层	树干、灌丛及地面		
四声杜鹃 *Cuculus micropterus*			√		叶层	拾取
雀鹰 *Accipiter nisus nisosimilis*		√			地面	扑食
灰胸竹鸡 *Bambusicola thoracica*				√	地面	拾取
山斑鸠 *Streptopelia orientalis*				√	地面	拾取
领鸺鹠 *Glaucidium brodiei brodiei*			√		枝叶间	拾取
三宝鸟 *Eurystomus orientalis calonyx*		√			叶层	拾取
灰头绿啄木鸟 *Picus canussobrinus*				√	树干	探取
星头啄木鸟 *Picoides canicapillus*				√	树干	探取
白鹡鸰 *Motacilla alba ocularis*				√	地面	拾取
白头鹎 *Pycnonotus sinensis sinensis*		√			叶层	拾取
红尾伯劳 *Lanius cristatus lucionensis*		√			枝叶间	拾取
黑枕黄鹂 *Oriolus chinensis diffusus*		√			叶层	拾取
小灰山椒鸟 *Pericrocotus cantonensis*	√				叶层	追捕
灰卷尾 *Dicrurus leucophaeus*		√			叶层	拾取
喜鹊 *Pica pica sericea*			√		地面	拾取
乌鸫 *Turdus merula mandarinus*			√		地面	拾取
画眉 *Garrulax canorus canorus*			√		叶层、地面	拾取
家燕 *Hirundo rustica gutturalis*	√				空中	追捕
金腰燕 *Hirundo daurica japonica*	√				空中	追捕
棕头鸦雀 *Paradoxornis webbianus*			√		叶层、灌丛、地面	拾取
大山雀 *Parus major artatus*		√			叶层、灌丛、地面	拾取
（树）麻雀 *Passer montanus saturatus*		√			地面	拾取

续表

种类	栖位				取食基底	取食方式
	空中	树冠上层	树冠下层	树干、灌丛及地面		
白腰文鸟 *Lonchura striata swinhoei*				√	地面	拾取
斑文鸟 *Lonchura punctulata topela*				√	地面	拾取
黑尾蜡嘴雀 *Eophona migratoria*			√		叶层	拾取
锡嘴雀 *Coccothraustes coccothraustes*			√		叶层	拾取
栗耳鹀 *Emberiza fucata fucata*				√	叶层、灌丛、地面	拾取
红头长尾山雀 *Aegithalos concinnus*		√			叶层、灌丛、地面	拾取
暗绿绣眼鸟 *Zosterops japonicus*		√			叶层、灌丛、地面	拾取
红嘴蓝鹊 *Urocissa erythrorhyncha*				√	叶层、地面	拾取
树鹨 *Anthus hodgsoni*		√			叶层	拾取

鸟类群落需要有一定范畴的植物的作用与之相适应,并因此产生地区性的变异,这是鸟类群落中大多数种类对外界环境的刺激产生的一种反应。由于鸟类群落对环境刺激的反应快,所以,植物群落或环境的变动对鸟类群落的组织结构及形状、动态都有决定性的影响。在调查区内位于城区边缘地带而又有围墙阻挡的次生落叶阔叶林(灌丛)在1984年11月砍伐和围墙拆除以后,原先常见的画眉、山树莺、竹鸡、鹪、莺类、鸦类、大山雀、暗绿绣眼鸟、棕头鸦雀、文鸟等都不复存在,边缘效应也随之解体。香樟、柏木等砍伐以后,乌鸫、斑鸫明显减少。秋冬群聚的树麻雀也因柏木砍伐而销声匿迹。

城市建筑物的增加,鸟类活动范围减少,也影响鸟类群落结构的变化,如在枫香落叶林旁建造四层大楼以后,喜欢栖息树冠的喜鹊、三宝鸟、黄鹂、灰山椒鸟、灰椋鸟、雀鹰、黑卷尾等鸟类已明显减少,喜鹊巢址也发生迁徙。

由此可见,鸟类群落结构变动与林木配置、环境变动有一定的相关性。因此,研究鸟类群落结构变动,实际上也能对环境的变动及其质量作出客观的评价,在理论上和实践上均有一定的意义。

杭州植物园创建于1956年,植物园分设观赏植物园、植物分类园、桂花紫薇园、竹类植物园、木兰山茶园、药用植物园(百草园)、经济植物园、山水盆景园及植物资源馆等10个展览区,除此还设有引种驯化、环境保护和果树栽培等4个实验区,总面积231.7hm²。

2002年3~7月,朱曦等选择的具有代表性的植物园植物分类园区、竹类园区、桃花园区、灵峰探梅区等进行了鸟类调查,共记录鸟类31种,隶属6目18科,其中留鸟22种,夏候鸟5种,冬候鸟3种,旅鸟1种。优势种为麻雀、白头鹎、大山雀等,个体总数占全植物园调查鸟个体总数的41.44%。杭州植物园鸟类群落特征列于表4-69。

表4-69 杭州植物园鸟类群落特征(自朱曦等,2002)

项目名称	竹类园区	植物分类园区	桃花园区	灵峰探梅区
鸟类种数	8	19	16	15
个体总数	45	166	125	96
多样性指数(H)	2.455	3.276	3.253	2.862
均匀性指数(J)	0.818	0.766	0.813	0.733
群落优势度(D)	5.156	6.927	7.065	4.696
种间相遇概率(PIE)	0.741	0.856	0.858	0.788

　　竹类园区因植被比较单纯，人为干扰大，鸟类群落组成的丰富度相对比较低，多样性指数在 4 个调查园区中最低。植物分类园区鸟类多样性指数最高，为 3.276，均匀性指数、群落优势度和种间相遇概率也较高（表 4-69）。该园林中，林型复杂，林层层次较多，主要有以苦槠、青冈、石栎、木荷、香樟、冬青为主的常绿阔叶林；以白栎、麻栎、枫香和少量化香、黄檀为主的落叶阔叶林；此外，还有马尾松混杂的常绿、落叶阔叶针阔混交林。鸟类栖息条件较好。

　　王玉军等（2011）在杭州植物园进行了鸟类调查，记录鸟类 97 种，隶属 9 目 35 科，其中优势种除麻雀、白头鹎、大山雀外，还有珠颈斑鸠、白鹡鸰、黑（短脚）鹎、红嘴蓝鹊、鹊鸲、乌鸫、棕头鸦雀、暗绿绣眼鸟、红头长尾山雀、黄腹山雀、黑尾蜡嘴雀等。鸟类数量 3 月最高，记录到 136 只，9 月最低，仅 55 只；物种数以 11 月最高，达 41 种，3 月最低，仅 23 种（图 4-25）。

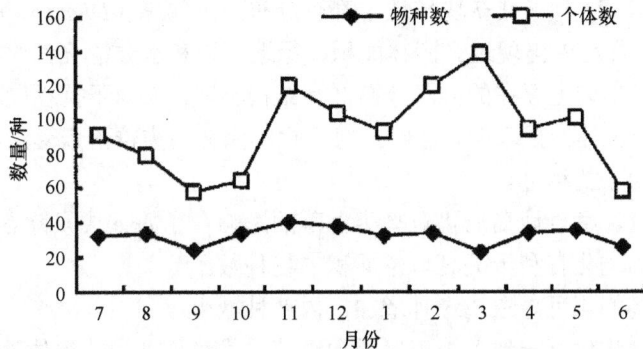

图 4-25　杭州植物园各月鸟类数量和种数（自王玉军，2011）

　　对苏州 6 个较大面积城市公园秋冬季鸟类调查，记录到鸟类 38 种，其中留鸟 14 种，候鸟 18 种，旅鸟 6 种。优势种为麻雀、白头鹎；常见种有乌鸫、白鹭、白鹡鸰、珠颈斑鸠等 14 种。苏州城市公园鸟类群落特征列于表 4-70。

表 4-70　苏州城市公园鸟类群落特征（自戚仁海等，2009）

样点序号	样点名称	鸟类群落参数						
		面积/hm^2	物种数	留鸟	候鸟、旅鸟	多样性指数（H）	均匀性指数（E）	优势度指数（D）
1	桂花公园	16.5	14	10	4	1.5451	0.5855	0.3278
2	盘门公园	90	9	6	3	1.4463	0.6582	0.3302
3	运河公园	17	10	7	3	1.5276	0.6634	0.2821
4	桐泾公园	24	14	9	5	1.9063	0.7223	0.2515
5	虎丘公园	18.8	26	19	7	2.4795	0.761	0.1255
6	何山公园	29.6	14	9	5	1.5469	0.5862	0.3143
	平均	32.65	14.5	10	4.5	1.7420	0.6628	0.2719

　　对生境指标与留鸟群落指标和鸟类群落指标分别进行相关性分析，并加以综合分析得知：人为干扰、灌木盖度、0.5km 与 1km 内栖息地斑块数量和绿地自然度与鸟类群落的相关关系较大。面积、形状指数、乔木盖度和微栖息地类型数量与鸟类群落的相关关

系不明显（戚仁海等，2009）。

城市中的园林绿地呈现斑块状分布，其栖息地特征与岛屿栖息地相似。城市园林内部结构和景观水平的结构同时也受到城市化的影响。对杭州市 20 个园林中鸟类物种的选择性分布进行了调查和分析，结果表明，杭州城市鸟类对园林栖息地具有较强的选择性，这不仅与园林的面积有关，还与园林的形状、植被盖度、微栖息地类型、连通性、隔离度、周围用地及人为干扰等多种因素密切相关。园林栖息地间的异度性及鸟类物种与栖息地结构的密切关系是园林鸟类选择性分布的主要原因（陈水华等，2002a）。

王本耀等（2012）对上海闵行区内 7 块城市绿地（2 个居民公园、2 个森林公园、2 个水源涵养林和 1 个体育公园）进行了鸟类调查，记录雀形目鸟类 49 种，分属 16 科。

上海市闵行区城市绿地中的雀形目鸟类分布是显著的嵌套结构，矩阵系统温度是 21.78℃，填充度 41.3%。7 块样地中出现的物种数从 14 种到 38 种不等。其中，白鹡鸰（*Motacilla alba*）等 11 种鸟在 7 块样地中都有分布，黑卷尾（*Dicrurus macrocercus*）等 9 种鸟类只在一个样地中出现过。园林面积、绿地面积和水源情况都对其嵌套结构有显著影响。但与真正岛屿上存在的群落分布嵌套结构不同，人为干扰程度对这一结构也有非常明显的影响。上述结果表明，影响上海闵行区园林鸟类群落嵌套结构的主要原因是栖息地结构和人为干扰程度。

根据现有研究，栖息地岛屿化对鸟类群落的影响存在如下共同特点：

（1）栖息地岛屿化有利于提高单位面积的物种数。

（2）栖息地岛屿化可导致边缘种增加，内部种减少。

（3）栖息地岛屿化可导致鸟类密度增加，其中优势种鸟类的个体数量占主要部分，从而导致单一岛屿化栖息地物种多样性下降。

（4）栖息地岛屿化在地区水平上将导致总物种数减少，均匀性降低，从而物种多样性下降。岛屿栖息地间异质性的增加有助于地区水平物种多样性水平的提高。

四、城郊鸟类群落

城郊一般指邻接城区的地域，相对城市来讲，城郊比较开阔，生境较为复杂，人为干扰较城区相对较少。鸟类栖息生境及鸟类群落结构也有别于城区。

上海是国际大都市，其郊区面积较广，按自然条件大致上可分为农田居民区、滩涂湿地和丘陵林地 3 种不同生境（黄正一等，1993）。据栾晓峰等 2000 年冬和 2001 年夏的调查，共记录到鸟类 96 种，隶属 14 目 29 科。其中夏季鸟类 45 种，隶属 9 目 19 科，冬季鸟类 72 种，隶属 13 目 27 科（表 4-71）。

表 4-71　上海郊区冬夏季鸟类居留型统计（自栾晓峰，2003）

季节		冬候鸟（占比/%）	留鸟（占比/%）	旅鸟（占比/%）	夏候鸟（占比/%）	合计
冬季	种类	34（47.22）	20（27.78）	15（20.83）	3（4.17）	72
	数量	2777（48.63）	1713（29.99）	886（15.51）	335（5.87）	5711
夏季	种类	0	19（42.22）	10（22.22）	16（35.56）	45
	数量	0	1808（59.20）	190（6.22）	1056（34.58）	3054

注：括号内数字为百分比（%）

上海郊区冬季鸟类多样性指数（H'）和均匀性指数（J）均高于夏季，而优势度指数（C）则夏季高于冬季。鸟类的多样性指数与优势度指数呈负相关，即多样性指数越大，优势度指数就越小，群落的营养通道也就越广，群落就越趋稳定。由此可知，上海郊区冬季鸟类群落较夏季群落稳定。密度（D）和优势种数冬季都远远高于夏季，冬季的优势种有麻雀、家燕、白鹭和棕背伯劳。冬季鸟类现存生物量（EB）远远高于夏季，资源丰富。从种间相遇概率（PIE）上看，冬季的相遇概率也高于夏季，达 0.9001（表 4-72）。

表 4-72　上海郊区冬、夏季鸟类群落结构特征比较（自栾晓峰，2003）

季节	物种数	优势种	密度（D）/（只/hm²）	H'	J	C	PIE	EB
冬季	72	10	4.767 1	2.809 7	0.656 9	0.096 27	0.900 1	27.866 5
夏季	45	4	2.549 2	2.119 8	0.556 8	0.253 54	0.767 0	5.711 9

注：H'为物种多样性指数；J为均匀性指数；C为优势度指数；PIE 为种间相遇概率；EB 为现存生物量

由于上海郊区农田、湿地和丘陵 3 种典型生境中地形地貌、植被类型和人为环境的不同，其鸟类群落结构也各不相同，形成了各具特点的 3 个鸟类群落（表 4-73），即 I 农田居民区鸟类群落；II 滩涂湿地鸟类群落；III 丘陵林地鸟类群落。经计算，物种数冬夏季都是：I＞II＞III；密度（D）冬季：II＞III＞I，夏季：I＞III＞II；多样性指数（H'）冬季：II＞I＞III；夏季：II＞III＞I；均匀性指数（J）冬夏季都是：II＞III＞I；优势度指数（C）冬夏季都是：I＞III＞II。冬夏季农田居民区生境鸟类群落相似性最高，林地次之，湿地最低。

表 4-73　不同生境鸟类群落结构特征比较（自栾晓峰，2003）

生境类型	季节	物种数（占比/%）	优势种	D*	H'	J	C	S
农田居民区 （I）	冬季	43（59.72）	5	3.7647	1.6860	0.4520	0.3860	0.4359
	夏季	36（80.00）	6	4.9608	1.6464	0.4540	0.3517	
滩涂湿地 （II）	冬季	32（44.44）	9	5.8200	2.2760	0.6910	0.1420	0.1633
	夏季	22（48.89）	1	0.6672	2.6500	0.8400	0.0927	
丘陵林地 （III）	冬季	18（25.00）	11	4.7666	1.6667	0.5740	0.3539	0.3076
	夏季	13（28.89）	9	1.9167	2.1359	0.8327	0.1508	

*密度单位为只/hm²，括号内数据为该生境鸟类占该季节所有鸟类物种数的比例

（1）农田居民区鸟类群落：农田居民区鸟类多样性指数、均匀性指数和优势度指数冬夏季差异不明显，但密度夏季明显高于冬季，其原因是夏季有大量当年出生的幼鸟。根据鸟类密度和优势种情况，可将此生境冬季鸟类群落定为麻雀+夜鹭+白头鹎+棕头鸦雀群落，夏季定为麻雀+家燕+棕背伯劳+牛背鹭群落，冬、夏季鸟类群落中的最优势种都是麻雀。上海郊区河流、湖泊、鱼塘、蟹塘密布，以及有大片的人工湿地——水田。因此，夏季此生境中还有较多的水鸟，占调查种类的 41.69%。

（2）滩涂湿地鸟类群落：上海三面临水，滩涂湿地面积较大，因此湿地鸟类资

源丰富。冬夏季鸟类群落多样性指数、均匀性指数和优势度指数略有差异，但不明显。鸟类密度冬季显著高于夏季，是夏季的 8.72 倍，优势种冬季亦明显多于夏季。从分布上看，湿地鸟类分布区域较集中，以崇明东滩湿地最多，冬夏季共记录到 29 种，占湿地鸟类总数的 61.7%。

（3）丘陵林地鸟类群落：林地生境中冬夏季调查共记录到鸟类 26 种，占所有记录种类的 20%。林鸟本是鸟类中最大的类群，上海地区林鸟明显偏少，其原因与目前森林面积不够大，林境不够多样，缺少自然林或近自然林有关。冬夏季比较，冬季密度和优势度高于夏季，多样性和均匀性则低于夏季。冬季数量较多的是夜鹭和棕头鸦雀，夏季数量较多的是棕背鸦雀和珠颈斑鸠。林地鸟类中猛禽非常少，仅记录到 2 种，即红隼和普通鵟。

上海农耕区鸟类群落平均密度为 5.19 只/hm^2，多样性指数为 1.8742。优势种为麻雀、家燕、白头鹎、棕背伯劳和白鹡鸰。鸟类组成中水鸟（夜鹭、白鹭等）较多，占了总数的 1/3；与上海其他区域相比，鸟类密度较高，但种类相对较少，数量集中在少数几个物种（麻雀、家燕、白头鹎、棕背伯劳等）。鸟类物种丰富度与荒地面积呈显著正相关，与环境污染程度呈显著负相关，与林地面积、人口密度、水体面积等相关不显著（栾晓峰等，2004）。农田和林灌夏季鸟类群落，在调查的 14 个生境中优势种的组合存在着区域的差异。空间异度性、农林集镇大小、绿化的连续性和整体性及植被中下层绿化的好坏，对鸟类群落的多样性都有影响。减少人为干扰因素，能使鸟类密度明显增加（崔志兴等，2000）。

崔志兴等于 1988 年 5 月中下旬和 1999 年 5 月中下旬调查了崇明岛内 10 个农田生境、1 个林灌生境和 1 个城镇生境中的夏季鸟类群落及 11 年来的变化。结果表明，11 年来组成群落的物种数减少而个体数却增加。一些鸟种如鹭类、燕鸥类和乌鸦等，已扩散至崇明岛湿地，并成为优势种。随着牛背鹭、白鹭和白翅浮鸥等作为优势种出现，以及棕背伯劳、棕头鸦雀和麻雀作为优势种出现频率的增加，使得短翅树莺、珠颈斑鸠和白头鹎作为优势种出现的频率在减少。整个崇明岛区域内的鸟类密度较 11 年前有明显的增加；而城镇生境内鸟类密度较 11 年前有明显减少。植被和自然环境的变化，竞争及干扰是导致群落结构变化的主要原因。

杭州市余杭区的瓶窑镇，原属杭州市郊，为城乡交错区。余杭市撤市归并杭州更名为余杭区，现正在迅速城镇化建设，其景观空间格局作为过渡区域的城乡交错区和农林交错区，表现出较高的景观破碎化，景观多样性程度也较高。

据周军等（2007）调查，瓶窑地区冬季鸟类城区有 2 目 7 科 10 种；城乡交错区 4 目 11 科 22 种；农区 3 目 9 科 14 种；农林交错区 6 目 12 科 28 种；林区 2 目 4 科 10 种（表 4-74）。各区域优势种：城区为白头鹎（*Pycnonotus sinensis*）、棕头鸦雀（*Paradoxornis webbianus*）、麻雀（*Passer montanus*）；城乡交错区为白头鹎、绿鹦嘴鹎（*Spizixos semitorques*）、珠颈斑鸠（*Streptopelia chinensis*）、麻雀；农区为白头鹎、斑鸫（*Turdus naumanni*）、棕头鸦雀；农林交错区为白头鹎、棕头鸦雀、白腰文鸟（*Lonchura striata*）、金翅雀（*Carduelis sinica*）；林区为白头鹎、红头长尾山雀（*Aegithalos concinnus*）。

表 4-74　各区域鸟类多样性指数分析（自周军等，2007）

区域	种数（n）	多样性指数（H）	最大多样性指数（H_{max}）	优势度指数（D）	均匀性指数（E）
城区	10	1.8827	2.3026	0.4199	0.8176
城乡交错区	22	2.0573	3.0910	1.0337	0.6656
农区	14	2.0308	2.6391	0.6082	0.7695
农林交错区	28	2.1578	3.3322	1.1744	0.6476
林区	10	1.4326	2.3026	0.8700	0.6222

城区、农区和林区的鸟类种数较少，多样性较低，城乡交错区种类数、多样性指数高于相邻的城区和农区，最高的多样性指数出现在农林交错区，鸟种数也最多，达 28 种，较城区与林区多近 2 倍。这说明景观多样性高的交错区维持了较高的鸟类多样性。鸟类优势度亦以农林交错区最高，其次为城乡交错区，这两个区域的鸟类物种有其特定组成，如林区鸟或伴人居鸟。均匀性指数以城区和农区较高，交错区和林区较低。

斑块密度、边界密度、破碎化指数与鸟类多样性指数变化相似，城乡交错区、农林交错区的斑块密度、边界密度和破碎化指数较大，相应的鸟类多样性指数较高，表明景观斑块大小、形状特征对鸟类群落结构有明显的影响。

一方面，景观多样性指数考虑的是景观中不同的景观类型（如农地、草地等）的数目多少及它们所占面积的比例，即景观的类型多样性组成。在瓶窑地区，景观多样性最高的区域为农林交错区，而鸟类多样性指数最高值也出现在农林交错区，城乡交错区景观多样性指数和鸟类多样性指数大小仅次于农林交错区。另一方面，景观多样性最低的林区，鸟类多样性指数也最低，随着景观多样性的增大，鸟类多样性也增大。表明景观多样性和生物多样性之间存在正相关关系。因此，景观多样性指数对物种多样性指数有着良好的指示意义，景观多样性指数最高的农林交错区，平原田野型、山地林区型、水域型鸟种数均最多，因为该交错区综合了农田与森林的生境特性，为多种类型的鸟提供了生存条件。

通过对不同区域的景观格局的分析表明，作为过渡景观的城乡交错区、农林交错区的斑块密度、边界密度和破碎化指数都明显高于邻近的区域，鸟类多样性指数也呈现相似的变化趋势。作为过渡区域的交错区斑块多样性较高，相比邻近区域，能够为鸟类提供更多的暂栖地和食物来源，多样的景观结构可以使鸟类较少被捕杀。因此，在规划过程中，重视对城镇中人工景观、半自然景观及自然景观所交汇形成的过渡景观的维护，对物种多样性的保持具有重要的现实意义（周军等，2007）。

五、城市居民区鸟类群落

城市居民区由于人为干扰较大，以及鸟类栖息条件较单纯，食物源相对也较少，因此适合栖居的鸟种类也比较贫乏。据朱曦等（2008）对杭州市城区桂花城、现代雅苑、亲亲家园等 8 个居民区进行鸟类调查，计有鸟类 16 种，各居民区鸟类群落结构比较简单。其多样性指数（H）介于 0.5770~2.4639，均匀性指数（J）介于 0.4999~0.9024；种间相遇概率（PIE）介于 9.1653~70.6878（表 4-75）。

表 4-75　不同社区鸟类群落多样性指数、均匀性和种间相遇概率（自朱曦等，2008）

地点	优势树种	鸟类种数	多样性指数（H）	均匀性指数（J）	种间相遇概率（PIE）
桂花城	香樟、桂花、合欢、垂柳	5	1.3055	0.5622	61.4666
雅仕苑	女贞、香樟、桂花	4	1.0304	0.5152	21.4763
运河人家	桃、香樟、桂花、石楠	2	0.9024	0.9024	20.4339
现代雅苑	女贞、香樟、紫薇、枇杷	4	1.3844	0.6922	23.4992
清河坊	桃、香樟、日本五针松	2	0.5770	0.5770	9.1653
双菱小区	香樟、桂花、女贞	3	1.0958	0.6914	20.4297
亲亲家园	光叶石楠、厚朴、紫薇、银荆	5	1.1607	0.4999	55.4567
锦绣钱塘	梨、七叶树、美人梅、朴树	12	2.4639	0.6873	70.6878

　　不同群落间的相似性程度在 0.250～1.000（表 4-76），说明生长在不同植物群落中的鸟类群落间有一定的差异。

表 4-76　不同群落中鸟类的相似性比较（自朱曦等，2008）

地点	桂花城	雅仕苑	运河人家	现代雅苑	清河坊	双菱小区	亲亲家园	锦绣钱塘
桂花城								
雅仕苑	0.444							
运河人家	0.571	0.667						
现代雅苑	0.444	1.000	0.667					
清河坊	0.571	0.667	1.000	0.667				
双菱小区	0.500	0.571	0.400	0.571	0.400			
亲亲家园	0.600	0.667	0.571	0.667	0.571	0.250		
锦绣钱塘	0.470	0.375	0.286	0.375	0.286	0.267	0.353	

　　群落组间相似性比较表明，各种林型组鸟类群落相似性比较高，说明在城市有限的活动范围内，林木配置过于集中是导致鸟类群落相似性比较高的原因。不同林带由于选择了相似的植被类型，群落各组间差异较小。

　　城市区域绿地空间是维持鸟类多样性的主要部位，然而现在城市区域绿化侧重视觉效果，单纯地按照平面构图的原则建设，忽视了其内在的系统结构和景观模式，只能使绿地成为城市的装饰和点缀，孤立于城市生态系统之外，也就丧失了为鸟类提供生存空间的价值。

　　对杭州桂花城、运河人家、现代雅苑等区域人工植被调查，能提供鸟类食物资源的植物种类不多。因此，尽管也有较好的景观效果，但能提供鸟类栖息的条件较差，也导致城市中各房产开发区鸟种类的单一化。

　　鸟类在居民区的主要食物来源是分布于地面的废弃垃圾和种子、谷粒、面包等食物碎屑，因此，少数几种地面拾取来获得食物的食种子鸟类如珠颈斑鸠、喜鹊，以及杂食性鸟类麻雀、白头鹎在居民区成为优势种。

六、城市化对鸟类群落的影响

城市化是人类社会发展的一种趋势，它不但在大尺度空间上迅速改变了土地的利用格局，而且还因栖息地的丢失与栖息地环境的改变，直接影响到周边生物多样性的组成。城市化以人造景观逐渐取代了自然景观，特别是建筑和人工移栽苗木取代了自然林地。由于人口集中，人为活动频繁，车流、噪声等干扰及污染严重。园林、绿地等多种景观类型及城市与郊区丰富的边界，也导致城市栖息地异度效应和边缘效应的提高。

鸟类的密度和多度则相反，随城市化的提高而上升。城市化对鸟类群落的影响具有双重性：较高的异度性可为鸟类提供丰富的可利用资源，同时人为干扰和栖息地丧失导致多样性和密度下降。城市化影响鸟类群落格局的形成源于不同物种对城市化的反应不同。

在城市化环境中，不同鸟类在城市实物资源的利用、取食方式改变、巢材和巢位选择、惊飞距离等方面表现出不同的适应特征。陈水华等（2013）在城市化对杭州鸟类影响的研究中，发现城市化环境中的白头鹎较早地进入繁殖区，它们通过改变巢材、提高巢位高度来适应特殊的城市环境。随着城市化程度的提高，平均卵重有显著的提高，孵化率提高，育雏期延长。

城市化导致鸟类群落的组成发生变化，鸟类群落的丰富度和物种多样性随城市化程度的提高而下降。自然林地中常见的食虫鸟类，筑地面巢或树洞巢鸟类随着城市化发展其种类和数量都呈减少趋势。而大量的城市垃圾则为地面取食的杂食性鸟类提供了丰富的食物资源。

据唐仕敏等（2003）对上海五角场地区鸟类群落的研究，由于城市化过程，20 世纪60 年代，五角场地区鸟类种数为 128 种，到 90 年代种数已降至 46 种，仅占 60 年代鸟类种数的 35.9%。种数减少，鸟类的组成也发生明显的变化（图 4-26，表 4-77）。

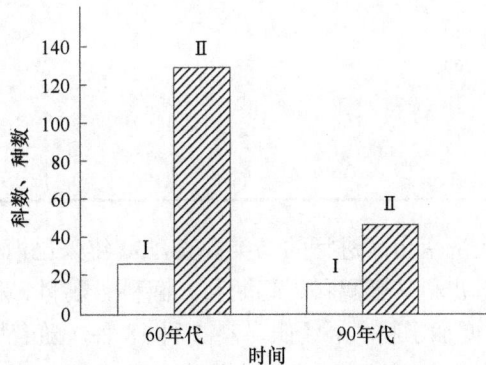

图 4-26　20 世纪 80 年代与 90 年代的鸟类种数和科数统计（自唐仕敏等，2003）
I. 科数；II. 种数

由表 4-78 可知，五角场地区林区鸟类最多，表明林带和片林在维持该地区鸟类种类多样性上起着重要作用。60 年代，该地区生境里农田水网地带，有相当多的涉禽与游禽，农田林居鸟也有 14 种，加上栖位于地塘岸边的鸟类，其鸟类数已占五角场鸟类总数的 40%（表 4-79）。随着城市化的推进，农田水网生境不复存在，游禽、涉禽接近消失。同时，由于绿地面积急剧减少，林区鸟类与灌丛鸟类也锐减了 50% 以上（表 4-79）。

表 4-77　五角场地区鸟类季节型组成（自唐仕敏等，2003）

季节型	60 年代		90 年代	
	数量	比例/%	数量	比例/%
冬候鸟	35	27.4	12	26.1
夏候鸟	12	9.4	5	10.9
旅鸟	63	49.2	17	37.0
留鸟	18	14.1	12	26.0
总计	128	100.0	46	100.0

表 4-78　20 世纪 90 年代不同地区鸟类群落的生活型组成（自唐仕敏等，2003）

生活型	五角场		浦东		佘山		淀山湖	
	种数	比例/%	种数	比例/%	种数	比例/%	种数	比例/%
游禽	0	0	9	6.5	0	0	6	5.9
涉禽	4	8.7	41	29.5	9	11.3	19	20.9
林区鸟	27	58.7	49	35.3	44	55.0	38	41.9
灌丛鸟	12	26.1	35	25.2	23	28.8	24	26.3
池塘岸边鸟	1	2.2	2	1.4	2	2.5	1	1.0
农田林居鸟	2	4.3	3	2.2	2	2.5	3	3.3

表 4-79　五角场地区鸟类生活型组成（自唐仕敏等，2003）

生活型	60 年代	90 年代	30 年间消失的种类	
			种数	比例/%
涉禽	22	4	18	81.8
游禽	10	0	10	100.0
林区鸟	60	27	33	55.0
灌丛鸟	19	12	7	36.8
农田林居鸟	14	2	12	85.7
池塘岸边鸟	3	1	2	66.7

据赛道建（1994）在济南市区进行的鸟类调查，30 年来已消失了 4 目（鹲鹳目、鹈形目、夜鹰目和鹤形目）8 科（鹲鹳科、鹈鹕科、鹳科、鹮科、秧鸡科、雉鸡科、夜鹰科和鹟鹟科）的 33 种；增加了鸭科、绣眼鸟科 2 科 18 种。随着城市景观变迁程度的增加，一些优势种成为稀有种甚至消失。市区内较常见的秃鼻乌鸦、大苇莺、小鹲鹳、鸢、黄鹂等失去营巢觅食环境而迁离市区。自然景观变化大的地方，冬候鸟物种消失率 66%，夏候鸟 42%。

城市化改变了鸟类自然栖息地的结构，鸟类失去了觅食栖息生境，营巢地点也发生了显著变化。原先在市内香木上筑巢的鸟类因景观改变，把巢迁至市郊或迁离。巢位升高也呈常见的现象，如喜鹊原可在 3～5m 的香木上筑巢，现在城区可见喜鹊巢位在高至电杆顶部和 30 多米高烟囱的攀登架上。麻雀、乌鸫、红隼、家燕等鸟类的巢位也都有不同程度的增高。

在营巢集团方面看，随城市化程度提高，鸟类营巢集团的数目呈整体下降趋势，而各集团的物种数也基本呈下降趋势。但是，不同的营巢集团对城市化的反应存在差异，导致其物种组成在群落中比例的明显变化。城市化程度的提高使树冠筑巢鸟、灌丛筑巢鸟、地面筑巢鸟及自然洞穴筑巢鸟在群落中所占的比例明显下降，其中地面筑巢鸟最为敏感，灌丛筑巢鸟次之。同时，自然洞穴/人工建筑集团的鸟类在群落中的比例却随着城市化程度的提高明显上升。各营巢集团之所以对城市化做出不同反应，是因为它们对筑巢地资源利用方式不同。此外，还发现植被盖度、人工设施面积、至市中心距离及人为干扰等因素均可对鸟类营巢集团结构产生影响，但不同类型的营巢集团对上述因素反应各异（李鹏等，2009）。

王彦平等（2004a）研究了城市化对冬季鸟类取食集团的影响，城市化对鸟类取食集团的影响也十分明显，随着城市化程度的提高，鸟类取食集团的总数量和物种数在整体上都呈减少趋势。鸟类取食集团的结构组成在城市建筑区、城区斑块、耕地、西部山区 4 类栖息地之间存在显著差异，而随着栖息地的改变，某些取食集团的鸟类也发生了相应的集团改变。随着城市化的进行，鸟类所依赖的食物种类、数量、分布、来源都会发生改变，这些食物资源的改变对鸟类取食集团的数量、分布、物种组成、结构等都有着深远的影响。

由于鸟类在建筑区的主要食物来源是分布于地面的废弃垃圾和种子、谷粒、面包等食物碎屑，因此少数几种以地面拾取来获取食物的食种子鸟类和杂食性鸟类在取食上具有很大优势，这也是导致食种子地面取食集团和杂食性地面拾取集团在建筑区占统治地位的主要因素（王彦平等，2004a）。

城市化也使得近郊湿地、旷野、森林生境消失，破坏了鸟类可利用的栖息生境，使涉禽、游禽、猛禽的种类、数量显著减少，群体食性也发生显著变化。济南市鸟类群落食性研究表明，捕食鱼虾、小型动物的鸟类消失率较高（赛道建，1994）。鸟类群落食性在不同年份中也有变化，1954～1958 年食性中的物种数为鱼虾 21 种，小动物 11 种，昆虫 62 种，谷物 31 种，杂食 16 种；1988～1991 年为鱼虾 6 种，小动物 4 种，昆虫 39 种，谷物 22 种，杂食 15 种，食性物种数明显减少。

七、城市鸟类群落的保护

城市鸟类群落特征与城市栖息地的空间异质性高低有关，因此提高栖息地的空间异质性是城市鸟类群落保护的关键。改善城市栖息地应增加植被层次、绿化面积，建设、保留尽可能多的景观绿带、绿岛、公园、湖泊、河流等，减少人为干扰和污染。

城市绿地类型决定着植被结构及其多样性，并为鸟类提供可利用的觅食、繁殖场所和栖息条件。城市公园各林型组合中鸟类群落结构的均匀性、丰富度与林木配置及所处环境条件有密切关系。林木配置越复杂、人为干扰越少，栖息的鸟类越丰富，群落的多样性指数上升。林木配置单纯或人为干扰过大，鸟类的种类和均匀稳定程度相应减少，群落的多样性指数也随之下降。次生落叶阔叶林植被结构复杂，高树冠的落叶阔叶林适合城市居民点鸟类栖位。

因此，在城市公园林木配置中应考虑城市鸟类高栖位和边缘效应两个特点，从整体布局上其边缘以茂密灌丛为主，中部以高树冠树种为主。灌木的选择以能提供城市鸟类食物或适于营巢的种类为主，如接骨木、山荆子、稠李、山楂、蔷薇、鼠李、卫茅、悬钩子、花楸、胡颓子、乌荆子、木犀等。高树冠树种如枫香、白杨、水杉、金钱松、悬铃木、泡桐、香樟、银杏、毛竹等。种植时宜多种类复层林木配置，如以枫香、银杏、黑松、金钱松、柏木、泡桐为上层林木，樱桃、稠李、蔷薇等为中下层乔灌木。在耐阴处可选毛竹、香樟、悬铃木、水杉为上层，花楸、鼠李、悬钩子、栀子、天竺、黄杨为灌木。可单独安排种植水杉林、银杏林、竹林。选择银杏、白杨、枫、槭、榆等落叶树建立过渡林，供鸟类停栖活动，可以增加鸟类群落的丰盛度（朱曦，1988a）。

城市行道树带可为鸟类提供取食、繁殖、避敌和停栖地等，并为部分鸟类在城区的运动和扩散提供通道。在营造大面积具有连续性的多树种阔叶林的同时，注意植被中下层的绿化，尽量为鸟类提供丰富的食物和适宜的营巢环境，以提高鸟类群落的丰富度。

鸟对营巢树种有一定的选择性。一般来说，鸟类首选落叶树种营巢，从高大的乔木至矮小的灌丛，鸟类常按自身的体型和习性选择相适应的树种。高大乔木，如枫杨（*Pterocarya stenoptera*）、榉树（*Zelkova schneideriana*）、榆树（*Ulmus pumila*）、朴树（*Celtis tetrandra*）、杨属（*Populus*）、柳属（*Salix*）、悬铃木属（*Platanus*）、枫香（*Liquidambar formosana*）、喜树（*Camptotheca acuminata*）、水杉（*Metasequoia glyptostroboides*）、刺槐（*Robinia pseudoacacia*），常是喜鹊（*Pica pica*）、乌鸫（*Turdus merula*）、黑枕黄鹂（*Oriolus chinensis*）、黑尾蜡嘴雀（*Eophona migratoria*）等首选的树种；亚乔木，如枇杷、垂丝海棠（*Malus halliana*）、肉桂（*Cinnamomum cassia*）、槭类（*Acer*）、石榴（*Punica granatum*）、蚊母树（*Distylium racemosum*）、女贞、木犀（*Osmanthus fragrans*）等，常是黑脸噪鹛（*Garrulax perspicillatus*）、棕背伯劳（*Lanius schach*）、大苇莺（*Acrocephalus arundinaceus*）、暗绿绣眼鸟（*Zosterops japonicus*）等首选的树种；灌木类，如麻叶绣线菊（*Spiraea cantoniensis*）、棣棠（*Kerria japonica*）、紫荆（*Cercis chinensis*）、云南黄馨（*Jasminum mesnyi*）、腊梅（*Chimonanthus praecox*）、郁李（*Prunus japonica*）、南天竹（*Nandina domestica*）、木槿（*Hibiscus syrcus*）、小叶女贞（*Ligustrum quihoui*）等，常是棕头鸦雀（*Paradoxornis webbianus*）、白头鹎（*Pycnonotus sinensis*）、山斑鸠（*Streptopelia orientalis*）等首选的对象（顾文仪，2003）。因此，有针对性地多栽植一些这类园林植物，可以起到招引相应鸟类的作用。

一年中鸟类食性会发生变化。夏秋季，鸟类能捕食昆虫等食物，有较大的捕食空间，加上这一季节的观景植物多为樱桃（*Prunus pseudocerasus*）、桃（*P. persica*）、杏（*P. armeniaca*）、枇杷（*Eriobotrya japonica*）、杨梅等，鸟类往往有充足的食物来源。

在每年的 11 月至次年 3 月，鸟类一般得到食物的机会较少，而植物果实往往是留鸟和冬候鸟当中的植食性及杂食性种类的过冬食物，因此，冬季及早春着果的植物，如女贞（*Ligustrum lucidum*）、苦楝（*Melia azedarach*）、枸骨（*Ilex cornuta*）、冬青（*I. chinensis*）等的数量，往往成为保留留鸟的关键，应适当多种植。如胡颓子（*Elaeagnus pungens*）、常春藤（*Hedera nepalensis* var. *sinensis*）、东瀛珊瑚（*Acucuba japonica*）、雀梅藤（*Sageretia thea*）等。不少种类，如枸骨、火棘（*Pyracantha fortuneana*）、南天竹（*Nandina domestica*）、棕榈（*Trachycarpus fortunei*）、香樟（*Cinnamomum camphora*）等，其果实成熟后不易脱落，能在树上存留较长时间，客观上便利于鸟类捕食。树木的浆果、浆果状核果、浆果状坚果的果皮，梨果的肥大果托，红豆杉（*Taxus mairei*）种子的假种皮，枳椇（*Hovenia dulcis*）肥大的果柄，海桐（*Pittosporum tobira*）色彩鲜艳的假种皮等，均富含营养，为鸟类喜食。

冬季及早春着果的观果树木配植往往是保留留鸟的关键，植物园、森林公园中往往会吸引乌鸫（*Turdus merula*）、喜鹊（*Pica pica*）、灰喜鹊（*Cyanopica cyana*）、白头鹎（*Pycnonotus sinensis*）、珠颈斑鸠（*Streptopelia chinensis*）、山斑鸠（*S. orientalis*）、大山雀（*Parus major*）、鹊鸲（*Copsychus saularis*）和环颈雉（*Phasianus colchicus*）等留鸟驻足觅食。桂果树木为各种留鸟越冬提供了赖以生存的食物。特别是在冬季和早春，地面被大雪覆盖时，鸟类难以直接从地表获取草种或其他食物，这时留在树上的果实对维持鸟类的生存尤为重要。因此，在园林规划设计中，可适当增加种植冬季和早春果树木的种类和数量，为鸟类的越冬提供足够的食物来源。同时，还可以通过合理培植花木树种，增加城市昆虫的多样性。

鸟类的种数、总数及多样性指数，以及园林内水域面积、水体比例及生境种类呈极显著相关，园林内水域面积越大，能提供给鸟类的群落交错区域和栖息生境，有利于吸引一些亲水鸟类。

公园内可以悬挂巢箱，招引部分洞巢鸟类。鸟类繁殖期间不要修剪树枝、捡集地面的枯枝落叶等。在冬季鸟类食物缺乏时，应在林内给饵，在干旱地区给水。在结构单纯的针叶林中，应栽植适于鸟类营巢的树种，为鸟类的栖息、繁殖创造条件，增加鸟的种类和数量（朱曦，1985b）。

第五章　生境选择与巢区空间格局

第一节　生境选择

生境或栖息地是动物生活的周围环境,是动物个体、种群或群落在其生长、发育和分布的地段上,各种生态因子的总和。鸟类的生境(栖息地)就是鸟类个体、种群或群落在其某一生活史阶段所占据的环境类型,是其各种生命活动的场所。鸟类都倾向于选择那些能使其繁殖成效最大化、存活代价最小化的营巢生境。鸟类栖息地包括鸟类的地理分布区,在分布区内它的生活环境(大生境)及在此环境中鸟类进行一切生命活动的场所(小生境)。

生境选择指某一动物个体或群体为了某一生存目的(如觅食、卧息、迁徙、繁殖或逃避敌害等),在可到达的生境中,寻找某一相对适宜生境的过程。动物通过对生存中生境要素与生境结构作出反应,以确定它们的适宜生境。主要影响生境选择的因素有:①食物丰盛度;②隐蔽条件或隐蔽物;③水源;④竞争;⑤植被(包括植被类型、结构、种类组成、郁闭度等);⑥地形地貌(包括海拔、坡向、坡度、坡位等);⑦人为活动干扰;⑧气候;⑨营巢;⑩道路。

鸟类栖息地选择表明可供选择的栖息地之间存在差异,而这些有差异的栖息地恰好为鸟类提供了不同的生态环境,从而影响着鸟类的生存与繁衍(Cody,1983)。因对鸟类栖息地特征、栖息地选择的主要影响因子及栖息地选择机制的研究已成为鸟类保护生物学研究的重要领域而引起广泛的关注。

一、鹭类繁殖栖息地的选择

鹭科(Ardeidae)鸟类是湿地生态系统中重要的生物种类,也是湿地环境质量评价的一种指示动物。鸟类繁殖栖息地选择的研究主要包括领域选择、巢址选择和育雏栖息地选择,其中主要是巢址选择。鸟类繁殖地选择,尤其是巢址选择主要取决于小尺度上的植被结构,如巢址周围植被的盖度、高度和视野开阔度等。巢址栖息地高的空间异质性和浓密的植被能增加巢卵的隐蔽性和潜在营巢点,从而降低巢卵被捕食率。

Cody 1981 年认为,影响鸟类巢位选择最重要的 3 个因素是微栖息地适合度、食物供给量和巢捕食压力。Wiens 1995 年认为鸟类的巢位选择是一种优化生境选择,鸟类总是把巢位建立在最利于它繁殖成功的地方,除 Cody 1981 年提出的 3 个因素外,种群密度和人为干扰等也是影响鸟类巢位选择十分重要的因素。

朱曦(1983)开始对浙江省鹭类营巢地进行了调整,发现鹭类营巢地 22 处。其中浙北地区有 15 处,占 68.18%;浙中地区 6 处,占 27.27%;海岛 1 处,占 4.55%。浙江全省废弃营巢地 10 处,其中浙北地区 7 处,占 70.0%;浙中地区 3 处,占 30.0%。从现存营巢地看，栖息地环境较好，鹭鸟数量稳定并逐年增加的有 4 处，占现存营巢地的比例为 33.33%。

浙江省 22 处鹭类营巢地中，鹭在同一地点营巢持续年限在 1～16 年。居住 5 年以下的营巢地有 16 处，占营巢地总数的 72.73%；居住 6～10 年和 11～16 年的营巢地各为 3 处，分别占 13.64%。在废弃的 10 处营巢地中，鹭鸟居住年数不超过 6 年，其中 3 年以下的有 6 处，占 60.0%；4～6 年的 4 处，占 40.0%。

（一）营巢地生境类型和结构特点

浙江省鹭科鸟类有 18 种（朱曦和杨春江，1988），优势种类为池鹭（*Ardeola bacchus*）、白鹭（*Egretta garzetta*）、中白鹭（*E. intermedia*）、夜鹭（*Nycticorax nycticorax*）、苍鹭（*Ardea cinerearectirostris*）等 5 种。鹭类营巢地 13 处，其中池鹭、白鹭、夜鹭、牛背鹭混群营巢地 9 处，中白鹭营巢地 2 处。鹭类营巢地生境类型和结构特点见表 5-1。

表 5-1　鹭类营巢地生境类型和结构特点（自朱曦，1992）

营巢处编号	生境类型	种类名称		优势种	
		树种类	鹭种类	树种类	鹭种类
H-d-1	针阔混交林	香樟 *Cinnamomum camphora*、麻栎 *Quercus acutissima*、青冈 *Cyclobalanopsis glauca*、冬青 *Ilex chinensis*、黄檀 *Dalbergia hupeana*、油茶 *Camellia oleifera*、山茶 *C. japonica*、枫香 *Liquidambar formosana*	池鹭 *Ardeola bacchus*、白鹭 *Egretta g. garzetta*、牛背鹭 *Bubulcus ibis*、夜鹭 *N. n. nycticorax*	香樟、冬青	池鹭、夜鹭
L-g-1	针叶林	杉木 *Cunninghamia lanceolata*	池鹭 *Ardeola bacchus*、白鹭 *Egretta g. garzetta*	杉木	池鹭
A-l-1	针阔混交林	杉木 *Cunninghamia lanceolata*、白栎 *Quercus fabri*、马尾松 *Pinus massoniana*	池鹭 *Ardeola bacchus*、白鹭 *Egretta g. garzetta*、夜鹭 *N. n. nycticorax*	杉木	池鹭
A-h-2	针叶林	杉木 *Cunninghamia lanceolata*	池鹭 *Ardeola bacchus*、白鹭 *Egretta g. garzetta*、夜鹭 *N. n. nycticorax*	杉木	池鹭
A-j-3	针叶林	杉木 *Cunninghamia lanceolata*、马尾松 *Pinus massoniana*	池鹭 *Ardeola bacchus*、白鹭 *Egretta g. garzetta*	杉木	池鹭
C-h-1	针叶林	杉木 *Cunninghamia lanceolata*	池鹭 *Ardeola bacchus*、白鹭 *Egretta g. garzetta*	杉木	池鹭
Y-g-1	针叶林	杉木 *Cunninghamia lanceolata*	池鹭 *Ardeola bacchus*	杉木	池鹭
Q-j-1	针阔混交林	麻栎 *Quercus acutissima*、马尾松 *Pinus massoniana*、枫香 *Liquidambar formosana*、香樟 *Cinnamomum camphora*	池鹭 *Ardeola bacchus*、白鹭 *Egretta g. garzetta*	麻栎、马尾松、枫香	池鹭、白鹭
L-s-1	针叶林	杉木 *Cunninghamia lanceolata*、马尾松 *Pinus massoniana*	池鹭 *Ardeola bacchus*、白鹭 *Egretta g. garzetta*	杉木	池鹭
C-t-1	针阔混交林	枫香 *Liquidambar formosana*、马尾松 *Pinus massoniana*、香樟 *Cinnamomum camphora*、冬青 *Ilex chinensis*、麻栎 *Quercus acutissima*、山矾 *Symplocos caudata*、青冈 *Cyclobalanopsis glauca*、栗 *Castanea mollissima*、木荷 *Schima superba*	池鹭 *Ardeola bacchus*、夜鹭 *N. n. nycticorax*、白鹭 *Egretta g. garzetta*、牛背鹭 *Bubulcus ibis*	枫香、马尾松、香樟	池鹭、夜鹭

营巢处编号	生境类型	种类名称		优势种	
		树种类	鹭种类	树种类	鹭种类
S-b-1	毛竹林	毛竹 *Phyllostachys praecox*、油茶 *Camellia oleifera*	池鹭 *Ardeola bacchus*	毛竹	池鹭
W-l-1	灌木草丛	白茅 *Imperata cylindrica*、早熟禾 *Poa annua*、芒 *Miscanthus sinensis*、合欢 *Abizzia julibrissin*、蔷薇 *Rosa multiflora*、胡颓子 *Elaegnus pungens*	中白鹭 *Egretta i. intermedia*	白茅	中白鹭
W-m-2	灌木草丛	野桐 *Mallotus tenuifius*、野葛 *Pueraria lobata*、合欢 *Abizzia julibrissin*、茅莓 *Rubus parvifolius*、白茅 *Imperata cylindrica*	中白鹭 *Egretta i. intermedia*	山合欢、日本野桐	中白鹭

（二）营巢树种与巢址的选择

鹭类可在多种树上营巢，营巢树种的选择不太严格，但因地域差异，营巢树种也有不同。在浙江，池鹭、白鹭、夜鹭、牛背鹭营巢的树种主要有杉木（*Cunninghamia lanceolata*）、马尾松（*Pinus massoniana*）、香樟（*Cinnamomum camphora*）、麻栎（*Quercus acutissima*）、枫香（*Liquidambar formosana*）、青冈（*Cyclobalanopsis glauca*）、黄檀（*Dalbergia hupeana*）、山矾（*Symplocos caudata*）、白栎（*Quercus fabri*）和冬青（*Ilex chinensis*）等 10 种。调查营巢树 250 株，鹭类在杉木、香樟、马尾松、麻栎和枫香等 5 种树营巢的频次最高。由于针叶树与阔叶树树冠层结构的差异，而对鹭类巢址选择产生影响。阔叶树香樟、麻栎、青冈、枫香每株平均巢数分别为 7.66 个、6.23 个、2.50 个、1.39 个；而针叶树杉木、马尾松基本上为 1 树 1 巢（朱曦，1996b）（表 5-2）。

表 5-2　树种与鹭类营巢的关系（自朱曦，1996b）

树种	调查株数	树高/m	巢离地面高/m	巢数	平均巢数/（巢/株）
麻栎 *Quercus acutissima*	22	15.57（8.30~24.00）	14.08（7.50~19.00）	137	6.23
香樟 *Cinnamomum camphora*	38	17.00（12.00~22.00）	15.53（11.00~21.00）	291	7.66
青冈 *Cyclobalanopsis glauca*	4	14.75（14.00~16.00）	13.50（13.00~15.00）	10	2.50
枫香 *Liquidambar formosana*	18	14.89（12.00~16.00）	13.50（11.00~15.00）	25	1.39
马尾松 *Pinus massoniana*	24	13.92（6.00~32.00）	12.81（5.00~31.00）	25	1.04
山矾 *Symplocos caudata*	3	13.00（10.00~15.00）	12.17（9.00~14.50）	3	1.00
冬青 *Ilex chinensis*	1	10.00	10.00	1	1.00
杉木 *Cunninghamia lanceolata*	137	10.26（5.00~18.00）	9.09（4.00~17.00）	156	1.14
白栎 *Quercus fabri*	2	11.50（11.00~12.00）	10.50（10.00~11.00）	2	1.00
黄檀 *Dalbergia hupeana*	1	22.00	20.00	2	2.00

（三）生态因子与鹭类营巢地选择

1. 鹭类营巢地中各生态因子的分布频次

在 13 个鹭类营巢地中，6 处为针叶林，4 处为针阔混交林，分别占 46.15% 和 38.46%，为浙江鹭类营巢地出现频次最高的植被类型。从营巢地生态因子分布频次看（表 5-3），高植物丰盛度、隐蔽级＞0.5、水源距离＜500m、海拔＜200m、坡度 5°～25°的缓坡均为鹭类营巢地出现频次最高的因子。而对人为干扰、坡向、坡位的选择性较低。

表 5-3　鹭类营巢地生态因子分布频次（朱曦，1992）

	项目	频次	百分比/%
植被类型 （×1）	阔叶林（C_{11}）	1	7.1
	针叶林（C_{12}）	5	35.7
	针阔混交林（C_{13}）	6	42.9
	灌木草丛（C_{14}）	2	14.3
植物丰盛度 （×2）	高（C_{21}）10m×10m 树木≥10 株或草类覆盖率≥70%	12	85.7
	中（C_{22}）树木 4～9 株或草类覆盖率 40%～69%	2	14.3
	低（C_{23}）树木＜4 株或草类覆盖率＜40%	0	0.0
隐蔽级 （×3）	≥0.5（C_{31}）	13	92.9
	＜0.5（C_{32}）	1	7.1
坡向 （×4）	阳坡（C_{41}）S67.5°E—S22.5°W	3	21.4
	阴及半阳坡（C_{42}）N22.5°E—S67.5°E—S22.5°W—N67.5°W	8	57.2
	阴坡（C_{43}）S67.5°W—N22.5°E	3	21.4
坡位 （×5）	上坡位（C_{51}）山岗和坡上部	4	28.6
	中坡位（C_{52}）山腰或坡中部	6	42.8
	下坡位（C_{53}）山谷和坡下部	4	28.6
坡度 （×6）	＜5°（C_{61}）平坡	2	14.2
	5°～25°（C_{62}）缓坡	9	64.4
	＞25°（C_{63}）陡坡	3	21.4
人为干扰 （×7）	＞500m（C_{71}）栖息地离居民点、道路距离＞500m 轻度干扰	7	50.0
	≤500m（C_{72}）≤500m 重度干扰	7	50.0
水源距离 （×8）	≤500m（C_{81}）河溪、水库、水田、近水源	10	71.4
	＞500m（C_{82}）远水源	4	28.6
海拔 （×9）	≤200m（C_{91}）	11	78.6
	＞200m（C_{92}）	3	21.4

2. 鹭类营巢地选择的聚类分析

对鹭类营巢地的数据进行聚类分析，结果如图 5-1 所示。

在同一聚类水平上，相同因子可以归纳如下：

A（1，10，6）：C_{21}，C_{31}，C_{42}，C_{62}，C_{71}，C_{81}，C_{91}。

B（1，10，6，8）：C_{21}，C_{31}，C_{62}，C_{71}，C_{81}，C_{91}。

C（2，7）：C_{21}，C_{31}，C_{42}，C_{52}，C_{62}，C_{72}，C_{81}，C_{91}。

D（1，10，6，8，2，7）：C_{21}，C_{31}，C_{62}，C_{81}，C_{91}。

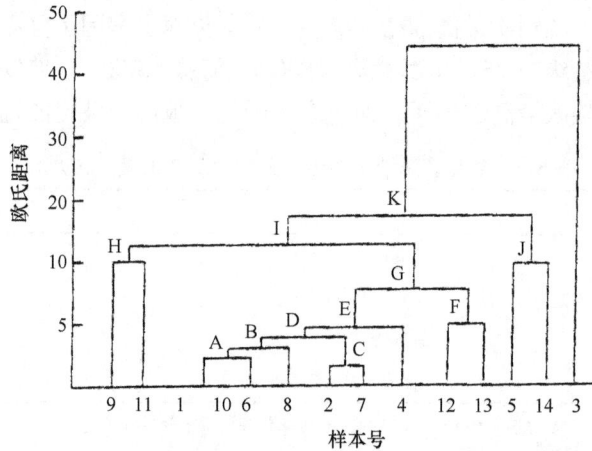

图 5-1　鹭类营巢地选择的聚类分析图（自朱曦，1992）

E（1，10，6，8，2，7，4）：C_{21}，C_{31}，C_{62}，C_{81}，C_{91}。

F（12，13）：C_{14}，C_{21}，C_{31}，C_{62}，C_{72}，C_{82}，C_{91}。

G（1，10，6，8，2，7，4，12，13）：C_{21}，C_{31}，C_{62}，C_{91}。

H（9，11）：C_{13}，C_{21}，C_{31}，C_{63}，C_{72}，C_{92}。

I（9，11，1，10，6，8，2，7，4，12，13）：C_{21}，C_{31}。

J（5，14）：C_{31}，C_{53}，C_{61}，C_{81}，C_{91}，C_{22}。

K（9，11，1，10，6，8，2，7，4，12，13，5，14）：C_{31}。

从以上分析可知，植被丰盛度、隐蔽条件对聚类贡献率最大，水源距离、海拔、坡度次之，而植被类型、坡位、坡向、人为干扰的贡献率较小。综合分析各生态因子在鹭类营巢地的频次分布，可以确认影响鹭类营巢地选择的重要因子为：植物丰盛度和隐蔽条件，其次为水源距离、海拔和坡度，而植被类型、坡位、坡向、人为干扰影响较小。从调查结果看，鹭类营巢地一般选择在植物丰盛度高、隐蔽级＞0.5、海拔＜200m、水源距离＜500m、坡度为5°～25°的缓坡。

James 1982 年等认为，鸟类群落是鸟类与环境相互关系及鸟类组成种类之间关系的综合反映。鸟类群落的结构与栖息地结构、植被多样性、植物的水平与垂直层次的复杂性等因素相关。对上述 5 种鹭类（池鹭、白鹭、中白鹭、夜鹭和苍鹭）的研究表明，鹭对营巢地的隐蔽度要求较高，鹭种的多样性与生境的多样性相关。针阔混交林中鹭种较多，而单纯的杉木林、竹林、草灌中鹭的种类较少，与 James（1982）的结论一致。

近年来，池鹭、白鹭在人工杉木林营巢增多的趋向，可能与目前浙江低山丘陵地区原始生境遭到不断破坏有关，因此，保存原始生境对鹭类的保护有至关重要的意义。

李永民等（2008）对芜湖市及附近地区白鹭（*Egretta garzetta*）、夜鹭（*Nycticorax nycticorax*）和池鹭（*Ardeola bacchus*）3 种鹭鸟巢地特征研究表明，巢位因子、巢树因子、保护因子、坡位因子等 4 个主成分描述了 3 种鹭鸟的巢地特征，其贡献率分别为25.51%、24.42%、13.19%和 12.32%。影响鹭鸟巢地选择的最主要因素是微栖息地适合度和巢捕食压力。

（四）生态环境改变对鹭类营巢的影响

浙江鹭类优势种池鹭、白鹭、中白鹭、夜鹭、牛背鹭等主要在沼泽、湿地、水库、滩涂活动，取食小鱼、虾、两栖类、水生昆虫等。其营巢于针阔混交林、人工针叶林，与人类的经济活动有密切关系。比较鹭类营巢地的利用或废弃，可以反映出环境的改变和环境污染的程度。

浙江省地处沿海，开发历史悠久，环境变迁大，土地利用率高。原始森林由于砍伐所剩无几。目前在低山丘陵的都为次生林和人工林，成为鹭类营巢栖息的主要地点（朱曦，1996b）。

鹭类营巢地的搬迁或种群的移动与可变性资源条件相关（Kushlan，1981）。环境变化和人类活动对鹭类的分布具有明显的影响（Fasola and Barbieri，1978）。都市化、工业化、农业增产措施所造成的环境改变是鹭类营巢地迁移的原因。

造成浙江省鹭类营巢地迁移的环境因子有人口增长、耕地减少、农药和化肥的过量施用及工业化和环境污染。1988 年，浙江全省有鹭类营巢地 18 处，至 1996 年已废弃11 处，1996 年新增 2 处，现存 9 处。废弃的巢地中，因人类捕猎、毁巢、捣卵而废弃的有 9 处，占废弃巢的 81.82%；因林木砍伐而废弃的有 2 处。在现有的 9 处营巢地中，得到保护而鹭类种群逐年增长的有 4 处，其余 5 处也不同程度地受到人类的捕猎，种群数量明显下降。尽管耕地减少，农药化肥、工厂"三废"污染环境而对鹭类繁殖栖息有明显影响，但从目前调查结果看，人口迅速增长、人类的猎捕和经济开发仍是主要原因，因此，加强宣传教育，严禁乱捕滥猎及人为毁巢、捣卵等是目前鹭类营巢地保护的最有效途径（朱曦和唐陆法，1998）。

（五）鹭类营巢对树木生长的影响

浙江省鹭营巢地植被主要有杉木林、马尾松林、针阔混交林、水杉林、草灌和毛竹林等 6 种类型。其中营巢地为杉木林的有 14 处，占营巢地总数的 63.64%；针阔混交林4 处，占 18.18%；毛竹林、松杉林、草灌和水杉林各 1 处，分别占 4.55%。

鹭鸟的群栖对森林植被会产生一定影响。营巢期，鹭鸟攀折树枝，对林木树冠部的践踏都影响林木生长，严重时引起树木死亡。鹭育雏期间，食物残体及排泄的大量鸟粪腐败后污染环境，造成环境卫生防疫能力变差，使病菌容易感染和侵入。大量鹭粪沾污树叶表面也会减弱光合作用强度。但鹭鸟排出的大量粪便含有丰富的无机矿物元素，又可供植物吸收利用（朱曦，1989c）。

从浙江省鹭类营巢地的调查发现，鹭鸟因喜欢停栖树冠部，对马尾松的影响较大。践踏和攀折树枝会引起马尾松枯死。常山同弓鹭类保护区，余杭良渚鹭类营巢地都是针阔混交林，鹭鸟群栖以后马尾松死亡数逐年增加，死亡的比例在 2%～5%（朱曦，1996b）。1988 年始，苏州虎丘夜鹭、牛背鹭、池鹭混群营巢于竹林中；1991 年，竹林出现大面积枯萎后被砍伐；1996 年，鹭类迁至虎丘东麓由香樟、榉、榆等组成的乔木林。但鹭鸟群栖对阔叶树的影响没有像马尾松那么明显。引起马尾松死亡的原因除鹭鸟践踏和攀折树枝外，是否还与马尾松对鸟粪淋溶挥发的物质较敏感有关，尚待继续调查研究。

二、鹭类栖息地营建

（一）鹭类栖息地营建总体要求

鹭类栖息地为鹭类营巢、觅食、停栖活动的主要场所，鹭类倾向于选择能使其繁殖成效最大化而存活代价最小化的营巢生境。要满足鹭类巢位选择时微栖息地适合度、食物供给量、捕食压力、种群密度和人为干扰等因素，必须具备三方面的条件：①有良好的营巢区；②有良好的觅食区；③有较好的隐蔽性，为鹭类提供安全的栖息环境（朱曦，2001）。鹭类栖息地的营建，必须加强营巢区、觅食区和隐蔽性的建设。

（二）鹭类栖息地营建技术要点

1. 营巢区营建技术要点

（1）地形营造：营造落差小，坡度平缓的小山坡。鹭鸟对营巢地具有一定的选择性，鹭鸟筑巢的理想地点为海拔小于200m，坡度为5°～25°的半阳坡（朱曦，1996b）。因此，营巢区建设首先应充分利用城市中现有的丘陵和坡地。如果条件允许，也可营造相对落差小于200m的小土山。在场地和高度受限制时，应尽量延长半阳坡一边的坡长，坡度控制在5°～25°。

（2）树种选择：所选乔木应适于鹭鸟筑巢和停栖，所选灌木应生长茂密或枝条带刺。鹭鸟在树桠建巢，停栖于树冠顶部。鹭鸟营巢树种的选择应考虑如下特点：①树冠顶部能承受鹭鸟的重量。鹭鸟为大中型涉禽，成年鹭鸟一般达到350～750g，因此，营巢树种一般选择植株高于5m，直径大于8cm，且硬度较高的乔木。②树桠便于鹭鸟筑巢。由于鹭鸟鸟巢体积较大（直径一般大于35cm），因此，营巢树种应选择枝条较硬且分叉角度一般为50°～90°的乔木。③树冠有较好遮荫效果，能为幼鸟创造相对舒适的生长环境。结合现有鹭鸟栖息地调查，在表5-4中列出华中区鹭鸟营巢的理想树种。由于城区人为干扰较大，营巢林下层可配置生长茂密或枝条带刺的灌木，以减少鹭鸟栖息的人为干扰。

表 5-4　适宜鹭鸟营巢的树种

类型	植物名称
常绿阔叶树	苦槠 Castanopsis sclerophylla、青冈 Cyclobalanopsis glauca、榕树 Ficus mlcrocarca、香樟 Cinnamomum camphora、桢楠 Phoebe zhennan、台湾相思 Acacia sinuata、油桐 Vernicia fordii、山矾 Symplocos caudata、忍冬 Lonicera japonica
落叶阔叶树	银杏 Ginkgo biloba、杨树 Populus simopyramidalis、毛白杨 Populus tomentosa、南川柳 Salix rosthornii、化香 Platycarya strobilacea、枫杨 Pterocarya stenoptera、麻栎 Quercus acutissima、白栎 Quercus fabri、栓皮栎 Quercus variabilis、蒙古栎 Quercus mongolica、榆树 Ulmus pumila、榉树 Zelkova schneideriana、构树 Broussonetia papyrifera、桑 Morus alba、檫木 Sassafras tzumu、枫香 Liquidambar formosana、皂荚 Gleditsia sinensis、黄檀 Dalbergia hupeana、槐树 Sophora japonica、臭椿 Ailanthus altissima、乌桕 Sapium sebiferum、黄连木 Pistacia chinesis、梧桐 Firmiana platanifolia、白花泡桐 Paulownia fortunei、桉 Eucalyptus robusta
常绿针叶树	马尾松 Pinus massoniana、杉木 Cunninghamia lanceolata、侧柏 Plalycladus orientalis、圆柏 Sabina chinensis、木麻黄 Casuarina equisetifolia
竹类	毛竹 Phyllostachys pubescens

（3）群落构建：营造种类丰富、郁闭度高的针阔混交林。鹭鸟营巢一般选择在植物丰盛度高、郁闭度大于 0.5 的针阔混交林（朱曦，2001）。因此，鹭鸟营巢林群落构建有4 个要求：①树种具有多样性，主要树种在 10 种以上；②针叶树和阔叶树要有合适的比例，每种类型均不少于 30%；③常绿阔叶树和落叶树要有合适的比例，每种类型均不少于 30%；④群落垂直结构要形成大乔木、小乔木和灌木 3 个层次，且郁闭度要达到 0.5以上。可采用的模式主要为两种：一种是上层以落叶阔叶树为主，下层以常绿阔叶树和针叶树为主；另一种是上层以针叶树为主，下层应以常绿阔叶树和落叶阔叶树为主。

2. 觅食区营建技术要点

鹭鸟的主要食物为鱼类［白鹭（*Egretta garzetta garzetta*）的食物几乎全为鱼类，夜鹭（*Nycticorax nycticorax*）95%的食物为鱼类］，兼有少量蛙类、甲壳类和部分水生昆虫（朱曦，2001）。因此，鹭鸟的主要觅食区域是适于上述鹭鸟食物生存繁殖的湿地环境。鹭鸟的觅食半径一般为 10～15km，而在育雏期则一般在 3～5km。因此，在栖息地内部应该营建适于上述鹭鸟食物生存繁殖的觅食区，而觅食区营建的关键在于滨水地形的营造和水生植物的配置。

（1）地形营造：岛屿和水岸线是鹭鸟觅食与活动的主要场所，觅食区的地形营造中要充分注重对岛屿和驳岸的处理。岛屿设计要点为：①保留较大的面积，这样可增长水岸线，增大鹭鸟觅食和活动的场所；②与陆地保持较大的距离（10m 以上），使鹭鸟具有较大的安全感；③坡度应尽量平缓，尤其是滨水部分的坡度最好控制在 10° 以下，便于鹭鸟在水边觅食。

（2）驳岸的处理：主要需注意纵向坡度设计和横向线形设计两个方面。鱼类和其他水生动物是鹭类的主要食物，而鹭鸟跗蹠高度一般小于 0.3m。为方便鹭鸟捕食，水位线以下 3m 范围内，水深控制在 0.3m 以下。因此，驳岸纵向坡度设计时，最高水位线和最低水位线以下 3m 的范围内，坡度系数控制在 10 以上。同时为适于鱼类的生长，水体也需要部分水位较深的区域，最大水深一般在 1.5m 以上（图 5-2）。自然小水湾由于水位较浅，封闭性较强，是鹭类偏爱的取食和休息点。因此，湿地觅食区的水岸线横向线形设计要避免过于平滑，尽量多营造水深小于 0.3m、封闭性较强的浅水湾（图 5-3）。

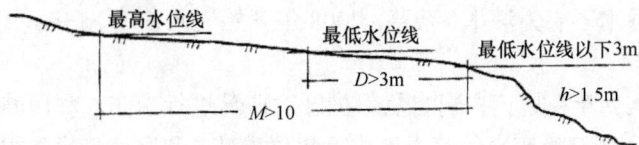

图 5-2　驳岸坡度设计示意图（自严少君等，2006a）

D. 水平向距离；*M.* 坡度系数；*h.* 最大水深

图 5-3　驳岸线形设计示意图（自严少君等，2006a）

（3）植物的选择：食源是否丰富，是栖息地能否吸引鹭鸟的主要影响因素之一。因此，觅食区的植物配置（包括水生植物和湿生植物）要适于鹭鸟食源生物的生存和繁殖。同时，考虑到城市型栖息地的特殊性，所选植物应具备一定的观赏性。结合鹭鸟现有栖息地调查，表 5-5 中的植物适于在华中区鹭鸟觅食区种植。营建觅食区时，可根据当地气候和土壤等特点选择合适的植物。

表 5-5　适宜觅食区种植的植物（自严少君等，2006a）

类型	植物名称
湿生植物	千屈菜 *Lythrum salicaria*、香蒲 *Typha orientalis*、慈姑 *Sagittaria trifolia*、蒲苇 *Cortaderia selloana*、菖蒲 *Acorus calamus*、花叶万年青 *Dieffenbachia picta*、萱草 *Hemerocallis fulva*、水葱 *Scirpus validus*、石蒜 *Lycoris radiata*、鸢尾 *Iris tectorum*
水生植物	莼菜 *Brasenia schreberi*、荷花 *Nelumbo nucifera*、萍蓬草 *Nuphar pumilum*、睡莲 *Nymphaea tetragona*、金鱼藻 *Ceratophyllum demersum*、菱 *Trapa japonica*、黑藻 *Hydrilla verticillata*、泽泻 *Alisma orientale*、茭白 *Zizania caduciflora*、苦草 *Vallisneria spiralis*、海芋 *Alocasia macrorhiza*

3. 隐蔽性营建技术要点

鹭鸟视觉敏锐，对人类活动十分敏感。因此，城市型鹭鸟栖息地特别要注意隐蔽性的营建，为鹭鸟营造相对安全的栖息环境。隐蔽性营建主要表现在 3 个方面：①与周边人为活动较频繁的区域设置相应的隔离缓冲带；②观鸟设施及进入通道要尽量隐蔽；③栖息地内尽量减少人为活动。

三、鹭类招引及营巢地的恢复

朱曦（2001）对鹭类进行人工养殖试验，自常山同弓鹭类营巢地采集夜鹭、白鹭、池鹭 2～5 日龄雏鸟 35 只，用切碎的小鱼、虾、泥鳅喂养。20 日龄后改用活小鱼、泥鳅投喂。进行人工饲养 52 天，以脚环标志后，迁地千岛湖林场野外放飞，次年在放飞地点仍见鹭鸟栖息。

浙江农林大学东湖新校区 2000 年开建，2002 年投入使用。东湖为人工开挖成的人工湖。2007 年在湖中建 2 小岛，做鹭类招引试验。岛周围不驳石坎，岛上种植乔木供鹭鸟停栖和筑巢，乔木下层为灌木、杂草。2008 年开始迁入夜鹭、白鹭，现夜鹭常年栖居，招引试验获得成功。

麻常昕等 2002 年在厦门白鹭自然保护区对白鹭进行圈养，利用养殖鹭类招引外来的野生鹭类重新回到已经废弃的营巢地进行集群繁殖。利用养殖鹭类招引其他野生鹭类时，应该注意鹭类养殖地内需要有鹭类合适的营巢树，必须有足够的干枯树枝作为鹭类营巢的材料；保证养殖鹭类能够繁殖，而且其繁殖时间与野生鹭类相比不能太迟；限制人为干扰；养殖种群的大小等。

四、鹤类生境选择

黄河三角洲自然保护区是鹤类主要迁徙停歇地和越冬地，栖息的鹤类除沙丘鹤

（*Grus canadensis*）、蓑羽鹤（*Anthropoides virgo*）为偶见迷鸟外，灰鹤（*G. grus*）、丹顶鹤（*G. japonensis*）、白枕鹤（*G. vipio*）、白头鹤（*G. monacha*）和白鹤（*G. leucogeranus*）均为当地重要鹤类。

鹤类生境选择中优先选择人工芦苇沼泽，其次为潮间带生境作为固定生境每年被鹤类利用。而人为活动严重、人为干扰大的养殖地、农田、草地生境仅被鹤类偶尔利用。

不同鹤类有不同的生境选择，白鹤选择的生境类型为河道、潮间带、人工芦苇沼泽3种生境类型，对人工芦苇沼泽有明显偏好性选择，人工芦苇沼泽是白鹤优先选择的生境类型。

白头鹤在保护区选择的生境类型除草地外，均有分布，但对人工芦苇沼泽选择的频度要高于其他生境类型。

白枕鹤选择的生境类型除养殖地外，均有分布，人工芦苇沼泽是优先选择的生境类型。

灰鹤对各类生境类型都有选择，但灰鹤对生境类型的选择有随机性或对生境类型的改变有较强适应。总体看，灰鹤对人工芦苇沼泽及农田有正选择性。

丹顶鹤（*G. japonensis*）为东亚特有种，国家一级保护动物。目前全球野生个体约2700只，中国1500多只，大部分为候鸟。繁殖地在东北面，每年10～11月飞到朝鲜半岛或中国东部沿海滩涂和长江中下游的湖泊沼泽越冬，次年2～3月返回繁殖地。江苏盐城沿海滩涂是丹顶鹤最大的越冬地，1999～2000年越冬期鹤群数量达1128只，2004～2005为967只（吕士成等，2005）。

丹顶鹤对河道、潮间带、养殖地、芦苇沼泽、农田、草地等各类生境类型都有选择。在江苏盐城沿海滩涂，丹顶鹤越冬生境有草滩、盐地碱蓬滩、泥滩、芦苇地、淡水养殖塘、盐田、稻田、大米草滩等（表5-6）。

表5-6　2004～2005年丹顶鹤的越冬生境选择性（自董科等，2005）

生境类型	生境面积/km²	可获得程度/%	丹顶鹤数量	利用程度/%	生境选择性	利用程度/可获得程度
草滩	230.37	5.29	351	36.30	+	6.86
盐地碱蓬滩	175.53	4.03	17	1.76	−	0.44
泥滩	3176.36	72.97	37	3.83	−	0.05
芦苇地	107.04	2.46	136	14.06	+	5.72
淡水养殖塘	251.17	5.77	236	24.41	+	4.23
盐田	324.51	7.45	16	1.65	−	0.22
稻田	6.67	0.15	140	14.48	+	96.53
大米草滩	81.54	1.87	34	3.52	−	1.88
总计	4353.19	100.00	967	100.00		1.00

注：表中草滩包括白茅草滩、獐毛草滩、苇草滩；泥滩指潮间带泥滩、荒地等其他类型的生境；淡水养殖塘包括鱼塘、水库、水面等

从表5-6可以看出，丹顶鹤最偏爱的生境是稻田和草滩，不愿选择的是泥滩、盐田、盐地碱蓬滩，对芦苇地、养殖塘和大米草滩的选择性居中。从绝对数量讲，草滩

中鹤数最多，其次是淡水养殖区。草滩以仅占总面积 5% 的区域栖息着超过 1/3 的丹顶鹤个体，正选择性突出，利用程度与可获得程度的比值大（仅次于稻田）。往年的调查也表明，草滩一直是它们的主要栖息地。芦苇地的水源丰富，而且隐蔽条件好，在其中可避风寒，丹顶鹤对其偏好程度也较大，但由于面积小，鹤数的绝对值较小。在自然湿地中，草滩和芦苇地的单位面积食物量都丰富，表明食物是决定其生境选择的重要因子。1995 年以前没有丹顶鹤在农田中活动的记录，而近年来其对稻田的利用程度明显增加，这或许说明它们对人类的警惕性放松了。泥滩所占面积最大，但鹤数很少，是它们最回避的生境。

经初步估算，整个盐城保护区在空间上对丹顶鹤的承载力为 2000～2500 只（董科等，2005）。

五、东方白鹳觅食生境选择

繁殖前期，东方白鹳主要在恢复区芦苇沼泽觅食（70.29%）；繁殖后期，主要在未恢复区芦苇沼泽（32.74%）和明水面（29.95%）觅食。两个时期觅食地在植物密度、距巢距离、距公路距离 3 个变量差异水平极显著（$P<0.01$），植物高度、距居民点距离、清澈度差异水平显著（$0.01<P<0.05$），表明繁殖前期和繁殖后期东方白鹳觅食生境选择存在差异（薛委委等，2010）。

2010 年 2～7 月对黄河三角洲自然保护区繁殖期东方白鹳生境选择调查，表明东方白鹳最喜欢的生境类型是芦苇湿地（7.509）和浅水湿地（7.460），繁殖前期偏好已经收割的芦苇湿地，繁殖后期偏好浅水湿地。东方白鹳喜欢在水面积比例大于75%，水深在 5～15cm，植被高度较低、盖度小、距离公路在 500～1000m，距离隐蔽物，距离巢近的生境觅食。不喜欢在水面积比例小于 50%、水深小于 5cm、植被高度大于 100cm、植被盖度过大、距离公路太近、距离隐蔽物和巢太远的地点觅食（陈军林等，2011）。

六、水鸟对滨海滩涂的生境选择

华东地区濒临东海、黄海，近海平原有盐碱分布，有丰富的滨海滩涂，是亚太地区迁徙水鸟的重要中转驿站和越冬地。每年有数以百万只的迁徙鸟类停经滨海滩涂，停歇补充能量或越冬。有关鸻形目鸟类的生态学自 20 世纪 80 年代就开始研究（钱国桢等，1985；钱国桢和崔志兴，1988）。21 世纪以后除鸻形目鸟类群落研究之外，更多地涉及生境选择（赵平等，2003；葛振鸣等，2006a；衡楠楠等，2011；仲阳康等，2006；牛俊英等，2011；汪荣，2011；范学忠等，2011）。

长江口杭州湾是鸻形目鸟类在迁徙路线上的中转站，春秋季为主要迁徙期，鸟类数量比例较大。春季优势种为大滨鹬（*Calidris tenuirostris*）、尖尾滨鹬（*Calidris acuminata*）和红颈滨鹬（*Calidris ruficollis*）；夏季为环颈鸻（*Charadrius alexandrinus*）、青脚鹬（*Tringa nebularia*）和蒙古沙鸻（*Charadrius mongolus*）；秋季为环颈鸻、红颈滨鹬和青脚鹬；冬季为黑腹滨鹬（*Calidris alpina*）、环颈鸻和泽鹬（*Tringa stagnatilis*）。鸟类总数量呈春季

＞秋季＞冬季＞夏季，海堤外（自然滩涂）和堤内（人工湿地）鸟类种数四季大致相等，但鸟类平均密度季节差异显著。堤外滩宽和光滩宽是影响鸟类栖息的关键因子，海三棱藨草（*Scirpus mariqueter*）覆盖比例和潮上宽度的影响程度次之。堤内浅水塘比例和裸地比例是影响鸻形目鸟类分布的关键因子，海三棱藨草覆盖比例也起正向作用。而人类干扰大、芦苇（*Phragmites communis*）和互花米草（*Spartina alterniflora*）密植及高水位的区域不利于鸟类利用（葛振鸣等，2006a）。

仲阳康等（2006）在上海滩涂春季鸻形目鸟类群落及围垦后生境选择调查中，观察到鸻形目鸟类有 13 种，优势种为尖尾滨鹬（*Calidris acuminata*）和黑腹滨鹬（*Calidris alpina*），而 20 年前的类似调查则观察到 23 种，优势种为黑腹滨鹬、细嘴滨鹬（*Calidris canutus*）和红颈滨鹬（*Calidris ruficollis*）。通过分析滩涂结构、植被分布与鸻形目鸟类群落之间的关系，发现鸻形目鸟类对生境选择中，滩涂结构完整度、藨草带和光滩带的宽度、周边景观的多样性、人为干扰程度都是影响鸻形目鸟类栖息地选择的关键因子。

上海南汇滨海滩涂春季的优势种为环颈鸻（*Charadrius alexandrinus*）、中杓鹬（*Numenius phaeopus*）、蒙古沙鸻（*Charadrius mongolus*），占总体数量的 39.56%；秋季优势种为环颈鸻、黑腹滨鹬（*Calidris alpina*）、青脚鹬（*Tringa nebularia*），占总体数量的 66.98%。春季鸻形目鸟类的种类、密度、多样性指数（H'）与滩宽、人为干扰呈显著正相关，与植被面积呈显著负相关；均匀性指数（J）与滩宽、人为干扰呈显著负相关，与植被面积呈显著正相关。

秋季鸻形目鸟类的种类与光滩宽显著正相关；密度与滩宽呈显著正相关；多样性指数（H'）与滩宽呈正相关；均匀性指数（J）与高程和人为干扰呈显著正相关，与植被面积呈显著负相关（衡楠楠等，2011）。倪永明等 2009 年研究表明鸻形目鸟类偏向于选择滩宽较宽的滩涂作为觅食地和栖息地，远离人类活动区域，降低人为干扰带来的不利影响，鸟类对于人类活动的敏感性决定其只能栖息于人类活动干扰较弱的适宜生境内。

南汇东滩冬季雁鸭类 13 种，罗纹鸭（*Anas falcata*）、赤膀鸭（*A. strepera*）、赤颈鸭（*A. penelope*）为优势种；红头潜鸭（*Aythya ferina*）、斑嘴鸭（*Anas poecilorhyncha*）为常见种。雁鸭类种类、密度和多样性指数均与明水面面积呈显著正相关；种类、多样性指数与植被面积呈显著负相关；种类、密度、多样性指数、均匀性指数与植被盖度呈显著负相关；多样性指数和平均水位呈显著正相关。雁鸭类密度高低依次为实验修复湿地＞抛荒湿地＞城市湖泊湿地。实验修复湿地雁鸭类密度是抛荒湿地的 3.77 倍，是城市湖泊湿地的 6.03 倍。

牛俊英等（2011）发现南汇东滩冬季雁鸭类趋于选择水面面积大和较高水位的环境栖息，回避较大植被盖度和植被面积的生境。实验修复湿地在营造生境时有 30hm² 的明水面，并且通过人工有选择地割除芦苇等植被，降低了植被比例和植被盖度，所以实验修复湿地雁鸭类的分布密度最高，是雁鸭类的主要栖息地。

南汇东滩春季鹬类 22 种，其中环颈鸻（*Charadrius alexandrinus*）、黑翅长脚鹬（*Himantopus himantopus*）、泽鹬（*Tringa stagnatilis*）、沙锥为优势种；金眶鸻（*Charadrius* dubius)、小杓鹬（Numenius minutus）、鹤鹬（Tringa erythropus）、红脚鹬（T. totanus）、青脚鹬（T. nebularia）、林鹬（T. glareola）、红颈滨鹬（Calidris ruficollis）、尖尾滨鹬（Calidris acuminata）为常见种。

鸻鹬类倾向于选择植被覆盖率低、裸露光滩面积充足、浅水位的生境。鸻鹬类主要利用 10cm 以下的浅水栖息地（Safran et al.，1997）。在自然滩涂中，鸻类倾向于选择在海三棱藨草带，滨鹬类倾向于选择没有植被覆盖的滩涂（Jing，2005）。

赵平等（2003）调查上海崇明东滩自然保护区的越冬水鸟 49 种，其中低潮盐藻光滩带有鸟类 37 种，占水鸟个体总数的 75.51%；海三棱藨草外带有 19 种，占 38.78%；海三棱藨草内带有 10 种，占 20.4%；堤外芦苇带有 4 种，占 8.16%；堤内鱼塘-芦苇区有 37 种，占 75.51%。䴙䴘目小䴙䴘（Podicips ruficollis）；鹈形目普通鸬鹚（Phalacrocorax carbo）；鹳形目苍鹭（Ardea cinerea）、大白鹭（Egretta alba）、白鹭（E. garzetta）、大麻鳽（Botaurus stellaris）、黑脸琵鹭（Platalea minor）等鸟类多分布于堤内鱼塘；鹤形目中的灰鹤（Grus grus）、白头鹤（G. monacha）多在盐藻光滩和海三棱藨草外带取食，而秧鸡科鸟类白胸苦恶鸟（Amaurornis phoenicurus）、黑水鸡（Gallinula chloropus）、白骨顶（Fulica atra）多在堤内鱼塘-芦苇区中取食和栖息；雁形目鸿雁（Anser cygnoides）、豆雁（A. fabalis）、小天鹅（Cygnus columbianus）及鸭类，鸻形目和鸥形目黑尾鸥（Larus crassirostris）、海鸥（L. canus）、银鸥（L. argentatus）、红嘴鸥（L. ridibundus）、黑嘴鸥（L. saundersi）、普通燕鸥（Sterna hirundo）等鸟类在盐藻光滩和堤内鱼塘-芦苇区均有大量分布。

葛振鸣等（2006b）对上海崇明东滩堤内次生人工湿地鸟类冬春季生境选择的因子分析，表明冬季鸟类种类数与植被盖度呈显著正相关，鸟类数量、物种多样性、科属多样性等群落特征与水位高低、水面积比例及鱼类捕捞强度等有关，底栖动物密度影响鸟类均匀性和数量；春季鸟类数量与鱼塘的水面积呈正相关，而种类和数量与水位呈显著负相关，物种多样性和均匀性明显受水位、水面积和植被盖度影响，鸟类科属多样性与底栖动物密度呈显著正相关，捕捞状况对春季鸟类群落影响不大。

福建省内最大的海湾兴化湾西岸是迁徙鸟类非常重要的中转站，越冬水鸟有 8 目 12 科 46 种，越冬水鸟物种数较多的生境为淡水养殖场、滩涂围堰养殖区、潮间盐水沼泽、滩涂利用区和河口水域。从越冬水鸟物种数和种群数量来看，滩涂围堰养殖区、淡水养殖场最大，潮间盐水沼泽虽然分布有较多的物种数，但其种群数量不高，而农田作业区水鸟物种数和种群数量最低（王战宁，2011）。对福建滨海 21 个主要的水鸟栖息地进行主成分分析与评价，结果表明兴化湾得分最高（5.171），其次是兴化湾、闽江河口、福清湾等主要湿地，是迁徙水鸟最为主要的停歇地和觅食地。冬季迁徙水鸟有黑脸琵鹭（Platalea minor）、白琵鹭（Platalea leucorodia）、黑嘴鸥（Larus saundersi）等珍稀濒危物种（汪荣，2011）。

鸟类种群特征和种群生存能力的变化，受其生境状况及其动态的影响。区域土地利用方式和土地覆被的变化，改变了鸟类生境的数量特征和空间分布，鸟类生境受人类干扰的压力也随之变化。生境数量、空间分布和人类干扰强度决定了不同时期的鸟类生境状态。

范学忠等（2011）采用 1990～2008 年 6 期 Landast TM 遥感影像的解译结果，基于 ArcGIS 空间分带方法并构建生境有利度指数，分析了崇明东滩水鸟适宜生境的时空动态。结果表明：近 20 年来，主要受自然湿地的围垦、堤内土地利用方式变化和堤外互花米草（*Spartina alterniflora*）入侵的影响，崇明东滩海三棱藨草（*Scirpus mariguete*）群落（SMC）和养殖塘（AP）的数量特征变化较大，水鸟适宜生境的数量和结构经历了由自然生境到人工生境再到自然生境占支配地位的变化；1990～2008 年，SMC 和 AP 生境有利度指数值的最高年份分别是 1990 年和 2003 年，最低年份分别是 2000 年和 2008 年；20 世纪 90 年代大规模围垦及互花米草的入侵，致使 SMC 生境的面积锐减，其主要分布范围从 1990 年的堤外 1000～5000m 变为堤外 0～3000m 处，导致 SMC 生境状况恶化；大堤内 AP 生境是崇明东滩的重要水鸟生境类型，受堤内土地利用方式改变的影响，该生境 2008 年的生境有利度指数很低。崇明东滩鸟类生境的管理和保护不仅应重视自然湿地中的光滩与浅水区域，同时更应侧重于海三棱藨草群落和堤内养殖塘的管理和保护，其重点管理和保护范围可界定在堤外 3000m 到堤内 2000m 之间。崇明东滩水鸟生境的管理应实现多目标管理，维持各类适宜生境的足够面积和合理的空间布局，并在时间尺度上保持相对稳定，才能有效地保护各类水鸟种群及其生物多样性。

第二节 巢区分布格局的数学模型

动物种群是动物在群落中存在的基本单位，它具有物种的生物学特征。鸟类巢区分布状态的分析，可以采用线样方调查法和总面积调查法进行研究。根据朱曦 1995～1999 年，对鹭类巢区数量进行的样方统计，样方大小为 30m×30m，统计结果见表 5-7。

表 5-7 鹭类巢区的样方统计

巢数	0	1	2	3	4	5	6	7	8	9	10	11	12	13	14	15	样方数	总巢数
余杭良渚	9	7	9	8	7	6	5	3	2	2	1	1	1	0	0	0	61	225
常山伏江	10	8	9	8	7	7	5	5	2	1	0	1	0	0	1	0	64	228
安吉龙山	11	8	10	8	5	5	3	1	1	2	1	0	1	0	0	0	56	170

在自然界中生物种群的分布状态分随机分布、均匀分布及集群分布 3 种类型。鹭类巢区的分布状态以方差（S^2）与均值（$\overline{X}$）的比值即扩散系数（C）作为确定分布类型的指标。如果 $C=1$ 则为随机分布（random distribution）；$C>1$ 则为集群分布（clumped distribution）；$C<1$ 则为均匀分布（uniform distribution）。

一、模型的建立与求解

（一）重要指标与数据处理

鹭类巢区分布状态具有几个重要指标，现将数理统计中常用的几个统计量列出。

（1）均值：$\overline{X} = \dfrac{1}{n}\sum_{i=1}^{n} X_i$ （i=1,2,3,…）

（2）方差：$S^2 = \dfrac{1}{n}\sum_{i=1}^{n}(X_i - \overline{X})^2 = V$ （i=1,2,3,…）

（3）扩散系数：$C = \sum \dfrac{(X_i - \overline{X})^2}{\overline{X}(n-1)} = \dfrac{V}{\overline{X}}$

（4）平均拥挤度：$m^* = \overline{X} + \dfrac{V - \overline{X}}{\overline{X}} = \overline{X} + \dfrac{V}{\overline{X}} - 1$

（5）集群指数：$I = C - 1 = \dfrac{V}{\overline{X}} - 1$

（6）负二项分布 k 值：$k = \dfrac{\overline{X}^2}{V - \overline{X}}$

（7）扩散型指数：$Ig = \dfrac{m^*}{\overline{X}}$

式中，n 为样本数；N 为样本总数；X 为每个样本鸟巢数；$\overline{X}$ 为样本鸟巢数的平均值；$\sum X$ 为鸟巢总数；V，S^2 为样本方差；C 为扩散系数；m^* 为平均拥挤度；I 为集聚指数；Ig 为扩散型系数。

根据以上公式，3 个样地鹭类巢区的各项指标计算结果见表 5-8。

表 5-8　鹭类巢区分布状态的各项指标确定

地点	样方数（n）	总巢数（$\sum X$）	$\overline{X}$	V	C	I	m^*	k	Ig
余杭良渚	61	225	3.6885	8.6735	2.3515	1.3515	5.0398	2.7292	1.3664
常山伏江	64	228	3.5625	8.4648	2.3761	1.3761	4.9386	2.5888	1.3863
安吉龙山	56	170	3.0357	7.7844	2.5643	1.5643	4.6000	1.9406	1.5153

由表 5-8 中的扩散系数 C 值可知，鹭类巢的分布状态服从集群分布，属于集群分布的数学模型有负二项分布、Neyman 分布及 Poisson-二项分布。现分别以此 3 种分布状态建立相应的数学模型，分析 3 个样地巢区的分布格局。

（二）模型一：负二项分布模型

负二项分布（negative binomial distribution）是一种典型的集团分布，其特点是种群的分布呈不均匀的嵌纹状。其理论分布在概率论中为负二项式展开各项，故称负二项分布。即在 n 个取样单位内，发现有 0 个，1 个，2 个，…个个体的理论单位数，分别为下列负二项式的展开各项：

$$N(q-p)^{-k}$$

式中，$p = \dfrac{V}{\overline{X}} - 1$，$q = 1 + p$，$k = \dfrac{\overline{X}}{p}$。

各项理论次数的概率计算式为

$$NP_r = N \cdot \frac{(k+r-1)!}{r!(k-1)!} \cdot q^{-k-r} \cdot p^r$$

通过运算，推导出一个简便的计算式：

$$NP_r = \frac{k+r-1}{r} \cdot \frac{p}{q} \cdot NP_{r-1}$$

（三）模型二：Neyman 分布模型

Neyman 分布是 Poisson-二项分布的特例，其分布的核心之间是随机的，核心的大小约相等，并且核心周围呈放射状蔓延。其理论表达式为

$$\begin{cases} NP_0 = Ne^{-m_1 \cdot f(0)} = Ne^{-m_1(1-f(0))} \\ NP_{r+1} = N \cdot \dfrac{m_1}{r+1} \cdot \displaystyle\sum_{k=0}^{r} F_k P_{r-k} \quad (r=0,1,2,\cdots) \end{cases}$$

式中，$m_2 = \dfrac{(n+2)(V-\overline{X})}{2\overline{X}}$，$m_1 = \dfrac{(n+1)\overline{X}}{m_2}$，$F_k = \dfrac{1}{k!} f^{(k+1)}(0)$。

Neyman 分布的最大特点是以 n 为参数，由于 n 的变化，Neyman 分布具有多种类型，其理论值可有相当大的差异。根据查阅有关文献（波洛，1978），当 n 趋于无穷大时，鸟巢的理论分布模型与实际分布模型的适合性较好，故上式化简为

$$\begin{cases} NP_0 = Ne^{-\frac{2\overline{X}}{2+c}} \\ NP_{r+1} = N \cdot \dfrac{m_1}{r+1} \cdot \displaystyle\sum_{k=0}^{r} F_k P_{r-k} \quad (r=0,1,2,\cdots) \end{cases}$$

其中，$c = \dfrac{V-\overline{X}}{\overline{X}}$，$m_1 = \dfrac{2\overline{X}}{c}$，$P_0 = \dfrac{c}{(2+c)^2}$，$F_k = \dfrac{k+1}{k} \cdot \dfrac{c}{2+c} \cdot F_{k-1}$。

（四）模型三：Poisson-二项分布模型

Poisson-二项分布模型正处于 Neyman 分布与负二项分布之间（邬祥光，1985）。当 n 趋于无穷时，它趋于 Neyman 分布；在 $0<n<1$ 范围内，当 n 趋于 0 时，则趋于负二项分布。n 的选择必须使 $P<1$，n 取值范围通常为 $n \in [2,4]$。根据查阅有关资料，鸟巢的 Poisson-二项分布 n 取 3 为佳。本分布的理论表达式为

$$NP_r = N \cdot \frac{F_r}{r!}$$

$$\begin{cases} e^{-a(1-q^n)} \quad (r=0) \\ \text{其中，} F_r = \overline{X} \cdot \displaystyle\sum_{i=0}^{r-1} \binom{r-1}{i}(n-1)^{[r-i-1]} p^{r-i-1} q^{n-r+i} F_i \quad (r>0) \end{cases}$$

式中，$a = \dfrac{(n-1)\overline{X}^2}{n(V-\overline{X})}$，$p = \dfrac{V-\overline{X}}{(n-1)\overline{X}}$，$q = 1-p$，$n = 3$

注意：

$(n-1)^{[0]} = 1$

$(n-1)^{[1]} = n-1$

$(n-1)^{[2]} = (n-1)(n-2)$

$$\vdots$$

$(n-1)^{[R]} = (n-1)(n-2)\cdots(n-R)$

二、相对密度计算

根据线样方法，可以估计鹭类巢区的相对密度，有以下公式：

相对密度：$D = \dfrac{\overline{M}}{2LW_0}$

密度分布函数：$f(x) = \lambda e^{-\lambda x}$

指数分布函数：$F(x) = 1 - \lambda e^{-\lambda x}$

又有，$E(x) = \dfrac{1}{k}\sum_{i=1}^{n} x_i = \dfrac{1}{\lambda}$

式中，D 为鹭类鸟巢的相对密度；x 为鸟巢距直线的垂直距离；$\overline{M}$ 为统计时遇到的鸟巢数；L 为线路长度；$f(x)$ 为密度函数；$F(x)$ 为分布函数；$E(x)$ 为标准差；λ 为鸟巢距离直线的平均值；W_0 为有效长度的一半。

λ 可以用距离直线的平均值来估计，然后由指数分布函数：$F(x) = 1 - \lambda e^{-\lambda x}$ 可以求得距直线（x_1–x_2）米内的概率分布。并将有效宽度分成 5 个小区，每小区能计数到鸟巢数。第一小区认为它不受条件的影响，求其加权平均数，求得 $\overline{M}$，由 $\overline{M}$ 来估计密度，5 个小区划分见表 5-9。

表 5-9　5 个小区划分

区间	1	2	3	4	5
宽度	0~3	3~6	6~9	9~12	12~15
K_i	41	52	47	48	37

三、计算机处理与结果

鹭类巢的分布状态服从集群分布，属于集群分布的数学模型有负二项分布模型、Neyman 分布模型及 Poisson-二项分布模型。根据以上 3 种模型，将 3 个样地巢区的分布状态进行理论值与实测值拟合。分别将 3 个样地鹭巢的理论分布由 Matlab 编程，经计算机迭代运算，结果见表 5-10～表 5-12，并作实测值与理论值曲线图，如图 5-4～

图 5-6。

1. 余杭良渚

表 5-10 余杭良渚鹭类巢区分布状态

样方内巢数	实测值	负二项分布理论值	Neyman 分布理论值	Poisson-二项分布理论值
0	9	5.9136	6.7515	10.5217
1	7	9.2760	8.8682	4.0804
2	9	9.9407	9.4003	9.2948
3	8	9.0065	8.6893	9.3072
4	7	7.4141	7.3451	6.3765
5	6	5.7349	5.8208	6.6344
6	5	4.2460	4.3901	4.7593
7	3	3.0432	3.1825	3.3299
8	2	2.1271	2.2330	2.5198
9	2	1.4574	1.5242	1.5973
10	1	0.9825	1.0161	1.0301
11	1	0.6534	0.6635	0.6569
12	1	0.4297	0.4255	0.3842
13	0	0.2798	0.2684	0.2266
14	0	0.1807	0.1669	0.1297
15	0	0.1158	0.1024	0.0709
χ^2拟合检验		4.2677	2.9882	4.4716
自由度		16−2=14	16−1=15	16−2=14
$\chi_{0.05}^2$值		23.6850	24.9960	23.6850
符合否		符合	符合	符合

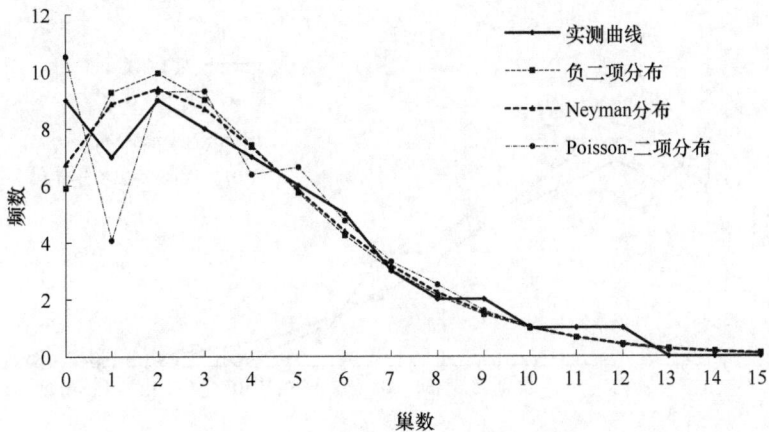

图 5-4 余杭良渚实测值与理论值曲线

2. 常山伏江

表 5-11　常山伏江鹭类巢区分布状态

样方内巢数	实测值	负二项分布理论值	Neyman 分布理论值	Poisson-二项分布理论值
0	10	6.8099	7.7559	12.0055
1	8	10.2100	9.6966	4.1623
2	9	10.6104	10.0138	9.9016
3	8	9.3992	9.0783	10.0152
4	7	7.6057	7.5561	6.4086
5	7	5.8044	5.9122	6.8474
6	5	4.2517	4.4113	4.8442
7	5	3.0212	3.1687	3.2799
8	2	2.0972	2.2057	2.5117
9	1	1.4290	1.4953	1.5618
10	0	0.9591	0.9908	0.9914
11	1	0.6357	0.6437	0.6335
12	0	0.4169	0.4109	0.3642
13	0	0.2709	0.2582	0.2129
14	1	0.1747	0.1600	0.1214
15	0	0.1119	0.0979	0.0654
χ^2 拟合检验		10.1474	9.1031	13.837
自由度		16−2=14	16−1=15	16−2=14
$\chi_{0.05}^2$ 值		23.6850	24.9960	23.6850
符合否		符合	符合	符合

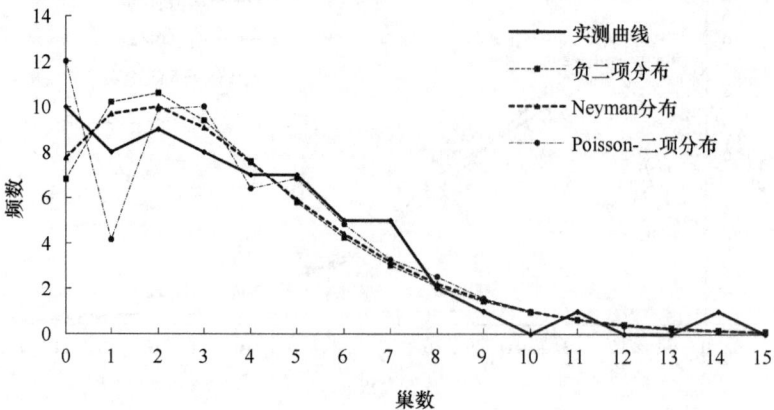

图 5-5　常山伏江实测值与理论值曲线

3. 安吉龙山林场

表 5-12 安吉龙山林场鹭类巢区分布状态

样方内巢数	实测值	负二项分布理论值	Neyman 分布理论值	Poisson-二项分布理论值
0	11	9.0062	10.1956	15.5642
1	8	10.6618	9.7451	2.2425
2	10	9.5629	8.9341	8.2125
3	8	7.6627	7.4488	10.8024
4	5	5.7737	5.8231	3.5543
5	5	4.1847	4.3414	5.3878
6	3	2.9530	3.1194	4.0857
7	1	2.0435	2.1756	1.8233
8	1	1.3931	1.4802	1.8119
9	2	0.9387	0.9862	1.0816
10	1	0.6265	0.6452	0.5416
11	0	0.4149	0.4155	0.4147
12	1	0.2729	0.2639	0.2191
13	0	0.1785	0.1655	0.1128
14	0	0.1162	0.1026	0.0724
15	0	0.0753	0.0630	0.0356
χ^2 拟合检验		6.1925	5.5929	23.4631
自由度		16－2=14	16－1=15	16－2=14
$\chi_{0.05}^2$ 值		23.6850	24.9960	23.6850
符合否		符合	符合	符合

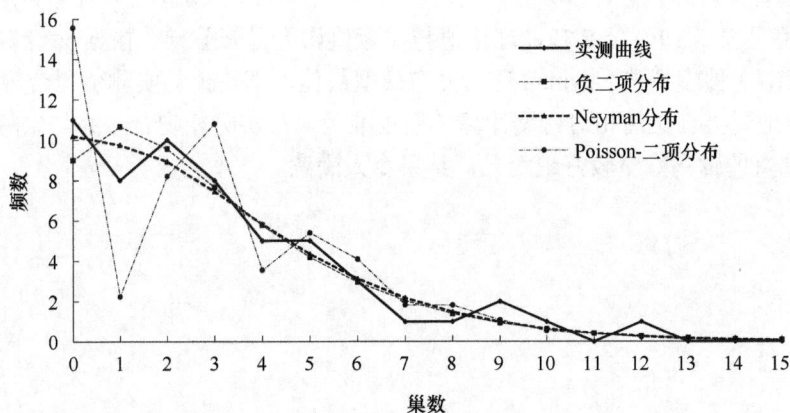

图 5-6 安吉龙山林场实测值与理论值曲线

4. 相对密度结果

根据以上相对密度计算的方法及公式，可以估计鹭类巢区相对密度。例如，余杭良渚相对密度的运算，由 Matlab 编程，由计算机算得

$$\overline{M} = 210.2736 \text{ 巢}，L = 600\text{m}，W_0 = 4\text{m}$$

$$D = \frac{\overline{M}}{2LW_0} = 438.07 \text{ 巢/hm}^2$$

同理可得，常山同弓伏江山、安吉龙山林场巢区的相对密度分别为 132.76 巢/hm²、67.18 巢/hm²。由所得数据进行比较，得知 3 个鹭营巢地鹭巢的相对密度大小顺序为：余杭良渚＞常山同弓伏江山＞安吉龙山林场。

四、模型的检验与评价

根据样本来检验关于总体分布形式及适应性检验，可采用 χ^2 检验法。χ^2 检验是把实测值与理论值加以比较，观察其是否适合。此 3 个样方鹭类巢区分布模型可用 χ^2 检验法，进行适应性检验。

$$\chi^2 = \sum_{i=1}^{n} \left[\frac{(x-c)^2}{c} \right]$$

式中，x 为实测值，c 为理论值。

显著水平 α 一般取 0.05，即精度为 95%的 χ^2 检验。根据查 $\chi^2(f)$ 分布表得临界值，与 χ^2 计算值比较，若 $\chi^2 < \chi^2(f)$ 则无显著性差异。

例如，余杭良渚鹭巢 Poisson-二项分布的 χ^2 检验。根据上式，由 Matlab 编程，χ^2 计算值运算结果为 4.4716。自由度 f=16–2=14，由显著水平 α =0.05，查 $\chi^2(f)$ 分布表比较。

$$\chi^2(f) = \chi_{0.05}^2(14) = 23.6850$$

$$\chi^2 = 4.4716 < \chi_{0.05}^2(14) = 23.6850$$

故无显著性差异，符合该分布。同理，将 3 个样地分布模型经 χ^2 检验，χ^2 计算值与 $\chi^2(f)$ 临界值见表 5-10～表 5-12，理论值与实际值均无显著差异。根据 χ^2 计算值与曲线拟合度可知，3 种模型中 Neyman 理论分布模型最佳，理论值与实测值拟合度较好。

3 个样地鹭类鸟巢的相对密度计算结果较准确，与实际相吻合。并与朱曦（2001）在该地区调查的鹭鸟数量较好地统一，结果令人满意。

第六章 行 为 学

鸟类的行为是指鸟类在一定环境条件下，为完成摄食、繁殖、体温调节及其他个体生理需求等生命活动而以一定的姿势完成的一系列动作。鸟类的行为依其功能可划分为生存行为（包括摄食行为、排泄行为、休息行为和运动行为等）和繁殖行为（包括求偶、巢区、筑巢、交配、产卵、孵卵、育雏）。

第一节 鹭类习性和行为

鹭是涉禽，为湿地鸟类中主要种类之一。鹭的分布较广，Howard 等 1991 年统计全世界有 16 属 60 种，亚洲有 30 种（Bhushaw et al.，1993），我国有 10 属 20 种 18 亚种（朱曦，2001）。有关鹭类的生态学研究，国内外已有较多报道。鹭类行为学方面有夜鹭（Beckett，1964）和黄嘴白鹭（Beasley，1975）的觅食行为，牛背鹭（Blaker，1968；Snoddy，1969）、白鹭（Blaker，1969；王颖，1989）和中白鹭（Blaker，1969）的栖息行为，但国内报道较少。

朱曦等于 1995～1997 年的 4～8 月，在浙江常山县太公山鹭类保护区对鹭的行为学进行了连续 4 年的定点观察。在鹭迁到之前对林地进行清查，鹭鸟迁到后于每天凌晨（日出前半小时至日出后 1 小时）、早上（7:00～9:00）、中午（9:00～13:00），下午（13:00～17:00）和傍晚（日落前 1 小时至天黑）5 个时段进行观察。在林外山坡选择视野开阔的制高点，2 人一组以肉眼及望远镜直接观察，记录鹭类清晨出飞及晚归的数量、时间、飞行方向、觅食地点等。白天在林内及太公山附近 15km 范围内进行踏查，记录鹭类的采食场类型、采食场离繁殖地的距离，各采食场鹭鸟种类、数量、活动及飞行方向。在鹭的筑巢地调查各种鹭的分布区，取 10m×10m 样方 10 个，采用查巢数、直接计数等方法相结合，统计各种鹭的数量，确定鹭的动态变化。繁殖期间对巢标记，定时检查巢，观察筑巢、孵卵、育雏、受惊、休息、取食、飞行等行为。用 ST-80 型照度计测量鹭鸟醒觉、出飞和末次回巢旷野亮度。

一、鹭种类、分布及数量变化

太公山鹭类有池鹭、夜鹭、白鹭、牛背鹭等 4 种。4 月上中旬迁到，9 月底 10 月初迁离，均为夏候鸟。1994 年 4 月 13 日下午在观察中发现空中陆续有鹭群迁飞，先在太公山上空盘旋数周后降落林中，并有数群白鹭、池鹭在林上空盘旋后飞往别处。

1995～1997 年的 4 年中，鹭类迁到日期分别为：4 月 13 日（1994 年）；4 月 10 日（1995年）；4 月 13 日（1996 年）；4 月 11 日（1997 年）。一般是夜鹭、白鹭、牛背鹭迁来较早，数量较早达到稳定。而池鹭迁来最迟，但数量增长较快。鹭类迁到期数量动态如图 6-1 所示。

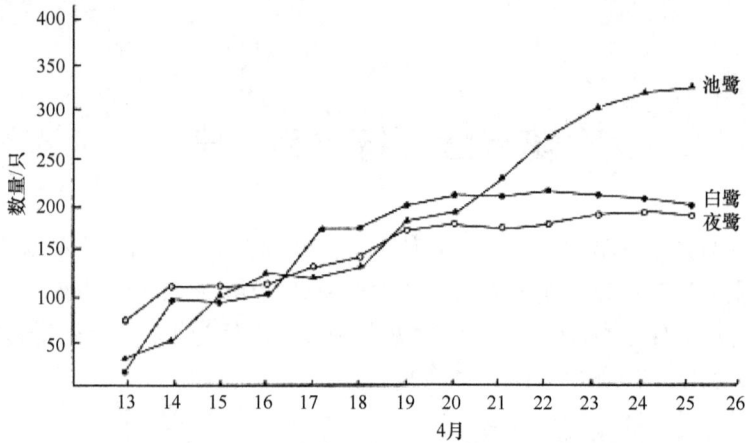

图 6-1　3 种鹭迁到期的数量动态（自朱曦等，1998a）

1997 年 5 月 2 日、6 月 20 日采用样方和直接计数等方法进行调查，各种鹭的数量见表 6-1。

表 6-1　太公山鹭类数量比较（自朱曦等，1998c）

日期（年-月-日）	数量	池鹭	夜鹭	白鹭	牛背鹭	总计
1997-5-02	数量/只	2 898	3 772	442	188	7 300
	百分率/%	39.70	51.67	6.05	2.58	100.00
1997-6-20	数量/只	8 280	5 520	960	360	15 120
	百分率/%	54.76	36.51	6.35	2.38	100.00

在繁殖区，不同鹭种群呈相对集中的分布区，夜鹭和白鹭迁入时间较早，首先占领了条件优越的中心区和高大繁茂的树种（如香樟、枫香），不易受干扰而利于栖息繁殖。池鹭迁入较迟，只能在山坡下部的林缘地带相对低矮的树木（如枫香、马尾松）上筑巢。

白鹭、池鹭、牛背鹭每天日暮前皆由各活动地点飞回栖息的林内，但彼此间为了争夺树冠层中适宜的栖息位置而发生威胁或打斗，至天黑后才安静下来，进入休息状态。次日晨又飞往各处，开始日间觅食等活动。

繁殖期间，夜鹭和白鹭的护域行为较强，在它们的巢区内有同种或异种个体进入时，先发出急促的警告声，然后有伸颈、展翅，直至攻击的表态。

在同一株树上，有时会有几种鹭筑巢，一般是夜鹭巢位较高，位置较优越，而池鹭巢位较低。在分布区和巢位占领上，4 种鹭之间存在明显的种间竞争，但巢间距通常很小。鹭的领域性仅表现在巢周围小的保护区域。

二、繁殖行为

（一）筑巢

筑巢是鸟类繁殖活动中的一个显著特征，鸟类的繁殖一般开始于筑巢活动，而结束于幼鸟离巢。鸟巢和鸟类的筑巢活动对于已成配偶的鸟类来说，是刺激它们的性生理活动的主要因素。

鹭类迁到 3～4 日后即开始筑巢。较早迁来的鹭一般利用旧巢，在旧巢的基础上稍加修葺即成。迟来的几批鹭大多构筑新巢。由于高位巢被先来的鹭占领，后来的鹭只能在树的中下部筑巢。

鹭双亲筑巢，衔材回巢时多先飞落筑巢树或邻近树较低的树枝上，然后再飞到筑巢的树枝上。经常是一鸟取材衔回巢沿，递给留巢者安放。有时雌雄鸟都衔材回巢，这时先由一只鹭把巢材安放好，再让位给另一只鹭。一天中，5:30～9:30、16:00 筑巢最活跃。据统计，亲鸟一天叼运枯枝达 168 次。

鹭巢的结构粗陋，呈浅盘状，主要以枯松树枝搭成。不同种鹭巢大小略有差异，但一般巢外径 30～45cm，内径 20～30cm，巢高 12～25cm，巢深 3.5～8.0cm。夜鹭的巢全由粗而长的枝条构成。白鹭、牛背鹭的巢也由枯枝组成，但中部枯枝较细。池鹭巢除用枯枝外，还铺垫少许细枝、松针及枯草等。

在孵卵期和育雏期，亲鸟也常修补巢。一只亲鸟飞到巢附近的地面取材衔回巢沿，由另一只亲鸟主动用喙接住进行补巢。产卵前如巢被人为惊扰或受威吓时，亲鸟也会自行拆巢，而更换巢址。巢多位于树冠的中上层离主干较远的枝叉间。夜鹭、白鹭的巢较大、较整齐，位置也较高。池鹭、牛背鹭的巢则相对较小且简陋，位置也较低。鹭巢数量依鹭种类而不同，在一株树上一般为 1～5 个，多时达 20 个以上。在杉木马尾松上常见 1～2 个巢，最多 3 个，在阔叶树上为 2～5 个。巢间垂直间距有时很小，仅为 0.4m。在同株树上不同种鹭混合筑巢时，排他行为不太明显。

（二）产卵

太公山的鹭类一般于 4 月下旬开始产卵。1994 年 4 月 19 日发现白鹭产第 1 枚卵，4 月 25 日夜鹭产卵，4 月 26 日池鹭产卵。1996 年 5 月 3 日对 20 窝池鹭卵统计，产 3 枚卵的占 65%；4 枚的占 25%；5 枚的占 10%。1997 年最早的产卵日期是 4 月 26 日，但在 5 月 24 日查卵时仍发现有 2 个巢刚产 1 枚卵。鹭隔日产卵，窝卵 3～5 枚，少数可达 6 枚。产卵期 6～9 天。

鹭卵为浅绿色或蓝绿色。4 种鹭卵的形状、大小略有差异，池鹭卵（14 枚）大小为：39.30（33.00～39.50）mm×29.67（27.44～32.50）mm；夜鹭（6 枚）为：46.54（44.68～48.54）mm×35.24（34.62～36.28）mm；白鹭（25 枚）为：45.00（42.00～48.18）mm×32.85（31.88～34.54）mm；牛背鹭（4 枚）为：45.25（44.80～46.20）mm×31.23（30.60～31.28）mm。牛背鹭、白鹭的卵较细长，而池鹭、夜鹭的卵较圆钝。鹭卵的重量分别为：池鹭 17.7g（13.8～20.1g，$n=14$）；夜鹭 31.0g（29.0～32.6g，$n=6$）；白鹭 25.4g（22.8～27.3g，$n=25$）；牛背鹭 23.1g（22.8～23.5g，$n=4$）。

鹭类也同多数鸟类一样，认巢不认卵，它们一见到自己的巢就迫不及待地伏上去孵卵。当一窝卵产完后，如有卵损坏或被掏，亲鸟会补产。窝卵数白鹭 3.6 枚（3～6 枚，$n=15$）；夜鹭 3.4 枚（2～4 枚，$n=17$）；池鹭 4.1 枚（2～6 枚，$n=47$）。1997 年 4 月 29 日因台风和冰雹造成了卵的大量损失。

（三）孵卵

鹭有边产卵边孵卵的习性，但也有的在产卵后才开始孵卵。由双亲坐巢，以雌鸟坐巢的时间为长。在孵卵初期，一只亲鸟坐巢，另一只亲鸟常立于巢附近的枝条上静静地看护。当坐巢的鸟站起时，旁边的另一只亲鸟则走入巢中，一起翻卵或用喙整巢，然后孵卵。有时亲鸟飞到巢边等待，巢中亲鸟在 3～5 分钟仍不离开时，换孵亲鸟就会发生急促的鸣叫，或将喙伸到巢中鸟的腹下推赶，让其离巢。但当亲鸟坐巢过久，换孵鸟迟迟未到时，又会显出焦急不安，或走出巢张望，换孵亲鸟一到立即离巢。

在孵卵中后期，亲鸟坐巢时间增长。往往是一只亲鸟坐巢，另一只亲鸟却不守候在附近，而在野外取食，过一段时间才飞回换孵。也曾观察到两只亲鸟同时坐巢。

4 种鹭坐巢时间有不同，夜鹭时间较长，池鹭次之，白鹭最短。在孵卵初期，白鹭每坐巢十几分钟就进行晾卵、翻卵或理羽、整巢 1～3 分钟。池鹭坐在巢中很少动，偶尔站起，过了十几秒钟又坐下或与另一亲换孵。在孵卵中后期，白鹭坐巢时间增长，但池鹭和夜鹭的晾卵次数增加。

对白鹭孵卵的观察表明，不同日期中孵卵时间占全体活动的百分比分别为 82%（5月 6 日）、91%（5 月 7 日）、85%（5 月 11 日）、95%（5 月 21 日）、95%（5 月 28 日）。不同日期中孵卵活动也有变化。孵化时间为 22～24 天。孵卵期间如果毁掉了巢窝，鹭的孵卵行为立刻终止。

（四）育雏

1994 年 3 种鹭出雏的时间分别为：白鹭 5 月 14 日，夜鹭 5 月 16 日，池鹭 5 月 21日。出雏后双亲便开始喂雏，一般日喂 12～20 次。因雏鸟日龄不同，亲鸟喂食方式不同。在 1～4 日龄时，觅食亲鸟回巢时，雏鸟昂头、伸颈、鸣叫，亲鸟张开嘴以食糜喂雏，其间亲鸟有快速点头或摇头的表态。喂食时间为几分钟至十几分钟，喂食后亲鸟卧巢暖雏。晴天时亲鸟还经常蹲式或长时间地站起来让雏晒太阳。育雏中期，白天一亲鸟采食，另一亲鸟在巢旁护雏。在另一亲鸟回巢的过程中会有 2～3 次的喂饲，亲鸟有时会站起修补巢，整羽、张翅膀，为雏鸟遮荫或挡雨。觅食回巢的亲鸟接近巢时，一般会发出 2～3 声"gu-gu-"或"wa-wa-"的叫声，有时会绕巢飞半圈至一圈，然后停在巢附近的树枝上，慢慢地向巢走去，这时巢中的亲鸟也站起。两只亲鸟在巢中经过 30～60秒后，原来喂雏亲鸟离巢觅食，由刚返回的亲鸟育雏。

雏鸟 8～10 日龄后，亲鸟只将食物吐入巢中，由雏鸟自己啄食，喂完后就飞走，或立于旁枝休息。亲鸟每天平均喂雏 6～7 次。育雏期间，夜鹭在白天的活动有所加强。

雏鸟的生长较快，食量很大。14 日龄夜鹭、6 日龄白鹭、5 日龄池鹭的体重增长较快。白鹭、池鹭雏鸟较好动，夜鹭雏鸟则较安定。在饲养中，夜鹭雏鸟喜躲藏于阴暗的角落，但性较凶猛。

22 日龄夜鹭、20 日龄白鹭、15 日龄池鹭的活动能力已较强，在野外观察时已不易捕捉。

三、鹭的飞行活动及行为

（一）出飞和回归

鹭鸟出入栖息地的时间和亮度随不同季节而有变化，而受日出和日落时间的影响。白鹭、池鹭、牛背鹭飞离栖息地的时间约自曙光初现前后10分钟开始，整个鹭群在30～90分钟内完全离开。晚间，其飞回栖息地的时间在天黑前1～2小时。据4月22日至6月3日的观察，在繁殖前，池鹭、白鹭、牛背鹭早上出飞时间为5:30～7:00，傍晚回归时间为15:30～18:30。夜鹭出飞时间为18:30～20:00，回归时间为清晨4:30～5:30。进入繁殖期后，日出时间提早，鹭鸟出飞时间相应提早，傍晚回归延迟（图6-2，图6-3）。池鹭、白鹭、牛背鹭早上出飞时间为4:40～5:50。据1994年5月5日测定，鹭出飞亮

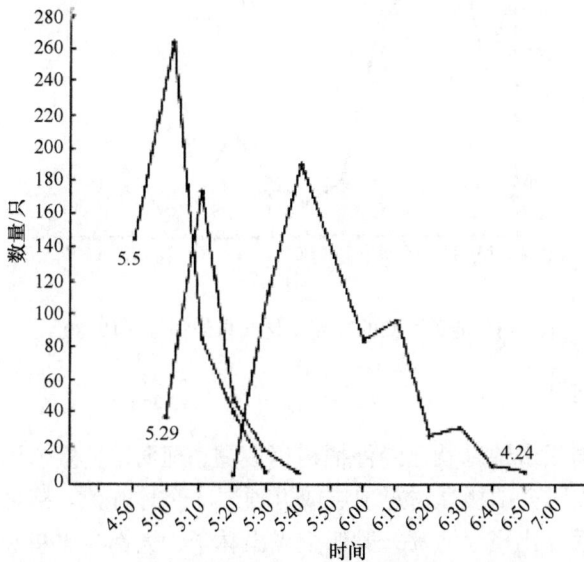

图6-2 不同日期（月.日）鹭群出飞数量变化（1998年）

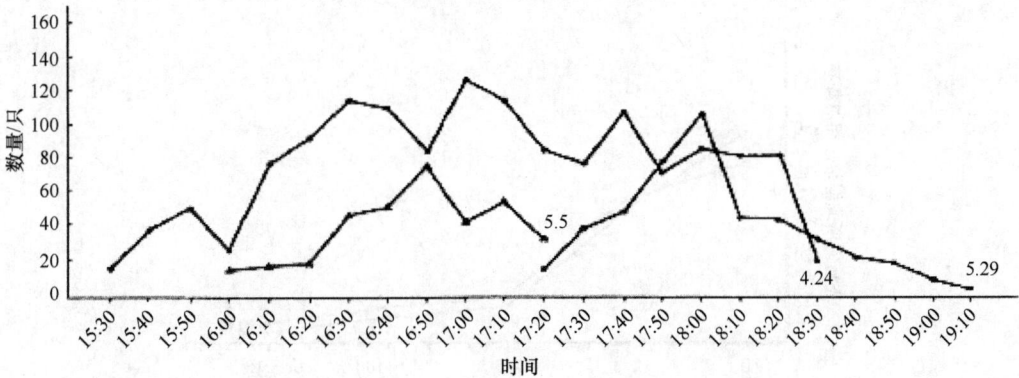

图6-3 不同日期（月.日）鹭群回归数量变化（1998年）

度为 0.1lx，5:10 为出飞高峰，亮度为 65.6lx。5:40 亮度为 1807lx，出飞个体已很少。傍晚回归时间为 16:30～19:10，18:40 亮度为 344lx，为回归高峰。5 月 5 日鹭鸟末次回归时间为 19:10，旷野亮度为 1.21lx。繁殖期中，鹭鸟的数量逐渐趋向稳定，出飞开始到结束时间缩短，出飞高峰显著，55%～65%的个体在十几分钟内出飞。

1996 年 5 月 12 日至 5 月 23 日池鹭回归的亮度变化如图 6-4 所示，晴天末次回归亮度较高，阴天较低，但又随日照延长而降低。

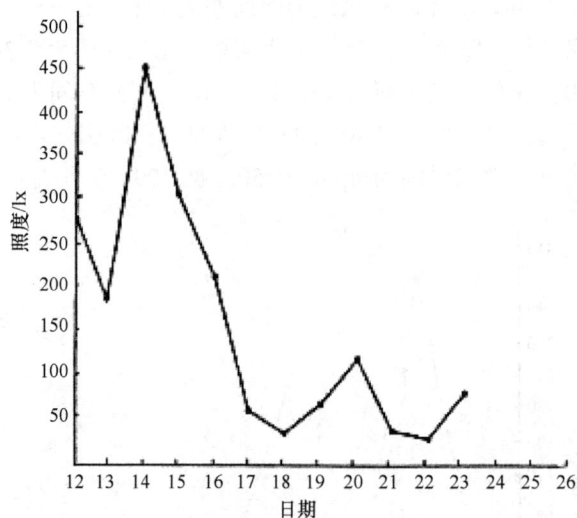

图 6-4　池鹭回归的亮度变化（自朱曦等，1998a）

（二）出入栖息地行为

清晨天色微亮时很多鹭鸟就已经停栖树梢展翅、理羽，少量个体做短距离出飞后又返回树梢。鹭鸟出飞时多由栖息树冠顶层或近顶层的个体开始。栖息于较低位置的鹭则先移位至树冠上层后才出飞。池鹭一般低空飞出林子，大都为零星和连续不断飞出，有时成 4～8 只的小群。出飞时多以单种鹭进行，但也有白鹭、池鹭、牛背鹭 3 种鹭的混合群（图 6-5）。出飞高峰随日期推迟而提早，4 月 24 日鹭出飞高峰为早上 5:40，到 5

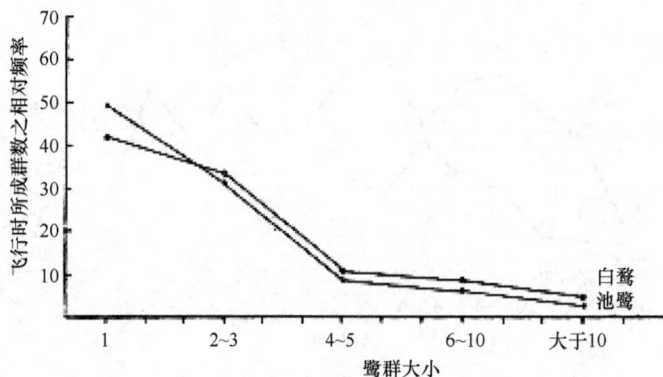

图 6-5　出入栖息地飞行种群的大小（自朱曦等，1998a）

月 5 日为 5:10，夜鹭一般在 18:30 左右开始出飞，19:00 达到高峰，多成群出飞。早上 4:30 左右陆续返回。

　　鹭类返回栖息地时，池鹭、白鹭以单只或成对活动为常见。但白鹭结群比池鹭多，时常见到 2~3 只的小群。成较大群齐飞的现象较为少见，只有当鹭群受到外界干扰或惊吓的情况下，才可见到大群鹭一同飞起。夜鹭基本上以集群出入栖息地，一般在其他 3 种鹭出飞前已基本返回，但叫声较少，经常以数十只至上百只集群在林梢附近上空盘旋。

　　鹭鸟出入栖息地的飞行方向与各种鹭的采食场不同有关。伊藤嘉昭等 1986 年在研究繁殖期鹭成鸟群体飞去取食的时间、取食场地类型、飞行距离时，发现鹭每天在不同的地方取食，而且在集群内改变饵料场地。向适宜场地飞去的比率为 41%，比向适宜的饵料场地飞去（48%）为少。不同鹭种或同一鹭种的不同族群飞行的方向和路径相对比较固定。根据对常山太公山鹭类 4 年观察，池鹭往南、西方向较多，往东、东北方向较少。白鹭和牛背鹭往东、北方向较多，往南、西方向较少（图 6-6）。踏查发现，西南方向多水田，而东北、西北方向除水田外还有水库、小溪，东南方向多水库。觅食场的不同能减弱种间取食竞争。日暮时池鹭陆续返回栖息地。白鹭并非所有个体都由白天活动地点直接飞回栖息地休息，而浅水域中先停留觅食及活动，然后才会飞回树林休息。飞回时，其集群方式和早晨飞离时差异不大，仍以单只飞回为多，其次为 2~5 只结群飞回（图 6-7）。

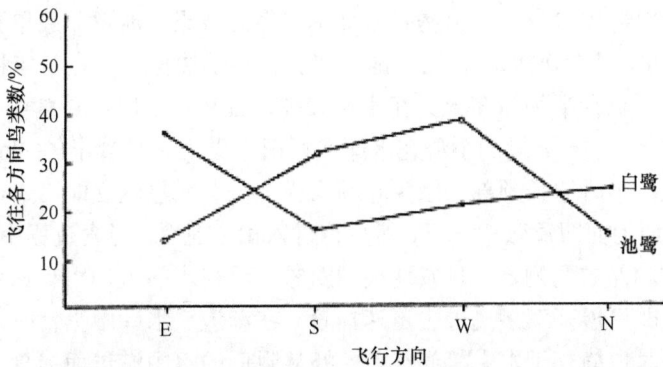

图 6-6　鹭类觅食时飞行方向（自朱曦等，1998a）

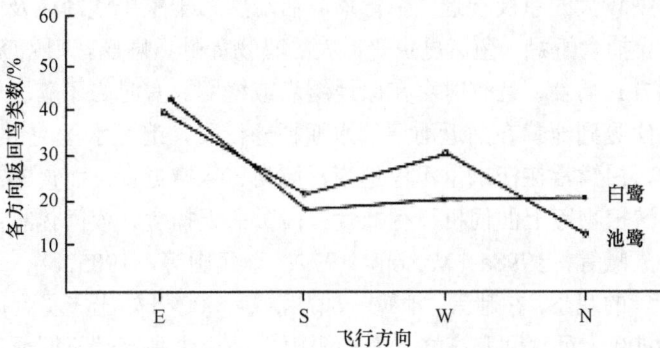

图 6-7　鹭类飞回栖息地时飞行方向（自朱曦等，1998a）

（三）起飞、飞行、降落

起飞时鹭鸟身子伸展，振动翅膀，然后脚离开停栖物。池鹭飞行振翅频率为 2～3 次/秒。飞行时脚向后方伸直，飞行路线平直。下降时一般为绕圈缓慢降落。停栖地面起飞时，往往向前奔跑几步，然后起飞，鼓翅时会产生较响的"扑、扑"声音。受惊时，后肢猛力蹬地展翅起飞，飞行速度明显加快。

白鹭和牛背鹭振翅频率比池鹭要低，缓慢而有力，飞行时颈部弯曲成"S"形，腿伸出尾部较长。降落时作滑翔飞行。鹭身体几乎垂直，两脚伸直，脚趾抓住枝条或直接落地，继续振翅 1～2 秒，以保持身体平衡，然后收缩翅膀站立于栖息地。

四、觅食行为

鹭类为涉禽，主要采食场有水田、小河、小溪、水库、池沼、湖泊等。食物分析表明，主要食物有泥鳅、小杂鱼、青蛙、蝌蚪、小黄鳝及水生昆虫等。白鹭、中白鹭、大白鹭常在水域中浮起的水草或莲叶附近活动，捕捉鱼类、青蛙及水中无脊椎动物。但白鹭有时也与牛背鹭共同在草地上觅食昆虫。

Krebs（1974）认为，在饵料条件好的地方，容易形成采食群体，因此，群体存在是饵料条件好的信号。伊藤嘉昭等（1986）认为群体中多数个体共同获得食物是较容易的，而且在采食中群体自身也有引诱寻求食饵个体的效果。池鹭一般单独觅食，偶尔也有 2～3 只在一起，多在水稻田、油菜地、河流、小溪边觅食。在常年积水的环境中，食物较为丰富时，觅食半径为 3km。在水域较少、食物贫乏时，觅食半径在 5km 以上。白鹭、牛背鹭通常以 3～7 只的小群在水库或稻田中觅食，觅食半径 3km。白鹭在觅食过程中非常警觉，不时伸长颈部，昂头环顾四周，一有危险就立即飞走，在稻田中觅食时，先要停在田埂上向四周张望一下，然后再进入田中觅食。觅食过程中多以缓步前行，边走边注视前方和左右两侧，一旦发现被捕对象，就快步靠近，用喙啄食。当被捕者运动很快时，白鹭即可展开双翅飞过去迅速捕食。在溪流、水库中觅食时，主要在浅水地带涉水觅食。有时也静立于水中等候小鱼、虾从附近的水中游过而捕食。大白鹭以定点方式觅食，但也有贴水面低飞振翅的技巧，追逐水里的鱼类及其他动物，伺机捕捉。捕获的猎物多是体型较大的鱼及青蛙。牛背鹭的活动广布于整个浅泽区及草坡地，常见其在牛群附近觅食，捕食蚯蚓、鱼、昆虫等，大的猎物如蛙、蜥蜴，则先啄死，然后吞食。牛背鹭以步行的方式捕食，且有时会在原地缓步或绕圈。有时为了猎取食物，十几只鹭会一起追赶。多次见到池鹭在贴近池塘的水面振翅低飞，追逐水里的鱼类，伺机捕捉。

鹭类觅食时，白鹭常在浅水位不停巡视、搅动、啄捞觅食，而夜鹭常守在深水位的木桩、竹竿、浮游植物等上面伺机飞行捕食；白鹭白天捕食，夜间休息；夜鹭则夜间捕食，白天休息（朱曦等，1998a；Voison，1977；李建国等，1985）。

据朱曦等几年的观察，在晴天，池鹭一般从清晨 5:00 开始出飞觅食，在 9:00～10:00 为高峰。下午 16:00 为觅食回归高峰。但在阴雨天，觅食高峰较不明显。夜鹭、白鹭和池鹭 3 种鹭的雏鸟混合饲养中发现夜鹭性最凶，食量最大，常独占食料盆，攻击前来取食的白鹭。夜鹭啄到泥鳅后往往张开翅膀将泥鳅吞入胃中。白鹭是站在食料盆中啄到泥鳅后衔在口中迅速离开，而泥鳅往往掉在地上，被夜鹭夺走。池鹭最弱，虽有飞翔能力，但争食能力差，只能停在远离食料盆的地方观望，伺机采食。在野外观察中，发现当白鹭在田中觅食时，池鹭往往不敢进入同一块田中觅食；且白鹭飞到池鹭觅食的田中寻找食物时，常见池鹭被迫飞走。

太公山鹭类觅食半径在 1～8km。在孵卵期和育雏期，采食场有趋近的倾向，可能与该时期正值春耕季节，原先麦地、油菜地都灌水改成水田，无脊椎动物如鞘翅目、双翅目、半翅目等幼虫，水蛭，以及蝌蚪、青蛙、鱼类等饵料更为丰富有关。

无锡鼋头渚地区白鹭与夜鹭主要在鱼塘、湖泊觅食，白鹭在湖滨觅食，而夜鹭还会到湖中央水面觅食；池鹭觅食区域较广，主要在鱼塘。鹭群主要的食物类型是鱼类，白鹭食物几乎全为鱼类，夜鹭95%的食物为鱼类，兼有少量的蛙类、甲壳类和小型哺乳类动物（李涛等，2002）。

五、社群行为

（一）集群

集群是鸟类的重要生态习性，也是鸟类合理利用空间的一种方式。对每个集群的种而言，是种的内部结构上的特点，是个体聚合的结果。集群的意义在于提高群的存活力，在进化阶梯上，比较低级的大型鸟类更有群居的需要。鸟类集群的研究认为，集群是一项鸟类的习性及适宜巢址的缺乏。集群生活在防御食肉鸟类的侵袭、在寒冷天气保持体温（御寒）、共同利用周围的食物资源、要有嘈吵的刺激声音来鼓励，才能在成功地交配和繁殖等方面都有好处。

集群能更好地改变微气候和小生境条件，有利于种群的最适增长和存活，且集群中的个体常比单个体死亡率低。集群的密度随种类和条件而变化，过疏或过密都会起到限制作用。

鹭类在越冬期有集群现象，而在繁殖时常由同种或不同种的大量个体在某一区域内营巢繁殖，并对其共同的繁殖领域进行保护。在该区域内每对鹭鸟各自营造自己的巢，巢与巢的距离常常很小，如池鹭、白鹭的巢间距有时不足 1m，一种鹭或几种鹭在同一棵树上营造多个巢，在香樟、枫香、榆树等树上有时可见到数十个巢。

鹭类的集群有单种集群和混合集群两种形式。苍鹭、草鹭、大白鹭、白鹭、中白鹭、池鹭、牛背鹭及苇鳽等种类都有单种集群繁殖的现象，但不同种类混群繁殖的现象更为常见。国内鹭类混合群体大致有：①池鹭（*A. bacchus*）、白鹭（*E. garzetta*）（朱曦，1996b）；②苍鹭（*A. cinerea*）、草鹭（*A. purpurea*）（费殿金等，1985；杨家骥等，1990；孙洪志等，1996）；③大白鹭（*E. alba*）、苍鹭（*A. cinerea*）（邱英杰和田荣久，1990）；④夜鹭（*N. nycticorax*）、白鹭（*E. garzetta*）（朱曦和樊厚德，1994；张迎梅等，2000）；⑤苍鹭（*A. cinerea*）、夜鹭（*N. nycticorax*）（任青峰，1994）；⑥池鹭（*A. bacchus*）、白鹭（*E. garzetta*）、牛背鹭（*Bubulcus ibis*）（朱曦，1996b）；⑦池鹭（*A. bacchus*）、白鹭（*E. garzetta*）、夜鹭（*N. nycticorax*）（朱曦，1996b；李永新，1963；周立志等，1998a）；⑧夜鹭（*N. nycticorax*）、

白鹭（*E. garzetta*）、池鹭（*A. bacchus*）、牛背鹭（*Bubulcus ibis*）（朱曦，1996b；王中裕等，1990）；⑨夜鹭（*N. nycticorax*）、白鹭（*E. garzetta*）、黄嘴白鹭（*E. eulophotes*）、池鹭（*A. bacchus*）（张龙胜等，1994）；⑩苍鹭（*A. cinerea*）、白鹭（*E. garzetta*）、夜鹭（*N. nycticorax*）（史东仇等，1991）；⑪池鹭（*A. bacchus*）、白鹭（*E. garzetta*）、绿鹭（*Butorides striatus*）（沈猷慧等，1987）；⑫草鹭（*A. purpurea*）、大白鹭（*E. alba*）、苍鹭（*A. cinerea*）（邢莲莲等，1989）；⑬牛背鹭（*Bubulcus ibis*）、夜鹭（*N. nycticorax*）、白鹭（*E. garzetta*）、大麻鳽（*Botaurus stellaris*）（钟福生等，1999）；⑭夜鹭（*N. nycticorax*）、白鹭（*E. garzetta*）、池鹭（*A. bacchus*）、黄嘴白鹭（*E. eulophotes*）、牛背鹭（*Bubulcus ibis*）（张龙胜和刘作模，1991；文祯中和孙儒泳，1993；朱曦等，1999f）；⑮夜鹭（*N. nycticorax*）、白鹭（*E. garzetta*）、牛背鹭（*Bubulcus ibis*）、绿鹭（*Butorides striatus*）、池鹭（*A. bacchus*）、苍鹭（*A. cinerea*）（隆廷伦等，1999）；⑯夜鹭（*N. nycticorax*）、白鹭（*E. garzetta*）、中白鹭（*E. intermedia*）、黄嘴白鹭（*E. eulophotes*）（文祯中和夏敏，1996）、牛背鹭（*Bubulcus ibis*）、池鹭（*A. bacchus*）；⑰牛背鹭（*Bubulcus ibis*）、白鹭（*E. garzetta*）、中白鹭（*E. intermedia*）、池鹭（*A. bacchus*）、绿鹭（*Butorides striatus*）、夜鹭（*N. nycticorax*）（朱红星等，1994）等 17 种。在深圳福田红树林湿地有由草鹭、大白鹭、黄苇鳽等 14 种鹭组成的群落（王勇军等，1999）。

鹭类的集群繁殖也能提高取食效率，Ward 和 Zahavi（1973）认为繁殖群体可以起到一个信息中心的作用。通过群体中不同个体之间关于食物资源信息的交流，能够提高取食活动的效率。

（二）休息

池鹭、牛背鹭多在较偏僻的河沟、湖泊、滩地的杂草、芦苇丛缘休息，在无干扰时能停息 2~4 小时。夜鹭在无惊扰时可在原地从早上一直休息到下午 16:00。白鹭常以十多只、几十只成群在水库、河、溪的滩地上休息，并常同牛背鹭、苍鹭混群。1994 年 4 月 11 日在水库边见到一个由白鹭、牛背鹭、苍鹭组成的鹭群，其中有白鹭 55 只、牛背鹭 3 只、苍鹭 1 只。

傍晚鹭鸟返回栖息地后，停栖在树梢顶部，一般离地面都较高。休息的姿态是蹲体缩颈，有时双目闭合。常见的姿态有：①回头式：双脚并立或单脚独立，将头转向背后插入肩羽中，大多数白鹭、苍鹭以这种姿态休息；②垂头式：双脚并立，缩颈喙尖朝下，呈垂直式倾斜 45°，部分池鹭以这种姿态休息；③坐式：双脚朝前跪立，头部姿态同①或②；④卧式：腹部贴在地面，卧着睡眠。

（三）受惊和鸣叫

鹭类在受惊时先以身体笔直站立，颈部伸直，喙与地面几乎平行，双眼四处张望，如觉有威吓时立即腾空飞起。一只鹭惊叫之后会引发其他鹭鸟也飞起，成群地在林子上空盘旋，并发出急促、尖锐的叫声。在威胁未排除前也会飞离原地而暂停落在较远的枝头上张望，待干扰消失后又陆续飞回原址。

在不同时期鹭对干扰的反应也不同。刚迁到时警觉性高。当人在几十米外，或林外拍手，就会使大批的鹭受惊飞起，整个林子里叫声嘈杂。在孵卵期，鹭的恋巢性增强。

孵卵初期一有惊动亲鸟会立即离巢出飞，并很长时间不返回。中期受惊后亲鸟离巢后很快返回，据 5 次统计，最长时间不超过 40 分钟；该期如有人掏卵，鹭受惊起飞并在巢旁盘旋飞行，监视着自己的巢，当卵被掏走时鸣叫声拉长。在孵卵后期，人为惊吓时亲鸟也不立即出飞，仍卧在巢中张望。有时上树查巢，当手触及巢时亲鸟才起飞，在上空盘旋或停栖于不远的树枝上张望，这时的鹭比其他时间要显得恐慌得多。

鹭受惊、炫耀、出飞和回归时，会发出"gu-gu-""guo-guo""wa-wa-""gua-gua-"等平稳有力的叫声。牛背鹭在炫耀时也会发出"roo-"的叫声。受惊时会发出尖锐、急促、恐慌的"ga-ga-""ai-a-ai-a-a-"的叫声。鹭雏鸟的叫声单调，似"ji-ji-""jue-jue-"。

夜鹭没有池鹭、白鹭嘈杂，叫声较少，声如"kua-kua-"。鹭类的鸣叫主要在栖息地中，在采食场觅食时，即使人为追赶，鹭受惊即飞，也不会发出叫声。

六、种间关系

太公山的鹭类为 4 种鹭的混合群体，各种鹭迁到的日期有先后，因此，在栖息地中形成各自的分布区。同种及异种间因觅食或栖息而偶有对抗或竞争的情形发生。夺取竞争（contest competition）在鹭迁到期表现明显。迁到较早的夜鹭、白鹭、牛背鹭占据了较优越的筑巢地点，而较迟迁到的池鹭尽管种群数量最大，也只能在林缘地势较低的地带栖居。朱曦 1994 年认为，鹭类占据有利的空间筑巢，窝巢的垂直分布是鹭类合理利用空间的一个特征。夜鹭、池鹭能在林内的主要乔木上筑巢，而牛背鹭、白鹭仅选择枫香、香樟 2 种树，生态位宽度较狭。

不同种鹭可以同树筑巢，有时会因争夺树冠层中适宜的栖息位置而发生争斗，有明显的排斥现象。Wynne-Edwards（1962）认为，动物的分布主要决定于食物，鸟类的护域行为（territoriality）可以看作一种繁群调整的缓冲机制（buffer mechanism）。同时，社会组织也间接地影响食物的供应，而领域和社会关系可看作对集群密度的反馈信号（feedback information）以保证食物资源的不虞匮乏。但因鹭的领域性仅表现在巢周围小的保护区域。邻近的鹭都各自占有一部分没有竞争的生态位空间（朱曦，1998c），因此，一般情况下，鹭之间仍可实现共存。

鹭类早晨出飞和黄昏晚归均受日出、日落影响，不同季节出飞和晚归的时间不同。早晨鹭种群出飞时间较集中，而晚归时较为分散。同种鹭出飞和晚归的路线基本一致。

鹭的食性因种而有差异，觅食场不同也减少了因食物资源而导致的竞争。人为的掏卵及暴风、冰雹等都会对鹭类产生严重危害，池塘、水库大量的白色浮标对鹭有明显的恐吓作用。

4 种鹭栖于同一林地，形成混合群体，但各有其分布区。鹭类每天归林后栖息地内鸣叫声嘈杂，在觅食场及飞行中很少鸣叫。鹭类混群中的鸣叫是种群信息传递的一种特征，对于个体间进行食物资源信息的交流，提高取食活动的效率有一定作用。

鹭类领域仅保护整个活动区域的核心部分，即巢附近部分，但混合群体生活对鹭类取食，防御天敌，仍有十分明显的作用。单国桢（1983）认为种间竞争的原因主要是食物，而领域栖所、阶级和配偶都是间接的或是次要的。对夜鹭、白鹭、池鹭 3 种鹭雏鸟饲养观察也证实了上述结论。在栖息地中，种间竞争和密度有关，通过散布方式而使较弱种类如池鹭的个体向栖息地外缘移迁。

第二节　鹤类的行为

鹤的个体行为除采食、饮水、睡眠、行走、跳跃、飞行等基本活动外，还有理羽、洗澡、抖羽、伸展、竖羽、涂羽和抓挠等多达 90 多种（Del Hoyo et al.，1996）。鹤有屈膝、竖毛、进攻等威胁姿态，也有小心走开的屈服姿态。鹤的社群行为有许多视觉上的炫耀，头上的红色裸皮也有重要的通讯作用（王岐山等，2002）。

鹤舞是鹤类最壮观的复杂行为，所有的鹤都会跳舞（Johnsgard，1983）。幼鹤的舞蹈是其生长发育和社会行为的一部分；未配对亚成年鹤的舞蹈最频繁，这有助于他们的社会化和建立配对关系；已配对鹤的舞蹈在繁殖前维持配对关系，并使性反应同步化；已有良好配对关系的鹤舞较少。在鹤群中，舞蹈具有感染力，很容易在群体中传播。不同鹤的舞蹈类型和强度有所不同，但均由鞠躬、跳跃、奔跑和短距离飞行等长而复杂的一系列动作所组成（王岐山等，2002）。

鹤的叫声和姿势因种而异，白鹤的叫声清脆如笛。白枕鹤和丹顶鹤成体的气管长度超过 1.2m，发育时在龙骨突起内引起共鸣，声音能传出 3～5km。鹤的叫声包括低吟的接触声，低而快速的起飞声，交配前的哼哼声或尖叫声，呻吟的紧张声，哀伤的寻觅声，短促的警报声，响亮的飞行声、守卫声和复杂的对鸣（王岐山等，2002）。

在越冬地，白天白鹤主要行为有觅食、警戒、行走、静息、理羽等，其中觅食时间占总活动时间的 60%以上。白鹤在草洲、水面和泥滩的行为节律和变化频率都存在着一定的差异（贾亦飞等，2011）。

据周波等（2009）对安徽升金湖越冬白头鹤集群的观察，整个越冬期，白头鹤主要以家族集群和 50 只以上大群 2 种集群类型活动为主，分别占集群频率的 29.14%和 19.78%。在越冬期的不同阶段，越冬白头鹤的集群方式并不一致。在越冬前期，家庭鹤集群出现频率最高，占集群频率的 35.46%，且集群频率随着群内鹤个体数的增多呈下降趋势。越冬中期，家庭鹤和 5～9 只小群活动的越冬群减少，群内的个体数较多的群集群频率增大。越冬后期，以 50 只以上集群活动的群频率最高，占集群频率的 28.77%，除家庭鹤集群频率比越冬中期增加外，其他几类集群频率均减少。

越冬前期，2 只家庭鹤领域大小基本维持在 15.81hm²，未占领域的家庭鹤及集群类型为Ⅰ和Ⅱ的白头鹤进入领域或接近领域范围活动时，领域鹤首先身体直立，抬头鸣叫示警，若侵入鹤未飞离，领域鹤中的一只将飞起，在侵入鹤附近停下进攻驱赶。而以集群类型Ⅲ、Ⅳ、Ⅴ活动的白头鹤，侵入领域时，领域鹤中的一只鸣叫，另一只飞向群体鹤驱赶，鸣叫鹤随后飞至一同驱赶，若连续几次驱赶不能成功，领域鹤停止驱赶；越冬中期，受 2008 年 1 月大雪的影响，稻田被冰雪覆盖，2 只家庭鹤在领域附近油菜田等地活动，而其他越冬鹤融入一群。冰雪融化后，2 只家庭鹤领域扩大，占有稻田面积维持在 33.88hm²，领域行为表现形式与越冬前期相似；越冬后期，湖区水草返青，加之稻田中农作活动频繁，大部分越冬鹤放弃稻田返回湖区活动，而 2 只家庭领域鹤仍在所占领域中活动，最后一次遇见日期为 2008 年 4 月 8 日。

越冬期，丹顶鹤集群行为主要有迁徙集群、夜栖集群、低温集群、其他集群（吕士成等，1996）。越冬地平均气温 3℃，日最高气温达 10℃ 以上时，晴天或少云、静风或 5 级以下偏南风，丹顶鹤便开始春季迁徙。盐城国家级自然保护区 1994 年 2 月 25日 9:30 至 3 月 15 日 10:45 北迁丹顶鹤 703 只，迁飞高峰为 253 只，最大迁飞集群 124只。迁飞队形主要为"一""八""人"字形，飞行高度 100m。芦苇沼泽地是盐城丹顶鹤的主要夜栖地。11 月中旬发现有几只、十几只群夜栖，下旬即有大群在 16:30～17:30间对夜栖地进行适应性选择。12 月中旬已有 464 只集群夜栖，1996 年 1 月数量达到515 只。

丹顶鹤迁达越冬地后，每出现一次寒潮便发生一次较大的集群行为，但寒潮过后，鹤群分散觅食。环境温度在-7℃ 以下时，丹顶鹤从夜栖地飞到觅食地后，全天都在一定的范围内集群活动，最大集群达 287 只，活动范围约 300hm^2。人工投料诱发集群行为。经人工投料后，丹顶鹤能在 2～3h 内基本获得一天内所需的食物量。上午集群觅食后的时间集群在一定的范围内休息、理羽、追逐、嬉戏等。14:00 以后陆续离开午休地，再作适当的补充觅食，直到回到夜栖地。

李忠秋（2011）对丹顶鹤的警戒行为观察，影响警戒策略的因素包括内在的物种因素（如年龄、社群大小）及外在的环境因素（如捕食风险或人类干扰等）。丹顶鹤的成幼之间警戒比例差异明显，成鹤的警戒比例（30%）明显高于幼鹤（22%）。社群规模也会影响丹顶鹤的警戒行为。随着群体的变大，丹顶鹤的警戒比例先下降再上升，说明丹顶鹤初期会享受到群体效应对于人类干扰的收益，后期由于群体增大带来了群内竞争，导致收益降低。丹顶鹤在核心区与缓冲区的警戒行为差异接近明显（$P=0.08$），说明人类干扰对丹顶鹤的警戒行为具有较为显著的影响。丹顶鹤的警戒行为同步性表明，在核心区，丹顶鹤的警戒行为同步化明显，而在缓冲区同步化不明显，这表明丹顶鹤会根据人类干扰水平进行调节，从而使其能够获得最大的收益。

第三节　鸟类的时空行为

一天的日夜交替对很多鸟类的行为都有着直接或间接的影响，一天内的温度和光强度变化可以引起食物量和捕食者数量的变化。白天和黑夜的光强度差异极大，所以便形成了日行性动物、夜行性动物和晨昏性动物，它们各自适应于在一天的一定时间内活动。日活动时间常可随季节而变化。北温带的许多留鸟在春末和夏季时倾向于在晨昏活动，而在冬季倾向于在白天活动，以躲避早晨的严寒。

自然条件下，鸟类的行为在很大程度上取决于鸟类能够获取的能量，而获取能量状况通过其行为体现出来。红隼（*Falco tinnunculus*）为昼行性猛禽，为广泛分布于华东地区的留鸟。红隼通常栖息在山区稀疏混交林、开垦耕地、旷野灌草地。熊李虎和陆健健（2006b）对红隼（*Falco tinnunculus*）的时间分配行为研究和分析，结果表明，冬季红隼白天活动时间大部分用于停栖（44.45%），其次为捕食（18.83%）、停落（12.17%）、飞行（9.98%）、滑翔（8.11%）、悬停（3.46%）、梳羽（1.70%）、戏耍和交互（1.32%）。

停栖在早中晚占有较高的比例，而捕食在上午（8:00～10:00）和下午（13:00～15:00）为高峰时段。

姜姗等（2007）对崇明东滩堤内次生人工湿地斑嘴鸭（*Anas poecilorhyncha*）、绿头鸭（*A. platyrhynchos*）、白鹭（*Egretta garzetta*）、夜鹭（*Nycticorax nycticorax*）、银鸥（*Larus argentatus*）、黑水鸡（*Gallinula chloropus*）、白骨顶（*Fulica atra*）、小䴙䴘（*Tachybaptus ruficollis*）8种冬季水鸟的夜间行为进行了连续观察。结果发现斑嘴鸭、绿头鸭、银鸥、白鹭等白天在塘内栖息和觅食的水鸟，黄昏时飞离并栖息于堤外海滩或堤内农田和防护林，次日清晨飞回。夜间停栖在鱼蟹塘的水鸟活动差异性显著，其中夜鹭白天栖息于堤内防护林，夜间 17:00～17:30 后飞入鱼蟹塘，分散于塘内光滩及芦苇附近活动，在约 23:30 后其行为以觅食为主（70%以上）。黑水鸡和白骨顶活动频繁，主要分布于芦苇丛和周边水域，21:30 至次日 2:30 其觅食行为达到高峰，数量占 60%～90%，2:30～3:30 后转为以休息为主。而白天活动频繁的小䴙䴘夜间停留在塘内，主要休息于水位较深的区域。

田秀华和王进军（2001）对人工饲养大鸨雏鸟行为变化趋势及日节律研究，雏鸟行为分为游走（walking）、觅食（foraging）、理羽（preening）、蹲伏（crouching）、站立（standing）、展翅（swinging）、休息（resting）、鸣叫（singing）、警戒（guarding）、打蓬（shaking）等。结果表明，大鸨雏鸟在 1～3 日龄休息行为、站立行为所占比例逐渐增多，蹲伏行为、鸣叫行为比例减少。随着日龄的增加，大鸨雏鸟的行为逐渐接近亚成体，但整体还没有形成规律；大鸨雏鸟期行为主要由休息（51.7%）、站立（16.1%）和游走（18.8%）行为组成，其次为理羽（3.2%）和展翅（6.1%）行为。在雏鸟成长过程中，休息行为比例一直保持很高，觅食和理羽行为呈现明显的上升趋势，鸣叫和蹲伏行为逐渐减少。大鸨雏鸟夏季活动高峰期主要出现于 5:00～6:00、9:00～10:00、17:00～18:00。觅食行为高峰期在 9:00～10:00、14:00～15:00（张佰莲等，2007）。夏季大鸨行为分配以休息为主，昼间活动高峰期主要出现于 8:00～9:00、15:00～16:00 和 17:00～18:00；觅食行为主要出现于 9:00～10:00 和 15:00～16:00。

第四节　鸟声研究

鸟类鸣声的研究和分析方法对于开展鸟类学工作有着极其重要的作用。国外鸟声研究早在 19 世纪就已经开始（Darwing，1871），但直到 20 世纪 30 年代，这方面的研究才引起各国学者的重视（刘如笋等，1998）。我国在鸟声方面的研究起步较晚，进入 20 世纪 80 年代才开始有了一些相关的研究报道（卢汰春等，1986；毕宁，1986；朱曦和杨春江，1988）。随着生物声学的兴起和飞速发展，鸟类声学研究有了突飞猛进的进展，从事鸟声学研究的科学家越来越多。到 1996 年，世界上 70%的鸟类鸣声已经被记录和保存（刘如笋等，1998）。随着科学技术的发展，各学科的融合更加紧密，鸟声学研究已经渗透到科学研究的各个领域，应用极其广泛，成为前景十分广阔的一门学科。

一、鸟鸣声的记录和分析手段

进行鸟声研究，首先要掌握鸟鸣声的记录和分析手段，最简单的方法是用人耳来辨别鸟鸣的音调、高低和强弱等特征，然后用文字和曲线记录下来。鸟声研究最初阶段就是依靠人耳将鸟声以乐谱的形式记录下来的，乐谱包括鸟鸣声的时间、音阶和音强。这种乐谱只能记录 3 个要素，不能记录音质和发音，并且要求研究工作者必须具备音乐的专业知识。进入 20 世纪 30 年代，Sunders 在其所著《鸟类鸣声指南》一书中采用一系列线条来记录鸟声，这些线条大都是水平线，每一线条代表鸟鸣声的一个音节。

虽然这些方法简便易行，但是记录的鸟鸣声主观成分太大，同时由于人耳对鸟鸣声中的超高音、极短的休止和急速的颤音等的辨别受到限制，不能真实客观地表示出鸣声的复杂性，也难以据此做深入的分析和鉴别比较。Brand（许维枢，1984）首次利用技术手段来记录和研究鸟鸣声。当时采用的是集音器和胶片摄影，将摄影机固定在树林中，鸟鸣声在离机器 15.24～30.48cm 有较好的音质效果。然后，在实验室里将剪辑好的胶片播放，转化为声音并进行深入研究。采用这种方法，使得每一个鸣声和音节的长短都可精确到 1/500s，尤其是一些人耳听不清的短音节和高频率，也可以研究。

20 世纪 40 年代，Cornell 大学的 Brand 和 Kellogg 在加拿大首次将鸟声转换为短波来记录海鸟的鸣声。到了 50～60 年代，生物物理学家开始用振动计和声音摄谱仪测定鸟声的高低音、振幅、音质、泛音和频率等特征。录制下来的声音还可通过滤波器和均衡器，除去各种杂音。同时，还可在室内将声音输入声谱仪，并由声谱仪的描笔在静电纸上描出图像，以进行定性和定量分析。进入 70～80 年代，计算机的产生和发展使鸟鸣声研究方法有了进一步提高，操作更加简单，打印出的语图更精确。并且，借助于傅里叶分析仪可以对声音信号进行多参数的定量分析，包括时间、声强、频率之间的二维和三维关系（刘如笋等，1998）。20 世纪 90 年代至今，科学技术的飞速发展，使得一系列用于鸟声研究的产品问世。来自 Cornell 大学鸟类学研究中心生物学研究组（bioacoustics program，BRP）的研究者开发了诸如 ARU、Raven、Canary、Syrinx、Singit 等用于鸟声记录与分析的软件。借助于这些工具，鸟声研究更加简单、快捷、全面。

我国鸟类学家在进行鸟声研究时，曾用于记录鸟声的工具有三洋牌收录两用机（卢汰春等，1986）、Sony MZ-R50（雷富民等，2005）、Sony ECR-598（雷富民等，2005）、Sony TRV-310E（经宇等，2005）等；用于分析鸟声的声谱分析仪器和软件有日产 V-1100 型四线示波器（朱曦和杨春江，1988）和 Bat Sound 3.10（经宇等，2005），德国 Avisoft-SAS Lab Pro（雷富民等，2005）开发的鸟声研究软件等。

二、鸟声研究的领域

鸟类的鸣声通常分为叫声和鸣唱 2 种，鸟类在喜悦、悲伤、求偶、取食、入侵、占区、防御、飞行和营巢时都会发出不同的鸣声。对于不同专业的学者，鸟声研究的内容各不相同：动物生态学家的目的在于探索鸟类通讯的奥秘及鸟鸣声的生态学意义；生理学家对鸟鸣声产生和接受的生理机制感兴趣；生物声学家研究鸣声产生的物理机制及回声定位现象；分类学家则致力于将鸣声分析作为种类鉴别的新标准。20 世纪 90 年代以来，伴随着其他研究领域的发展，鸟声研究也取得了显著的研究成果。

我国鸟声研究起步于 20 世纪 80 年代，研究的种类主要有绿尾虹雉（*Lophophorus lhuysii*）（卢汰春等，1986）、池鹭（*Ardeola bacchus*）（朱曦和杨春江，1988）、白腹锦鸡（*Chrysolophus amherstiae*）（韩联宪等，1988）、锡嘴雀（*Coccothraustes coccothraustes*）（蓝书成和左明雪，1990）、黄喉鹀（*Emberiza elegans*）（李佩珣等，1991）、虎皮鹦鹉（*Melopsittacus undulatus*）（蒋锦昌等，1992）、藏马鸡（*Crossoptilon harmani*）（吴毅等，1995）、斑胸草雀（*Poephila guttata*）（李东风，1996）、白头鹎（*Pycnonotus sinensis*）（姜仕仁等，1996c）、噪鹛属（*Garrulax*）鸟类（赵欣如等，1996；俞清等，1996；刘如笋等，1997b）、大山雀（*Parus major*）（姜仕仁等，1998）、燕雀（*Fringilla montifringilla*）（Jiang，2001）、栗斑腹鹀（*Emberiza jankowskii*）（Lei，2005）、白腰文鸟（*Lonchura striata*）、杜鹃科（Cuculidae）鸟类（Lei，2002，2003）、栗鹀（*Emberiza rutila*）（赵静等，2003）、珠颈斑鸠（*Streptopelia chinensis*）（周友兵等，2004）、白腰雪雀（*Montifringilla taczanowskii*）（雷富民等，2004）、棕颈雪雀（*Pyrgilauda ruficollis*）（Lei，2005）及赭红尾鸲（*Phoenicurus ochruros*）（Wang，2005）等。研究的领域包括鸟类鸣唱的特点（雷富民等，2003，2004）、鸟鸣声与行为的关系（王爱真等，2003）、鸟鸣的解剖学原理（赵欣如等，1997）、鸟鸣声的神经生理学（张海珠和张俊燕，2002）和鸟鸣声与环境的关系（韩轶才等，2004）等。20 世纪 90 年代以来，一些鸟类学著作也将鸟声独立成章（郑光美，1995；常家传，1998），并出版了国内第一本鸟声学专著——《鸟声研究》（刘如笋等，1998）。该书共 14 章，包括基础理论、鸟声研究、鸟鸣声的利用和录音设备及其选择，较系统地介绍了鸟声研究的各个领域（刘如笋等，1998）。

鸟类学家研究的侧重点不同，但是他们研究的前提是一致的，就是要将鸟鸣声记录下来。世界上第一个录制鸟鸣声的是 Lwing Koch。他于 1889 在德国录制了一只白腰鹊鸲（*Copsychus malabaricus*）的鸣声。德国、英国、瑞典、俄罗斯和北美洲等地在 20 世纪 90 年代初期就已经出版了鸟声著作，并发行了鸟声唱片或磁带录音。目前，世界上最大的鸟声资料收藏处有美国 Cornell 大学的鸟声图书馆、英国的国家声音档案库、美国的俄亥俄州立大学的生物声学图书馆，瑞典的广播公司和日本的 NHK 等。2004 年，Cornell 大学鸟类研究所出版了《鸟类生物学手册》（*The Hand Book of Bird Biology*），其中有一章详细介绍了鸟鸣声，该书同时附赠了一张由 Cornell 大学麦考利自然之音图书馆（Macaulay Library of Natural Sounds）制作的鸟声 CD。我国于 20 世纪 80 年代，由毕宁出版了一盘《鸟之歌》磁带，录制了 40 种鸟的鸣声。台湾的刘义骅录制了部分鸟类鸣声唱片（CD）和磁带。我国还出版了《中国鸟类野外手册》（约翰·马敬能等，2002），这本手册记录了分布于我国的 1329 种鸟的形态、鸣声、分布和状况，其中鸣声的详细描述对指导鸟类研究有极大的帮助。同时，我国的鸟类学研究组已经建立并正在完善"鸟类声音库"的研制工作。

三、鸟声的应用

鸟鸣声的作用极其广泛。鸟类鸣声婉转动听，在娱乐休闲场所播放鸟声让人有回归大自然的美感；音乐制作中鸟声也有重要作用；鸟声不仅是鸟类很重要的行为，同时鸟声语图还能为鸟类学家研究鸟类的行为、繁殖和遗传等提供依据；鸟声还可用于研究鸟类的系统学（雷富民，1999；Alstrom，2005），用于物种的确立，亲缘种和姊妹种的区别，推测在种级水平的种间亲缘关系和物种分类地位，确定进化分支（雷富民，1999；曾少举，2004），以及新种的鉴定（雷富民等，2002）等。实验表明，鸟鸣声还可促进鸟卵的胚胎发育，使雏鸟提前出壳（郑光美，1995）。若能应用于养殖业，将会带来极大的经济利益。

鸟鸣声还能用于防治鸟害。播放鸟类的惊叫声或是天敌和猛禽的叫声，对害鸟有很好的驱赶作用（刘如笋等，1998）。在农业上，可用于防治农林害虫；在繁殖期播放鸟类的鸣声可使鸟类保护自己的领地，选择配偶并保持与配偶联络，吸引异性并促进发情，从而交配繁育后代（刘如笋等，1998）；在航空事业上，可防止鸟撞机；在渔业上，鹭、鸥会捕食渔场的鱼类；一些在城市内越冬的鸟类还会损坏建筑物的屋顶，或是污染纪念碑，甚至传播流行病菌。播放特定的鸟鸣声或是发出电子信息能干扰鸟类的正常交往，从而有效地影响鸟类的行为，使之迁移，这种方法投资少且不污染环境。

在鸟类野外研究工作中，由于地理障碍或是鸟类自身生活比较隐蔽，使得工作无法进行，可以播放录制的鸟鸣声吸引鸟类到可观察的范围（Cox et al.，2004）。此外，鸟鸣声也可以用于狩猎场和鸟类爱好者的观鸟活动，借以引出想观看的鸟类。

四、鸟声研究展望

中国鸟类资源丰富，但至今国内鸟声研究资料十分缺乏，因此，有必要将不同鸟类的鸣声记录下来，建立我国的鸟声数据库。分析鸟声的时间差异、地理差异、种间差异和种内差异等；开展鸟类系统分类和亲缘关系研究；鸟鸣识别机制；鸟鸣与物种形成关系；鸟声学习时间的内部机制，选择性学习及影响因子；鸣声学习时间的选择、鸣声学习与分布的关系；地理分布多样性和方言多样性的关系；鸣声的个体识别及鸣声与鸟类行为的关系等。在鸟声的应用方面，可着重于野生动物监测，航空鸟撞、农林渔业上鸟害的防治，也可以将鸟声应用于旅游和休闲等领域。

第五节　华东的鸟声研究

朱曦（1988b）在进行池鹭繁殖生物学与生态学研究时，对池鹭鸣叫行为进行了观察和表述。池鹭迁到时鸣叫声甚杂，雄鸟叫鸣时引颈竖羽，鸣声宏亮似"gua-gua-"声，雌鸟鸣声似"hu-ge-ge"或"gu-gu-gu"声。开始孵卵后，雄鸟鸣叫渐少，林中鸣声几乎全是"ga-ga"声。雌鸟受惊时常飞往离巢不远的树木顶端，并四处张望，发出"ai-ai-ai"叫声。1988年5月27日采用SHARP-CE-151型收录两用机对孵卵雌鸟受惊鸣声录音，用日产 V-1100 型四线示波器进行音频分析，每次鸣叫约需 0.25 秒，两次鸣叫的间隔为 1～2 秒；每次鸣叫仅一个高峰，最高频率为（2300±300）Hz。幼鸟叫鸣轻微似"jue-jue"音。

姜仕仁等（1994b）运用计算机鸣声分析技术，对嵊泗和杭州西地白头鹎夏季的主要鸣声类型及声谱特征等进行了分析比较，结果表明两地白头鹎的鸣声类型、时域结构和频谱特征都有很大的差异，但在变韵鸣声的音节组合方式和单音节鸣声的构成等方面仍有共同之处。

对浙江省嵊泗岛、普陀岛、温岭、长兴、杭州和龙游等 6 个地区白头鹎鸣声研究中发现它们鸣声主句的语调、音节数、持续时间、频谱特征和频率范围等均有差异，说明白头鹎鸣声中普遍存在"方言"，但它们作为同一个种在鸣声主句上有其共同特征：主要是鸣声频率多在 1.5～3kHz 的低中频段内变化，单音节的鸣叫声等都极为相似（姜仕仁等，1996a）。

姜仕仁等（1996a）认为鸟类的鸣声是种群内个体之间相互沟通信息的"语言"，是与鸟类的集群、取食、领域、求偶、育雏、报警等活动有关的声通讯行为。白头鹎繁殖前期的求偶炫耀鸣唱婉啭多变，频率一般变化在 1.9～3.5kHz；另一类出现在繁殖前、中期的炫耀鸣唱急促而响亮，音节变化快且频率高（变化范围为 3.4～4.4kHz）；晨鸣和繁殖期特有的其他鸣声，音节清晰，响度较大，能量主要集中在 2～3kHz，可能具有宣告领域的归属和保卫作用；告警鸣声以频带很宽为其特点，在 1～4.5kHz；幼鸟惊叫声的频率高，有 2 个峰值频率，基本声的 MPF 约在 4.2kHz。

灰胸竹鸡的鸣声中以低频和大多为纯音为其特征，各音节的能量集中在较窄的频率范围内。鸣声的频率变化范围在 1500～3120Hz（姜仕仁等，1996b）。

对夏季繁殖期连续分布的同一生境中不同个体的强脚树莺（*Cettia fortipes*）鸣声从句型结构、音图结构、时域和频域特征及短时能量等的分析和比较，发现在同一生境一个小范围内同一种鸟就有 6 种不同类型的鸣声。这些鸣声的音调各不相同，鸣声的结构差异很大，大多声学参数之间也存在显著或极显著差异。形成这种鸣声多样性的原因可能是繁殖竞争在声行为上的体现（姜仕仁和陈水华，2006）。

第七章　鸟类的迁徙

第一节　候鸟迁徙的原因与路径

候鸟迁徙的原因是个相当复杂的问题，尽管鸟类学家作了长期的观察和研究，但至今仍没有一个肯定的结论。目前比较易于接受的有两种观点：一种观点认为起源于北方高纬度地区的鸟类，受到冰川期的影响，寒冷的冬季迫使鸟类向南迁徙，等到夏季冰川退却，鸟类重返原来的栖息地繁殖，随着冰川周期性的变化，使得鸟类产生在繁殖地与越冬地固定的迁徙习性。另一种观点认为起源于南方热带的鸟类，由于原生地种群竞争激烈，当冰川向北退却时，提供了充分的资源和繁殖空间，使得扩散到北方繁殖的鸟有较高的繁殖成功率，而当冰川来临时再回到南方越冬，久而久之，便形成了定期的迁徙行为。

一般认为鸟类的迁徙定向分为 3 个阶段（Kerlinger，1995）：第一阶段是在特定时间向特定方向飞行，这个过程可能会重复多次。在这个阶段，它们能够飞到距目的地数百千米的地方。第二阶段是利用地磁场和所掌握的地理信息，飞到距目的地几千米的地方。第三阶段是根据地形特征和环境特征，最终准确地到达目的地。

候鸟的迁徙路径一般是相对稳定的。有着相对固定的越冬地、繁殖地和中途停歇地。其路径多有明显的地理地貌特点，多依河流、山脉、山隘口、海岸、湿地、海岛绿洲为固定地标物。我国候鸟的迁徙路径可分为西部候鸟迁徙区、中部候鸟迁徙区和东部候鸟迁徙区。华东地区是东部候鸟迁徙区路径东亚-澳大利亚及中亚迁徙候鸟的必经之地。在东北地区、华北东部地区繁殖的候鸟沿海岸向南迁飞至华中或华南，甚至迁到东南亚各国；或由海岸直接到日本、马来西亚、菲律宾及澳大利亚等国越冬。

第二节　候鸟的迁徙

为了研究候鸟的迁徙，中国鸟类环志中心在华东地区山东长岛、青岛、东营、日照；江苏连云港、前三岛；上海崇明岛；浙江舟山群岛、杭州湾；福建厦门、福州；武夷山；安徽皇甫山；江西鄱阳湖等地建立了鸟类环志站点。

一、鸻鹬类的迁徙

鸻鹬类大多栖息在沿海滩涂及内陆湖泊、沼泽及人工湿地，迁飞时都飞经我国或沿我国东部海岸线飞行。在澳大利亚越冬的鸻鹬类迁飞时常常飞过南太平洋飞到我国的广东和福建，再沿浙江和江苏海岸北上至西伯利亚的鞑靼海峡。还有一条路线是以澳大利亚经过菲律宾飞往吉林、黑龙江，经过台湾和沿海诸省到达华北境内，或最后到达西伯利亚。

华东地区鸻形目（Charadriiformes）有 11 科 39 属 96 种。鸻鹬类的主要繁殖地在古北界北部、欧洲北部及西伯利亚，越冬地主要在非洲、印度、东南亚、南亚及澳大利亚和新西兰。

在华东福建、浙江滨海湿地、河口湿地，3 月中旬至 4 月中旬，大批鸻鹬类从南部地区路过或停歇。针尾沙锥、环颈鸻、红颈滨鹬、青脚鹬在 5 月中旬还会停留，甚至 6～8 月仍可见少量冬候鸟翘嘴鹬、环颈鸻、铁嘴沙鸻等在滨海湿地、河口湿地停留。8 月中旬开始自北方迁来的中杓鹬、大沙锥、针尾沙锥、金眶鸻、林鹬等在浙江、福建湿地出现。10 月繁殖于欧亚北部地区的冬候鸟如白腰杓鹬、矶鹬、环颈鸻、黑腹滨鹬迁到，11 月至 12 月上旬，大批鸻鹬类迁徙经过山东、江苏、浙江和福建，数量达到最高峰。仅在江苏沿海春秋迁徙的鸻形目鸟类就高达 300 万只。

山东鸻鹬类在春季迁徙较集中，主要集中于 3 月下旬至 5 月上旬，高峰期为 4 月末。鸻鹬类鸟类中最早在 3 月 5 日出现的是环颈鸻，之后为尖尾滨鹬、大滨鹬、中杓鹬等。秋季迁徙期持续时间较长，从 6 月上旬至 11 月上旬约 5 个月，高峰期为 9 月上旬（赵延茂，1995）。最早在 6 月 15 日即出现成群环颈鸻、翘嘴鹬、尖尾滨鹬，而迁徙中后期则出现大滨鹬、灰斑鸻、白腰杓鹬等。

二、雁鸭类的迁徙

华东地区雁形目（Anseriformes）有 1 科 19 属 45 种，除个别种类为留鸟外，均为冬候鸟。雁鸭类飞行能力较强，8 月末至 11 月初，8:00～9:00、14:00～17:00 或 20:00～21:00 成群沿海岸线或浅海南迁。10 月末为迁徙高峰期，迁徙高峰 15:00，迁飞高度 200～500m。大都集中于内陆水域，沿着湖泊、河流迁徙。在南下越冬时，多数种类停歇在沿海内湾、河口栖息，在傍晚才离开湿地，往内陆农田觅食。在福建于 9 月中旬可见白眉鸭出现于河口湿地。绿翅鸭、赤颈鸭、针尾鸭、斑嘴鸭于 10 月中旬始陆续南下越冬，11 月下旬至 12 月下旬大批雁鸭类全部迁到，数量达到最高峰。翌年 2 月中旬至 3 月中旬，豆雁、鸿雁、翘鼻麻鸭、绿头鸭、花脸鸭等逐渐离开。3 月中旬至 4 月中旬，大批雁鸭类逐渐离开，直至 4 月底雁鸭类北迁完毕。

山东雁形目鸟类 39 种，其中冬候鸟 9 种，旅鸟 30 种，冬候鸟居留时间为 9 月下旬至翌年 3 月末。9 月下旬可见绿翅鸭，10 月上旬可见豆雁、绿头鸭，10 月中旬后可见赤麻鸭、绿翅鸭、罗纹鸭、鹊鸭等。大天鹅则迁来较晚，一般 11 月中旬后才能看到。北迁冬候鸟一般从 2 月下旬开始，一直持续到 3 月下旬。最早迁徙的是大天鹅（2 月 25日）、豆雁（3 月 19 日）、绿头鸭（3 月 22 日）。雁鸭类中的旅鸟，春季最早迁来的是白额雁（2 月 9 日），依次是斑嘴鸭、鸳鸯、花脸鸭、斑头鸭、青头潜鸭、针尾鸭、赤颈鸭、琵嘴鸭、斑头秋沙鸭等。最晚是 4 月上中旬出现的白眉鸭和斑背潜鸭。秋季最早是 9 月中旬出现的白额雁、针尾鸭、白眉鸭、花脸鸭、斑背潜鸭等。最晚是 11 月上中旬后才开始出现的斑头雁、翅膀鸭、琵嘴鸭、红头潜鸭。

三、鹭类的迁徙

华东有鹳形目（Ciconiiformes）有鹭科（Ardeidae）、鹳科（Ciconiidae）、鹮科（Threskiornithidae）3 科 16 属 29 种，其中鹭科种类最多，达 21 种。许多种类在西伯利亚，以及东北、华北、华中、华南和西南等地繁殖。

在福建、浙江、江西、江苏等省的湿地，每年 3/4 月大批鹭类迁来，4 月下旬开始分散到溪流区域或山丘林区营巢。6～8 月主要栖息于内陆近溪边的农田湿地中，9 月中旬至 10 月中旬会聚集于河口湿地，并集群往南迁徙。鹭类飞行高度在 100～400m。11 月中旬至 12 月下旬除少量陆续留居本地栖息外，大批鹭类均已南迁。翌年 1 月至 3 月初仅能观察到常年留居于浙江、福建等省湿地的鹭类。鹭类存在"替代型迁徙现象"，即无论繁殖期、迁徙期或越冬期，都可在不同的湿地类型如沿海滩涂、水库、内陆湖泊等地见到鹭类。鹭类均呈南北向迁移，西伯利亚、东北繁殖的群体，均南迁到我国的华北、华南及东南亚一带越冬。北方群体迁往福建越冬，而福建的繁殖群体则迁往东南亚、泰国等地越冬。

据朱曦自 1983 年以来对浙江鹭类的研究，全省鹭类有 18 种，都有迁徙习性。据观察，鹭类一般于 4 月上中旬开始迁到浙江，迁到和迁离时期随地理位置不同而有差异，年间也有变化。池鹭 4 月下旬迁到浙北安吉西亩林场（1984 年 4 月 23 日；1985 年 4 月 24 日；1986 年 4 月 30 日），9 月下旬或 10 月上旬迁离（1984 年 9 月 22 日；1985 年 9 月 19 日；1986 年 10 月 2 日），居留期约 152 天。常山同弓伏江太公山白鹭、池鹭、牛背鹭、夜鹭于 4 月上中旬陆续迁到，9 月中下旬迁离，居留期约 140 天。杭州余杭于 4 月上旬（1998 年 4 月 9 日）可见到白鹭，夜鹭于 4 月中下旬迁到，9 月底 10 月初迁离，居留期约 165 天。在同一鹭类混合集群营巢地中，不同鹭种迁到的时序不同，据浙江常山太公山鹭类营巢地观察，一般是夜鹭、白鹭、牛背鹭迁来较早，数量较早达到稳定。而池鹭迁到最迟，但数量增长较快。

山东鹳形目鸟类有 3 科 20 种，其中夏候鸟 14 种。居留时间一般在 4～6 月，春季 2 月下旬可见苍鹭，3 月中下旬可见白鹭、池鹭、夜鹭；4 月上旬可见草鹭；4 月中旬可见绿鹭、大白鹭、中白鹭；5 月上旬出现鸦类；5 月中旬出现牛背鹭、黄嘴白鹭。牛背鹭、中白鹭居留时间较短，1 个月左右。向南迁飞最早是 5 月下旬的中白鹭，6 月下旬的牛背鹭。大白鹭 9 月中旬开始南迁，其他鹭类多在 10 月上旬开始南迁；苍鹭、草鹭、大麻鸭最迟 11 月上旬才开始南迁（阎理钦等，2006）。

鹮科（Threskiornithidae）中的黑脸琵鹭（Platalea minor）为珍稀鸟类。据 2009 年 1 月调查，全世界仅有 2041 只。从黑脸琵鹭在香港地区或台湾地区的越冬地开始的卫星追踪结果显示，它们多数是经过中国东海岸的福建、浙江乐清或长江口、江苏盐城等地，飞到朝鲜半岛西岸汉江河口附近的几个小岛上，并可能就在这些小岛上进行繁殖（Veta et al.，2002）。

四、鸥类的迁徙

鸥类为广布全球的水鸟，均具有南北迁徙的习性。迁徙高峰为 15:00，迁飞高度 200～

600m。华东地区鸥科（Laridae）有 15 种；燕鸥科（Sternidae）16 种；贼鸥科（Stercorariidae）3 种。除银鸥、黄腿银鸥、红嘴鸥部分种群在中亚迁徙通道迁徙外，其余均在东亚—澳大利西亚迁徙通道内活动。

黑尾鸥（*Larus crassirostris*）、白额燕鸥（*Sterna albifrons*）、褐翅燕鸥（*Sterna anaethetus*）、乌燕鸥（*Sterna fuscata*）、粉红燕鸥（*Sterna dougallii*）、黑枕燕鸥（*Sterna sumatrana*）、白顶玄燕鸥（*Anous stolidus*）、黑嘴端凤头燕鸥（*Thalasseus bernsteini*）、大凤头燕鸥（*Thalasseus bergii*）等在浙江、福建沿海岛屿等地繁殖。黑嘴鸥（*Larus saundersi*）在辽宁、山东、江苏沿海等地繁殖，迁徙途经华北、华中地区，在江苏以南的东部沿海越冬。黑嘴端凤头燕鸥为夏候鸟，4 月下旬至 9 月可以观察到，繁殖地在福建马祖列岛和浙江韭山列岛。

五、猛禽的迁徙

我国辽东半岛与山东半岛延伸入渤海，形成了东部地区猛禽迁徙的最佳通道。据中国鸟类环志中心多年环志研究，秋季来自北方的猛禽南迁时，大部分群体云集辽东半岛南端的老铁山飞越渤海海峡，经长岛再穿过山东半岛，经青岛浮山、胶州湾后，迁徙路线逐渐离开海岸线转向内地。目前已知猛禽在飞越渤海后主要迁往江西、安徽、湖南、湖北等地。一年中各不同种群猛禽迁徙日期有明显的节律差异，秋季猛禽南迁经过长岛、青岛的时间为 8 月下旬至 12 月中旬，9 月中旬至 10 月底为猛禽迁徙的高峰期。4 月上旬猛禽迁徙高峰期，个体较少，单个或家族群活动为主，无集群，高度 600m 以下。

猛禽迁徙年节律变化随鸟种不同，迁徙高峰期也不同。短耳鸮（*Asio flammeus*）、红角鸮（*Otus sunia*）南迁日期为 9 月中旬至 11 月上旬；长耳鸮（*Asio otus*）9 月下旬至 11 月上旬；纵纹腹小鸮（*Athene noctua*）、红隼（*Falco tinnunculus*）9 月上旬至 10 月下旬；领角鸮（*Otus bakkamoena*）9 月中旬至 11 月下旬；燕隼（*Falco subbuteo*）9 月初至 10 月中旬；普通鵟（*Buteo buteo*）9 月下旬至 12 月上旬；白尾鹞（*Circus cyaneus*）9 月上旬至 11 月下旬；松雀鹰（*Accipiter virgatus*）9 月上旬至 11 月中旬；雀鹰（*Accipiter nisus*）、凤头蜂鹰（*Pernis ptilorhyncus*）9 月上旬至 11 月上旬；赤腹鹰（*Accipiter soloensis*）9 月上旬至 10 月上旬；苍鹰（*Accipiter gentilis*）9 月上旬至 12 月上旬。

春季和秋季不同猛禽迁徙持续时间长短有很大差异，春季迁徙时间短，秋季迁徙时间长。

猛禽春季向北迁徙其顺序大致为松雀鹰、雀鹰、赤腹鹰、红隼、燕隼、白尾鹞、凤头蜂鹰、大鵟、红角鸮、长耳鸮、短耳鸮、毛脚鵟。据环志站观察，春季北迁时一般是雄鸟先到，雌鸟迟后 5~7 天迁到；秋季南迁时相反，雌鸟先到，雄性亚成体和成体后到 5~7 天。

在迁徙季节中，4:00~9:00、15:00~18:00 为一天中猛禽活动的两个高峰时间。其中昼行性猛禽的活动时间是 18:00~5:00，活动高峰为 4:00~5:00、18:00~19:00。4:00~9:00、15:00~18:00 为猛禽迁徙途中停歇、觅食等的活动时间，为了继续向南迁徙补充途中所消耗的能量或寻找过夜栖身场所而频繁穿林飞行。9:00~15:00、18:00~5:00 为南迁过境和过夜休息时间（侯韵秋等，1990）。

六、鸣禽的迁徙

鸣禽种类多、数量大、分布广泛，许多种类也具南北方向迁飞的习性，但也有的种群或其中不同群的个体东西方向迁徙，如家燕（*Hirundo rustica*）由山东迁往马来西亚，也有日本环志的家燕迁往上海奉贤，呈东西方向迁徙。东亚地区家燕的迁徙在亚洲东部沿海基本拥有 2 条近乎平行的通道。其一是印度尼西亚→菲律宾→中国台湾→日本北海道或韩国；其二是印度尼西亚加里曼丹或马来西亚古晋地区→中国广东→中国山东至俄罗斯远东地区。

据山东青岛环志站对 1984～1993 年所环志的 97 种鸣禽的回收资料显示，体型最小的黄眉柳莺（*Phylloscopus inornatus*）是青岛地区早春迁徙鸟，而且其迁徙持续期最长，由 3 月初直到 5 月末，秋季依然如此早来迟去。其次是灰背鸫（*Turdus hortulorum*）等鸫类候鸟。

迁来最迟的是杜鹃类（*Cuculus* spp.），其中小杜鹃 5 月末始见于青岛地区，迁徙持续时间仅 10 天左右。青岛地区 12 种鸣禽迁徙的年节律特点如图 7-1 所示。

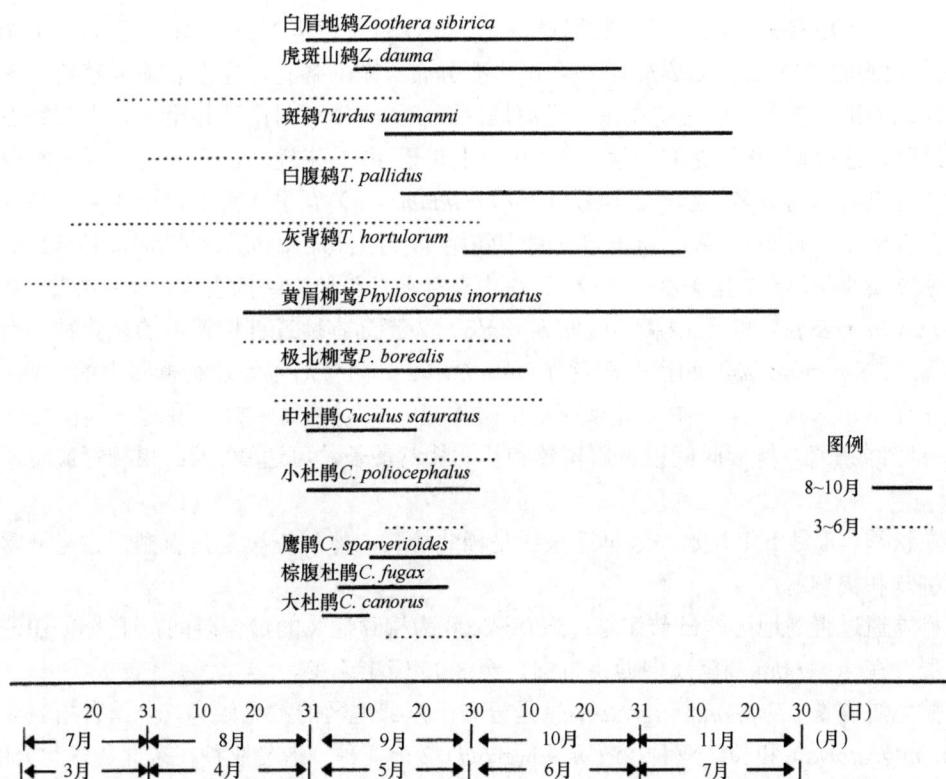

图 7-1　12 种鸣禽迁徙年节律比较（青岛站）（自张孚允等，1987）

金腰燕（*Hirundo daurica*）、家燕（*H. rustica*）有部分重回原巢繁殖，但每年在旧巢繁殖的亲鸟并非所有巢原配不变，而是进行了重新组合，即使在育雏期间，仍可见到雌雄亲鸟离异而寻新配的情况（张孚允等，1987）。

山东前三岛环志的白腰雨燕（*Apus pacificus*）成年中，有 16.3%的亲鸟返回原巢，其中 Foo-9600、Foo-9564 号雨燕连续 3 年返回原巢繁殖（周本湘等，1987）。

山斑鸠（*Streptopelia orientalis*）为广布种，国内有 4 个亚种，亚种 *Streptopelia orientalis orientalis* 在河北及更北地区为夏候鸟（郑作新等，1976）。山东长岛环志的山斑鸠飞行数千千米迁抵江苏、江西、广西等地。青岛的山斑鸠可能为由北方飞来途经此地的候鸟，冬季迁往南方在华南地区繁殖。山斑鸠指名亚种在东部沿海应属候鸟。

鸫类 4 月中下旬至 5 月上旬北迁，10 月上旬至 10 月下旬南迁，迁飞高度 1100m 以下。

虎斑地鸫（*Zoothera dauma*）迁徙时往往和其他鸫类集群通过中途停歇地，并大多滞留一定时间取食休息。每年秋季 9 月中旬至 10 月下旬，虎斑地鸫和灰背鸫一道迁经青岛，先后持续 50 天左右，形成年迁徙的高峰时期，迁徙期间在中途停歇地可捕食大量昆虫。春季迁徙高峰则在 4 月下旬至 5 月上旬，持续时间较秋季短，20 天左右。在通过青岛的 9 种鸫中，春季虎斑地鸫出现在其他 8 种鸫科鸟类的最后，而秋季则次于白眉地鸫（*Zoothera sibirica*）出现在青岛环志站网场，且其种群数量秋季明显大于春季迁徙时节（张孚允等，1987）。

乌灰鸫（*Turdus cardis*）迁徙时通过青岛站在 9 月下旬至 10 月下旬，延续时日 30～35 天。白腹鸫（*Turdus pallidus*）在我国主要分布于东部各省，在东北地区繁殖，冬季在长江以南地区越冬。白腹鸫在东部沿海地区迁徙，春季 4 月中下旬至 5 月上旬经山东青岛地区，迁徙期 30 天左右。秋季于 10 月上旬至 10 月末迁经山东青岛。迁徙时白腹鸫春季过境群体鸟数多于秋季。斑鸫（*Turdus naumanni*）春季 3 月下旬至 4 月下旬抵达青岛，持续 1 个月到 40 天；秋季自 9 月中旬始 11 月上旬止，最长持续时间达 52 天。

柳莺属小型候鸟，据 1983～1993 年在山东青岛鸟类环志站的观察，黄眉柳莺（*Phylloscopus inornatus*）和极北柳莺（*Ph. borealis*）为青岛本地迁徙柳莺中的优势种；而黄腰柳莺（*Ph. proregulus*）和巨嘴柳莺（*Ph. schwarzi*）为青岛本地迁徙柳莺中的偶见种。

在春季，柳莺自 4 月中旬迁来青岛的顺序是：黄眉柳莺→极北柳莺→褐柳莺→冕柳莺→暗绿柳莺。持续时间以黄眉柳莺和极北柳莺最长，可达 40 天；褐柳莺最短，仅 20 天。

在秋季，8 月下旬开始，最早迁来的是极北柳莺，然后依次是黄眉柳莺、冕柳莺、灰脚柳莺和褐柳莺。

柳莺通过青岛地区的日节律是：5:00～6:00 为柳莺迁飞的最佳时间，迁飞以 10～20 只小群，在 40～60m 高空飞向西南方向，至 8:00 停止迁飞。

黑尾蜡嘴雀（*Eophona migratoria*）是分布于东部地区的常见候鸟，全国有指名亚种（*E. m. migratoria*）和长江亚种（*E. m. sowerbyi*）2 个亚种，指名亚种在东北、华北繁殖，9～10 月南迁到福建、广东等地繁殖，越冬期常群活动于林间寻食，或成群于迁徙途中。

七、鹤类的迁徙

鹤科（Gruidae）中华东计有蓑羽鹤（*Anthropoides virgo*）、白鹤（*Grus leucogeranus*）、沙丘鹤（*Grus canadensis*）、白枕鹤（*Grus vipio*）、灰鹤（*Grus grus*）、白头鹤（*Grus monacha*）

和丹顶鹤（*Grus japonensis*）7种（朱曦等，2008）。其中白鹤、沙丘鹤、白枕鹤、灰鹤、白头鹤和丹顶鹤6种都可在江西鄱阳湖越冬。丹顶鹤在江苏盐城沿海滩涂上越冬。

据Higuchi等（1996）环志研究，栖息在俄罗斯阿穆尔河流域中部兴安斯基自然保护区、中俄边境兴凯湖国家级自然保护区的丹顶鹤自11月上旬开始迁徙，向西南经过中国黑龙江省的扎龙国家级自然保护区及其附近区域，11月7～15日到达辽宁盘锦湿地停留3～7天后到东海岸天津附近的滩涂停留6～8天。随后飞越渤海湾到达黄河河口，停留3～25天，于11月22日至12月14日到达江苏盐城沿海滩涂上越冬。迁徙20～39天，飞行距离2200～2300km。

栖息于俄罗斯东北部雅库特印迪吉尔卡河下游的白鹤，于9月中旬至10月初沿直线南下，在中国齐齐哈尔的扎龙和白城之间的广阔湿地上停留18～28天，飞离经过渤海沿岸的盘锦湿地和黄河河口停留一段时间，飞行到达越冬地江西鄱阳湖。迁徙41～62天，飞行4900～5600km。

江苏盐城湿地珍禽国家级自然保护区，20世纪90年代调查有600～1000只丹顶鹤、1000多只灰鹤在此越冬。

江西鄱阳湖是国内目前最大的鹤类越冬地。湖区雨季3960km²，枯水面积500km²，保护区面积22 400hm²。在鄱阳湖越冬的鹤类有白鹤（*Grus leucogeranus*）、白头鹤（*G. monacha*）、白枕鹤（*G. vipio*）和灰鹤（*G. grus*）4种，1983～2001年连续18年调查统计结果见表7-1。

表7-1 1983～2001年江西鄱阳湖越冬鹤类统计结果（自吴英豪等，2002）（单位：只）

年份	1983～1984	1984～1985	1985～1986	1986～1987	1987～1988	1988～1989
白鹤 *Grus leucogeranus*	730	840	1482	1609	1658	2653
白头鹤 *G. monacha*	13	710	200	361	115	113
白枕鹤 *G. vipio*	1200	1367	2051	1639	3160	2968
灰鹤 *G. grus*	不详	70	109	121	327	310
年份	1989～1990	1990～1991	1991～1992	1992～1993	1993～1994	1994～1995
白鹤 *Grus leucogeranus*	1929	1500	2000	725	2958	2367
白头鹤 *G. monacha*	178	150	180	111	78	62
白枕鹤 *G. vipio*	3201	2716	3206	1158	3716	3265
灰鹤 *G. grus*	330	270	206	85	125	65
年份	1995～1996	1996～1997	1997～1998	1998～1999	1999～2000	2000～2001
白鹤 *Grus leucogeranus*	101	1917	960	762	1914	1741
白头鹤 *G. monacha*	2197	208	160	77	130	285
白枕鹤 *G. vipio*	348	2970	870	682	1699	2146
灰鹤 *G. grus*	713	87	85	37	62	43

第三节 候鸟迁徙日期

迁徙日期主要指候鸟迁来某地的时间和迁离某地的时间，在迁到和迁离之间为候鸟在某地的居留期。不同候鸟种类、气候条件及不同候鸟迁徙距离的远近，各种候鸟到达的时间也不一样。浙江省候鸟春季迁徙北上过境的时间大致从春分到立夏，而清明到谷雨的半个月为迁徙的高峰时期。秋季南迁过境的时间从白露到霜降，之后仅见零星过境（朱曦，1994c）。

据朱曦1984~1986年对杭州临安青山湖雁鸭类的调查，绿翅鸭（*Anas crecca*）、白眉鸭（*A. guerguedula*）9月迁到，为最早的种类。绿头鸭（*A. platyrhynchos*）、斑嘴鸭（*A. poecilorhyncha*）、针尾鸭（*A. acuta*）、赤膀鸭（*A. strepera*）等在10~11月陆续迁到，11月下旬至2月野鸭的种类和各种类的数量都比较稳定。从3月开始越冬的野鸭先后迁离，其中迁离最迟的为绿翅鸭和白眉鸭。朱曦等（2011）杭州萧山的绿翅鸭、斑嘴鸭9月25日后陆续迁到，3月迁离。

雁类9~10月迁到华东，常见种类为豆雁（*Anser fabalis*）、鸿雁（*A. cygnoides*）、白额雁（*A. albifrons*）等。据朱曦1987年1月在三门湾、乐清湾调查，12~1月天寒风大时雁类最多，每群数百至上千只在港湾避风及小岛低潮带近水域滩涂中觅食，夜宿在附近麦田或有苇草等植物的沼泽和内陆沟塘中。

鸻形目的鸻鹬类是沿海主要的候鸟或旅鸟。据朱曦1985~1987年的调查，春季候鸟在舟山群岛过境时间为4月中旬至6月初，4月下旬至5月下旬为高峰期。秋冬季候鸟南迁时间为9月上旬至12月初，9月中旬到11月上中旬为高峰期（朱曦等，1991c）。

浙江西天目山地区夏候鸟最早见于3月，3月中旬至5月中旬为迁到高峰。冬候鸟最早见于8月，9月中旬至10月底为高峰。

据朱曦1982年对浙江天目山鸟类观察，3月下旬可见金腰燕、家燕；4月下旬迁到的鸟类有白胸苦恶鸟；5月上旬迁到的鸟类有四声杜鹃、三宝鸟、池鹭、粉红山椒鸟、黑枕黄鹂、灰卷尾等。1986年1月曾捕获越冬秃鹫1只；1994年11月27日捕获迁徙途中停栖的小天鹅12只（朱曦等，1999a）。

据朱曦自1980年以来的调查观察，杭州临安主要候鸟迁徙的日期为：金腰燕（*Hirundo daurica*）3月22日到，9月25日迁离（1988年）；3月20日到（1989年）；3月25日到，9月24日迁离（1990年）；3月19日到，9月24日迁离（1991年）；3月26日到，10月1日迁离（1992年）；4月1日到（1993年）；3月28日到，9月23日迁离（1994年）；3月30日到，10月1日迁离（1995年）；3月24日到，9月30日迁离（1996年）；3月22日到，10月1日迁离（1997年）；3月18日到，9月30日迁离（1998年）；4月2日到（1999年）；3月29日到（2000年）；3月20日到，9月30日迁离（2001年）；3月23日到，9月20日迁离（2002年）；3月29日到，9月10日迁离（2003年）；4月4日到（2004年）；3月29日到（2006年）。据在杭州萧山国际机场观察，家燕3月18日到，9月27日迁离（2011年）。

四声杜鹃（*Cuculus micropterus*）4月30日到（1988年）；5月3日到（1989年）；5月3日到（1990年）；5月8日到（1991年）；5月12日到（1992年）；5月2日到（1994年）；5月4日到（1995年）；5月3日到（1996年）；4月28日到（1997年）；4月25日到（1998年）；4月30日到（1999年）；5月1日到（2000年）；4月28日到（2002年）；5月2日到（2003年）；5月5日到（2004年）；5月2日到（2005年）；4月27

日到（2006 年）；5 月 2 日到（2007 年）。

三宝鸟（*Eurystomus orientalis*）5 月 1 日到（1988 年）；5 月 9 日到（1989 年）；5 月 8 日到（1990 年）；5 月 15 日到（1991 年）；5 月 1 日到（1992 年）。杭州萧山国际机场 2014 年 5 月 20 日网上捕到为迁飞路过。

黑枕黄鹂（*Oriolus chinensis*）5 月 20 日到（1989 年）；5 月 7 日到（1990 年）；5 月 13 日到（1991 年）；5 月 4 日到（1992 年）；5 月 7 日到（1994 年）；5 月 6 日到，9 月 21 日迁离（1995 年）；5 月 8 日到，9 月 22 日迁离（1996 年）；5 月 4 日，9 月 21 日迁离（1997 年）；5 月 5 日到，9 月 20 日迁离（1999 年）；5 月 3 日到（2000 年）；5 月 5 日到（2001 年）；5 月 8 日到，9 月 20 日迁离（2002 年）；5 月 4 日到，9 月 24 日迁离（2003 年）；5 月 2 日到，9 月 22 日迁离（2004 年）；5 月 6 日到（2006 年）；5 月 7 日到（2007 年）。

粉红山椒鸟（*Pericrocotus roseus*）5 月 18 日到（1989 年）；5 月 9 日到（1991 年）；5 月 4 日到（1992 年）；4 月 30 日到（1999 年）；4 月 24 日到（2006 年）。

发冠卷尾（*Dicrurus hottentottus*）4 月 28 日到（1984 年）。

白胸苦恶鸟（*Amaurornis phoenicurus*）4 月 29 日到（1988 年）；5 月 7 日到（1989 年）；4 月 24 日到（1990 年）；4 月 28 日到（1991 年）；4 月 27 日到（1994 年）；5 月 2 日到（1995 年）。

灰卷尾（*Dicrurus leucophaeus*）5 月 9 日到（1991 年）；5 月 6 日到（1995 年）；5 月 1 日到（1996 年）；5 月 1 日到（1999 年）；5 月 3 日到（2000 年）；4 月 20 日到（2002 年）；4 月 26 日到（2003 年）；4 月 26 日到（2004 年）；4 月 28 日到（2005 年）；4 月 29 日到（2006 年）；4 月 26 日到（2007 年）。

黑［短脚］鹎（*Hypsipetes leucocephalus*）4 月 25 日到（2002 年）；4 月 23 日到（2003 年）。

茅莹等于 1983～1984 年用 10cm 波长海岸警戒雷达观察候鸟飞经海州湾时的速度、高度、方向，以及季节和昼夜数量变化。2 月 7 日（1984 年）测到大批鸟群沿海州湾飞往北、东北方向，随之 2 月 8 日、11 日、12 日、13 日数量日渐增加。3 月 16～17 日又出现一次迁徙高潮，鸟群沿海岸 25 海里范围内朝北、东北方向迁飞。扁嘴海雀（*Synthliboramphus antiquus*）2 月初已到达海州湾一带岛屿繁殖地；3 月黑尾鸥（*Larus crassirostris*）出现在该海域。4 月中旬至 6 月初为雀形目和鸻形目候鸟春季飞经海州湾高峰期，历时约 50 天，其中夜间主要为雀形目候鸟。

秋季候鸟南迁飞经海州湾时间为 9 月上旬至 12 月初，高峰期为 9 月中旬至 11 月中旬，历时约 70 天。

第四节　候鸟迁徙的昼夜数量变化

海州湾候鸟春季迁徙高峰一般发生于日落后 1.5 小时左右，夜间迁徙高峰持续 5～6 小时，于次日凌晨 2:00 左右渐止。日出后 3 小时左右为白昼迁徙高峰，持续 1～2 小时，其数量远不及夜间。日出之前 2～3 小时和中午前后为全天迁徙活动低潮。

秋季迁徙的昼夜数量变动不及春季剧烈,主要发生在日出后 2～3 小时,日落前 1～2 小时,日落后 2～3 小时。白昼候鸟迁徙较春季频繁,10 月 8 日(1983 年)7:00 时和 10 月 10 日 6:30 时分别有数千只家燕飞抵云台山上空;此外还有数百只灰椋鸟,数十只斑鸠、云雀、鹡鸰、雁和数只丹顶鹤白昼飞经云台山和车牛山岛(茅莹和周本湘,1987)。

第五节　候鸟迁徙的速度和高度

大多数陆地迁徙鸟类的迁徙速度为每小时 30～70km;海洋迁徙鸟类速度相对较高,平均速度可达每小时 67km。华东候鸟迁徙据茅莹和周本湘(1987)雷达测定为 10～28ms^{-1},70%以上为 10～23ms^{-1}。春季候鸟迁徙速度略大于秋季,主要由于 16～23ms^{-1} 的鸟群比例高于秋季,而 11～15ms^{-1} 的比例低于秋季。无论春季还是秋季,夜间的平均速度一般略大于白昼。

秋季昼夜候鸟迁飞速度较相一致,15ms^{-1} 以下白昼为 57.7%,夜间为 55.8%;16～28ms^{-1} 白昼为 37.1%,夜间为 40.1%。

鸟类飞行速度:普通小鸟 32～60km/h;鸽 48～68km/h;银鸥 49km/h;大海鸥 50km/h;鸦 50～72km/h;隼 65～78km/h;白鹳 78km/h;棕鸟 60～80km/h;鹬 65～82km/h;鹬66～85km/h;鸠 65～90km/h;雁 68～90km/h;鸭类 70～95km/h;雨燕 110～190km/h。

鸟类迁徙的高度一般低于海拔 1000m,小型鸣禽的迁徙高度不超过 300m,大型的鸟类可以达到 3000～6300m。雷达对雀形目鸟类夜间迁徙高度研究,大约有 95%的鸟类在距地面 2000m 以下的高度迁飞,其中 50%鸟类在距地面 700m 以下的高度迁飞。鸻鹬类飞行高度比较高,在飞越大洋时大都在 1000～5000m,天鹅飞行高度可达 9000m,鸟类迁徙时避免在云层中飞行,在多云的阴暗天气,迁飞的鸟类往往集中在云层下面飞行,如果云层较低,它们有时也在云层上面飞行。迁飞高度受气候影响,晴天飞得较高,阴天较低。鸟类飞翔高度普通小鸟 400m 以下;燕 45m;鹤 500m;鹳、雁等 900m;百灵1900m;鹫 3000m。

我国鸟类迁飞高度,据茅莹和周本湘(1987)利用雷达探测,春季白昼约 4/5 的候鸟迁飞高度在 100～1400m,秋季略低,在 100～1200m;夜间,秋季约 4/5 候鸟迁飞高度分布在 800～1600m(图 7-2)。春季曾测得候鸟迁飞高度最高为 5700m。候鸟在迁徙中保持稳定的速度和相对一致的高度,并能在迁飞过程中进行调整,以保持基本航向。

Dorst(1962)认为海岸线是候鸟迁徙的主要途径之一。我国海州湾正位于亚洲东部候鸟迁徙的主要路线上,飞经海州湾候鸟春季白昼迁徙方向为北、西北,夜间则为北、东北;秋季白昼为西南,夜间则为南、西南。可知无论春季,还是秋季,白昼候鸟趋向朝大陆迁徙,夜间则趋向朝海洋迁徙。春季由于迁徙主要集中在夜间,因而夜间定向集中程度也高。

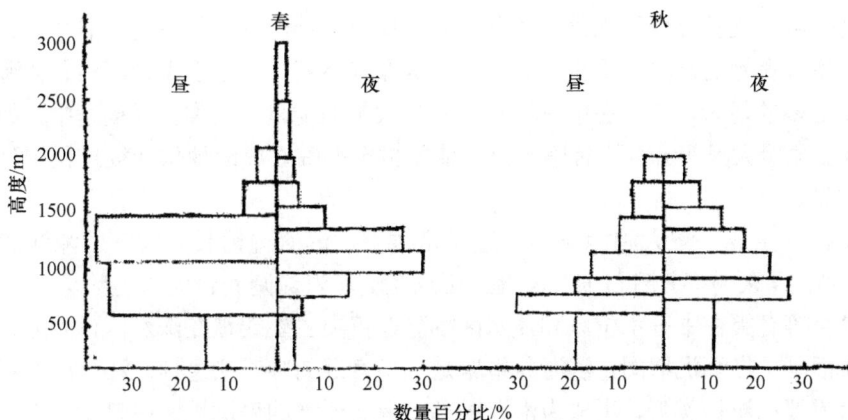

图 7-2　1983 年春、秋季昼夜候鸟迁飞高度（茅莹和周本湘，1987）

第六节　候鸟迁徙的路径和停歇地

鸟类迁徙的路径与大陆、高山、大河、岛屿等的分布有关。大多数鸟类在陆地上迁徙时形成一条很宽的迁徙条带，通常是一条繁殖地与越冬地之间成直线的条带，每一种鸟类迁徙路径的宽窄与其繁殖地或越冬地的大小及迁徙途中生态和地理特征有密切关系。

朱曦（1994c）在浙江候鸟的迁徙和主要栖息地的研究中，发现浙江候鸟中多数水鸟在春秋迁徙时主要见于宁波、舟山、台州、温州等地市县及杭州、嘉兴、绍兴、慈溪的杭州湾沿岸。这些鸟类构成欧亚鸟类东部 2 条迁徙路线的主要成分，许多种类被列入中日候鸟保护协定。浙江山脉由西南向东北延伸，大致可分为相互平行的西北列、中列和东南列，森林中的中小型候鸟主要沿着上述 3 列山脉的山谷地带进行迁徙。

江西罗霄山脉南段东麓，遂川西南部，西毗湖南桂东、炎陵，西北连井冈山。正南有齐云山（海拔 2061m），正北有南风面（海拔 2120m）、齐云山，正西有八面山（海拔 2042m）。南风面与齐云山之间为南北约 46km，宽 600～1200m 的低山地连接成山脉，形成东西相通的凹形通道，是候鸟迁飞的必经之地。春季 4 月初至 5 月初候鸟沿罗霄山脉从西南往东北迁移；秋季 9 月上旬至 10 月下旬，候鸟由东北方向西南方迁徙返回越冬地，其间以 9 月上旬至下旬迁徙的候鸟最多。

候鸟迁徙过程中途停歇地成联系鸟类繁殖地和非繁殖地的枢纽。候鸟对中途停歇地的选择、停留时间、停歇地的环境状况等对迁徙鸟类完成其完整的生活史过程具有主要作用。为了完成长距离的迁徙，鸟类迁徙途中需要在一系列的中途停歇地花费大量的时间补充食物并积蓄能量，为下一阶段的飞行做准备。由于鸟类在到达繁殖地的初期可能面临着严寒、食物缺乏等不利的环境条件，在中途停歇地储备的能量和营养物质对一些鸟类的成功繁殖也起到至关重要的作用。

根据鸟类对中途停歇地的利用方式，中途停歇地可以分为补给地、休息场所、飞越生态屏障前的停歇地及临时停歇地 4 种类型。补给地是最常见的中途停歇地类型，鸟类在该类型停歇地中停留的时间较长，在此期间摄入大量食物，其体重明显增加，积蓄的能量为鸟类继续飞行提供了保障。休息场所是鸟类迁徙过程中的临时休息场所，鸟类仅做短暂停留，食物的摄取量很少，其体重基本保持不变。但由于飞越高山、大海等生态屏障需要更多的能量，常会在中途停歇地储备大量的能量。鸟类在迁徙途中，如遇到恶劣气候（暴雨、大风等）会进行临时停歇或随机选择临时停歇地供迁徙过程中体质较弱的鸟类休息。

华东位于东亚—澳大利西亚候鸟迁飞路线上，滨海湿地具有丰富的滩涂和食物资源，是水鸟的重要越冬地和迁徙停歇地。栖息在滨海滩涂潮间带的水鸟数量巨大，鹬类、鸥类、鹭类等鸟类在中等水位区和浅水区栖息，鸭类主要迁徙在深水区，而无水区仅有少数鹭类活动。在潮汐期间，滨海养殖塘是水鸟良好的临时栖息地。江、河入海口的红树林作为重要的湿地类型，也成为沿海候鸟类南北迁徙的停歇地。福建漳江口红树林自然保护区每年 4 月、9 月为候鸟迁徙高峰期。

崇明东滩鸟类自然保护区地处长江入海口，是许多鸻鹬类迁徙途中的必经之地，也是候鸟迁徙重要的停歇地，鸟类有 298 种。每年有 25 万只以上的迁徙和越冬鸻鹬类在此栖息（Barter et al.，1997；徐宏发和赵云龙，2005）。长江口地区记录到 4 种鸻鹬，绝大部分鸻鹬分布在崇明岛和九段沙。鸻鹬群落在长江口地区停留时间，春季物种平均为 29.97 天，秋季物种平均为 62.40 天。在同一区域，鸻鹬群落对不同的潮区选择和利用存在明显的偏好，研究中观察到鸻鹬个体 118 688 只次，其中 68.3%出现在藻类盐渍带，17.7%出现在藨草/海三棱藨草外带，11.0%出现在堤内人工湿地生境（熊李虎，2005）。

葛振鸣等（2007）根据对长江口九段沙湿地 2005 年春、秋季食物资源调查来计算迁徙期鸻形目鸟类的环境容纳量，实际可容纳 13 万～26 万只鸟类。

华东地区鸻鹬类迁飞过程中的中途停歇地有福建沿海港湾、红树林、浙江乐清湾、台州湾、三门湾、象山港、杭州湾、长江口及以北的铜沙、盐城海滩等湿地。

第七节　候鸟迁徙的影响因素

鸟类的迁徙通常是指每年的春季和秋季，鸟类在越冬地和繁殖地之间定期定向迁飞的习性。大多数迁徙鸟类在低纬度地区越冬，高纬度地区繁殖。候鸟长距离迁徙的过程中除鸟类自身的因素外，经历的风险也较多。气候、栖息地、人为活动等都能增加候鸟迁徙的风险。

气候对鸟类迁徙影响很大，气候影响着季节的变化，寒冷的年份，春季的来临就会推迟，相反，气温变暖，春季来得较早。鸟类在春季可以根据气候的变化确定它们迁徙的时间。根据鄱阳湖大湖池 2009 年 10 月至 2010 年 3 月的调查，可以看出，鸿雁与白额雁在整个越冬期数量变化趋势与气温变化走势具有一定的一致性。从 10 月中旬开始调查地点气温开始下降。进入秋末，鸿雁与白额雁的越冬种群陆续迁徙至此，在 11 月下旬数量达到最高值。此后随着气温的下降，两种雁在该湖区的数量逐渐减少。12 月下旬至 1 月下旬气温有所回升，这两种雁的数量也出现了增长。到 1 月底，气温开始逐渐上升，鸿雁和白额雁越冬种群开始分批离开越冬地，结束越冬期。从整体上来看，气温在 5～10℃时所记录到这两种雁的数量最多，说明 5～10℃这个温度区间比较适合这两种雁越冬（熊舒等，2011）。由于全球气候变暖可以导致候鸟迁徙日期的紊乱，促使鸟的繁殖期提前。夏候鸟在全球都呈现减少的趋势。华东地区的夏候鸟自 20 世纪 80 年代开始急剧减少，据朱曦 1980 年以来在浙江天目山地区调查，减少的鸟类有紫寿带鸟、三宝鸟、黄胸鹀、鹰鸮、灰山椒鸟、普通夜莺、红尾伯劳、虎纹伯劳、红角鸮、赤翡翠、红胸田鸡、白眉地鸫等。

　　风是影响候鸟迁飞时间和方向的主要因素，侧向风较大时，可造成候鸟迁飞方向的偏离。台风季节，普通燕鸻在杭州萧山国际机场出现（朱曦，2005a）。风向对于候鸟迁徙的启动和定向有一定的影响，虽然这种影响是复杂的，秋季鸟群很少顶风南下，而几乎总与风向保持一个很小的角度，春季候鸟也大多在顺风条件下大量迁徙。Skagen 和 Knopf（1994）发现白腰滨鹬（*Calidris fuscicollis*）经常在刮北风时离开中途停歇地。Bater 和 Tonkinson（1997）对崇明岛鸻鹬迁离行为研究认为，地面的风向和（或）风速可能不影响迁离决定。但长江口地区的风力和风速常会导致南迁鸻鹬受阻，因而也可能影响鸻鹬对长江口地区中途停歇地的利用和迁离时间。

　　风电场开发直接减少了一定数量鸟类栖息和觅食的场所。风机运行将直接影响鸟类在风电场范围内的飞行，存在鸟撞碰撞叶片而伤亡的风险。水也是影响候鸟的因素之一，水位变化可影响候鸟的分布，据江西鄱阳湖国家级自然保护区的观察，碟形洼地水位稳定不退，或水位下降很慢，对雁鸭类等游禽影响较小，而对鹤、鹳影响很大，能满足白鹤等涉禽主要食场（苦草、马来眼子菜及冬茅等），栖息的空间（水陆过渡带及浅水区）并不大，这些涉禽只能作短暂的停留。湖泊湿地微地形水位过程变化是保证候鸟（尤其是水禽）越冬的重要影响因素，枯水期鄱阳湖水位在 14.18m（黄海高程）以上时，水陆过渡带将缩小乃至消失，鄱阳湖湿地作为越冬候鸟栖息地的功能将丧失（刘成林等，2011）。

　　夏小霞等 2010 年对鄱阳湖越冬季候鸟栖息地面积与水位变化关系的研究表明：①鄱阳湖水鸟基本上都分布在莎草草滩、泥滩洼地和水深不超过 60cm 的浅水区；②在候鸟越冬的不同阶段，鄱阳湖湿地可以提供的候鸟栖息地面积为天然湿地面积的24%～63%，栖息地面积受水位变化影响较大，冬春季的枯水位，没有对候鸟及其栖息地造成灾难性的影响，但水位在11～12m（吴淞高程）时，将可能无法维持现有候鸟的栖息需要。

　　森林、水域沼泽湿地是候鸟栖息和繁衍的主要自然环境，植物群落或环境的毁坏是引起鸟类群落结构变更的基本因素。森林砍伐导致鸟类栖息地片段化、面积缩小，成为一个个岛屿状的孤立区域。随着森林面积的减小，需要较大面积才能够生存的鸟类就无法栖居下去，因而会导致来此栖息的鸟类减少。火灾、森林面积的缩小都可危及森林鸟类的生存，鸟的种类和数量也随之减少。安吉西亩林场池鹭群已销声匿迹（朱曦和杨春江，1988），西天目山"林岛"鸟类群落稳定性也显著下降（钱国桢等，1983b）。

　　水域沼泽湿地因人类的开发、海涂的大量围垦、环境污染、生境破坏也很严重。杭州湾、象山湾、三门湾、乐清湾两岸原有的草滩、苇丛、滩涂经近几十年围垦造成候鸟栖息地和觅食地大为缩小。据不完全统计，杭州湾北岸的海宁、海盐已围垦 2647.7hm²。饵料丰富的三门湾近几年围垦 5853.3hm²，种植柑橘、棉、麦等，环境条件的改变迫使候鸟迁移到滩涂的纵深地带（朱曦，1994c）。

沿海、港湾污染的增加对候鸟生存的威胁也日益严重，农药和重金属的残留、石油对水域的污染等都直接和间接地影响候鸟的生存。1983 年，浙江海岸带施用有机氯农药 2848t，在海洋生物体中已有积累。沿海渔船和运输船舶排放含油废水每年 8400t，含油每年 2200t，加上从江河带入海的油类每年 7000t，沿海工业企业排放污水量每年 5.02 亿 t，城镇生活污水 1.4 亿 t，已构成对海岸带鸟类的威胁。

太湖、东钱湖为大型淡水湖，也是鸭科鸟类良好的越冬地。20 世纪 60 年代太湖的野鸭有 23 种，其中有鸳鸯、斑头秋沙鸭、红胸秋沙鸭、青头潜鸭、斑背潜鸭、针尾鸭、翘鼻麻鸭等 19 种为中日候鸟保护鸟类（钱国桢等，1980）。时隔 20 年后，作者在太湖调查发现野鸭的种类和数量都很少，其原因一是环境污染；二是沿湖围垦，苇丛大量减少及湖中机动船数增加，活动频繁，人为干扰过大。

第八章　鸟类的地理分布

动物地理学源于古老的生物地理学（biogeography）学科。早在 19 世纪中叶，探险家 Alexander von Humboldt 首先使用了这个词汇，用来概括探险家对未考察过的地区的新的生命类型的记录工作，其中包括了有哪些物种，分布在哪些地区，以及为什么会分布在这些地区等学科内涵。100 多年来，Darlington、Simpson 等从理论和实践上不断地丰富了生物地理学，使生物地理学成为一个探讨生物区系进化历史和指导区域生物资源利用与保护的主要学科领域。

第一节　我国的动物地理概况

动物地理研究基于动物分类区系研究。动物地理具有很强的地域性，它的发展一直孕育于区域性动物学考察与研究的成果。古北界与东洋界两大界动物区系在我国境内交汇，是世界动物地理学家十分关注的地区之一。20 世纪 50 年代以前，我国大量的动物分类区系研究均为外国学者。国内探讨过我国动物地理分布问题的有陈世骧（1934 年）、杨惟义（1937 年）、张作干（1945 年）。国内最早进行鸟类地理分布研究的学者首推寿振黄 [在福建（1927）、四川（1931，1932）和河北等地] 和郑作新 [在福建（1940，1947）]。20 世纪 50 年代以后，中国科学院动物研究所进行了许多规模较大的科学考察，发表了《新疆南部的鸟兽》（钱燕文等，1965）、《秦岭鸟类志》（郑作新等，1973）、《横断山区鸟类》（唐蟾珠等，1996）等。

郑作新和张荣祖（1959）首次出版《中国动物地理区划》，并于 1979 年作了修订。《中国鸟类分布名录》（郑作新等，1976）及 1987 年的外文修订本是中国鸟类地理研究的基础。张荣祖（1999）（《中国动物地理》）在陆栖脊椎动物分布资料的整编和定性分析的量化解释上有了明显的突破，为我国动物地理学的发展奠定了重要基础。

根据我国动物地理区划及其自然区划，华东地区归属于古北界华北区黄淮平原亚区和东洋界华中区东部丘陵平原亚区。

第二节　鸟类生态地理区划

动物区系（regional fauna）指一个地区动物"成分"的总体，而动物地理区划则指动物区系的地理差异。

一、浙江鸟类生态地理区划

鸟类的地理分布以生态地理学、发生学及主导因素为原则，根据植被、地形、气候和鸟类分布特点，并以鸟类繁殖区、越冬区的分布作为根据（陈鹏，1964）。

根据上述原则及浙江植被、气候、丘陵、地貌等自然综合体的区域差异，可将浙江鸟类划分为 6 区 2 亚区（朱曦，1989b）。各区鸟类区系分析列于表 8-1。

表 8-1　浙江省鸟类区系分析（自朱曦，1989b）

	浙北平原区		浙西北中山丘陵区		浙中盆地区		浙东丘陵区		浙南中山区		滨海岛屿区			
											滨海亚区		海岛亚区	
	种数	占比/%	种数	占比/%	种数	占比/%	种数	占比/%	种数	占比/%	种数	占比/%	种数	占比/%
古北界种	101	49.3	61	41.5	69	42.6	75	47.5	84	38.0	78	51.7	57	53.8
东洋界种	74	36.1	61	41.5	68	42.0	56	35.4	110	49.8	44	29.1	27	25.5
广布种	30	14.6	25	17	25	15.4	27	17.1	27	12.2	29	19.2	22	20.7
总计	205	100.0	147	100.0	162	100.0	158	100.0	221	100.0	151	100.0	106	100.0

（一）浙北平原区

本区位于浙江最北部，北面与江苏太湖为邻，东部濒海和杭州湾，西南同平原与丘陵山地的山麓线相一致。地势平坦，年均气温 16℃，1 月平均气温 3℃，≥10℃连续天数 230 天，≥10℃年积温 4900～5000℃，年降水量 1200～1400mm，7～9 月易受台风侵袭，由于开发最早，人类影响深刻。植被为暖温带常绿林北缘，具有明显的过渡性。

该区位于东洋界北缘，与古北界华北区黄淮平原亚区相毗连，鸟类组成上具混杂和过渡特征。繁殖鸟和冬候鸟 205 种，古北界种占 49.3%，东洋界种占 36.1%，广布种占 14.6%，古北界种占优势，以农田开阔地及江、河等水域鸟类为主。北方代表性科如潜鸟科（Gaviidae）、太平鸟科（Bombycillidae）、鸦科（Sittidae）、攀雀科（Remizidae）均有分布。常见北方型鸟类有云雀（*Alauda arvensis intermedia*）、攀雀（*Remiz consobrinus*）、普通鸦（*Sitta europaea*）、戴菊（*Regulus regulus japonensis*）、红胁蓝尾鸲（*Tarsiger c. cyanurus*）、鹪鹩（*Troglodytes troglodytes idius*）、太平鸟（*Bombycilla garrulus centralasiae*）、灰喜鹊（*Cyanopica cyana swinhoei*）、凤头麦鸡（*Vanellus vanellus*）、秃鹫（*Aegypius monachus*）、白琵鹭（*Platalea leucorodia*）、红点歌鸲（*Luscinia calliope*）等。杭州湾南北岸滩涂为雁鸭类、鹬类、鸥类迁徙及越冬地，在迁徙高峰期常集大群。文献记载还有朱鹮（*Nipponia nipponia*）（Shaw，1934b）、彩鹮（*Plegadis f. falcinellus*）（Gee，1926，1927）、乌雕（*Aquila clanga*）（Shaw，1934b；Gee，1926，1927）、勺鸡（*Pucrasia macrolopha darwini*）（Shaw，1934b；Gee，1926，1927）等。本区为灰喜鹊、攀雀分布的南界。

（二）浙西北中山丘陵区

位于浙北平原以西，浙中盆地以北，西北部为与安徽相接的中山，本区主要为低山及丘陵，夹着若干列中山。西部有安徽黄山延伸过来的龙塘山清凉峰（海拔 1787m），北部有西天目山（海拔 1507m）及东天目山（海拔 1479m）。南部与衡县、常山交界处为千里岗中山区，主要山峰有磨心尖（海拔 152m）、白石尖（海拔 1453m）。新安江、富春江等为大型水库。

年均气温 16～17℃，1 月平均气温 3～5℃，≥10℃连续天数 230～246 天，≥10℃ 年积温 4800～5500℃，北部为全省热量最低区，年降水量 1400mm。

海拔 500～1000m 的山区植被保存较好，在较高山区常绿树被落叶树代替，西天目山为中亚热带北缘森林植被自然保护区，龙塘山中亚热带森林植被和古田山中亚热带森林植被及白鹇、毛冠鹿、黑鹿等野生动物自然保护区。

本区鸟类 147 种，以森林鸟类为主，其中古北界种 61 种（41.5%）、东洋界种 61 种（41.5%）、广布种 25 种（17%）。北方代表性的种有䴓科（Sittidae）普通䴓（*Sitta europaea sinensis*），攀雀科（Remizidae）攀雀（*Remiz concobrinus*）及环颈雉（*Phasianus colchicus torquatus*）、普通鵟（*Buteo buteo burmanicus*）、蓝头矶鸫（*Monticola cinclorhynchus*）、松鸦（*Garrulus glandarius sinensis*）等。南方代表性的种有黄鹂科（Oriolidae）黑枕黄鹂（*Oriolus chinensis diffusus*），须䴕科（Capitonidae）大拟啄木鸟（*Megalaima v. virens*）、卷尾科（Dicruridae）发冠卷尾（*Dicrurus hottentottus brevirostris*）、灰卷尾（*D. l. leucogenis*）、黑卷尾（*D. macrocercus cathoecus*），画眉科（Timaliidae），绣眼鸟科（Zosteropidae）暗绿绣眼鸟（*Zosterops japonicus simplex*）及白鹇（*Lophura nycthemera fokiensis*）、白颈长尾雉（*Syrmaticus ellioti*）、红嘴相思鸟（*Leiothrix l. lutea*）、白腹山雕（*Aquila f. fasciata*）、乌雕鸮（*Bubo c. coromandus*）、褐林鸮（*Strix leptogrammica ticehursti*）、斑姬啄木鸟（*Picumnus innominatus chinenis*）等。山斑鸠（*Streptopelia o. orientalis*）、四声杜鹃（*Cuculus m. micropterus*）为广布种。该区为白颈长尾雉、草鸮（*Tyto capensis chinensis*）在浙江西部的分布北界。

（三）浙中盆地区

包括浙赣铁路沿线的金衡、东阳、浦江、永康盆地及钱塘江中游的一些小盆地，为浙江主要的河谷平原，周围均为海拔 500m 以上的低中山所环抱。气候比较温暖、年均气温 17.1～17.4℃，1 月平均气温 5℃，夏季高热，为浙江夏季高温中心之一。全年 ≥10℃以上日数 244～248 天，≥10℃年积温 5500～5700℃，年降水量 1300～1660mm。

植被以常绿阔叶林为主，马尾松林广为分布，近年为马尾松毛虫重灾区。

鸟类 162 种，古北界种 69 种（42.6%），东洋界种 68 种（42.0%），广布种 25 种（15.4%）。本区鸟类组成为森林鸟类与农田开阔地鸟类的混合型，是南部中山区鸟类与西北中山丘陵区鸟类的缓冲和过渡地带。本区北部具有西北中山丘陵种类，南部具有浙南中山区种类，缺少特有种。文献记录有角鹏鹏（*Podiceps auritus*）（朱曦和杨春江，1988）、朱鹮（*Nipponia nipponia*）（郑作新等，1976）、红头潜鸭（*Aythya ferina*）（Shaw，1934b）、棉凫（*Nettapus c. coromandelianus*）（La Touche，1925）、小雕（*Aquila pennata milvoides*）。朱鹮现已绝迹，鸳鸯分布较广。

（四）浙东丘陵区

杭甬铁路以南，包括会稽山、四明山，为低山丘陵夹着一些狭长的山间盆地，系浙西北中山丘陵区向滨海的过渡地带。四明山最高（海拔 1017m）。年均气温 16℃，1 月平均气温 4℃，≥10℃日数 235 天，≥10℃年积温 5070～5280℃，年降水量 1300mm。

本区植被属暖温带落叶阔叶和常绿阔叶的混交林，并以常绿阔叶林占优势。

鸟类 158 种，古北界种 75 种（47.5%），东洋界种 56 种（35.4%），广布种 27 种（17.1%）。本区东临滨海岛屿，春、秋季受南北迁徙鸟类边缘的影响，并有一定的种类和数量。古北界种类仍占优势，但比北邻的浙北平原区的种类略少，东洋界种类相应增多。特有鸟类有白鹤（*Grus leucogeranus*）、鹰雕（*Spizaetus nipalensis fokiensis*）、紫背苇鳽（*Ixobrychus eurhythmus*）、东方白鹳（*Ciconia boyciana*）等。本区为草鸮、白颈长尾雉在浙江东部分布的北界。

（五）浙南中山区

本区位于浙江西南部，北面与中部盆地区和东部丘陵区相接，东部毗连滨海岛屿区，南部以洞宫山与福建接壤并以巍峨的仙霞岭同江西、福建两省相连。西南部为浙江地势最高山区，中山广布，峡谷众多。龙泉黄茅尖海拔 1929m，为浙江最高峰，其他高山有庆元百山祖（海拔 1856m）、遂昌九龙山（海拔 1724m）、白马山（海拔 1621m）、括苍山（海拔 1382m）、北雁荡山（海拔 1056m）、南雁荡山（海拔 1231m）等。乌岩岭、九龙山、百山祖、凤阳山为中亚热带森林植被自然保护区。

年均气温 16～18℃，1 月平均气温 5～7.5℃，≥10℃日数 245～266 天，≥10℃年积温 5300～5700℃，年降水量 1340～2000mm。

本区在植被分布区系上属中国—日本亚区，接近马来西亚植被亚区，热带植物樟科、棕榈科较为常见，亚热带常绿林发育良好，在西部尚存部分原始林。

鸟类有 221 种，以山地森林鸟类为主，其中古北界种 84 种（38.0%），东洋界种 110种（49.8%），广布种 27 种（12.2%），东洋界种占优势。本区具有东洋界特有的水雉科（Jacanidae）水雉（*Hydrophasianus chirurgus*），彩鹬科（Rostratulidae）彩鹬（*Rostratula b. benghalensis*），蜂虎科（Meropidae）栗头蜂虎（*Merops v. viridis*），鹎科（Pycnonotidae）栗背短脚鹎（*Hemixos castanonotus*），啄花鸟科（Dicaeidae）红胸啄花鸟（*Dicaeum i. ignipectus*），太阳鸟科（Nectariniidae）叉尾太阳鸟（*Aethopyga christinae latouchii*），雉科（Phasianidae）黄腹角雉（*Tragopan caboti*），鹰科（Accipitridae）黑冠鹃隼（*Aviceda leuphotes syama*）、灰脸鵟鹰（*Butastur indicus*）、金雕（*Aquila chrysaetos*），秧鸡科（Rallidae）红胸田鸡（*Porzana fusca erythrothorax*），杜鹃科（Cuculidae）棕腹杜鹃（*Cuculus fugax nisicolor*）、褐翅鸦鹃（*Centropus s. sinensis*），画眉科（Timaliidae）淡绿鸭鹛（*Pteruthius xanthochloris obscurus*）、白颊噪鹛（*Garrulax s. sannio*），莺科（Sylviidae）栗头鹟莺（*Seicercus castaniceps sinensis*），山雀科（Paridae）黄颊山雀（*Parus spilonotus rex*），山椒鸟科（Campephagidae）赤红山椒鸟（*Pericrocotus flammeus fohkiensis*）、灰喉山椒鸟（*P. solaris griseigularis*）等。

（六）滨海岛屿区

滨海岛屿区包括岛屿在内的浙东滨海地区，为澳大利亚来的一路迁飞鸟及东南亚来的一路迁飞鸟北上的必经之地，因此，该区为这两条路线迁徙鸟的重要栖息地。本区可分为滨海亚区和海岛亚区。

1）滨海亚区

本亚区东连大海，北自镇海经奉化、三门、临海、黄岩、温州、乐清到分水关止，南以福建为界，呈狭长带状，多曲折港湾、半岛和岛屿。气候温暖，冬无严寒，年均气温北部 16℃，南部 17～18℃，1 月平均气温 5～7℃，≥10℃日数 240～260 天，南部可达 260 天以上。≥10℃年积温北部 5000℃，南部 5500℃以上，年降水量 1300～1700mm。植被因受人类长期樵采已无原始林存在，次生林也发育不良，主要树木有马尾松、黑松及落叶常绿灌木林、竹林等。南部沿海栽植木麻黄（*Casuarina equisetifolia*）、树参（*Dendropanax dentiger*）等。滨海滩涂生长耐盐碱植物盐地碱蓬（*Suaeda salsa*）、海三棱藨草（*Scirpus mariqueter*）等。

本亚区鸟类众多，计 151 种（不包括旅鸟），古北界种 78 种（51.7%），东洋界种 44 种（29.1%），广布种 29 种（19.2%）。春、秋季为候鸟迁徙必经之地，主要有鸽形目、雁形目、鹳形目、鹬形目等。代表种类有黑脸琵鹭（*Platalea minor*）、鹗（*Pandion haliaetus mutuus*）、白额鹱（*Calonectris leucomelas*）、褐燕鹱（*Bulweria bulwerii*）、小军舰鸟（*Fregata m. minor*）、黄嘴白鹭（*Egretta eulophotes*）、大白鹭（*E. alba modesta*）、彩鹮（*Plegadis falcinellus*）、白鹮（*Threskiornis aethiopicus melanocephalus*）、斑嘴鹈鹕（*Pelecanus philippensis crispus*）、白琵鹭（*Platalea leucorodia*）、白肩雕（*Aquila h. heliaea*）、白腰杓鹬（*Numenius arquata orientalis*）、红腰杓鹬（*N. madagascariensis*）、翘鼻麻鸭（*Tadorna tadorna*）等。三门湾、象山港、乐清湾为冬候鸟雁鸭类、鹬类优良的越冬地及栖息地。东洋界特有的须䴕科（Capitonidae）大拟啄木鸟（*Megalaima v. virens*）在本亚区北抵天童林场。

2）海岛亚区

本亚区包括舟山群岛、嵊泗列岛等。舟山群岛系天台山余脉东向逶迤延伸形成，岛屿星罗棋布。本亚区属亚热带季风气候，冬暖夏凉，年均气温 16～16.5℃，1 月平均气温 5.1～5.4℃，≥10℃年积温 5096.1℃，年降水量 800～1200m。

植被属中亚热带常绿阔叶林北部亚地带，在浙江植被区划中属于天台山、括苍山山地岛屿植被片。森林植被以中华人民共和国成立后历年人工造林而成的黑松、马尾松及少量人工杉木林为主，自南向北可分为常绿阔叶林区域、常绿落叶阔叶混交林区域、落叶阔叶林区域。

本亚区鸟类 106 种，古北界种 57 种（53.8%），东洋界种 27 种（25.5%），广布种 22 种（20.7%）。冬候鸟占优势，主要为雁鸭类、鹬类。作者近年进行海岛鸟类研究，冬季鸟类的种类数随着水文、气象、植被景观自南向北的梯度变化而递减。海岛鸟类因其植被、气候、食物和海洋隔离天敌少而产生鸟类空间异质性增高。特有种有白尾海雕（*Haliaeetus a. albicilla*）、玉带海雕（*H. leucoryphus*）、白额鹱（*Calonectris leucomelas*）、黑脚信天翁（*Diomedea nigripes*）、中贼鸥（*Stercorarius pomarinus*）、黑尾鸥（*Larus crassirostris*）、海鸥（*L. canus kamtschatschensis*）、银鸥（*L. argentatus vegae*）、白翅浮鸥（*Chlidonias leucopterus*）、夜鹭（*Nycticorax n. nycticorax*）、栗胸矶鸫（*Monticola rufiventris*）、黄嘴白鹭（*Egretta eulophotes*）、白鹭（*E. garzetta*）、牛背鹭（*Bubulcus ibis coromandus*）等。五崎岛等为鸥类栖息繁殖地。南部岛屿具有东洋界特有的鲣鸟科

（Sulidae）褐鲣鸟（*Sula leucogaster plotus*）、军舰鸟科（Fregatidae）小军舰鸟（*Fregata m. minor*）、鹮科（Threskiornithidae）等。

二、山东鸟类生态地理区划

山东动物地理区划分为胶东丘陵区（包括海岛）、鲁中南山地丘陵区、鲁西北平原区和鲁西南平原滨湖区等 4 个动物地理分布区（柏玉昆和柏亮，1992）。

（一）胶东丘陵区（包括海岛）

优势种有：（树）麻雀。普通种有：金翅雀、家燕、大山雀、三道眉草鹀、山鹡鸰、金腰燕、暗绿绣眼鸟、红尾伯劳、灰喜鹊等。黑林鸽过去在国内仅分布于本区，现在在山东可能已绝灭，白额鹱、斑头鸺鹠、黑尾鸥、红嘴鸥、扁嘴海雀、牛背鹭、白喉针尾雨燕、草鸮等仅在本区繁殖。扁嘴海雀在山东沿海岛屿均有繁殖，以青岛和日照的平岛繁殖最多。

（二）鲁中南山地丘陵区

优势种有：（树）麻雀。普通种有：金翅雀、暗绿绣眼鸟、金眶鸻、家燕、金腰燕、火斑鸠、小沙百灵、红尾伯劳、黑卷尾、白头鹎、三道眉草鹀、灰喜鹊、大苇莺等。黑鹳、北红尾鸲、鹌鹑、寒鸦、毛脚燕等仅在本区繁殖。

本区南部为鲁南（临、郯、苍）平原，其北部有山地阻隔，南与江苏江汉淮平原相连，很多东洋界鸟类在此繁殖，且数量较多，如暗绿绣眼鸟、棕扇尾莺、黑卷尾、金腰燕、白头鹎、火斑鸠、四声杜鹃、黑枕黄鹂、白额燕鸥、雉等。优势种和普通种中，东洋界种已超过了古北界种的种类和数量。部分南迁鸟类如戴胜、棕头鸦雀、白头鹎、棕背伯劳等少数终年留居本地。部分旅鸟如戴菊、灰背隼、赤麻鸭、大天鹅、白尾海雕、灰头隼、鹗、大鵟、普通鵟等在此越冬成为冬候鸟。

（三）鲁西北平原区

优势种有：（树）麻雀。普通种有：家燕、大苇莺、四声杜鹃、大杜鹃、金眶鸻、金翅雀等。银喉长尾山雀、小星头啄木鸟、白尾海雕仅在本区繁殖。

（四）鲁西南平原滨湖区

优势种有：（树）麻雀。普通种有：大苇莺、家燕、金眶鸻、黑水鸡、红尾伯劳、火斑鸠、四声杜鹃等。朱鹮曾在本区繁殖，现在已绝迹。翌春，有大量雁类，途经本区或在此越冬。

三、安徽鸟类生态地理区划

根据安徽各地区鸟类物种的组成特点、优势种和常见种及具有特殊经济意义的种，全省可划分为：淮北平原区、江淮丘陵区、大别山区、沿江平原区及皖南山区 5 个鸟类地理分布区。

（一）淮北平原区

本区系指安徽淮河以北及淮河以南的平原地区，实为华北平原的南缘部分，地势平坦辽阔，仅东北部有少数低山残丘分布。由于长期农垦，自然植被几乎全部被破坏，除肖县皇藏峪尚有小面积落叶阔叶林之外，已无森林可见，仅在村庄附近和道路两侧有人工栽植的零星林木。

鸟类以鹭科等水禽及一些不甚畏人的雀形目鸟类如红尾伯劳（*Lanius cristatus lucionensis*）、黑卷尾（*Dicrurus macrocercus cathoecus*）、灰喜鹊（*Cyanopica cyana swinhoei*）、金翅雀（*Carduelis sinica sinica*）、大山雀（*Parus major*）等为主体，春秋季节也有不少迁徙鸟类如鸭科、鹤科、鹬科、鸻科、莺科及鹟亚科等在此过路。雉科的石鸡（*Alectoris graeca pubesceus*）为中亚型北方鸟类，在安徽仅见于本区。在皇藏峪分布有大杜鹃（*Cuculus canorus fallax*）、中杜鹃（*Cuculus saturates saturates*）、灰头绿啄木鸟（*Picus canus*）、大斑啄木鸟（*Picoides major*）、虎纹伯劳（*Lanius tigrinus*）、白眉姬鹟（*Ficedula zanthopygia*）、银喉长尾山雀（*Aegithalos caudatus*）等北方森林鸟类、也见有赤腹鹰（*Accipiter soloensis*）、四声杜鹃（*Cuculus micropterus micropterus*）、鹰鹃（*Ninox scutulata ussuriensis*）、星头啄木鸟（*Picoides canicapillus*）、黑枕黄鹂（*Oriolus chinensis diffusus*）、发冠卷尾（*Dicrurus hottentottus brevirostris*）、寿带鸟（*Terpsiphone paradisi incei*）等南方森林鸟类，这些鸟类可沿季风区向北伸至我国的东北地区，就皇藏峪已知的 38 种繁殖鸟分析，其古北界鸟类有 23 种，东洋界鸟类有 15 种，虽具有南北两方过渡的区系特征，但倾向于华北区；从种群数量来看，凤头百灵（*Galerida cristata*）、山鹡鸰（*Dendronanthus indicus*）、北灰鹟（*Muscicapa dauurica*）、三道眉草鹀（*Emberiza cioides castaneiceps*）、灰喜鹊等优势种，全是古北界鸟类，这反映了本区鸟类具有鲜明的北方色彩。

（二）江淮丘陵区

本区系指安徽中部大别山向东北延伸的丘陵和岗地，大部分地区海拔 60～300m，少数低山可达 300～500m。本区的北界西起金寨以北，向东经六安、合肥以北至来安，南界西起宿松向东经怀宁、庐江、无为止于和县。森林多为人工栽植马尾松林，有些低山及风景区零星分布针阔叶混交林。

鸟类以鹭科、杜鹃科、秧鸡科、啄木鸟科、鸦科及山雀科等繁殖鸟类较为常见，鸭科、鹬科、鸻科、莺科、鹟科及鸫属等旅鸟及冬候鸟亦属常见鸟类。森林中常见的繁殖鸟有池鹭、赤腹鹰、火斑鸠（*Streptopelia tranquebarica*）、四声杜鹃、蓝翡翠（*Halcyon pileata*）等；在滁州市琅玡山和肥西县紫蓬山的针阔混交林中，大山雀、银喉长尾山雀都是优势种。在紫蓬山，红嘴蓝鹊（*Urocissa erythrorhyncha erythrorhyncha*）、八哥（*Acridotheres cristatellus cristatellus*）、黑脸噪鹛（*Garrulax perspicillatus*）、寿带鸟等为针阔混交林中的常见种，棕头鸦雀（*Paradoxornis webbianus suffusus*）、白头鹎（*Pycnonotus sinensis sinensis*）、日本树莺（*Cettia diphone canturians*）为丘坡灌丛中的优势种。在滁县皇甫山，已知有 126 种鸟类，其中鹭科鸟类特多，白鹭（*Egretta garzetta garzetta*）、中白鹭（*Egretta intermedia intermedia*）、大白鹭（*Egretta alba modestus*）、牛背鹭（*Bubulcus ibis coromandus*）等均在此繁殖。岗冲农田及村庄周围常见的夏候鸟有黑卷尾、白头鹎、金翅雀、暗绿绣眼鸟（*Zosterops japonica simplex*）等，本区鸟类区系已属东洋界华中区，例如，在合肥及其附近地区的繁殖鸟有 81 种，其中东洋界鸟类 50 种，古北界鸟类 31 种，古北界鸟类中的斑啄木鸟、灰喜鹊、赤胸鹀（*Emberiza fucata kuatunensis*）等，在合肥的亚种均系分布在长江以南的南方亚种，故在此除东洋界区系成分明显偏高之外，从亚种分化的角度也可以看出以合肥为代表的本区鸟类和长江以南的关系较为密切（王岐山等，1979）。在合肥及其附近地区所见的小鸦鹃（*Centropus bengalensis*）、蓝喉蜂虎（*Merops viridis viridis*）、小灰山椒鸟（*Pericrocotus cantonensis*）、黄臀鹎（*Pycnonotus xanthorrhous andersoni*）、棕背伯劳（*Lanius schachschach*）、丝光椋鸟（*Sturnus sericeus*）、八哥、乌鸫（*Turdus merula mandarinus*）、画眉（*Garrulax canorus canorus*）、黄腹山雀（*Parus venustulus*）、红头长尾山雀（*Aegithalos concinnus concinnus*），以及在皇甫山所见的红翅凤头鹃（*Clamator coromandus*）、噪鹃（*Eudynamys scolopacus chinensis*）、斑姬啄木鸟（*Picumnus innominatus chinensis*）、蓝翅八色鸫（*Pitta brachyura nympha*）、橙头地鸫（*Zoothera citrina courtoisi*），都是典型的南方鸟类，本区是它们在秦岭以东国内已知的最北分布界限。

（三）大别山区

本区系指安徽西南部的大别山及其向东延伸的低山和丘陵，主峰白马尖海拔 1774m。本区南以桐城、潜山、太湖、宿松与沿江平原区为界，北以金寨、霍山以东与江淮丘陵区相邻。森林植被类型为落叶与常绿阔叶混交林，南部亚热带常绿植物成分有所增加。

鸟类中的森林种类增多并有高山鸟类出现，如雉科、杜鹃科、鸱鸮科、翠鸟科、啄木鸟科、鹎科、卷尾科、椋鸟科、鸦科、鸫科、画眉科及莺科等，鸟类区系和皖南山区的关系较为密切。白冠长尾雉（*Syrmaticus reevesii*）在安徽为本区特有种，栖息在海拔 500～1000m 的落叶阔叶林中；勺鸡（*Pucrasia macrolopha joretiana*）多分布在海拔 700m 以上，为大别山亚种，与皖南的勺鸡东南亚种有所不同。斑姬啄木鸟、黑鹎（*Microscelis leucocephalus*）、红头穗鹛（*Stachyris ruficeps davidi*）、灰眶雀鹛（*Alcippe morrisonia hueti*）、冠纹柳莺（*Phylloscopus reguloides fokiensis*）、金眶鹟莺（*Seicercus burkii*）、方尾鹟（*Culicicapa ceylonensis*）、蓝鹀（*Latoucheornis siemsseni*）等南方鸟类，在秦岭以东多以长江为其最北分布界限，但近年来却在大别山北部发现（王岐山等，1983）。在海拔 1000m 以上较高地带的代表性鸟类有噪鹃、毛脚燕（*Delichon urbica nigrimentalis*）、紫啸鸫（*Myophonus caeruleus caeruleus*）、蓝鹀等。在海拔 500m 以上的中山地带，鸟的种类较多，如以 1978 年在金寨县长岭公社对夏季鸟类的数量统计为例，优势种有冠纹柳莺、山树莺（*Cettia forlipes davidiana*）、画眉等，常见种有小杜鹃（*Cuculus poliocephalus poliocephalus*）、棕颈钩嘴鹛（*Pomatorhinus ruficollis styani*）、红翅凤头鹃、红嘴蓝鹊、丝光椋鸟、大嘴乌鸦（*Corvus macrorhynchos colonorum*）。在海拔 500m 以下的低山地带，多见有沿季风区向北伸展的鸟类，如池鹭（*Ardeola bacchus*）、珠颈斑鸠（*Streptopelia chinensis chinensis*）、黑枕黄鹂、白头鹎、寿带鸟等。

（四）沿江平原区

本区系指安徽长江两岸呈带状分布的平原地区，海拔一般在 10m 左右。本区北与大别山区和江淮丘陵区为界，南与皖南山区相邻，村庄、堤岸有零星树木及竹林，岗地、丘陵有人工栽植的马尾松林。

鸟类以在此越冬或迁徙过路的水禽为主要类群，如在当涂石臼湖已发现有水禽 66 种（王岐山等，1983）。本区水网纵横，湖泊众多，秋冬季节有大群雁、鸭及鹤类从北方飞来。野鸭中以绿头鸭（*Anas platyrhynchos*）、斑嘴鸭（*Anas poecilorhyncha zonorhyncha*）、针尾鸭（*Anas acuta acuta*）、绿翅鸭（*Anas crecca crecca*）等数量最多，秧鸡科的白骨顶（*Fulica atra atra*）常和野鸭栖息在一起（王岐山，1963），鹤科中的白枕鹤、白头鹤在冬季分别可见上百只的大群，丹顶鹤（*Grus japonensis*）、灰鹤（*Grus grus lilfordi*）也有零星分布，白鹤（*Grus leucogeranus*）迁徙时可见于本区西部人烟稀少的湖滩，白鹳、大鸨（*Otis tarda dybowskii*）常结成小群在湖滩活动。本区的猛禽种类不少，冬季常见有鸢、普通鵟（*Buteo buteo burmanicus*）、白尾鹞（*Circus cyaneus cyaneus*）等。由于缺乏连片森林，故典型森林鸟类较少，仅在村庄附近见有珠颈斑鸠、白头鹎、黑卷尾、丝光椋鸟、八哥、乌鸫及棕背伯劳等南方树栖鸟类。

（五）皖南地区

本区系指安徽南部的中山、低山和丘陵，最高峰为黄山莲花峰，海拔 1860m。本区的北界，西起东至，向东经贵池、青阳、南陵、宣城止于广德南部，南抵省界。森林植被类型主要是常绿阔叶林，也有马尾松林、杉木林及毛竹林。

本区鸟类十分丰盛，其种数约占全省的 2/3。经作者调查，九华山有 166 种鸟类（王岐山和胡小龙，1978），黄山有 174 种鸟类（王岐山等，1981），两山的鸟类区系均以森林鸟类和灌丛鸟类为基本种群，南方鸟类如留鸟中的雉科、鸦科、鹛科、鸫科、画眉科，夏候鸟中的鹭科、杜鹃科、卷尾科、莺科，在数量上占优势。白鹇（*Lophura nycthemera fokiensis*）、白颈长尾雉（*Syrmaticus ellioti*）、草鸮（*Tyto capensis chinensis*）、大拟啄木鸟（*Megalaima virens virens*）、棕噪鹛（*Garrulax poecilorhynchus berthemyi*）、红嘴相思鸟（*Leiothrix lutea lutea*）等多种鸟类在安徽为本区特有种。就鸟类的垂直分布而言，它和植被的分布有着密切的关系。以黄山为例，在马尾松林带（海拔 200～400 米）和常绿与落叶阔叶混交林+常绿阔叶林带（海拔 400～600m），鸟的种类及数量较多，如丝光椋鸟、黑枕黄鹂、暗灰鹃鵙（*Coracina melaschistos intermedia*）、绿鹦嘴鹎（*Spizixos semitorques semitorques*）、发冠卷尾、红嘴蓝鹊、灰树鹊（*Dendrocitta formosae sinica*）、红头穗鹛、蓝翡翠等；在常绿与落叶阔叶混交林带（海拔 600～1200m）和落叶阔叶林带（海拔 1200～1500m），代表性鸟类有红嘴相思鸟、黑鹎、松鸦（*Garrulus glandarius sinensis*）、紫啸鸫、锈脸钩嘴鹛（*Pomatorhinus erythrogenys swinhoei*）、棕脸鹟莺（*Abroscopus albogularis*）等；在山地矮林带（海拔 1500～1700m）和山顶草丛带（海拔 1700～1860m），代表性鸟类有蓝鹀、煤山雀（*Parus ater kuatunensis*）、毛脚燕、白腰雨燕（*Apus pacificus pacificus*）等；也有一些泛垂直地带性鸟类，从山脚至北海均可见到，如灰胸竹鸡（*Bambusicola thoracica thoracica*）、画眉、大山雀、红尾水鸲（*Rhyacornis fuliginosus fuliginosus*）、黑背燕尾（*Enicurus immculatus*）等（王岐山等，1981）。

四、江苏鸟类生态地理区划

江苏省于 1986～1987 年两年对江苏鸟类作了调查，计有鸟类 448 种，其中 25 种为江苏鸟类新纪录（周世锷和朱成尧，1989）。江苏动物生态地理划分为：苏州太湖平原；宜溧低山丘陵区；宁镇、茅山丘陵低山区；盐城沿海滩涂区；扬州运西湖区沿江平原区；洪泽湖区；徐州低山丘陵；连云港、赣榆低山丘陵区等 8 个区。

李宁 2009 年在江苏鸟类物种多样性及地理分布格局研究中运用 GIS 技术将鸟类区系型的聚类结果转化为地理分布格局，鸟类地理分布信息转化为丰富度格局。江苏鸟类丰富度格局分为 3 个等级：第 1 等级主要在东部的盐城沿海滩涂湿地一带，丰富度最高，达 400 种以上，分布有江苏 80% 以上的鸟类；第 2 等级主要在南京—苏州一线的江苏南部区域，丰富度次高，达 300 种以上；第 3 等级主要在连云港、南通、宿迁及其周边等分散的区域，丰富度达 250 种以上。结果表明，江苏鸟类的地理分布格局不仅受到环境异质性的影响，也与东部鸟类迁徙密切相关。

第三节 岛屿鸟类生态地理学

舟山市位于北纬 29°32′～31°04′，东经 121°31′～123°25′，包括舟山群岛和嵊泗列岛，分列普陀、定海、岱山、嵊泗 4 县，全区面积 2.22 万 km²，其中陆地面积 1241km²，大小岛屿有 1339 个，呈东北至西南排列，东北部以小岛为主，大岛多集中在西南部。舟山本岛面积 472km²，占全区陆地面积的 38%，列全国第四大岛。

植被为中亚热带常绿阔叶林北部亚地带，几为次生植被和人工植被，代表树种有香樟（*Cinnamomum camphora*）、红楠（*Machilus thunberyii*）、天竺桂（*Cinnamonum chekiangensis*）、青冈（*Cyclobalanopsis glauca*）、沙朴（*Celtis tetrandra* subsp. *sinensis*）、榔榆（*Ulmus parvifolia*）、枫香（*Liquidambar formosana*）、丝绵木（*Euonymus bungeanus*）、枫杨（*Pterocarya stenoptera*）、黑松（*Pinus thunbergii*）、马尾松（*Pinus massoniana*）和竹林（*Phyllostachys* spp.）等。

季风海洋气候，年平均气温 15.4～16.7℃，9 月至翌年 3 月多偏北风，年降水量 850.6～1367.1mm，年均晴天 110～173 天。

1985～1987 年，在舟山群岛和嵊泗列岛 4 县 21 个岛屿进行了重复的调查考察。在对鸟类区系和生态分布研究基础上进行了岛屿间鸟类区系的相似性、多样性、稳定性、种群数量和优势种的测定，并对鸟类数量与岛屿面积的关系进行了分析。结果表明，舟山群岛自南向北，水文、气象、植被景观、鸟类种数存在梯度变化；海岛鸟类群落的空间分布不仅取决于岛屿面积和岛屿与大陆的距离，也取决于地理纬度、植被、气象变异、食物、海洋隔离及人为干扰较大陆少等因素（朱曦，1990）。

一、舟山群岛鸟类的区系组成与生态分布

采集和记录鸟类 113 种，隶属 12 目 27 科，其中冬候鸟 52 种，占 45.6%；留鸟 41 种，占 36.0%；旅鸟 12 种，占 10.5%，夏候鸟 9 种，占 7.9%。按其地理型可分为东洋界型 29 种，古北界型 69 种，广布型 15 种，东洋界型与古北界型的比例约为 2∶5，但从繁殖鸟分析，两者比例为 2∶1。

根据地理和植被特征，舟山岛屿大致可分为森林、水域、滩涂、农田耕地、居民点 5 种生境，各生境中鸟类种数分别为：森林 46 种、水域 16 种、滩涂 18 种、农田耕地 31 种、居民点 5 种。

二、舟山岛屿鸟类的相似性指数

为了比较各岛屿鸟类的相互关系，以及减少由于各岛采集和记录资料不均衡所带来的误差，采用 Charles J. Kerbs 计算两岛相似性指数的方法，其公式为

$$相似性指数 = \frac{2c}{a+b}$$

式中，a、b 为 A、B 岛的鸟类种数；c 为 A、B 两岛相同种数。计算结果列于表 8-2，表 8-2 中右上角数字为纵列岛屿与横列岛屿二者相同种数，左下角数字为相似性指数。

从表 8-2 可见，六横岛、金塘岛、大猫岛、佛渡岛、虾峙岛、桃花岛、蚂蚁岛、朱家尖、舟山本岛的相似性指数较高，其原因与这些岛屿面积较大或离大陆较近有关。两岛面积相差不大，植被相当，距离较近的岛屿较相距较远的岛屿的相似性要大，六横岛与桃花岛的相似性指数就比六横岛与朱家尖要大 13.21%。

三、鸟类群落的多样性、均匀性及种群数量自控

（一）多样性与均匀性

单位面积上的鸟种类数是生物群落中一个重要的研究方面，而近代研究群落生态最流行的范畴是研究种类的丰富度或多样性。测定群落内物种的多样性和均匀性最广泛和最普遍为人所接受和使用的是 MacArthur 根据信息论所创立的关于群落稳定的一种模式，可用香农-威纳指数（Shannon-Wiener index）加以测量，即 $H = -\sum_{i=1}^{s} P_i \log_2 P_i$。式中，$H$ 为采样的信息含量（Bit/ind.）等于物种的多样性指数；s 为物种数；P_i 为第 i 物种在全部采样中的比例。

同时利用 Pielou（1975）的均匀性指数 $J = \dfrac{H}{H_{max}}$，$H_{max} = \log_2 S$。式中，J 为均匀性指数；H 为观察种类的多样性指数；H_{max} 为最大种类多样性指数。

根据上述公式，对舟山岛屿冬季鸟类群落进行了多样性和均匀性计算，结果列于表 8-3。

表8-2 舟山岛屿鸟类相似性指数（白木曛，1990）

相同鸟类种数和相似性指数

岛屿	六横岛	佛渡岛	悬山岛	虾峙岛	桃花岛	蚂蚁岛	朱家尖	普陀山	舟山本岛	大猫岛	五峙岛	金塘岛	衢山岛	秀山岛	岱山岛	长涂岛	泗礁岛	花鸟岛	嵊山岛	黄龙岛	大洋山岛
六横岛		14	8	25	22	14	16	7	27	24	5	16	8	7	4	13	13	7	3	5	9
佛渡岛	0.452		6	14	15	11	12	8	18	16	2	11	6	6	3	9	8	6	3	4	7
悬山岛	0.327	0.387		9	9	7	8	5	8	9	1	9	5	5	4	5	7	5	2	2	4
虾峙岛	0.641	0.467	0.383		22	14	15	9	24	31	3	17	8	7	4	14	13	6	3	8	4
桃花岛	0.603	0.545	0.429	0.620		13	17	7	24	23	2	14	8	7	4	13	12	7	4	5	8
蚂蚁岛	0.475	0.537	0.500	0.491	0.502		12	7	15	17	2	9	7	7	5	10	10	6	3	3	5
朱家尖	0.471	0.480	0.457	0.454	0.557	0.511		7	21	21	3	14	7	6	5	11	10	6	2	4	8
普陀山	0.269	0.471	0.526	0.360	0.311	0.452	0.350		8	9	2	6	5	6	3	6	6	4	2	3	4
舟山本岛	0.519	0.418	0.219	0.471	0.471	0.361	0.456	0.211		31	3	21	17	8	6	17	19	9	4	7	13
大猫岛	0.593	0.508	0.360	0.785	0.622	0.567	0.609	0.340	0.590		5	19	10	7	6	15	14	8	4	5	11
五峙岛	0.213	0.138	0.125	0.133	0.101	0.154	0.171	0.210	0.085	0.208		4	3	2	3	2	1	1	1	2	3
金塘岛	0.508	0.489	0.563	0.557	0.502	0.428	0.549	0.343	0.483	0.594	0.267		5	6	4	9	12	5	5	4	8
衢山岛	0.302	0.226	0.455	0.314	0.348	0.438	0.341	0.401	0.441	0.374	0.202	0.278		7	3	8	8	5	2	3	7
秀山岛	0.292	0.401	0.588	0.304	0.341	0.378	0.333	0.602	0.222	0.286	0.401	0.387	0.667		3	5	7	4	2	4	6
岱山岛	0.157	0.182	0.401	0.163	0.182	0.333	0.256	0.261	0.161	0.231	0.333	0.235	0.252	0.316		3	6	5	2	3	4
长涂岛	0.441	0.439	0.357	0.491	0.500	0.526	0.468	0.387	0.466	0.502	0.154	0.428	0.501	0.372	0.204		9	6	4	5	7
泗礁岛	0.412	0.356	0.437	0.426	0.429	0.476	0.392	0.343	0.437	0.437	0.664	0.522	0.443	0.451	0.353	0.429		7	4	5	7
花鸟岛	0.286	0.387	0.556	0.255	0.333	0.428	0.324	0.381	0.246	0.321	0.125	0.312	0.454	0.473	0.502	0.428	0.437		4	5	8
嵊山岛	0.136	0.231	0.308	0.142	0.216	0.261	0.125	0.253	0.118	0.178	0.181	0.148	0.231	0.331	0.267	0.348	0.296	0.615		3	3
黄龙岛	0.200	0.252	0.210	0.167	0.232	0.207	0.211	0.273	0.189	0.196	0.233	0.250	0.262	0.442	0.286	0.345	0.303	0.526	0.428		6
大洋山岛	0.310	0.354	0.296	0.287	0.314	0.270	0.348	0.267	0.317	0.371	0.241	0.390	0.453	0.461	0.276	0.378	0.341	0.277	0.273	0.428	

表 8-3　舟山岛屿鸟类多样性和均匀性指数（自朱曦，1990）

	六横岛	佛渡岛	悬山岛	虾峙岛	桃花岛	蚂蚁岛	朱家尖	普陀山	舟山本岛	大猫岛	五峙岛
H	4.5908	3.5507	2.2313	3.6943	3.6041	3.4490	3.8375	3.1530	4.5580	3.7151	2.0111
H_{max}	5.3219	4.9594	3.1699	5.2479	5.0440	4.2480	4.8074	3.5805	6.0000	5.3576	2.8074
J	0.8626	0.7160	0.7039	0.7040	0.7145	0.8119	0.7982	0.8806	0.7597	0.6934	0.7164

	金塘岛	衢山岛	秀山岛	岱山岛	长涂岛	泗礁岛	花鸟岛	嵊山岛	黄龙岛	大洋山岛
H	2.4247	2.5119	2.3370	2.1415	3.6162	3.0805	0.9885	1.5136	2.3568	3.7712
H_{max}	4.5236	3.7004	3.0000	3.4590	4.3840	4.5236	3.1699	2.0000	3.3219	4.1690
J	0.5360	0.6788	0.7790	0.6191	0.8249	0.6810	0.3118	0.7568	0.7095	0.9040

六横岛、舟山本岛岛屿面积大，植被较好，离大陆又较近，H 值最大。Frances（1982）等认为，鸟类种数与树木种类和树木覆盖率密切相关。蚂蚁岛面积仅 2.136km^2，森林覆盖率在 90% 以上，所以，尽管面积小，也有 19 种鸟类。H 值为 3.4490，均匀性指数（J）为 0.8119。而离舟山本岛不远的五峙岛，面积 0.143km^2，全岛没有乔木、灌木，仅有茅草的荒岛，鸟类 7 种，H 为 2.0111，E 为 0.7164，都较蚂蚁岛为低。花鸟岛面积 3.800km^2，森林覆盖率在 40% 以上，但因离大陆较远，海洋的阻隔作用较明显，鸟类 9 种，H 为 0.9885，J 为 0.3118，也比其他岛屿低。

（二）种群数量和优势种

一定地表面积中的生物个体数量称为种群密度。优势种的概念包含数量多并在全年都能见到的种类，或在单位时间内、单位面积或某条统计线路上出现个体数较多的种，前者为留鸟，后者为某些候鸟在一定季节时间内也会呈现出优势。优势种的确定及等级划分利用钱国桢等 1965 年的公式：

$$C = \frac{A_1}{\dfrac{A_1 + A_2 + \ldots A_n}{ns}}$$

其值 $C \geqslant 1$ 为优势种，$C_{=0.5}^{<1}$ 为多量种，$C_{=0.5}^{<0.1}$ 为普通种。舟山岛屿各岛冬季鸟类种群密度及优势种列于表 8-4。

舟山诸岛鸟类优势种为麻雀（*Passer montanus saturatus*）、金翅雀（*Carduelis sinica sinica*）、白头鹎（*Pycnonotus sinensis sinensis*）和大山雀（*Parus major artatus*）4 种。白鹡鸰（*Motacilla alba leucopsis*）、棕背伯劳（*Lanius schach schach*）、三道眉草鹀（*Emberiza cioides castaneiceps*）和灰头鹀（*Emberiza spodocephala sordida*）等分布也相当广泛。

从表 8-4 可以看出，舟山本岛、大猫岛、六横岛、朱家尖等岛屿面积较大，优势种也较多，这与生态位扩展有一定关系。

（三）海岛面积、植被与鸟类种数的关系

同一群岛，同类栖息地的不同面积（A）与岛屿上物种数（S）之间的关系式为 $S = cA^Z$，无维参数 Z（是 log$S$ 对 log$A$ 图上的回归线的斜率）的典型值为 0.18～0.35，据

Hamilton、Barth、Rubinoff、Diamond、May 等研究，鸟类无维参数 Z 值为 $0.05 \sim 0.30$（May，1976）。

把舟山地区 21 个岛屿的面积及诸岛鸟类种数列成 21 个数据，再把面积（A）和种数（S）取对数值列于表 8-5。

由 $\log S = \log c + Z \log A$，得出 $\log S = 0.9639 + 0.2227 \log A$，$S = 0.9639 A^{0.2227}$，系数 $r = 0.5529$。鸟类种数和岛屿面积关系，一般是面积越大，鸟类种数也就越多。

MacArthur（1961）指出，鸟类多样性和乔灌木大小、覆盖度等因素有关，并随高灌木层叶密度降低而降低。Terborgh 对热带岛屿森林鸟类研究认为岛屿森林鸟类很少到无林地生活，因为森林鸟类需要一个适于取食、栖息和隐蔽的环境，森林的减少可能引起岛屿森林鸟类的灭绝。舟山岛屿鸟类调查表明，植被的好坏在很大程度上也是一种影响鸟类多样性的重要因素。面积 $6.138 km^2$ 的大猫岛植被较好，人为活动也较少，又位于大陆和舟山本岛之间，气候也较温暖，鸟类栖息、繁殖条件也较优势，鸟类多达 41 种，占舟山本岛鸟类的 64.06%，而面积仅占本岛面积的 1.3%。相反，面积占本岛 21.23% 和 12.71% 的岱山岛和衢山岛，因植被较差，地理位置位于大猫岛和舟山本岛北面，冬季缺乏阻挡，常受大风侵袭，故鸟类种数相对较少，仅占舟山本岛鸟类的 17.19% 和 20.31%（表 8-5）。

舟山群岛系由大陆天台山脉延续入海而成，在构造上为闽浙地盾的东部边缘。舟山群岛存在干湿度梯度，湿润度由南向北呈递减变化。群岛植被类型受干湿度梯度所制约，因此，存在森林植被梯度，即普陀山、定海常绿阔叶林；岱山岛、长涂岛常绿落叶阔叶混交林；衡山、泗礁岛落叶阔叶林（潘瑞道，1981）。植被类型和森林覆盖率的不同对鸟类的种类和数量也有一定影响。舟山岛屿黑松林、马尾松林面积较大，由于受海风影响，植株也较矮小，树冠也低，特别在外海和较北的一些岛屿上。Frances（1982）等认为，鸟类密度在低树冠和单一树种的针叶林里最小，而在成熟的落叶林里鸟类的密度比演替林要高。舟山地区 4 县冬季鸟类的种数分别为普陀 78 种；定海 72 种；岱山 34 种；嵊泗 31 种。自南向北也存在梯度变化，与植被的梯度变化相吻合。

海岛与大陆相隔离，动物种类组成较大陆贫乏，小岛或与大陆相距较远岛屿上的动物种类较大岛或近大陆岛屿上的种类要少（McaArthur and Wilson，1967）。但由于海岛竞争者较少，导致生态位扩展，鸟类的种群密度较大陆为高。据同时期调查统计，乐清县北雁荡山鸟类密度平均为 35.2 只次/h，鄞县天童国家森林公园为 30.2 只次/h，而在杭州湾口北岸的平湖县乍浦林场仅有 26.5 只次/h。与舟山群岛 21 个岛屿鸟类种群密度相比较，有 13 个岛屿的鸟类密度超过天童国家森林公园，其中密度高的岛屿有大猫岛（75.4 只次/h）、金塘岛（63.5 只次/h）、佛渡岛（61.8 只次/h）、虾峙岛（60.3 只次/h）和六横岛（56.1 只次/h）等。

从同一纬度而离大陆距离不等的岛屿鸟类密度比较，鸟类密度为离大陆近的岛屿较高，而向外海岛屿逐渐减低。天童国家森林公园一线的佛渡岛（61.8 只次/h）、六横岛（56.1 只次/h）、蚂蚁岛（37.8 只次/h）；金塘岛、舟山本岛一线的金塘岛（63.5 只次/h）、舟山本岛（45.1 只次/h）、普陀山（23.5 只次/h）都逐渐减低；嵊泗列岛大洋山岛、泗礁岛一线的大洋山岛（17.7 只次/h）、泗礁岛（27.3 只次/h）、花鸟岛（39.6 只次/h）、嵊山岛（14.6 只次/h），密度一般都较低，但花鸟岛的密度稍高，这与该岛上植被较好有一定关系。

表 8-4　舟山岛屿各岛鸟类的密度及优势种种数（自朱曦，1990）

	六横岛	佛渡岛	悬山岛	虾峙岛	桃花岛	鸭蚊岛	朱家尖	普陀山	舟山本岛	大猫岛	五峙岛	金塘岛	衢山岛	秀山岛	岱山岛	长涂岛	泗礁岛	花鸟岛	嵊山岛	黄龙岛	大洋山岛
优势种	11	8	2	9	7	6	11	5	14	11	2	3	3	3	4	6	4	3	1	3	5
多量种	22	9	7	24	22	12	16	7	44	24	5	15	9	5	6	13	16	4	2	5	11
普通种	6	5	0	5	4	4	1	0	6	6	0	5	1	0	1	0	3	2	1	2	2
密度（ind/h）	56.1	61.8	36.7	60.3	52.2	37.8	51.2	23.5	45.1	74.5	27.5	63.5	45.0	28.0	40.0	23.3	27.3	39.6	14.6	16.6	17.1

表 8-5　舟山岛屿面积和鸟类种数的关系（自朱曦，1990）

	六横岛	佛渡岛	悬山岛	虾峙岛	桃花岛	鸭蚊岛	朱家尖	普陀山	舟山本岛	大猫岛	五峙岛	金塘岛	衢山岛	秀山岛	岱山岛	长涂岛	泗礁岛	花鸟岛	嵊山岛	黄龙岛	大洋山岛
面积（A）/km^2	92.800	7.082	6.937	16.387	57.300	2.136	66.200	12.500	472.000	6.138	0.143	76.680	59.980	22.900	100.200	44.160	26.400	3.800	4.790	6.600	7.500
种数（S）	40	22	9	38	33	19	28	12	64	41	7	23	13	8	11	19	23	9	4	10	18
$\log A$	1.968	0.850	0.841	1.214	1.758	0.330	1.820	1.097	2.674	0.788	0.845	1.844	1.778	1.360	2.000	1.645	1.421	0.580	0.680	0.820	0.880
$\log S$	1.602	1.342	0.954	1.580	1.520	1.279	1.447	1.079	1.806	1.613	0.845	1.362	1.114	0.903	1.040	1.279	1.360	0.950	0.600	1.000	1.250

　　岛屿冬季鸟类密度较大陆高，主要原因有三：①海岛气候较大陆温和，光照充足，单位面积上可获得的食物相对较为丰富。②由于冬季食物基地不均衡分布及鸟类御寒和防御天敌，促使鸟类向少数地点集中，形成群聚生活的适应性（Frances et al., 1982）。③由于隔离，海岛环境较为稳定，天敌少，缺乏竞争，导致小型鸟类空间异质性（spatial heterogeneity）增高。

　　舟山群岛水文、气象沿定海、普陀山、岱山岛、衢山岛、嵊泗岛一线呈递度变化，植被景观和植物生活型谱也表明相似的生境递度，自南向北，生境的优越程度逐渐下降，而趋于严酷。因此，海岛鸟类群落的空间分布不但与岛屿面积及岛屿与大陆的距离有关，而且地理纬度等级、植被、气候变异、食物和海洋隔离天敌少而导致鸟类空间异质性增高，以及海岛上人为干扰较陆地为少也是一个重要的方面。

　　MacArthur 和 Wilson（1967）在提出的海岛生物地理理论中，当暂时不考虑海岛到大陆的距离或它的面积时，一个海岛上的物种数量取决于两个因素的共同作用：一个是海岛上单位时间到达该岛的动植物物种的迁入率；另一个是迁入的物种并非都能存活下来，所以还同时存在一个物种的消亡率。Preston（1962）及 MacArthur 和 Wilson（1963，1967）指出，岛屿上物种的数目正是消亡和迁入之间动态平衡的结果。

　　斯幸峰等 2014 年对淡水人工湖浙江千岛湖岛屿繁殖鸟类群落的研究，探讨岛屿生物地理学理论所预测的迁入—灭绝动态及物种周转率和发生率。研究结果表明：灭绝率随着岛屿面积的增大而减小；迁入率随着岛屿面积的增大而增大；总体上，所有研究岛屿都具有较高的物种周转率，并且物种周转率随着面积的增大而减小，随着隔离度的增大而增大；物种库周转由于受研究区域物种库的数量所控制，随着岛屿面积增大而增大，表明物种周期的事件数随岛屿面积的增大而增加；发生率亦随着岛屿面积的增大而增大。岛屿面积是决定迁入率和消亡率的主要环境因子，而隔离度在预测迁入率、消亡率、物种周转率和发生率中均相对不重要。这可能跟千岛湖相对较小的面积尺度（约 580km^2），较为单一的植被生境和鸟类较强的扩散能力有关。

　　β 多样性表示一定区域内不同群落间的物种组成变化，是研究 α 和 γ 多样性的关键纽带。由于物种具有不同的功能特征，因此在片段化栖息地中同时从物种和功能角度研究 β 多样性的分布格局将有助于理解群落的组成机制和开展生物多样性保护。斯幸峰等 2015 年对浙江千岛湖 37 个陆桥岛屿上的繁殖鸟类群落开展了长期的调查，从物种和功能角度分析，繁殖鸟类群落 β 多样性及其空间周转和嵌套过程对生境片段化的响应机制。研究结果表明，千岛湖繁殖鸟类年际间具有较高的物种周转，但在岛屿间物种和功能 β 多样性均较低，并且都由岛屿面积决定；物种 β 多样性表明空间周转占主导，而功能 β 多样性则由嵌套组分占主导。年际间较高的物种周转可能跟千岛湖较为均一的植被生境和鸟类较强的扩散能力有关。从物种角度研究总体 β 多样性表明千岛湖所有调查岛屿的繁殖鸟类群落对总体物种 β 多样性都有相似的贡献，但从功能角度则表明大岛上的鸟类群落对总体功能 β 多样性具有较大的贡献。因此在制定生物多样性保护策略时，需要多角度地评估生物多样性，并且在实施千岛湖鸟类多样性保护对策时，除了优先考虑保护较大的岛屿之外，具有较高空间周转的较小岛屿同样值得保护。

第四节　华东东洋界、古北界两界的分界

我国大陆的动物区系分属于南、北两个界。南部约在长江中下游流域以南，与印度半岛、中南半岛、马来半岛及附近岛屿同属东洋界，为亚洲东部热带动物现代分布的中心地区。北部自东北经秦岭以北的华北和内蒙古、新疆至青藏高原，与广阔的亚洲北部、欧洲和非洲北部同属于古北界，为旧大陆寒温带动物的现代分布中心地区。

古北、东洋两大界的分界以喜马拉雅山脉部分最为明显，在黄河和长江中下游地区，两大界动物相互渗透，为一广泛的过渡地带。根据大多数代表性动物的分布，这条界线大致与有常绿乔木和灌木的落叶阔叶林带的北界一致，相当于秦岭—淮河一线，是许多主要分布于热带、亚热带种类分布的北限（张荣祖，1999）。

我国鸟类种类最多，分布型也最为丰富，以东洋界型占绝对优势（46%），其次为全北型（12%）。东洋界型各类自南向北递减，绝大多数种类止于秦岭—淮河一线，即北亚热带，少数种类可以伸至中温带。

华东地区位于我国东部沿海，鸟类种类繁多，计有 22 目 84 科 669 种。非雀形目鸟类有 21 目 47 科 352 种，占华东鸟类总数的 52.62%，其中主要有鸽形目、雁形目、隼形目、鹳形目等；雀形目中以鸫科、画眉科、莺科、鸦科的种类最多。在季节型分析比较中，随着地理纬度的增加，留鸟的种数依次递减，夏候鸟和冬候鸟的种数 7 省（市）（福建、江西、浙江、安徽、上海、江苏和山东）相接近，旅鸟中沿海 4 省（市）山东、上海、浙江、福建较多。而偏内陆的省江西、安徽相对较少，表明了与沿海 4 省（市）位于迁徙路线有关。

在动物地理上，华东地区属于东洋界华中区东部丘陵平原亚区和古北界北区黄淮平原亚区（张荣祖，2004），但该段两界的分界线不很明显，在相当宽阔的地带古北界种类和东洋界种类相互渗透，形成一片广泛的过渡地带，因而长期以来对东部的分界成为争论的焦点（黄文几等，1978；王岐山等，1966；周开亚，1964；邹寿昌，1993；王子玉和王增富，1986；常青，1995）。根据华东地区鸟类地理型分析，东洋界鸟类 186 种，占全区鸟类种数的 27.80%；古北界鸟类 340 种，占 50.82%；广布种 140 种，占 20.93%；地理型不明显的 3 种，占 0.45%。古北界与东洋界之比为 1.83∶1。而从繁殖鸟分析，两界鸟种数之比为 2.49∶1，明显偏于东洋界。该结果表明华东地区因没有高山阻隔，缺乏高大的屏障，东洋界和古北界的分界并不明显，缺乏明显的自然分异，两界鸟类相混杂，而形成广泛的过渡地带。

在华东地区 7 省（市）鸟类地理型分析中，东洋界种与古北界种之比自福建至山东，随着地理纬度的增高，古北界种数比例逐渐增高；在繁殖鸟中，东洋界种与古北界种之比分别为福建 3.48∶1；江西 3.51∶1；浙江 2.93∶1；安徽 2.53∶1；上海 2.0∶1；江苏 1.65∶1；山东 0.60∶1，东洋界种数呈梯度减少，而在山东东洋界种类下降到最低值，表明在浙江、安徽、上海、江苏这一地带鸟类混杂，为明显的过渡地带，而山东则以古北界为主。

江苏为冲积型丘陵平原，山东为低山丘陵，西部鲁中南山地为一盾形高地，以泰山

（海拔 1524m）、鲁山（海拔 1108m）和沂山（海拔 1032m）的分水岭地带为隆起中轴，并作倾斜上升，因而这些山地显得高峻挺拔，矗立在华北平原之上，由于鲁中南山地的阻隔，也会形成一定的屏障，而造成山东古北界种类明显高于江苏。

鉴于上述分析，古北界和东洋界在东端的分界线应在长江以北，鲁中南山地以南，其西部接秦岭、大别山及其以东的张八岭、金寨、霍山、六安、寿县，向北经宿州、宿迁至连云港台山南麓，界限以南为东洋界，以北为古北界。

第九章　华东鸟类的保护

第一节　华东珍稀濒危鸟类

一、鹳形目 Ciconiiformes

（一）鹭科 Ardeidae

1. 黄嘴白鹭 *Egretta eulophotes*（Swinhoe）

黄嘴白鹭（*Egretta eulophotes*），世界自然保护联盟（IUCN）红色名录将其列为易危级，国家 Ⅱ 级重点保护动物。《中国濒危动物红皮书》将其列为濒危级（郑光美和王岐山，1998）。华东分布于山东、安徽、江苏、浙江、江西、福建、上海（朱曦等，2008）。浙江主要分布于舟山（朱曦等，1991c）。

梁斌等（2007）在浙江舟山五峙山列岛对黄嘴白鹭巢位选择研究，在 0.99hm² 的馒头山小岛上，黄嘴白鹭巢呈聚集性分布，平均巢间距为 119.6cm，最小间距为 15cm。

黄嘴白鹭对巢位具有明显的选择性，优先选择在灌丛，尤其是那些相对较高的灌丛（高于 50cm）下营巢，其次是较低的灌木（低于 64cm）内部和草丛上。多数巢存在遮蔽物。避风和遮荫是黄嘴白鹭巢位选择的主要要求。台风是决定五峙山列岛黄嘴白鹭巢位选择的最主要因素，而高灌木的数量直接影响五峙山列岛黄嘴白鹭的繁殖成功和今后的资源状况。

黄嘴白鹭繁殖期为 5~8 月，鸟巢主要由灌木枝和草秆组成，平均窝卵数为 2.6 枚，平均卵重为（23.89±1.45）g，平均卵大小为（45.65±2.26）mm ×（32.40±0.65）mm，平均孵化率为 82.1%，育雏期为 35~40 天。不同的繁殖年间，五峙山列岛黄嘴白鹭数量和分布存在一定的动态变化，营巢资源、食物资源、物种间的竞争、台风和人为干扰等对黄嘴白鹭繁殖种群的数量和分布均有一定的影响（表 9-1）（王忠德等，2008a）。

表 9-1　五峙山列岛黄嘴白鹭种群数量（繁殖后期）和分布动态（自王忠德等，2008a）

年份	黄嘴白鹭数量/只		中白鹭数量/只
	馒头山	龙洞山	
2001			450
2002	30		350
2003	200	300	30
2004	400	100	
2005	300		
2006	100	350	
2007		450	

2. 海南鸦 *Gorsachius magnificus*（Ogilvie-Grant）

海南鸦（*Gorsachius magnificus*）俗称海南虎斑鸦、海南［夜］鸦、白耳夜鹭，世界自然保护联盟（IUCN）红色物种名录将其列为濒危级，《中国濒危动物红皮书》将其列为濒危级（郑光美和王岐山，1998），国家II级重点保护动物，是我国南方山区水域及附近的特有种。

文献记载华东分布于安徽、浙江、福建（雷富民和卢汰春，2006）。江西南部紧邻广东始兴县的九连山自然保护区在 2003 年 4 月下旬和 5 月中旬共发现海南鸦8～10 只，在白天观察到觅食行为（唐培荣和徐聪荣，2003）。近年也发现于浙江千岛湖（朱曦等，2008）。

海南鸦（*Gorsachius magnificus*）在江西九连山国家级自然保护区栖息地海拔在500m 以下，植被覆盖度为 90%以上，溪水流动缓慢，有浅水区域大片沙滩及鱼虾充足的地方。4～6 月观察到海南鸦的频次最高，而且白天和傍晚都可观察到活动，可能是海南鸦在九连山的繁殖育雏期（陆舟等，2004）。

2004 年 5 月 24 日李必成在浙江千岛湖湖中岛上发现 6 只成体和 4 只亚成体。在其后 3 年共发现 6 巢，16 枚卵，有 13 只雏鸟成功离巢出飞。海南鸦巢筑于马尾松上，巢呈碗状，由枯枝交搭而成，离地面高度 8m 左右（丁志锋和丁平，2010）。

（二）鹳科 Ciconiidae

1. 东方白鹳 *Ciconia boyciana*（Swinhoe）

世界濒危的大型涉禽，国家I级重点保护动物，世界自然保护联盟（IUCN）红色物种名录将其列为濒危级，《濒危野生动植物种国际贸易公约》（CITES）列入附录I物种。

华东分布于山东、上海、安徽、江西、江苏、浙江、福建。

东方白鹳（*Ciconia boyciana*）繁殖地在黑龙江流域（Collar et al.，1988），越冬地主要在我国长江中下游地区（Birdlife International，2001）。近年越冬地区出现了东方白鹳的野外繁殖种群（朱文中，2001；王岐山等，2002）。

安徽安庆地区留居的东方白鹳最早于 1 月下旬进入巢区，开始繁殖活动，2004 年有2 对东方白鹳留居繁殖，2 月上旬开始营巢，2 月底产卵。2005 年漳湖镇有 2 对东方白鹳留居繁殖，于葛洲坝至上海的高压输电电塔上营巢，2 月中旬开始营巢交配，3 月 19日坐巢产卵，4 月 25 日孵出雏鹳，7 月 22 日繁殖结束。6 月 21 日仍发现坐巢产卵，7月 16 日孵出雏鹳，直至 9 月 20 日繁殖结束（侯银续等，2007）。

安徽安庆东方白鹳繁殖见表9-2。东方白鹳窝卵数（4.2±0.4）（4～5）枚（$n=6$）。育雏期（71.0±16.1）天（$n=3$），日育雏（5.1±2.6）次（$n=38$）（杨陈等，2007）。

黄河三角洲繁殖的东方白鹳最早于 2 月 21 日开始筑巢，筑巢于水泥电线杆、人工招引巢或高压输电铁塔上。平均巢高（13.25±2.07）m（$n=18$）、黄河口巢区平均巢高（25.50±7.97）m（$n=3$）。孵化期最早始于 2 月 25 日，孵化期（32.07±1.34）天（$n=15$），育雏期（63.33±6.83）天（$n=12$），日育雏（6.23±2.23）次（$n=68$）。雏鸟最早离巢时间为 5 月28 日，最晚离巢时间为 8 月 19 日。孵化成功率为 80.95%（薛委委等，2010）。据王立冬（2012a）对黄河三角洲自然保护区繁殖的东方白鹳 2005～2010 年连续 6 年观察，繁殖成功率为 50%～92%（表 9-3）。

表 9-2 2004～2006 年安徽安庆东方白鹳繁殖参数（自杨陈等，2007）

巢号	配对序号	营巢时间（月.日）	孵化时间（月.日）	育雏时间（月.日）	终止时间（月.日）	窝卵数	出孵数	出飞数	繁殖成效
2004/1465	A	—	—	—	3.18	4	0	0	X
2004/1464	B	—	2.11	—	3.24	—	—	—	X
2004/1463	B	3.24	—	—	3.27	—	—	—	X
2004/1462	B	3.28	4.6	—	4.21	4	—	—	X
2004/1461	B	5.6	6.21	7.16	9.20	4	3	2	O
2005/1465	C	2.23	3.21	4.25	7.24	4	3	2	O
2005/1463	B	—	3.2	—	—	5	—	—	X
2005/1458	B	3.4	4.3	4.27	6.24	4	3	3	O
2006/1466	D	2.27	—	—	—	—	—	—	X
2006/1465	E	2.15	—	—	—	—	—	—	X
2006/1458	B	2.5	—	—	—	—	—	5	U

注：X：失败；O：成功；U：不详

表 9-3 黄河三角洲自然保护区历年繁殖的东方白鹳数量统计（自王立冬，2012a）

年份	筑巢数/个	繁殖成功数/个	幼鸟数/只	繁殖成功率/%
2005	4	2	5	50
2006	5	3	8	60
2007	10	9	28	90
2008	12	11	35	92
2009	21	17	47	81
2010	26	23	53	88
2011	31	28	64	90

（三）鹮科 Threskiornithidae

1. 黑脸琵鹭 *Platalea minor*（Temminck et Schegel）

黑脸琵鹭（*Platalea minor*），世界自然保护联盟（IUCN）红色物种名录将其列为濒危级，《中国濒危动物红皮书》将其列为濒危级。华东分布于福建、浙江、江西、上海、江苏、山东（朱曦等，2008）。2002 年 10 月 27 日在黄河入海口近海滩涂中，首次发现黑脸琵鹭的大迁徙种群（表 9-4）（单凯等，2002）。

表 9-4 黑脸琵鹭在黄河三角洲的数量、分布（自单凯等，2005a）

发现年份	数量	到达时间（月-日）	离开时间（月-日）	伴生鸟类	地点	生境
2002	49	10-27	11-13	鸻鹬类	黄河入海口	入海口近海滩涂
2003	15	10-23	11-10	红嘴鸥等	五号桩	近海滩涂
2004	11	11-2	11-15	白琵鹭	黄河口芦苇养殖区	芦苇沼泽
2005	5	4-2	4-13	白琵鹭、苍鹭	大汶柳湿地生态恢复区	芦苇沼泽中浅水域区

二、隼形目 Falconiformes

（一）鹰科 Accipitridae

1. 黑翅鸢 *Elanus caeruleus*（Desfontaines）

黑翅鸢（*Elanus caeruleus*）为国家 II 级重点保护动物，《中国濒危动物红皮书》将其列为易危级。华东分布于浙江、福建、江西（朱曦等，2008）。

黑翅鸢在浙江为夏候鸟，福建南部和东部、江西鄱阳湖为留鸟。据在厦门的观察，黑翅鸢的繁殖期为 4～12 月，巢筑于树林外缘高大的桉（*Eucalyptus robusta*）或台湾相思树上，巢呈盆状，由枯树枝叠成，巢外径 40cm，巢高 30cm，巢深 10cm，巢离地面高 11m 以上。每窝雏鸟 3～4 只。繁殖期黑翅鸢食物全为鼠类（林清贤等，2004）。

三、鸡形目 Galliformes

（一）雉科 Phasianidae

1. 黄腹角雉 *Tragopan caboti*（Gould）

黄腹角雉（*Tragopan caboti*）为中国鸟类特有种（雷富民和卢汰春，2006），世界自然保护联盟（IUCN）红色物种名录将其列为易危级。《中国濒危动物红皮书》将其列为濒危级，《濒危野生动植物种国际贸易公约》（CITES）列入附录 I 物种。国家 I 级重点保护动物。华东分布于江西、浙江、福建，均为留鸟（朱曦等，2008）。

黄腹角雉栖息于我国东部亚热带山地森林内海拔 800～1400m 的常绿阔叶林和常绿落叶针叶混交林内。典型栖息地的建群树种有壳斗科（Fagaceae）、樟科（Lauraceae）、山茶科（Theaceae）、冬青科（Aquifoliaceae）、山矾科（Symplocaceae）、蔷薇科（Rosaceae）和杜鹃花科（Ericaceae）等植物，黄山松（*Pinus taiwanensis*）为主要针叶树。活动区 0.12～0.39km^2（平均 0.24km^2）、0.029～0.20km^2、0.2～0.3km^2。以欧洲蕨（*Pteridium aquilinum*）、纤毛鹅观草（*Roegneria ciliaris*）等的茎、叶、芽，纤毛鹅观草、山槐（*Albizia kalkora*）、胡颓子（*Elaeagnus* spp.）、水青冈（*Fagus longipetiolata*）等的种子，悬钩子（*Rubus* spp.）、桑（*Morus* spp.）、李（*Prunus salicina*）等的果实为主食，兼食少量动物性食物（郑光美等，1986b）。对江西武夷山黄腹角雉食性观察，被采食植物有 11 科 12 属 12 种（程松林等，2008）。

黄腹角雉于 3 月中旬进入繁殖期，开始求偶炫耀及配对。雄鸟的求偶炫耀行为由展裙期、展翅期、耸肩期、展尾期、高潮期和结束期组成。雌鸟的发情发生在雄鸟不断地进行求偶炫耀的刺激之后（郑光美等，1989）。

巢位于树上，在接近山脊的海拔 1100～1400m 的阴坡或半阴坡处。多数置于华山松的水平枝杈基部，少数位于阔叶树的水平枝干的凹陷处或主干近旁的茂密分枝处。1991～1993 年，在浙江乌岩岭国家级自然保护区发现 15 巢，营巢树以柳杉（*Cryptomeria fortunei*）为主，占 73.3%。巢距地面的高度为 3～9m。巢结构简陋，由落叶或苔藓构成。

黄腹角雉从 3 月底至 4 月初开始产卵，隔日产出 1 枚，窝卵数 3～4 枚，年产 1 窝。孵卵期 28 天，雌鸟担任孵卵。

1985～1986 年在浙江乌岩岭自然保护区数量统计表明，冬季种群约为 50 只，平均密度 7.08 只/km²；1990 年统计种群密度为 80～100 只/km²。

黄腹角雉的研究中，对栖息地、种群结构与数量动态、繁殖、雏鸟发育与换羽、食性与营养成分分析、取食行为、求偶炫耀行为、全年的活动区与活动性、静止代谢率和能量代谢、染色体组型和谱系地理学等方面都做了专题研究。

2. 勺鸡 *Pucrasia macrolopha*（Lesson）

勺鸡（*Pucrasia macrolopha*），世界自然保护联盟红色物种名录将其列为近危级，国家 II 级重点保护动物。华东分布于安徽、江西、浙江、福建、山东，均属留鸟（朱曦等，2008）。

勺鸡在安徽大别山区主要生活在海拔 700m 以上的落叶阔叶林或针阔混交林。落叶阔叶林以栓皮栎为主要建群种，伴生树种有茅栗、化香、山槐、黄檀、袍栎、野漆树等，其间杂有黄山松、青冈等少量针叶和常绿阔叶树种，在有些林地，茅栗、化香占优势。

勺鸡傍晚时常在阔叶树上过夜，冬季结群，在树林中栖息，一棵树上可见到 3～5 只，或 1 只、2 只，多者达 7 只。天亮下树前或天黑上树后鸣叫。早上 5:40 开始鸣叫，鸣叫声如"ko—ko—ko—"（王岐山等，1983）；或"kek—kek，kaaa""kek—kek—kek，kaaa"（韩德民和王岐山，1993）。

勺鸡是植食性鸟类，取食植物的幼嫩茎、根及叶、花、果实和种子。食物有苔草（*Carex* sp.）、华东蹄盖蕨（*Athyrium nipponica*）、鳞毛蕨（*Dryopteris* sp.）、荚果蕨（*Matteuccia struthiopteris*）、白茅（*Imperata cylindrica*）、胡颓子（*Elaeagnus pungens*）、阔叶箬竹（*Indocalamus latifolius*）、木通（*Akebia* spp.）、委陵菜（*Potentilla* spp.）、一枝黄花（*Solidago decurenes*）、苦荬菜（*Ixeris* spp.）等的叶、花；胡颓子（*Elaeagnus pungens*）、君迁子（*Diospyros lotus*）、樱桃（*Prunus psedocerasus*）的果实；苔草、白茅、槲栎（*Quercus aliena*）、袍栎（*Quercus glandulifera*）的种子；委陵菜、苦荬菜、薯蓣（*Dioscorea* spp.）的茎、根（王岐山等，1981；韩德民和王岐山，1993）。

勺鸡每年繁殖一次，繁殖期为 3～6 月，1 月就开始求偶及交配（韩德民和王岐山，1993）。最早在 3 月底开始产卵。每窝产 5～9 枚，一般 6～8 枚。巢筑于海拔 800～900m 处的落叶阔叶林或次生阔叶林，巢材主要是栓皮栎叶、蕨叶、茅草叶或枯的蒿草茎、山胡椒叶及自身的羽毛。卵重 31～33g，大小为 48～49mm×35～36.5mm（王岐山等，1981）。孵化期 25 天。

3. 白鹇 *Lophura nycthemera*（Linnaeus）

白鹇（*Lophura nycthemera*）为国家 II 级重点保护动物，华东分布于浙江、安徽南部、江西、福建，均为留鸟（朱曦等，2008）。

在安徽，白鹇仅分布于皖南 500m 以上的高山林区，常活动于常绿与落叶阔叶混交林、针阔混交林、高山栎林和成片的竹林中。上述植被主要由青冈（*Cyclobalanopsis* glauca)、甜槠（*Castanopsis eyrei*）、冬青（*Ilex chinensis*）、小叶青冈（*Cyclobalanopsis myrsinaefolia*）、栓皮栎（*Q. variabilis*）、槲栎（*Q. aliena*）、麻栎（*Q. acutissima*）、化香（*Platycarya strobilacea*）、鄂椴（*Tilia oliveri*）、马尾松（*Pinus massoniana*）、黄山松（*P. taiwanensis*）和杉木（*Cunninghamia lanceolata*）等乔木组成，林下主要有茅栗、映山红、檵木、盐肤木、野山楂和胡枝子等灌木林。宣城的溪口和广德的柏垫为安徽省白鹇分布的最北限（李炳华和陈壁辉，1984）。浙江白鹇多栖息于海拔500~1000m及以上的山林地带，亦可分布至海拔200m左右的低山地区（丁平等，1992a）。1982年，在浙江林学院校园、1984年在临安城区各捕获雄性白鹇一只，均送浙江林学院由朱曦鉴定。

白鹇多在枝叶茂密而基脚稀疏的灌木林中活动，但其活动环境随季节和食物条件变化而不同。冬季多在南坡的大山脚下稠密的落叶阔叶与常绿阔叶混交林、林缘灌丛和小溪沿岸等处活动觅食，蕨类和多汁的嫩芽为白鹇冬季食物的主要来源。在冬季食物稀少时，也到海拔500m以下的山区田野和林缘开荒地觅食散落在田地里的谷粒和豆类种子。除此之外，白鹇也觅食昆虫幼虫（李炳华和陈壁辉，1984）。对浙江西部白鹇冬季食性分析，白鹇冬季食谱主要有29种植物，以及直翅目（Orthoptera）、同翅目（Homoptera）、鳞翅目（Lepidoptera）和鞘翅目（Coleoptera）等昆虫的成虫、幼虫和蛹等。取食频度最高的是壳斗科麻栎、白栎、石栎、苦槠、青冈和短柄枹等（53.5%），其次是蕨类植物和昆虫。白鹇冬季食物以果实为主（81.88%），植物的根次之（11.03%），而种子、茎叶和昆虫均在1%以上（丁平等，1992a）。

白鹇常结群活动，但每群只数不等，在秋末至翌年春初，群的只数较多，一般在5~10只，至春末夏初，则开始散居，每群的只数较少，通常不超过5只（李炳华和陈壁辉，1984）。白鹇数量统计表明，春夏季（4~7月）种群密度在针阔混交林生境中最高，为0.205只/小时，其次是杉木林生境（0.15只/小时）（丁平等，1992a）。江西武夷山国家级自然保护区的白鹇种群密度为8.3~20.0只/km²，最大密度出现在海拔650~1250m（程松林，2009）。

白鹇3月下旬开始散居，成小群活动，4月初开始发情交尾。巢简陋，筑在地面扒一浅凹，内只垫少量细草和树叶等，巢多置于灌丛间的倒木下或树根旁。巢大小为21cm×23cm，深为2.3~5.7cm。4月上旬开始产卵，一直延至5月中旬。窝卵数5~14枚。卵椭圆形，深米黄色，其上有许多分散的小白点。卵大小为52（49~53）mm×37（35~38.5）mm（*n* = 19），平均卵重为36（35~37）g（*n* = 19）。孵化期为23天（李炳华，1984）。

4. 白冠长尾雉 *Syrmaticus reevesii*（Gray）

白冠长尾雉（*Syrmaticus reevesii*）中国特有种（雷富民和卢汰春，2006），世界自然保护联盟（IUCN）红色物种名录将其列为易危级，《中国濒危动物红皮书》将其列为濒危级，国家Ⅱ级重点保护动物。主要分布于我国中部和西南山地，即甘肃、陕西、四川、贵州、云南、湖南、湖北、河南等省（雷富民和卢汰春，2006）。华东仅分布于安徽大别山北坡、金寨、霍山、舒城、岳西、太湖、潜山、宿松、六安，以及板仓、天马、鹞落坪等自然保护区（朱曦等，2008）。

华东缺乏白冠长尾雉的生态生物学研究资料，至今仅有《白冠长尾雉生态的研究》（胡小龙和王岐山，1981）。安徽大别山的白冠长尾雉多生活于海拔 500～1000m 有住家农田附近的落叶阔叶林中，剖检 17 只白冠长尾雉的嗉囊和肌胃，食物有凤尾蕨科蕨（*Pteridium aquilinum*）、鳞毛蕨科鳞毛蕨（*Dryopteris* sp.）、菊科蒿（*Artemisia* sp.）的叶；壳斗科袍栎（*Quercus glandulifera*）和茅栗（*Castanea seguinii*）、豆科胡枝子（*Lespedeza* sp.）、三籽两型豆（*Amphicarpaea trisperma*）、漆树科野漆树（*Rhus sylvestris*）、胡颓子科胡颓子（*Elaeagnus pungens*）、柿树科野柿树（*Diospyros kaki*）的果实；莎草科苔草（*Carex* sp.）的种子；薯蓣科薯蓣（*Dioscorea japonica*）的块根；兰科蕙兰（*Cymbidium faberi*）的花序。农作物有黄豆、水稻、芋头块茎、小麦、赤豆、玉米等；动物性食物有蚱蜢、螽蟖、甲虫、夜蛾科幼虫及褐刺蛾虫茧等。

5. 白颈长尾雉 *Syrmaticus ellioti*（Swinhoe）

白颈长尾雉（*Syrmaticus ellioti*）为中国鸟类特有种（雷富民和卢汰春，2006），世界自然保护联盟（IUCN）红色物种名录将其列为易危级，《中国濒危动物红皮书》将其列入易危级，国家 I 级重点保护动物。《濒危野生动植物种国际贸易公约》（CITES）收入附录 I。

白颈长尾雉国内主要分布于长江以南地区、在北纬 25°～31°（Delacour，1977），湖南、湖北、重庆、广东、广西、贵州均有分布；华东分布于浙江、安徽、江西、福建（朱曦等，2008）。

白颈长尾雉的栖息地类型多样，而且不同垂直分布带栖息的环境也不相同。根据李炳华（1985）在皖南地区的调查，白颈长尾雉常年居住环境按照垂直分布有山地灌丛：海拔 300～500m，间有少量乔木和竹林，地被层有苔藓、蕨类及禾本科植被等，阔叶林、混交林和针叶林带：海拔 500～1000m，食物丰富、繁殖栖息地；高山林带：海拔 1000～1500m，是白颈长尾雉秋季觅食的主要场地。在浙江西部山区的调查表明，构成白颈长尾雉阔叶林型栖息地的植被乔木层主要树种为壳斗科植物，灌木层植物以山茶科、禾本科和樟科等植物为主，草本层植物以蕨类、禾本科和莎草科为主。在针阔混交林型栖息地，壳斗科植物仍占乔木层主要树种的相当比例，但针叶树种的比例明显上升，该类型栖息地的灌木层和草本层植物组成特征与阔叶林型栖息地相似。在针叶林型栖息地中，乔木层的主要树种为马尾松、杉木、福建柏和圆柏等，并有较多的阔叶灌木树种构成灌木层，草本层中以蕨类为主。白颈长尾雉栖息地选择的最主要影响因素是乔木层盖度（丁平等，2001）。

采用无线电遥测和样方法对针阔混交林内白颈长尾雉栖息地利用的影响因子进行了定量研究，结果显示：①白颈长尾雉对其栖息地的利用有较强的选择性。②白颈长尾雉主要在阳坡活动，春、秋、冬三季活动地坡度较平缓，夏季略陡。该雉栖息地利用受水源距离的影响。③各种灌木层、草本层和地被层因子在白颈长尾雉栖息地中食物条件和隐蔽条件方面发挥重要作用。大叶白纸扇、油茶、山檀、野枇杷、毛冬青、格药柃、乌饭、檵木、蔷薇科植物、苔草、三脉叶紫菀和蕨类植物是影响白颈长尾雉栖息地利用的重要植物种类；昆虫和土壤动物作为白颈长尾雉的食物在栖息地的利用中亦起着重要作用（杨月伟等，1999）。对白颈长尾雉栖息地小区利用度影响因子进行研究，结果显示：①食物和水是决定白颈长尾雉栖息地利用度的最主要因子，随季节的变化，影响白颈长尾雉栖息地小区利用度的食物种类亦随之变化。②冬季，灌木层因子的作用大于草本层因子；春季，草本层因子的作用大于灌木层因子。③白颈长尾雉栖息地小区利用度多元回归模型：

冬季：$Y = 0.044438X_1 + 0.003519X_2 - 0.001542X_3 + 0.074533$。

冬末春初：$Y = 0.526660X_1 + 0.041444X_2 - 0.005522X_3 - 0.585041$。

春季：$Y = 0.102324X_1 + 0.101763X_2 - 0.002182X_3 + 0.120046$（丁平等，2002a）。

夜宿地是鸟类栖息地的重要组成部分（Gody，1985），对白颈长尾雉夜宿地选择性研究表明，白颈长尾雉在针叶林内分散夜宿，多选择在陡坡、高乔木层盖度较大和地面较空旷的地带作为其夜宿地。夜宿树一般为夜宿地内胸径较大、相对高大和树冠盖度较高的树木。影响白颈长尾雉夜宿地选择的主要因素是隐蔽条件（丁平等，2002b）。

白颈长尾雉性机警，不善鸣叫，通常 3～4 只成小群活动，也有 5～8 只群居性活动，并以早晚活动为主而形成两个日活动高峰。白颈长尾雉的月活动区大小为 0.024～0.243km²，冬季的月活动区面积较大，1 月活动区面积变小，随后逐月增大。进入繁殖期，白颈长尾雉月活动面积再次变小。活动区大小的变化受气候、食物条件、栖息地类型及其片段化程度等因素的影响。冬季日平均活动距离和日最大活动距离均小于春季，而大于初夏（表 9-6）（蔡路昀等，2007）。在浙江水坞、古田山、官山、乌岩岭白颈长尾雉平均活动区面积见表 9-5。

表9-5 白颈长尾雉月平均活动区面积（自蔡路昀等，2007）（单位：km²）

月份	10 月	11 月	12 月	1 月	2 月	3 月	4 月	5 月	6 月
水坞	—	0.187	0.240	0.064	0.127	0.147	0.074	0.024	—
古田山	—	0.159	0.162	0.156	0.168	0.243	0.172	0.100	0.095
官山	0.098	0.137	0.209	0.127	0.165	0.232	0.131		
乌岩岭*	—	—	0.129	0.180	0.156	—	0.123	0.090	

*资料来源：石建斌等，1995

表9-6 白颈长尾雉日活动距离（自蔡路昀等，2007）（单位：km）

月份	11 月	12 月	1 月	2 月	3 月	4 月	5 月	6 月
日最大活动距离	0.4168	0.3924	0.4203	0.4958	0.5934	0.4563	0.4262	0.3865
日平均活动距离	0.3795	0.3249	0.3847	0.4108	0.4362	0.3959	0.4195	0.3262

白颈长尾雉以常绿阔叶林和常绿针阔混交林为最适生境。乔木盖度低于 50% 时其活动强度明显下降，低于 30% 即绝迹。

白颈长尾雉春季存在两个日活动高峰：第一个高峰出现在上午 5:00～7:00；第二个高峰出现在下午 3:00～7:00。该雉白昼始止活动的时间和光照度有关，早晨，光照度达 17～450lx 时开始活动；傍晚，在 110～5lx 光照度时停止活动。另外，活动还受天气的影响（丁平和诸葛阳，1988）。

白颈长尾雉的扩散过程及其影响因子研究表明：①白颈长尾雉在春季均存在持续 16～23 天的扩散活动，其扩散直线距离在 1.5～2.1km。②扩散过程中白颈长尾雉对其运动路线存在选择性,在其扩散进入和未进入区域之间,草本盖度、乔木种数、灌木种数、灌木枝下高、灌木数量和草本数量存在极显著差异;距水源距离、坡度、乔木数量、乔木枝下高和草本种数存在显著差异。③灌木种数、灌木枝下高、坡度和灌木数量等与障碍有关的因子是影响白颈长尾雉扩散活动的重要因子(彭岩波和丁平,2005)。

白颈长尾雉以常绿阔叶林、常绿针阔混交林和人工针叶林3种类型的植被生境为其典型的繁殖地,植物群落乔木层盖度一般均在90%左右。巢筑于较隐蔽的林内和林缘的岩石下,亦见于大树底、丛枝间和灌丛里。巢一般离水源较近,食物丰富。巢极简单,以枯枝落叶构成,呈盘状。

繁殖期雄鸟的求偶炫耀行为可分为初发情炫耀、深发情炫耀和交配前炫耀3种形式。每天出现两个高峰,上午为7:00～9:00,下午为1:00～3:00。雄雌发情交配过程可分为5个阶段,雌雄产卵一般在傍晚,其过程可分为产卵前期、产卵期和产卵后期。每窝产卵6～8枚(Delacour,1977)。浙江野外发现巢卵数均为5枚(丁平等,1990)。孵化期24天。

浙江白颈长尾雉种群平均密度在0.001～0.035只/hm^2;1999年7月,浙江古田山自然保护区内,白颈长尾雉种群密度为0.09只/hm^2,是目前已知的白颈长尾雉种群密度最高的区域(丁平等,1989b)。

四、鹤形目 Gruiformes

(一)鹤科 Gruidae

鹤科华东有白鹤(*Grus leucogeranus*)、白枕鹤(*G. vipio*)、灰鹤(*G. grus*)、白头鹤(*G. monacha*)、丹顶鹤(*G. japonensis*)和沙丘鹤(*G. canadensis*)等6种,为冬候鸟或旅鸟,蓑羽鹤为迷鸟。

1. 灰鹤 *Grus grus*(Linnaeus)

灰鹤(*Grus grus*)是国家Ⅱ级重点保护动物。华东在山东、江苏、上海、安徽、浙江、江西、福建都有分布记录(王岐山等,2006;朱曦等,2008)。主要分布在黄河故道与黄河入海口处,有明显的分界线。自北向南,以黄河为分界线,黄河以北是主要分布区,黄河以南数量稀少。据调查统计,黄河三角洲越冬灰鹤数量约3000只(王克山等,1992)。2011年冬在江西鄱阳湖越冬灰鹤种群数量达到8408只(朱奇等,2012b)。

灰鹤多集群活动,少则4～6只,多则300～400只,以20～50只一群者为多。据一千二林场观察点对防潮坝附近的一群灰鹤(342只)观察(1991年11月26日),它们早晨6:10开始迁到林场南面的豆田内觅食,7:00左右全部迁到觅食地区。12月20日前后,则陆续分散成十几个小群,飞到不同地点觅食,其迁出宿营地的时间仍为6:10～7:00。灰鹤活动群体的大小与分布地区有密切关系,如在一千二林场与孤岛林场观察点发现:分群取食时的群体数量10只以下的不多见,常以大群活动;而在黄河以北的建林、永安等地则较常见4～6只的群体活动。

白天,灰鹤主要在农田、草地活动,一般是排成"八""人""一"字形队列飞到觅食地。它们的警觉性较高，飞到觅食地后，并不立即着陆，而是绕觅食地盘旋几圈后，才陆续着陆，着陆后伸着头，环顾四周，感到安全时才开始觅食。觅食多数以家庭为单位，有时也与雁混杂在一起取食。在小孤岛发现的一群灰鹤中有数量较多的雁，并有 14 只丹顶鹤、4 只白枕鹤、1 只蓑羽鹤在一块麦田中觅食，互不干扰。取食时，灰鹤经常伸颈抬头，四处张望，一旦发现异常，则立即飞向安全地带。它们对人的敏感程度很高，在一千二林场前的豆田中发现，当我们在汽车内距其 40m 左右的地方飞驶而过时，其反应不明显，有的仍在取食，有的则伸颈张望。而当有人驶过 1500m 左右下车用望远镜观察时，它们就停止取食，将头伸直，注视动静，如果接近到 500～600m 时，它们就奔跑几步，发出 "Gulou、Gulou" 的鸣叫，腾空飞去。

灰鹤下午 4:00～5:00 日落前陆续返回宿营地，夜间警惕性比白天活动时要高，"值班鹤" 在稍有动静时立即报警（王克山等，1992）。

秋季气温在 0～5℃时灰鹤陆续迁来黄河三角洲，春季气温在 10℃左右时陆续迁走，居留时间平均约为 157 天。

灰鹤在黄河三角洲地区的数量变化规律记述如下。

（1）灰鹤的数量出现两次高峰：第一次高峰是 12 月中旬至 1 月初，此时该地区温度在 -3.6～-0.9℃，温度适中，南迁鹤类在此停歇，补充营养。第二次高峰出现在 3 月，此时气温在 4.9～5.4℃，是因在南方越冬的灰鹤迁回繁殖地时路过此处。因此该地区又是灰鹤迁徙的中转站。

（2）1 月中旬至 2 月中旬的一个月时间内，灰鹤的种群数量较稳定，且数量较多，说明该地区也是灰鹤的越冬地之一。

（3）1 月上旬灰鹤数量突降，大量个体于 1 月上旬继续南迁，这是由于 1 月上旬是该地区天气骤变的时期，大部分寒流和大雪均集中在该时期内，致使大量灰鹤继续南迁。

1989～1991 年在黄河三角洲越冬灰鹤的数量变化如图 9-1 所示。

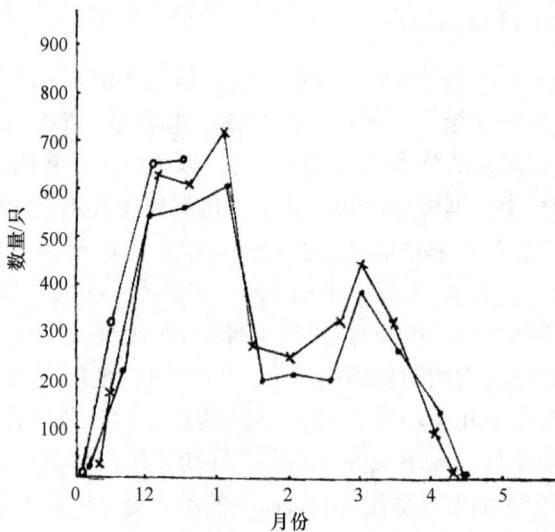

图 9-1　越冬灰鹤种群数量变化曲线（自王克山等，1992）
—○点表示 1989～1990 年的调查数量；—✕表示 1990～1991 年的调查数量

灰鹤杂食性，但以植物为主，包括根、茎、叶、果实和种子，喜食芦苇的根和叶，夏季也会食昆虫、蚯蚓、蛙、蛇、鼠等。在黄河三角洲，灰鹤主要食物有玉米、花生、豆类、麦苗、水草等，也食部分螺、鱼和虾，其觅食场所主要集中在有残留农作物的地带、草场内和沼泽地带（赛道建等，1991）。

2. 白鹤 *Grus leucogeranus*（Pallas）

白鹤（*Grus leucogeranus*），世界自然保护联盟（IUCN）红色物种名录将其列为极危级，《中国濒危动物红皮书》将其列为易危级，《濒危野生动植物种国际贸易公约》（CITES）列为附录 I，国家 I 级重点保护动物。华东分布于山东、安徽、江西、江苏、浙江、上海（王岐山等，2006；朱曦等，2008），均为冬候鸟，上海为迷鸟。

1980 年冬，在鄱阳湖首次发现白鹤的越冬群（周福璋等，1981）。1981～1986 年，在鄱阳湖等湿地进行了越冬分布的航空调查。白鹤是对栖息地要求最特化的鹤类，对浅水湿地的依恋性很强。

在鄱阳湖越冬的白鹤，10 月下旬飞来，11 月初已全部到达，12 月至翌年 1 月分成小群活动，主要在大湖地浅水处觅食，在蚌湖集群过夜；2 月下旬至 3 月初，气温达 10℃以上时，逐渐集成大群北返，至 3 月底已全部迁走，越冬期达 150 天。

活动时主要以家庭为单位，多为 2 成 1 幼，亚成体集成 10～12 只小群在一起活动；觅食时，双亲还要饲喂幼鹤，直到翌年 2 月中旬幼鹤才开始自己挖泥取食（严丽和丁铁明，1986；刘智勇等，1987a）。在越冬地鄱阳湖，白鹤主要挖掘水下泥中的苦草（*Vallisneria spiralis*）、马来眼子菜、野荸荠、水蓼等水生植物的地下茎和根为食，占总食量的 90%以上，其次也食少量的蚌肉、小鱼、小螺和砂砾（刘智勇等，1987b）。在草洲觅食的白鹤主要采食委陵菜属（*Potentilla*）植物的根茎（贾亦飞等，2011）。

鄱阳湖越冬白鹤的种群数量，1980 年冬季首次发现在大湖地有 91 只，此后统计，最高年份已接近 4000 只（图 9-2），可以认为有 90%以上的白鹤东部种群在鄱阳湖越冬。2011 年冬在鄱阳湖越冬的白鹤种群数量达到 4577 只（朱奇等，2012b）。

3. 沙丘鹤 *Grus canadensis*（Linnaeus）

沙丘鹤（*Grus canadensis*）为国家 II 级重点保护动物。

沙丘鹤有 6 个亚种，国外分布于俄罗斯（西伯利亚）、加拿大、美国、墨西哥、古巴等。国内仅有 4 次记录，其中 3 次在华东。1979 年 1 月，在江苏洪泽湖以北的沭阳县购得 1 只活鸟，经鉴定为沙丘鹤（匡邦郁等，1981）；1985 年 2 月 14 日，国际鹤类基金会主席 Geoge W. Archibald 在鄱阳湖发现 1 只沙丘鹤和 1 群 70 只白鹤混在一起活动；1997 年 12 月 27 日，刘智勇在鄱阳湖的象湖见到 1 只沙丘鹤，同时还有 577 只白鹤、41 只白枕鹤、3 只白头鹤和 2 只灰鹤。

4. 白枕鹤 *Grus vipio*（Pallas）

白枕鹤（*Grus vipio*）被国际自然保护联盟（IUCN）列为易危物种，《濒危野生动植物种国际贸易公约》（CITES）列入附录 I，《中国濒危动物红皮书》将其列为易危级，国家 II 级重点保护动物。华东白枕鹤分布于山东、江苏、上海、安徽、浙江、江西、福建（朱曦等，2008）。

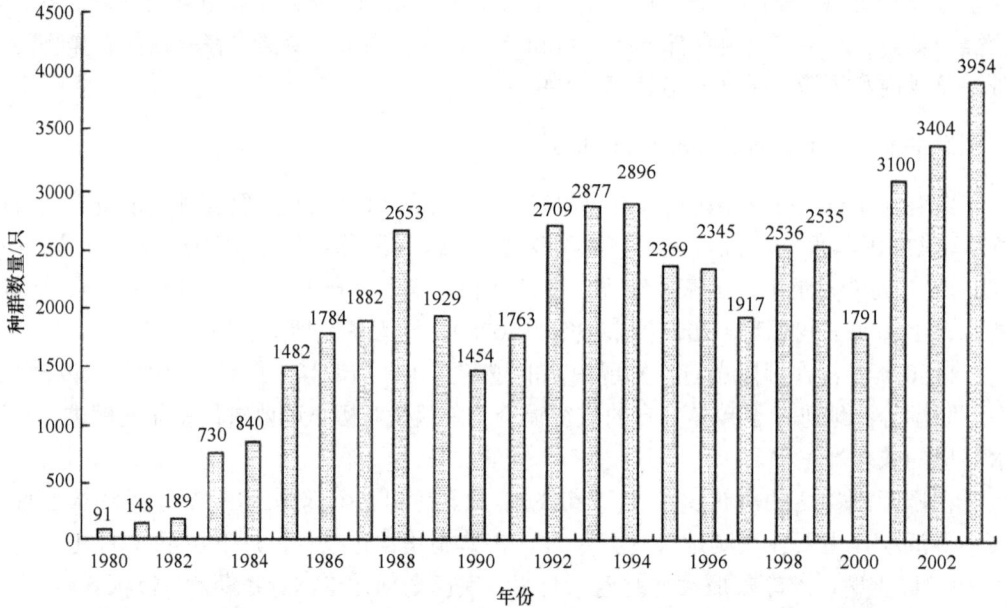

图 9-2 鄱阳湖自然保护区 1980～2003 年冬季白鹤的种群数量（自王岐山等，2006）

白枕鹤于 11 月上旬迁来鄱阳湖越冬，翌年 3 月底至 4 月初离去，越冬期 140 天左右。白枕鹤在山东是旅鸟，每年 3 月或 11 月经过。近年发现白枕鹤在黄河三角洲是冬候鸟。浙江永康曾猎杀 1 只，是旅鸟（朱曦，1989c）。白枕鹤主要在浅水泥滩地段觅食，在越冬地的社会结构，由带领幼鹤的繁殖鹤和结群的非繁殖鹤组成，雨后天晴或北返前，可到干草地觅食。白枕鹤在我国越冬地主要集中在鄱阳湖，自 20 世纪 80 年代以来种群数量有逐渐增长的趋势。在中国越冬的白枕鹤总数为 3500～4000 只（王岐山和杨兆芬，2005）。2011 年冬在鄱阳湖越冬的白枕鹤种群数量为 885 只，较往年少（朱奇等，2012b）。

1983～2003 年在鄱阳湖自然保护区越冬的白枕鹤种群数量变化如图 9-3 所示。

5. 白头鹤 *Grus monacha*（Temminck）

白头鹤（*Grus monacha*），国际自然保护区联盟（IUCN）将其列为易危级，《濒危野生动植物种国际贸易公约》（CITES）列入附录Ⅰ，《中国濒危动物红皮书》将其列为濒危级，国家Ⅰ级重点保护动物。华东白头鹤分布于安徽、江西、山东、上海、江苏（朱曦等，2008）。

华东白头鹤最早文献见于《中国鸟类目录试编》（Gee，1948），该文献记载 11 月至次年 4 月见于江苏。1980 年 9 月安徽淮安市动物园在田家庵捕到 1 只当年出生的幼鹤（王岐山等，1980）。白头鹤主要栖息于河流、湖泊的沼泽地带和沿海滩涂，迁徙途中停歇鸭绿江河口、北戴河和黄河口一带的潮间滩涂、沿海沼泽和盐场、鱼塘等。在华东白头鹤主要越冬生境类型为淡水湖滩地（安徽菜子湖、升金湖，江西鄱阳湖）、沿海滩涂（崇明东滩）。2011 年冬在江西鄱阳湖越冬的白头鹤种群数量为 302 只（朱奇等，2012b）。

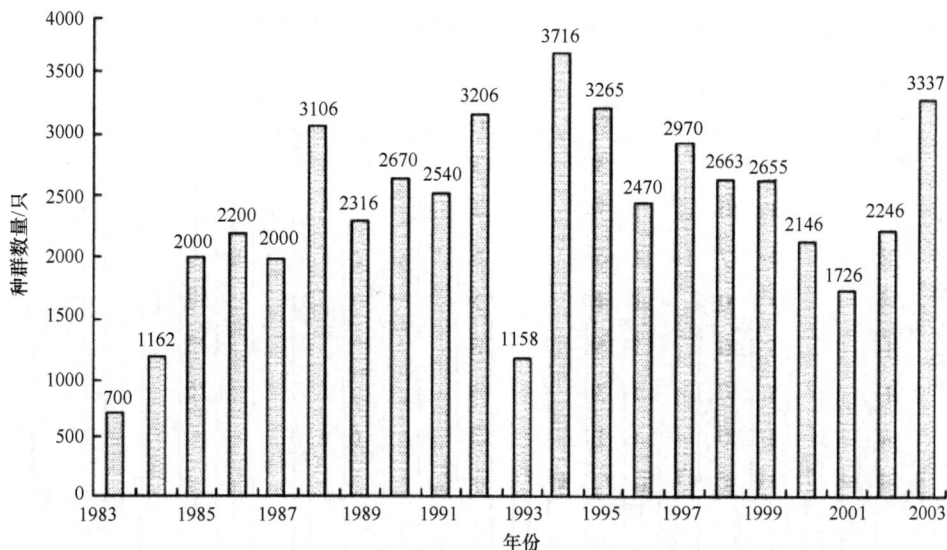

图 9-3　鄱阳湖自然保护区 1983～2003 年冬季白枕鹤的种群数量（自王岐山等，2006）

在越冬地安徽升金湖，白头鹤每年 11 月迁来，翌年 4 月上旬离去，留居时间为 150 天左右。升金湖白头鹤觅食地主要分布于湖区外围的稻田，夜栖于上湖核心区内。整个越冬期，白头鹤大部分以 5 只以上的群类型觅食，以家庭集群活动仅占越冬集群数的 29.14%。随着越冬期的变化，集群大小发生变化；越冬前期，越冬鹤以家族集群活动频率最高，占集群的 35.64%；30～49 只集群频率最低，仅为 6.38%；越冬中期，家庭集群及 5～9 只集群频率相对于越冬前期减少，10 只以上集群频率增加；越冬后期，以 50 只以上集群频率最高，占 28.77%（周波等，2009）。

白头鹤飞翔时常排成"一"字形，鸣叫声像丹顶鹤，但声音尖细，不及丹顶鹤宏亮。杂食性，以植物为主，食物随季节和地点不同而有变化。在越冬期主要食苦草的根、海三棱蔍草（*Scirpus mariqueter*）的地下球茎等植物，以及散落在田间的稻谷、小麦、玉米、草籽和软体动物、昆虫等。

6. 丹顶鹤 *Grus japonensis*（Miiller）

丹顶鹤（*Grus japonensis*），世界自然保护联盟（IUCN）红色物种名录将其列为濒危级，《濒危野生动植物种国际贸易公约》（CITES）列入附录Ⅰ，《中国濒危物种红皮书》列为易危级，国家Ⅰ级重点保护动物。

华东丹顶鹤分布于山东、江苏、江西、上海、安徽（朱曦等，2008），均为冬候鸟。目前越冬地主要集中在江苏（盐城保护区）和山东（黄河三角洲保护区），20 世纪 80 年代有许多越冬地如江苏的洪泽湖、高邮湖、邵伯湖、启东兴隆沙，上海崇明东滩保护区，以及安徽当涂石臼湖等，这些地方的丹顶鹤现已消失不见（王岐山等，2006）。

在盐城越冬的丹顶鹤每年 10 月中下旬迁来，翌年 2 月下旬至 3 月中上旬迁离，留居时间为 120～155 天。越冬地的丹顶鹤集成 20～40 只的大群活动，但以 2～4 只家庭群为单位，清晨飞往觅食场所，觅食时有占区现象，每个家庭占有 0.6～1.8km²，日落后飞回滩涂芦苇较高处夜宿。

1981～2003 年，在江苏省盐城自然保护区越冬的丹顶鹤种群数量变化见图 9-4。

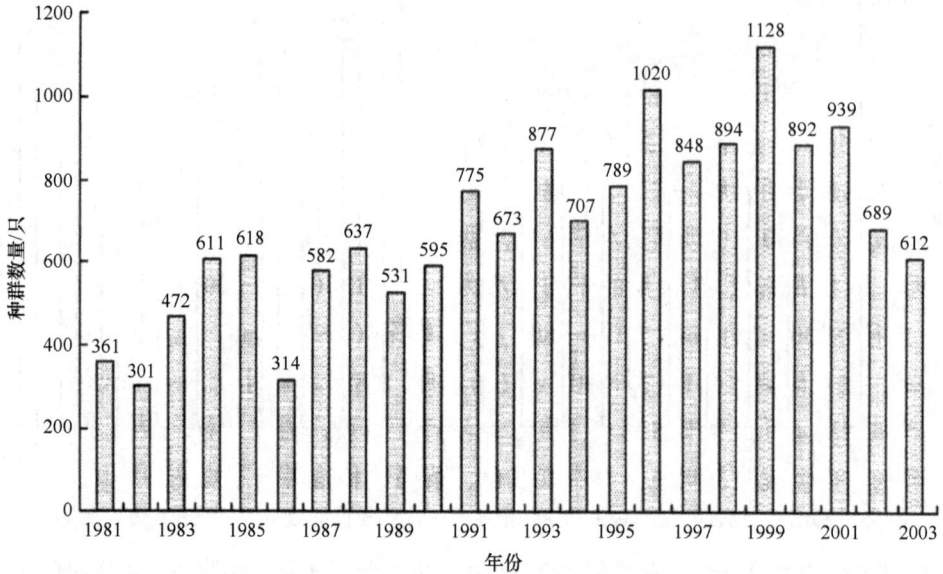

图 9-4　盐城自然保护区 1981～2003 年冬季丹顶鹤的种群数量（自王岐山等，2006）

黄河三角洲的丹顶鹤数量较少，其警觉性较灰鹤更高。一般在沼泽地里活动。据在一千二林场防潮坝附近观察，当人离其 1500～2000m 时，丹顶鹤就停止活动，伸颈张望。当人再往前靠近时，它们也迈步往沼泽深处行走，当人紧跑几步追赶时，它们就立即奔跑几步，然后腾空飞走。丹顶鹤的群体较小，仅 1990 年在防潮坝附近发现 29 只的群体为最大的群体。一般以 2～4 只小群在相距不远的地方活动、觅食，且 3 只在一起的情况较多。取食活动多在早、晚进行（王克山等，1992）。

杂食性，在越冬地以软体动物和鱼类等为主，同时也食水生植物。剖检胃及排泄物鉴定，其食物有钉螺（*Oncomelania* sp.）、沼螺（*Parafossarulus* sp.）、泥螺（*Bullacta exarata*）、菲律宾蛤仔（*Venerupis philippinarum*）、长竹蛏（*Solen gouldi*）、螃蜞（*Sesarma* sp.）、沙蚕（*Nereis* sp.）、海豆芽（*Lingula* sp.）、鱼等，动物性食物占 90%以上。植物性食物以莎草杂草和碱蓬的种子及禾本科的根和茎等为主，所占比例不足 10%。

五、鸻形目 Charadriiformes

（一）鸥科 Laridae

1. 黑嘴端凤头燕鸥（中华凤头燕鸥）*Thalasseus bernsteini*（Schlegel）

黑嘴端凤头燕鸥（*Thalasseus bernsteini*）是中国鸟类特有种。世界自然保护联盟（IUCN）红色名录将其列为极危级，《中国濒危动物红皮书》将其列为易危级，国家Ⅱ级重点保护动物。华东分布于福建、山东、浙江、上海（朱曦等，2008）。黑嘴端凤头燕鸥在山东烟台、青岛等沿海为夏候鸟。2000 年 6 月至 7 月初，台湾生态摄影师梁皆在福建沿海马祖列岛燕鸥保护区的一个小岛上拍摄到大凤头燕鸥繁殖结群中的黑嘴端凤头燕鸥，有 4 对繁殖亲鸟在巢位上抱暖雏鸟。每对亲鸟有一只成功孵出正常生长的雏鸟。这是对黑嘴端凤头燕鸥的第一次确切的野外生态记录，证实了长期以来处于怀疑中的本物种尚未绝灭（王岐山等，2006）。2004 年 7 月 28 日至 8 月 2 日在浙江象山韭山列岛发现黑嘴端凤头燕鸥 10～20 只，这是目前继 2000 年马祖群岛发现黑嘴端凤头燕鸥繁殖群之后的第 2 个繁殖群体。江航东等 2004 年 8 月 8 日在闽江入海口汶母顶沙洲上发现 2 只黑嘴端凤头燕鸥。

六、雁形目 Anseriformes

（一）鸭科 Anatidae

1. 小天鹅 *Cygnus columbianus*（Ord）

小天鹅（*Cygnus columbianus*）世界自然保护联盟（IUCN）红色名录将其列为近危级，《中国濒危动物红皮》将其列为易危级，国家Ⅱ级重点保护动物。华东分布于上海、安徽、江西、江苏、浙江、福建，为冬候鸟，山东为旅鸟。

上海崇明岛东滩是小天鹅（*Cygnus columbianus*）的越冬地，种群数量 3000～3500 只（虞快和唐仕华，1991）。分 3 个越冬群，两个群栖息在东旺沙的东北沿和东南沿；另一群栖息在团结沙的东北沿。活动常随潮汐涨落移动于海三棱藨草的外带、藻类盐渍带至低潮位水线外沿 500m 的浅水水域。大潮时，也移至海三棱藨草内带，但从不涉足芦苇带，这与小天鹅喜爱浅水有关。

小天鹅是日夜进食，觅食活动与一天两次潮汐相关，并以家族群（5～7 只）在觅食区浸水时取食。小天鹅用坚硬而扁平的嘴在泥滩或潮沟边沿啄食，先从一个中心，然后向四周扩大，有时也用脚帮助挖掘，泥沙随水冲刷，清洗后的球茎吞食。整个越冬期都在海三棱藨草的外带觅食，从不飞离越冬栖地。

越冬期食性主要是海三棱藨草的地下球茎、部分根茎和少茎种子。

第二节　华东保护鸟类和中国鸟类特有种

一、华东濒危及受威胁鸟类

根据世界自然保护联盟（IUCN）保护物种红色名录及中国濒危动物红皮书（1998），华东地区受威胁鸟类有潜鸟目（Gaviiformes）1 科 4 种；䴙䴘目（Podicipediformes）1 科 4 种；鹱形目（Procellariiformes）3 科 5 种；鹈形目（Pelecaniformes）4 科 9 种；鹳形目（Ciconiiformes）3 科 21 种；雁形目（Anseriformes）1 科 40 种；隼形目（Falconiformes）3 科 45 种；鸡形目（Galliformes）1 科 9 种；鹤形目（Gruiformes）4 科 17 种；鸻形目（Charadriiformes）11 科 78 种；鸽形目（Columbiformes）1 科 3 种；鹦形目（Psittaciformes）1 科 1 种；鹃形目（Cuculiformes）1 科 6 种；鸮形目（Strigiformes）1 科 6 种；夜鹰目（Caprimulgiformes）1 科 1 种；雨燕目（Apodiformes）1 科 3 种；佛法僧目（Coraciiformes）2 科 2 种；咬鹃目（Trogoniformes）1 科 1 种；䴕形目（Piciformes）1 科 1 种；雀形目

（Passeriformes）21 科 121 种等 20 目 63 科 377 种。其中水域湿地鸟类 8 目 28 科 178 种，占华东受威胁鸟种数的 47.21%；森林鸟类 9 目 21 科 199 种，占 52.79%。华东鸟类中被《濒危野生动植物种国际贸易公约》（Convention on International Trade in Endangered Species of Wild Fauna and Flora）附录 I 收录的鸟类有：东方白鹳（*Ciconia boyciana*）、朱鹮（*Nipponia nipponia*）、白尾海雕（*Haliaeetus albicilla*）、白肩雕（*Aquila heliaca*）、游隼（*Falco peregrinus*）、黄腹角雉（*Tragopan caboti*）、白颈长尾雉（*Syrmaticus ellioti*）、白鹤（*Grus leucogeranus*）、白枕鹤（*G. vipio*）、白头鹤（*G. monacha*）、丹顶鹤（*G. japonensis*）和小青脚鹬（*Tringa guttifer*）等 12 种。

附录 II 收录的鸟类有黑鹳（*Ciconia nigra*）、白琵鹭（*Platalea leucorodia*）、花脸鸭（*Anas formosa*）、黑冠鹃隼（*Aviceda leuphotes*）、凤头鹃隼（*A. subcristatus*）、凤头蜂鹰（*Pernis ptilorhyncus*）、白腹隼雕（*Hieraaetus fasciatus*）、白腹海雕（*Haliaeetus leucogaster*）、红隼（*Falco tinnunculus*）、灰鹤（*Grus grus*）、蓑羽鹤（*Anthropoides virgo*）、草鸮（*Tyto capensis*）、红角鸮（*Otussunia*）、长耳鸮（*Asiootus*）、仙八色鸫（*Pitta nympha*）、画眉（*Garrulax canorus*）、红嘴相思鸟（*Leiothrix lutea*）、花脸鸭（*Anas formosa*）等 66 种。

根据《中国生物多样性红色名录》（2015）记载，我国 1372 种鸟类中，属于极危等级（CR）的有 15 种，濒危等级（EN）的有 51 种，易危等级（VU）的有 80 种，近危等级（NT）的有 190 种。

77 种中国特色鸟类中，有 29 种处于受威胁状态，占 37.7%。其中极危（CR）2 种、濒危（EN）8 种、易危（VU）19 种。

二、国家保护鸟类和中国鸟类特有种

1989 年颁布的《国家重点保护野生动物名录》中有鸟类 227 种，其中 I 级重点保护鸟类有 37 种，II 级重点保护鸟类有 190 种。华东地区鸟类中属于国家重点保护的鸟类有 102 种，占国家重点保护鸟类的 44.93%。其中 I 级重点保护鸟类有 18 种，占全国的 48.65%；II 级重点鸟类有 84 种，占全国的 44.21%。

《中国濒危动物红皮书》中，华东地区共有受威胁鸟类 78 种，占全国受威胁鸟类的 42.62%。其中国内绝迹（Et）1 种，占国内灭绝鸟类总数的 50.00%；濒危（E）11 种，占全国濒危鸟类的 47.83%；易危（V）28 种，占全国易危鸟类的 56%；稀有（R）25 种，占全国稀有鸟类的 33.33%；未定（I）13 种，占全国未定的 39.40%。

华东地区鸟类在《中国物种红色名录》中各濒危等级种数分别为：野外灭绝（EW）1 种，占全国野外灭绝种数的 50.00%；极危（CR）4 种，占全国极危鸟类的 100%；濒危（EN）8 种，占全国濒危鸟类的 38.10%；易危（VU）44 种，占全国易危鸟类的 59.50%；近危（NT）25 种，占全国近危鸟类的 25.51%；无危（LC）565 种，占全国无危鸟类的 52.36%；不宜评估（NA）5 种，占全国不宜评估鸟类的 10.64%。

目前国内对鸟类特有种的界定标准还不一致，谭耀匡（1985）、雷富民等（2002）、Lei 等（2003）认为除了仅仅分布于我国的鸟种以外，一些主要分布于我国的鸟类也可认定为中国鸟类特有种。张雁云（2003）、郑光美（2005）认为只有那些仅分布于我国境内的鸟类才是中国的特有种。根据雷富民和卢汰春（2006）确定我国现有鸟类特有种105种，其中仅见于我国的鸟类有78种。华东地区鸟类中属于中国特有的鸟类有17种。而根据郑光美（2005）确定，华东地区鸟类中属于中国特有鸟类的仅有灰胸竹鸡（*Bambusicola thoracica*）、黄腹角雉（*Tragopan caboti*）、白冠长尾雉（*Syrmaticus reevesii*）、白颈长尾雉（*Syrmaticus ellioti*）、山噪鹛（*Garrulax davidi*）、棕噪鹛（*Garrulax poecilorhynchus*）、黄腹山雀（*Parus venustulus*）、蓝鹀（*Latoucheornis siemsseni*）和宝兴歌鸫（*Turdus mupinensis*）等9种。

华东地区濒危、受威胁及保护鸟类见表9-7。

属于中日候鸟保护的鸟类有212种，占协定中鸟类总数的93.3%；属于中澳候鸟保护的鸟类有70种，占协定中鸟类总数的87.5%；属于中美迁徙候鸟的有130种，占总数的87.8%（表9-7）。以上可见华东鸟类在世界鸟类保护中的地位和重要性。

表9-7 华东地区濒危、受威胁及保护鸟类

分类（目、科、种）	IUCN红色名录（2004）	中国濒危动物红皮书（1998）	国家重点保护野生动物名录（1989）	中国鸟类特有种	中日协定	中澳协定	中美迁徙候鸟
一、潜鸟目 GAVIIFORMES							
（一）潜鸟科 Gaviidae							
1 红喉潜鸟 *Gavia stellata*	LC				+		+
2 黑喉潜鸟 *Gavia arctica*	LC				+		+
3 太平洋潜鸟 *Gavia pacifica*	NA						
4 黄嘴潜鸟 *Gavia adamsii*	NA						
二、䴙䴘目 PODICIPEDIFORMES							
（一）䴙䴘科 Podicipedidae							
2 赤颈䴙䴘 *Podiceps grisegena holboellii*	LC		II				+
3 凤头䴙䴘 *Podiceps cristatus cristatus*	LC				+		
4 角䴙䴘 *Podiceps auritus auritus*	LC		II		+		+
5 黑颈䴙䴘 *Podiceps nigricollis nigricollis*	LC				+		
三、鹱形目 PROCELLARIIFORMES							
（一）信天翁科 Diomedeidae							
1 短尾信天翁 *Diomedea albatrus*	VU	E	I		+		
2 黑脚信天翁 *Diomedea nigripes*	VU				+		+
（二）鹱科 Procellariidae							
2 褐燕鹱 *Bulweria bulwerii*	LC						
3 白额鹱 *Calonectris leucomelas*	LC					+	
5 灰鹱 *Puffinus griseus*	LC					+	+
（三）海燕科 Hydrobatidae							
1 黑叉尾海燕 *Oceanodroma monorhis monorhis*	LC				+		
四、鹈形目 PELECANIFORMES							
（一）鹈鹕科 Pelecandiae							
1 白鹈鹕 *Pelecanus onocrotalus*	LC	I	II				

续表

分类（目、科、种）	IUCN红色名录（2004）	中国濒危动物红皮书（1998）	国家重点保护野生动物名录（1989）	中国鸟类特有种	中日协定	中澳协定	中美迁徙候鸟
2 斑嘴鹈鹕 *Pelecanus philippensis*	VU		II				
3 卷羽鹈鹕 *Pelecanus crispus*	VU		II				
（二）鲣鸟科 Sulidae							
1 褐鲣鸟 *Sula leucogaster plotus*	LC	V	II			+	+
（三）鸬鹚科 Phalacrocoracidae							
1 普通鸬鹚 *Phalacrocorax carbo sinensis*	LC						+
2 绿背鸬鹚（斑头鸬鹚）*Phalacrocorax capillatus*	LC	R					
3 海鸬鹚 *Phalacrocorax pelagicus*	LC		II		+		+
（四）军舰鸟科 Fregatidae							
1 黑腹军舰鸟（小军舰鸟）*Fregata minor minor*	LC					+	
2 白斑军舰鸟 *Fregata ariel ariel*	LC	I	I			+	
五、鹳形目 CICONIIFORMES							
（一）鹭科 Ardeidae							
2 草鹭 *Ardea purpurea manilensis*	LC				+		
3 大白鹭 *Egretta alba*	LC				+	+	
5 中白鹭 *Egretta intermedia intermedia*	LC				+		
7 黄嘴白鹭 *Egretta eulophotes*	VU	E	II				
8 岩鹭 *Egretta sacra sacra*	LC	R	II			+	
9 牛背鹭 *Bubulcus ibis coromandus*	LC				+	+	+
11 绿鹭 *Butorides striatus*	LC				+		+
12 夜鹭 *Nycticorax nycticorax nycticorax*	LC				+		+
13 黄斑苇鳽 *Ixobrychus sinensis sinensis*	LC				+	+	
16 小苇鳽 *Ixobrychus minutus minutus*	LC		II				
17 大麻鳽 *Botaurus stellaris stellaris*	LC				+		
18 栗头鳽 *Gorsachius goisagi*	VU				+		
19 海南鳽 *Gorsachius magnificus*	EN	E	II	+			
（二）鹳科 Ciconiidae							
1 彩鹳 *Mycteria leucocephala*	EW	Et	II			+	
2 黑鹳 *Ciconia nigra*	LC	E	I		+		
3 东方白鹳 *Ciconia boyciana*	EN	E					
（三）鹮科 Threskiornithidae							
1 黑头白鹮 *Threskiornis melanocephalus*	EN	R					
2 彩鹮 *Plegadis falcinellus*	NA		II				+
3 朱鹮 *Nipponia nipponia*	CR	E	I				
4 白琵鹭 *Platalea leucorodia*	LC	V	II		+		
5 黑脸琵鹭 *Platalea minor*	CR	E	II		+		
六、雁形目 ANSERIFORMES							
（一）鸭科 Anatidae							
1 栗树鸭 *Dendrocygna javanica*	VU	V					

续表

分类（目、科、种）	IUCN红色名录（2004）	中国濒危动物红皮书（1998）	国家重点保护野生动物名录（1989）	中国鸟类特有种	中日协定	中澳协定	中美迁徙候鸟
2 疣鼻天鹅 *Cygnus olor*	NT	V	II				+
3 大天鹅 *Cygnus cygnus*	NT	V	II		+		+
4 小天鹅 *Cygnus columbianus bewickii*	NT	V	II		+		+
5 鸿雁 *Anser cygnoides*	VU				+		
6 豆雁 *Anser fabalis*	LC				+		+
7 白额雁 *Anser albifrons frontalis*	LC		II		+		+
8 小白额雁 *Anser erythropus*	VU				+		
11 雪雁 *Anser caerulescens*	LC						+
12 加拿大雁 *Branta canadenisis*	NA						
13 黑雁 *Branta bernicla*	LC			+			+
14 红胸黑雁 *Branta ruficollis*	LC		II				
15 赤麻鸭 *Tadorna ferruginea*	LC				+		
16 翘鼻麻鸭 *Tadorna tadorna*	LC				+		
18 棉凫 *Nettapus coromandelianus coromandelianus*	EN	R					
19 鸳鸯 *Aix galericulata*	NT	V	II				+
20 赤颈鸭 *Anas penelope*	LC				+		+
21 罗纹鸭 *Anas falcata*	NT				+		+
22 赤膀鸭 *Anas strepera*	LC				+		+
23 花脸鸭 *Anas formosa*	VU				+		+
24 绿翅鸭 *Anas crecca*	LC				+		+
25 绿头鸭 *Anas platyrhynchos platyrhynchos*	LC				+		+
27 针尾鸭 *Anas acuta*	LC				+		+
28 白眉鸭 *Anas querquedula*	LC				+	+	+
29 琵嘴鸭 *Anas clypeata*	LC				+	+	+
30 小绒鸭 *Polysticta stelleri*	LC						+
32 红头潜鸭 *Aythya ferina*	无				+		
33 青头潜鸭 *Aythya baeri*	VU				+		
34 白眼潜鸭 *Aythya nyroca*	VU						
35 凤头潜鸭 *Aythya fuligula*	LC				+		
36 斑背潜鸭 *Aythya marila nearctica*	LC				+		+
37 丑鸭 *Histrionicus histrionicus*	LC				+		+
38 长尾鸭 *Clangula hyenalis*	LC				+		+
39 黑海番鸭 *Melanitta nigra americana*	LC				+		+
40 斑脸海番鸭 *Melanitta fusca stejnegeri*	LC				+		+
41 鹊鸭 *Bucephala clangula clangula*	LC				+		+
42 普通秋沙鸭 *Mergus merganser merganser*	LC				+		+
43 红胸秋沙鸭 *Mergus serrator*	LC				+		
44 中华秋沙鸭 *Mergus squamatus*	EN	R	II	+			
45 斑头秋沙鸭 *Mergellus albellus*	LC				+		+

分类（目、科、种）	IUCN红色名录（2004）	中国濒危动物红皮书（1998）	国家重点保护野生动物名录（1989）	中国鸟类特有种	中日协定	中澳协定	中美迁徙候鸟
七、隼形目 FALCONIFORMES							
（一）鹗科 Pandionidae							
1 鹗 *Pandion haliaetus*	LC	R					+
（二）鹰科 Accipitridae							
1 黑冠鹃隼 *Aviceda leuphotes syama*	LC		II				
2 凤头鹃隼 *Aviceda subcristatus*	无		II				
3 凤头蜂鹰 *Pernis ptilorhyncus orientalis*	LC	V	II				
4 黑翅鸢 *Elanus caeruleus vociferous*	LC	V	II				+
5 黑鸢 *Milvus migrans*	LC		II				
6 栗鸢 *Haliastur indus*	LC		II				
8 白腹海雕 *Haliaeetus leucogaster*	LC	I	II			+	
9 虎头海雕 *Haliaeetus pelagicus*	VU	E	I		+		
10 玉带海雕 *Haliaeetus leucoryphus*	VU	V	I				
11 白尾海雕 *Haliaeetus albicilla albicilla*	VU	I	I				+
12 兀鹫 *Gyps himalayensis*	LC		II				
13 秃鹫 *Aegypius monachus*	NT	V	II				
14 蛇雕 *Spilornis cheela ricketti*	LC	V	II				
15 白腹鹞 *Circus spilonotus spilonotus*	LC		II				
16 白尾鹞 *Circus cyaneus cyaneus*	LC		II		+		+
17 白头鹞 *Circus aeruginosus*	LC		II		+		
18 草原鹞 *Circus macrourus*	NT		II				
19 鹊鹞 *Circus melanoleucos*	LC		II				
20 乌灰鹞 *Circus pygargus*	LC		II				
21 凤头鹰 *Accipiter trivirgatus indicus*	LC	R	II				
22 赤腹鹰 *Accipiter soloensis*	LC		II				
23 褐耳鹰 *Accipiter badius poliopsis*	LC	R	II				
24 日本松雀鹰 *Accipiter gularis gularis*	LC		II				
25 松雀鹰 *Accipiter virgatus*	LC		II		+		
26 雀鹰 *Accipiter nisus nisosimilis*	LC		II				
27 苍鹰 *Accipiter gentilis schvedowi*	LC		II				+
28 灰脸鹭鹰 *Butastur indicus*	LC	R	II		+		
29 普通鵟 *Buteo buteo japonicus*	LC		II				
30 大鵟 *Buteo hemilasius*	LC		II				
31 毛脚鵟 *Buteo lagopus kamtschatkensis*	LC		II		+		+
32 林雕 *Ictinaetus malayensis malayensis*	LC	R	II				
33 乌雕 *Aquila clanga*	VU	R	II				
34 草原雕 *Aquila nipalensis nipalensis*	LC	V	II				
35 白肩雕 *Aquila heliaca*	VU	V	I				
36 金雕 *Aquila chrysaetos daphanea*	LC	V	I				+

续表

分类（目、科、种）	IUCN红色名录（2004）	中国濒危动物红皮书（1998）	国家重点保护野生动物名录（1989）	中国鸟类特有种	中日协定	中澳协定	中美迁徙候鸟
37 白腹隼（山）雕 *Hieraaetus fasciatus*	LC	R	II				
38 鹰雕 *Spizaetus nipalensis*	LC		II				
（三）隼科 Falconidae							
1 白腿小隼 *Microhierax melanoleucus*	LC		II				
2 黄爪隼 *Falco naumanni*	VU		II				
3 红隼 *Falco tinnunculus*	LC		II				
4 红脚隼 *Falco amurensis*	LC		II				
5 灰背隼 *Falco columbarius*	LC		II		+		+
6 燕隼 *Falco subbuteo*	LC		II		+		
7 猎隼 *Falco cherrug milvipes*	LC	V	II				
8 游隼 *Falco peregrinus*	LC		II				+
八、鸡形目 GALLIFORMES							
（一）雉科 Phasianidae							
3 鹌鹑 *Common japonica*	LC				+		
4 蓝胸鹑 *Coturnix chinensis chinensis*	LC	R					
5 白额山鹧鸪 *Arborophila gingica*	VU	R		+			
6 灰胸竹鸡 *Bambusicola thoracica thoracica*	LC			+			
7 黄腹角雉 *Tragopan caboti caboti*	VU	E	I				
8 勺鸡 *Pucrasia macrolopha*	NT		II				
9 白鹇 *Lophura nycthemera fokiensis*	LC		II				
10 白冠长尾雉 *Symaticus reevesii*	VU	E	II	+			
11 白颈长尾雉 *Symaticus ellioti*	VU	V	I	+			
九、鹤形目 GRUIFORMES							
（一）三趾鹑科 Turnicidae							
2 棕三趾鹑 *Trunix suscitator blakistoni*	LC	I					
（二）鹤科 Gruidae							
1 蓑羽鹤 *Anthropoides virgo*	LC	I	II				
2 白鹤 *Grus leucogeranus*	CR	E	I				
3 沙丘鹤 *Grus canadensis canadensis*	NE		II				
4 白枕鹤 *Grus vipio*	VU	V	II		+		
5 灰鹤 *Grus grus lilfordi*	LC		II		+		
6 白头鹤 *Grus monacha*	VU	E	I		+		
7 丹顶鹤 *Grus japonensis*	EN	E	I				
（三）秧鸡科 Rallidae							
1 花田鸡 *Coturnicops exquistus*	VU		II		+		
2 灰胸秧鸡 *Gallirallus striatus*	LC	R					
3 普通秧鸡 *Rallus aquaticus*	LC				+		
6 小田鸡 *Porzana pusilla pusilla*	LC				+		
7 红胸田鸡 *Porzana fusca erythrothorax*	LC				+		

分类（目、科、种）	IUCN红色名录（2004）	中国濒危动物红皮书（1998）	国家重点保护野生动物名录（1989）	中国鸟类特有种	中日协定	中澳协定	中美迁徙候鸟
8 斑胁田鸡 *Porzana paykullii*	NT						
9 董鸡 *Gallicrex cinerea*	LC				+		
11 黑水鸡（红骨顶）*Gallinula chloropus*	LC				+		+
（四）鸨科 Otididae							
1 大鸨 *Otis tarda dybowskii*	VU	V	I				
十、鸻形目 CHARADRIIFORMES							
（一）水雉科 Jacanidae							
1 水雉 *Hydrophasianus chirurgus*	LC					+	
（二）彩鹬科 Rostratulidae							
1 彩鹬 *Rostratula benghalensis benghalensis*	LC				+	+	
（三）蛎鹬科 Haematopodidae							
1 蛎鹬 *Haematopus osculans osculans*	LC				+		
（四）反嘴鹬科 Recurvirostridae							
1 黑翅长脚鹬 *Himantopus himantopus himantopus*	LC				+		
2 反嘴鹬 *Recurvirostra avosetta*	LC				+		
（五）燕鸻科 Glareolidae							
1 普通燕鸻 *Glareola maldivarum*	LC					+	
（六）鸻科 Charadriidae							
1 凤头麦鸡 *Vanellus vanellus*	LC				+		+
3 金鸻 *Pluvialis fulva*	LC				+	+	+
4 灰鸻 *Pluvialis squatarola squatarola*	LC				+	+	+
5 剑鸻 *Charadrius hiaticula*	LC				+		
7 金眶鸻 *Charadrius dubius curonicus*	LC				+		
8 环颈鸻 *Charadrius alexandrinus*	LC						+
9 蒙古沙鸻 *Charadrius mongolus mongolus*	LC				+	+	+
10 铁嘴沙鸻 *Charadrius leschenaultii leschenaultii*	LC				+	+	
11 红胸鸻 *Charadrius asiaticus veredus*	LC				+		
（七）鹬科 Scolopacidae							
1 丘鹬 *Scolopax rusticola*	LC				+		
3 孤沙锥 *Gallinago solitaria*	LC				+		
4 针尾沙锥 *Gallinago stenura*	LC				+		
5 大沙锥 *Gallinago megala*	LC				+	+	
6 林沙锥 *Gallinago nemoricola*	VU	I					
7 扇尾沙锥 *Gallinago gallinago gallinago*	LC				+		+
8 半蹼鹬 *Limnodromus semipalmatus*	NT	R				+	
9 黑尾塍鹬 *Limosa limosa melanuroides*	LC	I			+	+	+
10 斑尾塍鹬 *Limosa lapponica*	LC				+	+	+
11 小杓鹬 *Numenius minutus*	LC		II			+	+
12 中杓鹬 *Numenius phaeopus variegates*	LC				+	+	+

续表

分类（目、科、种）	IUCN红色名录（2004）	中国濒危动物红皮书（1998）	国家重点保护野生动物名录（1989）	中国鸟类特有种	中日协定	中澳协定	中美迁徙候鸟
13 白腰杓鹬 *Numenius arquata orientalis*	LC				+	+	+
14 大杓鹬（红腰杓鹬）*Numenius madagascariensis*	NT				+	+	+
15 鹤鹬 *Tringa erythropus*	LC				+		+
16 红脚鹬 *Tringa totanus*	LC				+		+
17 青脚鹬 *Tringa nebularia*	LC				+	+	
18 泽鹬 *Tringa stagnatilis*	LC				+	+	+
19 小青脚鹬 *Tringa guttifer*	EN		II				
20 白腰草鹬 *Tringa ochropus*	LC				+	+	
21 林鹬 *Tringa glareola*	LC				+	+	
22 灰尾［漂］鹬 *Heteroscelus brevipes*	LC				+	+	+
23 翘嘴鹬 *Xenus cinereus*	LC				+	+	+
24 矶鹬 *Actitis hypoleucos*	LC				+	+	+
25 翻石鹬 *Arenaria interpres interpres*	LC				+	+	+
26 大滨鹬 *Calidris tenuirostris*	LC				+	+	+
27 红腹滨鹬 *Calidris canutus*	LC				+		+
29 红颈滨鹬 *Calidris ruficollis*	LC				+	+	+
31 青脚滨鹬 *Calidris temminckii*	LC				+		+
32 长趾滨鹬 *Calidris subminuta*	LC				+	+	+
34 尖尾滨鹬 *Calidris acuminata*	LC				+	+	+
35 弯嘴滨鹬 *Calidris ferruginea*	LC				+	+	+
36 黑腹滨鹬 *Calidris alpina*	LC				+	+	+
37 三趾滨鹬 *Calidris alba rubida*	LC				+		+
38 勺嘴鹬 *Eurynorhynchus pygmeus*	LC				+	+	+
39 阔嘴鹬 *Limicola falcinellus sibirica*	VU				+		+
40 流苏鹬 *Philomachus pugnax*	LC				+	+	+
41 红颈瓣蹼鹬 *Phalaropus lobatus*	LC				+	+	+
42 灰瓣蹼鹬 *Phalaropus fulicarius*	LC				+	+	
（八）贼鸥科 Stercorariidae							
1 中贼鸥 *Stercorarius pomarinus*	LC				+	+	+
（九）鸥科 Laridae							
2 海鸥 *Larus canus*	LC				+		+
3 北极鸥 *Larus hypweboreus barrovianus*	LC						+
4 银鸥 *Larus argentatus*	LC				+		+
7 灰背鸥 *Larus schistisagus*	LC				+		+
8 灰翅鸥 *Larus glaunescens*	LC						+
10 红嘴鸥 *Larus ridibundus*	LC				+		+
11 黑嘴鸥 *Larus saundersi*	LC	V					
12 遗鸥 *Larus relictus*	VU	V	I				
13 小鸥 *Larus minutus*	LC		II				+

续表

分类（目、科、种）	IUCN红色名录（2004）	中国濒危动物红皮书（1998）	国家重点保护野生动物名录（1989）	中国鸟类特有种	中日协定	中澳协定	中美迁徙候鸟
15 三趾鸥 *Rissa tridactyla pollocaris*	LC				+		+
（十）燕鸥科 Sternidae							
1 鸥嘴噪鸥 *Gelochelidon nilotica affinis*	LC						+
2 红嘴巨鸥 *Hydroprogne caspia*	LC					+	
3 黑嘴端凤头燕鸥 *Thalasseus bernsteini*	CR	V	II	+			
5 粉红燕鸥 *Sterna dougallii*	LC				+		+
6 黑枕燕鸥 *Sterna sumatrana sumatrana*	LC				+	+	
7 普通燕鸥 *Sterna hirundo*	LC				+	+	+
8 白额燕鸥 *Sterna albifrons sinensis*	LC				+	+	
9 褐翅燕鸥 *Sterna anaethetus anaethetus*	LC				+	+	+
10 乌燕鸥 *Sterna fuscata nubilosa*	LC				+		+
13 白翅浮鸥 *Chlidonias leucopterus*	LC					+	
14 黑浮鸥 *Chlidonias niger niger*	LC		II			+	+
15 白顶玄燕鸥 *Anous stolidus pileatus*	LC					+	
（十一）海雀科 Alcidae							
1 斑海雀 *Brachyramphus marmoratus*	LC						+
2 扁嘴海雀 *Synthliboramphus antiquus antiquus*	LC	V			+		+
十二、鸽形目 COLUMBIFORMES							
（一）鸠鸽科 Columbidae							
3 野鸽 *Columba livia*	LC						+
8 斑尾鹃鸠 *Macropygia unchall minor*	LC	R	II				
9 红翅绿鸠 *Treron sieboldii sororius*	LC	R	II				
十三、鹦形目 PSITTACIFORMES							
（一）鹦鹉科 Psittacidae							
1 红领绿鹦鹉 *Psittacula krameri borealis*	LC	I	II				
十四、鹃形目 CUCULIFORMES							
（一）杜鹃科 Cuculidae							
3 棕腹杜鹃 *Cuculus nisicolor*	LC				+		
6 大杜鹃 *Cuculus canorus*	LC				+		
7 中杜鹃 *Cuculus saturatus saturatus*	LC				+	+	
9 小杜鹃 *Cuculus poliocephalus*	LC				+		
13 褐翅鸦鹃 *Centropus sinensis sinensis*	NT	V	II				
14 小鸦鹃 *Centropus bengalensis lignator*	NT	V	II				
十五、鸮形目 STRIGIFORMS							
（二）鸱鸮科 Strigidae							
1 黄嘴角鸮 *Otus spilocephalus latouchi*	LC	I					
4 雕鸮 *Bubo bubo*	LC	R					
5 乌雕鸮 *Bubo coromandus coromandus*	LC	I					
6 黄腿渔鸮 *Ketupa flavipes*	LC	R					

续表

分类（目、科、种）	IUCN 红色名录（2004）	中国濒危动物红皮书（1998）	国家重点保护野生动物名录（1989）	中国鸟类特有种	中日协定	中澳协定	中美迁徙候鸟
13 长耳鸮 *Asio otus otus*	LC				+		+
14 短耳鸮 *Asio flammeus flammeus*	LC				+		+
十六、夜鹰目 CAPRIMULGIFORMES							
（一）夜鹰科 Caprimulgidae							
1 普通夜鹰 *Caprimulgus indicus jotaka*	LC				+		
十七、雨燕目 APODIFORMES							
（一）雨燕科 Apodidae							
1 白喉针尾雨燕 *Hirundapus caudacutus caudacutus*	LC				+	+	
3 白腰雨燕 *Apus pacificus*	LC				+	+	
4 小白腰雨燕 *Apus nipalensis subfurcatus*	LC				+		
十八、咬鹃目 TROGONIFORMES							
（一）咬鹃科 Trogonidae							
1 红头咬鹃 *Harpactes erythrocephalus yamakanensis*	LC	V					
十九、佛法僧目 CORACIIFORMES							
（一）翠鸟科 Alcedinidae							
3 赤翡翠 *Halcyon coromanda major*	LC				+		
（三）佛法僧科 Coraciidae							
1 三宝鸟 *Eurystomus orientalis calonyx*	LC				+		
二十、䴕形目 PICIFORMES							
（一）啄木鸟科 Picidae							
1 白腹黑啄木鸟 *Dryocopus javensis forresti*	NT		II				
二十一、雀形目 PASSERIFORMES							
（一）八色鸫科 Pittidae							
1 仙八色鸫 *Pitta nympha nympha*	VU	R	II				
2 蓝翅八色鸫 *Pitta brachyura*	无		II		+		
3 紫蓝翅八色鸫 *Pitta moluccensis moluccensis*	LC		II				
（二）百灵科 Alaudidae							
1 小云雀 *Alauda gulgula*	LC						+
（三）燕科 Hirundinidae							
1 崖沙燕 *Riparia riparia ijimae*	LC						+
3 家燕 *Hirundo rustica*	LC				+	+	+
5 金腰燕 *Hirundo daurica*	LC				+		
6 毛脚燕 *Delichon urbica*	LC				+		
（四）鹡鸰科 Motacillidae							
1 山鹡鸰 *Dendronanthus indicus*	LC				+		
2 白鹡鸰 *Motacilla alba*	LC				+	+	+
4 黄头鹡鸰 *Motacilla citreola citreola*	LC				+	+	
5 黄鹡鸰 *Motacilla flava*	LC				+	+	+
6 灰鹡鸰 *Motacilla cinerea robusta*	LC					+	+

续表

分类（目、科、种）	IUCN红色名录（2004）	中国濒危动物红皮书（1998）	国家重点保护野生动物名录（1989）	中国鸟类特有种	中日协定	中澳协定	中美迁徙候鸟
7 田鹨 *Anthus richardi*	LC				+		
9 林鹨 *Anthus trivialis trivialis*	LC						+
10 树鹨 *Anthus hodgsoni*	LC				+		+
11 北鹨 *Anthus gustavi gustavi*	LC				+		+
12 草地鹨 *Anthus pratensis pratensis*	LC						+
13 红喉鹨 *Anthus cervinus*	LC				+		+
14 水鹨 *Anthus spinoletta*	LC				+		+
（五）山椒鸟科 Campephagidae							
5 灰山椒鸟 *Pericrocotus divaricatus divaricatus*	LC				+		
（六）鹎科 Pycnonotidae							
1 领雀嘴鹎 *Spizixos semitorques semitorques*	LC			+			
9 栗背短脚鹎 *Hypsipetes castanonotus*	LC			+			
（八）太平鸟科 Bombycillidae							
1 太平鸟 *Bombycilla garrulus centralasiae*	LC				+		+
2 小太平鸟 *Bombycilla japonica*	NT				+		
（九）伯劳科 Laniidae							
1 虎纹伯劳 *Lanius tigrinus*	LC				+		
2 牛头伯劳 *Lanius bucephalus bucephalus*	LC	R					
3 红尾伯劳 *Lanius cristatus*	LC				+		
8 灰伯劳 *Lanius excubitor*	LC				+		+
（十一）黄鹂科 Oriolidae							
1 黑枕黄鹂 *Oriolus chinensis diffusus*	LC				+		
（十三）椋鸟科 Sturnidae							
2 家八哥 *Acridotheres tristis tristis*	VU						
4 紫背椋鸟 *Sturnia philippensis*	LC				+		
9 灰椋鸟 *Sturnus cineraceus*	LC						+
10 紫翅椋鸟 *Sturnus vulgaris poltaratskyi*	LC						+
（十四）鸦科 Corvidae							
5 喜鹊 *Pica pica sericea*	NT						
8 秃鼻乌鸦 *Corvus frugilegus pastinator*	LC				+		
9 达乌里寒鸦 *Corvus dauuricus*	LC				+		
（十六）鹪鹩科 Troglodytidae							
1 鹪鹩 *Troglodytes troglodytes idius*	LC						+
（十八）鸫科 Turdidae							
3 日本歌鸲 *Erithacus akahige akahige*	LC				+		
4 红尾歌鸲 *Luscinia sibilans*	LC				+		
5 红喉歌鸲（红点颏）*Luscinia calliope*	LC				+		
6 蓝喉歌鸲（蓝点颏）*Luscinia svecica svecica*	LC						+
7 蓝歌鸲 *Luscinia cyane*	LC				+		

续表

分类（目、科、种）	IUCN红色名录（2004）	中国濒危动物红皮书（1998）	国家重点保护野生动物名录（1989）	中国鸟类特有种	中日协定	中澳协定	中美迁徙候鸟
8 红胁蓝尾鸲 *Tarsiger cyanurus cyanurus*	LC				+		
12 北红尾鸲 *Phoenicurus auroreus*	LC				+		
22 绿嘴鸫 *Cochoa viridis*	VU						
23 黑喉石䳭 *Saxicola torquata stejnegeri*	LC				+		
32 白眉地鸫 *Zoothera sibirica*	LC				+		
33 虎斑地鸫 *Zoothera dauma aurea*	LC				+		
34 灰背鸫 *Turdus hortulorum*	LC				+		
35 乌灰鸫 *Turdus cardis*	LC				+		
36 乌鸫 *Turdus merula mandarinus*	LC						+
37 褐头鸫 *Turdus feae*	VU			+			
39 白腹鸫 *Turdus pallidus*	LC				+		
43 红尾鸫 *Turdus naumanni*	LC				+		+
44 宝兴歌鸫 *Turdus mupinensis*	LC			+			
（十九）鹟科 Muscicapidae							
1 白喉林鹟 *Rhinomyias brunneata brunneata*	VU						
2 灰纹鹟 *Muscicapa griseisticta*	LC				+		
3 乌鹟 *Muscicapa sibirica sibirica*	LC				+		
4 北灰鹟 *Muscicapa dauurica dauurica*	LC				+		
6 白眉姬鹟 *Ficedula zanthopygia*	LC				+		
8 黄眉姬鹟 *Ficedula narcissina narcissina*	LC				+		
9 鸲［姬］鹟 *Ficedula mugimaki*	LC				+		
10 红喉姬鹟 *Ficedula parva albicilla*	LC						+
11 白腹蓝姬鹟 *Cyanoptila cyanomelana*	LC				+		
10 棕腹大仙鹟 *Niltava davidi*	LC						
（二十）王鹟科 Monarchinae							
2 紫寿带鸟 *Terpsiphone atrocaudata atrocaudata*	VU				+		
（二十一）画眉科 Timaliidae							
2 黄喉噪鹛 *Garrulax galbanus courtoisi*	NT						
5 黑喉噪鹛 *Garrulax chinensis chinensis*	NT						
7 山噪鹛 *Garrulax davidi*	LC			+			
8 棕噪鹛 *Garrulax poecilorhynchus berthemyi*	LC			+			
9 画眉 *Garrulax canorus canorus*	LC			+			
11 红尾噪鹛 *Garrulax milnei milnei*	NT						
15 丽星鹩鹛 *Spelaeornis formosus*	VU						
18 红嘴相思鸟 *Leiothrix lutea lutea*	VU						
19 淡绿鹀鹛 *Pteruthius xanthochloris obscurus*	NT						
（二十二）鸦雀科 Paradoxornithidae							
5 黄嘴鸦雀 *Paradoxornis flavirostris guttaticollis*	VU						
7 短尾鸦雀 *Paradoxornis davidianus davidianus*	VU	R					

续表

分类（目、科、种）	IUCN红色名录（2004）	中国濒危动物红皮书（1998）	国家重点保护野生动物名录（1989）	中国鸟类特有种	中日协定	中澳协定	中美迁徙候鸟
8 震旦鸦雀 *Paradoxornis heudei heudei*	NT	R		+			
（二十四）莺科 Sylviidae							
1 鳞头树莺 *Urosphena squameiceps*	LC				+		
9 矛斑蝗莺 *Locustella lanceolata lanceolata*	LC				+		
11 北蝗莺 *Locustella ochotensis*	LC				+		
12 史氏蝗莺 *Locustella pleskei*	VU						
13 苍眉蝗莺 *Locustella fasciolata fasciolata*	LC				+		
14 细纹苇莺 *Acrocephalus sorghophilus*	VU			+			
15 黑眉苇莺 *Acrocephalus bistrigiceps*	LC				+		
16 远东苇莺 *Acrocephalus tangorum*	VU						
17 东方大苇莺 *Acrocephalus orientalis*	LC				+	+	
30 黄眉柳莺 *Phylloscopus inornatus*	LC				+		
31 极北柳莺 *Phylloscopus borealis*	LC				+	+	+
33 淡脚柳莺 *Phylloscopus tenellipes*	LC				+		
36 冕柳莺 *Phylloscopus coronatus*	LC				+		
43 白眶鹟莺 *Seicercus affinis intermedius*	NT						
46 斑背大尾莺 *Megalurus pryeri sinensis*	VU						
（二十九）山雀科 Paridae							
3 黄腹山雀 *Parus venustulus*	LC			+			
（三十四）雀科 Passeridae							
1 山麻雀 *Passer rutilans rutilans*	LC				+		
2 麻雀 *Passer montanus saturatus*	NT						
（三十六）燕雀科 Fringillidae							
1 燕雀 *Fringilla montifringilla*	LC				+		
2 普通朱雀 *Carpodacus erythrinus*	LC				+		+
3 北朱雀 *Carpodacus roseus roseus*	LC				+		
4 红交嘴雀 *Loxia curvirostra japonica*	LC				+		
6 红腹灰雀 *Pyrrhula pyrrhula*	LC				+		+
7 白腰朱顶雀 *Carduelis flammea flammea*	LC				+		+
8 粉红腹岭雀 *Leucosticte arctoa brunneonucha*	LC				+		
10 黄雀 *Carduelis spinus*	LC				+		
12 锡嘴雀 *Coccothraustes coccothraustes*	LC				+		+
13 黑尾蜡嘴雀 *Eophona migratoria*	LC				+		
（三十七）鹀科 Emberizidae							
2 蓝鹀 *Latoucheornis siemsseni*	LC			+			
4 白头鹀 *Emberiza leucocephala leucocephala*	LC						
6 红颈苇鹀 *Emberiza yessoensis continentalis*	NT						
7 白眉鹀 *Emberiza tristrami*	LC				+		
8 栗耳鹀（赤胸鹀）*Emberiza fucata*	LC				+		

续表

分类（目、科、种）	IUCN红色名录（2004）	中国濒危动物红皮书（1998）	国家重点保护野生动物名录（1989）	中国鸟类特有种	中日协定	中澳协定	中美迁徙候鸟
9 小鹀 *Emberiza pusilla*	LC				+		
11 田鹀 *Emberiza rustica*	LC				+		
12 黄喉鹀 *Emberiza elegans ticehursti*	LC				+		
13 黄胸鹀 *Emberiza aureola*	NT				+		
16 硫磺鹀 *Emberiza sulphurata*	VU				+		
17 灰头鹀 *Emberiza spodocephala*	LC				+		
19 苇鹀 *Emberiza pallasi polaris*	LC				+		
20 芦鹀 *Emberiza schoeniclus pallidior*	LC				+		
21 铁爪鹀 *Calcarius lapponicus coloratus*	LC				+		+

注：表中各编号同附录 1

世界自然保护联盟 IUCN 红色名录（2004）：EX. 灭绝；EW. 野外灭绝；CR. 极危；EN. 濒危；VU. 易危；NT. 近危；LC. 无危；NE. 未于评估

中国濒危动物红皮书（1998）：Et. 国内绝迹；E. 濒危；V. 易危；R. 稀有；I. 未定

三、华东地区鸟类多样性受威胁的原因及保护对策

（一）华东地区鸟类受威胁的原因

1. 栖息地的退化、丧失和破碎化

森林的过度砍伐，湿地的围垦，大大地缩小了鸟类的栖息地，并把它们分割开来而造成栖息地的破碎化，严重地威胁了一些鸟类的生存。森林砍伐后替代的经济林，由于植被单纯也不适宜于鸟类栖住。栖息于常绿阔叶林和常绿落叶针叶混交林内的黄腹角雉（*Tragopan caboti*）已被列为濒危物种。栖息于高山杉树苔藓林，竹林的白冠长尾雉（*Symaticus reevesii*）和白颈长尾雉（*Symaticus ellioti*）已被 IUCN 红色名录列为易危物种。白冠长尾雉被《中国濒危动物红皮书》列为濒危物种。另外，由于人口的不断增加，也占据了鸟类的一些栖息地，造成了栖息地的大量减少。

2. 过度猎捕

鸟类具有药用、食用等价值，野外捕捉鸟类食用、贸易、笼鸟饲养等捕猎对鸟类影响非常大。其中的雉类、雁鸭类、鸠鸽类、鹬类等都是传统的狩猎对象。由于鸿雁（*Anser cygnoides*）、黑鸢（*Milvus migrans*）、大嘴乌鸦（*Corvus macrorhynchos*）、斑嘴鹈鹕（*Pelecanus philippensis*）、褐翅鸦鹃（*Centropus sinensis*）、雕鸮（*Bubo bubo*）、白鹇（*Lophura nycthemera*）、普通鸬鹚（*Phalacrocorax carbo*）等鸟类的食用和药用价值较高，长期以来过度捕捉，造成鸟类数量的大量减少。

3. 环境污染和自然灾害

随着人口的急剧增长，生活污水、工业废水、工业废气等的排放直接或间接地影响了鸟类的生存。环境污染改变或破坏了生态环境及食物供应，直接伤害和破坏了鸟类的

繁殖能力。浅海滩涂环境污染对鸟类多样性的影响也十分明显，黄河三角洲工业废气排放有 43.2%来自油田开采和石油加工业。滩涂大气 SO$_2$ 日平均浓度超标率为 47.66%，对鸟类的种群组成和数量造成了一定影响（贾文泽等，2003）。河口污染严重致使鱼、虾、贝类等基本绝迹（潘怀剑和田家怡，2001），浅海滩涂生物多样性降低（高六礼和田家怡，1999），影响了海鸟和滩涂鸟类的食物来源。海滩石油勘探，浅海发生溢油，致使鸟羽沾满油渍而死亡。钻井、采油场地机器轰鸣、车辆往返，噪声影响加大，干扰了鸟类的栖息，高压线路也导致大量鸟类（鹤类和鸨类）死亡。由于农药的使用使农药在食物链中富集，从而对猛禽及喜鹊、乌鸦等植食性鸟类造成很大的危害。DDT 及与 DDT 有关的杀虫剂会造成鸟类死亡，使鸟类卵壳变薄，影响繁殖能力。有毒物质在体内积累造成缓慢死亡。据朱曦 1980～2010 年对临安市城区及市郊鸟类观察，绝迹的鸟类有喜鹊、大嘴乌鸦、秃鼻乌鸦、白颈鸦、黑枕黄鹂、灰卷尾、小灰山椒鸟、八哥、丝光椋鸟、白鹳等 30 余种。

克百威（carbofuran）又名呋喃丹，具有触杀和胃毒作用，其毒性很高。目前我国克百威农药使用主要集中于东北、长江中下游和沿海地区的广大平原农耕区。克百威防治对象很广，包括多种作物的地下害虫、叶面害虫等 300 多种。克百威毒害鸟类主要有 3 种途径：①直接食用克百威颗粒和克百威包衣种子而中毒，食用受克百威污染的昆虫、软体动物、环节动物等无脊椎动物及染毒植物而中毒，鹰隼类猛禽因捕食受克百威毒害的鸟类和小型哺乳动物而产生的二次中毒；②使用克百威颗粒剂导致灌溉地或稻田水源污染，对滤食泥浆和饮用污染水的鸟类（主要是滤食性水禽）产生毒害；③少数不法分子使用克百威对雁鸭类、天鹅、鹭鹬类等具有一定经济价值的鸟类进行人为投毒。

发生鸟类农药中毒事件主要原因：误食农药颗粒、人为投毒。江苏盐城珍禽保护区鸟类中毒事件发生时间及影响情况（调查时间为每年 10 月至次年 2 月）：1995 年 12 只丹顶鹤中毒；1997 年 3 只丹顶鹤中毒（人为投毒）死亡；1999 年 16 只丹顶鹤中毒（均系人为投毒，12 只死亡）；2001 年 2 只丹顶鹤中毒，救活；2003 年 4 只丹顶鹤在麦地中毒，1 只死亡。另据统计，2003 年人为投毒饵毒杀野鸭 2 万多只，其中斑嘴鸭 2000 多只，琵嘴鸭 4000 多只，绿头鸭 3000 多只，绿翅鸭 3000 多只。自然灾害、气候变化及生物入侵也对受威胁鸟类造成严重影响。在沿海或近海地区修建的风力发电场，对湿地鸟类的繁殖或越冬活动产生一定的干扰；风电场如果处于沿海候鸟迁徙路线上，也会对迁徙性的湿地鸟类产生影响。

综上所述，鸟的受危和灭绝，人类活动是根本原因。人口增长，人类生存空间的扩大，以及华东地区飞速发展的经济活动和旅游业正在不断地缩小鸟类的生存空间，也成为当今鸟类保护难以解决的主要矛盾。

（二）华东地区鸟类多样性保护对策

1. 加强自然保护区的建设和管理

自然保护区是受到人为保护的特定自然区域，是野生动植物就地保护的最好形式。华东地区各省国家级和省级的自然保护区也很多，7 省（市）各种类型自然保护区多达 253 处，其中明确用于野生动植物保护的面积有 1 377 074hm^2。在自然保护区中，山东长岛、祈山、荣城，上海崇明东滩、九段沙，江苏盐城，浙江天目山、乌岩岭、古田山，安徽升金湖，福建武夷山、漳江口红树林，江西鄱阳湖等都是华东鸟类保护的主要地区。这些地区对华东鸟类的多样性保护起着关键的作用。目前应加强自然保护区的建设和管理，制定保护的战略和总体规划。研究如何保护生境恢复的方法，深入开展鸟类多样性研究，确定华东地区保护鸟类多样性的中心，关键性生境和需要重点保护的物种。进一步摸清华东地区鸟类资源的变动规律、分布现状、濒危鸟类的种群遗传结构及致病原因。深入开展鸟类生态学基础，鸟类资源的持续利用研究，有计划地建立野生珍稀物种基因资源库等。

2. 建立鸟类多样性信息管理系统

应用遥感、地理信息系统和全球定位系统等"3S"技术，建立华东鸟类多样性信息管理系统，对珍稀、濒危鸟类进行动态和保护现状进行动态监测。建立珍稀濒危鸟类专项保护区和全国性的珍稀濒危鸟类保护区网络。

3. 鸟类栖息地的保护

近年来，鸟类的栖息地，如森林、湿地等被严重地破坏。造铁路、建公路导致了栖息地的片段化，不仅使鸟类的栖息地面积大大减小，鸟类被分割开来，从而导致鸟的近亲交配，后代成活率下降。进行鸟情监测并建设动物救护站，进行环境监测，研究环境变化对鸟类栖息地的影响，做好生态保护和环境教育研究。在加强经济建设的同时，一定要注意鸟类栖息地的保护。

4. 就地保护和迁地保护

对珍稀濒危鸟类、中国特产鸟类应积极做好就地保护，同时也应加大迁地保护的投入，建立珍稀濒危鸟类的人工种群。

5. 保护迁徙鸟类短期停栖觅食地

华东地区位于中国东南沿海，由于它特殊的地理位置，成为多种迁徙鸟类的驿站。沿海几个省市的滩涂是春、秋两季候鸟迁徙的主要停栖觅食地。而如今，很多滩涂被围垦种植农作物。迁徙鸟类就失去了迁徙觅食点，大部分鸟类就不得不去寻找另外的停靠点，严重影响了栖息鸟类的迁徙。因此，要注意保护好滩涂等鸟类停栖觅食地点，不能随意的围垦是保护候鸟的关键。

沿海是候鸟迁徙的主要通道，风电开发会给鸟类带来一定的影响。风电场应建在离自然保护区外，或远离附近有被列入重点保护鸟类如丹顶鹤、白枕鹤及黑脸琵鹭等的地区。在风电场范围内，应建立候鸟监测救护站、将风机叶片及输电线涂成橙色与白色相间的警示色，使鸟类在飞行中能及时分辨出安全飞行路线，及时回避，减少碰撞风机的概率。

6. 加大造林力度，提高林木覆盖率

恢复、改善和扩大国家珍稀濒危鸟类的栖息地和生态环境。开展造林，建立生态公

益林，提高森林覆盖率，有利于森林受威胁鸟类的尽快恢复。随着森林覆盖率的增加，减少了森林片段化对鸟类的危害，同时为迁徙候鸟提供了良好停歇地。在山区造林中应尽量考虑到鸟类取食和栖身需要，因地制宜，多栽植一些结浆果、带刺的小乔木和灌木。以满足森林中植食性鸟类的需要。

7. 依托跨越式发展改进传统农业，减少和杜绝污染，走生态农业之路

未来农业的出路在于结构调整，走生态农业的发展模式。生态农业从根本上避免了传统农业的污染，保护了原始生态环境，对目前农田及其林地受威胁鸟类的保护和种群恢复是根本的保障。

8. 积极开展野生鸟类的人工招引、驯养繁殖和野生放飞活动

保护和恢复数量有限的树洞营巢鸟类的种群，可积极开展人工悬挂鸟箱招引鸟类。房屋窗口设计上可考虑为家燕和金腰燕的出入留通道。新的居民区绿化要多栽植高大的乡土树木，特别是落叶阔叶乔木，招引鸟类筑巢。在林木资源恢复良好的林场，可根据条件，引种驯养各种经济鸟类，特别是食虫鸟类，放飞治虫，这样既能保护林地生物多样性，又能形成养殖产业增加经济收入，同时还可以形成景观促进生态旅游的发展。

9. 加强法制建设、科普教育

加强法制建设，完善有关野生动物保护法律和法规，健全野生动物保护管理体制和机构。

加强科普宣传教育，增强民众保护鸟类意识，唤起了民众自觉参与鸟类保护，拯救珍稀、濒危鸟类活动。减少生境片段化，做到人类社会发展和自然环境协调一致。

此外，广泛开展鸟类资源调查，加强科学研究和积极开展国际交流等都是非常重要的鸟类保护措施。

第十章 鸟类的益害

第一节 食虫鸟类和益鸟招引

鸟类是生态系统的重要组成部分，是维护自然界生态平衡的重要因素。利用益鸟治虫，长期来已为国内外重视。国内郑作新等（1958）开展了"河北昌黎果区主要食虫鸟类的调查研究"之后，较为广泛地进行了森林益鸟种类调查和招引。益鸟治虫选择性强，不会污染环境，对人畜安全并且害虫对鸟类不会产生抗性。同时，益鸟资源丰富，原材料易得，适于自力更生，就地取材，其方法简便易行，目前已被越来越多的林区应用。

一、食虫鸟类

全国食松毛虫的鸟类有 77 种；江苏茅山林区 1963 年调查，食松毛虫的鸟类有 27 种；1987～1989 年在浙江省江山市林区的鸟类调查，剖检 9 目 21 科 61 种 125 号标本，其中可见昆虫的有 94 号，占标本总数的 75.2%，食虫鸟类 46 种，占采获鸟类种数的 75.4%（朱曦，1992）。朱曦在 1980～1995 年在浙江省进行鸟类区系调查中，剖检 15 目 36 科 148 种鸟胃 1071 号，食虫鸟类有 12 目 32 科 119 种，占采集鸟类目的 80%，科的 88.89%，种的 80.41%。食虫鸟类中留鸟 58 种、夏候鸟 21 种、冬候鸟 25 种、旅鸟 15 种。留鸟和夏候鸟在浙江省内繁殖，育雏期间捕食昆虫量大，该两类鸟计 79 种，占食虫鸟类总数的 66.39%。由于空胃、标本采集月份等，有 29 种鸟类剖检中未见昆虫，这些鸟类有松雀鹰（*Accipiter virgatus*）、秃鹫（*Aegypius monachus*）、董鸡（*Gallicrex cinerea cinerea*）、黑水鸡（*Gallinula chloropus indica*）、凤头麦鸡（*Vanellus vanellus*）、红腰杓鹬（*Numenius madagascariensis*）、青脚鹬（*Tringa nebularia*）、矶鹬（*Actitis hypoleucose*）、乌脚滨鹬（*Calidris temminckii*）、尖尾滨鹬（*Calidris acuminata*）、山斑鸠（*Streptopelia orientalis orientalis*）、领角鸮（*Otus bakkamoena erythrocampe*）、大拟啄木鸟（*Megalaima virens virens*）、北鹨（*Anthus gustavi gustavi*）、灰背燕尾（*Enicurus schistaceus*）、灰背鸫（*Turdus hortulorum*）、灰头鸦雀（*Paradoxornis gularis fokiensis*）、白腰文鸟（*Lonchura striata swinhoei*）、斑文鸟（*Lonchura punctulata topela*）、金翅雀（*Carduelis sinica sinica*）、锡嘴雀（*Coccothraustes coccothraustes*）、黄胸鹀（*Emberiza aureola aureola*）、赤胸鹀（*Emberiza fucata fucata*）、蓝鹀（*Latoucheornis siemsseni*）、凤头鹀（*Melophus lathami lathami*）、小䴙䴘（*Tachybaptus ruficollis*）、苍鹭（*Ardea cinerea*）、绿翅鸭（*Anas crecca crecca*）、绿头鸭（*Anas platyrhynchos*）。食性分析列于表 10-1。

食物中昆虫出现频次百分比在 90% 以上的鸟类 36 种，占总数的 30.25%；昆虫频次在 70%～89% 的鸟类 24 种，占 20.17%；昆虫频次在 50%～69% 的鸟类 34 种，占 28.57%；昆虫频次百分比在 49% 以下的鸟类 25 种，占 21.01%。

表10-1 浙江食虫鸟类食性分析

序号	鸟类名称	分析鸟胃数	动物性食物/%									植物性食物/%			
			鳞翅目	鞘翅目	膜翅目	同翅目	直翅目	半翅目	双翅目	其他昆虫	其他动物	树木种子	杂草种子	农作物	其他植物
1	白鹭 Egretta garzetta garzetta	2								100					
2	池鹭 Ardeola bacchus	87					8.05	1.15		10.34	51.72				
3	栗苇鳽 Ixobrychus cinnamomeus	3		100									100	100	
4	赤腹鹰 Accipiter soloensis	4					50.0				50.0				
5	红脚隼 Falco amurensis	2		100							50.0				
6	红隼 F. timnunculus interstinctus	3		100											
7	环颈雉 Phasianus colchicus torquatus	4		50.0										100	
8	白胸苦恶鸟 Amaurornis phoenicurus	4								25.0	50.0				
9	灰头麦鸡 Vanellus cinereus	5	20.0	40.0							60.0				
10	剑鸻 Charadrius hiaticula placidus	5								40.0	100				
11	金眶鸻 C. dubius curonicus	4		25.0	25.0	25.0					5.0				
12	泽鹬 Tringa stagnatilis	1								100					
13	珠颈斑鸠 Streptopelia chinensis chinensis	21	4.76									47.62	33.33	42.86	
14	四声杜鹃 Cuculus micropterus micropterus	1	100												
15	斑头鸺鹠 Glaucidium cuculoides whiteleyi	8		37.50			62.50				100				
16	普通夜鹰 Caprimulgus indicus jotaka	1		100											
17	普通翠鸟 Alcedo atthis bengalensis	16		12.50							100				
18	蓝翡翠 Halcyon pileata	2								100	100				
19	三宝鸟 Eurystomus orientalis calonyx	1			100			100		100					
20	戴胜 Upupa epops saturata	2	50.0	100	50.0		50.0								
21	蚁䴕 Jynx torquilla chinensis	2	100		100										
22	斑姬啄木鸟 Picumnus innominatus chinensis	2			100										
23	绿啄木鸟 Picus canus guerini	4	50.0		100					50.0					50.0

续表

序号	鸟类名称	分析鸟胃数	动物性食物%									植物性食物%			
			鳞翅目	鞘翅目	膜翅目	同翅目	直翅目	半翅目	双翅目	其他昆虫	其他动物	树木种子	杂草种子	农作物	其他植物
24	大斑啄木鸟 *Picoides major*	1	100	100				100		100					
25	星头啄木鸟 *Picoides canicapillus*	1	100	100	100			100		100					
26	云雀 *Alauda arvensis intermedia*	2	100			100							100		
27	家燕 *Hirundo rustica gutturalis*	5	100	40.0	40.0			20.0	100	20.0					
28	金腰燕 *H. daurica japonica*	2	100	50.0	100				100	100					
29	灰鹡鸰 *Motacilla cinerea robusta*	2	50.0	100			50.0						100		50.0
30	白鹡鸰 *M. alba ocularis*	28	25.0	25.0	17.86			3.57	3.57	7.14			32.14		
31	田鹨 *Anthus richardi*	4								25.0			75.0		
32	树鹨 *A. hodgsoni yunanensis*	13	38.46	46.15	23.08					23.08			23.08		
33	水鹨 *A. spinoletta japonicus*	7		100									42.86		
34	山鹨 *A. sylvanus*	6		66.67									66.67		
35	暗灰鹃鵙 *Coracina melaschistos intermedia*	5	60.0	25.0											25.0
36	粉红山椒鸟 *Pericrocotus roseus*	3		66.67	33.33										
37	绿翅短脚鹎 *Spizixos semitorques semitorques*	10	30.0	50.0	10.0	10.0			10.0			30.0			30.0
38	黄臀鹎 *Pycnonotus xanthorrhous andersoni*	2	50.0	50.0											
39	白头鹎 *P. sinensis sinensis*	59	6.78	15.25	3.39		1.69	1.69	3.39	1.69		61.02	6.78		28.81
40	黑鹎 *Hypsipetes leucocephalus*	8	1.25	27.50	1.25		1.25		1.25	1.25		62.50			
41	小太平鸟 *Bombycilla japonica*	1								100		100			
42	虎纹伯劳 *Lanius tigrinus*	4		25.0	25.0	25.0	25.0						25.0		25.0
43	牛头伯劳 *L. bucephalus bucephalus*	3	33.33	66.67	33.33		33.33				66.67	33.33			
44	红尾伯劳 *L. cristatus lucionensis*	10	20.0	70.0	30.0		20.0				20.0				
45	棕背伯劳 *L. schach schach*	37	40.54	45.95	24.32	8.11	29.73	5.41	8.11	5.41	32.43				
46	黑枕黄鹂 *Oriolus chinensis diffusus*	11	45.45	27.27	36.36							18.18			
47	黑卷尾 *Dicrurus macrocercus cathoecus*	3	66.67	33.33		66.67	66.67	33.33		100					

续表

	鸟类名称	分析鸟胃数	动物性食物/%									植物性食物/%			
			鳞翅目	鞘翅目	膜翅目	同翅目	直翅目	半翅目	双翅目	其他昆虫	其他动物	树木种子	杂草种子	农作物	其他植物
48	灰卷尾 D. leucophaeus leucogenis	3		100	33.33			33.33	33.33	100					
49	发冠卷尾 D. hottentottus brevirostris	6	25.0	83.33	33.33	50.0	66.67			16.67					
50	丝光椋鸟 Sturnus sericeus	4	25.0	50.0	25.0	25.0	25.0	50.0	25.0	75.0					
51	灰椋鸟 S. cineraceus	10	10.0	10.0			20.0			20.0		80.0			
52	八哥 Acridotheres cristatellus cristatellus	8	25.0	75.0	12.50	12.50	50.0		12.50		50.0				
53	松鸦 Garrulus glandarius sinensis	4	100	25.0	25.0		100	50.0		25.0					
54	红嘴蓝鹊 Urocissa erythrorhyncha erythrorhyncha	24	37.50	50.0	8.33		4.17	4.17		4.17	8.33	33.33		8.33	
55	灰喜鹊 Cyanopica cyana swinhoei	1	100	100			100								
56	喜鹊 Pica picasericea	7	14.29	14.29	14.29		42.86			28.57				42.86	
57	灰树鹊 Dendrocitta formosae sinica	5	40.0	40.0						80.0					
58	大嘴乌鸦 Corvus macrorhynchos colonorum	2	50.0	50.0											
59	红胁蓝尾鸲 Tarsiger cyanurus cyanurus	27	18.52	33.33	11.11							7.41	18.52		
60	鹊鸲 Copsychus saularis prosthopellus	11	18.18	36.37	18.18				72.73	18.18	9.09				9.09
61	北红尾鸲 Phoenicurus auroreus auroreus	15	22.22	20.0	33.33	13.33	13.33	13.33	13.33		6.67		26.67		
62	红尾水鸲 Rhyacornis fuliginosus	10	10.0	30.0	50.0			20.0			20.0		10.0		
63	小燕尾 Enicurus scouleri	1	100												
64	黑背燕尾 E. leschenaulti sinensis	7		57.14					28.57	14.29	14.29				
65	黑喉石䳭 Saxicola torquata stejnegeri	3	66.67	66.67				33.33							
66	蓝头矶鸫 Monticola cinclorhynchus gularis	1		100					100						
67	蓝矶鸫 Monticola solitarius pandoo	11	18.18	63.64	18.18					27.27	18.18				
68	紫啸鸫 Myophonus caeruleus caeruleus	4	25.0	50.0			25.0	25.0		25.0			25.0		
69	白眉地鸫 Zoothera sibirica sibirica	2	50.0	50.0											
70	虎斑地鸫 Z. dauma aurea	11	54.55	54.55	36.36					18.18			36.36		9.09
71	乌鸫 Turdus merula mandarinus	26	13.58	7.69	3.85		11.54			15.38		23.08			

续表

序号	鸟类名称	分析鸟胃数	动物性食物%									植物性食物%			
			鳞翅目	鞘翅目	膜翅目	同翅目	直翅目	半翅目	双翅目	其他昆虫	其他动物	树木种子	杂草种子	农作物	其他植物
72	白腹鸫 T. pallidus pallidus	10	40.0							10.0	20.0	50.0			30.0
73	红尾斑鸫 T. naumanni eunomus	31	9.68	9.68	3.23		3.23		3.23	3.23		48.39	3.23	6.45	3.23
74	乌斑鸫 T. naumanni naumanni	4	50.0								25.0				
75	棕颈钩嘴鹛 Pomatorhinus ruficollis styani	2		50.0	50.0							50.0			
76	红头穗鹛 Stachyris ruficeps davidi	4		50.0									25.0		
77	黑脸噪鹛 Garrulax perspicillatus	5		40.0							20.0	60.0			
78	黑领噪鹛 G. pectoralis picticollis	2		50.0								50.0			
79	画眉 G. canorus canorus	12	50.0	33.33			25.0				8.33	25.0			
80	红嘴相思鸟 Leiothrix lutea lutea	2	100	50.0	50.0					50.0			50.0		
81	白眶雀鹛 Alcippe morrisonia hueti	1	100	100											
82	棕头鸦雀 Paradoxornis webbianus webbianus	24	4.17	29.17				8.33		20.83			37.50		
83	日本树莺 Cettia diphone canturians	8	37.50	62.50	12.50			25.0			25.0				
84	强脚树莺 C. fortipes davidiana	4	25.0	75.0	50.0								25.0		
85	黄腹树莺 C. acanthizoides acanthizoides	6		16.67	50.0				50.0						
86	矛斑蝗莺 Locustella lanceolata	2		50.0			100			50.0					
87	黄眉柳莺 Phylloscopus inornatus inornatus	9	55.56	66.67	33.33	11.11					22.22		11.11		
88	极北柳莺 Ph. borealis borealis	2	50.0	50.0	50.0										
89	冠纹柳莺 Ph. reguloides fokiensis	3							75.0						50.0
90	棕脸鹟莺 Abroscopus albogularis	2		100									50.0		
91	褐头鹪莺 Prinia subflava extensicauda	3		100	33.33								33.33		
92	黄腹山鹟莺 P. flaviventris sonitans	2							100				50.0		
93	褐山鹟莺 P. polychroa parumstriata	2		100											
94	黄眉姬鹟 Ficedula narcissina narcissina	2		50.0	100										
95	白腹姬鹟 F. cyanomelana cumatilis	1	100	100				100							

续表

序号	鸟类名称	分析鸟胃数	动物性食物%									植物性食物%			
			鳞翅目	鞘翅目	膜翅目	同翅目	直翅目	半翅目	双翅目	其他昆虫	其他动物	树木种子	杂草种子	农作物	其他植物
96	乌鹟 Muscicapa sibirica sibirica	3		100	66.67						66.67				
97	灰斑鹟 M. griseisticta	1		100											
98	北灰鹟 Muscicapa dauurica	3	66.67	33.33	33.33										
99	寿带鸟 Terpsiphone paradisi incei	8	25.0	62.50	50.0		37.50			25.0	25.0				
100	紫寿带鸟 T. atrocaudata atrocaudata	2		100			100								
101	大山雀 Parus major artatus	33	57.58	42.42		6.06	12.12	9.09					42.42	3.03	
102	黄腹山雀 P. venustulus	5	40.0	20.0	20.0	20.0							40.0		
103	沼泽山雀 P. palustris hellmayri	2	100												
104	红头长尾山雀 Aegithalos concinnus concinnus	8	25.0	37.50	12.50			12.50			12.50				
105	普通䴓 Sitta europaea sinensis	1		100											
106	暗绿绣眼鸟 Zosterops japonicus simplex	6	66.67	83.33		33.33		16.67					33.33		
107	麻雀 Passer montanus saturatus	61		3.28						1.64			63.93	59.02	
108	山麻雀 P. rutilans rutilans	15	6.67	6.67						53.33			20.0	80.0	
109	燕雀 Fringilla montifringilla	2	50.0										50.0		
110	黄雀 Carduelis spinus	6		16.67		33.33				33.33			66.67	33.33	
111	黑尾蜡嘴雀 Eophona migratoria migratoria	3										66.67	33.33		
112	栗鹀 Emberiza rutila	1					100							100	
113	黄喉鹀 E. elegans ticehursti	12	8.33	50.0	25.0			16.67	16.67	25.0			100		16.67
114	灰头鹀 E. spodocephala spodocephala	15	13.33		13.33				6.67		6.67	80.0	26.67		
115	三道眉草鹀 E. cioides castaneiceps	31	9.68	25.81	3.23	3.23	6.45						54.84	41.94	
116	田鹀 E. rustica rustica	8		37.50	12.50				12.50				37.50	25.0	
117	小鹀 E. pusilla	9	22.22		11.11					11.11			88.89	11.11	
118	黄眉鹀 E. chrysophrys	3							33.33				66.67	33.33	
119	白眉鹀 E. tristrami	9	11.11		11.11								77.78	33.33	

食物分析中，取食鳞翅目蛾、蝶等幼虫和成虫的鸟类有四声杜鹃、普通夜鹰、三宝鸟、画眉、斑姬啄木鸟、大斑啄木鸟、星头啄木鸟、黑枕黄鹂、大山雀、灰眶雀鹛、红嘴相思鸟、灰喜鹊、树鹨、黄眉柳莺等 69 种，占食虫鸟类总数的 57.98%。

取食鞘翅目铜绿金龟子（*Anomala corpulenta*）、大黑金龟子（*Holotrichia diophalia*）、叶甲（*Ambrostoma* sp.）、淡足青步甲（*Chlaeuius pallipes*）、星天牛（*Anoplophora chinensis*）、云斑天牛（*Batocera horsfieldi*）、松墨天牛（*Monochamus alternarus*）、黄萤（*Luciola terminalis*）、叩头虫（*Corymbites pruinosus*）等昆虫的鸟类有红脚隼、红隼、斑头鸺鹠、普通夜鹰、三宝鸟、戴胜、灰头绿啄木鸟、大斑啄木鸟、星头啄木鸟、灰鹡鸰、树鹨、粉红山椒鸟、虎纹伯劳、牛头伯劳、红尾伯劳、棕背伯劳、发冠卷尾、八哥、灰喜鹊、褐山鹪莺、褐头鹪莺、乌鸫、寿带鸟、紫寿带鸟和暗绿绣眼鸟等 91 种，占食虫鸟类总数的 76.47%。

取食同翅目蚱蝉（*Cryptotympana atra*）、黑尾叶蝉（*Nephotettix bipunctatus*）、桃粉蚜（*Hyalopterus amygdali*）等昆虫的鸟类有金眶鸻、云雀、绿鹦嘴鹎、虎纹伯劳、红尾伯劳、棕背伯劳、黑卷尾、发冠卷尾、丝光椋鸟、八哥、北红尾鸲、黄眉柳莺、暗绿绣眼鸟、大山雀、黄腹山雀、黄雀和三道眉草鹀等计 17 种，占食虫鸟类总数的 14.29%。

取食直翅目大黄脊竹蝗（*Ceracris nigricornis*）、蝼蛄（*Gryllotalpa africana*）、蟋蟀（*Gryllulus chinensis*）、油葫芦（*Gryllus testaceus*）、蚱蜢（*Acrida chinensis*）等昆虫的鸟类有赤腹鹰、斑头鸺鹠、戴胜、灰鹡鸰、虎纹伯劳、牛头伯劳、红尾伯劳、黑卷尾、发冠卷尾、丝光椋鸟、松鸦、八哥、喜鹊、画眉、矛斑蝗莺、寿带鸟、紫寿带鸟、栗鹀和三道眉草鹀等 30 种，占食虫鸟类总数的 25.21%。

取食膜翅目天目扁叶蜂（*Cephalcia tienmu*）、姬蜂（*Acropimpla* sp.）、斑胡蜂（*Vespa mandarinia*）、普通黑蚁（*Lasius niger*）、黄猄蚁（*Oecophylla smaragdina*）等昆虫的鸟类较多，计 53 种，占食虫鸟类总数的 44.54%。

取食双翅目伊蚊（*Aedes albopicltus*）、淡色库蚊（*Culex pipiens*）、蝇（*Atherigona atripalpis*）、虻（*Tabanus* sp.）、果蝇（*Drosophila melanogaster*）等昆虫的鸟类有家燕、金腰燕、白鹡鸰、绿鹦嘴鹎、黄腹树莺、冠纹柳莺、黄腹山鹪莺等 22 种，占食虫鸟类总数的 18.49%。

二、食虫鸟类捕食作用

大山雀（*Parus major*）是以食虫为主的森林鸟类，学者一直重视其对森林害虫的捕食作用，也注意到大山雀对林果害虫的捕食作用，并通过悬挂巢箱，增加大山雀的种群数量（刘益康和王景华，1980；周世锷等，1963；郑作新等，1955；郑作新和钱燕文，1960）。

楚国忠（1988）在浙江北部龙山林区对大山雀繁殖季节持续时间、雏鸟食物组成及对松毛虫的捕食作用进行了研究，其中大山雀雏鸟食物组成分析见表 10-2。

大山雀雏鸟阶段完全以动物为食，在浙北龙山林区的调查，雏鸟食物除少数蜘蛛（13.57%）外，全为昆虫、幼虫，占 63.65%，成虫和蛹占 22.61%。成虫、蛹和幼虫食块又都以鳞翅目为主，分别为各自食块总数的 69%、92% 和 95%。鳞翅目幼虫多为食叶性害虫，其中松毛虫比例最高，占鳞翅目幼虫的 39%。

表 10-2　浙江安吉龙山林场大山雀雏鸟食物组成（自楚国忠，1988）

食物种类		食块数		
		1985.4.14-4.28	1987.4.15-5.15	合计
昆虫成虫	直翅目 Orthoptera			
	蟋蟀科 Gtyllidae		1	1
	蝗科 Acrididae		2	2
	其他		3	3
	鞘翅目 Coleoptera			
	金龟科 Scarabacidae		3	3
	步甲科 Carabidae		1	1
	其他	2	1	3
	双翅目 Diptera			
	食虫虻科 Asilidae	1	2	3
	食蚜蝇科 Syrphidae		12	12
	其他		3	3
	鳞翅目 Lepidoptera	24	57	81
	膜翅目 Hymenoptera		5	5
	同翅目 Homoptera			
	沫蝉科 Cercopidae		1	1
蛹	鳞翅目 Lepidoptera	4	7	11
	双翅目 Diptera		1	1
幼虫	鞘翅目 Coleoptera			
	天牛科 Cerambycidae	1	1	2
	其他	3	5	8
	双翅目 Diptera		9	9
	鳞翅目 Lepidoptera			
	螟蛾科 Pyralidae		26	26
	尺蛾科 Geometridae		3	3
	枯叶蛾科 Lasiocampidae	1	2	3
	（马尾松毛虫）（*Dendrolimus punctatus*）	35	100	135
	天蛾科 Sphingidae		2	2
	舟蛾科 Notodontidae	2	4	6
	灯蛾科 Arctiidae	1	1	2
	夜蛾科 Noctuidae	10	2	12
	毒蛾科 Lymantriidae		4	4
	蛱蝶科 Nymphalidae		2	2
	刺蛾科 Limacodidae	2		2
	蚕蛾科 Bombycidae		2	2
	其他	24	124	148
蜘蛛		12	66	78
其他			1	1
合计		122	453	575

松林及混交林内，大山雀对越冬后松毛虫幼虫的捕食作用约为 0.29%，而在松毛虫种群密度低的年份，捕食作用增加 11.24 倍，人工招引区内捕食作用增加到 29.19 倍。并发现大山雀的窝卵数、巢雏数、生殖季节开始时间及雏鸟胃中松毛虫的比率等，均随松毛虫种群密度的周期变动而变化。这表明大山雀对松毛虫种群密度的变化有明显的功能反应，但所导致的数量反应尚不明显（楚国忠，1989）。

朱曦等（1989a）在浙江省江山市西山马尾松林进行大山雀招引和繁殖生态研究中，对成鸟和雏鸟食性和食量进行了分析。

（1）成鸟食性和食量。繁殖期间剖检鸟胃，以鸟数百分比计，含有昆虫的占 82.14%（$S_{\bar{x}} = 1.34$）；以体积百分比计，昆虫占食物总体积的 92.25%（$S_{\bar{x}} = 4.83$）。而昆虫中又以马尾松毛虫为主，以鸟数百分比计，占食物总体积的 58.93%（$S_{\bar{x}} = 8.9$）。植物性食物有草籽、林木种子和植物碎片，占鸟胃的 23.65%（$S_{\bar{x}} = 7.61$），仅占食物总体积的 7.75%（$S_{\bar{x}} = 4.83$）（表 10-3）。

表 10-3　大山雀成鸟食性分析（自朱曦，1989a）

食物种类	月份、雀数和雀数百分比/%			平均值	
	III（10）	IV（13）	V（11）	（34）	
马尾松毛虫幼虫	50（5）	61.15（8）	54.54（6）	$\bar{x} = 55.23$	$S_{\bar{x}} = 3.24$
其他鳞翅目幼虫	10（1）	—	18.18（2）	$\bar{x} = 9.39$	$S_{\bar{x}} = 6.27$
鞘翅目	30（3）	15.38（2）	8.09（1）	$\bar{x} = 18.16$	$S_{\bar{x}} = 6.19$
双翅目	—	—	9.09（1）	$\bar{x} = 3.03$	$S_{\bar{x}} = 3.03$
同翅目	—	7.69（1）	—	$\bar{x} = 2.56$	$S_{\bar{x}} = 2.56$
动物性食物	80（8）	84.62（11）	18.82（9）	$\bar{x} = 82.14$	$S_{\bar{x}} = 1.34$
草籽	30（3）	30.77（4）	18.18（2）	$\bar{x} = 26.65$	$S_{\bar{x}} = 3.55$
林木种子	30（3）	15.38（2）	18.18（2）	$\bar{x} = 21.19$	$S_{\bar{x}} = 4.50$
植物碎片	10（1）	—	—	$\bar{x} = 3.33$	$S_{\bar{x}} = 3.33$
植物性食物	40（4）	30.77（4）	18.18（2）	$\bar{x} = 23.65$	$S_{\bar{x}} = 7.61$

大山雀第一窝于 4 月下旬进入育雏期，该期间为越冬后马尾松毛虫 5~6 龄幼虫阶段，大山雀成鸟捕食马尾松 6 龄幼虫量为 6.6 条/h，育雏期 16.4 天，育雏期间一只成鸟捕食 6 龄幼虫可达 1298.88 条。试验区成鸟密度为 1.265 只/hm²。因此，每公顷马尾松林大山雀成鸟捕食 6 龄松毛虫幼虫量为 1643.08 条。

（2）雏鸟食性和食量。1988 年 4 月下旬，对 5 窝不同日龄的雏鸟在全天不同时间内扎颈，取得食物样本 29 个，样本中包括雏鸟各发育阶段得到的食物，也包括同一天各不同时间雏鸟得到的食物，食物分析见表 10-4。

表 10-4　大山雀雏鸟食性分析（自朱曦，1989a）

雏鸟数	时间/h	食物种类	食物数量	食块体积/ml	数量百分比/%	体积百分比/%
5	12	松毛虫幼虫	7	2.05	24.13	26.97
		松毒蛾幼虫	2	0.50	6.90	6.58
		袋蛾幼虫	1	0.30	3.45	3.65
		直翅目幼虫	1	0.15	3.45	1.97
		其他幼虫	18	4.60	62.10	60.53

根据表 10-4 计算所得的每雏平均食物量为 0.483 条/h，食物体积为 0.127ml/h，其中松毛虫食块为 0.117 条/h。在育雏期间，每雏食物消费为 95.05 条幼虫。其中马尾松毛虫幼虫为 23.03 条。试验区 1987 年与 1988 年两年大山雀亲鸟平均繁殖种群密度为 1.265 只/hm²，繁殖力为 4.87 只/对，出飞雏鸟密度为 6.16 只/hm²。林地上大山雀雏鸟消费为 585.54 条/hm²，其中松毛虫幼虫为 141.84 条/hm²。

成鸟和雏鸟在育雏期间对越冬后 6 龄松毛虫幼虫的消费总量为 1784.92 条/hm²，而试验区内马尾松林密度为 2100 株/hm²。因此，在试验区内大山雀控制的越冬后松毛虫密度为 0.85 条/株。

三、鸟类的招引

鸟类招引涉及鸟类形态学、生理学、行为学、个体与种群生态学、生物群落学等问题。鸟类的生存条件应包括栖息地、活动空间和丰富的食物资源等。栖息地是鸟类主要的生活场所，多种类型的栖息地能满足不同生活习性的鸟类栖息的需要。栖息地中的营巢地是鸟类繁殖的场所，不同的鸟繁殖习性不同，巢址的选择与每种鸟类的生活方式及取食的地点有密切关系。

招引是指通过人工措施，将有益鸟类招引到目的地，供人们经营和利用。招引时应根据招引对象的习性，营造灌木林、浆果林，悬挂巢箱，放置做窝材料，设立招引竿等。在林区悬挂人工巢箱，为鸟类提供居留条件，可以达到招引鸟类的效果。人工巢箱种类很多，形式也很多样，但通常采用木板巢箱和树洞巢箱 2 种。巢箱的尺寸和悬挂方式都可根据所招引的鸟类来确定，巢箱的材料可选用松板皮、不同直径的心腐木、油毡纸及塑料和水泥板等（表 10-5，表 10-6）。

表 10-5 巢箱的规格及招引的鸟类（自刘益康和王景华，1981）（单位：cm）

巢箱规格	巢箱直径	巢箱高度		出入口形状和直径		招引鸟类
		前壁	后壁	形状	直径	
椋鸟式木板巢箱	15×15	25	30	圆	4.5～5.5	大山雀、沼泽山雀、红尾鸲、白眉（姬）鹟、普通䴓、灰椋鸟
山雀式木板巢箱	10×10	22	25	圆、椭圆	3.2～4.0	大山雀、沼泽山雀、白眉（姬）鹟、普通䴓
板皮巢箱	9×9	22	25	圆	2.7～3.0	白眉（姬）鹟、大山雀、沼泽山雀
树洞巢箱	9×9～15×15	25	30	圆	4.5～6.0	大山雀、普通䴓、灰椋鸟

表 10-6 巢箱规格（1989 年）   （单位：cm）

巢材	巢形	规格		进出口大小和形状		招引鸟类
		体片	盖片	方形	圆形	
油毛毡	圆筒	22×28	18×14	3×3	2.5～3.0	大山雀
木板	方形	24×10×10	14×14		3.0	

（一）大山雀种群密度

1989 年，大山雀在浙江于 3 月中下旬选择巢址并开始营巢，因此，在 3 月以前挂置人工巢箱。1989 年，在试验区大山雀繁殖前后用线路统计法统计数量，结果见表 10-8。

1989 年繁殖前大山雀平均遇见率为 12.8 只/h，种群密度为 2.67 只/hm²。繁殖后遇见率为 17.85 只/h，种群密度为 5.15 只/hm²。

（二）大山雀招引

（1）大山雀招引效果。招引挂箱以后，大山雀对巢箱还有一段熟悉过程，往往进占多个巢箱并选择最合适的巢箱营巢。由于人为干扰或天敌的影响，筑巢也常半途而废，有的巢虽做好但不产卵，繁殖成功的巢仅占一部分。根据筑巢的程度，划分为试营巢、筑巢、繁殖成功巢 3 种类型。

1987 年挂圆筒形油毛毡箱 169 个，在繁殖期前损坏 69 个，巢箱损坏率 40.83%。5 月 9 日、5 月 20 日检查中筑巢的有 33 个，营巢率 36.26%，繁殖成功 12 窝，占筑巢数的 36.36%。1988 年挂圆筒形油毛毡巢箱 80 个，损坏 12 个，巢箱损坏率 15.00%，营巢率 33.82%。1989 年挂圆筒形油毛毡巢箱 100 个，木板山雀式巢箱 50 个，损坏 30 个，巢箱损坏率 20.00%，营巢率 49.17%（表 10-7）。繁殖成功 33 窝，占筑巢箱数的 55.93%。2 月挂巢招引率较高。

表 10-7　1987～1989 年大山雀招引效果（1991 年）

挂箱日期	巢形	巢箱颜色	进出口形状	巢箱数	筑巢 数量	筑巢 占比/%	筑巢但未成功 数量	筑巢但未成功 占比/%	总计 占比/%
1987 年 3 月	圆筒	浅绿	方	91	12	13.19	21	23.08	36.26
1988 年 3 月	圆筒	灰黑	方	68	8	11.76	15	22.06	33.82
1989 年 2 月	圆筒和木板山雀式	绿、灰黑	圆	120	49	40.83	10	8.33	49.17

（2）挂巢箱的时间。在布巢前应在林内作虫情、鸟情调查，将鸟巢设置在害虫密度比较大的林分，然后根据所招引益鸟种类及不同生活习性确定布巢距离，选用合适的巢箱及安置不同位置，也可以将各种型号巢箱混合布巢。每年 3 月以前挂箱，繁殖初期 5～10 天检查一次巢箱，产卵后每天或隔日检查巢箱，记录营巢产卵、出雏、雏成活数、卵和雏鸟损失数、繁殖季节长度及繁殖窝数。1987～1989 年试验区大山雀繁殖前种群密度见表 10-8。

表 10-8　试验区大山雀繁殖前和繁殖种群密度（1989 年）

年份	样地长度/m	宽度/m	面积/hm²	繁殖前数量/只	遇见率/（只/小时）	繁殖前密度/（只/hm²）	繁殖巢数/巢	营巢密度/（巢/hm²）
1987	1875	250	46.88	58.00	20.2	1.24	12	0.26
1988	1050	200	21.00	27.00	29.5	1.29	8	0.38
1989	400	100	4.00	10.67	12.8	2.67	3	0.75

（3）巢箱颜色与招引效果的关系。在 1987 年和 1988 年两年招引的基础上，1989 年进行颜色对大山雀招引效果的试验，结果见表 10-9。

按繁殖成功巢箱数来计算招引率，以绿色、灰黑色巢箱招引效果较好。从繁殖成功巢数占筑巢成功巢数的比例看，绿色巢箱为 73.68%，灰黑色巢箱为 63.33%，绿色巢箱优于灰黑色巢箱（表 10-9）。

表 10-9　不同颜色巢箱招引效果（1989 年）

颜色	挂箱数/个	招引效果					
		营巢数	营巢率/%	营巢成功巢数	成功率/%	繁殖成功数	招引率/%
绿	48	22	45.83	19	39.58	14	29.17
灰黑	72	37	51.39	30	41.67	19	26.39

（4）巢箱材料。为了比较圆筒形油毛毡巢箱与木板巢箱的招引效果，1989 年在同一林区进行了对比试验，结果见表 10-10。

表 10-10　不同材料制作巢箱招引效果（1989 年）

巢箱	挂箱数	试营巢数	试营率/%	营巢成功数	成功率/%	繁殖成功数	招引率/%
油毛毡圆形巢箱	86	35	40.70	26	30.23	18	20.93
山雀式木板巢箱	34	24	70.59	23	67.65	15	44.12

从表 10-10 可看出，木板巢箱招引效果达 44.12%，为油毛毡巢箱的一倍以上，但因油毛毡巢箱成本（0.165 元/只）较木板巢箱（5 元/只）低，且制作方便，招引效果也较好，适宜推广应用。

（5）挂箱高度。巢箱悬挂的高度与招引鸟类的生活习性有关，但因试验林地植被种类的不同，挂箱高度也有差异。浙江西山马尾松林植株较矮，选择挂箱高度为 1.0～5.0m。试验表明，大山雀对不同高度巢箱的要求并不十分严格，在 1.0～4.0m 处都可以营巢，挂箱高度在 3.0～3.5m 时招引率最高，可达 43.48%。2.5～3.0m 次之，招引率为 30.77%。但从试营巢数看，挂箱 3.5～4.0m 试营率可达 51.67%。因此，挂箱高度可在 2.5～4.5m，而选择 3.0～3.5m 最为合适。啄木鸟凿洞为巢，招引时可设置 60cm 长，直径 20cm 的心腐木，悬挂高度不甚严格，一般为 4.0m 左右。

（6）巢箱出入口朝向。在悬挂巢箱时选择不同的巢箱出入口朝向进行招引试验（表 10-11），王守喜等（1983）报道出入口方向以南向偏东最好，东向次之，西向、北向最差。朱曦（1989a）的试验结果表明，试营率以巢出入口朝南为最好，达 61.90%，朝东次之，为 55.77%（表 10-11）。营巢成功率朝南最高，达 57.14%，但招引率以出入口朝东为最高，达 32.69%，朝北和朝西南效果较差（表 10-11）。

表 10-11　出入口朝向与招引效果（1989 年）

出入口朝向	挂巢箱数	营巢率/%	营巢成功率/%	招引率/%
东	52	55.77	42.31	32.69
东南	9	33.33	33.33	22.22
南	21	61.90	57.14	28.57
西南	5	20.00	0	0
西	10	40.00	40.00	30.00
北	15	33.33	26.67	23.33
东北	7	42.86	42.86	28.57

（7）巢箱的距离与数量。繁殖期间食虫鸟类在森林内都占有一定的领域作为活动和取食的范围，鸟的活动范围与林内昆虫的密度又有密切的关系。巢箱的布设主要根据招引区面积大小和招引目的，以及鸟类的食量来确定巢箱的距离和数量。林缘虫口密度较林深处高，因此，布巢距离在林缘可以适当近些，也可以沿林间小道两侧布放。落叶松人工林内每公顷可布巢 3~6 个。据浙江省江山马尾松林大山雀巢区测定，平均巢区面积为 0.1294hm²，因此挂箱密度为每公顷 7~8 个（朱曦，1989a）。其他林区可根据具体情况酌情增减。巢箱间的距离一般以 35~40m 为宜。

Howard（1920）认为鸟类的领域性具有促使鸟类配对和满足幼雏的食物供应及调节种群密度的作用。大山雀的领域性很强，个体间的领域是隔离的（Krebs，1971）。因此，根据繁殖成功巢的间距可以计算出大山雀的巢区。1987~1989 年 3 年中，据同一样地 20 窝测量（表 10-12），最短间距为 14.3m，平均间距为 40.6m，平均巢区面积为 0.1294hm²。巢区面积的大小是多种鸟类分布密度的指标之一，根据上述巢区面积计算，在马尾松林中招引大山雀悬挂人工巢箱的平均密度为 7~8 个/hm²（朱曦，1989a）。其他林区可根据具体情况斟酌增减。巢箱间的距离一般以 35.0~40.0m 为宜。

表 10-12　大山雀巢区面积和营巢密度（1989 年）

年份	巢数	平均巢间距/m	巢间最短距离/m	巢区面积/hm²	巢密度/（个/hm²）
1987	5	48.5	34.0	0.185	0.26
1988	7	51.8	23.0	0.211	0.38
1989	8	28.2	14.3	0.062	0.75

招引啄木鸟的心腐木则以挂北向最好，东、西向次之，巢木用铁丝捆在树干或主枝上（张仲信，1981），人工巢箱在人为活动频繁的林区可以适当挂高些，所挂巢箱需与树干垂直，或稍向前倾斜。出入口最好向阳，但要背着主风方向。

（8）绘制巢位图。在一定范围内所挂置的巢箱应绘制巢位图，定期对巢箱检查，作详细记录。挂箱后，开始时检查巢箱不宜太勤，以免惊动鸟类而引起鸟类弃巢逃跑。

（9）防除敌害。蜘蛛、胡蜂、松鼠、蚂蚁进入巢箱应经常清理捕杀。

张蒙等（2010）在浙江千岛湖地区选取 21 个岛屿，采用悬挂人工巢箱的方法进行大山雀招引试验，招引率16.3%。试验表明，大山雀倾向于选择捕食者活动率低、植被盖度低、巢口向东或向南的人工巢箱。岛屿面积和隔离度对大山雀利用人工巢箱不存在显著的直接影响，但岛屿面积可通过影响捕食者的活动率，对大山雀利用人工巢箱产生间接影响。

第二节　鸟　　害

一、输电线路鸟害

输电线路由鸟类引起发生的事故（鸟害），由来已久。鸟类筑巢、排泄、啄食绝缘子等活动给输电线路安全运行造成许多隐患，是电力系统事故的主要原因之一。鸟类给输变电设备造成的危害主要有以下几种。

（1）在电力线路杆塔上筑窝时造成的瞬时短路，如东方白鹳、喜鹊、乌鸦等筑巢。

（2）展翅飞翔时，身体短接空气间隙。大型鸟类（鹰、鹫、鸮等）在导线间飞行，或飞近导线与杆塔之间，展开的鸟翅使其间绝缘的空气间隙短路引起放电；或鸟类叼着柴草、铁线等导体飞行于线路上空，导体落到导线间或导线与横担间引起的短路放电。

（3）在输变电设备上排泄，造成绝缘性能下降，甚至导致绝缘失效。鸟类停栖在横担上排泄，在空气潮湿、大雾时，引起鸟粪闪络。鸟粪沿瓶串下流时，易造成单相接地，或鸟粪随风吹向带电体造成空气间隙击穿，引起故障。据不完全统计，其中鸟粪引发的闪络占鸟害事故的97%。鸟类闪络历史上曾把它列入污闪的范围，约占污闪数量的7%。

（4）鸟类啄食绝缘子，使端部芯棒大面积暴露而导致端部密封破坏，甚至发生掉串。鸟害引起故障的地形地貌多在靠近河流、水潭、低洼潮湿地带，以及一些村庄少、僻静开阔的庄稼地带。根据在安徽铜陵地区的调查，鸟害情况为河流（37%）、农田（16%）、森林（14%）、开阔地（7%）、干地（12%）、沼泽地（6%）、其他（8%）。

鸟害故障多发生在晴天、阴雨天、雷暴日天气较少发生。鸟害一年四季均有发生，但各季节情况有所不同。据在安徽铜陵的统计，三季度发生率45%，四季度25%，二季度16%，一季度14%。但从华东鸟类活动规律看，春、秋两季为鸟类迁徙期，鸟类种类和数量均最多，因此，该两季发生鸟害的可能性均较大。江西九江地区鸟害以2～5月、9～11月为最严重。一天中鸟害频发大多集中在23:00～7:00这个时间段。

输电线路因鸟害而造成故障的比率较高（表10-13）。据金华网2002～2006年（1～6月）统计，最严重时故障所占比率高达71%（2004年）（表10-13）。

表10-13　金华网2002～2006年（1～6月）输电线路鸟害故障所占比率

年份	2002	2003	2004	2005	2006
半年故障总次数	13	7	17	18	16
鸟害故障/次	1	2	12	11	0
所占比率/%	8	29	71	61	0

从鸟害故障的电压等级看，37.5%发生在220kV线路上，62.5%发生在110kV线路上（董泽才等，2012）。

输电线路鸟害防范主要有驱鸟措施、防止鸟类在杆塔上栖息和防止鸟粪形成放电通道的隔离措施。

目前驱鸟措施有在杆塔上刷红漆、挂小红旗；安装有"恐怖眼"图案的铝片；安装防鸟刺、防鸟罩、声音驱鸟器、激光驱鸟器、声光驱鸟器等（图10-1）；在杆塔附近搭建更适宜鸟类筑巢的平台，诱使鸟类在附近的平台筑巢，从而减少鸟类的危害。110kV以下电压等级线路上在悬重绝缘子串上端加装大盘径绝缘子或伞罩，将鸟粪隔离在绝缘子串外侧的一定距离，有一定效果。

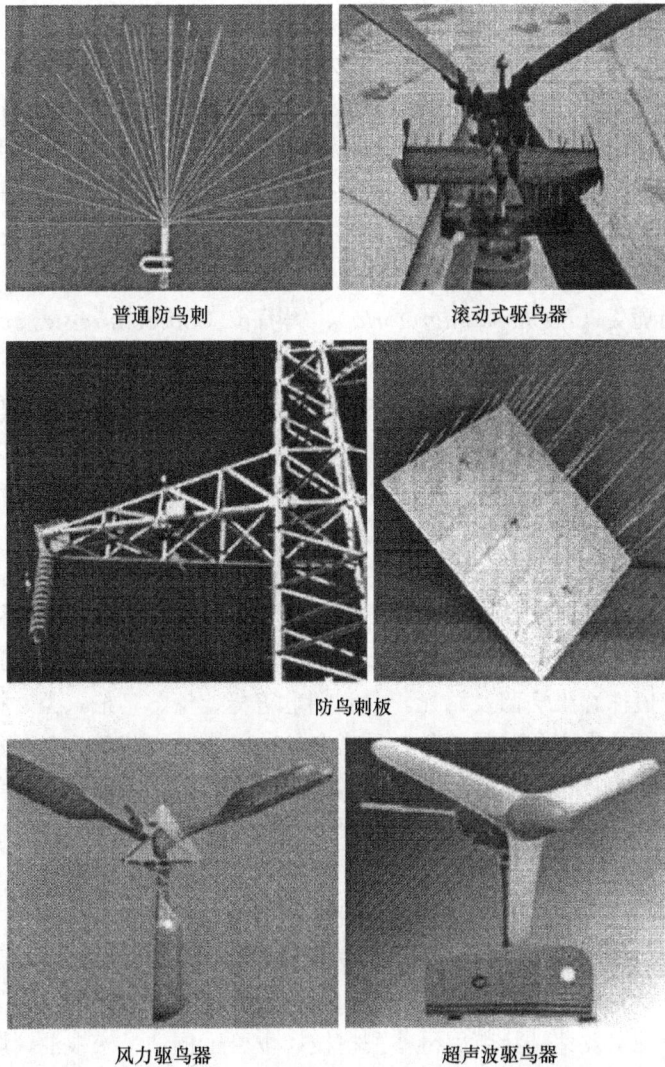

普通防鸟刺　　　　　　　　　滚动式驱鸟器

防鸟刺板

风力驱鸟器　　　　　　　　　超声波驱鸟器

图 10-1　输电线路驱鸟设备

二、农业、林业、果园鸟害

农耕区、林区及果园中的鸟类能捕食害虫，特别是在育雏期全部捕食昆虫，对农林业、果园有一定益处，但是有部分鸟类在一年中的某些时段也会啄食农作物、林木的种子、幼芽和幼苗；果园中鸟类啄食葡萄、樱桃、桃、犁、杏、李、枇杷、苹果等。鸟类啄食果实，不仅直接影响果品的产量和质量，而且也有利于病菌在被啄果实的伤口处大量繁殖，使许多正常的果实生病；同时春季鸟类还会啄食嫩芽，踩坏嫁接枝条等，造成危害。

鸟类对农业的危害，主要是啄食水稻、小麦、高粱等农作物，造成农作物歉收。浙江省台州市椒江区 3000 亩[①]早稻遇雀灾（浙江日报，2009 年 7 月 11 日）；台州市黄岩区 4000 亩晚稻遭遇雀灾（台州日报，2011 年 10 月 10 日）。据初步调查，台州市单小麦、

---

① 1 亩≈666.7m²，下同

早稻、晚稻、单季稻 4 种谷类,每年受麻雀危害造成的损失就达 10 万 kg(张泽悠,2012)。

据朱曦(1982b)调查,对林木种子和幼苗产生危害的鸟类常见的有 18 种,分隶于 4 目 10 科。这些鸟类是:灰胸竹鸡(*Bambusicola thoracica*)、环颈雉(*Phasianus colchicus*)、山斑鸠(*Streptopelia orientalis*)、珠颈斑鸠(*Streptopelia chinensis*)、灰头绿啄木鸟(*Picus canus*)、大斑啄木鸟(*Picoides major*)、白头鹎(*Pycnonotus sinensis*)、黑鹎(*Microscelis leucocephalus*)、领雀嘴鹎(*Spizixos semitorques*)、八哥(*Acridotheres cristatellus*)、松鸦(*Garrulus glandarius*)、乌鸫(*Turdus merula*)、普通鸱(*Sitta europaea*)、黄雀(*Carduelis spinus*)、黑尾蜡嘴雀(*Eophona migratoria*)、锡嘴雀(*Coccothraustes coccothraustes*)、麻雀(*Passer montanus*)和山麻雀(*Passer rutilans*)。

鸟害的发生常在春、秋、冬季节盗食林木种子和幼苗。浙江省受鸟危害较严重的树木主要有:松、杉、樟、天目木姜子、乌桕、茶、秦椒、楝、构树、桑、稠李、椰榆、花楸、鼠李、柑橘、马褂木、女贞、石楠、竹、水青冈、山毛榉、响叶杨、胡桃、樱桃、接骨木、椴树等树木及其他灌木的浆果等。

竹鸡主要啄食茶、女贞、石楠的果实、种子和幼叶。环颈雉危害松子、橡实、栗子。斑鸠危害松、杉、女贞、柑橘、樟、马褂木、茶等的种子。啄木鸟毁坏松、杉的球果和种子,栎实等小坚果。早春食料贫乏季节啄食树木、嫩竹、笋的液汁,致使幼树、竹笋液汁外流,常使植株感染病菌及枯死。白头鹎危害樟、楝、乌桕、桑、构树、稠李、蓝果树、天目木姜子的果实和种子,冬春季嗜食幼芽、嫩叶、花瓣;八哥危害樟、乌桕的果实、种子。松鸦以山毛榉、木兰、槭树及蔷薇科的种子或野果为食。黑鹎以樟、女贞、构树、花楸、稠李、鼠李、接骨木的果实为食。鸱啄食橡实、椴树、槭树、水青冈、松、杉及桦树的种子。黄雀以松、杉的果实和种子为食。锡嘴雀、蜡嘴雀毁坏椴树、槭树、松、杉、稠李等的果实和种子。麻雀、山麻雀为苗圃育苗的主要危害者。

在鸟害的防治中,可采用设置恐吓物,如在田间扎草人、插长杆系红布条随风飘摇;或在山坡、荒地播种造林后,在播种穴上加盖有刺的树枝,使播种穴不易被鸟发现或发现也难偷食,等种子发芽、壮苗后再移去树枝;也可用桐油、松根油、煤焦油和煤油等有臭味的物品与快要发芽的种子混拌,然后播种,以防野鸡、鸠鸽类等鸟啄食;采用种子拌农药,及幼苗出土后再喷农药等方法防治鸟害效果也较好;对于小型结群而危害又严重的鸟类,则可以采用张网、拉网、胶粘及毒饵诱杀法,以减少鸟害的发生(朱曦,1982b)。

果园中鸟害也相当严重,葡萄园中鸟类活动最多的是果实上色到成熟期,其次是发芽初期到开花期。一天中,黎明后和傍晚前后是 2 个明显的鸟类活动高峰。据张新杰等(2008)调查发现,鸟类多从果穗上部取食,啄破果皮,取食果汁或种子。果皮啄破后流出的汁液在微生物作用下产生许多次生病害(如酸腐病),造成腐烂果汁流经处的果实开裂,严重腐烂变质。早熟品种受害重,中晚熟品种受害较轻。爱道拉(Egiodola)果穗受害率 62.2%,朴瑞玛(Prima)受害率达 70.0%。鸟类喜食高糖低酸的大粒红色品种,尤其是鲜食和酿酒兼用的葡萄品种如朴瑞玛、紫大夫(Dunkelfelder)等。

苹果园中鸟害在 1%～10%,据农业部统计,2008 年山东省苹果产量为 763.2 万 t。鸟害比例按 2%计算,全省 1 年约有 15.3 万 t 苹果受鸟类危害,全国 1 年受鸟害损失苹果近 60 万 t。据薛晓敏等（2010）调查，苹果果实向阳面比背阴面的鸟害严重，着色的比不着色的受害多，甜度大的比小的受害多，一般果实的胴部和果肩部受害较严重。

果园中主要鸟类为灰喜鹊（*Cyanopica cyana*）、喜鹊（*Pica pica*）、大山雀（*Parus major*）、麻雀（*Passer montanus*）、灰椋鸟（*Sturnus cineraceus*）、红嘴山鸦（*Pyrrhocorax pyrrhocorax*）、寒鸦（*Corvus dauuricus*）、大嘴乌鸦（*Corvus macrorhynchos*）等。

果园鸟害的防护可采用果实套袋、架设防鸟网、驱鸟（人工驱鸟、音响驱鸟、假人假鹰驱鸟、反光膜驱鸟、烟雾和喷水驱鸟），同时也可以采用改变栽培方式等方法。

鸟类栖息能改变土壤酸碱度和 N、P、K 含量，使土壤酸性增强，竹叶的叶绿素含量降低，糖含量下降，叶片光合强度减弱，影响了竹林的生长发育（裴砚玲和苏传东，2007）。鹭群的栖息对茶园也有一定影响，据陈易飞（2005）研究，大量鹭鸟活动所产生的鸟粪对栖息地的茶树土壤中各种养分的质量分数产生了重大影响：有机质提高了28.03%~62.25%，土壤速效磷增加了 1.7~4.2 倍，土壤水溶性盐提高了 6~21 倍之多，并发生了严重盐化；pH 表土升高 0.43，下层降低了 1.11。对茶树的重大影响表现为：叶绿素 a、叶绿素 b 及总的质量分数分别减少了 25.72%、36.97%、29.54%；叶子正面皮孔也被堵塞，生长发育受阻，叶子边缘、叶尖等处发生焦枯；影响轻的茶芽中茶多酚的质量分数下降了 3.7%，水浸出物的质量分数略高 1%，氨基酸的质量分数提高7.4%；影响严重的茶树的生物产量降低达 76% 以上，局部经济产量为零，甚至茶树濒临枯死。

三、水产养殖鸟害

水产养殖是人类重要的一项经济产业，水产品也是人类蛋白质需求的主要来源之一。水产养殖场中的涉禽会捕食鱼苗、虾、蟹等，影响水产养殖和渔业生产，会造成一定的经济损失。据报道，全球海鸟（包括陆地水鸟）每年以江河湖海中捕食鱼量为 7000 万 t。而据 2002 年全球渔业产量统计，人类年均海洋鸟类捕捞量大约是 8000 万 t，人类年捕捞量与鸟捕食量不多。

在滩涂水产养殖中，鸟类对鱼的捕食是很严重的危害形式，尤其在放养和起捕时期，鸟最容易捕食到鱼。由此造成江苏省农业科学院明天滩涂科技有限公司每年的鱼产量比按放养尾数预估的产量低 25% 左右，即每年约有 100 万 kg 鱼被鸟类捕食，严重影响养殖经济效益。

鹭类把养殖鱼塘作为觅食的主要场所，一年中的 5 月到 10 月中旬为白鹭主要活动时间。觅食时间以早上天亮时为主，白天、傍晚也时常出现。在池塘上空盘旋的白鹭会乘人不备从空中俯冲下来，捕捉靠近水面的小鱼小虾，一顿能吃掉十几只小虾，一天中白鹭吃掉的"三虾"（青虾、南美白虾和罗氏沼虾）及小鱼达几十千克。白鹭对鱼种培育地中的鱼危害更大，一般减产幅度大多在 50% 左右，高的甚至可达 80% 以上，虾类减产普遍在 20%~30%（杨正锋和翟连兴，2008）。

白鹭对螃蟹养殖的影响也相当严重，螃蟹喜欢在水草繁茂、透明度相对较高的水体中觅食和蜕壳，刚蜕壳的螃蟹对白鹭的抵御能力最弱，易成为白鹭的美食。螃蟹成熟的九十月份，螃蟹上岸四处乱爬时，往往被白鹭尖而硬的喙啄的肢体残缺不全，影响外观品质和销售价格。

鸟类将带有细菌和病毒的粪便排到鱼塘内，鱼吃后感染细菌和病毒并迅速传播而暴发鱼病。鸟类传播的鱼病主要有面条虫病、棘头虫病和赤皮病，其中面条虫病危害最大。面条虫卵随粪便进入水体后寄生在镖水蚤上，鱼吞食后在鱼体内发育长大，吸收鱼的营养致鱼消瘦而死。同时饲料转化率严重降低，造成了饲料的浪费。面条虫寄生在鱼的腹腔内，内服药和外用药均无明显效果，因此，该病到目前为止没有药物能够治愈（李国峰等，2009）。

对华东水产养殖造成危害的鸟类有鸬鹚科的普通鸬鹚（*Phalacrocorax carbo*）、斑头鸬鹚（*P. capillatus*）、海鸬鹚（*P. pelagicus*）；鹭科的苍鹭（*Ardea cinerea*）、草鹭（*A. purpurea*）、大白鹭（*Egretta alba*）、白鹭（*E. garzetta*）、黄嘴白鹭（*E. eulophotes*）、中白鹭（*E. intermedia*）、夜鹭（*Nycticorax nycticorax*）、鸭类；鹳科的东方白鹳（*Ciconia boyciana*）；鹗科的鹗（*Pandion haliaetus*）；鹤科的丹顶鹤（*Grus japonensis*）；鸥科的黑尾鸥（*Larus crassirostris*）、海鸥（*L. canus*）、银鸥（*L. argentatus*）、灰背鸥（*L. schistisagus*）、红嘴鸥（*L. ridibundus*）、黑嘴鸥（*Larus saundersi*）、燕鸥科的红嘴巨鸥（*Hydroprogne caspia*）等。

水产养殖鸟害防范措施主要是驱赶，常用方法有视觉驱赶、声音驱赶和用化学驱避剂驱赶和架设防鸟网驱赶等几种。

（一）视觉驱赶

鸟类的视觉较好，可敏锐地发现移动的物体和它们的天敌。

（1）气球。在气球上画一个恐怖的鹰眼睛，能够起到驱鸟的作用。根据鸟类的不同种类做成不同的颜色，如白色、黑色、黄色等。在鸟害严重的地方，眼睛做成鸟类最怕的黄色。气球需拴住使其飘浮在鱼塘上空，真实的视觉效果可取得较好的驱赶效果。

（2）彩条和彩旗。用发亮塑料条制成的彩条和彩旗悬挂于鱼塘上空，使其微风舞动且可反射太阳光，给鸟造成鱼塘在晃动的假象。实践证明，红色和银白色组合的彩条或彩旗可以取到更好的驱鸟效果。

（3）制作天敌模型。最普遍的是在鱼塘里竖立稻草人、老鹰、猫头鹰和蛇的模型，以达到驱鸟的作用。但这种驱鸟方式只能维持一段较短的时间，随着时间的延长，鸟不再害怕此类模型，甚至会在这些模型上筑巢。

（4）闪光。一些鸟可用镜子和激光驱鸟枪的闪光来驱赶，但闪光只在光线比较暗的黎明或黄昏才能起到最大的作用，镜子需在阳光充足时有效。而激光驱鸟枪的光束比较集中，是目前使用较多的一种闪光驱鸟方法，经试验能有效地驱赶丹顶鹤、野鸭、海鸥、鸬鹚、鱼鹰、白鹭等大部分涉水鸟类。它的特点是无噪声、无化学物质且对人体无害，而且使用安全扳机有延迟发射功能，容易操作、维护简单，只要定期擦拭镜头和更换电池即可。

（二）声音驱赶

声音驱赶主要用敲锣鼓、放鞭炮及克隆"险情"声音恐吓和驱赶鸟类。克隆"险情"

就是录制鸟类自身的惨叫声、惊叫声或它们天敌的声音，再用高音喇叭播放。声音驱赶也会因鸟的适应性而逐渐失效，因此，几种声音驱赶的方式可以交替使用，才能有较好的效果。

（三）利用化学驱避剂驱赶

目前已经登记注册的化学驱避剂有几十种。使用这类化学药品时，首先应确定不会引起环境公害。试验证明，Kocide SD（含 30%氢氧化铜）的驱避作用最好，较低浓度时即可安全有效地驱赶鸟类。

（四）架设防鸟网驱赶

架设防鸟网是一种较好的赶鸟方法，其方法是先在鱼塘里打许多桩，然后用 8～10 号铁丝纵横成网的支持网架，最后在网架上铺设用尼龙丝制作的专用防鸟网。网架的周边垂下地面并用土压实，以防鸟类从旁边飞入。

拉网防鸟可以 100%地保护鱼塘和最大限度地增加鱼产量。可以用弹性比较好的、可多次使用的防紫外线网，这样可以多年使用而节省成本。根据池塘的大小选择网的宽度和长度，网孔规格以食鱼鸟钻不进去为宜，这样可以节省成本。架设防鸟网对大面积养殖的滩塘不适用，因为成本较高且施工难度较大，所以建议大面积养殖的鱼塘在冬季将鱼集中存在一个小塘中，在存鱼的小塘中架设防鸟网防鸟害。

第十一章 鸟 撞

第一节 鸟撞的概念及回顾

鸟机撞击（bird strike）简称"鸟撞"或"鸟击"，指飞机等航空器在起飞、飞行或降落过程中与空中飞行的鸟类相撞而发生的飞行安全事故或事故征候。

世界上第一起鸟撞事故发生在 1912 年，飞行员 Garl Rogers 驾驶一架小型螺旋桨飞机撞上一只海鸥（*Larus* sp.），飞机失去控制而坠毁，飞行员不幸遇难（Blokpoel，1976）。20 世纪 40 年代的第二次世界大战期间，飞鸟撞击飞机事故时有发生，但受当时客观条件的限制，并未引起人们足够的重视。随着科学技术的飞速发展，飞机的体积增大、飞行速度迅速增加，噪声降低，特别是高涵道比发动机的应用，使鸟类无法警觉和躲避高速飞行的飞机，被吸入或撞向飞机，飞鸟撞击飞机的概率和危害性也随之增加。1960年 10 月 4 日，在美国波士顿起飞的英国彗星号客机撞上紫椋鸟，飞机坠毁，机上 72 人中有 62 人丧生。1962 年 11 月 23 日，一架子爵号飞机在 1800m 高空撞上天鹅坠毁，机上 12 人全部遇难。1975 年 12 月 12 日，在美国纽约 JFK 机场，一架正起飞的 DC-10-30 飞机被一只海鸥击中，3 号发动机起火引起爆炸。1987 年，美国战略轰炸机与白鹈鹕相撞起火坠毁，6 名乘员中 3 人死亡。1988 年 5 月，一架波音 737-200 飞机在埃塞俄比亚的亚巴哈达尔机场起飞时，双发动机吸入鸽群，导致机毁人亡。1995 年 9 月，美国空军一架波音 E-3B 飞机，在起飞时双左发动机吸入大雁，造成飞机坠毁。2006 年 7 月，俄罗斯海军航空兵一架图-154 客机升空时左发动机吸入一只海鸥，2 分钟后起火迫降，造成飞机损毁。

2009 年 1 月 15 日，全美航空 1549 号航班，空客 A-320N106US 号客机，从纽约起飞两个引擎被鸟撞失去动力，飞机迫降哈德逊河上，155 人获救。2015 年 6 月 23 日，俄罗斯航空公司一架从克里米亚首府辛菲罗波尔飞往伊尔库茨克的波音 767-300 客机，在起飞时右发动机遭遇鸟撞，机组在 1524m 高空停止爬升并关闭发动机，在 914m 高空等待耗油后返航辛菲罗波尔机场。

我国地处亚洲东部，是候鸟南北迁徙的主要路线之一，鸟撞事故也给航空业带来一些灾害。1993 年 2 月 24 日，一架军用飞机在杭州遭遇鸟撞，机毁人亡。1997 年 4 月 7 日，南方航空公司一架波音 737-300 型飞机，在海口机场 1000m 高空飞行时，飞机的雷达罩被鸟撞成直径 38cm，深 15cm 的凹坑，并有多处裂纹。1997 年 7 月 3 日，上海航空公司一架波音 737-300 型飞机，在上海虹桥机场起飞时，右发动机吸进飞鸟，空中停车，飞机被迫返航。1997 年 10 月 3 日，厦门航空公司一架波音 737-500 型飞机，在昆明机场落地滑行时遭鸟撞，左发动机第 26 号叶片发生变形。2006 年 8 月 14 日，东方航空公司一架空客 A320 型飞机，在机场降落时发生鸟撞，右发动机蒙皮出现凹陷。2006年 11 月 14 日，李剑英驾驶歼击机在降落途中，因飞机撞鸽群发生故障，导致发动机熄火，空中停车机毁不幸殉难。

随着航空事业的不断发展，鸟撞事件时有发生，并受到越来越多的关注。1990～2009年，美国境内飞机鸟撞次数统计见表11-1。

表11-1　1990～2009年间美国境内飞机鸟撞次数统计

年份	1990	1991	1992	1993	1994	1995	1996
报道鸟撞次数	1737	2252	2351	2391	2458	2640	2838
造成损伤次数	372	398	366	399	462	499	504
年份	1997	1998	1999	2000	2001	2002	2003
报道鸟撞次数	3350	3654	5001	5863	5636	6045	5850
造成损伤次数	581	590	704	765	644	671	631
年份	2004	2005	2006	2007	2008	2009	
报道鸟撞次数	6401	7076	7036	7516	7368	9163	
造成损伤次数	623	607	598	568	527	601	

1950～2002年，全球军航共发生353起严重事故，死亡人数达165人。1988年以来，全球因鸟撞死亡人数达到219人以上。1993～2009年，美国空中因鸟撞损失飞机43架，伤亡人数35人。全球每年鸟撞带来的经济损失：1999年世界商用航空的鸟撞损失为13.6亿美元，2000年的损失为12.1亿美元（李敬，2008）。我国自1960年以来，因鸟撞造成328架飞机损毁，死亡321人；1992～2008年，因鸟撞已导致20起严重飞行事故，58起飞行事故征候和210起飞行问题，损失飞机18架，牺牲飞行员12名（赛道建和孙涛，2012）。中国民航1991～2002年因鸟撞造成的经济损失约3.54亿元人民币。美国每年鸟撞造成的直接损失达5.3亿～6亿美元。

鸟撞事件越来越频繁，对航空飞行也构成了越来越严重的威胁。一些国家相继成立了国家鸟撞委员会（National Bird Strike Committee），开展有关鸟撞问题的研究工作。1963年在法国召开了第一次国际鸟撞问题学术会议；1996年，欧洲鸟撞委员会（Bird Strike Committee Europe，BSCE）在德国法兰克福成立，该委员会每两年召开一次会议交流鸟撞研究，预防鸟撞进展，组织和协调各国间鸟撞预防研究及技术计划的实施。1996年5月，欧洲鸟撞委员会更名为"国际鸟撞委员会"（International Bird Strike Committee，IBSC），该组织由其设在加拿大的总秘书处负责有关鸟撞事务。美国国家运输安全委员会（National Transportation Safety Board，NTSB）主席和FAA局长称"鸟撞是当今美国航空三大灾害之一"。国际航空联合会已把鸟撞灾害升级为"A"航空灾难。研究这类事故，探讨飞机与鸟类的关系，并用科学的手段加以预防，逐渐形成了航空鸟类学这一研究领域（魏天昊等，1992）。

第二节　鸟撞规律及其特点

一、鸟撞事件发生的鸟类

据鸟撞信息系统（the ICAO Bird Strike Information System，IBIS）2000的鸟撞事件

报告中，雀形目鸟类次数最多，占鸟撞报告总数的35%；第二位的是鸥类，占24%；猛禽占12%；鸽类（包括家鸽）占11%；水鸟占80%。

二、鸟撞事件发生的季节规律

据国际民航组织（International Civil Aviation Organization，ICAO）1998年、1999年公布的年度鸟撞分析报告，5月和7~10月是发生鸟撞事件的两个多发时间段，这和鸟类的繁衍、迁徙等行为有密切关系。

我国自3月中下旬候鸟的春季迁徙开始，鸟撞事件的数量开始增加，在4~5月达到峰值；7~8月，雏鸟学飞、成鸟换羽、鸟的飞翔能力较差，鸟撞事件发生概率较高；9月，鸟类经过繁殖期后数量达到当年的最高峰，且候鸟的秋季迁徙开始，鸟撞事件达到全年的最高峰（图11-1）。

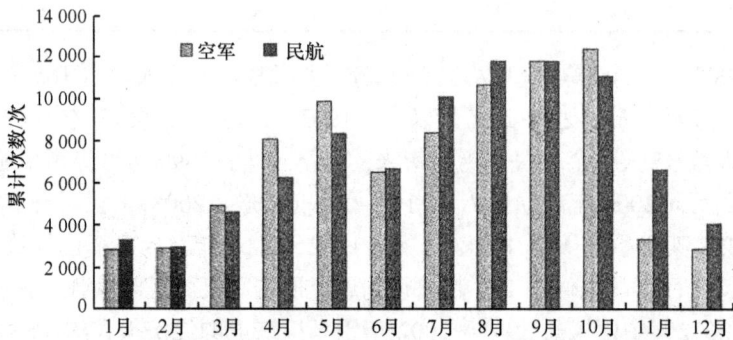

图 11-1　鸟撞事件发生的季节性变化（自赛道建等，2012）

三、鸟撞事件发生的时间规律

根据ICAO 1998年、1999年世界鸟撞事件分析报告，1998年鸟撞事件发生在白天的占67%，夜晚的占24%，黄昏的占5%，黎明的占4%；1999年鸟撞事件发生在白天的占68%，夜晚的占23%，黄昏的占5%，黎明的占4%。

机场鸟撞的发生与各种鸟进出机场内活动的时间有关，机场为鸟类提供觅食、活动、繁殖、栖息的场所。一天中不同时间鸟种类、数量都不同，例如，早上，鸟类从机场周边生境迁入机场，使机场内觅食活动的鸟类物种、种群数量急剧增加；傍晚，在机场觅食鸟类归巢飞向夜栖生境；在白天其他时间段鸟类的其他活动增加。我国民航及空军鸟撞发生的日时间分布如图11-2所示。

四、鸟撞事件发生的区域和飞行阶段

2000年，ICAO共接收到发生于122个国家和地区鸟撞事件报告8458起。从鸟撞事件的地区分布看北美最多，占63%；其次为欧洲，占30%；非洲占3%；亚洲占2%；中东、南美各占1%。

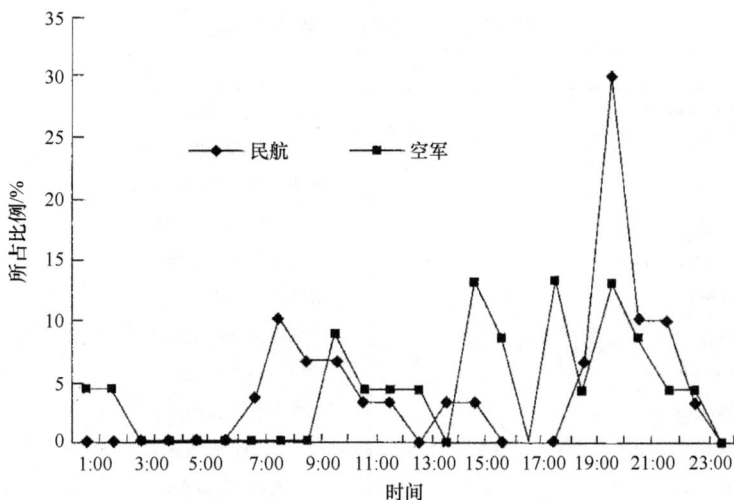

图 11-2 鸟撞事件发生的日时间分布（自赛道建和孙涛，2012）

我国不同区域发生鸟撞的情况依次为：中南占 26%；华东占 24%；西南占 19%；华北占 16%；西北占 8%；新疆占 5%；东北占 2%（赛道建和孙涛，2012）。鸟撞事件绝大多数发生在起飞、爬升、进近和着落阶段，据 ICAO 世界鸟撞分析报告，起飞、爬升、进近和着落分别占 1998 年、1999 年总鸟撞事件次数的 22.3%、17.5%、36.8%和 16.9%。

1991～2005 年中国民航鸟撞发生的飞行阶段起飞占 26%，进近占 22%，着落占 17%，下降占 16%，爬升占 11%，巡航占 7%，滑跑占 1%。

五、鸟撞事件发生的飞行高度

ICAO 报告的 1998 年鸟撞发生高度，59.2%都发生在 100 英尺（30.5m）以下高度。

1991～2005 年，中国民航鸟撞发生的飞行高度在 0～100m 占 33%；101～1000m 占 29%；1001～2500m 占 22%；2500m 以上占 16%。

从鸟撞发生高度看，超过 90%的鸟撞事件发生在 700m 以下，其中发生在机场空域 305m 以下的大约占 75%。起飞滑跑、着陆滑行为主要的鸟撞发生阶段，据 ICAO 报告统计，其百分比可达到 39.19%和 30.20%（赛道建等，2012）。

第三节 华东机场鸟类及其特点

一、华东机场鸟类区系组成

浙江农林大学朱曦教授自 1996 年开始进行华东机场鸟撞防范的工作，近 20 年来，完成 10 余个机场鸟类、生态及相关生物类群的调研，并就鸟撞防范的方法和策略做了研究。华东机场鸟类计有 17 目 52 科 209 种，种类组成见表 11-2。

华东机场鸟类中，留鸟 60 种，占机场全部鸟类种类的 28.71%；夏候鸟 37 种，占 17.70%；冬候鸟 73 种，占 34.93%；旅鸟 39 种，占 18.66%。

表 11-2　华东机场鸟类区系组成

目、科	种数	目、科	种数
鸊鷉目 Podicipediformes		雨燕目 Apodiformes	
鸊鷉科 Podicipedidae	1	雨燕科 Apodidae	1
鹈形目 Pelecaniformes		佛法僧目 Coraciiformes	
鹈鹕科 Pelecandiae	1	翠鸟科 Alcedinidae	4
鸬鹚科 Phalacrocoracidae	1	蜂虎科 Meropidae	1
鹳形目 Ciconiiformes		戴胜目 Upupiformes	
鹭科 Ardeidae	12	戴胜科 Upupidae	1
鹮科 Threskiornithidae	2	䴕形目 Piciformes	
雁形目 Anseriformes		啄木鸟科 Picidae	1
鸭科 Anatidae	16	雀形目 Passeriformes	
隼形目 Falconiformes		百灵科 Alaudidae	2
鹗科 Pandionidae	1	燕科 Hirundinidae	3
鹰科 Accipitridae	6	鹡鸰科 Motacillidae	7
隼科 Falconidae	2	山椒鸟科 Campephagidae	1
鸡形目 Galliformes		鹎科 Pycnonotidae	3
雉科 Phasianidae	3	伯劳科 Laniidae	5
鹤形目 Gruiformes		黄鹂科 Oriolidae	1
秧鸡科 Rallidae	6	卷尾科 Dicruridae	2
鸻形目 Charadriiformes		椋鸟科 Sturnidae	4
彩鹬科 Rostratulidae	1	鸦科 Corvidae	5
蛎鹬科 Haematopodidae	1	鸫科 Turdidae	14
反嘴鹬科 Recurvirostridae	2	鹟科 Muscicapidae	1
燕鸻科 Glareolidae	1	画眉科 Timaliidae	4
鸻科 Charadriidae	10	鸦雀科 Paradoxornithidae	1
鹬科 Scolopacidae	26	扇尾莺科 Cisticolidae	4
鸥科 Laridae	8	莺科 Sylviidae	5
燕鸥科 Sternidae	4	绣眼鸟科 Zosteropidae	1
鸽形目 Columbiformes		长尾山雀科 Aegithalidae	1
鸠鸽科 Columbidae	3	山雀科 Paridae	2
鹃形目 Cuculiformes		雀科 Passeridae	1
杜鹃科 Cuculidae	7	梅花雀科 Estrildidae	1
鸮形目 Strigiformes		燕雀科 Fringillidae	4
草鸮科 Tytonidae	1	鹀科 Emberizidae	9
鸱鸮科 Strigidae	4	合计	209
夜鹰目 Caprimulgiformes			
夜鹰科 Caprimulgidae	1		

从地理型分析，东洋界种 43 种，占 20.58%；古北界种 102 种，占 48.80%；广布种 64 种，占 30.62%。

从生态分布中，森林鸟类 55 种，占机场全部鸟类种数的 26.32%；水域湿地鸟类 95

种，占 45.45%；草地灌丛鸟类 24 种，占 11.48%；农田开阔地鸟类 30 种，占 14.35%；居民点鸟类 5 种，占 2.39%。

二、机场生态特点及危险鸟类

（一）机场生态特点

机场土道面对鸟类的吸引主要表现在栖息环境和食物条件上，而作用程度主要反映在食物链关系上。土道面的土壤和草丛是无脊椎动物的巨大储藏库，土壤动物和草丛动物是生态食物链的重要组成部分。机场土道面草坪的土壤动物和草丛动物群落的变化在一定程度上对鸟类的活动产生影响。食物链中，土壤动物被鸟类直接或间接取食，土道面的开花植物和豆科、禾本科植物等的果实和种子是植食性或杂食性鸟类的食物，啮齿类动物也会成为猛禽的猎物。

机场区域及其周边的水体或湿地会吸引大量鸟类栖息，尤其是野鸭等水禽和鹭类、鸻鹬类等机场鸟撞事故发生的概率也增大。土道面低洼地的积水会孳生水生昆虫，也会吸引大量的鹭类、沙锥、鹬类等鸟类。

雨季机场鸟撞事故发生率往往较高，雨后地面水位较高，积水后土壤动物和草丛动物会出现在土道面表面，甚至爬向跑道，成为鸟类前来觅食的诱因。

机场实行封闭式管理，在飞行区内人为活动较少，广阔的土道面为鸟类提供了开阔的活动空间和觅食生境。

华东位于我国东部候鸟迁徙路线上，每年春、秋两季都有数以万计的候鸟抵达或经过。在东北、华北东部地区繁殖的候鸟如鸻鹬类等可以沿海岸向南迁飞至华南、华中，甚至迁到东南亚各国、澳大利亚越冬。

华东白天迁徙的鸟类有：鹈鹕、鸬鹚、猛禽、东方白鹳、鹭、鹮、琵鹭、鹤、燕鸻、雁、部分鸥和燕鸥、鸠鸽类、啄木鸟、燕、鸦类、山雀、云雀、鹨、鹡鸰、椋鸟、燕雀、鹀类等。

夜间迁徙为主的鸟类有：鸊鷉、鸭、鹌鹑、秧鸡、杜鹃、蚁䴕、鸮、夜鹰、黄鹂、鸫、鸲、伯劳等。

昼夜兼程的鸟类有：天鹅、雁、部分鸭及鸥和燕鸥、鸻鹬类、雨燕等。

处于候鸟迁徙路线上的机场，春、秋两季受候鸟迁飞的影响较大，迁徙的候鸟大量经过，出现或栖息于机场。鸟类也可能在觅食或归巢时途经机场飞行区，从而影响到机场的正常运营。

（二）机场飞行区常见鸟类

华东机场飞行区常见鸟类有*云雀（*Alauda arvensis*）、*小云雀（*A. gulgula*）、*家燕（*Hirundo rustica*）、*金腰燕（*H. daurica*）、*白鹡鸰（*Motacilla alba*）、白头鹎（*Pycnonotus sinensis*）、*棕背伯劳（*Lanius schach*）、红尾伯劳（*L. cristatus*）、楔尾伯劳（*L. sphenocercus*）、*黑卷尾（*Dicrurus macrocercus*）、*发冠卷尾（*D. hottentottus*）、丝光椋鸟（*Sturnus sericeus*）、灰椋鸟（*S. cineraceus*）、*喜鹊（*Pica pica*）、*达乌里寒鸦（*Corvus dauuricus)、*灰背鸫（Turdus hortulorum）、*白腹鸫（T. pallidus）、*斑鸫（T. eunomus）、东方大苇莺（Acrocephalus orientalis）、*麻雀（Passer montanus）、金翅雀（Carduelis sinica）、灰头鹀（Emberiza spodocephala）、*家鸽（Columba domestica）、*苍鹭（Ardea cinerea）、*中白鹭（Egretta intermedia）、*白鹭（E. garzetta）、*牛背鹭（Bubulcus ibis）、*池鹭（Ardeola bacchus）、*夜鹭（Nycticorax nycticorax）、*黄斑苇鳽（Ixobrychus sinensis）、*栗苇鳽（I. cinnamomeus）、*黑鸢（Milvus migrans）、*白腹鹞（Circus spilonotus）、白头鹞（C. aeruginosus）、*普通鵟（Buteo buteo）、*大鵟（B. hemilasius）、*红隼（Falco tinnunculus）、*游隼（F. peregrinus）、鹌鹑（Common japonica）、*环颈雉（Phasianus colchicus）、彩鹬（Rostratula benghalensis）、东方鸻（Charadrius veredus）、金眶鸻（C. dubius）、*凤头麦鸡（Vanellus vanellus）、*灰头麦鸡（V. cinereus）、普通燕鸻（Glareola maldivarum）、*扇尾沙锥（Gallinago gallinago）、*白腰杓鹬（Numenius arquata）、*青脚鹬（Tringa nebularia）、*白腰草鹬（T. ochropus）、林鹬（T. glareola）、*丘鹬（Scolopax rusticola）、*珠颈斑鸠（Streptopelia chinensis）、*山斑鸠（S. orientalis）、*火斑鸠（S. tranquebarica）、*短耳鸮（Asio flammeus）、*长耳鸮（Asio otus）、纵纹腹小鸮（Athene noctua）、*红角鸮（Otus sunia）、斑头鸺鹠（Glaucidium cuculoides）、*普通夜鹰（Caprimulgus indicus）、灰头绿啄木鸟（Picus canus）、*普通燕鸥（Sterna hirundo）、*白额燕鸥（S. albifrons）、*银鸥（Larus argentatus）、*黑尾鸥（L. crassirostris）、*黑嘴鸥（L. saundersi）、*红嘴鸥（L. ridibundus）、*白翅浮鸥（Chlidonias leucopterus）、八哥（Acridotheres cristatellus）、灰喜鹊（Cyanopica cyana）等。

机场鸟类威胁程度的评估一般依据鸟种的体型、体重、飞行高度、食性与范围、迁徙与集群行为、分布及数量等，分为极危险、很危险、危险、一般4个等级。上列常见鸟类名称前有"*"标记的为危险鸟类。

第四节　机场鸟撞防范对策

鸟撞防范是一项综合工程，涉及鸟类学、生态学、动物学、航空飞行、空管、雷达探测、飞行计划等。就机场鸟撞防范的几场鸟情生态环境调研来讲，其专业面就涉及动物学（鸟类学、昆虫学、兽类学、两栖爬行动物学等）、植物学、生态学及景观学等学科。鸟撞防范对策一般包括野外调查、鸟情分析和防范措施。朱曦等（2002）在杭州萧山国际机场作鸟撞防范时制定的对策内容如图11-3所示。

目前机场鸟撞防范的方法主要有：生理心理防除法、化学防治、生理防治、生态环境治理和管理、猎杀等。

一、生理心理防除法

通过视觉、听觉、触觉等感觉器官的刺激以达到生理、心理的不适，从而使其产生异常行动，以达到驱逐鸟类的目的。

鸟撞防范

- 野外调查
  - 生境类型
  - 植物
  - 昆虫
  - 土壤动物
  - 鸟类
  - 兽类
  - 土壤
  - 水文
- 鸟情分析
  - 生境类型与鸟类
  - 水文气象与鸟类
  - 食物源与鸟类
  - 物候与鸟类
  - 园林绿化与鸟类
- 防范措施
  - 测报
    - 生境监测
    - 物候观察
    - 鸟情预测
  - 驱赶
    - 听觉驱鸟
    - 视觉驱鸟
    - 捕杀
    - 药物
  - 生态环境管理
    - 水环境管理
    - 植被管理
    - 草地管理
    - 鸟类食物源管理
    - 鸟类栖息场管理
    - 社会经济活动管理

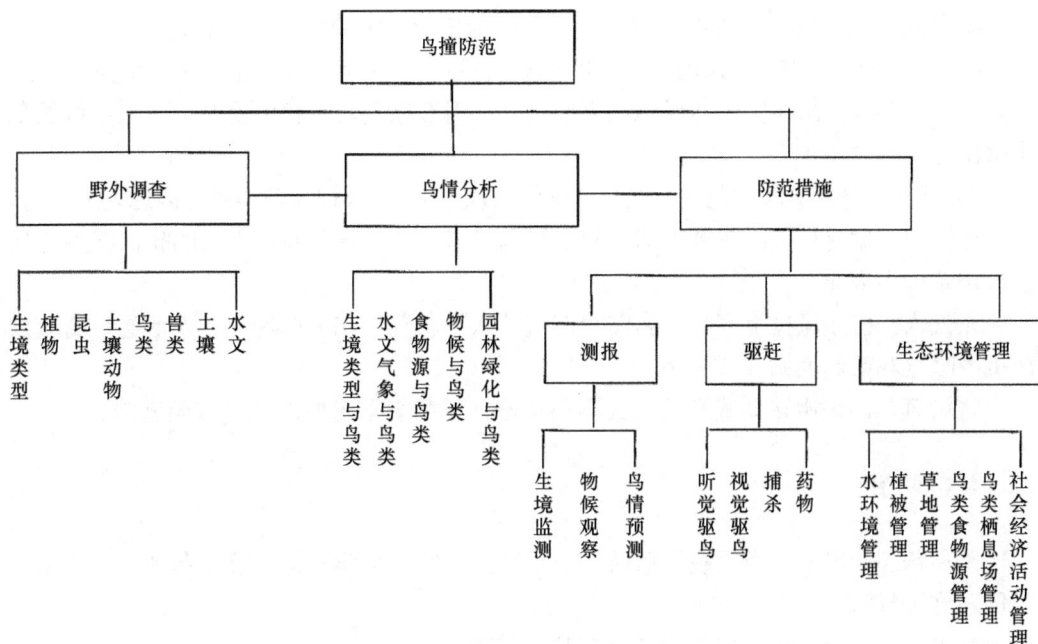

图 11-3　机场鸟撞防范对策（2002 年）

1. 通过听觉的恫吓

爆竹声光弹：可用霰弹猎枪、发令枪、手枪，以及利用人工控制或自动遥控方式燃放爆竹和声光驱鸟弹。爆竹和声光弹能在升空后爆炸，利用发出巨响和闪光来驱鸟。

驱鸟车：驱鸟员开着驱鸟车播放天敌的鸣叫声巡场驱鸟。

定向声波：把大分贝的声音集束在一个方向，定向声音使声音的传播距离增大，分贝增强。

超声波语音：利用超声波语音发出仿真天敌、同类的警告、悲鸣声。电子驱鸟设备如 Phoenix Wailer Systems MK5，可以将 96 种声音及超声波音响录入内置的电脑芯片中，按照预先设定的程序将声波以大功率由 4 个方向的喇叭顺序发出，从而达到驱鸟目的。

电子爆音声波：利用特殊的刺激超声波驱鸟。

煤气炮：利用灌装液体煤气罐爆炸时发出的声音恐吓鸟类。煤气炮可以按不同时间间隔发出声响，沿跑道每隔 50m 放置一门煤气炮，经常变换煤气炮位置将会加强其使用效果。

鸟类哀鸣：利用播放鸟类被捕获、受伤或处于危险的时候发出的求救哀鸣录音来驱鸟。Bird Gard AVA 是一种能放出预先录制好的鸟类哀鸣的驱鸟装置，它使用间隔 30m 的 6 个遥控扬声器，可以覆盖近 4hm^2 的范围。相似的鸟类哀鸣装置还有 Bird Gard ABC。

2. 视觉的刺激

大型激光器：低光条件下，利用 532nm/500MW/150mm 的绿色激光束，像一根绿色大棒子一样在机场的低空区域来回挥舞，适合夜航驱鸟。

小型激光枪：驱鸟人员手持激光枪，发射绿色或红色的激光束，驱赶鸟类。

稻草人、旗帜、飘带：采用最传统的稻草人驱鸟，把稻草扎成人的模样，每 $4\sim6hm^2$ 放置一个稻草人，吊在空中随风飘动来驱鸟。并用红色塑料旗和用反射性聚酯制成的飘带来驱鸟。

彩色风轮：使用五颜六色的反光材料编织成风车的模型,迎风转动时忽闪忽闪来驱鸟。

恐怖眼、猛禽模型：在氢气球上画上让鸟类害怕的猛禽图案，不同的猛禽模型悬挂于机场草地中来驱鸟。

充气人：在鼓风机上套牢一套防止漏气的人形材料，立于机场中，人形材料随着鼓风机的吸气和鼓起而站立或倒下。

防鸟风车：采用转动式和反光式驱鸟措施，反射太阳光使鸟类受惊而逃跑。

二、化学防治

驱鸟剂：在研究鸟类的嗅觉后研制一种特殊气味的化学药剂，喷在草地上后，使鸟类厌恶这种气味。

氨水：利用氨水挥发出的刺激性气味，熏走家燕等。

呕吐剂：利用甲基氨基苯甲酸等喷洒到鸟类的食物源和水源，使食物味道变差，鸟类摄食后引起呕吐等不快感，间接起到了忌避作用。

敏感性忌避剂：选用黏着力强，又不受温度、羽、雪等气候条件影响的黏着剂，在鸟类易停落的地方涂上，引起鸟类的不快感而使其迁飞别处。

驱鸟剂：驱鸟剂是一种颗粒型能散发出令鸟类恶心、厌恶气味的香精制剂，是一种影响鸟类中枢神经系统的气味。使用时用水稀释喷雾并粘附于物体表面，或挂瓶使用，鸟类闻到这些厌恶的气味后会飞走，达到驱鸟目的。

群威吓剂：此类药物可使鸟群中的几只鸟发生异常行为，如不协调的动作、不安的叫声、无感觉等，从而引起鸟群一时性震惊，分散逃离。

鸟巢撒播剂：在鸟巢内撒布药物驱鸟。

鸟用化学不育剂：用甾族化合型的化学不育剂使鸟类产卵率减少，可引起不育的效果。

三、生物防治

割草：修剪草地，控制机场中草的高度，移去鸟类藏身之地。

杀虫：喷洒农药，灭除草地里的昆虫，抑制蚂蚁、蚯蚓等动物的生长，减少杂草和植物开花结果。

天敌：饲养猎鹰及隼类等猛禽，并训练其捕杀或驱赶鸟类，以达到驱鸟目的。

四、生态环境治理和管理

对鸟类栖息地、筑巢地、觅食地、水源、掩蔽地、垃圾场、养殖场、鱼塘等进行清除和改造，机场灭鼠等措施达到控制鸟类的食物源、减少机场鸟类的目的。

五、猎杀

猎枪：直接猎杀目标鸟类。

粘鸟网：透明的丝织鸟网，固定于鸟杆上，鸟类飞过时会被粘住。

第五节 机场鸟情及生态环境调研

一、机场鸟情及生态环境调研项目目标

机场鸟情及生态环境调研目的是掌握机场及周边地区威胁飞行安全的鸟类动态及与其密切相关的环境、其他相关生物类群状况，确定主要危险鸟类活动及其影响因素的时空分布，研究针对性的防范和治理建议措施。

建立机场鸟情和相关生态环境基础数据库，为建立机场鸟情信息管理系统提供基础数据及系统框架。

根据调研成果，结合本机场鸟撞事件报告和日常鸟情巡视记录，以及航班动态、人力物力等情况，制定适合于本机场特点的机场鸟撞防范工作方案并实施有效的控制措施。

二、机场鸟情及生态环境调研内容

（1）机场内及周边地区威胁航空安全的鸟类种类、数量、位置分布及其活动规律、大鸟和群鸟（含候鸟）的筑巢地、觅食地、飞行路线、飞行高度、出没时间等。掌握鸟类活动的总体状况和时空分布，分析这些鸟类活动对飞行安全的威胁情况，确定重点防范和治理对象并提出建议措施。

（2）机场内及周边地区与威胁鸟类动态密切相关的养鸽户、垃圾场、养殖场、屠宰场、草地、树林、灌木丛、鱼塘、农作物种植地、晾晒场及其他吸引鸟类活动的环境类型及生物类群，掌握鸟类觅食地、筑巢地、水源地、栖息地的总体状况和时空分布，分析机场地区吸引鸟类活动的原因，提出生态环境治理和防范驱赶建议措施。

第六节 杭州萧山国际机场鸟情及生态环境调研

一、调研背景

2000年12月28日，杭州萧山国际机场建成投入运营。2003年9月，国务院批复同意杭州航空口岸扩大对外籍飞机开放。2006年年底，杭州萧山国际机场与香港机场管理局全面合资合作，成立了杭州萧山国际机场合资公司。

杭州萧山国际机场的建设是一座园林式的机场，航站楼前的园林广场占地30多公

顷，其中大树草坪区 7hm²，森林停车场区 2.5hm²，森林水景区 20hm²，兼有长 2000m，宽 300m，总面积 60hm² 的进场路森林大道。经过几年的养护都已成林。机场内还有园林公司，有大量的香樟（*Cinnamomum camphora*）、雪松（*Cedrus deodara*）等树木，还有人工湖、河叉、排水渠道等水体，吸引了众多的森林鸟类和水域湿地鸟类栖息、繁殖，成为鸟撞危害的隐患。机场鸟类的活动对航空安全带来了威胁。

由于机场及其周边地区的生态环境比较复杂，树林、农田及鱼塘、河道等，仍吸引了鸟类栖息和活动。同时也因为鸟类活动不受人为意志控制，在机场觅食、活动的鸟类，以及迁徙中飞越机场上空的鸟类仍较多。因此，必须了解机场及周边地区的鸟类情况，以及影响鸟类活动的各种因素，确定鸟类活动的吸引因素，才能依据实际情况采取科学有效的鸟害防治措施。

2010 年 7 月至 2011 年 9 月，浙江农林大学朱曦开展了"杭州萧山国际机场鸟情及生态环境调研"工作。调研范围为杭州萧山国际机场周围距离跑道 8km 范围内的地区。调研目标为掌握萧山国际机场及其周边地区威胁飞行安全的鸟类活动状况，以及相关动植物状况和环境特点，分析确定严重威胁飞行安全的主要危险鸟种及其威胁状况、吸引因素，确定机场应重点防范的对象，从而制定针对性的鸟害综合防治措施。

二、调查区域的划分

对距机场跑道中心点 8km 范围内的区域进行调查，按照距跑道距离 3km 和 8km 两个同心圈，并按机场东-西、南-北、东北-西南、东南-西北辐射画线，形成的 16 个交叉点为样点，以两样点之间设样线，同时结合主要生境类型分为 A、B、C 三个调查区域，其中：

A 区：机场（飞行区及围界外机场）。

B 区：机场二期工地。

C 区：以距机场跑道中心点 8km 为半径的周边地区。

以东-西、南-北、东北-西南、东南-西北为线，同 3km（标记为 C_3），8km（标记为 C_8）同心圈形成从 C_{3-01}、C_{3-02}、C_{3-03}、C_{3-04}、C_{3-05}、C_{3-06}、C_{3-07}、C_{3-08} 及 C_{8-01}、C_{8-02}、C_{8-03}、C_{8-04}、C_{8-05}、C_{8-06}、C_{8-07}、C_{8-08} 16 个调查点。

三、调查结果分析

（一）杭州萧山国际机场自然地理概况

杭州萧山国际机场位于杭州市萧山区，离杭州市中心（杭州六公园）约 27km。该区以平原水网为主，兼有低山丘陵，低山海拔均在 500m 以下。中部和北部为平原，南部为低山丘陵，间有小块河谷平原。全区平原约占 66%，低山丘陵占 17%，水面占 17%。机场属亚热带季风性湿润气候，春秋短，冬夏长，四季分明，光照充足，雨量充沛，温暖湿润。

在动物地理区划中，属于东洋界华中区东部丘陵平原地区。年均气温 16.8℃，最冷月（1 月）最低气温 0.8℃，最高气温为 8.1℃；最热月（8 月）最低气温 25.2℃，最高气温 32.3℃。年平均降水量为 1395mm，主风向偏东，最大风速 41m/s。每年平均冰冻日数 39.5 天，雾日数 40 天。

机场一期工程占地 7260 余亩，机场内环境主要分为飞行区、航站楼、办公区及绿化区等配套设施。机场内绿化面积较大，进场路长 2000m，宽 300m，总面积 60hm² 左右。有覆层种植的雪松、柚、早园竹等 60 余种乔灌木组成的森林大道。场区内有绿化公司苗圃地种植香樟等，并形成乔木密林。

飞行区内主要是水泥覆盖的跑道和停机坪及草坪，现有跑道一条（3600m×45m），滑行道一条（3600m×23m），停机坪面积近 70 万 m²。飞行区内排水沟总长约 15km，南侧有 4 个出水口，东西两侧各有两个通往场外的河道；北侧的排水沟与工作区内南北方向的两条人工河道连通。工作区内的水系最终通过场区北端出水口汇入场外左山直湾，该出水口的河道上设有水泵和水闸，可控制和调节场内水位。

机场的二期工程占地 7700 余亩，主要兴建一条 3400m×60m 的跑道，停机坪和国际航站楼及配套设施。

（二）鸟类调查结果和分析

1. 机场及周边地区鸟情概述

2010 年 6 月至 2011 年 6 月，对萧山国际机场及半径 8km 范围进行了调查，该机场及周边地区的鸟类有 12 目 34 科 61 种，鸟类组成见表 11-3。

表 11-3　杭州萧山国际机场生境类型、季节型和地理型的鸟类组成

鸟类名称	生境类型					季节型				地理型		
	水域	山地森林	草地灌丛	农田	居民点	留鸟	夏候鸟	冬候鸟	旅鸟	东洋界种	古北界种	广布种
一、䴙䴘目 Podicipediformes												
1 䴙䴘科 Podicipedidae												
小䴙䴘 *Tachybaptus ruficollis*	√					△						√
二、鹳形目 Ciconiiformes												
2 鹭科 Ardeidae												
苍鹭 *Ardea cinerea*	√					△						√
白鹭 *Egretta garzetta*	√		√				△			√		
中白鹭 *Egretta intermedia*	√						△			√		
池鹭 *Ardeola bacchus*	√		√				△			√		
夜鹭 *Nycticorax nycticorax*	√					△				√		
栗苇鳽 *Ixobrychus cinnamomeus*	√						△					√
三、雁形目 Anseriformes												
3 鸭科 Anatidae												
斑嘴鸭 *Anas poecilorhyncha*	√							△				√
绿翅鸭 *Anas crecca*	√							△			√	
绿头鸭 *Anas platyrhynchos*	√							△			√	

续表

鸟类名称	生境类型					季节型				地理型		
	水域	山地森林	草地灌丛	农田	居民点	留鸟	夏候鸟	冬候鸟	旅鸟	东洋界种	古北界种	广布种
四、隼形目 Falconiformes												
4 鹰科 Accipitridae												
普通鵟 *Buteo buteo*		√						△			√	
5 隼科 Falconidae												
红隼 *Falco tinnunculus interstinctus*		√		√		△				√		
五、鸡形目 Galliformes												
6 雉科 Phasianidae												
鹌鹑 *Common japonica*			√	√				△			√	
环颈雉 *Phasianus colchicus*		√	√	√		△					√	
六、鸻形目 Charadriiformes												
7 鸻科 Charadriidae												
凤头麦鸡 *Vanellus vanellus*				√				△			√	
8 鹬科 Scolopacidae												
针尾沙锥 *Gallinago stenura*			√	√					△		√	
扇尾沙锥 *Gallinago gallinago*			√	√					△		√	
白腰草鹬 *Tringa ochropus*	√							△			√	
矶鹬 *Actitis hypoleucos*	√							△			√	
9 鸥科 Laridae												
海鸥 *Larus canus*	√							△			√	
七、鸽形目 Columbiformes												
10 鸠鸽科 Columbidae												
珠颈斑鸠 *Streptopelia chinensis*				√	√	△						√
八、鹃形目 Cuculiformes												
11 杜鹃科 Cuculidae												
四声杜鹃 *Cuculus micropterus*		√					△			√		
九、夜鹰目 Caprimulgiformes												
12 夜鹰科 Caprimulgidae												
普通夜鹰 *Caprimulgus indicus*		√					△					√
十、佛法僧目 Coraciiformes												
13 翠鸟科 Alcedinidae												
蓝翡翠 *Halcyon pileata*	√						△			√		
十一、戴胜目 Upupiformes												
14 戴胜科 Upupidae												
戴胜 *Upupa epops*				√			△					√
十二、雀形目 Passeriformes												
15 百灵科 Alaudidae												
云雀 *Alauda arvensis*			√					△			√	
小云雀 *Alauda gulgula*			√			△				√		

续表

鸟类名称	生境类型					季节型				地理型		
	水域	山地森林	草地灌丛	农田	居民点	留鸟	夏候鸟	冬候鸟	旅鸟	东洋界种	古北界种	广布种
16 燕科 Hirundinidae												
家燕 *Hirundo rustica*			√	√			△					√
17 鹡鸰科 Motacillidae												
白鹡鸰 *Motacilla alba*				√		△						√
18 鹎科 Pycnonotidae												
白头鹎 *Pycnonotus sinensis*		√		√	√	△				√		
领雀嘴鹎 *Spizixos semitorques*		√				△				√		
19 伯劳科 Laniidae												
红尾伯劳 *Lanius cristatus*		√					△				√	
棕背伯劳 *Lanius schach*				√	√	△					√	
20 黄鹂科 Oriolidae												
黑枕黄鹂 *Oriolus chinensis*		√					△				√	
21 椋鸟科 Sturnidae												
丝光椋鸟 *Sturnus sericeus*				√		△				√		
八哥 *Acridotheres cristatellus*				√	√	△				√		
22 卷尾科 Dicruridae												
黑卷尾 *Dicrurus macrocercus*		√					△			√		
23 鸫科 Turdidae												
红胁蓝尾鸲 *Tarsiger cyanurus*		√						△			√	
鹊鸲 *Copsychus saularis*				√	√	△				√		
乌鸫 *Turdus merula*		√			√	△						√
斑鸫 *Turdus eunomus*				√				△				√
24 画眉科 Timaliidae												
画眉 *Garrulax canorus*		√				△				√		
黑脸噪鹛 *Garrulax perspicillatus*		√				△				√		
25 鸦雀科 Paradoxornithidae												
棕头鸦雀 *Paradoxornis webbianus*			√			△						√
26 扇尾莺科 Cisticolidae												
褐头鹪莺 *Prinia subflava*			√			△						√
27 莺科 Sylviidae												
强脚树莺 *Cettia fortipes*			√			△				√		
远东树莺 *Cettia canturians*		√					△			√		
棕脸鹟莺 *Abroscopus albogularis*			√				△			√		
东方大苇莺 *Acrocephalus orientalis*			√				△				√	
28 绣眼鸟科 Zosteropidae												
暗绿绣眼鸟 *Zosterops japonicus*												
29 长尾山雀科 Aegithalidae												
红头长尾山雀 *Aegithalos concinnus*		√				△				√		

续表

鸟类名称	生境类型					季节型				地理型		
	水域	山地森林	草地灌丛	农田	居民点	留鸟	夏候鸟	冬候鸟	旅鸟	东洋界种	古北界种	广布种
30 梅花雀科 Estrildidae												
斑文鸟 *Lonchura punctulata*			√			△				√		
31 山雀科 Paridae												
大山雀 *Parus major*		√		√		△					√	
32 雀科 Passeridae												
麻雀 *Passer montanus*			√	√	√	△						√
33 燕雀科 Fringillidae												
金翅雀 *Carduelis sinica*		√		√		△					√	
黑尾蜡嘴雀 *Eophona migratoria*			√						△		√	
34 鹀科 Emberizidae												
三道眉草鹀 *Emberiza cioides*			√			△					√	
红颈苇鹀 *Emberiza yessoensis*			√					△			√	
小鹀 *Emberiza pusilla*			√	√				△			√	
田鹀 *Emberiza rustica*			√					△				√
灰头鹀 *Emberiza spodocephala*			√	√				△			√	

　　其中留鸟 29 种，占 47.54%；夏候鸟 13 种，占 21.31%；冬候鸟 15 种，占 24.59%；旅鸟 4 种，占 6.56%。鸟类物种组成中，鹭科、鹬科、鸫科、莺科、鹀科等科的种类较多，计有 23 种，占机场鸟类总数的 37.70%。机场鸟类 32 种，其中留鸟 16 种，占机场鸟类的 50.0%；夏候鸟 10 种，占 31.3%；冬候鸟 5 种，占 15.6%；旅鸟 1 种，占 3.1%。

　　按地理型分析，东洋界种 22 种，占 36.1%；古北界种 24 种，占 39.3%；广布种 15 种，占 24.6%。但从繁殖鸟（留鸟、夏候鸟）分析，东洋界种 22 种，占鸟种数的 36.1%，古北界种 8 种，占 13.1%，东洋界种与古北界种之比为 2.75∶1，东洋界种明显占优势。鸟种威胁情况和防治措施详见表 11-4。

　　萧山国际机场鸟类中极危险鸟类 3 种，分别为环颈雉、家燕和夜鹭；很危险鸟类有苍鹭、白鹭、普通鵟、红隼和麻雀等 5 种；危险鸟类有中白鹭、池鹭、针尾沙锥、扇尾沙锥、海鸥、珠颈斑鸠、八哥、丝光椋鸟等 8 种，一般危险鸟种 45 种，比例分布详见图 11-4。

2. 主要鸟种的活动情况

1）环颈雉（*Phasianus colchicus*）

　　栖息于山区灌木丛及林缘草地中，也常见于较平坦的庄稼地。萧山国际机场在半径 8km 范围内有山林，机场围界外有农田、灌丛，环颈雉常进入机场周边农田觅食，并在机场草坪上筑巢繁殖。环颈雉翼短不能久飞，受惊时常发出单个或多个尖锐的"咯咯"声。一雄多雌，雄鸡在求偶时发出"kok-kack"的叫声，遇惊吓时很快隐藏于草丛或苇塘内，在草丛间的地面筑巢。一年通常孵两窝，每窝 6～14 枚。杂食性，食物有豆、谷粒、橡实、栗子、棉花种子等植物种子，也食昆虫。

表11-4 杭州萧山国际机场及周边地区鸟类情况分析表

序号	鸟种	留居型	数量	重量/g	相对密度/(只/h)	食性	活动季节	活动时段	活动区域	生境类型	飞行高度/m	在机场活动的原因	危险程度	建议防治措施
1	小䴙䴘	R	1	200	0.08	植物	四季	白天全天	C	水域	10	觅食	一般	无须防治
2	苍鹭	R	1	900	0.08	动物	夏、冬	白天全天	C	水域	30	飞行经过	很危险	礼花弹射击、猎枪射杀
3	夜鹭	S	20	600	1.67	动物	春、夏	晚上白天	A、C	水域	20	飞行停栖	极危险	礼花弹射击、猎枪射杀
4	池鹭	S	5	300	0.42	动物	春、夏	白天全天	A、C	水域	15	飞行停栖	危险	礼花弹射击、猎枪射杀
5	中白鹭	S	1	5000	0.08	动物	春、夏	白天全天	A、C	水域	20	飞行停栖	危险	礼花弹射击、猎枪射杀
6	白鹭	S	38	350	3.17	动物	春、夏	白天全天	A、C	水域	20	飞行停栖	很危险	礼花弹射击、猎枪射杀
7	栗苇鳽	S	1	150	0.08	动物	春、夏	白天全天	A、C	水域	15	飞行停栖	一般	礼花弹射击、猎枪射杀
8	斑嘴鸭	W	5	1200	0.42	杂食	冬季	白天全天	C	水域	15	觅食	一般	江边活动注意动态
9	绿翅鸭	W	10	350	0.83	杂食	冬季	白天全天	C	水域	15	觅食	一般	江边活动注意动态
10	绿头鸭	W	3	1200	0.25	杂食	冬季	白天全天	C	水域	15	觅食	一般	江边活动注意动态
11	普通鵟	W	5	1000	0.42	动物	秋、冬	白天全天	A、B、C	森林、农田	30	盘旋飞行	很危险	礼花弹驱赶、灭鼠
12	红隼	R	5	200	0.42	动物	四季	白天全天	A、B、C	森林、农田	15	觅食	很危险	礼花弹驱赶、灭鼠
13	鹌鹑	W	1	100	0.08	植物	冬季	白天全天	A、C	农田	5	觅食	一般	礼花弹驱赶、灭鼠
14	环颈雉	R	1	1500	0.08	杂食	四季	白天全天	A、C	草灌	15	觅食栖息	极危险	灭虫
15	凤头麦鸡	W	2	256	0.17	动物	秋冬	白天全天	C	农田	15	迁徙经过	一般	灭虫
16	针尾沙锥	P	3	120	0.25	动物	春秋	白天全天	A、C	草地	15	迁徙觅食	危险	灭虫
17	扇尾沙锥	P	16	135	1.33	动物	春秋	白天全天	A、C	草地	15	迁徙觅食	危险	灭虫
18	矶鹬	W	1	50	0.08	动物	冬季	白天全天	C	草地	10	迁徙觅食	一般	灭虫
19	白腰草鹬	W	1	75	0.08	动物	冬季	白天全天	C	草灌	15	迁徙觅食	一般	灭虫
20	海鸥	W	1	456	0.08	动物	四季	白天全天	C	水域	15~20	钱塘江面飞行捕食	危险	枪击驱赶
21	珠颈斑鸠	R	12	200	1.0	植物	四季	白天全天	A、B、C	农田	10	觅食	危险	枪击驱赶
22	四声杜鹃	S	1	178	0.08	动物	夏季	白天全天	C	森林	10	迁徙经过	一般	灭虫
23	蓝翡翠	S	1	100	0.08	动物	夏季	白天全天	C	水域	5	迁徙经过	一般	灭虫
24	戴胜	R	2	73	0.17	动物	春季	白天全天	C	农田	5	迁徙经过	一般	灭虫
25	普通夜鹰	S	1	89	0.08	动物	夏季	黄昏	C	森林	15	空中觅食	一般	灭虫

续表

序号	鸟种	留居型	数量	重量/g	相对密度/(只/h)	食性	活动季节	活动时段	活动区域	生境类型	飞行高度/m	在机场活动的原因	危险程度	建议防治措施
26	云雀	W	44	35	3.67	植物	冬季	白天全天	A	草地	15	草地觅食	一般	灭虫
27	小云雀	R	16	30	1.33	植物	四季	白天全天	A	草地	10	草地觅食	一般	灭虫
28	家燕	S	187	18	15.58	昆虫	夏秋	白天全天	A、B、C	农田	15	觅食	极危险	灭虫、氨水驱赶
29	白鹡鸰	R	33	23	2.75	昆虫	四季	白天全天	A、C	农田	5	觅食	一般	灭虫、清除杂草种子
30	领雀嘴鹎	R	3	35	0.25	杂食	四季	白天全天	C	草灌	5	觅食	一般	灭虫
31	白头鹎	R	131	29	10.92	杂食	四季	白天全天	A、C	草灌	5	觅食	一般	灭虫
32	红尾伯劳	S	1	30	0.08	动物	夏季	白天全天	C	森林	5	觅食	一般	灭虫
33	棕背伯劳	R	24	75	2.0	动物	四季	白天全天	A、C	农田	5	觅食	一般	灭虫
34	黑枕黄鹂	S	1	81	0.08	昆虫	夏季	白天全天	C	森林	7	迁徙经过	一般	灭虫
35	黑卷尾	S	3	49	0.25	昆虫	夏季	白天全天	C	森林	7	迁徙经过	一般	灭虫
36	八哥	R	94	130	7.83	昆虫	四季	白天全天	C	农田	6	觅食	危险	清除窝巢
37	丝光椋鸟	R	45	65	3.75	昆虫	四季	白天全天	C	农田	6	觅食	危险	清除窝巢
38	鹊鸲	R	1	39	0.08	昆虫	四季	白天全天	C	农田	5	觅食	一般	灭虫、清除杂草种子
39	红胁蓝尾鸲	W	1	17	0.08	昆虫	冬季	白天全天	C	草灌	3	觅食	一般	灭虫、清除杂草种子
40	乌鸫	R	16	65	1.33	杂食	四季	白天全天	C	森林	5	觅食	一般	灭虫、清除杂草种子
41	斑鸫	W	19	50	1.58	杂食	秋冬	白天全天	C	农田	7	觅食	一般	灭虫、清除杂草种子
42	黑脸噪鹛	R	1	119	0.08	动物	四季	白天全天	C	森林	5	经过	一般	灭虫、清除杂草种子
43	画眉	R	2	64	0.17	动物	四季	白天全天	C	森林	5	经过	一般	灭虫、清除杂草种子
44	棕头鸦雀	R	9	12	0.75	植物	四季	白天全天	C	草灌	2	经过	一般	灭虫、清除杂草种子
45	褐头鹪莺	R	2	10	0.17	动物	四季	白天全天	C	草灌	3	经过	一般	灭虫、清除杂草种子
46	远东树莺	S	1	17	0.08	动物	夏季	白天全天	C	森林	3	经过	一般	灭虫、清除杂草种子
47	强脚树莺	R	5	10	0.42	动物	四季	白天全天	C	草灌	3	经过	一般	灭虫、清除杂草种子
48	棕腹鹪莺	R	1	5.7	0.08	动物	四季	白天全天	C	草灌	3	经过	一般	灭虫、清除杂草种子
49	东方大苇莺	S	1	23	0.08	动物	夏季	白天全天	C	草灌	5	经过	一般	灭虫、清除杂草种子
50	红头长尾山雀	R	21	6	1.75	昆虫	四季	白天全天	C	森林	3	经过	一般	灭虫、清除杂草种子

续表

序号	鸟种	留居型	数量	重量/g	相对密度/(只/h)	食性	活动季节	活动时段	活动区域	生境类型	飞行高度/m	在机场活动的原因	危险程度	建议防治措施
51	大山雀	R	7	15	0.58	昆虫	四季	白天全天	C	森林	3	经过	一般	灭虫，清除杂草种子
52	麻雀	R	550	13	45.83	植物	四季	白天全天	ABC	农田	3	觅食	很危险	清除杂草种子、礼花弹驱赶
53	斑文鸟	R	1	13	0.08	植物	四季	白天全天	C	农田	3	经过	一般	清除杂草种子、礼花弹驱赶
54	金翅雀	R	11	17	0.92	植物	四季	白天全天	C	农田草灌	3	觅食	一般	清除杂草种子、灭虫
55	黑尾蜡嘴雀	W	3	70	0.25	植物	冬季	白天全天	C	同上	3	觅食	一般	清除杂草种子、灭虫
56	灰头鹀	W	5	20	0.42	植物	冬季	白天全天	C	同上	3	觅食	一般	清除杂草种子、灭虫
57	小鹀	W	1	13	0.08	植物	冬季	白天全天	C	同上	3	觅食	一般	清除杂草种子、灭虫
58	三道眉草鹀	R	2	23	0.17	植物	四季	白天全天	C	同上	3	觅食	一般	清除杂草种子、灭虫
59	红颈苇鹀	W	1	17	0.08	植物	冬季	白天全天	C	同上	3	觅食	一般	清除杂草种子、灭虫
60	田鹀	W	1	18	0.08	植物	冬季	白天全天	C	同上	3	觅食	一般	清除杂草种子、灭虫
61	暗绿绣眼鸟	R	3	12	0.25	昆虫	四季	白天全天	C	同上	3	觅食	一般	清除杂草种子、灭虫

注: R. 留鸟; S. 夏候鸟; W. 冬候鸟; P. 旅鸟

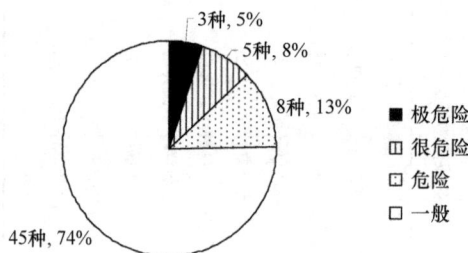

图 11-4　杭州萧山国际机场鸟种威胁程度比例图

2）鹭类

萧山国际机场离杭州湾不远，机场周围鱼塘、河港较多，供鹭类觅食活动的条件较好。机场鹭类有夜鹭（*Nycticorax nycticorax*）、池鹭（*Ardeola bacchus*）、白鹭（*Egretta garzetta*）、中白鹭（*Egretta intermedia*）、苍鹭（*Ardea cinerea*）和栗苇鳽（*Ixobrychus cinnamomeus*）等 6 种，其中夜鹭、白鹭较多，苍鹭、中白鹭、栗苇鳽等偶见，数量也不多。

夜鹭为留鸟或夏候鸟，黄昏时出飞，清晨返回树林休息。食物有鱼、蛙、虾及昆虫。池鹭、白鹭、中白鹭、栗苇鳽均为夏候鸟，每年 4 月开始迁到，筑巢于树林中，4～10 月会在机场排水沟、草坪和围界外鱼塘觅食小鱼、泥鳅、虾及昆虫、蚯蚓等。苍鹭为留鸟，主要在钱塘江边及养鱼塘觅食，夜宿附近山林高树上，飞行时高度一般在 50m 左右。

鹭类飞行时会穿越跑道上空，飞行速度缓慢，给飞行安全造成极大威胁。

鹬科中的扇尾沙锥（*Gallinago gallinago*）、针尾沙锥（*Gallinago stenura*）等在 3～5 月、9～11 月会迁飞到机场，成小群在围界内草坪中觅食蠕虫、蜗牛及昆虫。

普通鵟（*Buteo buteo*）在萧山机场为冬候鸟，10 月开始迁到，3 月中下旬开始迁离。普通鵟栖息于山林中，秋季、冬季在机场上空盘旋、翱翔，滑翔呈"V"字形，短而圆的尾呈扇形展开，主要以啮齿类为食，也食蛙、蜥蜴、蛇、野兔、小鸡和大型昆虫。有时停栖机场灯柱或围界上。普通鵟飞行较高，又无固定方向，因此，在秋冬季对飞行安全会造成较大威胁。

家燕（*Hirundo rustica*）、麻雀（*Passer montanus*）、扇尾沙锥（*Gallinago gallinago*）、云雀（*Alauda arvensis*）、小云雀（*Alauda gulgula*）等鸟类体型较小，但会结群活动，且飞行高度也较低，容易发生鸟撞。麻雀、云雀、小云雀多在草地觅食昆虫、杂草种子；家燕飞行捕捉蚊、蝇等昆虫；扇尾沙锥是旅鸟，春、秋迁徙季节结群在机场草坪积水地带觅食蠕虫、昆虫等，飞行较低。上述几种鸟类的结群活动对飞行安全会产生一定威胁。

3. 鸟类季节活动规律

杭州萧山国际机场位于杭州萧山区，离钱塘江不远，在我国动物地理分区上属于东洋界华中区东部丘陵平原地区，在候鸟迁徙的途径上属于东部候鸟迁徙区。

我国华东亚热带地区鸟类群落每年有明显的四度波动期，即春季动乱期、夏季平稳期、秋季动乱期、冬季平稳期。

1）春季（2~4月）

春季为鸟类更替期，冬候鸟逐步北迁，夏候鸟迁到，旅鸟经过。在萧山国际机场及周边地区调查到鸟类22种，占全年鸟总数的34.4%，其中留鸟13种，冬候鸟3种，旅鸟2种，夏候鸟4种。冬候鸟分批迁离，夏候鸟池鹭、白鹭、家燕、东方大苇莺等迁到。本季主要鸟类为苍鹭、夜鹭、珠颈斑鸠、环颈雉、普通鵟、沙锥、云雀、白头鹎、家燕等。部分鸟类如白鹭、夜鹭、环颈雉、家燕等开始筑巢繁殖。

2）夏季（5~7月）

夏季鸟类群落相对较稳定，由留鸟、夏候鸟和部分旅鸟组成，计有30种，占全年鸟总数的49.2%，其中留鸟19种，夏候鸟有家燕、白鹭、中白鹭、池鹭、栗苇鳽、四声杜鹃、普通夜鹰、红尾伯劳、黑枕黄鹂、黑卷尾等10种迁到，旅鸟沙锥等陆续迁离。本季主要鸟类有夜鹭、池鹭、白鹭、珠颈斑鸠、家燕、乌鸫、八哥、麻雀、白头鹎等。第一窝雏鸟已经出窝学飞，鸟的种群数量明显增加。家燕、白鹭、夜鹭、池鹭、八哥等鸟类在机场跑道区数量较多，特别是家燕在跑道区上空飞行觅食，鸟撞的机会增多，应注意观察和防范。夏候鸟黑卷尾、四声杜鹃、普通夜鹰等数量不多，但迁徙时会飞越跑道，给飞行安全带来较大威胁。

3）秋季（8~10月）

秋季是鸟类更替期，夏候鸟逐渐南迁，早期的冬候鸟逐渐迁到。该季鸟类约有21种，占全年鸟总数的34.4%，其中留鸟9种，夏候鸟有家燕、夜鹭、池鹭、中白鹭、白鹭、蓝翡翠和红尾伯劳等7种，冬候鸟有普通鵟、矶鹬、云雀和斑鸠等4种，旅鸟有扇尾沙锥等。主要鸟类有普通鵟、红隼、家燕、扇尾沙锥、棕背伯劳、八哥、斑鸠、丝光椋鸟、云雀、麻雀、珠颈斑鸠、池鹭、白鹭、夜鹭等。家燕、池鹭、白鹭都是夏候鸟，9月开始逐渐南迁。鸻鹬类开始出现。家燕、白鹭、夜鹭、云雀、棕背伯劳、丝光椋鸟、麻雀等鸟类数量较多。家燕、普通鵟、红隼、棕背伯劳、麻雀、云雀常出现在跑道上空，应进行驱赶。

4）冬季（11月至次年1月）

冬季是全年中气候最寒冷的季节，鸟类群落比较稳定，除留鸟外还有越冬的冬候鸟，计32种，占全年鸟总数的52.5%。主要鸟类有绿翅鸭、斑嘴鸭、绿头鸭、普通鵟、红隼、凤头麦鸡、棕背伯劳、八哥、乌鸫、斑鸫、海鸥、斑嘴鸭、珠颈斑鸠、云雀、白头鹎、白鹡鸰、麻雀、金翅雀等。苍鹭、绿翅鸭主要分布在钱塘江边，夜鹭在树林，云雀在飞行区草坪。普通鵟、红隼、棕背伯劳会进入飞行区内。八哥、乌鸫、斑鸫、麻雀、金翅雀、白鹡鸰、珠颈斑鸠等鸟类主要在机场及其周边农田、居民点活动。

杭州萧山国际机场及其周边地区鸟类种数和个体数量变化规律如图11-5所示。

杭州萧山国际机场及其周边地区鸟类威胁情况的季节分析见表11-5。

4. 鸟类日活动规律

鸟类日间活动与鸟类本身行为和觅食习性有关。鸟类早晨开始鸣叫与光照强度有直接关系，不同种类的醒觉照度也不同。机场内主要种类之一的家燕，醒觉、出飞与天空光照的强弱密切相关，通常活动高峰期在早上7:00~10:00。家燕是夏候鸟，每年3月气温在 10～15℃时家燕迁到，9 月下旬气温 18℃时迁离。4 月气温低，醒觉和出飞时间迟，5～8 月气温增高，醒觉和出飞活动提早。

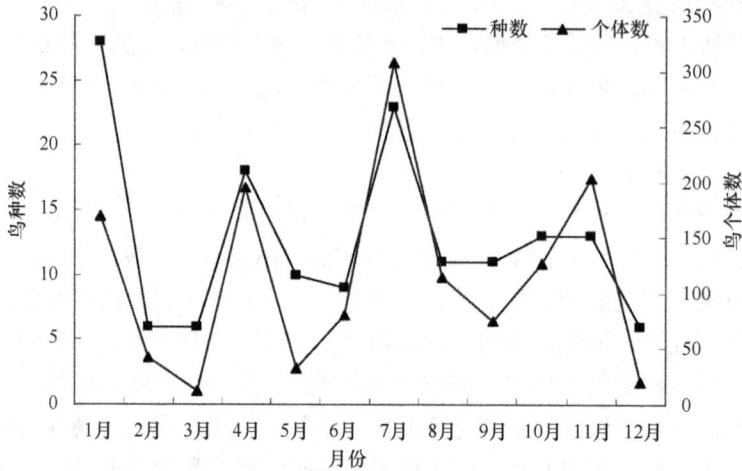

图 11-5 杭州萧山国际机场及其周边地区鸟情月变化规律图

表 11-5 杭州萧山国际机场及其周边地区鸟类威胁情况季节分析表

时期	鸟种数量	个体数量	危险鸟种	危险区域	危险鸟类活动及原因	建议治理措施
春季（2～4 月）	22	251	苍鹭、普通鵟、环颈雉、扇尾沙锥、家燕、针尾沙锥	A	普通鵟为冬候鸟，在机场上空盘旋或停栖机场周围，伺机捕捉小鸟、鼠类。苍鹭数量少，迁飞途中飞越跑道上空。环颈雉栖附近农田草灌，会飞入机场草坪觅食。家燕、扇尾沙锥开始迁到	关注普通鵟、家燕、沙锥等候鸟的迁徙动态，做好机场草坪碾压填平低洼积水，清理排水沟
夏季（5～7 月）	30	420	夜鹭、白鹭、池鹭、红隼、扇尾沙锥、家燕、八哥、麻雀、环颈雉	A	家燕、夜鹭、白鹭、池鹭等候鸟迁到，麻雀、环颈雉、八哥、红隼进入繁殖期。扇尾沙锥、针尾沙锥为旅鸟仅作短期停留	草坪割草、灭虫、灭鼠、检修捕鸟网
秋季（8～10 月）	21	316	夜鹭、白鹭、普通鵟、红隼、扇尾沙锥、珠颈斑鸠、家燕、丝光椋鸟、麻雀	A	夜鹭、白鹭、家燕逐渐迁离，迁离前会结成大群出现在机场上空及周围农田、鱼塘。普通鵟迁到。留鸟、麻雀、珠颈斑鸠会结群活动，其中麻雀会在飞行区出现	注意鸟群活动，用氨水、鞭炮、礼花弹等驱赶，必要时用猎枪射杀
冬季（11 月至次年 1 月）	32	697	麻雀、八哥、普通鵟、红隼、绿翅鸭、斑嘴鸭、绿头鸭	A C	普通鵟、红隼在飞行区活动，伺机捕捉食物。麻雀、八哥多在周边农田、居民点集群活动。野鸭类在钱塘江附近觅食，天寒时也会飞入机场周边鱼塘等水域休息和觅食	用礼花弹驱赶普通鵟、红隼

鸟类早晨开始鸣叫与光照强度有直接关系，不同种类的醒觉照度也不同，据朱曦 2004 年 7 月 21 日对普陀山鸟类醒觉时间和测定结果如下：4:29 时棕背伯劳（*Lanius schach*）开始鸣叫，其照度为 0.1lx，以后依次为白头鹎（*Pycnonotus sinensis*）4:30 时（0.2lx）、斑颈斑鸠（*Streptopelia chinensis*）4:35 时（0.8lx）、画眉（*Garrulax canorus*）4:36 时（0.9lx）、白鹡鸰（*Motacilla alba*）5:08 时（382lx）、麻雀（*Passer montanus*）5:09 时（386lx）、家燕（*Hirundo rustica*）5:10 时（602lx）、强脚树莺（*Cettia fortipes*）5:30 时（2340lx）。

　　随着季节的变化，鸟类鸣叫时间也相应变化。朱曦（1995）对金腰燕（*Hirundo daurica*）的观察表明，醒觉、出飞活动与天空光照的强弱也有密切关系。金腰燕平均醒觉照度为 45.60lx（1.6～252.0lx，*N*=129），出飞平均照度为 74.27lx（1.80～261.0lx，*N*=120）。金腰燕醒觉和出飞时间随季节变化而改变。晴天醒觉到出飞时间间隔短，为 6.53min（1～15min，*N*=43），而阴天天气间隔时间为 7.48min（1～20min，*N*=44），雨天为 9.85min（2～28min，*N*=26），均较晴天长。

　　白鹭通常于早上 5:00～7:00 在升降带及其杂草里觅食；夜鹭为昼伏夜出的鸟类，在池塘边和沼泽地里活动，一般于 18:30 时开始出飞。环颈雉在早上 5:00 开始活动，下午 16:00 时后进入围界内觅食。

　　鸟类在鸣叫之后便飞出觅食，上午 8:00～10:00、下午 3:00～4:00 为鸟类觅食高峰期，鸟类的飞行活动也最为频繁。鸟类的飞行活动与天气变化有关，夏季雨前天气闷热，气压比较低，昆虫都在地面或离地面不高的低空区域活动。家燕结群会在机场跑道、草地上方低空飞行捕食飞虫。在连续阴雨后放晴时，鸟类的觅食活动也十分频繁。

　　夜鹭、白鹭、池鹭等栖息于机场及周边地区乔木树林中，在机场及周边的鱼塘、钱塘江等水域及河滩湿地觅食鱼类、蛙及昆虫。下雨后机场草坪积水，蚯蚓、蠕虫、昆虫也较多，会吸引鹭类、鸻类、鹬类。家燕、白鹭、红隼、棕背伯劳、池鹭、云雀和秋冬季节的普通鵟等，白天在飞行区内出现频次都很高，应注意防范。

　　光照强度是引起鹭活动变化的主要因子，据朱曦（1988b）在浙江省安吉西亩鹭类营巢地的测定，5 月池鹭于早晨 5:00 左右出飞，阴天出飞平均照度为 50.8lx，晴天为 223.3lx；末次回巢（17:15）阴天照度仅为 4.5lx。1994 年 5 月 5 日朱曦（1998a）对位于浙江西部的常山同弓鹭类保护区鹭群活动光照强度测定，鹭出飞亮度为 0.1lx，5:10 时出飞高峰光照强度为 65.6lx；5:40 时光照强度为 1897lx，出飞个体已很少。傍晚回归时间为 16:30～19:10 时，18:40 时光照强度为 3441lx，为鹭回归高峰。

　　夜鹭（*Nycticorax nycticorax*）为昼伏夜出鸟类，一般于 18:30 开始出飞，19:00 左右达到高峰。5 月夜鹭出飞光照强度在 1.2～0.2lx，天明前（0.2lx 以前）返回。夜鹭在迁徙期前和迁徙期中对光照强度的反应是不同的。在迁徙期前，夜鹭起飞的初始光照强度为 4.3lx，起飞数量高峰为 0.48lx。迁徙期间，夜鹭起飞的初始光照强度为 9.6lx，而起飞数量高峰为 1.02lx。夜鹭的取食时间受当地光照周期的控制。随着日期的推移，夜鹭取食时间缩短，而有提前起飞、推迟返回的趋势。日光照时的增长，夜鹭取食时间的缩短（约 2h）将对夜鹭迁徙起着主要作用。

　　伏翼（*Pipistrellus abramus*）为夜行性食虫会飞翔的小型兽类。夏季傍晚和夜间常在机场上空飞捕昆虫，据研究测定，一般在上空光照减弱到 700lx 以下时便开始陆续飞出捕食飞虫，其中以 1500lx 为飞出数量最多。照度高，飞出数量少，乃至不飞出。光对伏翼的搜食活动也有限制作用。每日傍晚前后飞出和黎明前后飞返频数与光照之间均为负相关。晴天和夏天飞出较晚，黎明飞回较早；阴天和春秋飞出较早，飞回较晚。晴天、夏天搜食时间较短，阴天和春、秋较长。

5. 鸟类分布规律

杭州萧山国际机场及其周边 8km 范围内的生境类型可分为草地灌丛、水域湿地、农田开阔地、山地森林和居民点等 5 种类型。

1）草地灌丛

草地灌丛包括机场围界内的草地、农田闲置地、苗圃，以及山地边缘的灌丛草丛，在 A、B、C 各调查区内均有分布。草地灌丛中植物种类较多，植株低矮且茂密，昆虫、蠕虫、蜗牛等动物较多，杂草种子、浆果类也提供了鸟类的食物。

该生境中鸟类有环颈雉（*Phasianus colchicus*）、鹌鹑（*Coturnix japonica*）、麻雀（*Passer montanus*）、针尾沙锥（*Gallinago stenura*）、扇尾沙锥（*Gallinago gallinago*）、云雀（*Alauda arvensis*）、小云雀（*Alauda gulgula*）、红胁蓝尾鸲（*Tarsiger cyanurus*）、棕头鸦雀（*Paradoxornis webbianus*）、褐头鹪莺（*Prinia subflava*）、棕脸鹟莺（*Abroscopos albogularis*）、东方大苇莺（*Acrocephalus orientalis*）、强脚树莺（*Cettia fortipes*）、斑文鸟（*Lonchura punctulata*）、小鹀（*Emberiza rustica*）、灰头鹀（*Emberiza spodocephala*）、三道眉草鹀（*Emberiza cioides*）、红颈苇鹀（*Emberiza yessoensis*）等 18 种，食性以杂草种子、昆虫为主。环颈雉为中型鸟类，其余均属小型鸟类。环颈雉在春季繁殖期会进入机场草坪营巢，春、夏季家燕结群在飞行区上空飞捕昆虫，云雀、小云雀在草坪结群活动，对飞行安全均会造成较大威胁。

2）水域湿地

水域湿地包括钱塘江河道、鱼塘和浅沼地。水域鸟类有白鹭（*Egretta garzetta*）、池鹭（*Ardeola bacchus*）、苍鹭（*Ardea cinerea*）、夜鹭（*Nycticorax nycticorax*）、绿翅鸭（*Anas crecca*）、矶鹬（*Actitis hypoleucos*）、海鸥（*Larus canus*）等计 14 种。水域中鱼类、水生昆虫较多，能为鹭类、鹬类、野鸭类、鸥类提供食物。水域湿地中的植物能供水域湿地鸟类栖息。机场森林水景区面积 20hm^2，其中水体面积占 50% 以上，湖中栽植荷花，为涉禽白鹭、夜鹭、池鹭提供了良好的觅食和栖息地。围界外较多的鱼塘也为鹭类、鹬类提供了优良的觅食场。鹭类在觅食场和栖息地之间迁飞时会穿越跑道，给飞行安全带来威胁。

3）农田开阔地

萧山国际机场周边地区原以农耕为主，种植水稻、小麦、玉米、高粱、棉花、油菜、络麻、萝卜、豆类和蔬菜。近年来，大量农田改种花木，成为全国闻名的花木基地。目前在 C 区的 C_{3-02}、C_{3-05}、C_{3-06}、C_{3-07}、C_{8-02}、C_{8-03}、C_{8-05}、C_{8-06} 等地点还零星种植单季水稻等农作物。

农田开阔地鸟类有环颈雉（*Phasianus colchicus*）、鹌鹑（*Coturnix japonica*）、珠颈斑鸠（*Streptopelia chinensis*）、家燕（*Hirundo rustica*）、麻雀（*Passer montanus*）、白鹡鸰（*Motacilla alba*）、丝光椋鸟（*Sturnus sericeus*）、八哥（*Acridotheres cristatellus*）、斑鸫（*Turdus eunomus*）、金翅雀（*Carduelis sinica*）、黑尾蜡嘴雀（*Eophona migratoria*）、田鹀（*Emberiza rustica*）等计 24 种。家燕、麻雀、丝光椋鸟、八哥、金翅雀等种类会结群活动，环颈雉、家燕、麻雀常进入飞行区草坪、跑道觅食和活动。2007 年 2 月 7 日，四川航空公司一架空客 A320，于 18:18 时在起飞滑跑时二号发动机吸入由农田飞入

跑道的环颈雉，造成发动机损坏，发生航班取消的鸟撞事故。因此，机场周边农田生境鸟类的活动和治理也值得重视。

4）山地森林

在机场 8km 范围内的山地主要有 C 区 C_{8-07}、C_{3-02} 航坞山、大馒头山、小馒头山、青龙山、白虎山，其中航坞山、大馍头山、小馒头山森林植被较好，但由于人为干扰较大，该生境中鸟的种类不多。近年调查发现的鸟类有普通鵟（*Buteo buteo*）、红隼（*Falco tinnunculus*）、画眉（*Garrulax canorus*）、黑脸噪鹛（*Garrulax perspicillatus*）、白头鹎（*Pycnonotus sinensis*）、领雀嘴鹎（*Spizixos semitorques*）、黑枕黄鹂（*Oriolus chinensis*）、黑卷尾（*Dicrurus macrocercus*）、乌鸫（*Turdus merula*）、红头长尾山雀（*Aegithalos concinnus*）等计 18 种。森林鸟类主要在森林中活动和栖息，但普通鵟、红隼常飞入机场上空捕捉小鸟。夏候鸟黑卷尾在迁到时偶尔会穿越跑道上空。红头长尾山雀等会结成小群在林区活动，不会给飞行安全带来威胁。

5）居民点

居民点为人类栖居地，除住房外，还有附属的生活设施。杭州萧山国际机场所在的萧山区是经济发达的地区，近年来多数旧土建房已改造成钢筋混凝土楼房，鸟类栖息条件较差，鸟类种类也较少。该类生境中主要鸟类有麻雀（*Passer montanus*）、家燕（*Hirundo rustica*）、白头鹎（*Pycnonotus sinensis*）、棕背伯劳（*Lanius schach*）、八哥（*Acridotheres cristatellus*）、珠颈斑鸠（*Streptopelia chinensis*）、鹊鸲（*Copsychus saularis*）、乌鸫（*Turdus merula*）、大山雀（*Parus major*）等 9 种。对飞行安全能造成威胁的鸟类家燕、麻雀都在居民点住房营巢繁殖。

杭州萧山国际机场及其周边地区鸟类威胁情况的区域分析见表 11-6。

表 11-6 杭州萧山国际机场及其周边地区鸟类威胁情况区域分析表

区域编号	生境类型	相对跑道方位	鸟种数	数量	危险鸟种	多样性	危险时期	危险鸟类及活动原因	建议治理措施
1	水域湿地	东南 500～1000m 西 4000m	14	89	白鹭、夜鹭、苍鹭	2.58	春、夏季	夜鹭、白鹭会停栖机场树林、觅食活动时穿越跑道。苍鹭、白鹭在钱塘江边及河道鱼塘中捕食鱼类等	白鹭、夜鹭迁到后开始在机场树林中停栖、筑巢。调查、驱赶发现树上鹭类窝等及时拆除，清理林间枯枝，定时清理排水沟
2	山地森林	南 4000m 西北 3500m	18	161	普通鵟、红隼	2.30	秋、冬季	普通鵟为冬候鸟，10 月迁到，翌年 3～4 月迁离。停栖机场周围山林及乔木上，白天盘旋机场上空，伺机捕食小鸟、鼠类。红隼在飞行区活动，会停栖围界上，伺机捕捉小鸟及昆虫等	灭鼠、灭虫，驱赶机场内小型鸟类。坚持巡查、驱赶
3	草地灌丛	东南 500～1000m 东北 3000m	18	120	环颈雉、沙锥、云雀、小云雀、家燕	2.48	春、秋、冬季	环颈雉、小云雀为留鸟，一年四季均会在机场被捕带草地觅食，春季在草地上营巢繁殖。沙锥是候鸟，春、秋季迁徙，途中成小群在草地上停留，觅食草地积水处的昆虫、蠕虫等。云雀为冬候鸟，栖息草地。家燕在草地上空飞捕昆虫	春季及杂草结籽前、平时割草，控制草高为 15～20cm，同时进行喷洒农药，杀灭（跑道周围）昆虫、蠕虫及蜗牛等。清除草地积水

续表

区域编号	生境类型	相对跑道方位	鸟种数	数量	危险鸟种	多样性	危险时期	危险鸟类及活动原因	建议治理措施
4	农田开阔地	西北3000m 南3000m 北8000m 东南8000m	24	783	麻雀、珠颈斑鸠、棕背伯劳、丝光椋鸟、八哥、斑鸠、针尾沙锥、家燕	1.95	夏、秋、冬季	麻雀、珠颈斑鸠、棕背伯劳、丝光椋鸟、八哥都为留鸟，除棕背伯劳外，秋、冬季都会结群在农田觅食和飞行。家燕在农田上空飞捕昆虫，春季迁到繁殖后代，雏燕学飞。9月底10月初迁离时会结大群飞行，给航空带来危险	机场跑道周围治虫，清除杂草种子，减少农田鸟类进入飞行区
5	居民点	东1000～3000m 南3000m 西5000m	9	454	家燕、麻雀、八哥、珠颈斑鸠	1.50	夏、秋、冬季	家燕、麻雀、八哥在居民点建筑物上营巢繁殖，并在居民点周围成群觅食昆虫及草籽、农作物	清理家燕、麻雀、八哥、珠颈斑鸠在建筑物上的窝巢和觅食地；人工干扰、破坏鸟繁殖，清理结籽杂草和作物种子

（三）昆虫调查结果及分析

杭州萧山国际机场及其周边地区为鸟类食源的昆虫主要种类组成见表11-7。

表11-7 杭州萧山国际机场昆虫种类组成

目	科	种名	飞行区	飞行区外机场区	机场外围
	蚱科	突眼蚱 *Ergatettix dorsiferus*（Walker）	√		
	草螽科	斑翅草螽 *Conocephalus maculatus*	√	√	√
	蝗科	中华稻蝗 *Oxya chinensis*（Thunberg）			√
		青脊竹蝗 *Ceracris nigricornis* Walker	√		
		笨蝗 *Haplotropis brunneriana* Saussure	√		√
直翅目		棉蝗 *Chondracris rosea* De Geer	√	√	
	锥头蝗科	短额负蝗 *Atractomorpha sinensis* I. Boliva	√		√
	剑角蝗科	云斑车蝗 *Gastrimargus marmoratus*（Thunberg）			√
		中华剑角蝗 *Acrida cinerea*（Thunberg）	√		
	蝼蛄科	东方蝼蛄 *Gryllotalpa orientalis* Burmeister		√	
	蟋蟀科	黄脸油葫芦 *Teleogryllus emma*（Ohmachi et Matsumura）	√		
蜻蜓目	蜻科	黄蜻 *Pantala flavescens* Fabricius			√
		红蜻 *Crocothemis servilia* Drury			√
同翅目	尖胸沫蝉科	尖胸沫蝉 *Aphrophora intermedia* Uhler	√	√	
	叶蝉科	棉叶蝉 *Empoasca biguttula*（Ishida）			√
		大青叶蝉 *Cicadella viridis*（Linnaeus）	√	√	
	长蝽科	小长蝽 *Nysius ericae* Schilling	√		
		大眼长蝽 *Geocoris pallidipennis*（Costa）			√
半翅目	蝽科	二星蝽 *Eysacoris guttiger*（Thunb）			√
		麻皮蝽 *Erthesina full*（Thunberg）	√		
	网蝽科	悬铃木方翅网蝽 *Corythucha ciliate* Say		√	

目	科	种名	飞行区	飞行区外机场区	机场外围
脉翅目	草蛉科	大草蛉 *Chrysopa septempunctata* Wesmael			√
	隐翅虫科	梭毒隐翅虫 *Paedenus fuscipes* Curtis	√		
	长角象科	咖啡豆象 *Araecerus fasciculatus* Degeer			√
	瓢虫科	四星瓢虫 *Hyperaspis repensis*	√		
		异色瓢虫 *Leis axyridis*（Pallas）		√	√
		龟纹瓢虫 *Propylea japonica*（Thunberg）		√	
鞘翅目	瓢甲科	二十八星瓢虫 *Henosepilachna vigintioctomaculata*（Motschulsky）			√
	丽金龟科	铜绿金龟子 *Anomala corpulenta* Motschulsky			√
	花金龟科	白星花金龟 *Protaetia brevitarsis* Lewis	√		√
	叶甲科	四斑叶甲 *Monolepta quadriguttata*（Motschulsky）			√
		宽缘瓢莹叶甲 *Oides maculates*（Olivier）			√
	肖叶甲科	甘薯肖叶甲 *Colasposoma dauricum* Mannerheim			√
	食蚜蝇科	黑带食蚜蝇 *Episyrphus balteatus* De Geer			√
双翅目	实蝇科	柑橘大实蝇 *Tetradacus citri*（Chen）	√		√
		橘小实蝇 *Bactrocera dorsalis* Hendel			√
	凤蝶科	红纹凤蝶 *Pachliopta aristolochiae interposita* Fabricfor		√	
		樟青凤蝶 *Graphium sarpedon* Linnaeus			√
	粉蝶科	菜粉蝶 *Pieris rapae* Linnaeus			√
		檗黄粉蝶 *Eurema blanda*（Boisduval）	√		
鳞翅目	蛱蝶科	宽边黄粉蝶 *Eurema hecabe*（Linnaeus）		√	√
		翠蓝眼蛱蝶 *Junonia almana*（Linnaeus）		√	√
		斐豹蛱蝶 *Argyreus hyperbius*（Linnaeus）			√
	蓑蛾科	茶蓑蛾 *Clania minuscule* Butler		√	
	斑蛾科	灰翅叶斑蛾 *Illiberis hyaline* Staudinger		√	
		重阳木斑蛾 *Histia rhodope* Cramer		√	
膜翅目	蜜蜂科	中华蜜蜂 *Apis cerana* Fabricius			√

一年中 4～11 月机场中都有昆虫，但在 4～8 月昆虫繁殖后数量增加，为昆虫数量高峰期。该时段也是鸟类繁殖期，昆虫成虫及幼虫为鸟类育雏期间的食物，昆虫多的地方多成为食虫鸟类的食源地，吸引食虫鸟类来觅食，鸟类的活动也增加。因此做好虫情的预测预报，并及时喷洒农药，杀灭幼虫和成虫，控制昆虫数量的增长，从而减少食虫鸟类进入飞行区觅食和活动，确保飞行安全。

杭州萧山国际机场及其周边地区与鸟类密切相关昆虫的分布区域、吸引危险鸟类活动的原因及建议治理措施见表 11-8。

表 11-8　杭州萧山国际机场飞行区与鸟类活动密切相关的昆虫和兽类调研表

序号	种类	数量	种群密度/（只/km²）	出现季节和时段	分布区域	生境类型	可能吸引的危险鸟类及原因	建议治理措施
1	小蚱	10	333	4～10 月	A	草坪	吸引棕背伯劳、八哥、红隼、环颈雉进入围界觅食	控制草高，5～10 月定期喷药灭虫
2	突眼蚱	8	267	4～9 月	A	草坪	吸引棕背伯劳、八哥、红隼、环颈雉进入围界觅食	控制草高，5～10 月定期喷药灭虫
3	斑翅草螽	6	200	5～10 月	A	草坪	吸引棕背伯劳、八哥、红隼、环颈雉进入围界觅食	控制草高，5～10 月定期喷药灭虫
4	青脊竹蝗	12	400	4～19 月	A	草坪	吸引棕背伯劳、八哥、红隼、环颈雉进入围界觅食	控制草高，5～10 月定期喷药灭虫
5	中华稻蝗	25	833	4～10 月	A	草坪	吸引棕背伯劳、八哥、红隼、环颈雉进入围界觅食	控制草高，5～10 月定期喷药灭虫
6	笨蝗	15	500	4～10 月	A	草坪	吸引棕背伯劳、八哥、红隼、环颈雉进入围界觅食	控制草高，5～10 月定期喷药灭虫
7	竹蝗	10	333	4～10 月	A	草坪	吸引棕背伯劳、八哥、红隼、环颈雉进入围界觅食	控制草高，5～10 月定期喷药灭虫
8	棉蝗	10	333	4～10 月	A	草坪	吸引棕背伯劳、八哥、红隼、环颈雉进入围界觅食	控制草高，5～10 月定期喷药灭虫
9	短额负蝗	2	67	5～10 月	A	草坪	吸引棕背伯劳、八哥、红隼、环颈雉进入围界觅食	控制草高，5～10 月定期喷药灭虫
10	中华剑角蝗	20	667	4～10 月	A	草坪	吸引棕背伯劳、八哥、红隼、环颈雉进入围界觅食	控制草高，5～10 月定期喷药灭虫
11	黄脸油葫芦	4	133	4～9 月	A	草坪	吸引棕背伯劳、八哥、红隼、环颈雉进入围界觅食	控制草高，5～10 月定期喷药灭虫
12	蟋	11	367	5～10 月	A	草坪	吸引棕背伯劳、八哥、红隼、环颈雉进入围界觅食	控制草高，5～10 月定期喷药灭虫
13	蜻蜓	5	167	4～10 月	A	草坪	吸引棕背伯劳、八哥、红隼、环颈雉进入围界觅食	控制草高，5～10 月定期喷药灭虫
14	螽斯	10	333	4～11 月	A	草坪	吸引棕背伯劳、八哥、红隼、环颈雉进入围界觅食	控制草高，5～10 月定期喷药灭虫
15	盾蚧	25	833	4～9 月	A	草坪	吸引家燕进入围界觅食	控制草高，5～10 月定期喷药灭虫
16	尖胸沫蝉	30	1000	5～10 月	A	草坪	吸引家燕进入围界觅食	控制草高，5～10 月定期喷药灭虫
17	大青叶蝉	8	267	4～10 月	A	草坪	吸引棕背伯劳进入围界觅食	控制草高，5～10 月定期喷药灭虫
18	蜡蝉	5	167	4～9 月	A	草坪	吸引棕背伯劳进入围界觅食	控制草高，5～10 月定期喷药灭虫
19	蚜虫	20	667	3～12 月	A	草坪	吸引棕背伯劳进入围界觅食	控制草高，5～10 月定期喷药灭虫
20	小长蝽	15	500	4～11 月	A	草坪	吸引棕背伯劳进入围界觅食	控制草高，5～10 月定期喷药灭虫
21	二星蝽	4	133	4～11 月	A	草坪	吸引棕背伯劳进入围界觅食	控制草高，5～10 月定期喷药灭虫
22	梭毒隐翅虫	1	33	3～12 月	A	草坪	吸引棕背伯劳进入围界觅食	控制草高，5～10 月定期喷药灭虫

序号	种类	数量	种群密度/ （只/km²）	出现季节 和时段	分布 区域	生境 类型	可能吸引的危险鸟类及原因	建议治理措施
23	黑带食蚜蝇	7	233	3～12月	A	草坪	吸引家燕、八哥、椋鸟进入围界觅食	控制草高，5～10月定期喷药灭虫
24	大蚊	2	67	4～10月	A	草坪	吸引家燕、八哥、椋鸟进入围界觅食	控制草高，5～10月定期喷药灭虫
25	麻蝇	10	333	6～11月	A	草坪	吸引家燕、八哥、椋鸟进入围界觅食	控制草高，5～10月定期喷药灭虫
26	四星瓢虫	9	300	3～10月	A	草坪	吸引家燕进入围界觅食	控制草高，5～10月定期喷药灭虫
27	铜绿丽金龟	200	6667	5～9月	A	草坪	吸引家燕、八哥、椋鸟进入围界觅食	控制草高，5～10月定期喷药灭虫
28	蚁蜂	1	33	4～10月	A	草坪	吸引家燕、八哥、椋鸟进入围界觅食	控制草高，5～10月定期喷药灭虫
29	蚂蚁	26	867	1～12月	A	草坪	吸引家燕、八哥、椋鸟进入围界觅食	控制草高，5～10月定期喷药灭虫
30	菜粉蝶	5	167	4～10月	A	草坪	吸引家燕、八哥、椋鸟进入围界觅食	控制草高，5～10月定期喷药灭虫
31	黄粉蝶	8	267	4～10月	A	草坪	吸引家燕、八哥、椋鸟进入围界觅食	控制草高，5～10月定期喷药灭虫
32	舟蛾	5	167	4～10月	A	草坪	吸引家燕、八哥、椋鸟进入围界觅食	控制草高，5～10月定期喷药灭虫
33	灰蝶	12	400	5～9月	A	草坪	吸引家燕、八哥、椋鸟进入围界觅食	控制草高，5～10月定期喷药灭虫
34	臭鼩	1	1	全年	A、B、C	农田草灌	吸引鸦类、普通鵟、红隼等猛禽进入围界捕食	全年灭鼠
35	大麝鼩	2	2	全年	A、B、C	农田草灌	吸引鸦类、普通鵟、红隼等猛禽进入围界捕食	全年灭鼠

（四）兽类调查结果及分析

杭州萧山国际机场及其周边地区是钱塘江河口滩涂围垦形成的，农田以种植水稻、玉米、花生、大豆等作物及大面积的园林绿化花卉苗木，兽类的种类相对贫乏。兽类中可作为猛禽食物的仅有小型啮齿类和食虫类。该区小型兽类有啮齿目的黑线姬鼠（*Apodemus agrarius*）、黄毛鼠（*Rattus lossea*）、褐家鼠（*Rattus norvegicus*）、小家鼠（*Mus musculus*）；食虫目的臭鼩（*Suncus murinus*）和大麝鼩（*Crocidura dracula*）等。近一年来在机场采获的标本，经鉴定为臭鼩和大麝鼩2种，臭鼩和大麝鼩取食昆虫和蚯蚓，种群密度很低。

啮齿类、食虫类皆为猛禽普通鵟、红隼、鸦类的捕猎对象。啮齿类、食虫类种群密度分布区域及吸引的鸟种类，以及建议治理措施见表11-8。

（五）植物调查结果及分析

杭州萧山国际机场及其周边地区植物标本采集和调查，经鉴定有植物71科187种，其中与鸟类活动密切相关的植物有 26 种（表 11-9）。

表 11-9　杭州萧山国际机场及其周边地区与鸟类活动密切相关的植物调研表

序号	种类	分布区域	是否优势种或建群种	相关危险鸟类及活动原因	建议治理措施
1	雪松 Cedrus deodara	B、C	建群种	3～7 月鹭类筑巢繁殖	人工干扰或机场区迁移
2	桑 Morus alba	B	建群种	吸引白头鹎取食果实	人工驱赶或及时采摘成熟果实
3	长柱小檗 Berberis lempergiana	B		吸引白头鹎取食果实	人工驱赶或及时采摘成熟果实
4	香樟 Cinnamomum camphora	B、C	建群种	吸引乌鸫、斑鸠取食果实	清理树下种子
5	枇杷 Eriobotrya japonica	C		吸引白头鹎取食果实	人工驱赶、果实外套纸袋
6	梨 Pyrus pyrifolia	C	建群种	吸引白头鹎取食果实	人工驱赶、果实外套纸袋
7	桃 Amygdalus persica	C	建群种	吸引白头鹎取食果实	人工驱赶、果实外套纸袋
8	红叶李 Prunus ceraifera	B	建群种	吸引白头鹎取食果实	人工驱赶、果实外套纸袋
9	日本晚樱 Cerasus serrulata	B	建群种	吸引白头鹎、领雀嘴鹎取食果实	人工驱赶
10	石楠 Photinia serrulata	B	建群种	吸引白头鹎、领雀嘴鹎、乌鸫取食果实	人工驱赶
11	大豆 Glycine max	C	优势种	吸引环颈雉取食种子	收割时注意堆放，拣拾田间的大豆种子
12	豇豆 Vigna unguiculata	C	优势种	吸引环颈雉取食种子	同上
13	苦楝 Melia azedarach	C	建群种	在冬季白头鹎取食树上果实	人工驱赶
14	葡萄 Vitis vinifera	C	建群种	吸引白头鹎、乌鸫、领雀嘴鹎啄食果实	结果后套纸袋
15	女贞 Ligustrum lucidum	B、C	建群种	吸引白头鹎、乌鸫、领雀嘴鹎啄食果实	人工驱赶
16	高粱 Sorghum bicolor	C	优势种	吸引麻雀、环颈雉取食果实	果实成熟阶段人工驱赶
17	水稻 Oryza sativa	C	优势种	吸引麻雀、环颈雉取食果实	果实成熟阶段人工驱赶
18	玉米 Zea mays	C	优势种	吸引麻雀、环颈雉取食果实	果实成熟阶段人工驱赶
19	白茅 Imperata cylindrica	A、C	建群种	吸引麻雀、金翅雀、鹀类取食种子	控制草高为 15cm 以下
20	双穗雀稗 Paspalum distichum	A	建群种	吸引麻雀、金翅雀、鹀类取食种子	控制草高为 15cm 以下
21	牛筋草 Elhusine indica	A、B、C	建群种	吸引麻雀、金翅雀、鹀类取食种子	控制草高为 15cm 以下
22	光头稗 Echinochloa colonum	B	建群种	吸引麻雀、金翅雀、鹀类取食种子	控制草高为 15cm 以下
23	长芒稗 Echinochloa hiepidula	B	建群种	吸引麻雀、金翅雀、鹀类取食种子	控制草高为 15cm 以下
24	狗尾草 Setaira viridis	A、B、C	优势种	吸引麻雀、金翅雀、鹀类取食种子	控制草高为 15cm 以下
25	长狗尾草 Setria faberi	B	建群种	吸引麻雀、金翅雀、鹀类取食种子	控制草高为 15cm 以下
26	金色狗尾草 Setria glauca	A	建群种	吸引麻雀、金翅雀、鹀类取食种子	控制草高为 15cm 以下

四、2011 年调查与 2006 年调查结果比较

2006 年在杭州萧山国际机场及其周边地区进行鸟类调查，鸟类有 14 目 33 科 76 种，其中机场鸟类有 56 种。2011 年调查计有鸟类 12 目 34 科 61 种，物种数较 2006 年减少

了 15 种；机场鸟类 33 种，较 2006 年减少了 23 种。

机场鸟类物种数及鸟类个体数量减少的原因，主要是多年来连续应用生态学原理进行综合治理。5 年来坚持进行不间断的人工巡查、驱赶和生态环境整治，减少鸟类栖息和觅食场所。飞行区坚持做到对虫情、蠕虫、蜗牛的观察，及时喷洒农药，控制昆虫及蠕虫等鸟类食源的数量。坚持割草，控制草高在 20cm 以下。机场进行周边环境整治，清除了雪松等苗木林，对原有绿化带进行疏理，减少和恶化了夜鹭、白鹭等群鸟的栖息环境，从而减少了鹭类的数量。

机场场务队在鸟撞防范工作中始终坚持以人为本、标本兼治的原则，通过各种培训提高驱鸟人员的责任心和业务素质。及时掌握驱鸟信息，引进先进设备努力做好鸟撞防范工作。机场先后购置的驱鸟设备有多功能驱鸟车、英国电脑声学动物驱赶系统、猎枪、礼花弹、程控式太阳能驱鸟煤气炮、电子煤气炮、激光驱鸟仪、太阳能杀虫灯，以及利用氨水和驱鸟剂散发的气味来进行驱赶鸟类。

五、杭州萧山国际机场鸟撞防范措施建议

（一）综合管理原则

杭州萧山国际机场鸟撞防范工作基于鸟类学、行为学、生态学的原理开展，根据鸟类的种类、生态类型、地理分布、季节型及鸟类习性和行为学的特性，从生态环境整治和减少鸟类食物源等方面进行。清除或改造鸟类栖息地、营巢地、觅食地。采用生境控制的方法消除或尽量减少鸟类可以利用的食物、水源、停栖地、隐蔽地等环境。从而有效地控制鸟类的食源，减少鸟类的数量，以降低鸟类对飞行安全的威胁。

（二）生态环境管理

1. 草地管理

草地是杭州萧山国际机场及其周边地区最主要的生境类型之一，也是机场鸟类栖息、活动和觅食的主要场所。因此草地管理的好坏直接关系到草地活动鸟类的种类和活动。杭州萧山国际机场草地草高的控制作为鸟撞防范的主要内容之一。建场初期一年中定期进行机械割草，以后根据草坪植物生长情况改为多次经常性割草，严格控制草高在 20cm 以下。割掉的草当即运离机场，以免草堆孳生昆虫、蠕虫，以及其他小型动物，吸引鸟类。

杭州萧山国际机场草地比较平整，原先的芦苇等杂草已经清除，目前存在的问题是部分地块草地长势不好，并长有能孳生蜗牛、蠕虫的三叶草。三叶草范围不断扩大，建议选用百草敌（Dicamba）每公顷 40%乳油 2100ml 兑水 200～400kg 茎叶喷雾；2,4-二氯苯氧乙酸（2,4-D）每公顷 72%乳油 675ml 兑水 200～400kg 茎叶喷雾；敌稗（Propanil）对多种禾本科杂草和阔叶杂草均有良好触杀作用，每公顷 1.5～2.5kg 茎叶喷雾等除草剂进行清除。

2. 水体管理

机场范围内特别是飞行区草地的地表水会孳生蚯蚓、蠕虫、蜗牛及蚊、蝇等昆虫，

同时也提供鸟类洗澡和饮用的水。因此,应填平低洼地,以减少鹭类沙锥、鹬类等鸟类的食物源,以减少沙锥、鹬类进入鹭类飞行区的机会。

杭州萧山国际机场有排水沟,排水沟常常长满水草,堵塞河流,孳生蚊、蝇等昆虫,招引鸟类捕食。飞行区中的部分排水沟已覆盖尼龙线网,建议增加排水沟的覆盖面积,最好是将明沟改为暗沟。同时应在雨季来临之前及时清理排水沟。

目前机场围界外有较多水塘和养鱼塘,治理难度较大。建议加强与管理人员的联系,对水塘和养鱼塘周围树木、灌丛进行清理,并在水塘和鱼塘边缘覆尼龙线网,或张挂鹭鸟尸体、标本模型恐吓鹭类。在浅水区置放铁铗,以减少白鹭、夜鹭、池鹭等鸟类到鱼塘的觅食活动。在春、夏季鹭类活动季节加大人工驱赶力度。

3. 社会经济活动管理

杭州萧山国际机场周边 8km 范围内的生境可分为草地灌丛、水域湿地、农田开阔地、山地森林和居民点等 5 种类型,农田开阔地种植水稻、大麦、小麦、玉米,以及豆类、高粱、萝卜、瓜果、蔬菜。由于受市场经济影响,许多农田都改种绿化苗木,精细耕作,精细管理,昆虫类较少。水稻只种单季稻,但闲置农田中杂草丛生,草籽、稻谷仍能吸引麻雀、珠颈斑鸠、八哥、椋鸟等植食性鸟类来此活动。建议农户对闲置地中稻草进行清理或烧毁,减少植物种子和叶蝉、稻飞虱、稻蝗、蝼蛄等昆虫,以清除植食性鸟类的食源。

机场周边地区与威胁鸟类密切相关的养鸽户、垃圾场、养殖场、屠宰场、草地、树林、灌木丛、鱼塘、农作物种植地、晾晒场及其他吸引鸟类活动的环境类型及生物类群,掌握鸟类觅食地、筑巢地、水源地、栖息地的总体状况和时空分布,分析机场地区吸引鸟类活动的原因,提出生态环境治理和防范驱赶建议措施。

4. 昆虫及土壤动物防治

杭州萧山国际机场草地中可作为鸟类食源的昆虫主要是直翅目、同翅目、鳞翅目、膜翅目、双翅目、脉翅目、鞘翅目、半翅目的种类。

可作为鸟类食物的土壤动物有蜗牛、蚂蚁、蚯蚓、蛴螬、蜘蛛、蝼蛄、马陆、鼠妇,以及鞘翅目等的幼虫。

夏、秋两季是机场草地昆虫及土壤动物繁殖时期。因此,在春末夏初、初秋应根据昆虫生长情况喷洒低毒、安全农药。农药种类和使用浓度为 40%氧化乐果乳油 1500 倍液喷雾;50%敌敌畏乳油 1000～1500 倍液喷雾;2%呋喃丹煤粒剂每亩 3000g;20%灭多威乳油 2000 倍液喷雾;5%来福灵乳油 4000 倍液喷雾,也可以使用杀灭菊酯类农药。

春、夏、秋季在跑道周边草地隔月施用一次石灰,Lumbricide 可杀灭蚯蚓、蜗牛、马陆、蜘蛛。农药使用中要考虑到昆虫对农药产生抗药性,需将不同的农药交替使用。

主要种类的防治:

蝗虫:从秋末到清明期间消灭越冬卵块。蝗蝻三龄前多集中在杂草上,可选用 50%杀螟硫磷乳油 1500 倍液;40%乐果乳油 1500～2000 倍液;50%马拉硫磷乳剂;80%敌敌畏乳油 1500～2000 倍液;90%晶体敌百虫 2000 倍液;5%锐劲特 2000 倍液等农药进行喷雾防治。

地老虎：在蛾高峰过后 20～25 天即为 2～3 龄幼虫期，为防治适期。用黑光灯诱杀成虫；糖醋液（糖 6 份、醋 3 份、白酒 1 份、水 10 份）诱杀成虫，90%敌百虫 800 倍液或 50%辛硫磷 800 倍液喷雾防治。

蛴螬：为金龟甲科幼虫。黑光灯诱杀金龟甲成虫；用 50%辛硫磷乳油每亩 250～300ml，结合灌水施入土壤中或加细土 25～30kg 拌成毒土撒施。

蝼蛄：根据蝼蛄对香甜物质的趋性，用毒饵诱杀。先将饵料（秕谷、麦麸、豆饼等）5kg 炒香，而后用 90%敌百虫 300 倍液 0.15kg 拌匀，适量加水，拌潮为度，每亩 1.5～2.5kg，在无风的傍晚撒施。

蜗牛：8%灭蜗灵颗粒每 1000m^2 用 7.5～15kg，拌细土 75kg 于傍晚撒于草间；6%密达颗粒剂每 1000m^2 用 6～7.5kg 撒施。

蛞蝓：雨后晴天傍晚或阴天每亩用 6%密达 250g 或 6%蜗克星 250g 进行撒施，3～5天后视其发生量及取食情况进行补施。

昆虫和土壤动物的防治在草地修剪后使用效果比较好。

杭州萧山国际机场自 2006 年开始在草地边缘安装黑光灯，诱杀蛾、蚊、金龟子等作用明显，建议增加太阳能黑光灯数量，其密度在每亩安装一盏。部分可以安装在围界内侧，既可以诱杀草灌、农田昆虫，同时对排水渠的飞虫也有一定杀捕效果。

5. 鼠类防治

自 2001 年至 2011 年 10 年调查观察，杭州萧山国际机场小型兽类的种类较少，且密度较低。在飞行区捕鼠调查仅发现食虫目的臭鼩（*Crocidura dracula*）和大麝鼩（*Suncus murinus*）2 种。

由于小型兽类是猛禽的食源，因此仍应做好防治。鼠类和食虫目种类的防治方法可采用灭杀和生态学方法破坏鼠类和食虫目种类的生存环境，达到控制鼠类和食虫目种类的数量。

（1）药物防治：药物防治中，在机场及飞行区内选择布放敌鼠钠盐 0.25%毒米；溴敌隆 0.5%毒米；杀鼠灵 1%的毒粉配制成 0.025%的毒饵；杀鼠醚 7.5%和 3.75%两种毒粉配制成 0.03%～0.05%的毒饵进行交替更换使用。

（2）器械防治：采用鼠铗、鼠笼、枪击、压板、陷阱等，也可以采用捕打、翻堆、灌水、熏烟、挖洞等方法防治。

（3）综合防治：清理草地、垃圾堆、土堆，以减少鼠类等小型兽类的隐蔽场所和食物来源，恶化鼠类的生存环境。继续做好小型兽类的调查，掌握小型兽类的生长规律，在其繁殖高峰（一般在 1 月、3 月、7 月、9 月）来临之前采用毒饵和器械灭鼠，有效地控制小型兽类的种群数量。

（三）鸟类驱赶措施

1. 围界内活动鸟类的驱赶

杭州萧山国际机场围界内鸟类驱赶的设施比较齐全，除驱鸟车、猎枪每天进行驱赶外，还在跑道南端东侧与跑道方向平行的草地上架设了长 2000m，高 5～6m 的捕鸟网，每年候鸟迁来之前进行更换新网。

自动煤气驱鸟炮安置在跑道方向平行的草地上。从跑道南端东侧直到跑道北端东侧，自动煤气驱鸟炮主要安置在鸟类经常出没的地方，安置地点一年中应变更位置。

超声波安置在草地上，其方向也与跑道平行。超声波在刚开始使用时驱赶小型鸟类有一定效果，但日久其效果不明显，可能鸟类已适应，建议改用与驱鸟炮间隔使用的方法，以减少鸟类的适应性，提高驱鸟效果。

2. 实施场外驱鸟

场外驱鸟主要是破坏鸟类的栖息、营巢和隐蔽的环境，迫使鸟类远离机场。

杭州萧山国际机场在建场时的理念是园林化的现代化机场，机场内采用了大量香樟（*Cinnamomum camphora*）、银杏（*Ginkgo biloba*）、雪松（*Cedrus deodara*）、湿地松（*Pinus elliottii*）、水杉（*Metasequoia glyptostroboides*）、池杉（*Taxodium ascendens*）、柳杉（*Cryptomeria fortunei*）、珊瑚朴（*Celtis julianae*）、黄果朴（*Celiis biondii*）、榉树（*Zelkova schneideriana*）、枫杨（*Pterocarya stenoptera*）、黄山栾树（*Koelreuteria bipinnata* var. *integrifoliola*）等60余种乔木灌木。绿化公司营造了大量的香樟、雪松等乔木林，提供了鹭类、环颈雉、普通鵟、乌鸫、珠颈斑鸠及鸦类良好的栖息地。

为了防范鸟撞的发生，杭州萧山国际机场对机场航站楼前的园林广场中的大树草坪区（7hm^2）、森林停车场景区（2.5hm^2）、森林水景区（20hm^2）进行了改造，将大树草坪区改建为停车场。

2008年1月4日机场场道维护管理部向机场公司提交了《关于要求执行机场内引鸟苗木林整治计划的请示》，浙江农林大学朱曦教授在实地调查基础上，对不同地块提出相应整治建议，并对下述林地进行了整治。

（1）砍伐修理厂、武警房周边林木中的水杉，并对其他树种进行疏伐，减少树林密度，清理贴地的杂草和灌木。

（2）11号路加油站香樟林，进行了疏伐，大苗木间距约20m，所有灌木丛予以清除。

（3）5号路雪松进行间疏，间距在15m之间，并合理利用空间，从11号路加油站香樟林移植来一批有较高经济价值的大规格香樟，待其冠幅稍大后作自用处理，以免引鸟。

（4）对职工宿舍处的无患子进行了移除。

（5）对张家桥小苗地的原有苗木全部移除，为不使苗地因荒废出现杂草丛生现象，从11号路加油站香樟林移植来一批有较高经济价值的大规格香樟，待其冠幅稍大后作自用处理，以免引鸟。

（6）对11号路南侧绿地中的雪松林进行了间疏，清理了树下的灌木丛。

通过以上苗木整治，飞行区内的鸟类明显减少，取得了良好的整治效果，场区内明显吸引鸟类的树木基本治理完毕。随情况的变化，场务队对场内环境持续跟踪，发现明显吸引鸟类的树林将及时整治。

下一步机场环境改造重点应是清理距跑道末端、离跑道中心线150m之内的乔木、浓密的灌木丛，并密切注意同周边居民协商、对围界外杂木林、枯立木及养鱼塘的改造，以根除围界外鸟类停栖、营巢繁殖和觅食的基本条件。

（四）加强鸟情信息收集，开展鸟情的预测预报

鸟情信息对于鸟撞防范有主要作用，每天应在围界内应用定点和路线调查方法对鸟类进行种类、数量、飞行活动等调查。继续做好每月鸟情分析动态变化，并预测下个月鸟的种类，及时做好鸟撞防范的准备工作。

对于机场鸟撞防范中威胁极为严重的鸟种类应做好持续监测，特别关注该类鸟的数量、分布区、飞行方向及飞行高度，根据鸟情变化趋势采取有针对性的防范对策。

进行围界内区域草情、虫情、鼠情、土壤动物的监测、分析变化趋势，及时采取措施，控制草高，灭虫，灭鼠，杀灭蚯蚓、蜗牛及土壤中昆虫。

在春、秋季鸟类迁徙季节及时掌握迁徙鸟种类、数量和活动规律，及时更换捕鸟网，并做好虫情、土壤动物的预测预报工作。建议在华东各机场建立信息网，及时通报候鸟的迁飞日期和动态，做好鸟撞防范工作。

（五）华东机场鸟情及生态环境调研成果

我国鸟撞研究起步较晚，1994年中国动物学会鸟类学分会成立了鸟撞研究组，之后首都机场、浦东机场、虹桥机场、萧山机场、白云机场等都较早地开展了鸟撞的相关研究，但多数机场都在2000年以后才陆续开始。

华东机场有关鸟情及环境调研的有杭州萧山国际机场（朱曦，2001）、厦门高崎国际机场（邱春荣，2003）、潍坊机场（吕艳等，2008）、虹桥机场（赵云龙等，2004）。

朱曦于1996年在杭州机场（现杭州萧山国际机场）等民用机场及中国人民解放军空军和海军机场开始鸟情、生态环境及鸟撞防范的研究，近20年来在华东已先后完成下列有关项目：

（1）《杭州萧山国际机场鸟害防治研究》1～36页（2001.12）

（2）《杭州萧山国际机场鸟情及信息系统的研制》（2004）

（3）《杭州萧山国际机场鸟类与生态环境研究》1～59页，附图5（2006.12）

（4）《杭州萧山国际机场有害生物控制》1～20页（2006.10）

（5）《杭州萧山国际机场鸟情及生态环境调研》1～59页，附图3（2011.9）

（6）《海军某机场鸟情调查研究报告》1～39页，附图5（2006.3）

（7）《宁波栎社国际机场鸟情调查研究报告》1～33页，附图5（2006.3）

（8）《海军某机场生态环境和鸟情调查研究报告》1～52页，附图6（2008.12）

（9）《海军某机场鸟害防治研究报告》1～65页，附图4（2008.8）

（10）《海军某机场鸟害防治研究报告》1～52页，附图4（2008.8）

（11）《空军某机场鸟击防范生态环境研究报告》1～58页，附图6（2009.7）

（12）《海军某机场鸟情及生态环境调研报告》1～73页（2013.8）

（13）《普陀山机场鸟害防治研究报告》1～55页，附图5（2008.8）

（14）《海军某机场鸟情及生态环境调研报告》1～53页（2014.3）

（15）《温州龙湾国际机场鸟情及生态环境调研报告》1～56页，附图3（2012.5）

（16）《温州龙湾国际机场鸟情及鸟击原因分析》1～12页，附图7（2014.9）

（17）与华东鸟撞防治有关的研究《东海海域鸟类研究》1～24页（2008.8）

附录 华东鸟类分布总表

目、科、种	安徽	江西	山东	江苏	上海	浙江	福建
	1	2	3	4	5	6	7
一、潜鸟目 GAVIIFORMES							
（一）潜鸟科 Gaviidae							
1 红喉潜鸟 *Gavia stellata*（Pontoppidan）			—	—	—	—	—
2 黑喉潜鸟 *Gavia arctica*（Linnaeus）							
（1）*G. a. viridgularis* Dwight			—	—	—	—	—
3 太平洋潜鸟 *Gavia pacifica*（Lawrence）			—	—			
4 黄嘴潜鸟 *Gavia adamsii*（G. R. Gray）			O	—			
二、鸊鷉目 PODICIPEDIFORMES							
（一）鸊鷉科 Podicipedidae							
1 小鸊鷉 *Tachybaptus ruficollis*（Pallas）							
（1）*T. r. poggei*（Reichenow）	+	+	+	+	+	+	+
2 赤颈鸊鷉 *Podiceps grisegena*（Boddaert）							
（1）*P. g. holboellii* Reinhardt			—	—			
3 凤头鸊鷉 *Podiceps cristatus*（Linnaeus）							
（1）*P. c. cristatus*（Linnaeus）	—		—	—	—	—	—
4 角鸊鷉 *Podiceps auritus*（Linnaeus）							
（1）*P. a. auritus*（Linnaeus）			—	—	—	—	—
5 黑颈鸊鷉 *Podiceps nigricollis* Brehm							
（1）*P. n. nigricollis* Brehm			—	—	—	—	—
三、鹱形目 PROCELLARIIFORMES							
（一）信天翁科 Diomedeidae							
1 短尾信天翁 *Diomedea albatrus* Pallas			—	—	—	—	—
2 黑脚信天翁 *Diomedea nigripes* Audubon						—	+
（二）鹱科 Procellariidae							
1 白额圆尾鹱 *Pterodroma hypoleuca*（Salvin）							
2 褐燕鹱 *Bulweria bulwerii*（Jardine et Selvin）			+			+	+
3 白额鹱 *Calonectris leucomelas*（Temminck）		—	+	+		+	+
4 短尾鹱 *Puffinus tenuirostris*（Temminck）						—	
5 灰鹱 *Puffinus griseus*（Gmelin）			+		+	+	+
（三）海燕科 Hydrobatidae							
1 黑叉尾海燕 *Oceanodroma monorhis*（Linnaeus）							
（1）*O. m. monorhis* Linnaeus			+	+	+	+	+
四、鹈形目 PELECANIFORMES							
（一）鹈鹕科 Pelecandiae							

续表

目、科、种	安徽	江西	山东	江苏	上海	浙江	福建
	1	2	3	4	5	6	7
1 白鹈鹕 *Pelecanus onocrotalus*					—		O
2 斑嘴鹈鹕 *Pelecanus philippensis*（Gmelin）							
（1）*P. p. philippensis*（Gmelin）	—	—	—	—	—	—	—
（2）*P. p. crispus* Bruch	—						
3 卷羽鹈鹕 *Pelecanus crispus* Bruch							—
（二）鲣鸟科 Sulidae							
1 褐鲣鸟 *Sula leucogaster*（Boddaert）							
（1）*S. l. plotus*（Forster）			—				
2 红脚鲣鸟 *Sula sula*（Linnaeus）							
（三）鸬鹚科 Phalacrocoracidae							
1 普通鸬鹚 *Phalacrocorax carbo*（Linnaeus）							
（1）*P. c. sinensis*（Blumenbanch）	—	—	+				+
2 绿背鸬鹚（斑头鸬鹚）*Phalacrocorax capillatus*（Temminck et Schlegel）							
3 海鸬鹚 *Phalacrocorax pelagicus*（Pallas）			+			—	—
（四）军舰鸟科 Fregatidae							
1 黑腹军舰鸟（小军舰鸟）*Fregata minor*（Gmelin）							
（1）*F. m. minor*（Gmelin）			+	—	+	+	+
2 白斑军舰鸟 *Fregata ariel*（G. R. Gray）							
（1）*F. a. ariel*（G. R. Gray）			O	O			O
3 白腹军舰鸟 *Fregata andrewsi*（Mathews）							+
五、鹳形目 CICONIIFORMES							
（一）鹭科 Ardeidae							
1 苍鹭 *Ardea cinerea*（Linnaeus）							
（1）*A. c. jouyi* Clark	+	+	+	+	+	+	+
2 草鹭 *Ardea purpurea*（Linnaeus）							
（1）*A. p. manilensis* Meyen	+	+	+	+	+	+	+
3 大白鹭 *Egretta alba*（Linnaeus）							
（1）*E. a. modesta*（J. E. Gray）	—	—	+	+	+	+	+
（2）*E. a. alba*（Linnaeus）					+		O
4 白脸鹭 *Egretta novaehollandie*（Latham）							
5 中白鹭 *Egretta intermedia*（Wagler）							
（1）*E. i. intermedia*（Wagler）	+	+	+	+	+	+	+
6 白鹭 *Egretta garzetta*（Linnaeus）							
（1）*E. g. garzetta*（Linnaeus）	+	+	+	+	+	+	+
7 黄嘴白鹭 *Egretta eulophotes*（Swinhoe）	+	+	+	+	+	+	+
8 岩鹭 *Egretta sacra*（Gmelin）							
（1）*E. s. sacra*（Gmelin）						—	+
9 牛背鹭 *Bubulcus ibis*（Linnaeus）							
（1）*B. i. coromandus*（Boddaert）	+	+	+	+	+	+	+

续表

目、科、种	安徽 1	江西 2	山东 3	江苏 4	上海 5	浙江 6	福建 7
10 池鹭 *Ardeola bacchus*（Bonaparte）	+	+	+	+	+	+	+
11 绿鹭 *Butorides striatus*（Linnaeus）							
（1）*B. s. amurensis* von Schrenck				+	+	+	+
（2）*B. s. actophilus*（Oberholser）	+	+		+	+	+	+
（3）*B. s. javanicus*（Horsfield）					+		
12 夜鹭 *Nycticorax nycticorax*（Linnaeus）							
（1）*N. n. nycticorax*（Linnaeus）	+	+	+	+	+	+	+
13 黄斑苇鳽 *Ixobrychus sinensis*（Gmelin）							
（1）*I. s. sinensis*（Gmelin）	+	+	+	+	+	+	+
14 紫背苇鳽 *Ixobrychus eurhythmus*（Swinhoe）	+	+	+	+	+	+	+
15 栗苇鳽 *Ixobrychus cinnamomeus*（Gmelin）	+	+	+	+	+	+	+
16 小苇鳽 *Ixobrychus minutus*（Linnaeus）							
（1）*I. m. minutus*（Linnaeus）							—
17 大麻鳽 *Botaurus stellaris*（Linnaeus）							
（1）*B. s. stellaris*（Linnaeus）	—	—	—	—	—	—	—
18 栗头鳽 *Gorsachius goisagi*（Temminck）			—	+	—		
19 海南鳽 *Gorsachius magnificus*（Ogilvie-Grant）						+	+
20 黑冠鳽 *Gorsachius melanolophus*（Raffles）							+
21 黑苇鳽 *Dupetor flavicollis*（Latham）							
（1）*D. f. flavicollis*（Latham）	+	+		+	+	+	+
（二）鹳科 Ciconiidae							
1 彩鹳 *Mycteria leucocephala*（Pennant）		+		+	+		+
2 黑鹳 *Ciconia nigra*（Linnaeus）	—	—	—	—	—	—	—
3 东方白鹳 *Ciconia boyciana*（Swinhoe）	—	—	—	—	—	—	—
（三）鹮科 Threskiornithidae							
1 黑头白鹮 *Threskiornis melanocephalus*（Latham）				—	—		
2 彩鹮 *Plegadis falcinellus*（Linnaeus）					+	+	—
3 朱鹮 *Nipponia nipponia*（Temminck）	+		+	+		+	—
4 白琵鹭 *Platalea leucorodia* Linnaeus							
（1）*P. l. leucorodia* Linnaeus	—	—	—	—	—	—	—
5 黑脸琵鹭 *Platalea minor* Temminck et Schlegel	—	—	—	—	—	—	—
六、雁形目 ANSERIFORMES							
（一）鸭科 Anatidae							
1 栗树鸭 *Dendrocygna javanica*（Horsfield）					—		—
2 疣鼻天鹅 *Cygnus olor*（Gmelin）							
3 大天鹅 *Cygnus cygnus*（Linnaeus）							
（1）*C. c. cygnus*（Linnaeus）	—	—	—	—	—	—	—
4 小天鹅 *Cygnus columbianus*（Ord）							
（1）*C. c. bewickii* Alpheraky	—	—	—	—	—	—	—

续表

目、科、种	安徽	江西	山东	江苏	上海	浙江	福建
	1	2	3	4	5	6	7
5　鸿雁 *Anser cygnoides*（Linnaeus）	—	—					—
6　豆雁 *Anser fabalis*（Latham）							
（1）*A. f. middendorffi* Cebepuob	—	—					—
（2）*A. f. serrirostris* Swinhoe				—	—		
（3）*A. f. sibiricus*（Alpheraky）			—				
7　白额雁 *Anser albifrons*（Scopoli）							
（1）*A. a. frontalis* Baird	—						—
8　小白额雁 *Anser erythropus*（Linnaeus）	—						—
9　灰雁 *Anser anser*（Linnaeus）							
（1）*A. a. rubrirostris* Swinhoe	—						—
10　斑头雁 *Anser indicus*（Latham）			—				
11　雪雁 *Anser caerulescens*（Linnaeus）			—				
12　加拿大雁 *Branta canadenisis* Linnaeus			—				
13　黑雁 *Branta bernicla*（Linnaeus）				—			
14　红胸黑雁 *Branta ruficollis*（Pallas）		—					
15　赤麻鸭 *Tadorna ferruginea*（Pallas）	—						—
16　翘鼻麻鸭 *Tadorna tadorna*（Linnaeus）	—						—
17　瘤鸭 *Sarkidiornis melanotos*（Pennant）							O
18　棉凫 *Nettapus coromandelianus*（Gmelin）							
（1）*N. c. coromandelianus*（Gmelin）	+	+	O	+	+	+	—
19　鸳鸯 *Aix galericulata*（Linnaeus）	—						—
20　赤颈鸭 *Anas penelope* Linnaeus	—						—
21　罗纹鸭 *Anas falcata* Georgi	—						—
22　赤膀鸭 *Anas strepera* Linnaeus	—						—
23　花脸鸭 *Anas formosa* Georgi	—						—
24　绿翅鸭 *Anas crecca* Linnaeus	—						—
25　绿头鸭 *Anas platyrhynchos*							
（1）*A. p. platyrhynchos* Linnaeus	—						—
26　斑嘴鸭 *Anas poecilorhyncha* Foster							
（1）*A. p. zonorhyncha* Swinhoe	—	—	—	—	—	—	—
27　针尾鸭 *Anas acuta* Linnaeus	—						—
28　白眉鸭 *Anas querquedula* Linnaeus	—						—
29　琵嘴鸭 *Anas clypeata* Linnaeus	—						—
30　小绒鸭 *Polysticta stelleri*（Pallas）			—				
31　赤嘴潜鸭 *Netta rufina*（Pallas）	—						—
32　红头潜鸭 *Aythya ferina*（Linnaeus）	—						—
33　青头潜鸭 *Aythya baeri*（Radde）	—						—
34　白眼潜鸭 *Aythya nyroca*（Guldenstadl）			—				—
35　凤头潜鸭 *Aythya fuligula*（Linnaeus）	—	—	—	—	—	—	—

续表

目、科、种	安徽	江西	山东	江苏	上海	浙江	福建
	1	2	3	4	5	6	7
36 斑背潜鸭 *Aythya marila*（Linnaeus）							
（1）*A. m. nearctica* Stejneger	—	—	—	—	—	—	—
37 丑鸭 *Histrionicus histrionicus*（Linnaeus）			—				
38 长尾鸭 *Clangula hyenalis*（Linnaeus）							
39 黑海番鸭 *Melanitta nigra*（Linnaeus）							
（1）*M. n. americana*（Swainson）				—	—	—	—
40 斑脸海番鸭 *Melanitta fusca* Linnaeus							
（1）*M. f. stejnegeri*（Ridgway）			—	—	—	—	—
41 鹊鸭 *Bucephala clangula*（Linnaeus）							
（1）*B. c. clangula*（Linnaeus）	—	—	—	—	—	—	—
42 普通秋沙鸭 *Mergus merganser* Linnaeus							
（1）*M. m. merganser* Linnaeus	—	—	—	—	—	—	—
43 红胸秋沙鸭 *Mergus serrator* Linnaeus	—	—	—	—	—	—	—
44 中华秋沙鸭 *Mergus squamatus* Gould				—	—	—	—
45 斑头秋沙鸭 *Mergellus albellus*（Linnaeus）	—	—	—	—	—	—	—
七、隼形目 FALCONIFORMES							
（一）鹗科 Pandionidae							
1 鹗 *Pandion haliaetus*（Linnaeus）							
（1）*P. h. haliaetus*（Linnaeus）				—	—	—	—
（2）*P. h. mutuus* Kipp	—			—	—	+	—
（二）鹰科 Accipitridae							
1 黑冠鹃隼 *Aviceda leuphotes*（Dumont）							
（1）*A. l. syama*（Hodgson）	+	+				+	+
2 凤头鹃隼 *Aviceda subcristatus*（Dumont）		+				+	+
3 凤头蜂鹰 *Pernis ptilorhyncus*（Temminck）							
（1）*P. p. orientalis* Taczanowski	—	—	—	—	—	—	—
4 黑翅鸢 *Elanus caeruleus*（Desfontaines）							
（1）*E. c. vociferous*（Latham）		+		+	+	+	+
5 黑鸢 *Milvus migrans*（Gmelin）							
（1）*M. m. lineatus*（J. E. Gray）	+	+	+	+	+		+
（2）*M. m. govinda* Sykes						+	+
6 栗鸢 *Haliastur indus*（Boddaert）	+	+	+	+	+		+
7 白腹隼雕 *Hieraaetus fasciatus* Vieillot							
（1）*H. f. fasciata* Vieillot		+			—\O	+	+
8 白腹海雕 *Haliaeetus leucogaster*（Gmelin）							+
9 虎头海雕 *Haliaeetus pelagicus*（Pallas）				—			
10 玉带海雕 *Haliaeetus leucoryphus*（Pallas）				—	—	—	—
11 白尾海雕 *Haliaeetus albicilla*（Linnaeus）							
（1）*H. a. albicilla*（Linnaeus）	—	—	+	—	—	—	—

续表

目、科、种	安徽	江西	山东	江苏	上海	浙江	福建
	1	2	3	4	5	6	7
12 兀鹫 *Gyps himalayensis* Hume			—				
13 秃鹫 *Aegypius monachus*（Linnaeus）	O	—			—	—	—
14 蛇雕 *Spilornis cheela* Latham							
（1）*S. c. ricketti* Sclater	+	+			—	+	+
15 白腹鹞 *Circus spilonotus* Kaup							
（1）*C. s. spilonotus* Kaup				—	—	—	—
16 白尾鹞 *Circus cyaneus*（Linnaeus）							
（1）*C. c. cyaneus*（Linnaeus）	—	—	—	—	—	—	—
17 白头鹞 *Circus aeruginosus*（Linnaeus）							
（1）*C. a. aerugiinosus*（Linnaeus）				—	—	—	—
18 草原鹞 *Circus macrourus*（Gmelin）				—			
19 鹊鹞 *Circus melanoleucos*（Pennant）	—	—	—	—	—	—	—
20 乌灰鹞 *Circus pygargus*（Linnaeus）	—	—	—	—	—	—	—
21 凤头鹰 *Accipiter trivirgatus*（Temminck）							
（1）*A. t. indicus*（Hodgson）		+			+	+	+
22 赤腹鹰 *Accipiter soloensis*（Horsfield）	+	+	+	+	+	+	+
23 褐耳鹰 *Accipiter badius*（Gmelin）							
（1）*A. b. poliopsis*（Hume）						+	+
24 日本松雀鹰 *Accipiter gularis*（Temminck）							
（1）*A. g. gularis*（Temminck et Schlegel）	—	—	—	—	—	—	—
25 松雀鹰 *Accipiter virgatus*（Temminck）							
（1）*A. v. affinis* Hodgson		+		+			
（2）*A. v. gularis*（Temminck et Schlegel）		—	+		—	—	—
（3）*A. v. nisoides* Blyth							+
26 雀鹰 *Accipiter nisus* Linnaeus							
（1）*A. n. nisosimilis*（Tickell）	—	—	—	—	—	—	—
27 苍鹰 *Accipiter gentilis*（Linnaeus）							
（1）*A. g. schvedowi*（Menzbier）		—	—	—	—	—	—
28 灰脸鵟鹰 *Butastur indicus*（Gmelin）							
29 普通鵟 *Buteo buteo*（Linnaeus）							
（1）*B. b. japonicus* Temminck et Schlegel	—	—	—	—	—	—	—
30 大鵟 *Buteo hemilasius* Temminck et Schlegel							
31 毛脚鵟 *Buteo lagopus*（Pontoppidan）							
（1）*B. l. kamtschatkensis* Dementiev	—	—	—	—	—	—	—
32 林雕 *Ictinaetus malayensis*（Temminck）							
（1）*I. m. malayensis*（Temminck）					—	—	—
33 乌雕 *Aquila clanga* Pallas	—	—	—	—	—	—	—
34 草原雕 *Aquila nipalensis*（Temminck）							
（1）*A. n. nipalensis*（Hodgson）	—	—	—	—	—	—	—

续表

目、科、种	安徽	江西	山东	江苏	上海	浙江	福建
	1	2	3	4	5	6	7
35 白肩雕 *Aquila heliaca* Savigny	—	—	—	—		—	
36 金雕 *Aquila chrysaetos* Linnaeus							
（1）*A. c. daphanea* Menzbier	—	—	—	—		—	
37 白腹隼（山）雕 *Hieraaetus fasciatus* Vieillot							
（1）*H. f. fasciatus* Vieillot		+			+	+	+
38 鹰雕 *Spizaetus nipalensis*（Hodgson）							
（1）*S. n. nipalensis*（Hodgson）	+	+					
（2）*S. n. fokiensis* Sclater		+				+	+
（三）隼科 Falconidae							
1 白腿小隼 *Microhierax melanoleucus*（Blyth）	+	+		+		+	+
2 黄爪隼 *Falco naumanni* Fleischer		—	+	—			
3 红隼 *Falco tinnunculus* Linnaeus							
（1）*F. t. interstinctus* McClelland	+	+	+	+	+	+	—
（2）*F. t. tinnunculus* Linnaeus	+				+	+	
4 红脚隼 *Falco amurensis* Radde		+		+		+	
5 灰背隼 *Falco columbarius* Linnaeus							
（1）*F. c. insignis*（Clark）	—			—		—	
（2）*F. c. pacificus*（Stegmann）	—						
6 燕隼 *Falco subbuteo* Linnaeus							
（1）*F. s. subbuteo* Linnaeus				+	—		
（2）*F. c. streichi* Hartert et Neumann	+	+		+	+	+	+
7 猎隼 *Falco cherrug* J. E. Gray							
（1）*F. c. milvipes* Jerdon			—			—	
8 游隼 *Falco peregrinus* Tunstall							
（1）*F. p. calidus* Latham	—			—		—	
（2）*F. p. japonensis* Gmelin	—			—		—	
（3）*F. p. peregrinator* Sundevall	+	+	+	+	+	+	+
八、鸡形目 GALLIFORMES							
（一）雉科 Phasianidae							
1 石鸡 *Alectoris chukar*（J. E. Gray）	+		+				
2 中华鹧鸪 *Francolinus pintadeanus*（Scopoli）							
（1）*F. p. pintadeanus*（Scopoli）	+	+		+		+	+
3 鹌鹑 *Common japonica*（Linnaeus）							
（1）*C. c. coturnix*（Linnaeus）	—	—	—	—	—	—	—
（2）*C. c. japonica* Temminck et Schlegel	—	—	—	—	—	—	—
4 蓝胸鹑 *Coturnix chinensis*（Linnaeus）							
（1）*C. c. chinensis*（Linnaeus）							+
5 白额山鹧鸪 *Arborophila gingica*（Gmelin）		+				+	+
6 灰胸竹鸡 *Bambusicola thoracica*（Temminck）							

续表

目、科、种	安徽	江西	山东	江苏	上海	浙江	福建
	1	2	3	4	5	6	7
（1）*B. t. thoracica*（Temminck）	+	+	+		+	+	+
7 黄腹角雉 *Tragopan caboti*（Gould）							
（1）*T. c. caboti*（Gould）		+		+		+	+
8 勺鸡 *Pucrasia macrolopha*（Lesson）							
（1）*P. m. joretiana* Heude	+						
（2）*P. m. darwini* Swimhoe	+	+	+			+	+
9 白鹇 *Lophura nycthemera*（Linnaeus）							
（1）*L. n. fokiensis* Delacour	+	+				+	+
10 白冠长尾雉 *Syrmaticus reevesii*（Gray）	+						
11 白颈长尾雉 *Syrmaticus ellioti*（Swinhoe）	+	+				+	+
12 环颈雉 *Phasianus colchicus* Linnaeus							
（1）*P. c. karpowi* Buturlin	+		+				
（2）*P. c. torquatus* Gmelin	+	+	+		+	+	+
九、鹤形目 GRUIFORMES							
（一）三趾鹑科 Turnicidae							
1 黄脚三趾鹑 *Trunix tanki* Blyth							
（1）*T. t. blanfordii* Blyth	+	+	—	+	+	+	+
2 棕三趾鹑 *Trunix suscitator*（Gmelin）							
（1）*T. s. blakistoni*（Swinhoe）		+					+
（二）鹤科 Gruidae							
1 蓑羽鹤 *Anthropoides virgo*（Linnaeus）	—						
2 白鹤 *Grus leucogeranus* Pallas	—	—	—				
3 沙丘鹤 *Grus canadensis*（Linnaeus）							
（1）*G. c. canadensis*（Linnaeus）		—		O			
4 白枕鹤 *Grus vipio* Pallas	—	—					
5 灰鹤 *Grus grus*（Linnaeus）							
（1）*G. g. lilfordi* Sharpe	—	—	—				
6 白头鹤 *Grus monacha* Temminck	—	—	—	—		—	—
7 丹顶鹤 *Grus japonensis*（Miiller）							
（三）秧鸡科 Rallidae							
1 花田鸡 *Coturnicops exquistus*（Swinhoe）	—	—	—				
2 灰胸秧鸡 *Gallirallus striatus* Linnaeus							
（1）*G. s. joyi* Stejineger	+	+		+	+	+	+
3 普通秧鸡 *Rallus aquaticus* Linnaeus							
（1）*R. a. indicus* Blyth	—	—					
4 红脚苦恶鸟 *Amaurornis akool*（Sykes）							
（1）*A. a. coccineipes*（Slater）	+	+		+	+	+	+
5 白胸苦恶鸟 *Amaurornis phoenicurus*（Pennant）							
（1）*A. p. phoenicurus*（Pennant）	+	+	+	+	+	+	+

目、科、种	安徽	江西	山东	江苏	上海	浙江	福建
	1	2	3	4	5	6	7
6 小田鸡 *Porzana pusilla*（Pallas）							
（1）*P. p. pusilla*（Pallas）	—	—	—	—	—	—	—
7 红胸田鸡 *Porzana fusca*（Linnaeus）							
（1）*P. f. erythrothorax*（Temminck et Schlegel）	+	+	+	+	+	+	+
8 斑胁田鸡 *Porzana paykullii*（Ljungh）	—	—	—	—	—	—	—
9 董鸡 *Gallicrex cinerea*（Gmelin）	+	+	+	+	+	+	+
10 紫水鸡 *Porphyrio porphyrio* Linnaeus							
（1）*P. p. viridis*（Latham）							+
11 黑水鸡（红骨顶）*Gallinula chloropus*（Linnaeus）							
（1）*G. c. chloropus*（Linnaeus）	+	+	+	+	+	+	+
12 白骨顶 *Fulica atra*（Linnaeus）							
（1）*F. a. atra* Linnaeus	—	—	—	—	—	—	—
（四）鸨科 Otididae							
1 大鸨 *Otis tarda* Linnaeus							
（1）*O. t. dybowskii* Taczanowski	—	—	—	—	—	—	O
十、鸻形目 CHARADRIIFORMES							
（一）水雉科 Jacanidae							
1 水雉 *Hydrophasianus chirurgus*（Scopoli）	+	+	+	+	+	+	+
（二）彩鹬科 Rostratulidae							
1 彩鹬 *Rostratula benghalensis*（Linnaeus）							
（1）*R. b. benghalensis*（Linnaeus）	+	+	+	+	+	+	+
（三）蛎鹬科 Haematopodidae							
1 蛎鹬 *Haematopus osculans*（Linnaeus）							
（1）*H. o. osculans* Swinhoe			+	—	—	—	—
（四）反嘴鹬科 Recurvirostridae							
1 黑翅长脚鹬 *Himantopus himantopus*（Linnaeus）							
（1）*H. h. himantopus*（Linnaeus）	—	—	—	—	—	—	—
2 反嘴鹬 *Recurvirostra avosetta* Linnaeus	—	—	—	—	—	—	—
（五）燕鸻科 Glareolidae							
1 普通燕鸻 *Glareola maldivarum* Forster	—	+	+	+	—	—	—
（六）鸻科 Charadriidae							
1 凤头麦鸡 *Vanellus vanellus*（Linnaeus）	—	—	—	—	—	—	—
2 灰头麦鸡 *Vanellus cinereus*（Blyth）	—	—	—	—	—	—	—
3 金鸻 *Pluvialis fulva*（Gmelin）	—	—	—	—	—	—	—
4 灰鸻 *Pluvialis squatarola*（Linnaeus）							
（1）*P. s. squatarola*（Linnaeus）	—	—	—	—	—	—	—
5 剑鸻 *Charadrius hiaticula* Linnaeus							
6 长嘴剑鸻 *Charadrius placidus* J. E. et G. R. Gray	—	—	—	—	—	—	—
7 金眶鸻 *Charadrius dubius* Scopoli							

续表

目、科、种	安徽	江西	山东	江苏	上海	浙江	福建
	1	2	3	4	5	6	7
(1) *C. d. curonicus* Gmelin	—	—					
8 环颈鸻 *Charadrius alexandrinus* Linnaeus							
(1) *C. a. dealbatus*（Swinhoe）	+	+	+	+	+	+	+
(2) *C. a. alexandrinus* Linnaeus						—	
(3) *C. a. nihonensis* Deignan						—	
9 蒙古沙鸻 *Charadrius mongolus* Pallas							
(1) *C. m. mongolus* Pallas	—	—	—	—	—	—	
10 铁嘴沙鸻 *Charadrius leschenaultii* Lesson							
(1) *C. l. leschenaultii* Lesson	—	—	—	—	—	—	
11 红胸鸻 *Charadrius asiaticus* Pallas							
(1) *C. a. veredus* Gould	—	—	—	—	—		
12 东方鸻 *Charadrius veredus* Gould	—	—	—	—	—		
（七）鹬科 Scolopacidae							
1 丘鹬 *Scolopax rusticola* Linnaeus	—	—	—	—	—	—	
2 姬鹬 *Lymnocryptes minimus*（Brunnich）	—	—	—	—	—		
3 孤沙锥 *Gallinago solitaria*（Hodgson）							
(1) *G. s. japonica*（Bonaparte）	—	—	—	—	—	—	
4 针尾沙锥 *Gallinago stenura*（Bonaparte）	—	—	—	—	—		
5 大沙锥 *Gallinago megala*（Swinhoe）	—	—	—	—	—		
6 林沙锥 *Gallinago nemoricola*（Hodgson）				—			
7 扇尾沙锥 *Gallinago gallinago*（Linnaeus）							
(1) *G. g. gallinago*（Linnaeus）	—	—	—	—	—	—	
8 半蹼鹬 *Limnodromus semipalmatus*（Blyth）				—			
9 黑尾塍鹬 *Limosa limosa*（Linnaeus）							
(1) *L. l. melanuroides* Gould	—	—	—	—	—	—	
10 斑尾塍鹬 *Limosa lapponica*（Linnaeus）							
(1) *L. l. baueri* Naumann	—	—	—	—	—		
11 小杓鹬 *Numenius minutus* Gould	—	—	—	—	—	—	
12 中杓鹬 *Numenius phaeopus*（Scopoli）							
(1) *N. p. variegates*（Scopoli）	—	—	—	—	—		
13 白腰杓鹬 *Numenius arquata* Linnaeus							
(1) *N. a. orientalis* Brehm	—	—	—	—	—	—	
14 大杓鹬（红腰杓鹬）*Numenius madagascariensis*（Linnaeus）	—	—	—	—	—		
15 鹤鹬 *Tringa erythropus*（Pallas）				—			
16 红脚鹬 *Tringa totanus*（Linnaeus）							
(1) *T. t. ussuriensis* Buturlin	—	—	—	—	—	—	
(2) *T. t. terrignotae* Meinerzhagen	—	—	—	—	—		
17 青脚鹬 *Tringa nebularia*（Gunnerus）	—	—	—	—	—	—	
18 泽鹬 *Tringa stagnatilis*（Bechstein）	—	—	—	—	—		

续表

目、科、种	安徽	江西	山东	江苏	上海	浙江	福建
	1	2	3	4	5	6	7
19 小青脚鹬 *Tringa guttifer*（Nordmann）	—	—	—	—	—	—	—
20 白腰草鹬 *Tringa ochropus* Linnaeus	—	—	—	—	—	—	—
21 林鹬 *Tringa glareola* Linnaeus				—	—	—	—
22 灰尾漂鹬 *Heteroscelus brevipes*（Vieillot）				—	—	—	—
23 翘嘴鹬 *Xenus cinereus*（Guldenstaedt）				—	—	—	—
24 矶鹬 *Actitis hypoleucos* Linnaeus	—			—	—	—	—
25 翻石鹬 *Arenaria interpres*（Linnaeus）							
（1）*A. i. interpres*（Linnaeus）	—			—	—	—	—
26 大滨鹬 *Calidris tenuirostris*（Horsfield）		—		—	—	—	—
27 红腹滨鹬 *Calidris canutus*（Linnaeus）		—		—	—	—	—
28 西方滨鹬 *Calidris mauri*（Cabanis）		—		—	—	—	O
29 红颈滨鹬 *Calidris ruficollis*（Pallas）		—		—	—	—	—
30 小滨鹬 *Calidris minuta*（Leisler）		—		—	—	—	—
31 青脚滨鹬（乌脚滨鹬）*Calidris temminckii*（Leisler）	—			—	—	—	—
32 长趾滨鹬 *Calidris subminuta*（Middendorff）		—		—	—	—	—
33 斑胸滨鹬 *Calidris melanotos*（Vieillot）					—		
34 尖尾滨鹬 *Calidris acuminata*（Horsfield）	—			—	—	—	—
35 弯嘴滨鹬 *Calidris ferruginea*（Pontoppidan）				—	—	—	—
36 黑腹滨鹬 *Calidris alpina* Linnaeus							
（1）*C. a. centralis*（Buturlin）	—	—	—	—	—	—	—
（2）*C. a. sakhalina*（Vieillot）				—	—	—	—
37 三趾滨鹬 *Calidris alba*（Pallas）							
（1）*C. a. rubida*（Pallas）		—		—	—	—	—
38 勺嘴鹬 *Eurynorhynchus pygmeus*（Linnaeus）				—	—	—	—
39 阔嘴鹬 *Limicola falcinellus*（Pontoppidan）							
（1）*L. f. sibirica* Dresser		—		—	—	—	—
40 流苏鹬 *Philomachus pugnax*（Linnaeus）	—			—	—	—	—
41 红颈瓣蹼鹬 *Phalaropus lobatus*（Linnaeus）				—	—	—	—
42 灰瓣蹼鹬 *Phalaropus fulicarius*（Linnaeus）				—	—	—	—
（八）贼鸥科 Stercorariidae							
1 中贼鸥 *Stercorarius pomarinus*（Temminck）				—	—	—	—
2 长尾贼鸥 *Stercorarius longicaudus* Vieillot							—
3 短尾贼鸥 *Stercorarius parasiticus*（Linnaeus）							—
（九）鸥科 Laridae							
1 黑尾鸥 *Larus crassirostris* Vieillot	+	+	+	+	+	+	+
2 海鸥 *Larus canus* Linnaeus							
（1）*L. c. kamtschatschensis*（Bonaparte）	—	—	—	—	—	—	—
（2）*L. c. heinei* Homeyer						—	
3 北极鸥 *Larus hypweboreus* Gunnerus							

续表

目、科、种	安徽	江西	山东	江苏	上海	浙江	福建
	1	2	3	4	5	6	7
（1）*L. h. barrovianus* Ridgway			—				
4 银鸥 *Larus argentatus* Pontoppidan						—	—
（1）*L. a. cachinnans* Pallas						—	—
5 西伯利亚银鸥 *Larus vegae* Palmen	—	—	—				—
6 黄腿银鸥 *Larus cachinnans* Pallas			—				—
7 灰背鸥 *Larus schistisagus* Stejneger			—				—
8 灰翅鸥 *Larus glaunescens* Naumann							O
9 渔鸥 *Larus ichthyaetus* Pallas							
10 红嘴鸥 *Larus ridibundus* Linnaeus	—	—					—
11 黑嘴鸥 *Larus saundersi*（Swinhoe）			—				—
12 遗鸥 *Larus relictus* Lonnberg			—				—
13 小鸥 *Larus minutus* Pallas						—	
14 小黑背银鸥 *Larus fuscus* linnaeus							—
15 三趾鸥 *Rissa tridactyla*（Linnaeus）							
（1）*R. t. pollocaris* Ridgway			—				
（十）燕鸥科 Sternidae							
1 鸥嘴噪鸥 *Gelochelidon nilotica*（Gmelin）							
（1）*G. n. affinis*（Horsfield）			—		—		—
2 红嘴巨鸥 *Hydroprogne caspia*（Pallas）	—	—					—
3 黑嘴端凤头燕鸥 *Thalasseus bernsteini*（Reichenow）				+	—	+	+
4 大凤头燕鸥 *Thalasseus bergii*（Lichtenstein）							
（1）*T. b. cristatus*（Stephens）						+	+
5 小凤头燕鸥 *Thalasseus bengalensis*（Lesson）	+	+	+	+	+	—	—
6 粉红燕鸥 *Sterna dougallii* Montagu						+	+
7 黑枕燕鸥 *Sterna sumatrana* Raffles							
（1）*S. s. sumatrana* Raffles						+	+
8 普通燕鸥 *Sterna hirundo* Linnaeus							
（1）*S. h. hirundo* Linnaeus	—	+				—	—
（2）*S. h. tibetana* Saunders						—	—
（3）*S. h. longipennis* Nordmann			—	+		—	—
9 白额燕鸥 *Sterna albifrons* Pallas							
（1）*S. a. sinensis* Gmelin	—	—		+		+	+
10 褐翅燕鸥 *Sterna anaethetus* Scopoli							
（1）*S. a. anaethetus* Scopoli						+	+
11 乌燕鸥 *Sterna fuscata* Linnaeus							
（1）*S. f. nubilosa* Sparrman						+	+
12 须浮鸥 *Chlidonias hybridus*（Pallas）							
13 白翅浮鸥 *Chlidonias leucopterus*（Temminck）	—						—
14 黑浮鸥 *Chlidonias niger*（Linnaeus）							

续表

目、科、种	安徽	江西	山东	江苏	上海	浙江	福建
	1	2	3	4	5	6	7
（1）*C. n. niger*（Linnaeus）	—	—					
15 白顶玄燕鸥 *Anous stolidus*（Linnaeus）							
（1）*A. s. pileatus*（Scopoli）						+	+
16 白燕鸥 *Gygis alba*（Sparrman）							
（1）*G. a. candida*（Gmelin）							O
（十一）海雀科 Alcidae							
1 斑海雀 *Brachyramphus marmoratus* Gmelin				—			O
2 扁嘴海雀 *Synthliboramphus antiquus*（Gmelin）							
（1）*S. a. antiquus*（Gmelin）			+	+	+	+	—
十一、沙鸡目 PTEROCLIFORMES							
（一）沙鸡科 Pterolidae							
1 毛腿沙鸡 *Syrrhaptes paradoxus*（Pallas）			—				
十二、鸽形目 COLUMBIFORMES							
（一）鸠鸽科 Columbidae							
1 岩鸽 *Columba rupestris* Pallas							
（1）*C. r. rupestris* Pallas			+				
2 黑林鸽 *Columba janthina* Temminck							
（1）*C. j. janthina* Temminck			+				
3 野鸽 *Columba livia* Gmelin			+				
4 山斑鸠 *Streptopelia orientalis*（Latham）							
（1）*S. o. orientalis*（Latham）	+	+	+	+	+	+	+
5 灰斑鸠 *Streptopelia decaocto*（Frivaldszky）							
（1）*S. d. decaocto*（Frivaldszky）			+	+			
（2）*S. d. xanthcyclus*（Newman）						+	+
6 火斑鸠 *Streptopelia tranquebarica*（Hermann）							
（1）*S. t. humilis*（Temminck）	+	+	+	+	+	+	+
7 珠颈斑鸠 *Streptopelia chinensis*（Scopoli）							
（1）*S. c. chinensis*（Scopoli）	+	+	+	+	+		+
8 斑尾鹃鸠 *Macropygia unchall*（Wagler）							
（1）*M. u. minor* Swinhoe			+		O		+
9 红翅绿鸠 *Treron sieboldii*（Temminck）							
（1）*T. s. sororius*（Swinhoe）				—	—	—	+
10 绿翅金鸠 *Chalcophaps indica*（Linnaeus）							+
十三、鹦形目 PSITTACIFORMES							
（一）鹦鹉科 Psittacidae							
1 红领绿鹦鹉 *Psittacula krameri*（Scopoli）							
（1）*P. k. borealis*（Scopoli）							+
十四、鹃形目 CUCULIFORMES							
（一）杜鹃科 Cuculidae							

续表

目、科、种	安徽	江西	山东	江苏	上海	浙江	福建
	1	2	3	4	5	6	7
1 红翅凤头鹃 *Clamator coromandus*（Linnaeus）	+	+	+	+	+	+	+
2 大鹰鹃 *Cuculus sparverioides* Vigors							
（1）*C. s. sparverioides* Vigors	+	+	+	+	+	+	+
3 棕腹杜鹃 *Cuculus nisicolor* Blyth	+	+	—	+	+	+	+
4 北棕腹杜鹃 *Cuculus hyperythrus* Gould	+	+	+				—
5 四声杜鹃 *Cuculus micropterus* Gould							
（1）*C. m. micropterus* Gould	+	+	+	+	+	+	+
6 大杜鹃 *Cuculus canorus* Linnaeus							
（1）*C. c. bakeri* Hartert	+	+	+	+	—	+	+
（2）*C. c. canorus* Linnaeus		+	+		—		+
（3）*C. c. fallax* Stresemann	+	+			—		+
7 中杜鹃 *Cuculus saturatus* Blyth							
（1）*C. s. saturatus* Blyth	+	+	+		—	+	+
8 霍氏中杜鹃 *Cuculus horsfieldi* Moore		+			—	+	+
9 小杜鹃 *Cuculus poliocephalus* Latham	+	+	+	+		+	+
10 八声杜鹃 *Cacomantis merulinus* Scopoli							
（1）*C. m. querulous*（Heine）		+				+	+
11 乌鹃 *Surniculus lugubris*（Horsfield）							
（1）*S. l. dicruroides*（Hodgson）		+					+
12 噪鹃 *Eudynamys scolopaceus*（Linnaeus）							
（1）*E. s. chinensis* Cabanis et Helne	+	+		+			+
13 褐翅鸦鹃 *Centropus sinensis*（Stephens）							
（1）*C. s. sinensis*（Stephens）		+				+	+
14 小鸦鹃 *Centropus bengalensis*（Muller）							
（1）*C. b. lignator*（Gmelin）	+	+		+	+		+
十五、鹃形目 STRIGIFORMES							
（一）草鸮科 Tytonidae							
1 草鸮 *Tyto capensis*（Smith）							
（1）*T. c. chinensis*（Hartert）	+	+	+	+	+	+	+
2 仓鸮 *Tyto alba*（Scopoli）							
（1）*T. a. javanica*（Gmelin）							O
（二）鸱鸮科 Strigidae							
1 黄嘴角鸮 *Otus spilocephalus*（Blyth）							
（1）*O. s. latouchi*（Rickett）							+
2 领角鸮 *Otus bakkamoena* Pennant							
（1）*O. b. erythrocampe*（Swinhoe）	+	+	+	+			+
（2）*O. b. ussuriensis*（Swinhoe）			+				
3 红角鸮 *Otus sunia*（Linnaeus）							
（1）*O. s. malayanus*（Hay）	+	+	+	+	+	+	+

目、科、种	安徽	江西	山东	江苏	上海	浙江	福建
	1	2	3	4	5	6	7
（2）*O. s. stictonotus*（Sharpe）			+		—	+	
（3）*O. s. japonensis* Temminck et Schlegel						+	+
4 雕鸮 *Bubo bubo*（Linnaeus）							
（1）*B. b. kiautschensis* Reichenow	+	+	+	+	+	+	+
（2）*B. b. ussuriensis* Poljakov		+					
5 乌雕鸮 *Bubo coromandus*（Latham）							
（1）*B. c. coromandus*（Latham）		+				+	
6 黄腿渔鸮 *Ketupa flavipes*（Hodgson）	+	+		+	+	+	+
7 褐林鸮 *Strix leptogrammica* Temminck							
（1）*S. l. ticehursti* Delacour	+	+				+	+
8 灰林鸮 *Strix aluco* Linnaeus							
（1）*S. a. nivicola*（Blyth）			+				
9 领鸺鹠 *Glaucidium brodiei*（Burton）							
（1）*G. b. brodiei*（Burton）	+	+		+	+	+	+
10 斑头鸺鹠 *Glaucidium cuculoides*（Vigors）							
（1）*G. c. whitelyi*（Blyth）	+	+	+	+	+	+	+
11 纵纹腹小鸮 *Athene noctua*（Scopoli）							
（1）*A. n. plumipes* Swinhoe			+	+			
12 鹰鸮 *Ninox scutulata*（Raffles）							
（1）*N. s. burmanica* Hume	+	+			+	+	+
（2）*N. s. ussuriensis* Buturlin	+		+			+	+
13 长耳鸮 *Asio otus*（Linnaeus）							
（1）*A. o. otus*（Linnaeus）	—	—	—	—	—	—	—
14 短耳鸮 *Asio flammeus*（Pontoppidan）							
（1）*A. f. flammeus*（Pontoppidan）	—	—	—	—	—	—	—
十六、夜鹰目 CAPRIMULGIFORMES							
（一）夜鹰科 Caprimulgidae							
1 普通夜鹰 *Caprimulgus indicus* Latham							
（1）*C. i. jotaka* Temminck et Schlegel	+	+	+	+	—	+	+
2 林夜鹰 *Caprimulgus affinis* Horsfield							
（1）*C. a. amoyensis* Stuart Baker							—
十七、雨燕目 APODIFORMES							
（一）雨燕科 Apodidae							
1 白喉针尾雨燕 *Hirundapus caudacutus*（Latham）							
（1）*H. c. caudacutus*（Latham）	—	—	—				
2 雨燕 *Apus apus*（Linnaeus）							
（1）*A. a. pekinensis*（Swinhoe）			+	+			
3 白腰雨燕 *Apus pacificus*（Latham）							
（1）*A. p. pacificus*（Latham）			+	+	—	+	+

续表

目、科、种	安徽	江西	山东	江苏	上海	浙江	福建
	1	2	3	4	5	6	7
（2）*A. p. kanoi*（Yamashina）	+	+				+	+
4　小白腰雨燕 *Apus nipalensis*（Blyth）							
（1）*A. n. subfurcatus*（Blyth）		+	—	—	—	+	+
十八、咬鹃目 TROGONIFORMES							
（一）咬鹃科 Trogonidae							
1　红头咬鹃 *Harpactes erythrocephalus*（Gould）							
（1）*H. e. yamakanensis* Rickett		+					+
十九、佛法僧目 CORACIIFORMES							
（一）翠鸟科 Alcedinidae							
1　斑头大翠鸟 *Alcedo hercules*（Laubmann）		+					+
2　普通翠鸟 *Alcedo atthis*（Linnaeus）							
（1）*A. a. bengalensis* Gmelin	+	+	+	+	+	+	+
3　赤翡翠 *Halcyon coromanda*（Latham）							
（1）*H. c. major* Temminck et Schlegel			—				+
4　白胸翡翠 *Halcyon smyrnensis*（Linnaeus）							
（1）*H. s. perpulchra* Madarasz	+	+		+	+	+	+
5　蓝翡翠 *Halcyon pileata*（Boddaert）							
（1）*H. s. pileata*（Boddaert）	+	+	+	+	+	+	+
6　白领翡翠 *Todirhamphus chloris*（Boddaert）							
（1）*T. c. armstrongi* Sharpe					—		—
7　冠鱼狗 *Megaceryle lugubris*（Temminck）							
（1）*M. l. guttulata* Stejneger	+	+	+	+	+	+	+
8　斑鱼狗 *Ceryle rudis*（Linnaeus）							
（1）*C. r. insignis* Hartert	+	+		+	+	+	+
（二）蜂虎科 Meropidae							
1　蓝喉蜂虎 *Merops viridis* Linnaeus							
（1）*M. v. viridis* Linnaeus	+	+					+
2　栗头（黑胸）蜂虎 *Merops leschenaultii* Vieillot							
（1）*M. l. leschenaultii* Vieillot	+	+					
3　栗喉蜂虎 *Merops philippinus* Linnaeus							+
（三）佛法僧科 Coraciidae							
1　三宝鸟 *Eurystomus orientalis*（Linnaeus）							
（1）*E. o. calonyx* Sharpe	+	+	+	+	—	+	+
二十、戴胜目 UPUPIFORMES							
（一）戴胜科 Upupidae							
1　戴胜 *Upupa epops* Linnaeus							
（1）*U. e. epops* Linnaeus	+	+	+	+	—	+	+
二十一、䴕形目 PICIFORMES							
（一）须䴕科 Capitonidae							
1　大拟啄木鸟 *Megalaima virens*（Boddaert）							

目、科、种	安徽	江西	山东	江苏	上海	浙江	福建
	1	2	3	4	5	6	7
（1）*M. v. virens*（Boddaert）	+	+		+	+	+	+
（二）啄木鸟科 Picidae							
1 蚁䴕 *Jynx torquilla* Linnaeus							
（1）*J. t. chinensis* Hesse	—	—	—	—	—	—	—
2 斑姬啄木鸟 *Picumnus innominatus* Burton							
（1）*P. i. chinensis*（Hargitt）	+	+		+	—	+	+
3 星头啄木鸟 *Picoides canicapillus*（Blyth）							
（1）*P. c. scintilliceps*（Swinhoe）	+		+			+	+
（2）*P. c. nagamichii*（La Touche）	+	+				+	+
4 小星头啄木鸟 *Picoides kizuki*（Temminck）							
（1）*P. h. wilderi*（Kuroda）			+				
5 棕腹啄木鸟 *Picoides hyperythrus*（Vigors）							
（1）*P. h. subrufinus*（Cabanis et Heine）	—	—					
6 白背啄木鸟 *Picoides leucotos*（Bechstein）							
（1）*P. l. fohkiensis*（Buturlin）		+					+
7 大斑啄木鸟 *Picoides major*（Linnaeus）							
（1）*P. m. cabanisi*（Malherbe）	+		+	+	+		
（2）*P. m. mandarinus*（Malherbe）	+	+				+	+
8 栗啄木鸟 *Celeus brachyurus*（Vieillot）							
（1）*C. b. fokiensis*（Swinhoe）		+				+	+
9 白腹黑啄木鸟 *Dryocopus javensis*（Horsfield）							
（1）*D. j. forresti* Rothschild							+
10 黄冠（绿）啄木鸟 *Picus chlorolophus* Vieillot							
（1）*P. c. citrinocristatus*（Rickett）		+					
11 大黄冠（绿）啄木鸟 *Picus flavinucha* Gould							
（1）*P. f. ricketti*（Styan）							+
12 灰头（黑枕）绿啄木鸟 *Picus canus* Gmelin							
（1）*P. c. zimmermanni* Reichenow	+		+				
（2）*P. c. guerini*（Malherbe）	+	+	+	+	+		+
（3）*P. c. sobrinus* Peters	+	+					+
13 苍头竹啄木鸟 *Gecinulus grantia*（McClelland）							
（1）*G. g. viridanus* Slater		+					+
14 黄嘴栗啄木鸟 *Blythipicus pyrrhotis*（Hodgson）							
（1）*B. p. sinensis*（Rickett）		+				+	+
二十二、雀形目 PASSERIFORMES							
（一）八色鸫科 Pittidae							
1 仙八色鸫 *Pitta nympha* Temminck et Schlegel							
（1）*P. n. nympha* Temminck et Schlegel	+	+	—	—	—	+	+
2 蓝翅八色鸫 *Pitta moluccensis*（Muller）							

续表

目、科、种	安徽 1	江西 2	山东 3	江苏 4	上海 5	浙江 6	福建 7
(1) *P. m. moluccensis*（Muller）					O		
（二）百灵科 Alaudidae							
1（蒙古）百灵 *Melanocorypha mongolica*（Pallas）				—			
2 大短趾百灵 *Calandrella brachydactyla* Leisler							
(1) *C. b. dukhunensis*（Sykes）			+	—			
3 小短趾百灵 *Calandrella rufescens*（Vieillot）		+	+	+			
4 短趾百灵 *Calandrella cheleensis*（Swinhoe）							
5 红顶短趾百灵 *Calandrella cinerea*（Gmelin）							
(1) *C. c. dukhunensis*（Sykes）				—			
6 凤头百灵 *Galerida cristata*（Linnaeus）							
(1) *G. c. leautungensis*（Swinhoe）	—	—	+				
7 云雀 *Alauda arvensis* Linnaeus							
(1) *A. a. intermedia* Swinhoe				—			
(2) *A. a. lonnbergi* Hachisuka							
(3) *A. a. kiborti* Saleskij				—			
8 日本云雀 *Alauda japonica* Temminck et Schlegel				—			
9 小云雀 *Alauda gulgula* Flanklin							
(1) *A. g. weigoldi* Hartert	+		+	+	+		
(2) *A. g. coelivox* Swinhoe	+	+				+	+
（三）燕科 Hirundinidae							
1 崖沙燕 *Riparia riparia*（Linnaeus）							
(1) *R. r. ijimae*（Lonnberg）	—	—	+				
(2) *R. r. fokiensis*（La Touche）		+				+	+
2 淡色崖沙燕 *Riparia diluta*（Linnaeus）							
(1) *R. d. fokienensis*（La Touche）					+		+
3 家燕 *Hirundo rustica* Linnaeus							
(1) *H. r. gutturalis* Scopoli	+	+	+	+	+	+	+
(2) *H. r. tytleri* Jerdon					+		+
4 洋燕 *Hirundo tahitica* Gmelin					+		O
5 金腰燕 *Hirundo daurica* Linnaeus							
(1) *H. d. japonica* Temminck et Schlegel	+	+	+	+	+	+	+
6 毛脚燕 *Delichon urbica*（Linnaeus）							
(1) *D. u. lagopoda*（Pallas）	+		+	+	—		+
(2) *D. u. dasypus*（Bonaparte）			+	—	—	+	+
7 烟腹毛脚燕 *Delichon dasypus*（Bonaparte）							
(1) *D. d. dasypus*（Bonaparte）			+				+
(2) *D. d. nigrimentalis*（Hartert）	+	+					+
（四）鹡鸰科 Motacillidae							
1 山鹡鸰 *Dendronanthus indicus*（Gmelin）	+	+	+	+	+	+	+

目、科、种	安徽	江西	山东	江苏	上海	浙江	福建
	1	2	3	4	5	6	7
2 白鹡鸰 *Motacilla alba* Linnaeus							
（1）*M. a. baicalensis* Swinhoe	+	+	+	+	—		
（2）*M. a. ocularis* Swinhoe	—	—	—	—	—	—	—
3 黑背白鹡鸰 *Motacilla lugens* Gloger							
（1）*M. l. leucopsis* Gould	+	+	+	+	+	+	+
（2）*M. l. lugens* Gloger				+	+	+	+
4 黄头鹡鸰 *Motacilla citreola* Pallas							
（1）*M. c. citreola* Pallas	—	—	—	—	—	—	—
5 黄鹡鸰 *Motacilla flava* Linnaeus							
（1）*M. f. macronyx*（Stresemann）	—	—	—	—	—	—	
（2）*M. f. simillima* Hartert	—	—	—	—	—	—	
（3）*M. f. taivana*（Swinhoe）	—	—	—	—	—	—	
（4）*M. f. tschutschensis* Gmelin							
6 灰鹡鸰 *Motacilla cinerea* Tunstall							
（1）*M. c. robusta*（Brehm）	+	—	+				
7 田鹨 *Anthus richardi* Vieillot							
（1）*A. r. richardi* Vieillot	—	—	+	—	—	—	—
（2）*A. r. sinensis*（Bonaparte）	+	+		+	+	+	+
8 布氏鹨 *Anthus godlewskii*（Taczanowski）			+				
9 林鹨 *Anthus trivialis*（Linnaeus）							
（1）*A. t. trivialis*（Linnaeus）		—					
10 树鹨 *Anthus hodgsoni* Richmond							
（1）*A. h. yunnanensis* Uchida et Kuroda	—	—	—	—	—	—	—
11 北鹨 *Anthus gustavi* Swinhoe							
（1）*A. g. gustavi* Swinhoe	—	—	—	—	—	—	
12 草地鹨 *Anthus pratensis*（Linnaeus）							
（1）*A. p. pratensis*（Linnaeus）							
13 红喉鹨 *Anthus cervinus*（Pallas）	—	—	—	—	—	—	
14 水鹨 *Anthus spinoletta* Linnaeus							
（1）*A. s. coutellii* Audouin	—	—	—	—	—	—	
（2）*A. s. japonicus* Temminck et Schlegel	—			—	—	—	—
15 粉红胸鹨 *Anthus roseatus* Blyth				—			
16 黄腹鹨 *Anthus rubescens*（Tunstall）	—	—	—	—	—	—	
17 山鹨 *Anthus sylvanus*（Hodgson）		+	—	+	—	+	+
（五）山椒鸟科 Campephagidae							
1 大鹃鸡 *Coracina macei*（Swinhoe）							
（1）*C. m. rexpineti*（Swinhoe）		+					+
2 暗灰鹃鸡 *Coracina melaschistos*（Hodgson）							
（1）*C. m. intermedia*（Hume）	+	+	+	+	+	+	+

续表

目、科、种	安徽	江西	山东	江苏	上海	浙江	福建
	1	2	3	4	5	6	7
（2）*C. m. avensis*（Blyth）					+		
3 粉红山椒鸟 *Pericrocotus roseus*（Vieillot）	+	+	+		+	+	+
4 小灰山椒鸟 *Pericrocotus cantonensis* Swinhoe	+	+		+	+	+	+
5 灰山椒鸟 *Pericrocotus divaricatus*（Raffles）							
（1）*P. d. divaricatus*（Raffles）	—	—	—	—	—	—	—
6 赤红山椒鸟 *Pericrocotus flammeus*（Forster）							
（1）*P. f. fohkiensis* Buturlin		+				+	+
7 灰喉山椒鸟 *Pericrocotus solaris* Blyth							
（1）*P. s. griseigularis* Gould		+				+	+
（六）鹎科 Pycnonotidae							
1 领雀（绿鹦）嘴鹎 *Spizixos semitorques* Swinhoe							
（1）*S. s. semitorques* Swinhoe	+	+		+	+	+	+
2 黄臀鹎 *Pycnonotus xanthorrhous* Anderson							
（1）*P. x. andersoni*（Swinhoe）	+	+		+		+	+
3 白头鹎 *Pycnonotus sinensis*（Gmelin）							
（1）*P. s. sinensis*（Gmelin）	+	+	+	+	+	+	+
4 白喉红臀鹎 *Pycnonotus aurigaster*（Vieillot）							
（1）*P. a. chrysorrhoides*（Lafresnaye）		+				+	+
5 红耳鹎 *Pycnonotus jocosus*（Linnaeus）							
6 黑头鹎 *Pycnonotus atriceps*（Temminck）							
（1）*P. a. atriceps*（Temminck）							O
7 黑喉红臀鹎 *Pycnonotus cafer*（Linnaeus）							O
8 栗耳短脚鹎 *Ixos amaurotis*（Temminck）							
（1）*I. a. amaurotis*（Temminck）						—	
（2）*I. a. hensoni* Stejneget						—	—
9 栗背短脚鹎 *Hemixos castanonotus*（Swinhoe）							
（1）*H. c. canipennis*（Swinhoe）		+			+	+	+
10 绿翅短脚鹎 *Hypsipetes mcclellandii* Horsfield							
（1）*H. m. holtii* Swinhoe	+	+				+	+
11 黑［短脚］鹎 *Hypsipetes leucocephalus*（Gmelin）							
（1）*H. l. leucocephalus*（Gmelin）	+	+		+	—	+	+
12 灰短脚鹎 *Hypsipetes flavala*（Blyth）							
（1）*H. f. canipennis*（Seebohm）		+					
（七）叶鹎科 Chloropseidae							
1 橙腹叶鹎 *Chloropsos hardwickii* Jardine et Sellby							
（1）*C. h. melliana* Stresemann		+				+	+
（八）太平鸟科 Bombycillidae							
1 太平鸟 *Bombycilla garrulus*（Linnaeus）							
（1）*B. g. centralasiae* Poliakov	—		—	—	—	—	—

目、科、种	安徽	江西	山东	江苏	上海	浙江	福建
	1	2	3	4	5	6	7
2 小太平鸟 *Bombycilla japonica*（Siebold）	—	—	—	—	—	—	—
（九）伯劳科 Laniidae							
1 虎纹伯劳 *Lanius tigrinus* Drapiez	+	+	+	+	+	+	+
2 牛头伯劳 *Lanius bucephalus* Temminck et Schlegel							
（1）*L. b. bucephalus* Temminck et Schlegel	—	—	+	—	—	—	—
3 红尾伯劳 *Lanius cristatus* Linnaeus							
（1）*L. c. cristatus* Linnaeus	—	—	—	—	—	—	—
（2）*L. c. lucionensis* Linnaeus	+	+	+	+	+	+	+
（3）*L. c. superxiliosus* Latham				+	—	—	—
4 栗背伯劳 *Lanius colluriodaes* Lesson	+	+	+	+	+	+	+
5 灰背伯劳 *Lanius tephronotus*（Vigors）							
（1）*L. t. tephronotus*（Vigors）					—	+	
6 棕背伯劳 *Lanius schach* Linnaeus							
（1）*L. s. schach* Linnaeus	+	+	+	+	+	+	+
7 黑伯劳 *Lanius fuscatus* Lesson		+				+	+
8 灰伯劳 *Lanius excubitor* Linnaeus							
（1）*L. e. sibiricus* Bogdanov			—	—			
9 楔尾伯劳 *Lanius sphenocercus* Cabanis							
（1）*L. s. sphenocercus* Cabanis	—	—	—	—	—	—	—
（十）盔鵙科 Prionopidae							
1 钩嘴林鵙 *Tephrodornis gularis*（Raffles）							+
（十一）黄鹂科 Oriolidae							
1 黑枕黄鹂 *Oriolus chinensis* Linnaeus							
（1）*O. c. diffusus* Sharpe	+	+	+	+	+	+	+
（十二）卷尾科 Dicruridae							
1 黑卷尾 *Dicrurus macrocercus* Vieillot							
（1）*D. m. cathoecus* Swinhoe	+	+	+	+	+	+	+
2 灰卷尾 *Dicrurus leucophaeus* Vieillot							
（1）*D. l. leucogenis*（Walden）	+	+		+	—	+	+
（2）*D. l. hopwoodi* Stuart Baker					—		
（3）*D. l. salangensis* Reichenow							+
3 发冠卷尾 *Dicrurus hottentottus*（Linnaeus）							
（1）*D. h. brevirostris*（Cabanis et Heine）	+	+	+	+	+	+	+
4 鸦嘴卷尾 *Dicrurus annectons*（Hodgson）							+
（十三）椋鸟科 Sturnidae							
1 八哥 *Acridotheres cristatellus*（Linnaeus）							
（1）*A. c. cristatellus*（Linnaeus）	+	+		+	+	+	+
2 家八哥 *Acridotheres tristis*（Linnaeus）							
（1）*A. t. tristis*（Linnaeus）							—

续表

目、科、种	安徽	江西	山东	江苏	上海	浙江	福建
	1	2	3	4	5	6	7
3 黑领椋鸟 *Gracupica nigricollis*（Paykull）		+				+	+
4 紫背椋鸟 *Sturnia philippensis*（Forster）		—	—	—	—	—	—
5 北椋鸟 *Sturnia sturninus*（Pallas）			—	—			
6 灰背椋鸟 *Sturnia sinensis*（Gmelin）		+				+	+
7 粉红椋鸟 *Postor roseus*（Linnaeus）				O	O		
8 丝光椋鸟 *Sturnus sericeus* Gmelin	+	+		+	+	+	+
9 灰椋鸟 *Sturnus cineraceus* Temminck	—		+				
10 紫翅椋鸟 *Sturnus vulgaris* Linnaeus							
（1） *S. v. poltaratskyi* Finsch	—			—		—	
11 鹩哥 *Gracula religiosa* Linnaeus							
（1） *G. r. intermedia* Hay							+
（十四）鸦科 Corvidae							
1 松鸦 *Garrulus glandarius*（Linnaeus）							
（1） *G. g. sinensis* Swinhoe	+	+	+	+		+	+
2 灰喜鹊 *Cyanopica cyana*（Pallas）							
（1） *C. c. interposita* Hartert			+				
（2） *C. c. swinhoei* Hartert	+	+		+	+	+	+
3 红嘴蓝鹊 *Urocissa erythrorhyncha*（Boddaert）							
（1） *U. e. erythrorhyncha*（Boddaert）	+	+	+	+		+	+
4 灰树鹊 *Dendrocitta formosae*（Swinhoe）							
（1） *D. f. sinica*（Stresemann）	+	+		+		+	+
5 喜鹊 *Pica pica*（Linnaeus）							
（1） *P. p. sericea* Gould	+	+	+	+	+	+	+
6 星鸦 *Nucifraga caryocatactes*（Linnaeus）							
（1） *N. c. macrorhynchos* Brehm				—			
7 红嘴山鸦 *Pyrrhocorax pyrrhocorax*（Linnaeus）							
（1） *P. p. brachypus*（Swinhoe）			+				
8 秃鼻乌鸦 *Corvus frugilegus* Linnaeus							
（1） *C. f. pastinator* Gould	+	+	+	+	+	+	—
9 达乌里寒鸦 *Corvus dauuricus* Pallas							
（1） *C. m. dauuricus* Pallas	—	—	+	—	—	—	—
10 小嘴乌鸦 *Corvus corone* Linnaeus							
（1） *C. c. orientalis* Eversmann				—	—	—	
11 大嘴乌鸦 *Corvus macrorhynchos* Wagler							
（1） *C. m. colonorum* Swinhoe	+	+	+	+	+	+	+
12 白颈鸦 *Corvus torquatus* Lesson	+	+	+	+	+	+	+
（十五）河乌科 Cinclidae							
1 褐河乌 *Cinclus pallasii* Temminck							
（1） *C. p. pallasii* Temminck	+	+		+		+	+

目、科、种	安徽	江西	山东	江苏	上海	浙江	福建
	1	2	3	4	5	6	7
（十六）鹪鹩科 Troglodytidae							
1 鹪鹩 *Troglodytes troglodytes*（Linnaeus）							
（1）*T. t. idius*（Richmond）	—	—	—	—	—	—	—
（十七）岩鹨科 Prunellidae							
1 领岩鹨 *Prunella collaris*（Scopoli）							
（1）*P. c. erythropygia*（Swinhoe）				—			
2 棕眉山岩鹨 *Prunella montanella*（Pallas）	—		—	—			
（十八）鸫科 Turdidae							
1 白喉短翅鸫 *Brachypteryx leucophrys*（Temminck）							
（1）*B. l. carolinae* La Touche							+
2 蓝短翅鸫 *Brachypteryx montana* Horsfield							
（1）*B. m. sinensis* Rickett et La Touche		+					+
3 日本歌鸲 *Erithacus akahige*（Temminck）							
（1）*E. a. akahige*（Temminck）			—	—	—	—	
4 红尾歌鸲 *Luscinia sibilans*（Swinhoe）			—	—	—	—	
5 红喉歌鸲（红点颏）*Luscinia calliope*（Pallas）			—	—	—	—	
6 蓝喉歌鸲（蓝点颏）*Luscinia svecica*（Linnaeus）							
（1）*L. s. svecica*（Linnaeus）			—	—	—	—	
7 蓝歌鸲 *Luscinia cyane*（Pallas）							
（1）*L. c. cyane*（Pallas）	—	—	—	—	—	—	
（2）*L. c. bochaiensis* Shulpin							
8 红胁蓝尾鸲 *Tarsiger cyanurus*（Pallas）							
（1）*T. c. cyanurus*（Pallas）	—	—	—	—	—	—	—
9 白眉林鸲 *Tarsiger indicus*（Vieillot）							
（1）*T. i. formosanus* Hartert						—	
10 鹊鸲 *Copsychus saularis*（Linnaeus）							
（1）*C. s. prosthopellus* Oberholser	+	+		+	+	+	+
11 赭红尾鸲 *Phoenicurus ochruros*（Gmelin）							
（1）*P. o. rufiventris*（Vieillot）				—			
12 北红尾鸲 *Phoenicurus auroreus*（Pallas）							
（1）*P. a. auroreus*（Pallas）	—	—	+	—	—	—	—
（2）*P. a. leucopterus* Blyth			—				
13 红腹红尾鸲 *Phoenicurus erythrogaster*（Guldenstadt）				—			
14 红尾水鸲 *Rhyacornis fuliginosus*（Vigors）							
（1）*R. f. fuliginosus*（Vigors）	+	+				+	+
15 白顶溪鸲 *Chaimarrornis leucocephalus*（Vigors）	+	+				+	+
16 白腹短翅鸲 *Hodgsonius phoenicuroides*（G. R. Gray）			—	+			
17 白尾蓝地鸲 *Cinclidium leucurum*（Hodgson）							
（1）*C. l. leucurum*（Hodgson）							—

续表

目、科、种	安徽	江西	山东	江苏	上海	浙江	福建
	1	2	3	4	5	6	7
18 小燕尾 *Enicurus scouleri* Vigors	+	+				+	+
19 灰背燕尾 *Enicurus schistaceus*（Hodgson）		+				+	+
20 白额燕尾 *Enicurus leschenaulti*（Vieillot）							
（1）*E. l. sinensis* Gould	+	+		+	—	+	+
21 斑背燕尾 *Enicurus maculates* Vigors							
（1）*E. m. bacatus* Bangs et Phillips		+					+
22 绿嘴鸫 *Cochoa viridis* Hodgson							+
23 黑喉石䳭 *Saxicola torquata*（Linnaeus）							
（1）*S. t. stejnegeri*（Parrot）	—						
24 灰林䳭 *Saxicola ferrea* G. R. Gray							
（1）*S. f. haringtoni*（Hartert）	+	+	+	+	+	+	+
25 白背矶鸫 *Monticola saxatilis*（Linnaeus）				O			
26 白喉（蓝头）矶鸫 *Monticola gularis*（Swinhoe）	—						
27 栗腹（胸）矶鸫 *Monticola rufiventris*（Jardine et Selby）		+				+	+
28 蓝头矶鸫 *Monticola cinclorhynchus*（Vigors）							
（1）*M. c. gularis*（Swinhoe）	—						
29 蓝矶鸫 *Monticola solitarius*（Linnaeus）							
（1）*M. s. pandoo*（Sykes）	+	+				+	+
（2）*M. s. philippensis*（Muller）	—	—	+	—	—	—	—
30 紫啸鸫 *Myophonus caeruleus*（Scopoli）							
（1）*M. c. caeruleus*（Scopoli）	+	+	+	+			+
31 橙头地鸫 *Zoothera citrina*（Latham）							
（1）*Z. c. courtoisi*（Hartert）	+	+				+	
32 白眉地鸫 *Zoothera sibirica*（Pallas）							
（1）*Z. s. sibirica*（Pallas）	—	—	+	—	—	—	—
（2）*Z. s. davisoni*（Hume）							
33 虎斑地鸫 *Zoothera dauma*（Latham）							
（1）*Z. d. aurea*（Holandre）	—	—	—	—		—	—
34 灰背鸫 *Turdus hortulorum* Sclater							
35 乌灰鸫 *Turdus cardis* Temminck							
36 乌鸫 *Turdus merula* Linnaeus							
（1）*T. m. mandarinus* Bonaparte	+	+	—	+	+	+	+
37 褐头鸫 *Turdus feae*（Salvadori）			+				
38 白眉鸫 *Turdus obscurus* Gmelin			—			—	—
39 白腹鸫 *Turdus pallidus* Gmelin							
（1）*T. p. pallidus* Gmelin	—	—	—	—		—	—
（2）*T. p. obscurus* Gmelin	—	—	—	—		—	
（3）*T. p. chrycolaus* Temminck						—	—
40 赤颈鸫 *Turdus ruficollis* Pallas							

续表

目、科、种	安徽	江西	山东	江苏	上海	浙江	福建
	1	2	3	4	5	6	7
(1) *T. r. ruficollis* Pallas			—				
41 赤胸鸫 *Turdus chrysolaus* Temminck							
(1) *T. c. chrysolaus* Temminck	+		—	—		—	—
42 红尾鸫 *Turdus naumanni* Temminck							
(1) *T. n. eunomus* Temminck	—		—	—		—	—
43 斑鸫 *Turdus eunomus* Temminck	—		—				
44 宝兴歌鸫 *Turdus mupinensis* Laubmann				+		O	
(十九) 鹟科 Muscicapidae							
1 白喉林鹟 *Rhinomyias brunneata*（Slater）							
(1) *R. b. brunneata*（Slater）	+	+		+	+	+	+
2 灰纹鹟 *Muscicapa griseisticta*（Swinhoe）			—				
3 乌鹟 *Muscicapa sibirica* Gmelin							
(1) *M. s. sibirica* Gmelin	—						
4 北灰鹟 *Muscicapa dauurica* Pallas							
(1) *M. d. dauurica* Pallas	—						
5 棕尾褐鹟（红褐鹟）*Muscicapa ferruginea*（Hodgson）							—
6 白眉姬鹟 *Ficedula zanthopygia*（Hay）	+	+	+	+	+	+	
7 铜蓝鹟 *Eumyisa thalassina* Swainson							
(1) *E. t. thalassina* Swainson			—				
8 黄眉姬鹟 *Ficedula narcissina*（Temminck）							
(1) *F. n. narcissina*（Temminck）			—	—			
9 鸲［姬］鹟 *Ficedula mugimaki*（Temminck）	—						
10 红喉姬鹟 *Ficedula parva*（Bechstein）							
(1) *F. p. albicilla*（Pallas）			—				
11 白腹蓝姬鹟 *Cyanoptila cyanomelana*（Temminck）							
(1) *C. c. cumatilis*（Thayer et Bangs）			—				
(2) *C. c. cyanomelana*（Temminck）			—	—			
12 棕腹大仙鹟 *Niltava davidi* La Touche							+
13 方尾鹟 *Culicicapa ceylonensis*（Swainson）							
(1) *C. c. calochrysea* Oberholser	+						
(二十) 王鹟科 Monarchinae							
1 黑枕王鹟 *Hypothymis azurea*（Boddaert）							
(1) *H. a. styani*（Hartlaub）							
2 紫寿带鸟 *Terpsiphone atrocaudata*（Eyton）							
(1) *T. a. atrocaudata*（Eyton）			—				
3 寿带鸟 *Terpsiphone paradisi*（Linnaeus）							
(1) *T. p. incei*（Gould）	+	+	+	+	+	+	+
(二十一) 画眉科 Timaliidae							
1 黑脸噪鹛 *Garrulax perspicillatus*（Gmelin）	+	+	+	+	+	+	+

续表

目、科、种	安徽	江西	山东	江苏	上海	浙江	福建
	1	2	3	4	5	6	7
2 黄喉噪鹛 *Garrulax galbanus* Godwin-Austen							
（1）*G. g. courtoisi* Menegaux		+			O		
3 小黑领噪鹛 *Garrulax monileger*（Hodgson）							
（1）*G. m. melli* Stresemann	+	+				+	+
4 黑领噪鹛 *Garrulax pectoralis*（Gould）							
（1）*G. p. picticollis* Swinhoe	+	+				+	+
5 黑喉噪鹛 *Garrulax chinensis*（Scopoli）							
（1）*G. c. chinensis*（Scopoli）						+	
6 灰翅噪鹛 *Garrulax cineraceus*（Godwin-Austen）							
（1）*G. c. cinereiceps*（Styan）	+	+		+		+	+
7 山噪鹛 *Garrulax davidi*（Swinhoe）			+				
8 棕噪鹛 *Garrulax poecilorhynchus* Gould							
（1）*G. p. berthemyi*（David et Oustalet）	+	+					+
9 画眉 *Garrulax canorus*（Linnaeus）							
（1）*G. c. canorus*（Linnaeus）	+	+		+	+	+	+
10 白颊噪鹛 *Garrulax sannio* Swinhoe							
（1）*G. s. sannio* Swinhoe	+	+				+	+
11 红尾噪鹛 *Garrulax milnei*（David）							
（1）*G. m. milnei*（David）							+
12 锈脸钩嘴鹛 *Pomatorhinus erythrogenys* Vigors							
（1）*P. e. dedekeni* Oustalet	+					+	
（2）*P. e. swinhoei* David	+	+					+
13 棕颈钩嘴鹛 *Pomatorhinus ruficollis* Hodgson							
（1）*P. r. styani* Seebohm	+	+		+		+	+
（2）*P. r. stridulus* Swinhoe	+	+				+	+
14 小鳞胸鹪鹛 *Pnoepyga pusilla* Hodgson							
（1）*P. p. pusilla* Hodgson	+						
15 丽星鹩鹛 *Spelaeornis formosus*（Walden）							+
16 红头穗鹛 *Stachyris ruficeps* Blyth							
（1）*S. r. davidi*（Oustalet）	+	+				+	+
17 矛纹草鹛 *Babax latouchei*（Verreaux）							
（1）*B. l. latouchei* Stresemann		+					+
18 红嘴相思鸟 *Leiothrix lutea*（Scopoli）							
（1）*L. l. lutea*（Scopoli）	+	+		+		+	+
19 红翅鵙鹛 *Pteruthius flaviscapis*（Temminck）							
（1）*P. f. ricketti* Ogilvie-Grant		+					+
20 淡绿鵙鹛 *Pteruthius xanthochloris* J. E. Gray							
（1）*P. x. obscurus* Stresemann						+	
21 栗额鵙鹛 *Pteruthius aenobarbus*（Temminck）							+

目、科、种	安徽	江西	山东	江苏	上海	浙江	福建
	1	2	3	4	5	6	7
22 褐头雀鹛 *Alcippe cinereiceps*（Verreaux）							
（1）*A. c. guttaticollis*（La Touche）							+
23 褐顶雀鹛 *Alcippe brunnea* Gould							
（1）*A. b. superciliaris*（David）	+	+				+	+
24 灰眶雀鹛 *Alcippe morrisonia* Swinhoe							
（1）*A. m. hueti* David		+				+	+
25 白眶雀鹛 *Alcippe nipalensis*（Hodgson）	+	+				+	
26 栗耳（头）凤鹛 *Yuhina castaniceps*（Horsfield et Moore）							
（1）*Y. c. torqueola*（Swinhoe）	+	+				+	+
27 黑颏凤鹛 *Yuhina nigrimenta* Blyth							
（1）*Y. n. pallida* La Touche						+	+
28 白腹凤鹛 *Erpornis zantholeuca*（Blyth）							
（1）*E. z. griseiloris*（Stresemann）		+					+
（二十二）鸦雀科 Paradoxornithidae							
1 文须雀 *Panurus biarmicus*（Linnaeus）				—		—	
2 灰头鸦雀 *Paradoxornis gularis* Gray							
（1）*P. g. fokiensis*（David）	+	+		+		+	—
3 棕头鸦雀 *Paradoxornis webbianus*（G. R. Gray）							
（1）*P. w. suffusus*（Swinhoe）	+	+	+	+	+	+	+
（2）*P. w. webbianus*（G. R. Gray）					+	+	
（3）*P. w. fulvicauda*（Campbell）				+			
4 橙背鸦雀 *Paradoxornis nipalensis*（Hodgson）							
（1）*P. n. pallidus*（La Touche）							+
5 黄嘴鸦雀 *Paradoxornis flavirostris* Gould							
（1）*P. f. guttaticollis* David							+
6 金色鸦雀 *Paradoxornis verreauxi*（Sharpe）							
（1）*P. v. pallidus*（La Touche）							+
7 短尾鸦雀 *Paradoxornis davidianus*（Slater）							
（1）*P. d. davidianus*（Slater）		+				+	
8 震旦鸦雀 *Paradoxornis heudei* David							
（1）*P. h. heudei* David		+		+	+	+	
（二十三）扇尾莺科 Cisticolidae							
1 棕扇尾莺 *Cisticola jncidis*（Rafinesgue）							
（1）*C. j. tinnabularis*（Swinhoe）	+	+	+	+	+	+	+
2 金头扇尾莺 *Cisticola exilis*（Vigors et Horsfield）							
（1）*C. e. curtoisis* La Touche	+	+					+
3 山鹪莺 *Prinia crinigera*（Temminck）							
（1）*P. c. catharia* Reichenow	+	+		+			
（2）*P. c. parumstiata*（David et Oustalet）	+	+		+	+	+	+

目、科、种	安徽	江西	山东	江苏	上海	浙江	福建
	1	2	3	4	5	6	7
4 黑喉山鹪莺 *Prinia atrogularis*（Horsfield et Moore）							
（1）*P. a. superciliaris*（Anderson）							+
5 褐山鹪莺 *Prinia polychroa*（Temminck）	+	+					+
6 黄腹山鹪莺（灰头鹪莺）*Prinia flaviventris*（Delessert）							
（1）*P. f. sonitans* Swinhoe		+			+	+	
7 灰胸山鹪莺 *Prinia hodgsonii* Blyth							+
8 纯色山鹪莺 *Prinia inornata*（Swinhoe）							
（1）*P. i. extensicauda*（Swinhoe）	+	+				+	+
9 褐头鹪莺 *Prinia subflava*（Gmelin）							
（1）*P. s. extensicauda*（Swinhoe）	+	+			+	+	+
（二十四）莺科 Sylviidae							
1 鳞头树莺 *Urosphena squameiceps*（Swinhoe）							
2 远东树莺 *Cettia canturians*（Swinhoe）				+	+	+	+
3 日本树莺 *Cettia diphone*（Kittlitz）							
（1）*C. d. borealis* Campbell							
（2）*C. d. cantans*（Temminck et Schlegel）	+	+		+	+	+	
（3）*C. d. riukiuensis*（Kuroda）				+	+		
4 强脚树莺 *Cettia fortipes*（Hodgson）							
（1）*C. f. davidiana*（Verreaux）	+	+		+	+	+	+
5 黄腹树莺 *Cettia acanthizoides*（Verreaux）							
（1）*C. a. acanthizoides*（Verreaux）	+	+				+	+
6 斑胸短翅莺 *Bradypterus thoracicus*（Blyth）							
（1）*B. t. davidi*（La Touche）						—	
7 高山短翅莺 *Bradypterus mandelli*（Ogilvie-Grant）							
（1）*B. m. melanorhynchus*（Rickett）							+
8 棕褐短翅莺 *Bradypterus luteoventris*（Hodgson）		+				+	+
9 矛斑蝗莺 *Locustella lanceolata*（Temminck）							
（1）*L. l. lanceolata*（Temminck）				—	—	—	
10 小蝗莺 *Locustella certhiola*（Pallas）							
（1）*L. c. certhiola*（Pallas）		—				—	
（2）*L. c. Rubescens* Blyth	—			—		—	O
（3）*L. c. centralasiae* Sushkin						+	O
11 北蝗莺 *Locustella ochotensis*（Middendorff）							
（1）*L. o. ochotensis*（Middendorff）				—	—	—	—
（2）*L. o. pleskei* Taczanovski							—
12 史氏蝗莺 *Locustella pleskei* Taczanovski							
13 苍眉蝗莺 *Locustella fasciolata*（Gray）							
（1）*L. f. fasciolata*（Gray）				—	—	—	
14 细纹苇莺 *Acrocephalus sorghophilus*（Swinhoe）	—			—	—	—	

续表

目、科、种	安徽	江西	山东	江苏	上海	浙江	福建
	1	2	3	4	5	6	7
15 黑眉苇莺 *Acrocephalus bistrigiceps* Swinhoe		+	+	+	+	+	+
16 远东苇莺 *Acrocephalus tangorum* Temminck et Schlegal			—				
17 东方大苇莺 *Acrocephalus orientalis* Temminck et Schlegal	+	+	+	+	+	+	+
18 稻田苇莺 *Acrocephalus agricola*（Jerdon）							
（1）*A. a. concinens*（Swinhoe）		+	+			+	
19 钝翅苇莺 *Acrocephalus concinens*（Swinhoe）							
（1）*A. c. concinens*（Swinhoe）	—						
20 厚嘴苇莺 *Acrocephalus aedon*（Pallas）							
（1）*A. a. rufescens* Stegmann		—	—	—	—	—	
21 芦莺 *Phragamaticola aedon*（Pallas）		—					
22 金头缝叶莺 *Orthotomus cucullatus* Temminck		—					
23 长尾缝叶莺 *Orthotomus sutorius*（Pennant）							
（1）*O. s. longicauda*（Gmelin）		+					+
24 褐柳莺 *Phylloscopus fuscatus*（Blyth）							
（1）*P. f. fuscatus*（Blyth）	—						
25 棕眉柳莺 *Phylloscopus armandii*（Milne-Edwards）		—					
26 棕腹柳莺 *Phylloscopus subaffinis* Ogilvie-Grant	+	+	—	+	—		+
27 巨嘴柳莺 *Phylloscopus schwarzi*（Raddle）							
28 黄腰柳莺 *Phylloscopus proregulus*（Pallas）							
（1）*P. p. proregulus*（Pallas）	—	—	—	—			
29 黄胸柳莺 *Phylloscopus cantator*（Tickell）		+				+	+
30 黄眉柳莺 *Phylloscopus inornatus*（Blyth）	—	—	—				
31 极北柳莺 *Phylloscopus borealis*（Blasius）							
（1）*P. b. borealis*（Blasius）	—	—	—				
（2）*P. b. xanthodryas*（Swinhoe）	—						
（3）*P. b. hylebata* Swinhoe							—
32 乌嘴柳莺 *Phylloscopus magnirostris* Blyth				—			
33 淡脚柳莺 *Phylloscopus tenellipes* Swinhoe	—	—	—				—
34 暗绿柳莺 *Phylloscopus trochiloides* Swinhoe							
（1）*P. t. plumbeitarsus* Swinhoe	—						—
35 日本淡脚柳莺 *Phylloscopus borealoides* Portenko			—				
36 冕柳莺 *Phylloscopus coronatus*（Temminck et Schlegel）	—						
37 冠纹柳莺 *Phylloscopus reguloides*（Blyth）							
（1）*P. r. claudinae*（La Touche）	+	—			—	—	
（2）*P. r. fokiensis* Hartert							+
38 黑眉柳莺 *Phylloscopus ricketti*（Slater）							—
39 双斑绿柳莺 *Phylloscopus plumbeitarsus* Swinhoe		—	—				—
40 白斑（尾）柳莺 *Phylloscopus davisoni*（Oates）							+
41 比氏鹟莺 *Seicercus valentini*（Hartert）							

续表

目、科、种	安徽	江西	山东	江苏	上海	浙江	福建
	1	2	3	4	5	6	7
（1）*S. v. latouchei*（Hartert）		—				—	—
42 金眶鹟莺 *Seicercus burkii*（Burton）							
（1）*S. b. distinctus*（La Touche）	—			—	—	+	
（2）*S. b. valentini*（Hartert）	+	+				+	+
43 白眶鹟莺 *Seicercus affinis*（Horsfield et Moore）							
（1）*S. a. intermedius*（Horsfield et Moore）							+
44 栗头鹟莺 *Seicercus castaniceps*（Blyth）							
（1）*S. c. sinensis*（Richett）		+				+	+
45 棕脸鹟莺 *Abroscopus albogularis*（Horsfield et Moore）							
（1）*A. a. albogularis*（Horsfield et Moore）	+	+				+	
（2）*A. a. fulvifacies*（Swinhoe）	+	+				+	+
46 斑背大尾莺 *Megalurus pryeri* Seebohm							
（1）*M. p. sinensis*（Witherby）	—			—		—	
（二十五）戴菊科 Regulidae							
1 戴菊 *Regulus regulus*（Linnaeus）							
（1）*R. r. japonensis* Blakiston	—			—			
（二十六）绣眼鸟科 Zosteropidae							
1 红胁绣眼鸟 *Zosterops erythropleurus* Swinhoe	—						
2 暗绿绣眼鸟 *Zosterops japonicus* Temminck et Schlegel							
（1）*Z. j. simplex* Swinhoe	+	+	+	+	+	+	+
（二十七）攀雀科 Remizidae							
1 攀雀 *Remiz consobrinus* Linnaeus							
（1）*R. c. consobrinus*（Swinhoe）	—			—			
（二十八）长尾山雀科 Aegithalidae							
1 银喉长尾山雀 *Aegithalos caudatus*（Linnaeus）							
（1）*A. c. vinaceus*（Verreaux）			+				
（2）*A. c. glaucogularis*（Moore）	+	+		+	—	+	
2 红头［长尾］山雀 *Aegithalos concinnus*（Gould）							
（1）*A. c. concinnus*（Gould）	+	+		+	+	+	+
（二十九）山雀科 Paridae							
1 沼泽山雀 *Parus palustris* Linnaeus							
（1）*P. p. hellmayri* Bianchi	+			+			+
2 煤山雀 *Parus ater* Linnaeus							
（1）*P. a. pekinensis* David			+	+			
（2）*P. a. kuatunensis* La Touche	+					+	+
3 黄腹山雀 *Parus venustulus* Swinhoe	+	+	+	+			+
4 褐头山雀 *Parus montanus* Baldenstein			+				
5 杂色山雀 *Parus varius* Temminck et Schlegel		+	+				
6 大山雀 *Parus major* Linnaeus							

目、科、种	安徽	江西	山东	江苏	上海	浙江	福建
	1	2	3	4	5	6	7
(1) *P. m. artatus* Thayer et Bangs	+	+	+	+	+	+	
(2) *P. m. commixtus* Swinhoe	+	+	+	+	+	+	+
7 黄颊山雀 *Parus spilonotus* Vigors							
(1) *P. s. rex* David		+				+	+
8 黄眉林雀 *Sylviparus modestus* Burton							
(1) *S. m. modestus* Burton							+
9 冕雀 *Melanochlora sultanea*（Hodgson）							
(1) *M. s. seorsa* Bangs							+
(三十) 䴓科 Sittidae							
1 普通䴓 *Sitta europaea* Linnaeus							
(1) *S. e. sinensis* Verreaux	+	+	+	+		+	+
(2) *S. e. montium* La Touche							+
(三十一) 旋壁雀科 Tichidromidae							
1 红翅旋壁雀 *Tichodroma muraria*（Linnaeus）							
(1) *T. m. nepalensis* Bonaparte	—	—	—				
(三十二) 啄花鸟科 Dicaeidae							
1 纯色啄花鸟 *Dicaeum concolor*（Jerdon）							
(1) *D. c. olivaceum* Walden							+
2 红胸啄花鸟 *Dicaeum ignipectus*（Blyth）							
(1) *D. i. ignipectus*（Blyth）		+				+	+
3 朱背啄花鸟 *Dicaeum cruentatum*（Linnaeus）							
(1) *D. c. erythronotum*（Latham）							+
(三十三) 花蜜鸟科 Nectariniidae							
1 叉尾太阳鸟 *Aethopyga christinae* Swinhoe							
(1) *A. c. latouchii* Slater		+				+	+
2 黄腹花蜜鸟 *Cinnyris jugularis*（Linnaeus）							
(1) *C. j. rhizophorae*（Swinhoe）							+
(三十四) 雀科 Passeridae							
1 山麻雀 *Passer rutilans*（Temminck）							
(1) *P. r. rutilans*（Temminck）	+	+	+	+		+	+
2 麻雀 *Passer montanus*（Linnaeus）							
(1) *P. m. saturatus* Stejneger	+	+	+	+	+	+	+
(三十五) 梅花雀科 Estrildidae							
1 白腰文鸟 *Lonchura striata*（Linnaeus）							
(1) *L. s. swinhoei*（Cabanis）	+	+		+	+	+	+
2 斑文鸟 *Lonchura punctulata*（Swinhoe）							
(1) *L. p. topela*（Swinhoe）	+	+		+	+	+	+
3 禾雀 *Padda oryzivora*（Linnaeus）				—	—		
(三十六) 燕雀科 Fringillidae							

续表

目、科、种	安徽	江西	山东	江苏	上海	浙江	福建
	1	2	3	4	5	6	7
1 燕雀 *Fringilla montifringilla* Linnaeus	—	—					
2 普通朱雀 *Carpodacus erythrinus*（Pallas）							
（1）*C. e. grebnitskii* Stejneger			—				
（2）*C. e. roseatus*（Blyth）							
3 北朱雀 *Carpodacus roseus* Pallas							
（1）*C. r. roseus* Pallas	—	—					
4 红交嘴雀 *Loxia curvirostra* Linnaeus							
（1）*L. c. japonica* Ridgway			—				
5 灰腹灰雀 *Pyrrhula griseiventris* Lafresnaye							
（1）*P. g. griseiventris* Lafresnaye			—				
6 红腹灰雀 *Pyrrhula pyrrhula*（Linnaeus）			—				
7 白腰朱顶雀 *Carduelis flammea*（Linnaeus）							
（1）*C. f. flammea*（Linnaeus）					—		
8 金翅雀 *Carduelis sinica*（Linnaeus）							
（1）*C. s. sinica*（Linnaeus）	+	+	+	+	+	+	+
9 黄雀 *Carduelis spinus*（Linnaeus）	—	—	—				
10 粉红腹岭雀 *Leucosticte arctoa*（Pallas）							
（1）*L. a. brunneonucha*（Brandt）				—			
11 褐灰雀 *Pyrrhula nipalensis* Hodgson							
（1）*P. n. ricketti* La Touche						+	+
12 锡嘴雀 *Coccothraustes coccothraustes*（Linnaeus）							
（1）*C. c. coccothraustes*（Linnaeus）	—	—	—	—	—		—
（2）*C. c. japonicus* Temminck et Schlegel							O
13 黑尾蜡嘴雀 *Eophona migratoria* Hartert							
（1）*E. m. migratoria*（Hartert）	—	—	—	—	—	—	—
（2）*E. m. sowerbyi* Riley							
14 黑头蜡嘴雀 *Eophona personata*（Temminck et Schlegel）							
（1）*E. p. personata*（Temminck et Schlegel）	—	—	—	—	—	—	—
（2）*E. p. magnirostris* Hartert	—						
15 长尾雀 *Uragus sibiricus*（Pallas）			—				
（三十七）鹀科 Emberizidae							
1 凤头鹀 *Melophus lathami*（J. E. Gray）							
（1）*M. l. lathami*（J. E. Gray）	+	+				+	+
2 蓝鹀 *Latoucheornis siemsseni*（Martens）	+					+	—
3 灰眉岩鹀 *Emberiza cia* Linnaeus			+				
4 白头鹀 *Emberiza leucocephala* Gmelin							
（1）*E. l. leucocephala* Gmelin			—	—	—		
5 三道眉草鹀 *Emberiza cioides* Brandt							
（1）*E. c. castaneiceps* Moore	+	+	+	+	+	+	+

续表

目、科、种	安徽	江西	山东	江苏	上海	浙江	福建
	1	2	3	4	5	6	7
6 红颈苇鹀 *Emberiza yessoensis*（Swinhoe）							
（1）*E. y. continentalis* Witherby	—		—	—	—	—	—
7 白眉鹀 *Emberiza tristrami* Swinhoe	—	—	—	—	—	—	—
8 栗耳鹀（赤胸鹀）*Emberiza fucata* Pallas							
（1）*E. f. fucata* Pallas	—	—	—	—	—	—	—
（2）*E. f. kuatunensis* La Touche					—	—	—
9 小鹀 *Emberiza pusilla* Pallas	—	—	—	—	—	—	—
10 黄眉鹀 *Emberiza chrysophrys* Pallas	—	—	—	—	—	—	—
11 田鹀 *Emberiza rustica* Pallas	—	—	—	—	—	—	—
12 黄喉鹀 *Emberiza elegans* Temminck							
（1）*E. e. ticehursti* Sushkin	—	—	—	—	—	—	—
13 黄胸鹀 *Emberiza aureola* Pallas							
（1）*E. a. aureola* Pallas	—	—	—	—	—	—	—
（2）*E. a. ornate* Shulpin	—	—	—	—	—	—	—
14 栗鹀 *Emberiza rutila* Pallas	—	—	—	—	—	—	—
15 黑头鹀 *Emberiza melanocephala* Scopoli	—	—	—	—	—	—	—
16 硫磺鹀 *Emberiza sulphurata* Temminck et Schlegel			—		—	—	—
17 灰头鹀 *Emberiza spodocephala* Pallas							
（1）*E. s. spodocephala* Pallas	—	—	—	—	—	—	—
（2）*E. s. personata* Temminck					—	—	
（3）*E. s. sordida* Blyth	+	—					
18 灰鹀 *Emberiza variabilis* Temminck					—	—	
19 苇鹀 *Emberiza pallasi*（Cabanis）							
（1）*E. p. polaris* Middendorff	—	—	—	—	—	—	—
20 芦鹀 *Emberiza schoeniclus* Linnaeus							
（1）*E. s. pallidior* Hartert			—	—	—	—	—
（2）*E. s. minor* Middendorff					—		
21 铁爪鹀 *Calcarius lapponicus*（Linnaeus）							
（1）*C. l. coloratus* Ridgway		—	—	—	—	—	

注：+ 表示繁殖鸟（包括留鸟和夏候鸟）；— 表示旅鸟和冬候鸟；O 表示偶见或迷鸟或漂泊鸟

参 考 文 献

安徽定远县森林保护站. 1984. 人工驯养灰喜鹊. 大自然, (2): 54, 55, 39

安徽省合肥市逍遥津公园. 1976. 丹顶鹤在动物园繁殖成功的初步研究. 动物学杂志, (1): 41-43

安徽省林业厅. 1977. 安徽鸟类新记录. 安徽野生动物资源调查与保护, 1: 27-33

安徽省林业厅. 1980a. 白冠长尾雉的食性分析. 野生动物资源调查与保护, 4: 11-12

安徽省林业厅. 1980b. 白头鹤在安徽首次发现. 野生动物资源调查与保护, 4: 9-10

安徽省林业厅. 2005. 安徽省自然保护区. 合肥: 合肥工业大学出版社

安徽省林业厅. 2006. 安徽省陆生野生动植物资源. 合肥: 合肥工业大学出版社

安徽省野生动物资源调查办公室. 1977. 安徽鸟类新记录. 野生动物资源调查与保护: 27-33

白冰, 李宁, 潘杨, 等. 2011. 斑块生境对食果鸟类种子传播行为及更新幼苗的影响//中国动物学会鸟类
学分会, 等. 中国鸟类学研究. 北京: 中国林业出版社: 137

柏亮, 柏玉昆. 1993. 山东发现震旦鸦雀. 动物学杂志, (3): 44

柏玉昆, 柏亮. 1992. 山东省鸟类研究. 临沂师专学报, (5, 6): 44-46

柏玉昆, 纪加义. 1982. 山东省鸟类调查报告. 山东大学学报(自然科学版), (4): 104-108

鲍方印, 王松, 王梅, 等. 2011. 安徽沿淮湖泊湿地水鸟资源调查. 动物学杂志, 46(4): 117-125

Barter M, 余希, 曹垒, 等. 2007. 福建省沿海越冬水鸟调查报告. 北京: 中国林业出版社: 9-10

毕宁. 1986. 长耳鸮的越冬习性、食性及鸣声的声谱分析. 野生动物, (2): 6-8

卞小庄, 蔡含钧, 李庆伟, 等. 1993. 鸟类核型研究 XIV. 鸻形目 14 种. 动物学研究, 14(1): 88-92, 105-
106

薄顺奇, 唐思贤, 王军馥, 等. 2010. 浙江天童国家森林公园鸟类区系和群落特征. 动物学杂志, 45(5):
86-94

薄顺奇, 袁晓, 陆万鹏. 2013. 楔尾鹱等 7 种上海市鸟类新记录. 复旦学报(自然科学版), 52(4): 564-567

蔡路昀, 徐言朋, 蒋萍萍, 等. 2007. 白颈长尾雉的活动区和日活动距离. 浙江大学学报(理学版), 34(6):
679-683

蔡音亭, 唐仕敏, 袁晓, 等. 2011. 上海市鸟类记录及变化. 复旦学报(自然科学版), (3): 334-343

蔡友铭, 袁晓. 2008. 上海水鸟. 上海: 上海科学技术出版社

曹垒, 鲁善翔, 杨捷频, 等. 2002. 绿鹭的繁殖习性观察. 动物学研究, 23(2): 180-184

曹垒, 杨捷频, 朱必龙, 等. 2004. 合肥市秋季、早冬灰椋鸟活动规律. 兰州大学学报, 40(1): 76-79

常家传, 赵泽斌, 张茂金, 等. 1992. 中国鸟类模式标本的初步研究. 野生动物, (2): 21-24

常家传. 1998. 鸟类学. 第 2 版. 哈尔滨: 东北林业大学出版社

常青. 1995. 江苏蛇类地理分布及地理区划研究. 两栖爬行动物学研究, (第 4、5 辑): 124-133

常青, 曹发华, 朱立峰, 等. 2005. 长江下游地区夜鹭种群微卫星变异及遗传多样性. 动物学报, 51(4):
657-663

常青, 张保卫, 金宏, 等. 2003. 从 12S rRNA 基因序列推测鹭科 13 种鸟类的系统发生关系. 动物学报,
49(2): 205-210

常青, 朱立峰, 解文利, 等. 2013. 长江中下游地区夜鹭种群遗传结构与种群动态//中国动物学会鸟类学
分会. 杭州: 第十二届全国鸟类学术研讨会暨第十届海峡两岸鸟类学术研讨会论文摘要集: 32

陈冰, 崔鹏, 徐海根, 等. 2013. 不同水位情景下鄱阳湖越冬白鹤潜在生境分布预测研究//中国动物学会
鸟类学分会. 杭州: 第十二届全国鸟类学术研讨会暨第十届海峡两岸鸟类学术研讨会论文摘要集:
69

陈春玲, 周立志, 江浩, 等. 2008. 几种常见有机氯农药在东方白鹳和白鹤羽毛中的残留分析. 动物学研究, 29(2): 159-164

陈服官, 罗时有, 郑光美. 1998. 中国动物志 鸟纲 第九卷 雀形目(太平鸟科岩鹨科). 北京: 科学出版社

陈浩, 陈国远, 高志东, 等. 2002. 丹顶鹤雏鹤的饲养管理技术. 中国畜牧杂志, 38(1): 52-53

陈浩, 高志东, 李春荣. 2006. 丹顶鹤东方次睾吸虫病的诊断与防治. 经济动物学报, 10(3): 169-171

陈家玉. 2001. 武夷山风景名胜区夏季鸟类群落结构初步研究. 福建林业科技, 28(3): 24-77

陈健全. 2006. 漳江口红树林国家级自然保护区水鸟动态变化的研究. 武夷科学, 22: 210-215

陈锦云, 周立志, 周波, 等. 2011. 安徽沿江两个浅水型湖泊越冬水鸟的季节动态(英文). 动物学研究, 5: 540-548

陈锦云, 周立志. 2011. 安徽沿江浅水湖泊越冬水鸟群落的集团结构. 生态学报, 18: 5323-5331

陈静, 王玉军, 武丙琳, 等. 2012. 清凉峰旅游区鸟类多样性及季节变动. 南京林业大学学报(自然科学版), 36(3): 37-42

陈军林, 周立志, 许仁鑫, 等. 2010. 巢湖湖岸带鸟类多样性的初步研究. 动物学杂志, 45(3): 139-147

陈军林, 周立志, 朱书玉, 等. 2011. 黄河三角洲繁殖东方白鹳生境选择与环境容纳量分析//中国动物学会鸟类学分会, 等. 中国鸟类学研究. 北京: 中国林业出版社: 294-295

陈磊, 唐思贤. 1987. 浙江天目山夏季鸟类观察分析. 大学科技, (1): 27-29

陈利生, 吴和平, 余泽平, 等. 2004. 江西省官山自然保护区白颈长尾雉资源调查. 动物学杂志, 39(5): 48-50

陈璐璐, 刘舟娟, 俞伟东, 等. 2008. 北竿山鸟类资源调查. 上海师范大学学报(自然科学版), 37(2): 173-177

陈鹏. 1964. 试论鸟类地理区划的原则和方法. 动物学杂志, 1964 (2): 19-21

陈勤娟, 朱曦, 葛映川, 等. 2001. 东明山森林公园鸟类群落生态. 浙江林学院学报, 18(2): 165-168

陈升, 李武杭. 2003. 输电线路防鸟害技术措施的应用. 浙江电力, 2: 30-31, 37

陈石泉. 1992. 黑枕绿啄木鸟营土洞巢繁殖的新发现. 动物学研究, 4: 312

陈水华. 2005. 寻找黑嘴风头燕鸥. 大自然, 2: 14-17

陈水华. 2010. 中国海域繁殖海鸟的现状与保护. 生物学通报, 45(3): 1-4

陈水华, 丁平, 范忠勇, 等. 2002a. 城市鸟类对斑块状园林栖息地的选择性. 动物学研究, 23(1): 31-38

陈水华, 丁平, 郑光美, 等. 2000b. 城市鸟类群落生态学研究展望. 动物学研究, 21(2): 165-169

陈水华, 丁平, 郑光美, 等. 2000c. 城市化对杭州市湿地水鸟群落的影响研究. 动物学研究, 21(4): 279-285

陈水华, 丁平, 郑光美, 等. 2002b. 岛屿栖息地鸟类群落的丰富度及其影响因子. 生态学报, 22(2): 141-149

陈水华, 丁平, 郑光美, 等. 2005c. 园林鸟类群落的岛屿性格局. 生态学报, 25(4): 657-663

陈水华, 丁平, 诸葛阳. 2007. 舟山五峙山列岛鸟类自然保护区鸟类资源调查报告//生物多样性与自然保护文集. 杭州: 浙江科学技术出版社

陈水华, 范忠勇, 陆祎玮, 等. 2014b. 极危鸟类中华凤头燕鸥浙江种群的保护和恢复. 浙江林业, S1: 20-21

陈水华, 范忠勇, 陆祎玮. 2014a. 中华凤头燕鸥育雏数量创新纪录——我国人工引导鸟类选择繁殖地试验再获成功. 浙江林业, 10: 23

陈水华, 黄秦, 范忠勇, 等. 2012. 浙江鸟类名录更新(英文). Chinese Birds, 2: 118-136

陈水华, 王彦平, 兰思思, 等. 2013. 城市化对杭州鸟类的影响: 从群落到个体//中国动物学会鸟类学分会. 杭州: 第十二届全国鸟类学术研讨会暨第十届海峡两岸鸟类学术研讨会论文摘要集: 1

陈水华, 王玉军. 2004. 岛屿群落组成的嵌套格局及其应用. 生态学杂志, 23(3): 81-87

陈水华, 颜重威, 范忠勇, 等. 2005a. 浙江韭山列岛的黑嘴端凤头燕鸥繁殖群调查初报. 动物学杂志,

40(1): 96-97

陈水华, 颜重威, 诸葛阳, 等. 2005b. 中国沿海岛屿繁殖海鸥与燕鸥的分布、资源及其受胁因素//中国动物学会鸟类学分会, 等. 中国鸟类学研究. 北京: 中国林业出版社: 300-306

陈水华, 郑光美, 丁平, 等. 2000a. 杭州市湿地水鸟的分布与多样性研究. 生命科学研究, 4(1): 65-72

陈伟, 关玉璞, 高德平. 2003. 发动机叶片鸟撞击瞬态响应的数值模拟. 航空学报, 24(6): 531-533

陈文杰. 2007. 宁德市东湖湿地鸟类资源调查与保护. 湿地科学与管理, 3(1): 58-59

陈武华, 黄文娟, 杨道德. 2009. 江西武功山国家森林公园野生动物资源及保护对策. 南方林业科学, (4): 36-40

陈小麟. 1999. 岩鹭在厦门海岸带的分布及其生态考察. 台湾海峡, 18(3): 355-358

陈小麟, 陈志鸿, 方文珍, 等. 2000. 白脸鹭在中国的新记录. 厦门大学学报(自然科学版), 39(5): 724-727

陈小麟, 林清贤, 周晓平. 2005. 黄嘴白鹭和岩鹭在福建省的繁殖记录//第 11 届中国动物学会鸟类学分会. 全国代表大会暨第六届海峡两岸鸟类学研讨会论文集: 352-353

陈小麟, 林清贤, 周晓平. 2005. 黄嘴白鹭和岩鹭在福建省的繁殖记录//中国动物学会鸟类学分会, 等. 中国鸟类学研究. 北京: 中国林业出版社: 352-353

陈小麟, 宋晓军. 1999. 厦门潮间带春季鸟类群落的生态分析. 生态学杂志, 18(4): 36-39

陈祎玮, 范忠勇, 陈水华. 2013. 城市湿地生态修复和鸟类群落动态//中国动物学会鸟类学分会. 杭州: 第十二届全国鸟类学术研讨会暨第十届海峡两岸鸟类学术研讨会论文摘要集: 39

陈易飞. 2005. 鹭鸟对茶园的生态影响. 生态环境, 14(6): 941-944

陈莹, 谭坤, 马志军. 2013. 黄渤海湿地面积变化及其对鸻鹬类的影响//中国动物学会鸟类学分会. 杭州: 第十二届全国鸟类学术研讨会暨第十届海峡两岸鸟类学术研讨会论文摘要集: 84

陈友铃, 耿宝荣, 张秋金, 等. 2000. 雀形目八种鸟核型的比较研究. 应用与环境生物学报, 6(2): 155-160

陈友铃, 唐兆和. 1998. 福建省鸟类分布新记录——攀雀. 四川动物, 17(3): 121

陈友铃, 唐兆和, 唐惠芝. 1998b. 永泰县鸟类区系研究. 福建师范大学学报(自然科学版), 14(4): 76-83

陈友铃, 唐兆和, 翁笑艳. 2001. 闽江口湿地的鸟类研究. 应用与环境生物学报, 7(3): 271-276

陈友铃, 唐兆和, 张秋金, 等. 2002. 五种鸟类核型的比较研究. 福建师范大学学报(自然科学报), 18(1): 86-90

陈友铃, 张秋金, 黄笑银, 等. 1998a. 攀禽类五种鸟的核型比较研究. 武夷科学, 14: 223-226

陈余钊, 马仁翻, 刘鸣, 等. 2007. 浙江省温州湿地水鸟区系研究. 浙江林学院学报, 24(5): 619-626

陈玉泉, 张志玲, 赵涛. 1991. 山鹪莺的繁殖习性. 四川动物, (4): 41

陈玉泉, 赵涛, 张志玲. 1995. 蓝翡翠繁殖习性研究. 动物学杂志, 30(4): 45-47

陈振东. 1990. 东平县的鸟类资源. 山东林业科技, (1): 18

陈振东, 徐玉国. 1989. 东平县鸟类资源调查研究技术报告. 泰安林业科技, 2: 49-53

承勇, 宋玉赞, 赵健, 等. 2011. 江西井冈山国家级自然保护区鸟类资源调查与分析. 四川动物, 30(2): 277-282

承勇, 曾以平, 刘桃睦, 等. 2011. 游隼育雏行为初步观察//中国动物学会鸟类学分会, 等. 中国鸟类学研究. 北京: 中国林业出版社: 121-122

程嘉伟, 邓昶身, 鲁长虎. 2013. 苏州太湖湖滨人工种植和原生芦苇湿地鸟类群落研究//中国动物学会鸟类学分会. 杭州: 第十二届全国鸟类学术研讨会暨第十届海峡两岸鸟类学术研讨会论文摘要集: 74

程嘉伟, 邓昶身, 阮德孟, 等. 2013. 太湖湖滨带芦苇收割对湿地鸟类多样性和空间格局的影响//中国动物学会鸟类学分会. 杭州: 第十二届全国鸟类学术研讨会暨第十届海峡两岸鸟类学术研讨会论文摘要集: 93

程嘉伟, 阮德孟, 章麟, 等. 2014. 江苏省发现雪鹀. 动物学杂志, 3: 327

程松林. 2009. 计算机——视频技术在鸟类繁殖生态研究中的应用. 江西科学, 27(3): 428-430

程松林. 2009. 凝冻灾害对江西武夷山白鹇种群的生态影响. 野生动物, 30(6): 314-316

程松林, 方毅, 程琳, 等. 2009. 江西武夷山自然保护区的雉类资源及其保护. 海南师范大学学报(自然科学版), 22(1): 83-85

程松林, 毛夷仙, 袁荣斌. 2013. 江西武夷山西北坡的森林繁殖鸟类多样性//中国动物学会鸟类学分会. 杭州: 第十二届全国鸟类学术研讨会暨第十届海峡两岸鸟类学术研讨会论文摘要集: 123

程松林, 毛夷仙, 袁荣斌. 2014. 江西武夷山-黄岗山西北坡森林繁殖鸟类多样性调查. 生态学报, 34(23): 6963-6974

程松林, 吴淑玉, 郑元庆. 2008. 江西武夷山黄腹角雉野外觅食习性初步观察. 四川动物, 27(3): 432-435

程松林, 钟志宇, 方毅, 等. 2009. 江西武夷山雉科鸟类研究初报. 四川动物, 28(4): 614-617

程向红. 2011. 浙江开化成为"中国白颈长尾雉之乡". 绿色中国, 9: 68

程雅畅, 唐林芳, 苏立英, 等. 2014. 沙丘鹤在中国的分布状况. 动物学杂志, 49(6): 921-924

程亚栋, 黄族豪. 2012. 乌鸫的繁殖行为与坐巢行为初步观察. 动物学杂志, 47(4): 41-47

程兆勤, 周本湘. 1987. 黄海车牛山岛白腰雨燕的食性分析及其在巢区活动的雷达测定. 动物学报, 33(2): 180-186

楚国忠. 1987. 浙江北部马尾松人工林鸟类捕食松毛虫幼虫的研究. 动物学研究, 8(3): 239-250

楚国忠. 1988. 浙北龙山林区大山雀繁殖季节持续时间、雏鸟食物组成及对松毛虫的捕食作用. 林业科学研究, 1(1): 80-89

楚国忠. 1989. 大山雀雏鸟的生长、食量及对马尾松毛虫种群密度的功能反应和数量反应. 林业科学研究, (1): 9-14

楚国忠. 1995. 浙北马尾松人工林鸟类群落结构和多样性指数的季节变化. 林业科学, 31(5): 428-435

楚国忠. 1996a. 浙北中幼龄马尾松人工林冬夏季的鸟类群落组成及多样性指数. 林业科学, 32(1): 50-61

楚国忠. 1996b. 浙江安吉龙山林场及其周围地区的鸟类. 动物学研究, 17(1): 45-51

楚国忠. 1998. 山东沂南农区小块林地鸟类群落组成的季节性变化//中华野鸟学会, 等. 第三届海峡两岸鸟类学术研讨会论文集. 台北: 台北市野鸟学会: 53-62

楚国忠, 刘希平, 侯韵秋, 等. 2000. 江苏盐城沿海地区繁殖季节几种水鸟数量及分布研究. I. 林业科学, 36(3): 87-92

楚国忠, 彭长根, 张长根, 等. 1995. 江西分宜年珠林场及其周围地区的鸟类. 林业科学研究, 8(2): 132-138

崔鹏, 陈冰, 吴翼, 等. 2013. 保护水鸟, 中国需要建立更多的保护区//中国动物学会鸟类学分会. 杭州: 第十二届全国鸟类学术研讨会暨第十届海峡两岸鸟类学术研讨会论文摘要集: 79

崔滢, 夏建宏. 2012. 震旦鸦雀. 森林与人类, 4: 64-73

崔志军. 1993. 扁嘴海雀繁殖及迁徙的研究. 动物学杂志, 28(4): 27-30

崔志军. 1994. 白额鹱生态及迁徙的研究. 动物学杂志, 29(3): 29-32

崔志军. 1998. 黑叉尾海燕繁殖及迁徙的研究. 动物学杂志, 33(5): 19-22

崔志兴. 2002. 长江口水鸟群落 13 年来的变化. 上海师范大学学报(自然科学版), 增刊: 90-94

崔志兴, 陈龙水. 1998. 长江口迁徙鸻形目鸟类群落结构十三年来的变化//中华野鸟学会, 等. 第三届海峡两岸鸟类学术研讨会论文集. 台北: 台北市野鸟学会: 189-200

崔志兴, 戴恩富. 1988. 中国鸟类新记录——斑胸滨鹬. 考察与研究, 8: 74-76

崔志兴, 戴恩富, 岑建强, 等. 1999. 赣西山区夏季鸟类群落研究. 自然博物馆学报, 17: 49-52

崔志兴, 丁荣权, 张友良, 等. 2000. 上海农田和林灌夏季鸟类群落研究. 华东师范大学学报(自然科学版), 4(增刊): 63-67

崔志兴, 高伯平. 2002. 崇明岛夏季鸟类群落 11 年来的变化. 上海师范大学学报(自然科学版), 增刊: 83-89

崔志兴, 高伯平, 仇杨忠. 2001a. 崇明岛湿地夏季鸟类群落 11 年来的变化. 上海师范大学学报(自然科

学版), 增刊: 53-60

崔志兴, 金杏宝, 司强, 等.2001b. 上海园林鸟类群落研究及保护和招引探讨//中国公园协会. 上海: 第三届中国国际园林花卉博览会论文集: 45-49

崔志兴, 刘雨邑, 余丽江, 等. 2011. 鸟类对九段沙湿地生境的利用//中国动物学会鸟类学分会, 等. 中国鸟类学研究. 北京: 中国林业出版社: 296

崔志兴, 钱国桢, 祝龙彪, 等. 1985. 鸻形目鸟类的食性研究. 动物学研究, 6(4)增刊: 43-52

崔志兴, 秦祥堃, 司强, 等. 2005. 江湾机场废弃地夏季鸟类群落研究//中国动物学会鸟类学分会, 等. 中国鸟类学研究. 北京: 中国林业出版社: 193-199

崔志兴, 司强. 2004. 白头鹤越冬期日间行为初探. 上海师范大学学报(自然科学版), 增刊: 117-121

崔志兴, 徐志伟. 1991. 环颈鸻集群取食的影响//高玮. 中国鸟类研究. 北京: 科学出版社: 172

崔宗山. 1985. 江苏的鸟多起来了. 大自然, (2): 61

代晓光, 杨振伟, 谢平, 等.2011. 输电线路鸟害防治对策. 广东电力, 24(6): 47-49, 96

代艳丽, 周立志. 2011. 一种改进的方法提取白头鹤粪便 DNA. 野生动物, 32(4): 203-207

戴年华. 2001. 江西武夷山自然保护区考察集. 北京: 中国林业出版社: 210-219

戴年华, 蒋剑虹, 赖宏清, 等. 2012. 江西鄱阳湖共青城市区域鸟类多样性研究. 江西科学, 30(6): 733-739

戴年华, 刘伟, 蔡汝林, 等. 1995. 江西宜春地区鸟类区系初步研究. 江西科学, 13(4): 227-240

戴年华, 刘伟, 蔡汝林, 等. 1996. 江西省鸟类新记录. 动物学杂志, 31(2): 48-49

戴年华, 刘伟, 蔡汝林. 1997. 江西省官山自然保护区鸟类调查初报. 江西科学, 15(4): 243-246

戴年华, 邵明勤, 郭宏, 等. 2013. 江西共青城市鄱阳湖区非繁殖期鸟类多样性初步研究//中国动物学会鸟类学分会. 杭州: 第十二届全国鸟类学术研讨会暨第十届海峡两岸鸟类学术研讨会论文摘要集: 125

戴年华, 邵明勤, 蒋剑虹, 等. 2014a. 江西共青城市鄱阳湖区域非繁殖期鸟类多样性初步研究. 江西师范大学学报(自然科学版), 38(1): 19-25

戴年华, 邵明勤, 蒋剑虹, 等. 2014b. 鄱阳湖越冬鸟类群落生态和越冬生态研究//中国动物学会. 广州: 中国动物学会第十七届全国会员代表大会暨学术讨论会论文摘要汇编: 104

戴宇飞, 周晓平, 林清贤, 等. 2013. 454 焦磷酸测序筛选黄嘴白鹭微卫星标记及其跨物种扩增//中国动物学会鸟类学分会. 杭州: 第十二届全国鸟类学术研讨会暨第十届海峡两岸鸟类学术研讨会论文摘要集: 65

邓锦东, 孙明, 吕士成, 等. 2005. 气候因子对盐城丹顶鹤越冬期行为的影响//王岐山, 李凤山. 中国鹤类研究. 昆明: 云南教育出版社: 135-138

邓撰相. 1985. 前山岛访鸟. 大自然, (3): 38-39

丁长青, 郑光美. 1992. 人工光照对黄腹角雉繁殖行为的影响. 北京师范大学学报(自然科学版), 28(2): 240-244

丁长青, 郑光美. 1997. 黄腹角雉的巢址选择. 动物学报, 43(1): 27-33

丁汉波, 唐瑞干. 1959. 福州紫翅椋鸟的发现. 福建师范学院学报, 1(下卷): 99-101

丁虎林, 张航, 陈旭才, 等. 2013. 浙江天童三种鹎科鸟类栖息地利用和季节变化. 复旦学报(自然科学报), 52(6): 737-745

丁平. 1987. 白颈长尾雉. 大自然, 2: 40-41

丁平. 1998. 长尾雉的地理分布及其系统关系的初步分析. 生命科学研究, 2(2): 122-131

丁平. 2002. 中国鸟类生态学的发展与现状. 动物学杂志, 37(3): 71-78

丁平, 姜仕仁. 2005. 杭州市区白头鹎鸣声的微地理差异. 动物学研究, 26(5): 453-459

丁平, 姜仕仁, 石斌山, 等. 1992a. 浙江西部山区白鹇生态的初步研究. 动物学杂志, 27(3): 20-23

丁平, 姜仕仁, 诸葛阳. 1992b. 浙江古田山自然保护区的鸟类区系与群落. 动物学杂志, 27(6): 19-22

丁平, 姜仕仁, 诸葛阳. 2000. 浙江西部白颈长尾雉栖息地片段化研究. 动物学研究, 21(1): 65-69

丁平, 李智, 姜仕仁, 等. 2002a. 白颈长尾雉栖息地小区利用度影响因子研究. 浙江大学学报(理学版), 29(1): 103-108

丁平, 刘安兴, 陈征海, 等. 2003. 浙江沿海滩涂湿地水鸟多样性//颜重威, 等. 第五届海峡两岸鸟类学术研讨会论文集. 台中: 台中自然科学博物馆: 241-248

丁平, 杨月伟, 姜仕仁, 等. 1996. 白颈长尾雉栖息地的植被类型与坡度和坡向特征//中国动物学会鸟类学分会, 等. 中国鸟类学研究. 北京: 中国林业出版社: 268-272

丁平, 杨月伟, 李智, 等. 2001. 白颈长尾雉栖息地的植被特征研究. 浙江大学学报(理学版), 28(5): 557-562

丁平, 杨月伟, 李智, 等. 2002b. 白颈长尾雉的夜宿地选择研究. 浙江大学学报(理学版), 29(5): 564-568

丁平, 诸葛阳. 1987. 鸟类领域和领域行为. 杭州大学学报(自然科学版), 14(4): 464-472

丁平, 诸葛阳. 1988. 白颈长尾雉(*Syrmaticus ellioti* Swinhoe)的生态研究. 生态学报, 8(1): 44-50

丁平, 诸葛阳. 1989. 白颈长尾雉. 动物学杂志, 24(2): 39-42

丁平, 诸葛阳, 姜仕仁, 等. 1989b. 浙江西部山区珍稀雉类生态学研究. 杭州大学学报(自然科学版), 16(3): 302-309

丁平, 诸葛阳, 姜仕仁. 1989a. 浙江古田山自然保护区鸟类群落生态研究. 生态学报, 9(2): 121-127

丁平, 诸葛阳, 张词祖. 1990. 白颈长尾雉繁殖生态的研究. 动物学研究, 11(2): 139-145

丁铁明. 1985. 鄱阳湖的鹤类. 野生动物, (2): 22-23

丁铁明, 傅道言. 1987. 江西省珍稀保护动物种类及地理分布. 江西林业科技, (2): 26-30

丁文宁, 周福璋. 1991. 白鹤越冬分布的研究//高玮. 中国鸟类研究. 北京: 科学出版社: 1-4

丁振宇. 2007. 输电线路鸟害分析及其防治对策. 江西电力, 31(1): 43-44

丁志锋, 丁平. 2010. 千岛湖海南鸬的近况. 大自然, 1: 49-51

丁志锋, 唐思贤, 张建新, 等. 2007. 黄腹山鹪莺成鸟的秋季换羽. 动物学杂志, 42(6): 28-33

董科, 吕士成, Terry H. 2005. 江苏盐城国家级珍禽自然保护区丹顶鹤的承载力. 生态学报, 25(10): 2608-2615

董元华, 安琼, 龚钟明, 等. 2002. 太湖湿地生态系统有机氯污染的夜鹭生物指示. 应用生态学报, 13(2): 209-212

董泽才, 赵海波, 刘增良. 2012. 铜陵地区输电线路鸟害成因及预防工作. 铜陵学院学报, 4: 110-112

杜恩民. 1991a. 夜鹭的繁殖生态的观察. 生物学通报, 4: 6-7

杜恩民. 1991b. 白鹭的生态观察. 动物学杂志, 1: 33-35

杜恒勤. 1959. 泰山常见鸟类的初步调查. 动物杂志, 3(12): 551-554

杜恒勤. 1965. 喜鹊在泰山地区繁殖习性的初步研究. 动物学杂志 7, (1): 14-16

杜恒勤. 1982. 泰山夏季鸟类生态分布的研究. 动物学杂志, (3): 8-10

杜恒勤. 1985. 泰山鸟类垂直分布的研究. 四川动物, 4(4): 5-9

杜恒勤. 1987a. 池鹭的生态. 野生动物, 5: 17, 22-23

杜恒勤. 1987b. 灰喜鹊越冬习性的观察. 四川动物, 6(1): 33-34

杜恒勤. 1987c. 绿啄木鸟繁殖的资料. 动物学杂志, 5: 49-50

杜恒勤. 1987d. 泰山徂徕山隼形目及鸮形目鸟类的研究. 山东林业科技, (1): 39-41

杜恒勤. 1988. 斑头鸺鹠在泰山等地为留鸟. 动物学杂志, 23(5): 47

杜恒勤. 1989. 泰山两种伯劳的生态习性. 山东林业科技, 1: 22-24

杜恒勤. 1991. 泰山鸟类资源//李正明, 张杰. 泰山研究论丛(三). 青岛: 青岛海洋大学出版社: 222-228

杜恒勤. 1993. 山麻雀在泰山分布繁殖研究初报//山东动物学会, 等. 山东动物学研究文集. 济南: 山东大学出版社

杜恒勤. 1994. 三道眉草鹀繁殖的研究. 动物学杂志, 29(6): 28-29

杜恒勤. 1995. 泰山鸟类调查续报. 四川动物, 14(1): 35

杜恒勤. 1998. 泰山鸟类分布规律的研究. 泰安教育学院学报岱宗学刊, 4: 1-3

杜恒勤, 臣玉泉, 朱卫国. 1991a. 领角鸮繁殖习性研究. 动物学研究, 12(2): 186-208

杜恒勤, 陈玉泉, 朱卫国, 等. 1993. 白鹡鸰繁殖及食性研究. 动物学杂志, 28(1): 23-26

杜恒勤, 韩云池. 1992. 泰山鸟类集群行为的研究. 山东林业科技, 1: 17-19

杜恒勤, 韩云池, 王瑞利. 1992. 山东白头鹎的一些生态观察. 四川动物, 3: 34-35

杜恒勤, 刘玉, 刘涌涛. 1997. 泰山不同生境的鸟类研究. 泰安教育学院学报岱宗学刊, (4): 8-12

杜恒勤, 王雨祥, 王成法, 等. 1990b. 棕头鸦雀繁殖研究初报. 山东林业科技, 1: 6-8

杜恒勤, 于新建. 1994. 泰山鸟类的研究. 山东林业科技, 1: 19-21

杜恒勤, 赵飞, 陈玉泉. 1989. 黑卷尾的习性观察. 野生动物, 3: 22-24

杜恒勤, 朱卫国, 臣玉泉, 等. 1991b. 白鹡鸰育雏及雏鸟生长的研究. 山东林业科技, 1: 12-16

杜恒勤, 朱卫国, 杜祖铭, 等. 1988. 北红尾鸲育雏习性观察. 山东林业科技, 1: 40-43

杜恒勤, 朱卫国, 杜祖铭, 等. 1990a. 北红尾鸲繁殖习性研究. 动物学杂志, 1: 16-18

杜进进. 1994. 黑嘴鸥繁殖生态研究. 动物学杂志, 29(3): 32-36

杜进进. 1996. 盐城的黑嘴鸥及人工孵育研究//中国动物学会鸟类学分会, 等. 中国鸟类学研究. 北京: 中国林业出版社: 313-316

段世华, 龙川, 龙婉婉, 等. 2004. 井冈山自然保护区夏季鸟类多样性分析. 井冈山师范学院学报(自然科学版), 25(5): 12-18, 28

范俊芳, 文友华. 2007. 南昌艾溪湖滨水鸟类栖息地的景观设计. 湖南农业大学学报(社会科学版), 8(6): 64-67

范鹏. 2006. 山东半岛珍稀鸟类的研究. 野生动物, 27(3): 54-56

范强东. 1987. 庙岛群岛首次发现草鸮. 四川动物, 6(2): 47

范强东. 1988a. 山东长岛发现鹰鹃. 野生动物, (4): 47

范强东. 1988b. 庙岛群岛猛禽的迁徙观察. 野生动物, (3): 4-6, 13

范强东. 1989. 山东长岛发现红腹红尾鸲. 动物学杂志, (1): 45

范强东. 1992. 长岛猛禽环志研究. 四川动物, 11(4): 16-19

范强东. 1993. 长岛近几年发现9种山东鸟类新记录//山东动物学会, 等. 山东动物学研究论文集. 济南: 山东大学出版社: 101-102

范强东. 2001. 胶东半岛鸟类资源的研究. 山东林业科技, 5: 31-33

范强东, 范鹏. 2005. 山东半岛鸟类资源的研究//中国动物学会鸟类学分会, 等. 中国鸟类学研究. 北京: 中国林业出版社: 58-62

范强东, 牛世华. 1989. 山东发现栗色黄鹂. 四川动物, 8(2): 11

范强东, 孙为连, 孟祥春, 等. 1996. 渤海海峡养殖业扩展与越冬水禽关系的研究//中国动物学会鸟类学分会, 等. 中国鸟类学研究. 北京: 中国林业出版社: 100-103

范强东, 孙为连, 袁嬿婷, 等. 1992. 山东长岛猛禽的环志研究. 四川动物, (4): 16-19

范强东, 孙为连, 赵云, 等. 1999. 山东长岛发现蓝翅八色鸫. 野生动物, 5: 47

范强东, 徐建民. 1996. 渤海海峡湿地鸟类. 野生动物, 1: 11-14

范强东, 袁嬿婷. 1989. 黄喉鹀的环志. 山东林业科技, 1: 27-28

范强东, 袁嬿婷, 孙为连. 1990a. 猫头鹰的环志. 野生动物, (6): 22-24

范强东, 袁嬿婷, 孙为连. 1990b. 山东发现杂色山雀. 动物学杂志, (3): 57

范强东, 张金勇, 朱世华, 等. 1988. 烟台的十一种山东鸟类新记录. 山东林业科技, (1): 41

范强东, 赵方. 1994. 山东发现紫啸鸫和白翅岭雀. 动物学杂志, 29(3): 57-58

范书义. 1988. 山东省长岛县首次发现珍贵猛禽——猴面鹰. 野生动物(2): 40

范学忠, 张利权, 袁琳, 等. 2011. 基于空间分布的崇明东滩水鸟适宜生境的时空动态分析. 生态学报, 31(13): 3820-3829

范忠勇, 陈苍松, 陈水华, 等. 2011. 浙江沿海的繁殖海鸟: 多样性、分布和保护(英文). Chinese Birds, 2(1): 39-45

范忠勇, 陈祎玮, 黄秦, 等. 2013. 韭山列岛中华凤头燕鸥种群人工招引和恢复//中国动物学会鸟类学分会. 杭州: 第十二届全国鸟类学术研讨会暨第十届海峡两岸鸟类学术研讨会论文摘要集: 31

范忠勇, 陆祎玮, Simba Chan, 等. 2014. 保护极度濒危的中华凤头燕鸥: 在韭山列岛恢复一个消失的物种//中国动物学会. 广州: 中国动物学会第十七届全国会员代表大会暨学术讨论会论文摘要汇编: 93-94

方柏州. 2002. 福建漳江口红树林冬候鸟动态及保护. 福建林业科技, 29(3): 65-68

方文珍, 陈小麟, 陈志鸿, 等. 2004. 厦门滨海湿地鸟类群落多样性研究. 厦门大学学报(自然科学版), 43(1): 133-137

方文珍, 陈小麟, 陈志鸿, 等. 2006. 厦门夏季滨海湿地鸟类群落多样性研究. 厦门大学学报(自然科学版), 45(3): 442-444

方文珍, 陈小麟, 陈志鸿, 等. 2007. 厦门滨海湿地冬季鸟类群落多样性研究. 海洋科学, 31(1): 10-16, 27

方文珍, 陈志鸿, 林清贤, 等. 2002. 厦门海滨湿地鸟类的研究(1999~2000). 厦门大学学报(自然科学版), 41(5): 653-658

费殿金, 车仁富, 杨正明. 1985. 扎龙保护区草鹭、苍鹭繁殖习性的初步研究. 动物学杂志, 20(2): 12-16

封璨, 李忠秋, 李靖, 等. 2009. 江苏连云港海域发现黄嘴潜鸟. 动物学杂志, 03: 48

冯照军, 徐勤峰, 王光标, 等. 2006. 江苏骆马湖湿地鸟类资源及其保护. 四川动物, 25(3): 564-569

冯照军, 张志华. 2001. 徐海地区鹳形目鸟类的调查. 徐州师范大学学报(自然科学报), 19(1): 64

福建省科学技术委员会. 1993. 武夷山自然保护区综合考察报告集. 福州: 福建科学技术出版社: 332-339

福建省林业厅. 1997. 龙栖山自然保护区科学考察综合报告. 福州: 福建科学技术出版社

付景源. 2010. 架空送电线路防护鸟害的方法探讨. 中国新技术新产品, 23: 85

付守法, 张承志. 2010. 黄河三角洲水鸟年度动态变化及其规律分析. 山东林业科技, 40(4): 20-24

傅道言, 丁铁明. 1986. 江西省的珍稀鸟类. 野生动物, (3): 10-11, 13

傅道言, 丁铁明, 胡平喜, 等. 1989. 鄱阳湖地区山地丘陵的鸟类调查. 江西科学, 7(2): 32-43

傅念南. 1987. 保护曲阜"三孔"的鸟类资源. 大自然, (1): 14-15

傅桐生, 宋榆钧, 高玮, 等. 1998. 中国动物志 鸟纲 第十四卷 雀形目(文鸟科 雀科). 北京: 科学出版社

傅桐生. 1987. 鸟类分类及生态学. 北京: 高等教育出版社

干晓静, 章克家, 唐仕敏, 等. 2006. 上海地区鸟类新记录3种: 史氏蝗莺、斑背大尾莺、钝翅苇莺. 复旦学报(自然科学报), 45(3): 417-420

高本刚. 2001. 安徽常见食虫鸟. 安徽林业, (3): 36-37

高登选, 陈拥军, 焦安林. 1993. 纵纹腹小鸮的繁殖生态观察初报. 山东林业科技, 2: 51-53

高登选, 范丰学, 陈拥军. 1991. 燕子的环志观察初报. 动物学杂志, 1: 27-30

高登选, 焦安林. 1994. 山东发现秃鹫越冬. 山东林业科技, 4: 25

高六礼, 田家怡. 1999. 黄河三角洲附近海域底栖动物多样性及其保护措施. 海洋环境科学, (1): 39-44

高伟, 陆健健. 2008. 长江口潮滩湿地鸟类适栖地营造实验及短期效应. 生态学报. 28(5): 2080-2089

高玮. 1991a. 鸟类生态学. 长春: 东北师范大学出版社

高玮. 1991b. 中国鸟类研究. 北京: 科学出版社

高玮. 1993. 鸟类生态. 长春: 东北师范大学出版社

高文胜, 孙德华. 2010. 果园鸟害的防治. 果农之友, 4: 34

高欣, 朱曦, 鲁庆彬. 2007. 浙江望东垟高山湿地自然保护区物种多样性研究//国际生物多样性计划中国委员会, 等. 中国生物多样性保护与研究进展. 北京: 气象出版社: 379-384

高颖, 钱国桢. 1987. 天童常绿阔叶林中鸟类群落结构的空间生态位分析. 生态学报, 7(1): 73-82

高育仁. 1984. 黄海黑叉尾海燕生态的初步观察. 动物学杂志, 5: 26-29

高育仁, 周本湘. 1985. 黄海车牛山岛白腰雨燕的繁殖习性及种群动态. 动物学报, 31(1): 84-92

高志东, 蔡中涛, 陈浩, 等. 2004. 丹顶鹤东方次睾吸虫病的发现及诊治. 中国家禽, 26(17): 28-29

高中信, 贾竞波, 闫文. 1991. 苍鹭繁殖生态研究. 东北林业大学学报, 19(3): 35-40

葛清秀, 吴文杰, 王宝玉, 等. 2003. 泉州洛阳红树林湿地鹭科鸟类群落动态研究. 泉州师范学院学报(自然科学报), 21(2): 88-92

葛云法, 尹兆正, 丁良冬, 等. 2014. 朱鹮雏鸟几种非传染性疾病的原因与防治概述. 野生动物, 35(1): 81-84

葛振鸣, 王天厚, 施文彧, 等. 2005. 环境因子对上海城市园林春季鸟类群落结构特征的影响. 动物学研究, 26(1): 17-24

葛振鸣, 王天厚, 施文彧, 等. 2006a. 长江口杭州湾鸻形目鸟类群落季节变化和生境选择. 生态学报, 26(1): 42-49

葛振鸣, 王天厚, 施文彧, 等. 2007. 九段沙湿地鸻形目鸟类迁徙季节环境容纳量. 生态学报, 27(1): 90-96

葛振鸣, 王天厚, 周晓, 等. 2006b. 上海崇明东滩堤内次生人工湿地鸟类冬春季生境选择的因子分析. 动物学研究, 27(2): 144-150

耿以龙, 王希明, 陈庆道, 等. 2006. 青岛胶州湾湿地水鸟资源现状及保护对策. 湿地科学与管理, 2(2): 45-48

宫蕾, 周立志, 李春林, 等. 2013. 水位和食物资源季节变化对越冬白头鹤觅食行为的影响//中国动物学会鸟类学分会. 杭州: 第十二届全国鸟类学术研讨会暨第十届海峡两岸鸟类学术研讨会论文摘要集: 34

龚钟明, 董元华, 安琼, 等. 2001. 无锡鼋头渚夜鹭卵中有机氯农药残留及其环境指示意义. 环境科学, 22(2): 110-113

顾长明, 何山春, 刘嵩, 等. 2003. 安徽湿地与生物多样性保护研究. 安徽农业大学学报, 30(3): 323-328

顾长明, 许鹏. 2009. 安徽珍禽. 森林与人类, 09: 38-39

顾辉清. 1991. 黑尾鸥繁殖习性的观察//高玮. 中国鸟类研究. 北京: 科学出版社: 173-174

顾美华, 华元渝, 李悦民, 等. 2000. 涟水县鸟类自然保护区黄嘴白鹭资源现状调查. 南京林业大学学报, 24(2): 43

顾文仪. 2003. 让城市绿地"动"起来. 园林, (3): 60-61

郭超文, 董永文, 赵洁. 1988. 三宝鸡核型的研究. 动物学杂志, 23(1): 12-14

郭东龙, 周梅素, 席玉英, 等. 2001. 重金属汞在鸟体羽毛组织中的含量及分布规律. 动物学报, 47(专刊): 139-149

郭开禄, 聂新华, 吴克谦, 等. 2007. 220kV 输电线路直线杆塔中相鸟害分析与防治. 江西电力, 31(5): 35-37

郭玲, 孟令军. 2012. 浅谈白枕鹤的人工饲养与繁殖. 山东畜牧兽医, 7: 95

郭文利, 李仲逵, 王爱善, 等. 2002. 笼养白鹳种群生态学研究. 上海师范大学学报(自然科学版), 增刊: 99-101

郭文利, 袁晓, 裴恩乐, 等. 2010. 上海南汇东滩湿地鸟类资源调查. 四川动物, 29(5): 596-604

郭英荣. 2005. 鄱阳湖湿地越冬候鸟群落特征与生态保护对策. 南京: 南京林业大学硕士学位论文

郭英荣, 邵明勤, 叶水送. 2010. 南昌大学周边鸟类多样性的初步研究. 安徽农业科学, 38(13): 6739-6740

郭英荣, 谢利玉, 黄志强. 2006. 基于群落特征的湿地候鸟保护对策. 安徽大学学报(自然科学报), 30(3): 84-90

郭治之. 1965. 鄱阳县冬季鸟类调查//中国动物学会. 中国动物学会三十周年学术讨论会论文摘要汇编.

北京: 科学出版社: 241

韩宝银, 谷晓明, 梁冰, 等. 2007. 南蝠对鸟的捕食及其对昆虫的选择. 动物学研究, 28(3): 243-248

韩德民, 王岐山. 1993. 勺鸡的生态研究. 动物学研究, 14(1): 27-34

韩德民, 章敬旗, 李进华. 2007. 一种从鸟类剥制标本提取 DNA 的改进方法. 动物学杂志, 42(1): 84-88

韩联宪, 杨岚, 郑宝赉. 1988. 白腹锦鸡鸣声的声谱分析. 动物学研究, 9(2): 127-132

韩轶才, 姜仕仁, 丁平. 2004. 环境噪声对临安和阜阳两地白头鹎鸣声频率的影响. 动物学研究, 25(2): 122-126

韩云池, 冯质鲁, 王友振, 等. 1995. 南四湖雁形目鸟类越冬数量调查. 山东林业科技, (1): 37-39

韩云池, 李家茂, 张仲彬. 1992b. 现代建筑对家燕繁殖生境的影响. 野生动物, (1): 12-13

韩云池, 孟凡玉, 许佃永. 1992a. 金雕繁殖习性的初步研究. 野生动物, 3: 42-43

郝纪纲. 1985. 天水市楼燕与家燕的迁飞期观察. 生物学通报, (3): 14, 18

郝迎东. 2012. 黄河三角洲水鸟动态监测. 山东林业科技, 4: 21-24

何宝庆. 1988. 上海动物园繁殖一批珍禽. 野生动物, (6): 45

何芬奇, 郭玉民, 任永奇, 等. 2013. 白腹黑啄木鸟(*Dryocopus javensis*)在内蒙古暨福建的近期记录. 动物学研究, 34(6): 700-701

何芬奇, 江航东, 林剑声, 等. 2006. 斑头大翠鸟在我国的分布. 动物学杂志, 41(2): 58-60

何芬奇, 林剑声. 2007. 江西婺源小太平鸟初报. 动物学杂志, 42(5): 161-162

何建源, 兰思仁. 1994. 武夷山研究(自然资源卷). 厦门: 厦门大学出版社

何俊, 王猛. 2012. 鸟撞飞机前风挡动态响应的数值模拟. 沈阳理工大学学报, 31(2): 66-69

何钦侃. 1987. 绍兴的"燕子夜市". 大自然, (2): 18-19

何文珊, 陆健健. 1999. 迁徙滨鹬对重金属的富集及其环境检测意义//中国动物学会. 中国动物科学研究——中国动物学会第十四届会员代表大会及中国动物学会 65 周年年会论文集. 北京: 中国林业出版社: 558-561

何勇海. 2012. "千年鸟道"何以沦为"死亡之路". 环境保护, 21: 67

何中声, 刘金福, 洪伟, 等. 2012a. 泉州市鸟类多样性海拔梯度格局的研究. 中南林业科技大学学报, 32(6): 188-191

何中声, 刘金福, 洪伟, 等. 2012b. 泉州市不同生境类型鸟类物种多样性研究. 福建林学院学报, 32(2): 97-101

贺志明. 2010. 鄱阳湖区风电场开发对候鸟的影响. 安徽农业科学, 38(6): 3039-3042

黑龙江省林业厅. 1990. 国际鹤类保护与研究. 北京: 中国林业出版社: 21-22

衡楠楠, 牛俊英, 张斌, 等. 2011. 鸻形目鸟类对南汇滨海滩涂的生境选择. 复旦学报(自然科学版), 50(3): 296-301

洪凌仙, 陈信忠. 1989. 福建南部鸟类住白虫病原学和流行学调查研究//中国动物学会. 第十二届会员代表大会暨成立五十五周年学术年会论文摘要汇编: 335

洪元华, 郑磐基, 刘智勇, 等. 2013. 黄腹噪鹛在中国婺源的重新发现. 动物学研究, 23(5): 383, 404

侯端环. 1990. 普通燕鸻生活及繁殖习性的观察. 山东林业科技, (1): 11

侯广梯. 1985. 江南珍禽——草鸮. 生物学通报, (3): 13, 51

侯连海. 1984. 江苏泗洪下草湾中中新世脊椎动物群——2. 兀鹫亚科(鸟纲、隼形目). 古脊椎动物学报, 22(1): 16-22, 87

侯连海. 1987. 江苏泗洪下草湾中中新世脊椎动物群-6 鸟纲. 古脊椎动物学报, 25(1): 57-68

侯森林, 余晓韵, 鲁长虎. 2013a. 盐城射阳河口春季鸻鹬类与大型底栖动物关系//中国动物学会鸟类学分会. 杭州: 第十二届全国鸟类学术研讨会暨第十届海峡两岸鸟类学术研讨会论文摘要集: 70

侯森林, 俞晓韵, 鲁长虎. 2013b. 盐城自然保护区射阳河口滩涂迁徙期鸻鹬类的时空分布格局//中国动物学会鸟类学分会. 杭州: 第十二届全国鸟类学术研讨会暨第十届海峡两岸鸟类学术研讨会论文摘要集: 33

侯银续, 秦维泽, 虞磊, 等. 2001. 安徽省鸟类分布新纪录——北蝗莺. 安徽农业科学, 02: 499+544

侯银续, 周立志, 杨陈. 2007. 越冬地东方白鹳的繁殖干扰. 动物学研究, 28(4): 344-352

侯有丰, 王建东. 2003. 一对白鹳自然繁殖成功的技术报告. 福建畜牧兽医, 25(6): 37-38

侯韵秋, 李重和, 刘岱基, 等. 1996. 中国东部沿海地区春季猛禽迁徙规律与气象关系的研究. 林业科学研究, 11(1): 25-29

侯韵秋, 杨若莉, 刘岱基, 等. 1990. 中国东部沿海地区猛禽迁徙规律研究. 林业科学研究, 3: 207-214

胡超超, 杨瑞东, 张保卫, 等. 2011. 安庆天柱山机场鸟类群落季节性变化与鸟击防范. 南京师大学报(自然科学版), 34(2): 70-77+89

胡慧娟, 陈剑榕, 孙雷, 等. 1999. 厦门大屿岛三种鹭的种群动态和营巢. 生物多样性, 7(2): 123-126

胡青, 徐璐婉, 谢登峰, 等. 2013. 江西村庄农田常见陆生鸟类组成与生态习性分析. 江西林业科技, (6): 29-31

胡锐颖, 耿昕, 马珺, 等. 2003. 一种简单通用的鸟类性别分子鉴定技术. 实验生物学报, 36(5): 401-404

胡维华, 何传银, 朱文中, 等. 1992. 升金湖白鹳保护管理对策. 野生动物, 2: 19

胡伟, 陆健健. 2000. 三甲港地区鸻形目鸟类春季群落结构研究. 华东师范大学学报(自然科学版), 4: 106-109

胡小龙, 狄德民. 1995. 安徽发现黑冠鹃隼. 动物学杂志, 30(5): 24

胡小龙, 王岐山. 1981. 白冠长尾雉生态的研究. 野生动物, (4): 39-44

胡一中, 鲍毅新. 1990. 金华鸟类调查. 浙江师范大学学报(自然科学版), 13(2): 69-76

华宁, 马志军, 马强, 等. 2009. 冬季水鸟对崇明东滩水产养殖塘的利用. 生态学报, 29(12): 6342-6350

黄国勇, 许宝文, 刘杰斌. 2002. 泉州湾河口湿地鸟类的种类组成与分布. 台湾海峡, 21(2): 228-233

黄克坚, 俞安薇, 俞呈呈, 等. 2009. 温州地区4种雀形目鸟类基础代谢率与器官全量的相关性分析. 四川动物, 28(1): 44-48

黄丽. 2006. 福建省鸟类环志的现状与展望. 林业勘察设计, 2: 139-142

黄培, 郑忠杰. 2010. 黄喉噪鹛之谜. 森林与人类, 06: 46-65

黄鹏, 欧阳珊, 阮禄章, 等. 2009. 南矶山湿地自然保护区夏季鸟类群落生物多样性. 南昌大学学报(理科版), 33(6): 585-590

黄秦, 范忠勇, 陈苍松, 等. 2013. 中华凤头燕鸥在浙江的繁殖群监测与保护//中国动物学会鸟类学分会. 杭州: 第十二届全国鸟类学术研讨会暨第十届海峡两岸鸟类学术研讨会论文摘要集: 83

黄松, 方秀峰, 黄接棠. 2003. 白颈长尾雉(*Syrmaticus ellioti*)的人工繁殖. 安徽大学学报(自然科学版), 27(3): 98-102

黄威, 周立志, 李春林. 2013. 越冬白头鹤肠道寄生虫多样性研究//中国动物学会鸟类学分会. 杭州: 第十二届全国鸟类学术研讨会暨第十届海峡两岸鸟类学术研讨会论文摘要集: 56

黄文几. 1965. 洪泽湖、高宝湖雁形目鸟类初步调查//中国动物学会. 中国动物协会三十周年学术讨论会论文摘要汇编. 北京: 科学出版社: 223

黄文几, 温业新, 黄正一, 等. 1978. 安徽省哺乳动物调查和地理区划. 复旦学报(自然科学版), (1): 86-104

黄文山. 1989. 白头鹎的鸣啭节律//中国动物学会. 第十二届会员代表大会暨成立五十五周年学术年会论文摘要汇编: 327

黄浙. 1965. 山东的鸭科鸟类//中国动物学会. 中国动物学会三十周年学术讨论会论文摘要汇编II. 北京: 科学出版社: 226-227

黄浙. 1986. 武夷山自然保护区散记. 野生动物, (4): 50-53

黄浙. 1989. 万木林自然保护区探奇. 野生动物, (2): 32-33

黄浙, 柏玉昆, 纪家义. 1960. 山东省南四湖鸭科鸟类的初步报告. 山东大学学报(理学版), (4): 3-13

黄浙, 纪家义, 柏玉昆, 等. 1965. 济南及其近郊的鸟类调查//中国动物学会. 中国动物学会三十周年学

术讨论会论文摘要汇编Ⅱ. 北京: 科学出版社: 225

黄晓凤, 单继红, 孙志勇, 等. 2009. 江西齐云山自然保护区鸟类区系与多样性分析. 四川动物, 28(2): 302-308

黄晓凤, 涂业苟, 陈建伟, 等. 2008. 江西齐云山自然保护区冬季鸟类调查及多样性分析. 动物学杂志, 43(5): 86-94

黄鑫云. 2012. 对福建"鸟迹拳"历史渊源及技术特点的研究. 搏击(武术科学), (5): 39-41

黄震, 吴秀鸿. 1957. 福州最常见的几种鸟对于当地农林业生产和人畜卫生上利益关系之鉴定. 福建农学院学报, (5): 115-139

黄正一. 1993. 上海地区鸟类区系的组成与分析. 考察与研究(总第13辑): 82-88

黄正一, 孙振华, 虞快, 等. 1993. 上海鸟类资源及其生境. 上海: 复旦大学出版社

黄正一, 唐子英. 1984. 长乐沿海发现的长尾贼鸥. 复旦大学学报(自然科学版), 23(1): 118

黄正一, 唐子英, 唐兆魁. 1980. 上海地区鸟类新记录. 博物, 3: 27

黄宗国. 2004. 海岸河口湿地生物多样性. 北京: 海洋出版社

黄宗国. 2006. 厦门湾物种多样性. 北京: 海洋出版社

黄宗国, 刘杰斌, 林彦云, 等. 2003. 泉州湾15年来的鸟类记录. 福州: 福建省动物学会第四届学术会议论文集: 274-277

黄族豪. 2009. 江西鸟类资源研究//中国动物学会鸟类学分会. 哈尔滨: 第十届全国鸟类学术研讨会暨第八届海峡两岸鸟类学术研讨会论文摘要集: 209

黄族豪, 程亚林, 梅文枫, 等. 2011. 江西吉安乌鸫的繁殖生态研究. 四川动物, 30(3): 439-441+455

黄族豪, 郭会晨, 肖宜安, 等. 2009. 井冈山国家级自然保护区鸟类资源研究. 江西师范大学学报(自然科学版), 33(4): 452-457

黄族豪, 郭玉清, 徐兵, 等. 2012. 江西吉安灰头麦鸡的繁殖生态研究. 四川动物, 31(5): 772-774

黄族豪, 刘宾, 陈东. 2008. 江西赣江吉安段鸟类多样性研究. 四川动物, 27(4): 610-615

黄族豪, 刘宾, 罗水香, 等. 2006. 井冈山学院校园鸟类多样性初步调查. 井冈山学院学报(自然科学版), 27(6): 13-15, 20

黄族豪, 徐兵, 柯坫华. 2014. 江西吉安彩鹬的繁殖生态学研究. 四川动物, 33(1): 59-62

惠鑫, 马强, 向余劲攻, 等. 2009. 崇明东滩鸻鹬类迁徙路线的环志分析. 动物学杂志, 44(3): 23-29

纪加义. 1985. 山东省珍稀鸟类调查研究. 山东大学学报(自然科学版), (4): 79-89

纪加义, 柏玉昆. 1985a. 山东鸟类区系调查. 自然资源研究, (2): 52-64

纪加义, 柏玉昆. 1985b. 山东省鸟类区系名录(二). 山东农业科学, (2): 46-47

纪加义, 柏玉昆. 1985c. 山东省鸟类区系名录(三). 山东农业科学, (3): 51-55

纪加义, 柏玉昆. 1985d. 山东省鸟类区系名录(一). 山东农业科学, (1): 51-54

纪加义, 田逢俊, 侯端环, 等. 1986. 山东及济宁鸟类新记录. 山东林业科技, (1): 51-52

纪加义, 于长青, 冯连世, 等. 1988. 山东省鸟类新记录. 山东大学学报(自然科学版), (2): 121-124

纪加义, 于新建. 1988. 山东省鹤类调查研究. 山东大学学报(自然科学版), (4): 106-110

纪加义, 于新建. 1989. 山东省鸥、鹤类及其保护//中国动物学会. 第十二届会员代表大会暨成立五十五周年学术年会论文摘要汇编: 309

纪加义, 于新建, 姜广源, 等. 1987a. 山东省鸟类调查名录(二). 山东林业科技, 2: 60-64

纪加义, 于新建, 姜广源, 等. 1987b. 山东省鸟类调查名录(三). 山东林业科技, 3: 19-22

纪加义, 于新建, 姜广源, 等. 1987c. 山东省鸟类调查名录(四). 山东林业科技, 4: 60-64

纪加义, 于新建, 姜广源, 等. 1987d. 山东省鸟类调查名录(一). 山东林业科技, 1: 32-36

纪加义, 于新建, 焦守武, 等. 1989. 济南楼燕环志归巢率的研究初报//中国动物学会. 第十二届会员代表大会暨成立五十五周年学术年会论文摘要汇编: 327-328

纪加义, 于新建, 张树舜. 1987e. 山东省珍稀野生动物调查研究. 山东林业科技, (1): 24-33

纪伟涛, 吴建东, 易武生, 等. 2001. 鄱阳湖国家级自然保护区涉禽调查报告. 江西林业科技, 2: 29-31, 34

纪伟涛, 吴英豪, 吴建东, 等. 2006. 环鄱阳湖越冬水禽航空调查. 江西林业科技, (3): 36-44

纪伟涛, 曾南京, 伍旭东, 等. 2000. 1999年春鄱阳湖鹤类和大型水禽航空调查报告. 江西林业科技, (5): 53-61

纪伟涛, 曾南京, 易武生, 等. 1999. 鄱阳湖鹤类和大型水禽航空调查报告. 江西林业科技, (6): 22-27

贾少波. 2002. 山东省发现文须雀. 动物学研究, 23(4): 279

贾少波, 贾鲁, 陈建秀. 2002. 山东聊城雀形目鸟类及其生态分布. 动物学杂志, 37(3): 37-41

贾少波, 贾鲁, 陈建秀. 2003. 山东聊城水鸟组成及其生态分布. 动物学杂志, 38(5): 91-94

贾少波, 马文贤, 方业明. 1996. 聊城环城湖水鸟的生态分布. 山东林业科技, (1): 21-24

贾少波, 任冬, 任科. 2000. 山东聊城湿地脊椎动物分布. 聊城大学学报(自然科学版), 13(1): 76-81

贾少波, 赛道建, 朱江. 2001. 东昌湖春季鸟类群落多样性初步研究. 动物学杂志, 36(4): 40-44

贾文泽, 田家怡, 王秀凤, 等. 2002. 黄河三角洲浅海滩涂湿地鸟类多样性调查研究. 海洋科学进展, 20(2): 52-59

贾文泽, 田家怡, 王秀凤, 等. 2003. 黄河三角洲浅海滩涂湿地环境污染对鸟类多样性的影响. 重庆环境科学, 25(3): 10-12

贾月, 陆秋燕, 鲁庆彬. 2010. 浙江青山湖鸟类及其季节变化. 浙江林学院学报, 2: 278-286

江彬, 陈小麟. 2006. 扩增性别基因片段的鹭类性别鉴定方法的研究. 厦门大学报(自然科学报), 45(增刊): 152-155

江红星, 楚国忠, 侯韵秋. 2002. 江苏盐城黑嘴鸥的繁殖栖息地选择. 生态学报, 22(7): 999-1004

江红星, 楚国忠, 钱法文, 等. 2004. 江苏盐城黑嘴鸥繁殖期不同阶段行为时间分配及活动规律. 林业科学, 40(2): 79-83

江红星, 徐文彬, 钱法文, 等. 2007. 栖息地演变与人为干扰对升金湖越冬水鸟的影响. 应用生态学报, 18(8): 1832-1836

江华, 马久亮, 施泽荣. 2007. 鸟类识别与治理. 北京: 中国三峡出版社: 1-364

江苏省林业局. 2012. 江苏湿地. 北京: 中国林业出版社: 1-222

江望高, 诸葛阳. 1983. 三宝鸟繁殖期领域性的初步研究. 生态学报, 3(2): 85-96

江望高, 诸葛阳. 1986. 西天目山鸟类调查报告. 杭州大学学报(自然科学版), 13(增刊): 94-113

江西省林业厅. 1987. 江西省鄱阳湖鸟类考察报告. 南昌: 江西省野生动物保护协会: 4-45

江西省林业厅, 刘信中, 叶居新, 等. 2000. 江西湿地. 北京: 中国林业出版社: 100-110

江西省鄱阳湖鸟类考察队. 1988. 江西省鄱阳湖地区的鸟类区系组成及分析. 四川动物, 7(1): 23-25

江西省自然保护区管理办公室, 上海自然博物馆, 鄱阳湖候鸟保护区管理处. 1987. 鄱阳湖候鸟保护区珍禽越冬生态考察报告. 南昌: 江西科学技术出版社: 1-82

江晓薇, 陈楚文. 2012. 城市滨水鸟类栖息地的生态设计. 北方园艺, (6): 94-96

姜殿卿. 1983. 安徽省鹭类繁殖生态及其分布的初步观察. 自然资源研究, (3): 63-67

姜殿卿, 刘亚华. 1986. 白鹭繁殖生态的初步研究. 自然资源研究, 1: 34-42

姜殿卿, 苏天魁. 1983. 鸟类活动计数器. 安徽大学学报(自然科学版), 1: 112-114

姜姗, 葛振鸣, 裴恩乐, 等. 2007. 崇明东滩堤内次生林人工湿地冬季水鸟的夜间行为. 动物学杂志, 42(6): 21-27

姜仕仁. 2003. 杭州鹊鸲的声行为. 四川动物, 22(3): 144-146

姜仕仁, 陈水华. 2006. 同一生境中强脚树莺鸣声的个体差异及多样性. 动物学研究, 27(5): 473-480

姜仕仁, 丁平. 1996. 白头鹎方言的初步研究. 动物学报, 42(4): 361-367

姜仕仁, 丁平. 2003a. 春季鸟类晨鸣时序现象的初步研究. 生态学杂志, 22(1): 60-62

姜仕仁, 丁平. 2003b. 杭州春季常见庭园鸟类的晨鸣时序和频域特征. 动物学研究, 24(2): 132-136

姜仕仁, 丁平, 陈水华, 等. 1991. 三种珍稀雉类骨骼形态及量度比较//高玮. 中国鸟类研究. 北京: 科

学出版社: 17-21

姜仕仁, 丁平, 施青松, 等. 1995a. 动物鸣叫声计算机分析. 生态学杂志, 14(5): 1-7

姜仕仁, 丁平, 施青松, 等. 1996a. 白头鹎方言的初步研究. 动物学报, 42(4): 361-367

姜仕仁, 丁平, 石斌山, 等. 1994a. 钱塘江干流沿岸鸟类调查. 杭州大学学报(自然科学版), 增刊: 80-90

姜仕仁, 丁平, 王亦生, 等. 1999. 山鹪莺繁殖时期的领域鸣唱特征分析. 生态学杂志, 18(4): 40-41, 79

姜仕仁, 丁平, 邬艳春, 等. 1996b. 竹鸡鸣声特征分析. 杭州大学学报(理学版), 23(2): 188-194

姜仕仁, 丁平, 徐炳东, 等. 1992. 钱塘江干流沿岸鸟类群落结构及分布特征的研究. 杭州大学学报(自然科学版), 19(2): 188-195

姜仕仁, 丁平, 诸葛阳, 等. 1996c. 白头鹎繁殖期鸣声行为的研究. 动物学报, 42(3): 253-259

姜仕仁, 丁平, 诸葛阳. 1994b. 嵊泗岛和杭州地区白头鹎鸣声特征比较研究. 动物学研究, 15(3): 19-27

姜仕仁, 丁平, 诸葛阳. 1995b. 三种蛙鸣声特征比较研究. 动物学研究, 16(1): 75-81

姜仕仁, 丁平, 诸葛阳. 1998. 大山雀领域鸣唱的声谱分析与比较研究. 杭州大学学报(自然科学版), 25(1): 69-73

蒋锦昌, 徐慕玲, 陈浩, 等. 1992. 虎皮鹦鹉声行为的研究. 动物学报, 38(3): 286-297

蒋科毅, 于明坚, 丁平, 等. 2005a. 松材线虫侵袭引发的植被演替对鸟类群落的影响. 生物多样性, 13(6): 496-506

蒋科毅, 于明坚, 李必成, 等. 2005b. 马尾松人工林更新前后鸟类群落结构分析. 林业科学研究, 21(5): 640-646

蒋科毅, 于明坚, 李必成, 等. 2008. 马尾松人工林更新前后鸟类群落结构分析. 林业科学研究, 21(5): 640-646

蒋萍萍. 2005. 白颈长尾雉保护遗传学研究. 杭州: 浙江大学博士学位论文

金国龙, 鲍毅新, 诸葛阳. 2004. 东白山自然保护区鸟类资源调查. 浙江林业科技, 24(5): 60-63

金杰锋, 刘伯锋, 余希, 等. 2008. 福建省兴化湾滨海养殖塘冬季水鸟的栖息地利用. 动物学杂志, 43(6): 17-24

金晓鹏, 李方兴, 戴年华, 等. 2013. 江西珍稀水鸟生存现状与保护对策. 江西科学, 04: 469-474

金杏宝, 周保春, 秦望堃, 等. 2005. 上海江湾机场的生物多样性//国际生物多样性计划中国委员会, 等. 中国生物多样性保护与研究进展. 北京: 气象出版社: 394-426

经宇, 孙悦华, 方昀. 2005. 黑头噪鸦的鸣声分析及其繁殖行为联系. 动物学杂志, 40 (3): 30-34

敬凯, 唐仕敏, 陈家宽, 等. 2002. 崇明东滩白头鹤的越冬生态. 动物学杂志, 37(6): 29-34

敬凯, 唐仕敏, 陈家宽, 等. 2002. 崇明东滩越冬白头鹤觅食地特性初步研究. 动物学研究, 23(1): 84-88

康熙民, 陈水华, 范忠勇. 2008. 杭州野鸟. 杭州: 杭州出版社

康熙民, 韦今来. 1989. 凤头鹃隼在浙江的发现. 浙江林学院学报, 6(1): 43

柯坫华, 黄族豪. 2013. 蓝喉蜂虎的种群生态学及保护//中国动物学会鸟类学分会. 杭州: 第十二届全国鸟类学术研讨会暨第十届海峡两岸鸟类学术研讨会论文摘要集: 63

匡邦郁, 鲜汝伦, 王紫江. 1981. 中国鹤类新纪录. 动物分类学报, 6(1): 97

赖永金. 1987. 对福建省平和县鸳鸯群的初步调查. 野生动物, (2): 18-19

蓝书成, 左明雪. 1990. 鸣禽锡嘴雀(Coccothraustes coccothraustes)发声中枢. 生理学报, (4): 348-355

雷富民. 1996. 纵纹腹小鸮的换羽研究. 动物学杂志, (2): 35-39

雷富民. 1999. 鸟类鸣声结构地理变异及其分类学意义. 动物分类学报, 24(2): 232-240

雷富民, 卢汰春. 2006. 中国鸟类特有种. 北京: 科学出版社: 1-640

雷富民, 屈延华, 卢建利, 等. 2002. 关于中国鸟类特有种名录的核定. 动物分类学报, 27(4): 857-864

雷富民, 王爱真, 尹祚华, 等. 2004. 鸟类鸣唱曲目与复杂性. Zoological Systematics, 29 (3): 406-414

雷富民, 王钢, 尹祚华. 2003. 鸟类鸣唱的复杂性和多样性. Zoological Systematics(《动物分类学报(英文)》), 28 (1): 163-171

雷富民, 王钢. 2002. 鸟类鸣声行为对其物种分化和新种形成影响. 动物分类学报, 27(3): 641-648

雷富民, 赵洪峰, 王爱真, 等. 2005. 中国大杜鹃的鸣声. 动物学报, 51(1): 31-37

雷霆, 陈小麟. 2006. 猛禽和夜鹰类的线粒体 DNA 序列比较和分子进化关系的研究. 厦门大学学报(自然科学版), 45(增刊): 156-162

雷永良, 王晓光. 2011. 丽水市红嘴相思鸟 H5N1 禽流感病毒核酸检测报告. 中国卫生检验杂志, 21(3): 642-643

雷湧. 1965. 永丰麻鸭的初步调查. 江西大学学报(理科版), (3): 99-104

黎道洪, 辜永河. 1991. 池鹭的夏季食性及生态的初步观察. 动物学杂志, 26(2): 22-25

黎思涵, 刘金福, 兰思仁, 等. 2014. 福建农林大学校园鸟类种类的多样性特征. 武夷科学, (1): 1-8

李炳华. 1981. 白头鹎繁殖习性的初步观察. 动物学杂志, 1: 36-39

李炳华. 1984. 红嘴蓝鹊的繁殖习性. 野生动物, (1): 18-20

李炳华. 1985. 皖南的白颈长尾雉. 野生动物, (5): 18-20

李炳华. 1987. 牯牛降自然保护区鸟类区系和若干生态的研究 I 区系组成. 安徽师范大学学报(自然科学版), (2): 48-60

李炳华. 1988. 牯牛降自然保护区鸟类区系和若干生态的研究 II 若干生态资料. 安徽师范大学学报(自然科学版), (1): 52-63

李炳华. 1991. 安徽省雉科鸟类的初步研究//高玮. 中国鸟类研究. 北京: 科学出版社: 191

李炳华. 1992. 安徽雉科鸟类初步研究. 安徽师范大学学报(自然科学版), 3: 76-81

李炳华, 陈壁辉. 1978. 珠颈斑鸠生态学的初步观察. 安徽师范大学学报(自然科学版), (zl): 88-94

李炳华, 陈壁辉. 1984. 皖南白鹇的地理分布及生态初步调查. 动物学杂志, (4): 15-18

李炳华, 潘鸿春, 吴海龙, 等. 1997. 扫描电镜下两种鸟卵结构的比较. 野生动物, 2: 47-48

李博, 刘刚, 周立志. 2013. 秃鹫的线粒体基因组全序列研究//中国动物学会鸟类学分会. 杭州: 第十二届全国鸟类学术研讨会暨第十海峡两岸鸟类学术研讨会论文摘要集: 108

李朝晖, 华春, 虞蔚岩, 等. 2011. 江西大鄣山夏季鸟类群落多样性研究. 长江流域资源与环境, 10: 1180-1185

李凤山, 纪伟涛, 曾南京, 等. 2005. 航空调查白鹤在鄱阳湖区的数量和分布//王岐山, 李凤山. 中国鹤类研究. 昆明: 云南教育出版社: 58-65

李福来, 黄世强. 1985. 褐马鸡雏鸟的换羽研究. Current Zoology, (3): 93-98

李功新. 2006. 输电线路驱鸟器的研制. 电力技术, 30(3): 94-97

李桂垣, 郑宝赉, 刘光佐, 等. 1982. 中国动物志鸟纲第十三卷雀形目(山雀科—绣眼鸟科). 北京: 科学出版社

李国峰, 李茜, 陈天兄. 2009. 滩涂水产养殖中鸟害的防护措施. 江苏农业科学, (3): 282-283

李国忠, 杜福良, 朱成尧, 等. 1991. 江苏珍稀鸟类调查//高玮. 中国鸟类研究. 北京: 科学出版社: 194

李洪志. 2004. 山东青州楼燕繁殖生态的续观察. 潍坊教育学院学报, 17(1): 37-38

李洪志, 陈世华, 赛道建, 等. 1998. 山东青州地区楼燕繁殖生态初步观察//中华野鸟学会, 等. 第三届海峡两岸鸟类学术研讨会论文集. 台北: 台北市野鸟学会: 309-313

李加木. 2008. 漳江口红树林国家级自然保护区水鸟生物多样性分析. 林业勘察设计, 01: 72-75

李建国, 余志伟, 邓其祥, 等. 1985. 繁殖期中鹭类混合群体的协调与维持. 野生动物, (5): 21-24

李敬. 2008. 机场野生动物管理. 北京: 中国民航出版社: 1-300

李俊红, 何文珊, 陆健健. 2001. 浦东国际机场鸟情信息系统的设计和建立. 华东师范大学学报(自然科学版), (3): 61-67

李良杰, 彭燕, 刘渊, 等. 2011. 江西湿地文化旅游资源开发研究. 中国农学通报, 11: 281-287

李榴佳, 赵其平, 朱顺海, 等. 2014. 上海市部分鸟类寄生虫虫卵检查情况. 四川动物, 33(2): 248-253

李明辉, 李友辉, 熊大衍. 2011. 鄱阳湖水利枢纽工程队候鸟栖息环境的影响与对策研究. 江西农业学报, 23(2): 153-155

李铭, 柳劲松. 2008. 4 种雀形目鸟消化道形态特征. 动物学杂志, 43(1): 116-121

李铭新, 潘瑜意. 1939. 福建白腰文鸟食物之研究. 协大生物学报, 1: 75-77

李宁, 白冰, 潘扬, 等. 2011. 植物种群更新限制-鸟类的作用//中国动物学会鸟类学分会, 等. 中国鸟类学研究. 北京: 中国林业出版社: 291

李宁, 黄宜玲, 王征, 等. 2013b. 江苏省鸟类物种多样性及地理分布格局研究//中国动物学会鸟类学分会. 杭州: 第十二届全国鸟类学术研讨会暨第十届海峡两岸鸟类学术研讨会论文摘要集: 92

李宁, 刘钊, 王征, 等. 2013a. 食果鸟类对南方红豆杉迁地保护种群的取食和传播//中国动物学会鸟类学分会. 杭州: 第十二届全国鸟类学术研讨会暨第十届海峡两岸鸟类学术研讨会论文摘要集: 39

李攀, 林柳兵, 郭勇. 2010. 江西电网 500kV 输电线路鸟害跳闸分析. 江西电力, 5: 13-16

李佩珣, 于学锋, 李方满. 1991. 繁殖期黄喉鹀的领域鸣唱及其种内个体识别. 动物学研究, 12 (2): 163-168

李鹏, 张竞成, 李必成, 等. 2009. 城市化对杭州市鸟类营巢集团的影响. 动物学研究 30(3): 295-302

李荣光, 田凤翰. 1959. 济南近郊春末夏初的鸟类. 山东师范学院学报, (2): 33-45

李荣光, 王宝荣. 1960. 泰山鸟类初步调查. 山东师范学院学报(生物), (1): 78

李升阳, 曹志芬. 1993. 山麻雀繁殖习性的初步观察. 江苏林业科技, 2: 43-49

李声林. 2001. 2 种绣眼鸟迁徙规律研究初报. 山东林业科技, (2): 26-28

李世纯, 刘炳谦, 张良吉. 1983. 大山雀繁殖种群的生物生产量的研究. 森林生态系统研究, 3: 133-143

李涛, 董元华, 王辉, 等. 2002. 太明電头渚地区鹭类觅食生境研究. 农村生态环境, 18(3): 1-4

李伟, 陈小麟, 方文珍. 2005. 鹭类集群繁殖对营巢地土壤氮、磷、钾含量的影响. 厦门大学学报(自然科学版), 44(增刊): 47-53

李文军, 王子健. 2000a. 丹顶鹤越冬栖息地数学模型的建立. 应用生态学报, 11(6): 839-842

李文军, 王子健. 2000b. 盐城自然保护区的缓冲带设计——以丹顶鹤为目标种分析. 应用生态学报, 11(6): 843-847

李文军, 王子健, 马志军, 等. 1997, 盐城自然保护区丹顶鹤越冬栖息地的分布研究. 中国生物圈保护区, 4(3): 3-7

李小惠, 梁启华. 1985. 江西南部的鸟类调查. 动物学杂志, 20(2): 37-41

李新华, 王聪, 陈钘, 等. 2011. 浙江天目山自然保护区鸟类对美洲商陆种子的传播. 四川动物, 30(3): 421-423, 428

李新华, 尹晓明. 2004. 南京中山植物园春夏季节鸟类对植物种子的传播作用. 生态学报, 24(7): 1452-1458

李新华, 尹晓明, 贺善安. 2001a. 南京中山植物园秋冬季鸟类对树木果实的取食作用. 动物学杂志, 36(6): 20-24

李新华, 尹晓明, 贺善安. 2001b. 南京中山植物园秋冬季鸟类对植物种子的传播作用. 生物多样性, 9(1): 68-72

李新华, 尹晓明, 夏冰, 等. 2006. 鸟类传播种子对几种树篱中侵入植物多样性的影响. 生态学报, 26(6): 1657-1666

李拥军, 赵万里, 丁家桐, 等. 1999a. 鹤类采精和精液评定方法的研究. 中国家禽, 21(7): 16-17

李拥军, 赵万里, 丁家桐, 等. 1999b. 鹤类人工授精技术的初步研究. 山东家禽, 2: 29-30

李拥军, 赵万里, 丁家桐, 等. 1999c. 笼养丹顶鹤的繁殖. 山东家禽. 3: 29-30

李拥军, 赵万里, 丁家桐, 等. 2000. 丹顶鹤生理常数及血液生化指标的测定. 黑龙江畜牧兽医, 2: 32-33

李永民, 姜双林, 聂超, 等. 2010. 安徽颍州西湖省级湿地自然保护区鸟类资源调查初报. 四川动物, 29(2): 240-243

李永民, 聂传明, 刘生杰, 等. 2008. 芜湖市及附近地区三种鹭鸟巢址特征. 生态学杂志, 27(8): 1430-1433

李永民, 吴孝兵. 2006. 芜湖市冬夏季鸟类多样性分析. 应用生态学报, 17(2): 269-274

李永民, 吴孝兵, 段秀文. 2012. 芜湖市鸟类组成及分布. 城市环境与城市生态, 25(1): 22-27

李永新, 刘喜悦. 1963. 宜昌池鹭繁殖习性的初步观察. 动物学报, 15(2): 203-210

李悦民, 孙江, 邓仲浩, 等. 1994. 江苏省前三岛鸟类调查报告. 南京师大学报(自然科学版), 17(2): 79-84

李镇桐. 2000. 夜鹭、池鹭、黄嘴白鹭混群营巢繁殖生态观察. 苏州教育学院学报, 17(1): 96-99

李镇桐, 洪修默. 2002. 夜鹭越冬与繁殖生态观察. 苏州教育学院学报, 19(1): 94-96

李致勋, 唐子英, 荆建华. 1959. 上海鸟类调查报告. 动物学报, 11(3): 390-408

李智, 姜仕仁, 诸葛阳. 1998. 白颈长尾雉栖息地的植物群落组成与密度特征研究//朱睦元, 李亚南. 生命科学探索与进展. 杭州: 杭州大学出版社: 485-491

李智, 杨月伟, 丁平, 等. 1999. 白颈长尾雉的活动区面积与集聚度研究//中国动物学会. 中国动物科学研究——中国动物学会第十四届会员代表大会及中国动物学会 65 周年年会论文集. 北京: 中国林业出版社: 567-570

李忠秋. 2011. 丹顶鹤的警戒行为//中国动物学会鸟类学分会, 等. 中国鸟类学研究. 北京: 中国林业出版社: 156

连海燕. 2011. 山东黄河三角洲国家级自然保护区东方白鹳种群恢复与保护现状. 科技创新导报, (20): 227-229

梁斌, 陈水华, 王忠德. 2007. 浙江五峙山列岛黄嘴白鹭的巢位选择研究. 生物多样性, 15(1): 92-96

廖成章, 徐永兴, 柳江, 等. 2004. 福建将石自然保护区鸟类物种相对多度模型的拟合研究. 中国生态农业学报, 12(2): 36-39

廖承开, 林宝珠, 张昌友. 2011. 江西九连山国家级自然保护区鸟类新记录. 江西林业科技, 2: 44-45

廖翔华, 郑作新. 1947. 顺昌将乐二县鸟类采集报告. 福建协和大学生物学报, 2: 123-136

林芳君, 蒋萍萍, 丁平. 2010. 白颈长尾雉微卫星多态性的遗传学分析. 动物学研究 31(5): 461-468

林芳君, 蒋萍萍, 丁平. 2011. 有关白颈长尾雉雄性偏倚扩散的遗传学证据. Avian Research, 2(2): 72-78

林琳, 陈小麟. 2005. 厦门白鹭卵的重金属分析. 厦门大学学报(自然科学版), 44(增刊): 50-53

林琳, 王欢欢, 黄克坚, 等. 2011. 浙江温州地区 4 种雀形目鸟类消化道形态特征比较. 四川动物, 30(3): 429-434

林鹏. 1999. 福建省南靖南亚热带雨林自然保护区科学考察报告. 厦门: 厦门大学出版社

林鹏. 2001a. 福建梁野山自然保护区综合科学考察报告. 厦门: 厦门大学出版社

林鹏. 2001b. 福建漳江口红树林湿地自然保护区综合科学考察报告. 厦门: 厦门大学出版社

林鹏. 2002. 福建天宝岩自然保护区综合科学考察报告. 厦门: 厦门大学出版社

林鹏. 2003a. 福建茫荡山自然保护区综合科学考察报告. 厦门: 厦门大学出版社

林鹏. 2003b. 福建云山自然保护区综合科学考察报告. 厦门: 厦门大学出版社

林鹏. 2004. 福建闽江源自然保护区综合科学考察报告. 厦门: 厦门大学出版社

林鹏, 李振基, 张健. 2005. 福建君子峰自然保护区综合科学考察报告. 厦门: 厦门大学出版社

林清贤. 2013. 福建菜屿列岛燕鸥的分布及其繁殖生态//中国动物学会鸟类学分会. 杭州: 第十二届全国鸟类学术研讨会暨第十届海峡两岸鸟类学术研讨会论文摘要集: 29

林清贤, 陈小麟, 林鹏. 2002. 厦门凤林红树林区鸟类组成和年变动研究. 厦门大学学报(自然科学版), 41(5): 634-640

林清贤, 陈小麟, 林鹏. 2005a. 厦门东屿红树林湿地鸟类资源及其分布. 厦门大学学报(自然科学版), 44(增刊): 38-42

林清贤, 陈小麟, 林鹏. 2007. 厦门东屿红树林区环境变迁对鸟类的影响. 厦门大学学报(自然科学版), 46(1): 104-108

林清贤, 陈小麟, 周晓平, 等. 2004. 黑翅鸢在福建分布及其繁殖生态的初步研究. 厦门大学学报(自然科学版), 43(6): 870-874

林清贤, 林鹏, 陈小麟. 2005b. 泉州洛江口红树林区滩涂水鸟与大型底栖动物相关关系//中国动物学会鸟类学分会, 等. 中国鸟类学研究. 北京: 中国林业出版社: 368-369

林圣富. 1986. 猫头鹰群集德州越冬的观察. 生物学通报, (2): 7

林琇瑛. 1940. 福州八哥食物之初步调查. 福建协和大学生物学报, 2: 95-98

林植, 何芬奇. 2012. 福建东南沿海菜屿列岛发现被环志的粉红燕鸥(英文). Chinese Birds, 1: 67-70

林植, 叶振伟, 何芬奇. 2012. 关于厦门的紫水鸡. 动物学杂志, 6: 125-127, 176

刘安兴, 陈征海, 丁平, 等. 2001. 浙江湿地水鸟种群数量研究. 浙江大学学报(农业与生命科学版), 27(3): 325-329

刘白. 1990. 江苏盐城沿海滩涂越冬丹顶鹤的数量分布. 生态学报, 10(3): 284-285

刘白, 吕士成. 1991. 江苏省沿海水鸟资源. 动物学杂志, (5): 49-52

刘彬, 丁玉华, 任义军. 2010. 大丰麋鹿保护区冬季鸟类群落特征. 野生动物, 31(4): 192-196

刘彬, 丁玉华, 任义军, 等. 2012. 大丰麋鹿国家级自然保护区鸟类多样性. 野生动物, 33(1): 11-17

刘彬, 孙大明, 任义军, 等. 2013. 大丰麋鹿保护区东方白鹳的繁殖行为及筑巢特征研究. 野生动物, 34(5): 300-303

刘彬, 周立志, 汪文华, 等. 2009. 大别山山地次生林鸟类群落集团结构的季节变化. 动物学研究, 30(3): 277-287

刘伯锋. 2003. 福建沿海湿地鸻鹬类资源调查. 动物学杂志, 38(6): 72-75

刘伯锋. 2006. 福建省黑脸琵鹭的分布及栖息地现状. 动物学杂志, 41(4): 48-51

刘伯锋, 余希. 2005. 福建省的黑脸琵鹭及其栖息地保护. 野生动物, 26(6): 13-15

刘伯锋, 余希, 杨金, 等. 2006. 福建省5种鸟类新纪录种和亚种. 野生动物杂志, 27(5): 27-28

刘成林, 谭胤静, 林联盛, 等. 2011. 鄱阳湖水位变化对候鸟栖息地的影响. 湖泊科学, 23 (1): 129-135

刘岱基, 李声林, 辛美云. 1995. 山东潮连岛鸟类考察报告. 四川动物, 15(2): 75-76

刘岱基, 王希明. 1993. 青岛沿海岛屿白额鹱和黑叉尾海燕的环志研究初报. 四川动物, 12(4): 32-33

刘岱基, 王希明, 辛美云. 1991a. 青岛地区鹬类迁徙规律研究. 林业实用技术, 11: 27-29

刘岱基, 王元亮, 王希明. 1991b. 青岛猛禽迁徙规律研究. 山东林业科技, 1: 1-5

刘岱基, 辛美云. 1998. 山东省鸟类新记录——红翅凤头鹃. 四川动物, 17(1): 42

刘岱基, 徐春清. 1989. 山鹡鸰雏鸟环志的基本做法. 山东林业科技, 1: 28-29

刘岱基, 徐春清, 王为文. 1990. 山鹡鸰的繁殖生态. 山东林业科技, 1: 9-10

刘刚, 周立志, 李博. 2013. 四中雁形目鸟类线粒体基因组全序列研究//中国动物学会鸟类学分会. 杭州: 第十二届全国鸟类学术研讨会暨第十届海峡两岸鸟类学术研讨会论文摘要集: 66

刘洪正, 韩立忠. 2003. 防止输电线路鸟害事故的研究. 山东电力高等专科学校学报, 6(3): 76-79

刘焕金, 冯敬义, 苏化龙, 等. 1982. 栗苇鳽繁殖生态的初步研究. 生态学报, 2(4): 397-401

刘焕金, 卢欣, 高云, 等. 1988 山西省——鹳形目鸟类的生态学研究. 野生动物, (4): 5-8

刘继龙. 2007. 泉州鲤鱼岛湿地鸟类多样性及保护对策. 林业勘察设计, 1: 134-137

刘建, 赛道建, 胡堃. 2001. 笼养东方白鹳春季行为和时间分配的研究. 动物学报, 47(专刊): 144-147

刘军. 2013. 那人, 那鸟, 那鄱阳湖. 资源再生, 6: 70-72

刘庆, 陈美, 陈小麟. 2006. 厦门几种猛禽体内的重金属分布. 厦门大学学报(自然科学版), 45(2): 280-283

刘如笋, 丁文宁, 赵欣如. 1997a. 丽色噪鹛鸣声的语图结构初步研究. 动物学报, 43(S1): 70-73

刘如笋, 俞清, 丁文宁, 等. 1997b. 橙翅噪鹛的声行为. 动物学报, 43(S1): 74-79

刘如笋, 俞清, 雷富民, 等. 1998. 鸟声研究. 北京: 科学出版社: 1-199

刘世平. 1994. 江西鸟类区系研究//中国动物学会. 中国动物学会成立60周年纪念陈桢教授诞辰100周年论文集(1934—1994). 北京: 中国科学技术出版社: 607-627

刘体应, 张文东. 1987. 山东省渤海湾大天鹅越冬习性的观察. 野生动物, (6): 24-25

刘文权. 1990. 候鸟在大黑山岛迁徙的"减员". 野生动物, (4): 46

刘小峰, 史远. 2009. 鸟类磁感受的生物物理机制研究进展. 生物物理学报, 25(4): 247-254

刘信中. 1999. 鄱阳湖去冬今春水禽调查初析. 湿地通讯, 4: 9-11

刘信中, 肖忠优, 马建华. 2002. 江西九连山自然保护区科学考察与森林生态系统研究. 北京: 中国林业出版社: 229-236

刘绪友, 顾长明, 郑士林, 等. 1996. 蓝翅八色鸫的繁殖生态研究//中国动物学会鸟类学分会, 等. 中国鸟类学研究. 北京: 中国林业出版社: 325-329

刘阳, 危骞, 董路, 等. 2013, 近年来中国鸟类野外新纪录的解析. 动物学杂志, 05: 750-758

刘义, 于国海, 王世禄. 1988. 紫背苇鳽繁殖生态的研究. 野生动物, (6): 12-14+22

刘轶, 谢力军. 2008. 对鄱阳湖国家级自然保护区相关问题的思考——以候鸟保护为例. 老区建设, 24: 53-54

刘益康, 王景华. 1980. 招引益鸟防治害虫. 林业科技, (4): 29-32

刘益康, 王景华. 1981. 利用益鸟防治落叶松林害虫的研究. 动物学杂志, (1): 14-17

刘永, 周元祥, 朱宛华, 等. 1996. 横排头库区鸟类资源及其生境. 合肥工业大学学报(自然科学报), 19(增刊): 36-39

刘云, 姜国良. 2013. 我国黄海海洋鸟类资源及其保护现状. 生物学通报, 9: 5-7

刘政源. 1997. 白头鹤在升金湖改变觅食地数量减少. 中国鹤类通讯, 1(1): 11-13

刘政源. 2001. 白头鹤在升金湖越冬习性初步观察. 安庆师范学院学报(自然科学版), 7(4): 79-81

刘政源, 徐文彬. 2003. 2002～2003年冬春升金湖国家级自然保护区鹤类及水禽越冬统计. 中国鹤类通讯, 7(13): 2-3

刘政源, 徐文彬, 王岐山, 等. 2001. 白头鹤在升金湖上湖越冬期环境容纳量的研究. 长江流域资源与环境, 10(5): 454-459

刘智勇. 1983. 梅岭地区鸟类调查初报. 江西林业科技, (6): 26-32

刘智勇. 1986. 赣州地区繁殖鸟类路线调查初报. 江西林业科技, (3): 21-23

刘智勇, 陈彬, 黄祖勇. 1987a. 白头鹤越冬生态习性观察研究//江西省自然保护区管理办公室, 上海自然博物馆, 鄱阳湖候鸟保护区管理处. 鄱阳湖候鸟保护区珍禽越冬生态考察报告. 南昌: 江西科学技术出版社: 47-56

刘智勇, 陈彬, 王作义. 1987b. 白头鹤、灰鹤越冬生态习性//江西省自然保护区管理办公室, 上海自然博物馆, 鄱阳湖候鸟保护区管理处. 鄱阳湖候鸟保护区珍禽越冬生态考察报告. 南昌: 江西科学技术出版社: 61-68

刘智勇, 丁道模, 李鸿辉. 1983. 梅岭地区鸟类资源调查初报. 江西林业科技, 6: 26-32

刘智勇, 丁铁明. 1988. 发现加拿大鹤在鄱阳湖越冬. 野生动物, 9(6): 45

刘智勇, 洪元华. 2001. 访弋阳再寻中华秋沙鸭. 大自然, (4): 2-3

刘智勇, 洪元华, 姜经宙. 2001. 江西省婺源县黄喉噪鹛调查初报. 四川动物, 20(4): 213

刘智勇, 宋相金. 1988. 梅岭地区鸟类名录. 江西林业科技, (5): 23-28

刘智勇, 赵金生. 1998. 鄱阳湖保护区鹤类和鹳类近况与保护意见. 中国鹤类通讯, 2(1): 1-3

刘忠宝, 宋榆钧. 2005. 城市公园夏季鸟类的群落结构. 安徽大学学报(自然科学版), 29(6): 94-97

柳劲松. 2004. 鸟类盲肠的类型及结构. 生物学通报, 39(5): 11-12

柳劲松, 李铭. 2006. 树麻雀代谢率和器官重量在季节驯化中表型的可塑性变化. 动物学报, 52(3): 469-477

柳劲松, 宋春光, 王晓恒, 等. 2004. 燕雀和麻雀代谢产热及消化道形态特征比较. 动物学杂志, 39(3): 2-7

隆廷伦, 李维余, 杨水清. 1999. 成都斑竹园林分结构及鹭类集群栖息调查. 四川动物, 18(2): 84-86

卢国秀, 葛明玉, 李国君, 等. 1992. 雉鸡血液某些生理生化成分的分析. 野生动物, (5): 39-40

卢浩泉, 王玉志. 2003. 山东鸟类名录的补充修订与鸟类保护. 山东林业科技, 1: 29-31

卢萍, 顾长明, 吴海龙. 2011. 池州平天湖湿地鸟类资源调查. 野生动物, 32(6): 316-318

卢汰春. 1989. 鸟的卵壳结构、形成和功能. 野生动物, 49(3): 7-9

卢汰春, 何芬奇, 卢春雷. 1986. 绿尾虹雉叫声的声谱分析. 生态学报, 6(1): 87-88

卢秀新, 刘克温. 1991. 泰山淡竹林益鸟招引生态效益调查研究//李正明, 张杰. 泰山研究论丛(三). 青岛: 青岛海洋大学出版社: 229-241

卢月胜, 于连芝, 崔彦岭. 2011. 基于多普勒检测技术的智能驱鸟器. 现代电子技术, 34(24): 174-180

陆健健. 1997. 长江口的水鸟与亚太候鸟迁徙路线//中国鸟类学会水鸟组. 湿地与水禽保护国际研讨会文集. 北京: 中国林业出版社: 19-25

陆健健, 何文珊, 童春富. 2005. 浦东国际机场生态建设与民航飞行安全. 上海建设科技, (1): 33-35

陆健健, 胡伟, 何文珊. 2001a. 长江口南岸围垦对迁徙鸻鹬类群落结构影响研究//中国生态学学会. 野生动物生态与管理学术讨论会论文摘要集: 74

陆健健, 胡伟, 何文珊, 等. 2001b. 沿海两大机场鸟类生态学的比较研究及鸟击防范管理//中国生态学学会. 野生动物生态与管理学术讨论会论文摘要集: 76

陆健健, 施铭, 崔志兴. 1988. 东海北部沿海越冬鸻鹬群落的初步研究. 生态学杂志, 7(6): 19-22

陆健健, 王忠康. 1988. 麻雀(*Passer montanus saturatus* Stejneger)冬季集群与性腺发育的关系. 动物学研究, 9(1): 1-5

陆军, 钱法文, 苏化龙, 等. 2000. 福建省龙溪县冬季鸟类调查. 林业科学研究, 13(5): 455-463

陆祎玮, 唐思贤, 史慧玲, 等. 2007. 上海城市绿地冬季鸟类群落特征与生境的关系. 动物学杂志, 42(5): 125-130

陆舟, 周放, 廖承开, 等. 2004. 九连山国家级自然保护区海南鳽栖息地及活动时间的初步观察. 广西农业生物科学, 23(4): 338-341

路珊, 刘晶, 邹业爱, 等. 2014. 上海浦东东滩滩涂围垦后农业发展模式对春秋迁徙水鸟群落的影响. 复旦学报(自然科学版), (3): 329-335

吕桦, 刘影. 2003. 鄱阳湖候鸟保护区湿地生态旅游开发研究. 江西社会科学, 3: 229-232

吕克, 徐夫田, 舒文迪. 2012. 基于神经网络的鸟撞预测模型应用研究. 计算机技术与发展, 22(5): 90-93

吕士成. 1988. 江苏盐城沿海越冬丹顶鹤的数量和分布动态. 四川动物, 7(4): 41-42

吕士成. 1989a. 丹顶鹤在盐城地区的分布. 野生动物, 10(1): 19-21, 6

吕士成. 1989b. 江苏滩涂丹顶鹤数量已达637只. 野生动物, 10(5): 46

吕士成. 1989c. 江苏滩涂丹顶鹤数量增加及演变趋势. 全国自然保护联络网网刊, (3): 12-13

吕士成, 陈浩, 顾明干. 2005. 江苏省射阳林场鸟巢统计初报//中国动物学会鸟类学分会, 等. 中国鸟类学研究. 北京: 中国林业出版社: 200-202

吕士成, 陈浩, 刘中权. 1996. 越冬期丹顶鹤集群行为研究//中国动物学会鸟类学分会, 等. 中国鸟类学研究. 北京: 中国林业出版社: 289-292

吕士成, 成海, 李春荣. 2003. 越冬期丹顶鹤对觅食区的动态选择//颜重威, 等. 第五届海峡两岸鸟类学术研讨会论文集. 台中: 台中自然科学博物馆: 195-200

吕士成, 顾明, 陈浩. 2006a. 射阳县林场鹭巢调查初报. 江苏林业科技, 33(5): 38-39

吕士成, 吕玉友, 李顺同. 1991. 苏北大纵湖的鸟类与生境变迁研究//高玮. 中国鸟类研究. 北京: 科学出版社: 193

吕士成, 孙明, 高志东, 等. 2006b. 盐城国家级自然保护区人工湿地丹顶鹤的分布动态. 湿地科学, 4(1): 58-63

吕士成, 张福建, 张寿华. 1988. 绿喉潜鸟在江苏省首次发现. 动物学杂志, (5): 9

吕士成, 赵永祥. 1995. 越冬地丹顶鹤春季迁徙观察, 南京师范大学学报(自然科学报), 18(增刊): 88-90

吕士成, 周世锷. 1990a. 射阳林场鸟类调查. 江苏林业科技, 17(1): 27-35

吕士成, 周世锷. 1990b. 盐城沿海丹顶鹤分布趋势探讨. 自然杂志, 13(2): 101-103

吕士成, 周世锷. 1991. 白尾鹞的生态习性//高玮. 中国鸟类研究. 北京: 科学出版社: 200

吕士成, 周志刚, 吕玉友. 2000. 大纵湖生境变迁对水鸟分布的影响//中国动物学会鸟类学分会, 等. 中国鸟类学研究. 北京: 中国林业出版社: 267-269

吕艳, 赛道建, 鲍连艳, 等. 2008. 潍坊机场鸟类群落与鸟撞相关性研究. 山东师范大学学报(自然科学版), 23(4): 119-121

吕咏, 殷世雨, Howes J., 等. 2011. 浙江慈溪杭州湾湿地中心水鸟资源调查. 野生动物, 32(6): 312-315

栾晓峰. 2003. 上海鸟类群落特征及其保护规划研究. 上海: 华东师范大学博士学位论文

栾晓峰, 胡忠军, 徐宏发. 2004. 上海农耕区鸟类群落特征及与几种生境因子的关系. 动物学研究, 25(1): 20-26

栾晓峰, 谢一民, 杜德昌, 等. 2002. 上海崇明东滩鸟类自然保护区生态环境及有效管理评价. 上海师范大学学报(自然科学版), 31(3): 73-79

罗浩, 高云云, 于一尊, 等. 2010. 鄱阳湖鸟类和水生植物、透明度和水位生态关系研究. 江西科学, 28(4): 559-563

罗盛金, 孔凡前, 许仕, 等. 2012. 庐山鸟类多样性及季节动态分析. 四川动物, 31(1): 152-157

罗永明. 1986. 鄱阳湖野鸭的药用价值分析. 特产科学实验, (4): 45-46

麻常昕, 陈小麟, 周晓平, 等. 2005a. 鹭类招引及营巢地的恢复. 厦门大学学报(自然科学版), 44(s1): 43-46

麻常昕, 周同, 陈小麟, 等. 2006. 岩鹭卵壳的超微结构及其元素组成. 电子显微学报, 25(5): 440-444

麻常昕, 周晓平, 陈小麟, 等. 2005b. 黄嘴白鹭卵壳超微结构及组成元素的初步研究. 厦门大学学报(自然科学版), 44(6): 861-865

马德高, 宋丹红, 赵强, 等. 2014. 江苏宝应湖湿地秋冬两季鸟类区系组成及多样性调查. 浙江农业学报, 3: 764-769

马金生. 1990. 中国扁嘴海雀繁殖生态的一些资料. 四川动物, 4: 36

马金生. 1991. 中国扁嘴海雀第二繁殖地的发现. 动物学研究, 12(3): 248, 276

马金生, 崔萍. 2000. 黄河三角洲水鸟资源及其保护. 中国人口·资源与环境, 10(专刊): 31-32

马金生, 贾志云, 吴云峰. 1996. 危及大斑啄木鸟生存繁衍因子的研究. 河北大学学报(自然科学版), 16(5): 75-76

马金生, 杨怀光. 1994. 毛脚燕在山东省的分布及其生态的初步观察//中国动物学会. 中国动物学会成立60周年纪念陈桢教授诞辰100周年论文集(1934—1994). 北京: 中国科学技术出版社: 324-327

马金生, 张仲信. 1999. 部分国家对啄木鸟的研究. 野生动物, 20(6): 22-23

马珺, 陈云霜, 王爱善, 等. 2004. 珍稀鸟类东方白鹳的性别鉴定. 上海师范大学学报(自然科学版), 增刊: 108-112

马珺, 朱建青, 黄康宁, 等. 2014. 丰容对圈养双角犀鸟日常行为的影响. 野生动物, 35(1): 85-90

马克·巴特, 陈立伟, 曹磊, 等. 2004. 长江中下游水鸟调查报告. 北京: 中国林业出版社

马鸣, 陆健健, 崔志兴, 等. 1998. 上海地区民间捕鸟现状//中华野鸟学会, 等. 第三届海峡两岸鸟类学术研讨会论文集. 台北: 台北市野鸟学会: 349-356

马世全. 1988. 震旦鸦雀种群生态的研究. 动物学研究, 9(3): 217-222

马世全. 1989. 黄斑苇鳽繁殖期种群分布型的研究//中国动物学会. 第十二届会员代表大会暨成立五十五周年学术年会论文摘要汇编: 310

马世全. 1990. 黄斑苇鳽繁殖期种群分布型的研究. 生态学报, 10(4): 362-366

马世全. 1991. 黄斑苇鳽繁殖生产力的研究//高玮. 中国鸟类研究. 北京: 科学出版社: 25-58

马世全, 陆爱桢. 1989. 白腰文鸟筑巢生境与雏鸟食性//中国动物学会. 第十二届会员代表大会暨成立五十五周年学术年会论文摘要汇编: 334-335

马世全, 孙忠泉. 1988. 上海沿海发现震旦鸦雀. 野生动物, (4): 46-47

马世全, 孙忠泉, 陆爱桢. 1989a. 江苏省震旦雅雀分布和栖息地之调查//中国动物学会. 第十二届会员代表大会暨成立五十五周年学术年会论文摘要汇编: 333

马世全, 孙忠泉, 赵士昆, 等. 1989b. 黄山茶林场夏季丝光椋鸟的食性分析. 动物学杂志, (4): 9-10

马水龙, 史玉明, 朱曦, 等. 2006. 九龙山国家森林公园鸟类区系. 浙江林学院学报, 23(4): 449-454

马志军, 干晓静, 蔡志扬, 等. 2013. 长江口盐沼湿地入侵植物互花米草对斑背大尾莺建群和种群扩张的影响//中国动物学会鸟类学分会. 杭州: 第十二届全国鸟类学术研讨会暨第十届海峡两岸鸟类学术研讨会论文摘要集: 101

马志军, 郭晓雨, 敬凯, 等. 2005. 崇明东滩白头鹤的主要食物: 海三棱草球茎的分布//王岐山, 李凤山. 中国鹤类研究. 昆明: 云南教育出版社

马志军, 李博, 陈家宽. 2005. 迁徙鸟类对中途停歇地的利用及迁徙对策. 生态学报, 25(6): 1404-1412

马志军, 李文军, 王子健, 等. 1998. 盐城生物圈保护区丹顶鹤栖息地的变化及其适应性. 中国生物圈保护区, 5(2): 5-8

马志军, 彭鹤博, 华宁. 2014. 春季大滨鹬在黄海南部和北部迁徙停歇地的能量积累和停留时间//中国动物学会. 广州: 中国动物学会第十七届全国会员代表大会暨学术讨论会论文摘要汇编: 106

马志军, 钱法文, 王会, 等. 2000. 盐城自然保护区丹顶鹤及其栖息地的现状//中国动物学会鸟类学分会, 等. 中国鸟类学研究. 北京: 中国林业出版社: 180-185

马志军, 王勇, 陈家宽. 2005. 迁徙鸟类中途停歇期的生理生态学研究. 生态学报, 25(12): 3067-3075

毛夷仙, 程松林, 刘江南, 等. 2013. 江西武夷山 12 种雀形目鸟类繁殖参数记述. 江西科学, 31(2): 179-180, 184

毛志滨, 郝日明. 2005. 观果树种配植与城市鸟类生物多样性保护. 江苏林业科技, 32(1): 11-13

茅莹, 周本湘. 1987. 中国海州湾候鸟迁徙的雷达观测. 动物学报, 33(3): 277-284

孟德荣, 储照源, 吕卷章. 2008. 渤海湾湿地及水鸟保护面临的主要威胁与保护对策. 河北林业科技, (6): 47-48

孟继东. 1987. 盐城珍禽保护区考察记. 大自然, (2): 8-10

孟令, 廖必文. 2008. ±500kV 龙政线(安徽段)防鸟害方法的探讨. 安徽电力, 25(4): 29-31

苗秀莲, 程波, 贾少波, 等. 2005. 聊城市春季鸟类分布的边缘效应. 聊城大学学报(自然科学版), 18(1): 49-51

缪寿成. 2007. 输电线路防鸟害技术的研究与实践. 浙江电力, 1: 33-36

倪嘉军, 张正旺, 郑光美, 等. 2000. 江苏雉鸡领域的生境特征//中国动物学会鸟类学分会, 等. 中国鸟类学研究. 北京: 中国林业出版社: 25-33

聂少霞, 于秀波, 范娜. 2010. 鄱阳湖越冬候鸟栖息地面积与水位变化的关系. 资源科学, 32(1): 2072-2078

牛俊英, 衡楠楠, 张斌, 等. 2011. 上海市南汇东滩围垦后海岸带湿地冬春季水鸟生境选择. 动物学研究, 32(6): 624-630

潘传元. 1988. 鸟的世界——说升金湖. 野生动物(1): 46-47

潘怀剑, 田家怡. 2001. 黄河三角洲水质污染对淡水鱼类多样性的影响. 水产科学, 20(4): 17-20

潘瑞道. 1981. 舟山群岛森林植被梯度及梯度研究方法初探. 浙江林学院科技通讯, (2): 77-84

庞秉璋. 1960. 鸟类的效鸣. 动物学杂志, 7: 304-307

庞秉璋. 1974. 苏南食用鸟类. 动物学杂志, (4): 26-29

庞秉璋. 1979. 粉红椋鸟及斑文鸟在苏南发现. 动物学杂志, (1): 29

庞秉璋. 1980. 珠颈斑鸠的鸣叫与求偶. 动物学杂志, 3: 30-33

庞秉璋. 1981a. 白头鹎的食性. 动物学杂志, 4: 75-76

庞秉璋. 1981b. 蓝翅八色鸫. 动物学杂志, 3: 11-13

庞秉璋. 1981c. 扇尾沙锥的生态. 野生动物(2): 31-32

庞秉璋. 1983a. 珠颈斑鸠与山斑鸠的冬季食性. 动物学杂志, 4: 47-48

庞秉璋. 1983b. 丘鹬的生态. 野生动物, (4): 35

庞秉璋. 1983c. 虎斑地鸫. 动物学杂志, 1: 13-14

庞秉璋. 1984a. 凤头麦鸡. 动物学杂志, 5: 41-42

庞秉璋. 1984b. 黄眉柳莺. 动物学杂志, 4: 46-47

庞秉璋. 1985a. 灰喜鹊的食性. 动物学杂志, 3: 18-20

庞秉璋. 1985b. 云雀的越冬生态. 动物学杂志, 4: 40-42

裴恩乐, 袁晓, 汤臣栋, 等. 2007. 上海沿江沿海湿地南迁水鸟群落的动态变化. 复旦学报(自然科学报), 46(6): 906-912

裴恩乐, 袁晓, 汤臣栋, 等. 2012. 上海地区水鸟群落结构和动态分布特征. 生态学杂志, 31(10): 2599-2605

裴砚玲, 苏传东. 2007. 鸟类对生活地竹林生长的影响研究. 宿州学院学报, 22(3): 111-112

彭鹤博, 马志军. 2013. 春季迁徙期间时间压力对大滨鹬在黄海区域迁徙日程的影响//中国动物学会鸟类学分会. 杭州: 第十二届全国鸟类学术研讨会暨第十届海峡两岸鸟类学术研讨会论文摘要集: 70

彭红梅, 马照军, 邹寿昌, 等. 2001. 徐州地区的鹭鸟及其保护. 江苏林业科技, 28(3): 31-32

彭岩波, 丁平. 2005. 白颈长尾雉春季扩散活动的影响因子. 动物学研究, 26(4): 373-378

彭迎风, 滕春明. 2003. 飞机风挡鸟撞动响应分析方法研究. 南昌航空工业学院学报(自然科学报), 17(4): 27-31

皮洛(E·C·Piolou). 1978. 数学生态学引论. 卢泽愚译. 北京: 科学出版社

戚仁海, 陆祎玮, 熊斯顿. 2009. 苏州城市公园秋冬季鸟类与生境特征的关系. 上海交通大学学报(农业科学报), 27(4): 368-393

钱法文, 楚国忠, 李迪强, 等. 2000. 山东沿海繁殖黑嘴鸥调查//中国动物学会鸟类学分会, 等. 中国鸟类学研究. 北京: 中国林业出版社: 219-223

钱法文, 侯韵秋, 苏化龙, 等. 1998. 浙江沿海越冬黑嘴鸥调查//中华野鸟学会, 等. 第三届海峡两岸鸟类学术研讨会论文集. 台北: 台北市野鸟学会: 161-167

钱法文, 侯韵秋, 周冬良, 等. 1999. 福建沿海越冬黑嘴鸥调查//中国动物学会. 中国动物科学研究——中国动物学会第十四届会员代表大会及中国动物学会65周年年会论文集. 北京: 中国林业出版社: 493-497

钱法文, 郑光美. 1993. 黄腹角雉的栖息地研究. 北京师范大学学报(自然科学版), 29(1): 256-264

钱国桢. 1958. 太湖的野鸭. 华东师范大学生物集刊, (1): 65-73

钱国桢. 1960. 上海近郊鸟类动态的初步观察及其生态因素分析. 华东师范大学学报, (1): 69-79

钱国桢. 1964a. 光照与鸟类的繁殖. 动物学杂志, 6: 294-298

钱国桢. 1964b. 上海麻雀生态学初步观察. 动物学杂志, 6(3): 115-119

钱国桢. 1964c. 上海麻雀食性问题的初步研究. 动物学杂志, 6(4): 160-164

钱国桢, 崔志兴. 1988. 长江口鸻形目鸟类的生态研究. 考察与研究, 总第8辑: 59-67

钱国桢, 崔志兴, 王天厚. 1985. 长江口、杭州湾北部的鸻形目鸟类群落. 动物学报, 31(1): 96-97

钱国桢, 冯谋鸿. 1960. 棕色大林鸽在浙江省分布的初次报告. 华东师范大学学报, (1): 57-60

钱国桢, 王培潮. 1964. 在育雏期中鸟巢搬移试验的初步观察. 动物学杂志, (5): 209-213

钱国桢, 王培潮. 1977. 鸟类恒温机制建立的初步观察. 动物学报, 23(2): 212-218

钱国桢, 王培潮, 祝龙彪, 等. 1983b. 二十年来天目山鸟类群落结构变化趋势的初步分析. 生态学报, 3(3): 262-168

钱国桢, 徐宏发. 1986a. 太湖绿翅鸭、琵嘴鸭、斑嘴鸭气体代谢的季节变化. 生态学报, 6(4): 365-370

钱国桢, 徐宏发. 1986b. 绿翅鸭和琵嘴鸭的换羽及其静止代谢率. 动物学报, 32(1): 68-73

钱国桢, 虞快. 1964. 天目山习见鸟类的若干生态学问题的初步研究——Ⅰ区系动态. 华东师范大学学

报(自然科学版), (2): 85-98

钱国桢, 虞快. 1965. 天目山习见鸟类的若干生态学问题的初步研究——Ⅱ密度和数量波动问题. 华东师范大学学报(自然科学版), (2): 49-61

钱国桢, 张晓爱, 叶启智. 1983a. 温度对高山岭雀能量平衡的影响. 生态学报, 3(2): 157-164

钱国桢, 周本湘. 1956. 太湖的野鸭. 华东师范大学学报, (4): 108-116

钱国桢, 周海忠, 唐子明. 1980. 我国树鸭的某些生态资料. 动物学杂志, 3: 24-27

钱国桢, 朱家贤. 1964. 太湖野鸭的生态学研究. 华东师范大学生物系论文摘要集: 21-22

钱国桢, 朱家贤. 1980. 太湖野鸭的动物群落学. 华东师范大学学报(自然科学版), 3: 39-57

钱国桢, 祝龙彪, 崔志兴. 1982. 食虫迁徙鸟白腹蓝［姬］鹟的能量代谢. 生态学报, 2(3): 279-283

钱伟娟, 王爱华. 1986. 盱眙县水冲港的夏季鸟类. 南京师范大学学报(自然科学版), (2): 75-82

钱燕文, 等. 1965. 新疆南部的鸟兽. 北京: 科学出版社

秦庆红, 曹爱东. 2012. 山东烟台葡萄园鸟害的发生及预防. 果树医院, 7: 36

秦卫华, 单卫军, 王智, 等. 2007. 克百威农药对我国湿地鸟类的威胁及其对策. 生态与农村环境学报, 23(1): 85-87, 95

邱春荣. 2003. 厦门高崎国际机场鸟类调查及鸟撞防治的对策. 中国森林病虫, 22(1): 26-30

邱春荣. 2007. 厦门春夏两季的鸟类资源. 安徽农学通报, 13(9): 41-45

邱英杰, 田荣久. 1990. 辽宁东部山区苍鹭的繁殖习性. 野生动物, 55(3): 23-25

仇秉兴, 李福来, 黄世强, 等. 1988. 白颈长尾雉雏鸟生长及稚后换羽研究. 动物学杂志, (1): 19-22

任月恒, 高爽, 康明江. 2013. 山东农业大学南校区校园鸟类多样性初步研究. 山东农业大学学报(自然科学版), 02: 225-230

荣生道, 王义星, 迟玉东, 等. 2003. 鲁东南沿海鸟类资源调查. 山东林业科技, 2: 40

阮关心. 2012. 崇明东滩互花米草生态控制与鸟类栖息地优化工程生态效益探讨. 安徽农业科学, 40(23): 11799-11801

阮禄章, 罗华星, 梁晓, 等. 2008. 南昌市前湖区春季鸟类群落结构. 南昌大学学报(理科版), 32(1): 80-83, 88

阮禄章, 徐冒新. 2013. 鄱阳湖越冬鸟类多样性、种群动态与保护//中国动物学会鸟类学分会. 杭州: 第十二届全国鸟类学术研讨暨第十届海峡两岸鸟类学术研讨会论文摘要集: 91

阮禄章, 张迎梅, 赵东芹, 等. 2003. 白鹭作为无锡太湖地区环境污染指示生物的研究. 应用生态学报, 14(2): 263-268

赛道建. 1988. 济南近郊鸟类群落数量多样性和均匀性的研究. 山东师大学报, 2(3): 89-97

赛道建. 1993. 白额鹱繁殖生态初报. 动物学研究, 14(2): 117-142

赛道建. 1994. 济南自然景观变迁对鸟类群落的影响. 山东师范大学学报(自然科学版), 9(2): 70-76

赛道建. 2000. 珍稀鹤类在黄河三角洲湿地生态环境评价中的作用//中国动物学会鸟类学分会, 等. 中国鸟类学研究. 北京: 中国林业出版社: 263-266

赛道建, 曹善东. 1994. 黑叉尾海燕繁殖行为观察//中国动物学会. 中国动物学会成立60周年纪念陈桢教授诞辰100周年论文集(1934—1994). 北京: 中国科学技术出版社: 349-353

赛道建, 胡堃, 刘建. 2005. 济南城市繁殖鸟类生境选择研究//中国动物学会鸟类学分会, 等. 中国鸟类学研究. 北京: 中国林业出版社: 190-192

赛道建, 贾少波, 李六文. 1996a. 池鹭卵壳成分和超微结构的研究. 聊城师院学报(自然科学版), 9(3): 60-64

赛道建, 李六文, 刘林英, 等. 1996b. 白额鹱卵壳的扫描电镜观察. 动物学研究, 17(1): 23-26

赛道建, 李六文, 孙京田, 等. 1996c. 扁嘴海雀卵壳的超微结构观察. 山东师大学报(自然科学版), 11(4): 93-95

赛道建, 刘建. 1999. 湿地生境变化对黄河三角洲越冬鹤类分布的影响//中国动物学会. 中国动物科学研究——中国动物学会第十四届会员代表大会及中国动物学会65周年年会论文集. 北京: 中国林

业出版社: 513-516

赛道建, 刘相甫, 于新建, 等. 1991. 黄河三角洲灰鹤越冬分布调查. 山东林业科技, 1: 5-8

赛道建, 娄家信. 1989. 不同人工林型鸟类组成与物种多样性的初步研究. 山东师范大学学报(自然科学版), (4): 98-104

赛道建, 吕福然, 王禄东, 等. 1996d. 黄河三角洲鹤类的分布与数量变动//中国动物学会鸟类学分会, 等. 中国鸟类学研究. 北京: 中国林业出版社: 286-287

赛道建, 孙海基, 史瑞芳, 等. 1997a. 济南城市绿地鸟类群落生态研究. 山东林业科技, 1: 1-4

赛道建, 孙京田, 李六文, 等. 1997b. 三种海鸟卵壳的超微结构和无机成分的研究. 动物学杂志, 32(1): 33-36

赛道建, 孙京田, 闫理钦. 1998a. 大苇莺卵壳的扫描电镀观察. 河北大学学报(自然科学版), 18(2): 144-147

赛道建, 孙京田, 闫理钦. 1999. 黑水鸡卵壳超微结构的扫描电镜观察. 山东农业大学学报, 30(3): 285-290

赛道建, 孙涛. 2012. 鸟撞防范概论. 北京: 科学出版社

赛道建, 孙涛. 2014. 鸟撞防范原理探讨//中国动物学会. 广州: 中国动物学会第十七届全国会员代表大会暨学术讨论会论文摘要汇编: 77-78

赛道建, 王禄东, 刘相甫, 等. 1992. 黄河三角洲鸟壳研究. 山东林业科技, 3: 59-64

赛道建, 徐成钢, 张永艳, 等. 1994. 黄河林场 3 种啄木鸟繁殖期生态位的研究. 山东林业科技, (1): 22-25

赛道建, 闫理钦. 1999. 黄河三角洲繁殖鸟类群落特征的初步研究. 山东师范大学学报(自然科学版), 14(3): 305-310

赛道建, 闫理钦, 王金秀, 等. 1998b. 东平湖及其附近地区的湿地鸟类//中华野鸟学会, 等. 第三届海峡两岸鸟类学术研讨会论文集. 台北: 台北市野鸟学会: 337-341

赛道建, 于荣, 孙妮, 等. 1996e. 黄河三角洲夏季鸟类生态的初步研究. 河北大学学报(自然科学版), 16(5): 41-44

山东省林业研究所. 1974. 大山雀在松林内的食性观察. 动物学杂志, (4): 7

山东省泰安林科所. 1972. 利用斑啄木鸟防治林木害虫. 动物利用与防治, (5): 32

山东省泰安林科所. 1973. 利用斑啄木鸟防治肩星天牛. 林业科技通讯, (7): 14-15

单国桢. 1983. 动物繁群生态学. 北京: 科学出版社

单凯, 吕卷章, 朱书玉, 等. 2002. 黄河三角洲自然保护区发现黑脸琵鹭. 野生动物, 23(6): 8-10

单凯, 吕卷章, 朱书玉, 等. 2005b. 鹤类在黄海三角洲的数量变化及其生境保护//王岐山, 李凤山. 中国鹤类研究. 昆明: 云南教育出版社: 66-73

单凯, 许家磊, 路锋, 等. 2005a. 黄河三角洲自然保护区黑脸琵鹭野外调查及其生境分析. 四川动物, 24(4): 611-613

单凯, 于君宝. 2013. 黄河三角洲发现的山东省鸟类新纪录. 四川动物, 32(4): 609-612

商金杰. 2009. 人鹭情未了——济南军区部队官兵与鹭鸟和谐相处. 国土绿化, 3: 38

上海市环境保护局, 等. 1986. 上海的保护鸟类. 上海: 学林出版社: 1-325

上海野生动物保护协会, 等. 2005. 上海常见鸟类图鉴. 北京: 中国林业出版社: 1-227

邵晨. 1996. 笼养红腹锦鸡繁殖期的取食行为//中国动物学会鸟类学分会, 等. 中国鸟类学研究. 北京: 中国林业出版社: 265-267

邵晨. 2001. 浙江中部丘陵山区山斑鸠繁殖习性研究. 当代生态农业, (3-4): 66-68

邵晨, 胡一中. 2005. 白鹇的夜栖息地选择及夜栖息行为. 浙江林学院学报, 22(5): 562-565

邵锦缎. 1947. 邵武白头鸭食料之分析. 协大生物学报, 5: 97-122

邵明勤, 戴年华, 赵爽, 等. 2010. 江西省鸟类种数最新统计. 四川动物, 29(3): 459-460

邵明勤, 胡斌华, 柏有松, 等. 2009. 南矶山国家自然保护区冬季水鸟多样性初步探究. 农徽农业科学,

37(19): 9013-9014, 9131

邵明勤, 简敏菲, 王俊鲲, 等. 2008. 南昌市昌东地区鸟类多样性初步调查. 江西科学, 26(2): 239-241, 269

邵明勤, 蒋剑虹, 葛智莉, 等. 2010. 江西省鸟类多样性与区系分析. 长江流域资源与环境, 19(1): 128-131

邵明勤, 蒋剑虹, 石文娟, 等. 2014. 江西主要湿地鸟类资源与区系分析. 生态科学, 4: 723-729

邵明勤, 蒋剑虹, 徐坤煜, 等. 2013. 鄱阳湖灰鹤与白枕鹤越冬生态研究//中国动物学会鸟类学分会. 杭州: 第十二届全国鸟类学术研讨会暨第十届海峡两岸鸟类学术研讨会论文摘要集: 74

沈慧. 2008. 乌鸡的生活习性及饲养要点. 河南畜牧兽医(综合版), 12: 44-45

沈信华, 晏安厚. 2005. 斑胸草雀繁殖行为的研究. 野生动物, 26(6): 7-8

沈猷慧, 胡细兴, 刘旭光. 1987. 长沙池鹭繁殖生态研究. 湖南师范大学自然科学学报, 10(4): 65-73

沈玉国. 1989. 在盐城地区越冬的白肩雕. 大自然, (2): 15

盛显, 李冬生. 2006. 康山湖区候鸟自然保护区鸟类资源现状及保护. 江西林业科技, (2): 42-50

施问超. 1991. 盐城越冬丹顶鹤分布浅析及其保护对策研究//高玮. 中国鸟类研究. 北京: 科学出版社: 156-157

施泽荣, 吴凌祥. 1987. 丹顶鹤越冬习性. 野生动物, (1): 20-21

石春芳, 赵明华. 2005. 鸟类——城市生态环境的指示种. 内蒙古科技与经济, (3): 125-126

石霄鹏, 李玉龙, 刘军, 等. 2012. 某夹芯结构抗鸟撞分析与设计. 航空学报, 33(1): 68-76

史东仇, 于晓平, 路宝忠, 等. 1991. 苍鹭的繁殖生物学观察研究. 陕西师大学报(自然科学版), 19(3): 52-55

寿振黄, 黄浙. 1957. 在青岛附近发现的白腹鲣鸟. 科学通报, (14): 437-438

舒特生, 邵明勤, 曾宾宾, 等. 2012. 九岭山国家级自然保护区鸟类资源的研究. 安徽农业科学, 40(4): 2060-2061

舒莹, 胡远满, 郭笃友, 等. 2004. 黄河三角洲丹顶鹤适宜生境变化分析. 动物学杂志, 39(3): 33-41

斯幸峰. 2014. 片段化生境中繁殖鸟类群落的物种周转与β多样性. 杭州: 浙江大学博士学位论文

宋朝枢. 1980. 福建武夷山自然保护区. 野生动物保护与利用, (1): 11-13

宋清华, 李勇超, 高凤仙. 2011. 17周龄白鹇体型性状的主成分分析. 中国家禽, 11: 59-60

宋晓军. 1997. 福建红树林区鸟类及其群落的空间结构和时间动态. 厦门: 厦门大学硕士学位论文

宋晓军, 林鹏. 2002. 福建红树林湿地鸟类区系研究. 生态学杂志, 21(6): 5-10

宋印刚, 田逢俊, 孔晓棠, 等. 1998. 南四湖湿地春季鸟类及群落结构研究. 林业科技通讯, 9: 17-18

宋榆钧, 相桂权, 杨志杰, 等. 1989. 黑琴鸡生态习性和卵的生物学研究. 东北师大学报(自然科学版), (2): 89-96

苏化龙, 王会, 吕士成, 等. 1998. 江苏省及上海市黑嘴鸥及其他水禽越冬种群和栖息地状况调查//中华野鸟学会, 等. 第三届海峡两岸鸟类学术研讨会论文集. 台北: 台北市野鸟学会: 169-180

苏秀, 朱曦. 2007. 龙王山自然保护区生物物种多样性及其保护. 林业调查规划, 32(1): 76-79

苏秀, 朱曦. 2009. 鸟击防范研究. 浙江林学院学报, 26(6): 903-908

隋金玲, 李凯, 胡德夫, 等. 2004. 城市化和栖息地结构与鸟类群落特征关系研究进展. 林业科学, 40(6): 147-152

孙洪志, 高中信, 高继宏, 等. 1996. 扎龙保护区苍鹭营巢最适生境选择模型. 野生动物, (4): 12-15.

孙江, 周开亚, 高安利. 1994. 长江下游江面江岸鸟类调查简报. 动物学杂志, 29(1): 23-28

孙靖, 钱谊, 许伟, 等. 2007. 江苏大丰风电场对鸟类的影响. 安徽农业科学, 35(31): 9920-9922

孙明荣, 李克庆, 朱九军, 等. 2002. 三种啄木鸟的繁殖习性及对昆虫的取食研究. 中国森林病虫, 21(2): 12-14

孙全辉, 张正旺. 2000. 气候变暖对我国鸟类分布的影响. 动物学杂志, 35(6): 45-48

孙涛, 赛道建, 吕涛, 等. 2012. 华东5机场鸟类飞翔路线与航线关系的调查//中国动物学会鸟类学分会.

杭州: 第十二届全国鸟类学术研讨会暨第十届海峡两岸鸟类学术研讨会论文摘要集: 48

孙涛, 赛道建, 张月侠. 2014. 机场驱鸟与鸟类保护//中国动物学会. 广州: 中国动物学会第十七届全国
会员代表大会暨学术讨论会论文摘要汇编: 107-108

孙涛, 赛道建, 赵红京, 等. 2014. 高速公路试飞的鸟类应急防范//中国动物学会. 广州: 中国动物学会
第十七届全国会员代表大会暨学术讨论会论文摘要汇编: 80-81

孙永涛, 张金池. 2010. 长江口北支湿地鸟类多样性研究. 湿地科学与管理, 6(3): 50-53

孙岳, 张彩霞, 董路, 等. 2010. 武夷山鸡形目鸟类多样性及冰冻灾害对其影响研究. 北京师范大学学
报(自然科学报), 46(5): 600-605

孙悦华, 郑光美. 1992. 黄腹角雉活动区的无线电遥感研究. 动物学报, 38(4): 385-392

孙跃岐, 鲁长虎, 鲁亚平, 等. 1997. 安徽省女山湖繁殖鸟类及群落种的多样性. 野生动物, (1): 21-24

孙振华, 陶康华, 王家珍, 等. 1990. 崇明岛东部滩涂珍禽越冬栖息地的自然环境因素. 上海环境科学,
9(10): 16-19

孙振华, 虞快. 1991. 崇明东滩候鸟自然保护区的建立及其功能区划. 上海环境科学, 10(3): 16-19

孙振华, 赵仁泉. 1996. 崇明东滩候鸟自然保护区的动态变化. 上海环境科学, 15(10): 41-44

泰安市鸟类资源调查组. 1989. 泰安市鸟类资源调查研究技术报告. 泰安林业科技, 2: 1-42

谭坤, 马志军. 2013. 鸻鹬类雄性早现产生原因//中国动物学会鸟类学分会. 杭州: 第十二届全国鸟类学
术研讨会暨第十届海峡两岸鸟类学术研讨会论文摘要集: 86

谭耀匡, 关贯勋. 2003. 中国动物志鸟纲第七卷(夜莺目雨燕目咬鹃目佛法僧目鴷形目). 北京: 科学出
版社

汤臣栋. 2012. 崇明东滩鸻鹬鸟类迁徙的环志研究. 湿地科学与管理, 8(1): 38-41

汤仁发. 1991. 红嘴蓝鹊的饲养、驯化及防治松毛虫的效果研究. 中国生物防治, 2: 53-57

唐伯平, 吕士诚. 1995. 江苏省鸟类一新记录——黄爪隼. 铁道师院学报(自然科学版), 12(3): 47

唐蟾珠, 等. 1996. 横断山区鸟类. 北京: 科学出版社

唐朝忠, 温伟业, 杨爱玲, 等. 1997. 褐马鸡血液生理生化指标及雏鸟矿物元素含量测定. 动物学报,
43(1): 49-54

唐承佳, 陆健健. 2002. 围垦堤内迁徙鸻鹬群落的生态学特性. 动物学杂志, 37(2): 27-33

唐家明, 毛学源. 1983. 浙江发现草鸮. 野生动物, (4): 57

唐培荣, 徐聪荣. 2003. 九连山生态旅游资源及其开发设想. 中南林业调查规划, 22 (3): 52-54

唐庆圆, 唐兆和, 耿宝荣. 2008. 福州市区鸟类多样性研究. 四川动物, 27(4): 603-609

唐仕华, 虞快. 1996. 崇明东滩鸻形目鸟类群落及其食性研究. 上海: 上海市动物学会 1996 年年会论文
集, 动物学专辑: 79-82

唐仕华, 俞伟东, 虞快. 1998. 长江口南岸春季鸻形目鸟类的迁徙研究. 华东师范大学学报(自然科学
版), 动物学专辑: 135-139

唐仕敏, 唐礼俊, 李惠敏. 2003. 城市化对上海市五角场地区鸟类的影响. 上海环境科学, 22(6): 406-410

唐锡阳. 1984. 鄱阳湖白鹤知多少——自然保护区访问之十. 大自然, (2): 6-10

唐兆和. 2002. 中国大陆首次发现短尾贼鸥. 四川动物, 21(1): 44

唐兆和, 陈友铃. 2000. 福州地区的黑翅鸢. 四川动物, 19(5): 33

唐兆和, 陈友铃, 唐瑞干. 1993. 福建鸟类新记录——黑翅鸢. 四川动物, (3): 46

唐兆和, 陈友铃, 唐瑞干. 1996. 福建鸟类区系研究. 福建师范大学学报(自然科学版), 12(2): 77-87

唐子明, 黄正一, 唐子英, 等. 1987. 上海地区鸟类新记录和新名录. 上海师范大学学报(自然科学版),
1(4): 97-114

唐子英. 1981. 福鼎沿海发现的白额圆尾鹱. 动物分类学报, 6(1): 59

陶定维. 1984. 丹顶鹤在响水盐滩上的越冬地. 野生动物, (2): 20-21

腾华卿. 2003. 龙岩市鸟兽类与其栖息地生境的关系. 林业科技开发, 17(增刊): 80-82

滕国利, 徐礼贤. 2008. 鸟类啄食复合绝缘子伞套的原因初探. 电力设备, 9(2): 81-82

田波, 周云轩, 张利权, 等. 2008. 遥感与 GIS 支持下的崇明东滩迁徙鸟类生境适宜性分析. 生态学报, 28(7): 3049-3059

田逢俊, 宋印刚, 刘瑞华, 等. 1993. 鹊鸲生态习性的研究. 山东林业科技, 1: 62-65

田凤翰, 李荣光. 1957. 济南及其附近鸟类的初步调查. 教与学, (2): 77-91

田耕芜. 1986. 连云港市达山岛白腰雨燕 *Apus pacificus pacificus* 食性观察. 动物学研究, 7(2): 108-176

田家怡, 于祥, 申保忠, 等. 2008. 黄河三角洲外来入侵物种米草对滩涂鸟类的影响. 中国环境管理干部学院学报, 18(3): 87-90

田秀华, 王进军. 2001. 中国大鸨. 黑龙江: 东北林业大学出版社

童春富, 熊李虎, 陆健, 等. 2005. 高强度开发背景下城郊自然保护区迁徙鸻鹬类群落结构变化//中国动物学会鸟类学分会, 等. 中国鸟类学研究. 北京: 中国林业出版社: 343-344

涂晓斌, 马建华, 宋玉赞, 等. 2000. 鄱阳湖越冬水禽资源现状及保护对策. 野生动物, (4): 6-7

涂业苟, 俞长牧, 黄晓凤, 等. 2009. 鄱阳湖区域越冬雁鸭类分布于数量. 江西农业大学学报, 31(4): 760-764, 771

汪荣. 2011. 福建滨海水鸟栖息地主成分分析与评价. 浙江农林大学学报, 3: 472-478

汪荣, 张勇. 2012. 福建沿海冬季水鸟资源调查. 野生动物, 33(5): 271-274, 296

汪志如, 单继红, 黄晓凤, 等. 2008. 江西省林业科学院秋冬季鸟类调查及多样性分析. 江西林业科技, 5: 28-32

汪志如, 廖为明, 孙志勇, 等. 南昌市城市鸟类群落结构与多样性分析. 江西农业大学学报, 33(4): 796-800

王爱真, 雷富民, 贾志云. 2003. 雌性选择与雄鸟鸣唱的进化. 动物学研究, 24(4): 305-310

王本耀, 王小明, 王天厚, 等. 2012. 上海闵行区园林鸟类群落嵌套结构. 生态学报, 32(9): 2788-2795

王博. 2005. 厦门无居民海岛鹭类繁殖期分布及种群研究. 环境科学动态, 2: 6-8

王博, 陈小麟, 林清贤, 等. 2005. 厦门鹭类集群营巢地分布及其生境特性的研究. 厦门大学学报(自然科学版), 44(5): 734-737

王德勇, 赛道建, 高鸿翔. 1990. 济南市郊区不同景观生态类型鸟类群的比较研究. 山东林业科技, 1: 1-6

王锋锋. 2010. 象山: 白鹭王国. 森林与人类, (6): 66-73

王耕南, 赵肯堂. 1983. 洪泽湖地区白眉鸭的人工孵化和家饲. 野生动物, (3): 20-23

王洪英, 梁益荃. 2010. 蓝孔雀的人工繁殖技术. 养殖技术顾问, 4: 46-47

王辉, 董元华, 李涛, 等. 2001. 无锡鼋头渚 4 种鹭类繁殖期的生态学特征研究. 农村生态环境, 17(4): 17-21, 38

王会. 2007. 鸻形目(鸻鹬类)鸟类研究进展及保护现状//中国动物学会鸟类学分会, 等. 中国鸟类学研究. 北京: 中国林业出版社: 1-13

王会, 杜进进. 1993. 射阳盐场湿地禽类资源考察初报. 动物学杂志, 28(4): 21-24

王会, 王岐山, 楚忠国, 等. 2005. 盐城自然保护区丹顶鹤越冬种群数量与分布//王岐山, 李凤山. 中国鹤类研究. 昆明: 云南教育出版社: 49-57

王会志, 姚红, 虞快. 1995. 小天鹅行为谱的初步建立. 上海师范大学学报(自然科学报), 24(3): 75-82

王加连, 吕士成, 陈亚. 2011. 江苏盐城滩涂湿地雁鸭类资源调查及保护对策. 湿地科学与管理, 2: 39-42

王建华. 1990. 上海地区人工招引野鸟及占巢统计. 野生动物, (5): 7-9

王建华. 2012. 我国观鸟旅游的发展现状及发展对策——以江苏沿海滩涂为例. 黑龙江生态工程职业学院学报, 4: 30-32

王建南. 1986. 温州发现岩鹭. 动物学杂志, (3): 41

王建新. 1991. 山东省候鸟环志与展望. 野生动物, (2): 19-21

王军燕, 周倩彦, 马志军. 2013. 长江口盐沼湿地人工水位调节对盐沼繁殖鸟类的影响: 以东方大苇莺为例//中国动物学会鸟类学分会. 杭州: 第十二届全国鸟类学术研讨会暨第十届海峡两岸鸟类学术研讨会论文摘要集: 87

王克山, 吕卷章, 李尧三, 等. 1992. 黄河三角洲鹤类越冬习性及分布规律观察. 野生动物, 4: 18-20

王磊, 唐思贤, 褚福印, 等. 2010. 上海虹桥国际机场飞行区植被与鸟类的关系. 四川动物, 29(4): 536-542

王立冬. 2012a. 黄河三角洲东方白鹳繁殖研究. 山东林业科技, 3: 48-49

王立冬. 2012b. 黄河三角洲水鸟种群动态变化. 山东林业科技, 2: 67-70

王丽君, 周立志, 丁政云, 等. 2010. 骆岗机场鸟类多样性及鸟击风险分析. 野生动物, 31(3): 127-130

王培潮. 1986. 鸟蛋是怎样呼吸的. 生物学通报, 10: 6-7

王培潮. 1991. 鸟卵孵化生理生态学//高玮. 中国鸟类研究. 北京: 科学出版社: 211

王培潮, 卢波, 孟丽丽, 等. 1991. 三种鸟类胚胎代谢类型的比较//高玮. 中国鸟类研究. 北京: 科学出版社: 143-145

王培潮, 钱国桢. 1985. 环境温度对不同龄期鸽子热能代谢的影响. 生态学报, 5(4): 373-378

王培潮, 章平. 1986. 不同龄期鹌鹑的静止代谢率与恒温水平. 华东师范大学学报(自然科学版), (4): 108-112

王岐山. 1963. 安徽陈瑶湖的野鸡及其狩猎方法. 安徽大学学报(自然科学版), (2): 87-96

王岐山. 1965. 安徽琅琊山的鸟类. 动物学杂志, 7(4): 163-168

王岐山. 1975. 鸢的食性资料. 动物学杂志, 2: 43

王岐山. 1984. 候鸟及其保护. 生物学杂志, 1: 16-19

王岐山. 1986. 安徽动物地理区划. 安徽大学学报(自然科学版), (1): 45-58

王岐山. 1987. 世界濒危鸟类——东方白鹳. 野生动物, 5: 12-14, 21

王岐山. 1988. 黑颈鹤在饲养条件下繁殖成功. 动物学杂志, 2: 64

王岐山. 1996. 安徽陆栖脊椎动物研究简史及名录. 野生动物资源调查与保护, 4: 43-65

王岐山. 1998. 长江中下游越冬鹤类现状//湿地国际—中国项目办事处. 湿地与水禽保护—湿地与水禽保护(东北亚)国际研讨会文集. 北京: 中国林业出版社: 125-131

王岐山. 2000. 盐城自然保护区丹顶鹤及其他水鸟信息. 中国鹤类通讯, 4(1): 8-9

王岐山. 2003. 安徽濒危野生动物在世界种红色名录中的等级划分. 安徽大学学报(自然科学版), 27(3): 92-97

王岐山. 2006. 鹤——优雅的大鸟. 森林与人类, 11: 6-21

王岐山, 陈璧辉, 梁仁济. 1966. 安徽兽类地理分布的初步研究. 动物学杂志, 8(3): 101-106, 122

王岐山, 胡小龙. 1978. 安徽九华山鸟类调查报告. 安徽大学学报(自然科学版), (1): 56-84

王岐山, 胡小龙. 1979. 合肥市及其附近地区鸟类调查报告. 安徽大学学报(自然科学版), (2): 60-88

王岐山, 胡小龙. 1980. 勺鸡的生态观察. 野生动物资源调查与保护, 4: 26-28

王岐山, 胡小龙. 1981. 白冠长尾雉生态的研究. 野生动物, (4): 39-44

王岐山, 胡小龙. 1986a. 安徽鸟类新记录. 四川动物, 5(1): 36-37

王岐山, 胡小龙. 1986b. 白头鹤在升金湖越冬观察//马逸清. 中国鹤类研究. 哈尔滨: 黑龙江教育出版社: 184-189

王岐山, 胡小龙, 邢庆仁. 1980. 当涂石臼湖的水禽. 野生动物资源调查与保护, 4: 29-34

王岐山, 胡小龙, 邢庆仁, 等. 1981. 安徽黄山的鸟兽资源调查报告. 安徽大学学报(自然科学版), (2): 138-158

王岐山, 胡小龙, 邢庆仁, 等. 1983. 安徽石臼湖的水禽. 安徽大学学报(自然科学版), (1): 115-124

王岐山, 林祖贤. 1980. 白头鹤在安徽首次发现. 野生动物资源调查与保护, 4: 9-10

王岐山, 马鸣, 高育仁. 2006. 中国动物志鸟纲第五卷(鹤形目鸻形目鸥形目). 北京: 科学出版社

王岐山, 施葵初, 朱文中. 2002. 东方白鹳在安庆营巢繁殖的再考察. 中国鹤类通讯, 6(1): 30-31

王岐山, 邢庆仁, 胡小龙, 等. 1979. 安徽大别山北坡鸟类初步调查. 野生动物资源调查与保护, 3: 28-48

王岐山, 邢庆仁, 胡小龙, 等. 1983. 安徽大别山北坡鸟类. 野生动物, (3): 55-57, 40

王岐山, 颜重威. 2002. 中国的鹤、秧鸡和鸨. 台北: 凤凰谷鸟园

王岐山, 杨兆芬. 1995. 东方白鹳研究现状. 安徽大学学报(自然科学学报), 19(1): 82-99

王岐山, 杨兆芬. 1997. 东方白鹳. 野生动物, 3: 36-37

王岐山, 杨兆芬. 2000. 中国鹤类研究进展//中国动物学会鸟类学分会, 等. 中国鸟类学研究. 北京: 中国林业出版社: 56-63

王岐山, 杨兆芬. 2005. 中国鹤类研究发展的回顾//王岐山, 李凤山. 中国鹤类研究. 昆明: 云南教育出版社: 3-18

王庆忠, 王大科. 1994. 青州市仰天山区夏季鸟类垂直分布的研究. 潍坊教育学院学报(综合版), 2: 89-93

王守喜, 王友舜, 张绍华. 1983. 林区益鸟招引试验初报. 动物学杂志, (6): 23-24

王松, 鲍方印, 郑文, 等. 2009. 淮河流域(安徽段)重要湿地鸟类多样性研究. 华中师范大学学报(自然科学版), 43(4): 652-659

王松, 易善军, 鲍方印. 2001. 白鹭生态与繁殖习性的观察. 安徽农业技术师范学院学报, 15(1): 29-31

王肃, 孔庆军, 王靖勤. 2002. 500kV 合成绝缘子线路鸟害事故浅析. 高电压·技术, 28(11): 52-53

王天厚, 钱国桢. 1987. 长江口及杭州湾北部滩涂的生物群落特征分析. 生态学杂志, 6(2): 35-38

王天厚, 钱国桢. 1988a. 长江口、杭州湾鸻鹬类的种群生态研究. 动物学报, 34(1): 44-47

王天厚, 钱国桢. 1988b. 长江口、杭州湾鸻形目鸟类. 上海: 华东师范大学出版社: 1-138

王天厚, 钱国桢. 2000. 夜鹭种群越冬生态学的研究. 动物学研究, 21(2): 121-126

王天厚, 张词祖, 许建. 1986. 夜鹭幼鸟繁殖的生态研究. 动物学研究, 7(3): 255-261

王希明, 迟仁平. 2001. 青岛地区受威胁的鸟类及其保护. 山东林业科技, 6: 15-18

王希明, 迟仁平, 王宝斋. 2013. 青岛沿海大公岛扁嘴海雀资源现状与保护建议//中国动物学会鸟类学分会. 杭州: 第十二届全国鸟类学术研讨会暨第十届海峡两岸鸟类学术研讨会论文摘要集: 31

王希明, 刘岱基, 辛美云. 1991. 青岛雀鹰迁徙初步观察. 四川动物, (4): 34

王希明, 刘岱基, 辛美云. 1994. 普通夜鹰迁徙的环志观察. 四川动物, 13(1): 27-28

王溪云, 周静仪. 1988. 江西省鸟类双腔科吸虫的分类研究. 动物分类学报, 13(3): 209-218

王绪平, 李德志, 盛丽娟, 等. 2007. 城市园林中鸟类及蜂蝶的重要性及其招引与保护. 林业科学, 43(12): 134-143

王彦平, 陈水华, 丁平. 2004a. 城市化对冬季鸟类取食集团的影响. 浙江大学学报(理学版), 31(3): 330-336

王彦平, 陈水华, 丁平. 2004b. 惊飞距离——杭州常见鸟类对人为侵扰的适应性. 动物学研究, 25(3): 214-220

王彦平, 陈水华, 丁平, 等. 2003. 杭州城市行道树带的繁殖鸟类及其鸟巢分布. 动物学研究, 24(4): 259-264

王彦平, 兰思思, 张琴, 等. 2013a. 乌鸫为什么在城市建筑上营巢//中国动物学会鸟类学分会. 杭州: 第十二届全国鸟类学术研讨会暨第十届海峡两岸鸟类学术研讨会论文摘要集: 38

王彦平, 张蒙, 王思宇, 等. 2013b. 千岛湖鸟类群落不支持小岛屿效应//中国动物学会鸟类学分会. 杭州: 第十二届全国鸟类学术研讨会暨第十届海峡两岸鸟类学术研讨会论文摘要集: 97

王央生. 1997. 井冈山鸟类资源新记录. 江西林业科技, 2: 26-27

王叶, 傅建义, 李清, 等. 2011. 上海动物园天鹅湖水鸟的空间利用分布特征. 野生动物, 32(5): 260-263

王颖. 1989. 南仁山区的鹭栖息行为研究. 国家公园学报, 1(1): 87-105

王勇军, 昝启杰, 常弘. 1999. 深圳福田红树林湿地鹭科鸟类群落生态研究. 中山大学学报(自然科学

版), 38(2): 85-89

王玉军, 陈水华, 丁平. 2005. 杭州市园林鸟类群落结构及其季节变化. 浙江大学学报(理工版), 32(3): 320-326

王玉军, 鲁庆彬, 于炜. 2011. 杭州植物园鸟类状况与季节动态. 浙江林业科技, 31(2): 38-44

王元秀. 1999. 黄河林场、北园、千佛山鸟类的生态调查. 济南大学学报, 9(5): 57-62

王增礼, 张伟. 2009. 曲阜河滨两种鸻形目鸟类觅食行为对人为干扰的响应. 安徽农业科学, 37(4): 1586-1587, 1590

王锃, 雷威, 周晓平, 等. 2013. 黄嘴白鹭MHCⅡ类B基因的特征及其多态性研究//中国动物学会鸟类学分会. 杭州: 第十二届全国鸟类学术研讨会暨第十届海峡两岸鸟类学术研讨会论文摘要集: 66

王战宁. 2006. 福建漳江口水鸟资源与保护对策. 野生动物, 27(4): 20-23

王战宁. 2007. 湿地鸟类调查研究. 林业勘察设计, 2: 100-103

王战宁. 2011. 兴化湾西岸越冬水鸟生境选择研究. 林业勘察设计, 1: 114-118

王直军. 1986. 哀牢山常绿阔叶林鸟类群落初步分析. 动物学研究, (2): 161-166

王中裕, 韩曜平, 余荣伟, 等. 汉中地区牛背鹭繁殖习性的观察. 动物学杂志, 1992 (2): 24-27

王中裕, 薛江楠, 史力军, 等. 1990. 鹭科鸟类混群营巢地的调查. 野生动物, (5): 22-23, 47

王忠德, 梁斌, 陆祎玮, 等. 2008a. 五屿山列岛黄嘴白鹭繁殖生态研究. 浙江林业科技, 28(1): 54-57

王忠德, 陆祎玮, 陈水华, 等. 2008b. 浙江舟山五屿山列岛夏季繁殖水鸟资源及其分布动态. 四川动物, 27(6): 965-969, 973

王子玉. 1989. 震旦鸦雀在连云港地区的分布与繁殖. 野生动物, (1): 22-23

王子玉, 田耕芜. 1988. 连云港市发现震旦鸦雀. 动物学杂志, (4): 39-40

王子玉, 王增富. 1986. 云台山区鸟类考察初报. 动物学杂志, (1): 20-28

王子玉, 王增富, 李春霞, 等. 1989. 棕扇尾莺在连云港地区繁殖初报//中国动物学会. 第十二届会员代表大会暨成立五十五周年学术年会论文摘要汇编: 330

王子玉, 周元生. 1988. 连云港市震旦鸦雀的习性和繁殖. 动物学研究, 9(3): 216

王作义. 1986. 江西省自然保护区珍稀动物资源概况. 江西林业科技, (4): 9

韦福民, 陈水华, 范忠勇, 等. 2007. 大盘山国家级自然保护区鸟类群落及其分布特征. 浙江林学院学报, 24(4): 456-462

魏国安, 陈小麟, 胡慧娟, 等. 2003. 厦门鸡屿岛白鹭几种繁殖活动的观察. 动物学研究, 24(5): 343-347

魏国安, 陈小麟, 林清贤, 等. 2002. 厦门白鹭自然保护区的白鹭繁殖行为和繁殖力研究. 厦门大学学报(自然科学版), 41(5): 647-652

魏天昊, 高育人. 1992. 航空鸟类学. 生命科学, 4(2): 27-29

文思标, 曾南京. 2008. 对鄱阳湖保护区湿地与候鸟监测的几点建议. 江西林业科技, 2: 54-55

文祯中, 孙儒泳. 1993. 牛背鹭的繁殖、生长和恒温能力发育的研究. 动物学报, 39(3): 263-271

文祯中, 夏敏. 1996. 黄嘴白鹭的繁殖生态学研究. 信阳师范学院学报(自然科学版), 9(3): 279-286

邬祥光. 1985. 昆虫生态学的常用数学分析方法. 北京: 农业出版社

吴沧松, 朱曦, 潘建勇, 等. 2000. 浙江省新昌县小将林区鸟类调查. 浙江林学院学报, 17(3): 266-270

吴洪芬. 2007. 葡萄园鸟害及无公害防护技术. 河北果树, (2): 34-35

吴建东. 2000. 鄱阳湖的繁殖水禽. 野生动物, 1: 34-35

吴建东. 2005. 白鹤在鄱阳湖越冬期的行为研究//王岐山, 李凤山. 中国鹤类研究. 昆明: 云南教育出版社: 110-117

吴建东, 纪伟涛, 洪元华, 等. 2000. 金眶鸻在鄱阳湖繁殖的习性研究. 江西林业科技, 6: 13-15

吴建东, 纪伟涛, 刘观华, 等. 2010. 航空调查越冬水鸟在鄱阳湖的数量与分布. 江西林业科技, 1: 23-28

吴建东, 纪伟涛, 易武生. 2001. 在鄱阳湖越冬的东方白鹳的一些资料. 四川动物, 19(5): 31-33

吴建东, 叶学龄, 余会功. 2013. 东方白鹳选择鄱阳湖越冬. 森林与人类, (12): 110-115

吴琦, 唐思贤, 乐观. 2006. 机场鸟击事故灾害的生态防治. 中国安全生产科学技术, 2(1): 40-44

吴贤斌, 李洪远, 黄春燕, 等. 2008. 城市绿地结构与鸟类栖息生境的营建. 环境科学与管理, 33(6): 150-153

吴星兵, 李枫, 丛日杰, 等. 2013. 江西南矶湿地斑背大尾莺食性初步分析. 四川动物, 03: 438-441

吴毅, 彭基泰, 高宏, 等. 1995. 藏马鸡鸣声的谱图结构. 动物学报, 41(2): 223-226

吴英豪, 纪伟涛. 2002. 江西鄱阳湖国家级自然保护区研究. 北京: 中国林业出版社

伍烈, 陈小麟, 胡慧娟, 等. 2001. 厦门白鹭自然保护区鹭类繁殖的空间分析. 厦门大学学报(自然科学版), 40(4): 979-983

项澄生, 殷永正. 1980. 萧县皇藏裕的鸟类. 野生动物资源调查与保护, 4: 35-42

肖放珍, 李茂军, 蒋勇. 2005. 遂川候鸟通道研究. 江西林业科技, 3: 8-10

肖放珍, 李茂军, 蒋勇, 等. 2006. 江西遂川候鸟通道初探. 野生动物, 27(1): 38-39

谢华辉. 2006. 鸟类分布植物景观关系的研究——以杭州西湖风景名胜区为例. 杭州: 浙江大学硕士学位论文

谢少和. 2000. 福建将石自然保护区冬季鸟类多样性分析. 福建林业科技, 27(3): 46-51

谢少和. 2008. 福建武夷山自然保护区挂墩鸟类资源现状的初步研究. 福建林业科技, 2: 193-198

谢再成, 林茂, 李小青. 2008. 三百山自然保护区鸟类资源及其评价. 中国林副特产, 2: 64-66

谢志浩, 徐茂琴. 2002. 4种鹭的繁殖习性. 宁波大学学报, 15(3): 24-27

谢志浩, 余红卫, 李佑. 2004. 宁波镇海区平原春夏季鸟类群落的区系分析和生态分布. 宁波大学学报(理工版), 17(1): 43-47

邢莲莲, 杨贵生, 郭砺. 1989. 草鹭繁殖生态研究. 内蒙古大学学报(自然科学版), 20(3): 378-382

邢莲莲, 杨贵生, 张永让, 等. 1988. 内蒙古乌梁素海鸟类区系及生态分布的研究. 内蒙古大学学报: 自然科学版, (3): 524-534

邢在秀, 邢云. 2009. 潍坊城市夏季鸟类多样性生态研究. 现代农业科技, (10): 184-185

邢在秀, 闫理钦, 赛道建. 2008. 潍坊城市绿地鸟类群落生态研究. 山东林业科技, 2: 41-43, 27

熊李虎, 陆健健. 2006a. 浙江二种鸟类新记录——日本淡脚柳莺和硫磺鹀. 动物学研究, 27(3): 335-336

熊李虎, 陆健健. 2006b. 上海郊区冬季红隼行为时间分配. 生态学杂志, 25(4): 467-470

熊李虎, 陆健健, 童春富, 等. 2005a. 上海郊区红隼(*Falco tinnunculus*)种群密度时空变化及成因//中国动物学会鸟类学分会, 等. 中国鸟类学研究. 北京: 中国林业出版社: 78-85

熊李虎, 陆健健, 童春富, 等. 2007. 栖木在越冬红隼(*Falco tinnunculus*)的觅食地与捕食方式选择中的作用. 生态学报, 27(6): 2160-2166

熊李虎, 童春富, 陆健健, 等. 2005c. 浙江大洋山岛春季鸟类调查初报//中国动物学会鸟类学分会, 等. 中国鸟类学研究. 北京: 中国林业出版社: 340

熊李虎, 童春富, 陆健健. 2005b. 上海郊区红隼(*Falco tinnunculus*)种群密度及其变化. 四川动物, 24(4): 559-562

熊李虎. 2005. 过境候鸟及其栖息地需求研究. 上海: 华东师范大学

熊舒, 纪伟涛, 伍旭东, 等. 2011. 气温与水位对鄱阳湖越冬雁属鸟类数量变化影响分析——以大湖池、常湖池和朱市湖为例. 南方林业科学, (1): 1-5

须黎军, 王昱, 陈小麟. 2002. 梅花山国家级自然保护区夏季鸟类群落的生态分析. 厦门大学学报(自然科学版), 41(3): 364-369

胥东, 许鹏, 张宇. 2009. 南京市湿地水鸟种群与分布. 林业科技开发, 23(6): 138-142

徐冰. 1987. 大黑山鸟类环志侧记. 大自然, (3): 26-27

徐昌新, 阮禄章, 欧阳翊. 2012. 安福县铁丝岭夏季鸟类群落结构. 南昌大学学报(理科版), 06: 562-566, 571

徐宏发, 钱国桢. 1989. 绿翅鸭、琵嘴鸭、斑嘴鸭越冬期的生存能. 生态学报, 9(4): 330-335

徐宏发, 赵云龙. 2005. 上海市崇明东滩鸟类自然保护区科学考察集. 北京: 中国林业出版社

徐敬明. 2003. 山东沂河流域鸟类的生态调查. 山东林业科技, (1): 27-28

徐麟木. 1988. 安徽省肥东发现中华秋沙鸭. 野生动物, (2): 40

徐玲, 李波, 袁晓, 等. 2006. 崇明东滩春季鸟类群落特征. 动物学杂志, 41(6): 120-126

徐淑彬. 1988. 鲁中千里追鸟侧记. 化石, (3): 31

徐文彬, 程元启. 2005. 安徽升金湖越冬水鸟及生境管理研究初探. 池州师范学报, 19(5): 19-22

徐骁俊, 葛振鸣, 裴恩乐, 等. 2007. 上海世界博览会园区内及周边地区鸟类多样性及其影响因子. 生态学杂志, 26(12): 1954-1958

徐言朋, 郑家文, 丁平, 等. 2007. 官山白颈长尾雉活动区域海拔高度的季节变化及其影响因素. 生物多样性 15(4): 337-343

徐正强, 沈莉萍, 桂剑峰, 等. 2014. 卷羽鹈鹕幼鸟感染大肠杆菌诊治报告. 中国兽医杂志, 03: 34-36

徐宗军, 张绪良, 张朝晖, 等. 2010. 莱州湾南岸滨海湿地的生物多样性特征分析. 生态环境学报, 19(2): 367-372

许维枢. 1984. 鸟类学基础知识第七讲: 鸟的鸣叫. 野生动物, (6): 39-41

许遐祯, 郑有飞, 杨丽慧, 等. 2010. 风电场对盐城珍禽国家自然保护区鸟类的影响. 生态学杂志, 29(3): 560-565

薛峰, 陈浩, 彭宣, 等. 2006. 盐城国家级珍禽自然保护区野鸭、天鹅、丹顶鹤禽流感监测分析. 中国人兽共患病学报, 22(6): 565-567

薛委委, 周立志, 朱书玉, 等. 2010. 迁徙停歇地东方白鹳繁殖生态研究. 应用与环境生物学报, 16(6): 828-832

薛晓敏, 王全政, 宋青芳, 等. 2010. 苹果鸟害及防控研究. 北方园艺, (9): 228-229

薛耀英, 顾国林, 叶黎红, 等. 2012. 上海市奉贤区黄浦江水源涵养林鸟类调查. 上海农业学报, 28(2): 75-77

闫建国. 1999. 山东鸟类新记录——黑雁. 山东林业科技, 2: 35

闫建国. 2002. 山东鸟类新记录——渔鸥. 山东林业科技, 6: 22

闫建国. 2003. 荣成大天鹅自然保护区野生动物资源调查分析. 山东林业科技, 6: 20-21

闫建国. 2005. 荣成湿地鸻鹬类涉禽种类调查. 山东林业科技, 1: 40

闫理钦, 王金秀, 赛道建, 等. 1998. 威海湿地鸟类分布调查. 动物学杂志, 33(6): 5-8

闫理钦, 王金秀, 田逢俊, 等. 1999. 南四湖湿地生态系统与水禽分布调查报告. 山东林业科技, 1: 39-41

闫理钦, 王金秀, 王兴春, 等. 1997. 泰安地区湿地鸟类调查. 山东林业科技, 增刊: 80-83

严风涛. 1991. 盐城滩涂丹顶鹤越冬数量分布与生态研究. 动物学杂志, 26(2): 34-36

严丽. 1984. 黄腹角雉在井冈山的分布. 野生动物, (4): 24-25

严丽, 丁铁明. 1986. 鄱阳湖白鹤越冬习性调查//马逸清. 中国鹤类研究. 哈尔滨: 黑龙江教育出版社: 116-120

严丽, 丁铁明. 1988. 江西鄱阳湖区白鹤越冬调查. 动物学杂志, 23(4): 34-36

严少君, 朱曦, 俞益武. 2006a. 华中区城市型鹭鸟栖息地营建技术. 浙江林学院学报, 23(6): 697-700

严少君, 朱曦, 俞益武, 等. 2006b. 城市绿地引鸟设计的探索与实践——长兴龙山鹭鸟公园设计方案浅析. 华东建筑, 24(12): 186-187

严少君, 朱曦, 俞益武, 等. 2006c. 城市绿地引鸟设计的探索与实践——浙江省长兴县龙山鹭鸟公园设计方案浅析. 规划师, 23(2): 46-49

阎理钦, 张英, 耿德江, 等. 2006. 山东湿地水鸟食性和迁徙规律的研究. 湿地科学与管理, 2(2): 38-40

颜重威. 1995. 鹭鸶筑巢的高度、材料和大小. 台湾省博物馆年刊, 38: 125-133

颜重威, 许永面. 2002. 金门浯江溪口鸟类的多样性. 动物学研究, 23(6): 483-491

晏安厚. 1982a. 大鸨的冬季生态和狩猎. 动物学杂志, 1: 37-39

晏安厚. 1982b. 董鸡和狩猎. 野生动物, 1: 44-46

晏安厚. 1983a. 灰喜鹊繁殖习性的初步观察. 四川动物, 2(3): 24-25

晏安厚. 1983b. 对凤头麦鸡的初步观察. 野生动物, 4: 58

晏安厚. 1984. 乌鸫繁殖习性的初步观察. 四川动物, 3(4): 20, 4

晏安厚. 1985a. 白头鹎生态的初步观察. 四川动物, 4(3): 22-23

晏安厚. 1985b. 黑尾蜡嘴雀的生态. 野生动物, 6: 44-46

晏安厚. 1985c. 四声杜鹃的观察. 生物学通版, 3: 13

晏安厚. 1986a. 丹顶鹤在苏北越冬. 动物学杂志, (5): 31-32

晏安厚. 1986b. 灰头麦鸡生态的初步观察. 四川动物, 5(3): 34-35

晏安厚. 1987a. 白腰文鸟繁殖生态初步调查. 四川动物, 6(4): 37-38

晏安厚. 1987b. 池鹭生态的初步研究. 动物学杂志, 6: 28-30

晏安厚. 1987c. 扬州地区常见夏季鸟类. 野生动物, (3): 8-9

晏安厚. 1988a. 短耳鸮冬季生态初步观察. 生态学杂志, 7(4): 57-58, 6

晏安厚. 1988b. 黄斑苇鳽的生态初步观察. 动物学杂志, 3: 20-22

晏安厚. 1991. 小鹛鹛生态的初步观察. 四川动物, 2: 30-31

晏安厚. 2005. 斑胸草雀繁殖行为的研究. 野生动物, 6: 7-8

晏安厚, 马金生. 1991. 棕背伯劳的生态观察. 动物学杂志, 5: 30-32

晏安厚, 马金生. 1992. 珠颈斑鸠生态的初步观察. 动物学杂志, 27(1): 38-39, 52

晏安厚, 马金生. 1994. 珠颈斑鸠繁殖生态初步观察. 动物学杂志, 29(2): 23-27

晏安厚, 庞秉璋. 1986. 白胸苦恶鸟的生态. 野生动物, 6: 31-33

杨陈, 周立志, 朱文中, 等. 2007. 越冬地东方白鹳繁殖生物学的初步研究. 动物学报, 53(2): 215-226

杨道德, 马建章, 黄文娟, 等. 2004. 武功山国家森林公园夏季鸟类资源调查. 中南林学院学报, 24(5): 87-92

杨东辉, 李拥军, 赵万里, 等. 2001. 丹顶鹤早期生长发育规律的初步研究. 江苏农业研究, 22(1): 58-62

杨二艳, 周立志, 方建民. 2014. 长江安庆段滩地鸟类群落多样性及其季节动态. 林业科学, 50(4): 77-82

杨二艳, 周立志, 李春林, 等. 2013. 水深变化对越冬小天鹅行为活动的影响//中国动物学会鸟类学分会. 杭州: 第十二届全国鸟类学术研讨会暨第十届海峡两岸鸟类学术研讨会论文摘要集: 82

杨海波, 章杰明, 朱嘉, 等. 2006. 洪泽农场鸟类自然保护区鹭科鸟种和数量调查. 江苏林科技, 33(6): 28-29

杨佳, 袁乐洋, 陈水华, 等. 2013. 中华凤头燕鸥细胞色素 b 基因分子系统发育//中国动物学会鸟类学分会. 杭州: 第十二届全国鸟类学术研讨会暨第十届海峡两岸鸟类学术研讨会论文摘要集: 67

杨家骧, 费殿金, 宫相文. 1990. 在扎龙保护区内进行苍鹭与草鹭间移巢易亲的实验研究. 动物学杂志, (4): 22-26.

杨江锋, 邵明勤, 胡斌华, 等. 2008. 南山和矶山鸟类多样性初报. 江西科学, 26(4): 650-652

杨金, 王文绚. 2007. 福建发现中华秋沙鸭. 中国鸟类研究简讯, 16(1): 5

杨赉丽. 1995. 城市园林绿地规划. 北京: 中国林业出版社

杨丽. 2010. 千鸟"集会"白象湾. 长三角, 4: 83

杨荣. 2005. 鸟撞危害及其防治//中国动物学会鸟类学分会, 等. 中国鸟类学研究. 北京: 中国林业出版社: 331-339

杨荣, 李远征, 吴爱权, 等. 2009. 机场 Claws 驱鸟器的效能评价. 安徽师范大学学报(自然科学报), 32(1): 60-63

杨若莉. 1986. 中日首次候鸟环志合作在青岛进行. 野生动物, (1): 38

杨文晖. 2006. 泉州野生鸟类资源状况探讨. 林业勘察设计, 2: 142-145

杨月伟. 2007. 山东省湿地水鸟资源现状与保护. 国土与自然资源研究, 3: 86-87

杨月伟, 丁平, 姜仕仁, 等. 1999. 针阔混交林内白颈长尾雉栖息地利用的影响因子研究. 动物学报, 45(3): 279-286

杨月伟, 韩轶才. 2006. 山东省迁徙鸟类资源的保护与利用. 资源开发与市场, 22(2): 177-178

杨月伟, 夏贵荣, 丁平, 等. 2005a. 人为干扰对黑腹滨鹬觅食行为的影响. 动物学研究, 26(2): 136-141

杨月伟, 夏贵荣, 丁平, 等. 2005b. 浙江乐清湾湿地水鸟资源及其多样性特征. 生物多样性, 13(6): 507-513

杨月伟, 张伟, 丁平, 等. 2007. 人为干扰对两种鸻形目鸟类觅食行为的影响. 曲阜师范大学学报(自然科学版), 33(3): 509-511

杨兆芬, 王岐山. 1997. 国际鹤类新动态. 野生动物, 5: 24-27

杨兆芬, 王岐山. 2004. 鹤科鸟类的系统分类和气管进化. 武夷科学, 20: 130-135

杨正锋, 翟连兴. 2008. 浅谈白鹭对水产养殖的危害及其应对之策. 渔业致富指南, (2): 48-50

姚玉领, 牛广瀑, 刘新, 等. 2006. 灰椋鸟繁殖习性观察及食性分析. 河北林业科技, 1: 19-21

叶祥奎. 1980. 山东省临朐的鸟化石. 古脊椎动物与古人类, 18(2): 116-125

叶祥奎. 1981a. 山东临朐中新世的鸟化石. 古脊椎动物与古人类, 19(2): 149-155

叶祥奎. 1981b. 山旺鸟化石. 大自然, (3): 85-86

叶祥奎. 1984. 山东省临朐雉类化石的新材料. 古脊椎动物学报, 22(3): 208-212

叶祥奎, 孙博. 1989. 山东临朐的秧鸡和鸦类化石. 动物学研究, 10(3): 177-184

雍军, 沈庆河, 胡晓黎, 等. 2004. 输电线路防鸟害闪络措施的研究. 山东电力技术, (6): 41-43

于新建. 1988. 山东鸟类新记录——黄腹山雀. 野生动物, (4): 22

余希, 刘伯锋. 2004. 福建省闽江口发现黑嘴端凤头燕鸥. 中国鸟类研究简讯, 13(2): 4-5

俞长好, 刘彬生, 纪伟涛. 2004. 在鄱阳湖繁殖的东方白鹳. 大自然, 5: 23-24

俞长好, 邹芹, 宗道生, 等. 2009. 日全食对鸟类行为影响初探. 江西林业科技, 6: 46-49

俞建昌. 2014. "鹮"我家族梦——德清下渚湖朱鹮易地保护及浙江种群重建. 浙江林业, 05: 32-33

俞清, 刘如笋, 雷富民, 等. 1996. 斑背噪鹛在繁殖季节的鸣声语图分析 // 中国动物学会鸟类学分会, 等. 中国鸟类学研究. 北京: 中国林业出版社: 343-346.

俞伟东, 杜德昌, 唐仕华, 等. 2001. 上海崇明东滩白头鹤的现状和保护. 野生动物, 22(2): 8-9

俞伟东, 唐仕华, 陈洛, 等. 1998a. 浙江西天目山烟腹毛脚燕(*Delichon dasypus*)的生态研究(Ⅱ). 华东师范大学学报(自然科学版), 动物学专辑: 140-143

俞伟东, 唐仕华, 杜德昌. 2000b. 上海崇明东滩再次发现国际濒危鸟类——白头鹤. 大自然, 4: 16

俞伟东, 唐仕华, 陆平, 等. 1998b. 上海化学工业区(杭州湾地区)春季鸟类群落生物研究. 华东师范大学学报(动物学专辑), 144-150

俞伟东, 唐仕华, 唐仕敏, 等. 1998c. 上海市东滩春季鸟类鸻形目鸟类的迁徙研究 // 中华野鸟学会, 等. 第三届海峡两岸鸟类学术研讨会论文集. 台北: 台北市野鸟学会: 201-207

俞伟东, 唐仕华, 虞快, 等. 1996. 浙江西天目山烟腹毛脚燕(*Delichon dasypus*)的种群生态学研究(Ⅰ). 华东师范大学学报(自然科学版)动物学专辑, 73-78

俞伟东, 唐仕华, 张英杰, 等. 2000a. 白琵鹭卵壳超微结构研究. 华东师范大学学报(自然科学版), 动物学专辑: 56-61

俞伟东, 袁晓, 刘奕, 等. 2002. 上海崇明东滩发现特大迁徙种群的黑脸琵鹭. 野生动物, 5: 26-27

虞快. 1991. 崇明岛东部滩涂的越冬水禽及其保护. 野生动物, 2: 15-18

虞快. 1992. 卫星追踪小天鹅的迁徙. 大自然, 4: 10

虞快. 1994. 崇明东滩的雁鸭与海三棱藨草. 大自然, 3: 7-8

虞快, 唐仕华. 1991. 崇明岛东部滩涂小天鹅的食性研究. 上海师范大学学报(自然科学版), 3: 60-67

虞快, 唐仕华, 王会志. 1995. 崇明东滩越冬鸭类的食性研究. 上海师范大学学报(自然科学版), 24(3):

69-74

虞快, 唐子明. 1988. 崇明东部滩涂珍禽和水禽越冬生态的初步研究. 上海师范大学学报(自然科学版), (4): 100-102

虞快, 唐子明, 唐仕华, 等. 1986. 福建万木林自然保护区鸟类调查. 上海师范大学学报(自然科学版), (2): 53-63

虞快, 唐子明, 唐子英. 1983. 浙江鸟类之研究. 上海师范学院学报, (1): 49-70

袁芳凯, 李言阔, 李凤山, 等. 2013. 年龄、集群、生境及天气对鄱阳湖白鹤越冬期日间行为模式的影响// 中国动物学会鸟类学分会. 杭州: 第十二届全国鸟类学术研讨会暨第十届海峡两岸鸟类学术研讨会论文摘要集: 21

袁晓. 2008. 上海的湿地与水鸟. 园林, 11: 22-25

袁晓, 裴恩乐, 严晶晶, 等. 2011. 上海城区公园绿地鸟类群落结构及其季节变化. 复旦学报(自然科学版), 3: 344-351

袁晓, 章克家. 2006. 崇明东滩黑脸琵鹭迁徙种群的初步研究. 华东师范大学学报(自然科学版), 6: 131-136

袁兴中, 张承德. 1991. 山东资源鸟类及其保护利用. 资源开发与市场, 10(5): 273-275

约翰·马敬能, 卡伦·菲利普斯, 何芬奇. 2000. 中国鸟类野外手册. 长沙: 湖南教育出版社: 1-157

岳惠群. 1996. 宜春地区野生动物——鸟类·兽类. 南昌: 江西高校出版社

昝树婷, 周立志, 江浩, 等. 2008. 合肥野生动物园东方白鹳的保护遗传学初步研究. 生物学杂志, 25(6): 22-25

曾少举, 卢凯, 华方圆, 等. 2004. 10种鸣禽鸣唱复杂性与发声核团体积的聚类分析. 动物学研究, 25(6): 522-526

张佰莲, 田秀华, 刘群秀, 等. 2007. 人工饲养大鸨雏鸟行为变化趋势及日节律. 动物学杂志, 42(6): 57-63

张保卫, 常青, 魏辅文. 2002. 鹭科鸟类分类及系统学研究进展. 动物学杂志, 37(3): 84-88

张保卫, 常青, 朱立锋, 等. 2004a. 基于 12S rRNA 基因的鹳形目系统发生关系. 动物分类学报, 29(3): 389-395

张保卫, 常青, 朱立锋, 等. 2004b. 基于线粒体 *Cytb* 基因鸭亚科部分鸟类的系统进化与黑鸭的分类地位初探. 动物学杂志, 39(5): 105-108

张彩霞, 程松林, 刘爱华, 等. 2013. 黄腹角雉鸟中熊猫. 森林与人类, 12: 134-139

张代富, 赵序茅. 2013. 鹊鸰: 飞时两翅呈"V"形. 森林与人类, 11: 66

张孚允, 高元洪, 王侠. 1987. 青岛地区候鸟迁徙研究初报. 野生动物, (1): 28-30

张国亭. 2014. 且留下, 濒危鸟类的"越冬天堂"我省将湿地保护纳入法制化轨道. 浙江林业, S1: 57

张国贤, 王利涛, 曹天海. 2010. 金刚鹦鹉的繁殖行为观察. 野生动物, 31(1): 37-38

张海珠, 张俊燕. 2002. 虎皮鹦鹉发声控制神经核团与鸣叫行为的性双态性研究. 山西师范大学学报(自然科学版), 16(4): 62-67

张红卫, 邹旭光, 高守华, 等. 1989. 关于鸟类脾脏 B 淋巴细胞来源的研究//中国动物学会. 第十二届会员代表大会暨成立五十五周年学术年会论文摘要汇编: 335-336

张建荣, 徐喜佑. 2003. 复合绝缘子的鸟粪闪络及其对策. 上海电力, 6: 520-521

张建新, 唐思贤, 丁志锋, 等. 2007. 纯色鹪莺繁殖行为观察. 动物学杂志, 42(3): 34-39

张锦, 宁焕生, 刘佳, 等. 2008. 中国民用机场鸟情与鸟击风险. 中国民用航空, (2): 73-76

张竞成, 王彦平, 蒋萍萍, 等. 2008. 千岛湖雀形目鸟类群落嵌套结构分析. 生物多样性 16(4): 321-331

张娟茹, 倪丽. 2010. 百鸟园小型鸟类营巢地的选择初探. 野生动物, 31(3): 139-140, 156

张娟茹, 谢春雨, 倪丽. 2010. 半散养状态下白鹇的巢址选择性. 野生动物, 31(4): 182-184

张军平, 郑光美. 1990. 黄腹角雉的种群数量及其结构研究. 动物学研究, 11(4): 291-297

张军平, 郑光美, 杜恒勤. 1959. 泰山常见鸟类的初步调查黄腹角雉种群数量及结构. 动物学杂志,

3(12): 551-554

张俊, 施泽荣. 1988. 江苏东台采到一只白花喜鹊. 动物学杂志, (4): 41

张黎黎, 周立志, 代艳丽. 2012. 基于线粒体 D-loop 序列的白头鹤越冬种群遗传结构研究(英文). Chinese Birds, 2: 71-81

张龙胜, 刘作模. 1991. 河南董寨鸟类自然保护区白鹭繁殖生态的研究. 山西大学学报(自然科学版), 14(2): 202-208

张龙胜, 刘作模, 张峰. 1994. 四种鹭类繁殖生态生物学研究. 生态学报, (1): 80-83

张美, 牛俊英, 杨晓婷, 等. 2013. 上海崇明东滩人工湿地冬春季水鸟的生境因子分析. 长江流域资源与环境, 7: 858-864

张蒙, 孙吉吉, 王彦平, 等. 2010. 千岛湖栖息地片段化对大山雀营巢资源利用的影响. 生物多样性, 19(4): 383-389

张宁, 邵明勤, 曾宾宾, 等. 2012. 江西省电网输电线路的鸟类多样性研究. 安徽农业科学, 40(30): 14750-14752, 14843

张琴, 兰思思, 黄秦, 等. 2013. 白头鹎生活史特征对城市化的响应//中国动物学会鸟类学分会. 杭州: 第十二届全国鸟类学术研讨会暨第十届海峡两岸鸟类学术研讨会论文摘要集: 40

张琼, 钱法文. 2013. 鄱阳湖越冬白鹤家庭行为研究//中国动物学会鸟类学分会. 杭州: 第十二届全国鸟类学术研讨会暨第十届海峡两岸鸟类学术研讨会论文摘要集: 77

张秋金, 陈友铃, 唐兆和. 2001. 福建鸟类亚种新记录——凤头鹰. 四川动物, 20(2): 81

张荣祖. 1999. 中国动物地理. 北京: 科学出版社: 1-502

张世伟, 范强东, 孙为连, 等. 2002. 海鸬鹚繁殖习性的初步观察. 动物学杂志, 37(3): 45-47

张世伟, 范强东, 赵方, 等. 2000. 黑尾鸥繁殖生态观察. 山东林业科技, 4: 14-16

张守富. 1990. 山东省二种鸟的繁殖资料. 四川动物, 9(4): 8

张守富, 陈相君, 张守林. 1990. 雕鸮生态习性观察初报. 山东林业科技, 1: 12-13

张守富, 陈相君, 张守林. 1991. 雕鸮生态习性初报. 野生动物, (1): 15-16

张守富, 高登远. 1986. 山东日照发现草鸮. 动物学杂志, (1): 41

张守富, 张守贵, 郑召坤. 2008. 山东日照发现赤翡翠鸟. 动物学杂志, 06: 24

张顺凤. 1995. 小鸊鷉Podiceps ruficollis 的生态观察. 生物学杂志, 3: 20-21

张天来. 1984. 鄱阳湖畔的越冬白鹤群. 野生动物, (4): 55-59, 20

张天印. 1989. 大杜鹃繁殖生态的研究. 山东林业科技, 1: 24-26

张天印, 张守富, 陈相君. 1986. 山东省发现繁殖的草鸮. 野生动物, (2): 62

张微微, 应钦, 纪伟东, 等. 2013. 江西发现深色型白鹭及蓝鹇. 动物学杂志, 04: 561

张伟, 张保卫, 周立志. 2010. 使用林鹬微卫星引物对东方白鹳基因组 DNA 进行交叉扩增. 生物学杂志: 27(4): 45-48

张欣宇, 李枫, 吴星兵, 等. 2014. 江西南矶湿地自然保护区春季鸟类群落多样性研究. 野生动物, 35(1): 75-80

张新杰, 王洪亮, 王记侠, 等. 2008. 酿酒葡萄园鸟类危害田间调查及其特点分析. 安徽农业科学, 36(19): 8166-8167

张兴桃, 高贵珍. 2003. 芜湖机场锥形面内鸟类调查. 宿州师专学报, 18(1): 86-88

张绪良, 谷东起, 付炳申, 等. 2008. 胶州湾滨海湿地的水禽多样性特征及保护. 海洋湖沼通报, 3: 99-109

张雪芬. 2012. 福建省尤溪县鸟类资源及区系组成. 中国林副特产, 4: 87-90

张姚, 谢汉宾, 曾伟斌, 等. 2014. 崇明东滩人工湿地春季水鸟群落结构及其生境分析. 动物学杂志, 4: 490-504

张迎梅, 阮禄章, 董元华. 2000. 无锡太湖地区夜鹭及白鹭繁殖生物学研究. 动物学研究, 21(4): 275-278

张迎梅, 赵东芹, 阮禄章, 等. 2003. 太湖地区夜鹭配对年龄及繁殖效果. 动物学研究, 24(1): 57-59

张永普, 柳劲松, 刘旭建, 等. 2006. 我国东南部地区夏季两种雀形目鸟类的代谢产热特征及其体温调节. 动物学报, 52(4): 641-647
张有瑜, 周立志, 王岐山, 等. 2007. 安徽省繁殖鸟类多样性分布格局和热点区分析//中国动物学会鸟类学分会, 等. 中国鸟类学研究. 北京: 中国林业出版社: 70-80
张有瑜, 周立志, 王岐山, 等. 2008. 安徽省繁殖鸟类分布格局和热点区分析. 生物多样性, 16(3): 305-312
张月侠, 赛道建, 孙承凯. 2013. 山东鸟类物种的最新统计//中国动物学会鸟类学分会. 杭州: 第十二届全国鸟类学术研讨会暨第十届海峡两岸鸟类学术研讨会论文摘要集: 89
张月侠, 赛道建, 孙承凯. 2014. 山东济南发现长尾鸭. 动物学杂志, 4: 578
张泽悠. 2012. 辩证看待麻雀残食庄稼. 中国林副特产, 5: 101-102
张正礼. 2010. 夹层厚度对结构的抗鸟撞性能的影响. 民用飞机设计与研究, 3: 64-67
张正旺, 丁长青, 丁平, 等. 2003. 中国鸡形目鸟类的现状与保护对策. 生物多样性, 11(5): 414-421
张正旺, 尹荣伦, 郑光美. 1989. 笼养黄腹角雉繁殖期取食活动性研究. 动物学研究, 10(4): 22-28
张正旺, 郑光美. 1988. 黄腹角雉的取食生态学研究. 北京师范大学学报(自然科学版), 增刊: 2
张志光, 陆健健. 1987. 我国雁鸭类生态学研究发展和展望. 动物学杂志, 6: 41-45
张志林, 姚卫星. 2004. 飞机风挡鸟撞动响应分析方法研究. 航空学报, 25(6): 577-580
张仲信. 1981. 用人工巢木招引两种啄木鸟研究简报. 动物学杂志, (2): 30-33
张仲信, 谷昭威. 1991. 两种啄木鸟侵占巢洞行为简报. 林业实用技术, 2: 24-25
张仲信, 谷昭威, 郝广州. 2004a. 浅议农区零星大树招鸟控虫的生态功能. 山东林业科技, 5: 74-75
张仲信, 谷昭威, 郝广州. 2004b. 试评啄木鸟在农区的功与过. 山东林业科技, (6): 95-96
张纵, 梁南南, 郭玉东, 等. 2007. 鸟类保护的城市园林多样性途径探析. 浙江林学院学报, 24(4): 511-515
章克家, 钮栋梁, 马强. 2006. 上海崇明东滩须浮鸥繁殖期雏鸟生长初步研究及首次雏鸟环志和彩色旗标. 四川动物, 25(4): 847-849
章雷. 2008. 洪泽农场鸟类自然保护区现状及发展建议. 现代农业科技, 20: 317, 320
章旭日, 邵明勤, 简敏菲. 2009. 南昌市及近郊鸟类多样性和区系初步分析. 江西师范大学学报(自然科学报), 33(4): 458-462
章旭日, 邵明勤, 许婷, 等. 2011. 江西南矶山国家级自然保护区非繁殖期鸟类多样性研究. 四川动物, 4: 649-653
赵翠芳, 张健, 吴志强, 等. 2003. 山东省荣成市发现黑脸琵鹭. 山东林业科技, 149(6): 19
赵凤婷, 周立志, 李春林, 等. 2013. 升金湖越冬白头鹤与三种雁的生境利用和资源分割//中国动物学会鸟类学分会. 杭州: 第十二届全国鸟类学术研讨会暨第十届海峡两岸鸟类学术研讨会论文摘要集: 77
赵锦霞, 刘昊, 张利权. 2008. 崇明东滩越冬鸟类在养殖塘的空间分布. 动物学研究, 29(2): 212-218
赵静, 蒋锦昌, 李东风. 2003. 栗鸦发声中枢对叫声的调控模式. 中国科学, 33(4): 347-353
赵凯, 陈建琴, 张晨岭, 等. 2009. 奔牛机场植被现状调查及鸟类适宜指数评估. 南京师范大学学报(自然科学版), 32(4): 83-88
赵肯堂, 陆瑜德, 浦林宝, 等. 1990. 苏州、无锡地区鸟类调查. 苏州师范学院学报, 7(1): 46-61
赵肯堂, 朱嘉鸣. 1989. 苏州地区夜鹭越冬生态调查. 动物学杂志, (1): 17-20
赵平, 袁晓, 唐思贤, 等. 2003. 崇明东滩冬季水鸟的种类和生境偏好. 动物学研究, 24(5): 387-391
赵强, 赵清良, 邓仲浩. 2004. 江苏启东兴隆沙岛秋冬季鸟类的十年变迁. 动物学杂志, 39(5): 63-68
赵武奎, 黄倞朗, 卓晓强, 等. 2012. 福建师范大学旗山校区及周边地区鸟类调查. 福建林业科技, 4: 139-145, 164
赵小凡, 王金星. 1987. 斑啄木鸟和绿啄木鸟的几项生化指标观察初报. 动物学杂志, 22(5): 34-36
赵欣如, 雷富民, 刘如笋, 等. 1996. 黑喉噪鹛鸣声的语图结构//中国动物学会鸟类学分会, 等. 中国鸟

类学研究. 北京: 中国林业出版社: 339-342

赵欣如, 刘如笋, 林海燕, 等. 1997. 六种鸣禽鸣肌比较解剖. 动物学报, 43(S1): 65-66, 68-69

赵延茂, 吕卷章. 1996. 山东黄河三角洲国家级自然保护区鸟类调查. 野生动物, 1: 18-20

赵雨云, 马志军, 陈家宽. 2002. 崇明东滩越冬白头鹤的食性研究. 复旦学报, 41(6): 609-613

赵玉真, 刘冬, 孔昭鹏. 2005. 环境因素对曲阜市鹭鸟种类变化的影响初探. 中国环境管理干部学院学报, 15(2): 80-81

赵云龙, 唐思贤, 王群, 等. 2004. 上海虹桥机场土壤及草丛动物群落特征和鸟类关系研究. 生态学报, 24(6): 1219-1224

赵正阶. 2001a. 中国鸟类志(上卷非雀形目). 长春: 吉林科学技术出版社

赵正阶. 2001b. 中国鸟类志(下卷雀形目). 长春: 吉林科学技术出版社

振铭. 1985. 江西省鄱阳湖鸟类资源丰富应建成我国最大的水禽国家公园. 野生动物, (2): 50

郑宝赉, 杨岚, 杨德华. 1985. 中国动物志鸟纲第八卷雀形目(阔嘴鸟科—和平鸟科). 北京: 科学出版社

郑保有, 陈斐, 朱曦. 1993. 黄岩市鸟类研究. 浙江林学院学报, 10(3): 305-310

郑丁团. 2009. 福建兴化湾水鸟资源现状及保护对策. 林业勘察设计, 2: 38-41

郑丁团. 2010. 福建漳江口红树林国家级自然保护区水鸟种类组成及其区系的研究. 林业勘察设计, 1: 80-83

郑方东. 2014. 黄腹角雉: 乌岩岭的"吉祥鸟". 广西林业, 10: 47-48

郑光美. 1979. 红背伯劳(Lanius collurio isabellinus)及其近缘种类的秋季换羽. 北京师范大学学报: 自然科学版, (3): 108-110

郑光美. 1985. 黄腹角雉的繁殖生态学研究. 生态学报, 5(4): 379-385

郑光美. 1987. 黄腹角雉. 动物学杂志, 22(5): 40-43

郑光美. 1991. 黄腹角雉//卢汰春. 中国珍稀濒危野生鸡类. 福州: 福建科学技术出版社: 186-209

郑光美. 1995. 鸟类学. 北京: 北京师范大学出版社

郑光美. 2005. 中国鸟类分类与分布名录. 北京: 科学出版社

郑光美, 王岐山. 1998. 中国濒危动物红皮书: 鸟类. 北京: 科学出版社

郑光美, 尹荣伦, 张正旺, 等. 1989. 黄腹角雉的求偶炫耀行为. 动物学报, 35(3): 328-333

郑光美, 张正旺, 尹荣伦, 等. 1986a. 黄腹角雉的人工繁殖和雏鸟生长发育. 野生动物, (6): 39-43

郑光美, 赵欣如, 宋杰. 1985a. 乌岩岭自然保护区的夏季鸟类//乌岩岭自然保护区综合考察队. 乌岩岭自然保护区自然资源综合考察报告: 184-189

郑光美, 赵欣如, 宋杰, 等. 1985b. 黄腹角雉的生态学初步研究//乌岩岭自然保护区综合考察队. 乌岩岭自然保护区自然资源综合考察报告: 190-191

郑光美, 赵欣如, 宋杰, 等. 1986b. 黄腹角雉的食性研究. 生态学报, 6(3): 283-288

郑家文, 丁平, 徐肖江, 等. 2006. 白鹇种群分布与栖息地斑块特征的关系. 应用生态学报, 17(5): 951-953

郑丽娟. 2009. 福建闽江河口湿地观鸟旅游发展分析. 湿地科学与管理, 3: 25-28

郑猛, 周立志, Maslo B, 等. 2014. 食物资源动态对越冬白头鹤觅食行为的时空效应//中国动物学会. 广州: 中国动物学会第十七届全国会员代表大会暨学术讨论会论文摘要汇编: 124

郑猛, 周立志, 赵念念, 等. 2014. 食物资源转变对越冬白头鹤觅食生境时空利用的影响//中国动物学会. 广州: 中国动物学会第十七届全国会员代表大会暨学术讨论会论文摘要汇编: 123

郑学清. 1987. 杜鹃卵寄生习性的探讨. 大自然, 2: 22-23

郑作新. 1940a. 福建鸟类之统计. 协大生物学报, 1: 1-40

郑作新. 1940b. 闽江流域鸟类研究. 非雀形目鸟类. 协大生物学报, 2: 1-72

郑作新. 1944a. 邵武山鸟类三年来(1937～1941年)野外观察报告. 协大生物学报, 4: 64-150

郑作新. 1944b. 武夷山鸟类一瞥. 协大生物学报, 4: 161-168

郑作新. 1947. 闽江流域鸟类之研究, 雀形目. 协大生物学报, 3: 1-50; 5: 3-49

郑作新. 1979. 中国动物志鸟纲第二卷(雁形目). 北京: 科学出版社

郑作新. 1986. 建国以来国内鸟类的新亚种. 动物学杂志, (4): 30

郑作新. 1987. 中国鸟类区系纲要. 北京: 科学出版社

郑作新. 2000. 中国鸟类种和亚种分类名录大全. 北京: 科学出版社

郑作新, 等. 1973. 秦岭鸟类志. 北京: 科学出版社

郑作新, 等. 1976. 中国鸟类分布名录. 2 版. 北京: 科学出版社

郑作新, 江智华, 唐瑞干. 1981. 福建武夷山地区鸟类区系初探. 武夷科学, 1: 153-167

郑作新, 龙泽虞, 卢汰春. 1995a. 中国动物志鸟纲第十卷雀形目(鹟科鸫亚科). 北京: 科学出版社

郑作新, 龙泽虞, 卢汰春. 1995b. 中国动物志鸟纲第十一卷雀形目(鹟科画眉亚科). 北京: 科学出版社

郑作新, 钱燕文, 傅守三, 等. 1958. 河北昌黎果区主要食虫鸟类的调查研究. 北京: 科学出版社

郑作新, 钱燕文, 郭郛, 等. 1955. 微山湖及其附近地区食蝗鸟类的初步调查. 农业学报, 6(2): 145-155

郑作新, 钱燕文. 1960. 安徽黄山的鸟类初步调查. 动物学杂志, 4(1): 10-14

郑作新, 谭耀匡, 卢汰春. 1978. 中国动物志鸟纲第四卷(鸡形目). 北京: 科学出版社

郑作新, 冼耀华, 关贯勋. 1991. 中国动物志鸟纲第六卷(鸽形目鹦形目鹃形目鸮形目). 北京: 科学出版社

郑作新, 徐亚军. 1963. 草鸮在安徽南部的发现. 动物学杂志, 5(3): 122

郑作新, 张荣祖. 1959. 中国动物地理区划. 北京: 科学出版社

郑作新, 郑光美, 张孚允, 等. 1997. 中国动物志鸟纲第一卷(中国鸟纲绪论; 潜鸟目, 鸊鷉目, 鹱形目、鹈形目、鹳形目). 北京: 科学出版社

中国鸟类学会水鸟组. 1994. 1990-1993 年中国水鸟统计//中国鸟类学会组. 中国水鸟研究. 上海: 华东师范大学出版社: 186-233

钟福生, 汪松, 唐小平, 等. 1999. 湖南江口鸟洲牛背鹭繁殖行为. 野生动物, 20(3): 28-29

钟嘉. 2008. 野外观鸟四季历. 森林与人类, 3: 26-27

钟玉华, 刘双华, 邵明勤, 等. 2009. 江西省鸟类新纪录——黑伯劳. 四川动物, 28(4): 504

钟玉华, 邵明勤, 戴年华, 等. 2009. 江西省两种鸟类新纪录——白喉斑秧鸡和红颈瓣蹼鹬. 动物学研究, 30(1): 16, 23

仲阳康, 周慧, 施文彧, 等. 2006. 上海滩涂春季鸻形目鸟类群落及围垦后生境选择. 长江流域资源与环境, 15(3): 378-383

周本湘. 1957. 鸭科动物年龄性别的鉴定法. 动物学杂志, 1(1): 42-46

周本湘. 1958. 在上海市歼雀战中对死雀的解剖观察. 华东师范大学学报(自然科学版), (1): 94-103

周本湘. 1981. 在黄海车牛山岛猎获的黑喉潜鸟. 华东师范大学学报(自然科学版), (2): 121-124

周本湘, 冯谋鸿. 1960. 建阳邵武山区盛夏时节鸟类的分布状况. 华东师范大学学报, (1): 81-91

周本湘, 马世全. 1965. 浙江中部南部鸟类调查报告. Ⅰ. Ⅱ//中国动物学会. 中国动物学会三十周年学术讨论会论文摘要汇编. 北京: 科学出版社: 236-237

周本湘, 潘星. 1989. 黄海前三岛白腰雨燕归家本领的环志研究续报//中国动物学会. 第十二届会员代表大会暨成立五十五周年学术年会论文摘要汇编: 328-329

周本湘, 潘星, 程兆勤. 1987. 黄海前三岛白腰雨燕归家本领的环志研究初报. 中国鸟类环志年鉴: 1982-1985. 甘肃: 甘肃科技出版社: 114-119

周本湘, 施银柱. 1965. 东海鸟类调查研究报告. Ⅰ. Ⅱ//中国动物学会. 中国动物学会三十周年学术讨论会论文摘要汇编. 北京: 科学出版社: 234-235

周波, 周立志, 陈锦云, 等. 2009. 升金湖越冬白头鹤集群变化及领域行为. 野生动物, 3: 133-136

周长梅, 尹云, 袁淑娥, 等. 2006. 徐州九里山和新沂窑湾鹭鸟繁殖种群的建群与迁出. 徐州师范大学学报(自然科学版), 24(3): 67-71

周冬良. 2001. 福建长乐发现秃鹰. 福建林业科技, 3: 41

周冬良. 2001. 福建省沿海鸟类资源调查初报. 福建环境, (18): 160-175

周冬良. 2005. 福建省自然保护区建设与野生脊椎动物的保护关系. 动物学杂志, 40(1): 66-71

周冬良, 余希, 郑丁团. 2006. 福建鸟类新纪录——白腹军舰鸟. 野生动物, 27(5): 22

周放. 1987. 鼎湖山森林鸟类群落的集团结构. 生态学报, 7(2): 84-92

周福璋, 丁文宁, 王子玉. 1981. 发现大群白鹤在中国越冬. 动物学报, 27(2): 179

周国飞. 1994. 舟山五峙山岛黑尾鸥、中白鹭生态的初步研究. 动物学杂志, 29(1): 31-33

周海忠. 1991. 在长江中下游越冬的鹤类. 大自然, 4: 6-7

周海忠, 周文芳. 1989. 崇明东部迁徙越冬鸟类调查//中国动物学会. 第十二届会员代表大会暨成立五十五周年学术年会论文摘要汇编: 301

周虹, 冯照军, 邹寿昌, 等. 1999. 新沂市王楼乡陆口村鹭鸟混群营巢地初步调查. 江苏林业科技, 26(4): 47-49

周慧, 仲阳康, 赵平, 等. 2005. 崇明东滩冬季水鸟生态位分析. 动物学杂志, 40(1): 59-65

周家良. 1994. 飞机鸟撞事故分析、预防及建议. 宁波大学学报(理工版), 7(1): 16-23

周军, 唐礼俊, 唐仕敏, 等. 2007. 瓶窑镇景观空间格局对鸟类群落多样性的影响. 复旦学报(自然科学报), 46(3): 377-383

周开亚. 1964. 江苏爬行动物地理分布及地理区划的初步研究. 动物学报, 16(2): 283-294

周开亚, 李悦民. 1959. 江苏省几种脊椎动物的新记录. 南京师范学院学报(自然科学版), 3: 1-20

周开亚, 李悦民, 刘月珍, 等. 1981. 江西庐山的夏季鸟类. 南京师范学院学报(自然科学版), (3): 43-49

周莉. 2006. 黄河三角洲自然保护区东方白鹳的繁殖保育. 山东林业科技, 2: 38-39

周立志. 2002. 松鸦的繁殖生态. 动物学杂志, 37(5): 66-69

周立志, 李进华, 尹宝华, 等. 2005. 三种重金属元素在鹭卵中富集特征的初步研究. 应用生态学报, 16(10): 1932-1937

周立志, 李进华, 张磊, 等. 2006. 颍上八里河自然保护区鹭卵 3 种重金属残留分析. 动物学杂志, 41(2): 48-52

周立志, 宋榆钧, 马勇, 等. 1998b. 紫蓬山区国家级森林公园繁殖鸟类资源及其保护对策. 野生动物, 19(6): 14-15

周立志, 宋榆钧, 马勇. 1998a. 紫蓬山区三种鹭繁殖生物学研究. 动物学杂志, 34(4): 34-38

周立志, 宋榆钧, 王岐山, 等. 1998c. 仙八色鸫繁殖习性及雏鸟生长的研究. 东北师范大学学报(自然科学版), 3: 84-88

周立志, 宋榆钧, 宣颜. 1997. 紫蓬山区国家级森林公园春夏季鸟类生态分布与区系分析. 东北师范大学学报(自然科学版), 4: 63-68

周立志, 王岐山, 宋榆钧. 2003. 红头长尾山雀繁殖生态的研究. 生态学杂志, 22(2): 24-27

周立志, 张磊, 仇文娜, 等. 2009. 夜鹭雏鸟三种重金属污染物的富集特征. 安徽大学学报(自然科学版), 33(5): 86-90

周璐璐, 周立志, 李春林, 等. 2013. 安徽沿江湖泊越冬白头鹤食性的季节变化//中国动物学会鸟类学分会. 杭州: 第十二届全国鸟类学术研讨会暨第十届海峡两岸鸟类学术研讨会论文摘要集: 78

周倩彦, 薛文杰, 马强, 等. 2013. 秋季迁徙鸻鹬类在停歇地的飞羽换羽//中国动物学会鸟类学分会. 杭州: 第十二届全国鸟类学术研讨会暨第十届海峡两岸鸟类学术研讨会论文摘要集: 85

周世锷. 1958. 南京近郊几种农林鸟类食性初步调查. 南京林学院学报, (1): 52-55

周世锷. 1960. 南京近郊麻雀食性分析初步报告. 动物学杂志, 4(1): 15-17

周世锷. 1991. 安徽滁县地区食虫鸟类调查. 野生动物, (6): 20-23

周世锷, 孙明荣, 葛庆杰, 等. 1980. 星头啄木鸟繁殖习性的研究. 动物学杂志, 3: 33-34

周世锷, 张国忠, 张子荣, 等. 1963. 江苏茅山林区食松毛虫鸟类的初步调查. 动物学杂志, (3): 17-19

周世锷, 朱成尧. 1989. 江苏鸟类调查//中国动物学会. 第十二届会员代表大会暨成立五十五周年学术年会论文摘要汇编: 291

周晓克, 朱曦. 2004. 青山湖国家森林公园鸟类群落结构//唐建军, 严力蛟, 段兆辉. 城乡生态环境建设——原理和实践. 北京: 中国环境科学出版社: 159-165

周晓平, 陈小麟, 方文珍, 等. 2004a. 厦门白鹭保护区白鹭体内重金属含量的分析. 厦门大学学报(自然科学版), 43(3): 412-415

周晓平, 王博, 陈小麟, 等. 2004b. 暗色型白鹭繁殖及其子代雏鸟生长的研究. 厦门大学学报(自然科学版), 43(6): 857-878

周亚平, 包水明. 2004. 洪门水库水鸟的初步调查. 江西科学, 22(2): 115-117

周友兵, 张璟霞, 李红, 等. 2004. 珠颈斑鸠繁殖期占据领域鸣声特征及行为. 动物学研究, 25(2): 153-157

周振芳, 卢祥云, 陆松林. 1995. 江苏常熟虞山森林公园鸟类调查. 四川动物, 14(1): 31-34

周智鑫, 刘江南, 张彩霞, 等. 2008. 武夷山烟腹毛脚燕孵卵节律的初步研究. 四川动物, 4: 544-546, 551

周宗汉, 还宝庆. 1986. 江苏省盐城滩涂丹顶鹤越冬分布的初步调查. 四川动物, (2): 22-24

朱成尧, 陈凤鸣, 何荣庆. 1991. 镇江南郊八公洞林区鸟类生态位研究//高玮. 中国鸟类研究. 北京: 科学出版社: 208

朱海虹. 1989. 鄱阳湖候鸟越冬地生态环境及三峡工程对其影响的预测. 湖泊科学, 10: 12-15

朱红星, 聂继山, 赵耀宗. 1994. 六种鹭鸟混群营巢地的调查. 四川动物, 13(3): 123-124

朱辉. 1981. 中山陵鸟类资源调查研究. 江苏林业科技, (3): 55-56, 50

朱建春, 骆兆华. 2008. 一种新型防鸟害的杆塔结构. 电力建设, 29(8): 66-68

朱俊, 李玉龙. 2003. 飞机鸟撞试验瞬时速度的连续测试方法研究. 测控技术, 22(12): 5-7

朱开建, 陈小麟, 许玉德, 等. 2005. 白鹭和牛背鹭肠蛋白酶理化特性的研究. 厦门大学学报(自然科学版), 44(1): 128-131

朱立峰, 常青, 张保卫, 等. 2004. 从 c-mos 和 12S rRNA 基因序列探讨现生鸟类早期历史和鹑类的系统地位. Zoological Systematics, 29(2): 181-187

朱丽敏. 2013. 生命的律动——蠡湖的鸟. 生命世界, 12: 18-23

朱奇, 刘观华, 曾南京, 等. 2012b. 鄱阳湖国家级自然保护区 2007～2009 年越冬期水鸟数量与分布. 湿地科学与管理, 8(3): 52-56

朱奇, 詹耀煌, 刘观华, 等. 2012b. 2011 年冬鄱阳湖水鸟数量与分布调查. 江西林业科技, 3: 1-9

朱书华, 童明波, 彭刚, 等. 2009. 飞机全尺寸风挡抗鸟撞击实验研究. 实验力学, 24(1): 61-66

朱书玉, 吕卷章, 于海玲, 等. 2001. 震旦鸦雀在山东黄河三角洲自然保护区的分布与数量研究. 山东林业科技, 5: 34-35

朱书玉, 周莫锋, 李成波, 等. 2012. 基于保护珍稀鸟类的生态需水量研究. 山东林业科技, 4: 29-31, 13

朱文中. 2001. 安徽安庆发现东方白鹳营巢繁殖. 中国鹤类通讯, 5(2): 30-31

朱曦. 1982a. 浙江的森林益鸟种类和利用. 浙江林业科技, 2(3): 35-40

朱曦. 1982b. 浙江森林鸟兽危害及其防治. 浙江林业科技, 2(2): 32-36

朱曦. 1983. 浙江临安城郊鸟类初步研究 I. 春夏季鸟类的组成与生态分布. 浙江林学院科技通讯, 2(2): 62-70

朱曦. 1985a. 鸟类与农林业. 鸟类保护. 浙江省林业厅爱鸟周宣传资料汇编: 11-12

朱曦. 1985b. 林区益鸟的保护和招引. 浙江林业科技, 5(1): 53-54

朱曦. 1985c. 浙江临安城郊冬季鸟类的种类组成与生态分布. 浙江林学院学报, 2(2): 57-63

朱曦. 1986. 竹乡的池鹭. 大自然, (3): 55-57

朱曦. 1987a. 重视保护浙江鸟类资源. 浙江林业, 2: 20-21

朱曦. 1987b. 喜鹊繁殖生态的初步研究. 浙江林业科技, 7(5): 13-16

朱曦. 1987c. 浙江省临安、安吉低山丘陵地区陆生脊椎动物的初步调查. 浙江林学院学报, 4(2): 87-92

朱曦. 1987d. 重视保护浙江鸟类资源. 浙江林业, (2): 20-21

朱曦. 1988a. 城镇公园林木配置与鸟类群落结构研究. 浙江林业科技, 8(4): 16-21

朱曦. 1988b. 池鹭繁殖生物学与生态学研究. 浙江林学院学报, 5(2): 197-205

朱曦. 1989a. 池鹭繁殖生态研究. 林业科学, 25(1): 93-94

朱曦. 1989b. 秃鹫在浙江的新分布. 浙江林学院学报, 6(1): 49

朱曦. 1989c. 人类的近邻——喜鹊. 大自然, 2: 22-23

朱曦. 1989d. 浙江鹤类新记录. 动物学杂志, 24(2): 26

朱曦. 1989e. 浙江省鸟类的生态地理初步研究. 浙江林学院学报, 6(3): 283-289

朱曦. 1990. 舟山群岛鸟类生态地理学研究. 浙江林学院学报, 7(2): 153-160

朱曦. 1991a. 情系池鹭鸟. 大自然, 1: 8

朱曦. 1991b. 人人都来保护鸟类. 浙江林业, 2: 45

朱曦. 1992. 漫话大山雀. 大自然, 3: 20-21

朱曦. 1993a. 候鸟及其栖息地的保护. 浙江林业, 2: 30-31

朱曦. 1993b. 鸬鹚. 大自然, 2: 31-32

朱曦. 1993c. 舟山群岛鸟类考察散记. 大自然, 1: 8-9

朱曦. 1993d. 竹园鸟声. 大自然, 3: 31

朱曦. 1994a. 池鹭营巢和活动规律的研究//中国鸟类学会组. 中国水鸟研究. 上海: 华东师范大学出版社: 74-79

朱曦. 1994b. 浙江省候鸟的迁徙和主要栖息地的评议. 浙江林业科技, 14(5): 26-30

朱曦. 1994c. 话说蜂鸟. 大自然, 3: 31

朱曦. 1995. 春深闻杜鹃. 浙江林业, 3: 28

朱曦. 1996a. 双燕归来细雨中. 大自然, 2: 12-13

朱曦. 1996b-4-20. 鹭鸟的故乡——安吉. 浙江日报, 3 版

朱曦. 1997a. 清凉峰地区鸟兽区系初探//宋朝枢. 浙江清凉峰自然保护区科学考察集. 北京: 中国林业出版社: 43-53

朱曦. 1997b. 漫话麻雀. 浙江林业, 2: 35

朱曦. 1998a. 我与小鸟. 大自然, 1: 44

朱曦. 1998b. 西天目山观鸟. 大自然, 6: 15

朱曦. 1998c. 柳浪寻莺. 浙江林业, 5: 27

朱曦. 2001. 景宁望东垟高山湿地自然保护区动物区系分析//浙江林学院. 景宁望东垟高山湿地自然保护区自然资源综合考察报告: 110-159

朱曦. 2003. 浙江省鸟类新记录. 浙江林学院学报, 20(1): 106-107

朱曦. 2005a. 中国鹭科鸟类研究进展. 林业科学, 45(1): 174-180

朱曦. 2005b. 观赏动物学. 杭州: 浙江科学技术出版社: 1-365

朱曦. 2005c. 白鹤还是白鹭. 大自然, 5: 25

朱曦. 2006. 森林鸟兽学. 杭州: 浙江科学技术出版社: 1-309

朱曦. 2007. 话说乌鸦. 大自然, 2: 25

朱曦. 2008. 中国鹭科鸟类多样性研究//台湾自然保育文教基金会, 等. 第七届海峡两岸鸟类学术研讨会编文集: 279-292

朱曦. 2009a. 航空业的大难题——鸟撞. 大自然, 1: 12-13

朱曦. 2009b. 浙江普陀山生物多样性及保护对策//中国动物学会. 中国动物学会第十六届全国会员代表大会暨学术讨论会论文摘要汇编: 4

朱曦. 2013a. 大陆华东、台湾鸟类多样性研究//中国动物学会鸟类学分会. 杭州: 第十二届全国鸟类学术研讨会暨第十届海峡两岸鸟类学术研讨会论文摘要集: 95

朱曦. 2013b. 杭州萧山国际机场鸟类调查及鸟撞防范对策//中国动物学会鸟类学分会. 杭州: 第十二届全国鸟类学术研讨会暨第十届海峡两岸鸟类学术研讨会论文摘要集: 46

朱曦. 2013c. 浙江温州瓯江口湿地鸟类多样性调查//中国动物学会鸟类学分会. 杭州: 第十二届全国鸟类学术研讨会暨第十届海峡两岸鸟类学术研讨会论文摘要集: 95

朱曦. 2014. 园林规划设计与鸟类关系的探讨//浙江省动物学会. 浙江省动物学研究及发展战略研讨会论文摘要: 34

朱曦, 陈长青, 蒋永金. 1996a. 永康市鸟类区系研究. 浙江林学院学报, 13(2): 174-193

朱曦, 陈洪明, 李秋文. 1994a. 西天目山低山带繁殖鸟类群落结构. 浙江林学院学报, 11(2): 159-164

朱曦, 陈勤娟, 王政懂. 2000c. 浙江省鹭类营巢地调查. 浙江林学院学报, 17(2): 185-190

朱曦, 陈勤娟, 詹伟君, 等. 2002. 杭州市鸟类区系研究. 浙江林学院学报, 19(1): 36-47

朱曦, 陈志强. 2009. 浙江青山湖地区冬季鸟类区系研究//中国动物学会. 中国动物学会第十六届全国会员代表大会暨学术讨论会论文摘要汇编: 4

朱曦, 樊厚德. 1994. 浙江莫干山鸟类群落生态研究//中国动物学会. 中国动物学会成立 60 周年纪念陈桢教授诞辰 100 周年论文集(1934—1994). 北京: 中国科学技术出版社: 346-353

朱曦, 樊厚德. 1995. 浙江莫干山鸟类区系初步研究. 动物学杂志, 30(3): 16-22

朱曦, 姜海良, 吕燕春. 2008. 华东鸟类物种和亚种分类名录与分布. 北京: 科学出版社: 1-260

朱曦, 姜海良, 朱长林, 等. 1992a. 兰溪市鸟类调查报告. 浙江林业科技, 12(6): 18-26

朱曦, 金国龙, 汪国华. 1992b. 浙江江山市林区食虫鸟类初步调查. 浙江林学院学报, 9(3): 297-306

朱曦, 李秋文, 陈洪明. 1995. 金腰燕 *Hirundo daurica japonica* 营巢习性、季节性活动与生态因子的关系. 浙江林学院学报, 12(1): 79-86

朱曦, 李再国, 陈伟贞. 2005. 三种鹭异步孵化与雏鸟生长的比较研究. 应用生态学报, 16(1): 125-128

朱曦, 林观炎. 2005. 鹭类巢区空间格局的数学模型//中国动物学会鸟类学分会, 等. 中国鸟类学研究. 北京: 中国林业出版社: 120-131

朱曦, 林小会, 潘峻峰. 1996b. 浙江鹭科鸟类的营巢地选择//中国动物学会鸟类学分会, 等. 中国鸟类学研究. 北京: 中国林业出版社: 119-123

朱曦, 马水龙, 戴永祥, 等. 1994b. 池鹭繁殖种群数量、活动规律和生物生产量的研究. 生态学报, 14(1): 75-79

朱曦, 任斐. 1999a. 华东天目山鸟类研究//中国动物学会. 中国动物科学研究——中国动物学会第十四届会员代表大会及中国动物学会 65 周年年会论文集. 北京: 中国林业出版社: 1207

朱曦, 任斐. 1999b. 华东天目山生物多样性研究//中国动物学会. 中国动物科学研究——中国动物学会第十四届会员代表大会及中国动物学会 65 周年年会论文集. 北京: 中国林业出版社: 299-306

朱曦, 任斐, 邵生富. 1999a. 华东天目山鸟类研究. 林业科学, 35(5): 77-86

朱曦, 苏秀. 2014. 空军某机场鸟撞防范研究. Ⅰ. 鸟类区系和数量动态//中国动物学会. 中国动物学会第十七届全国会员代表大会暨学术讨论会论文摘要汇编: 93

朱曦, 苏秀, 陈瑾, 等. 2011. 浙江普陀山岛鸟类区系研究. 四川动物, 4: 654-657, 659

朱曦, 唐陆法. 1998. 生态环境改变对鹭类营巢的影响//陆健健, 等. 中国湿地研究和保护. 上海: 华东师范大学出版社: 208-215

朱曦, 唐陆法, 宣子灿. 1999b. 浙江省食虫鸟类食性分析. 动物学杂志, 34(3): 18-25

朱曦, 汪国华, 徐教明, 等. 1989a. 大山雀繁殖生态及育雏期对马尾松毛虫控制能力的研究. 浙江林学院学报, 6(4): 394-400

朱曦, 汪国华, 徐教明, 等. 1991a. 大山雀巢区雏鸟生长和种群生物生产量. 浙江林学院学报, 8(1): 98-105

朱曦, 汪国华, 徐教明, 等. 1991b. 人工招引大山雀防治松毛虫的应用研究//高玮. 中国鸟类研究. 北京: 科学出版社: 139-142

朱曦, 汪梅蓉, 韩红. 2003. 三种鹭骨骼比较形态学研究. 浙江林学院学报, 20(3): 240-244

朱曦, 徐旻昱, 葛映川, 等. 2007a. 浙江龙王山自然保护区鸟类区系研究. 浙江林学院学报, 24(1): 77-85

朱曦, 许丹, 骆贞英. 2007b. 杭州植物园鸟类群落生态研究//中国动物学会鸟类学分会, 等. 中国鸟类学研究. 北京: 中国林业出版社: 272

朱曦, 宣子灿, 陈李群, 等. 1989b. 浙江东部沿海春季鸟类初步调查. 浙江林业科技, 9(1): 35-40

朱曦, 杨春江. 1984. 安吉县西北部地区陆生脊椎动物的初步调查. 浙江林学院学报, 1(1): 119-120

朱曦, 杨春江. 1988. 浙江鸟类研究. 浙江林学院学报, 5(3): 243-258

朱曦, 杨春江, 周元庆. 1991c. 舟山海岛冬季鸟类研究. 动物学杂志, 26(1): 35-39, 56

朱曦, 杨士德, 邹小平. 1998a. 鹭行为生态学研究//中华野鸟学会, 等. 第三届海峡两岸鸟类学术研讨会论文集. 台北: 台北市野鸟学会: 283-196

朱曦, 杨士德, 邹小平. 1998b. 浙江省鹭科鸟类组成、密度和生物量研究. 浙江林学院学报, 15(1): 81-84

朱曦, 杨士德, 邹小平. 1999c. 三种鹭血液生理生化指标比较研究. 科技通报, 15(6): 423-427

朱曦, 杨士德, 邹小平. 1999d. 四种鹭行为生态学研究//中国动物学会. 中国动物科学研究——中国动物学会第十四届会员代表大会及中国动物学会65周年年会论文集. 北京: 中国林业出版社: 1200

朱曦, 杨士德, 邹小平. 2000a. 四种鹭卵壳的超微结构. 动物分类学报, 25(1): 116-119

朱曦, 杨士德, 邹小平, 等. 2000b. 夜鹭繁殖习性与生长发育研究. 动物学研究, 21(1): 58-64

朱曦, 杨士德, 邹小平, 等. 2001. 浙江鹭类资源现状及其保护对策. 动物学杂志, 36(4): 424-425

朱曦, 叶枝珠, 陈翔, 等. 2007c. 华东鸟类区系研究//中国动物学会鸟类学分会, 等. 中国鸟类学研究. 北京: 中国林业出版社: 104-111

朱曦, 章立新, 梁峻, 等. 1998c. 鹭科鸟类群落的空间生态位和种间关系. 动物学研究, 19(1): 45-51

朱曦, 邹小平. 2001. 中国鹭类. 北京: 中国林业出版社: 1-201

朱曦, 邹小平, 杨士德. 1999e. 鹭卵清蛋白氨基酸和卵壳矿物元素分析//中国动物学会. 中国动物科学研究——中国动物学会第十四届会员代表大会及中国动物学会65周年年会论文集. 北京: 中国林业出版社: 815-818

朱曦, 邹小平, 杨士德, 等. 1999f. 白鹭繁殖生态生物学研究//王兆骞, 胡秉民, 严力蛟. 面向二十一世纪的生态学. 北京: 中国环境科学出版社: 191-199

朱献恩, 朱晓华. 1994. 暗绿绣眼鸟的繁殖生态观察. 四川动物, 13(3): 128

朱晓东, 宋春艳, 朱广荣. 2012. 泡沫夹层结构鸟撞仿真分析与试验验证. 飞机设计, 32(5): 43-45, 55

诸葛阳, 丁平. 1988. 浙江省珍稀雉类的分布生境和资源保护. 野生动物, (4): 3-4

诸葛阳, 顾辉清, 蔡春抹. 1990. 浙江动物志(鸟类). 杭州: 浙江科学技术出版社

诸葛阳, 姜仕仁. 1983. 杭州鸟类调查. 杭州大学学报(自然科学版), 10(增刊): 50-64

诸葛阳, 姜仕仁, 丁平. 1988. 凤阳山自然保护区鸟类调查. 杭州大学学报(自然科学版), 15(4): 472-484

诸葛阳, 姜仕仁, 郑忠伟, 等. 1986. 浙江海岛鸟兽地理生态学的初步研究. 动物学报, 32(1): 74-85

邹寿昌, 秦旦仁. 1989. 徐州市鸟类之研究. 徐州师范大学学报(自然科学版), 1: 46-63

邹寿昌. 1993. 江苏省蛇类之研究. 中国黄山国际两栖爬行动物学术会议论文集. 蛇蛙研究丛刊, 4: 62-67

邹寿昌. 1995. 江苏省(上海市)两栖动物区系及地理区划——蛇蛙研究丛书(八). 四川动物, (增刊): 83-86

邹寿昌, 王怀权, 秦旦仁. 1991. 江苏铜山县鸟类之研究//高玮. 中国鸟类研究. 北京: 科学出版社: 194

邹祎, 靖美东, 黄玲. 2014. 佛法僧目两个物种的线粒体全基因组序列分析//中国动物学会. 广州: 中国动物学会第十七届全国会员代表大会暨学术讨论会论文摘要汇编: 92-93

Ascherson S. R. 1932. Birds seen at wei-hai-wei. Hong Kong Nat, 3: 6-10

Aylmer E. A. 1931. Birds watching at Wei-hai-wei. Hong Kong Nat, 2: 153-164, 235-236

Aylmer E. A. 1932. Wei-hai-wei: Birds watching. Hong Kong Nat, 3: 164-169

Barter M. 1997. Wader nunbers on Chongming Dao, Yangtze Estuary, China, during early 1996 northward migration and the conservation implications. The Stilt, (30): 7-13

Barter M., Qian F. W., Tang S. X., et al. 1997. Hunting of migratory waders on Chongming Dao: a decliningoccupation? The Stilt, (31): 18-22

Barter M., Qian F. W., Tang S. X., et al. 1997. Staging of Great Knot, Red Knot, Bar-tailed Godwit at Chongming Dao, Shanghai: jumpers to hoppe?The Stilt, (31): 2-11

Barter M., Tonkinsn D. 1997. Wader departures from Chongming Dao (near Shanghai, China) during March/April 1996. The Stilt, (31): 12-17

BirdLife International. 2001. Threatened birds of Asia: the BirdLife International Red Data Book. Cambridge, UK: BirdLife International, 194-222

Blokpoel H. 1976. Bird Hazards to Aircraft. Toronto: Irwin Clark

Caldwell H. K., Caldwell J. C. 1931. South China birds. Shanghai: Hester May Vand: 1-447

Chan S., Chen S. H., Yuan H. W. 2010. International Single Species Action Plan for the Conservation of the Chinese Crested Tern (*Sterna bernsteini*). Tokyo: Bird Life International Asia Division, Japan; CMS Secretariat, Bonn, Germany: 22

Chang T. L. 1932. A study of birds in Nanking. Nanking Journ, 2: 469-574

Chen J. Y., Zhou L. Z, Zhou B., et al. 2011a. Seasonal dynamics of wintering waterbirds in two shallow lakes along Yangtze River in Anhui Province. Zoological Research, 32(5): 540-548

Chen S. H., Chang S. H., Liu Y., et al. 2009. Low population and severe threats: status of the Critically Endangered Chinese crested tern *Sterna bernsteini*. Oryx, 43(2): 209-212

Chen S. H., Chang S. H., Liu Y., et al. 2009. Low population and severe threats: status of the Critically Endangered Chinese crested tern *Sterna bernsteini*. Oryx, 43(2): 209-212

Chen S. H., Ding P. 2007. The migratory stop oversites of Black-faced Spoonbills along the eastern China sea coast in Zhejiang. In Hong Kong Bird Watching Society. Hong Kong: Keeping Asia's Spoonbills Airborne: Proceeding of International Symposium on Research and Conservation of the Black-faced Spoonbills, Hong Kong, 16-18 January 2006. Hong Kong Bird Watching Society

Chen S. H., Ding P., Zheng G. M., et al. 2006. Bird community patterns in response to the island features of urban woodlots in eastern China. Frontiers of Biology in China, 1(4): 448-454

Chen S. H., Fan Z. Y., Chen C. S., et al. 2010. A new breeding site of the Critically Endangered Chinese Crested Tern *Sterna bernsteini* in the Wuzhishan Archipelago, eastern China. Forktail, 26: 132-134

Chen S. H., Fan Z. Y., Chen C. S., et al. 2011b. The Breeding Biology of Chinese Crested Terns in Mixed Species Colonies in Eastern China. Bird Conservation International, 21(3): 266-276

Chen T. Y., Wu C. F. 1932. A preliminary list of the animals of Fukien Province. Mar Biol Assoc China, 1: 125-150

Chen Z. Y., Li B., Zhong Y., et al. 2004. Local competitive effects of introduced *Spartina alterniflora* on *Scirpus mariqueter* at Dongtan of Chongming Island, the Yangtze River eatuary and their potential ecological consequences. Hydrobiologia, 528: 99-106

Cheng T. H.(=Zheng Zuo-xin)[郑作新]. 1934. A list of Chinese Birds heretofore recorded only from Fukien Province. China Journ, 20: 150-158

Cheng T. H.(=Zheng Zuo-xin)[郑作新]. 1938. A check-list of birds heretofore recorded from Fukien Province. Fukien Chr Univ Sci Journ, 1: 1-58

Cheng T. H.(=Zheng Zuo-xin)[郑作新]. 1941a. Notes on bird observation during the summer along the Shaowu stream in North Fukien. Peking Nat Hist Bull, 15: 235-245

Cheng T. H.(=Zheng Zuo-xin)[郑作新]. 1941b. A winter census of birds along the Shaowu stream in North Fukien. Peking Nat Hist Bull, 16: 85-90

Cheng T. H.(=Zheng Zuo-xin)[郑作新]. 1941c. A green pigeon, *Sphenurus sieboldii sieboldii* (Temminck), from SHaowu, Fukien. China Journ, 15: 71-73

Cheng T. H.(=Zheng Zuo-xin)[郑作新]. 1947a. Chechlist of Chinese birds. Trans Sci Soc China, 9: 49-84

Cheng T. H.(=Zheng Zuo-xin)[郑作新]. 1947b. List of recent literature on Chinese ornithology. Biol Bull,

Fukien Chr Univ, 6: 107-136

Cheng T. H.(=Zheng Zuo-xin)[郑作新]. 1948a. Notes on the avifauna of Shaowu, Fukien. Lingnan Sci Journ, 22: 105-114

Cheng T. H.(=Zheng Zuo-xin)[郑作新]. 1949. On the geographical distribution of birds in China. Peking Nat Hist Bull, 18: 45-57

Chong L. T.[常麟定]. 1933. Notes on some birds of Honan and South Anhwei. Sinensia, 7(4): 459-470

Chong L. T.[常麟定]. 1935-1938. Birds of Nanking and its vicinity. Part I. Passeriformes. Contr Biol Lab Sci Soc China, 12: 183-373

Chong L. T.[常麟定]. 1936. Notes on some birds on Honan and south Anhwei. Sinensia, 7: 459-470

Chong L. T. 1938. Birds of Nanking and its vicinity. Ⅰ. Contrib. Biol. Sci. Soc. China. Zool. Set., 12(9): 183-373[常麟定: 1938. 南京及其附近鸟类之研究(Ⅰ). 中国科学社生物研究所丛刊. 动物学系列, 12(9): 183-373.]

Cody M. L. 1974. Competition and the Structure of Bird Communities. Princeton University Press. Monographs in Population Biology, 7: 1-318

Cody M. L. 1983. Bird Diversity and Density in South African Forests. Oecologia, 59(2-3): 201-215

Davis W. B., Glass B. P. 1951. Notes on eastern Chinese birds. Auk, 68(1): 86-91

Delacour J. 1977. The pheasants of the world. 2nd ed. Saiga Publ. Co. LTD.

Ding P., Yang Y., Liang W., et al. 1996. Habitat used by Elliot's Pheasant in Leigong Mountain Nature Reserve. Ann. Rev. WPA, 1994/95: 18-22

Dong Y. Q., Zhou L. Z., Li B., et al. 2016. The complete mitochondrial genome of the Black-headed Gull *Chroicocephalus ridibundus* (Charadriiformes: Laridae). Mitochondrial DNA, (3): 1991-1992

Duncan J. H. 1937. Chefoo birds: Notes on species seen in the vicinity. Hong Kong Nat, 8: 13-16

E. G. 波洛. 1978. 数学生态学引论. 卢泽愚译. 北京: 科学出版社

Fan Z. Y., Chen C. S., Chen S. H., et al. 2011. Breeding seabirds along the Zhejiang coast: diversity, distribution and conservation. Chinese Birds, 2(1): 39-45

Fasola M., Barbieri F. 1978. Factors affecting the distribution of heronries in northern Italy. Ibis, 120: 537-540

Fok Y. S.[霍仁生]. 1937. Birds of Kwangtung, Kwangsi and Fukien. Hong Kong Nat, 8: 17-28

Gao K. Q., Chen S. H. 2004. A new frog (Amphibia: Anura) from the Lower Cretaceous of western Liaoning, China. Cretaceous Research, 25: 761-769

Gee N. G. 1931. A revision of the tentative list of Chinese birds. Peking Nat Hist Bull, 5: 49-68

Gee N. G., Moffett L. I. 1917. A key to the birds of the lower Yangtse valley, with popular description of the species commonly seen. iv, 1-221, ix. Shanghai

Gee N. G., Moffett L. I., Wilder G. D. 1926-1927. A tentative list of Chinese birds. Peking Soc Nat Hist Bull, 1: xii, 1-370, 8

Gee N. G., Moffett L. I., Wilder G. D. 1929. Additions to the tentative list of Chinese birds. Peking Soc Nat Hist Bull, 4: 43-46

Gee N. G., Moffett L. I., Wilder G. D. 1948. Chinese birds. A tentative list of Chinese birds. Peking: The Peking Society of Natural History: 65-87

Gee N. G., Moffett L. I., Wilder G. D. 1948. Chinese Birds. Beijing: Peking Society of Natural History: 1-370

Gee N. G., 等. 1936. 长江流域的鸟类(上册). 王开时译. 北京: 商务印书馆: 1-120

Gee N. G., 等. 1936. 长江流域的鸟类(下册). 王开时译. 北京: 商务印书馆: 121-233

Gody M. L. 1985. Habitat Selection in Birds. Orlando: Academic Press Inc.

Hammond K. A., Szewczak J., Król E. 2001. Effects of altitude and temperature on organ phenotypic plasticity along an altitudinal gradient. Journal of Experimental Biology, 204(11): 1991-2000

Hammond K. A., Wunder B. A. 1991. The role of diet quality and energy need in the nutritional ecology of a small herbivore, microtus ochrogaster. Physiological Zoology, 64(2): 541-567

Hegstel D. M. 1985. 现代营养学. 侯祥川译. 北京: 人民卫生出版社: 232-234

Herklots G. A. C. 1935. The birds of Wei-Hai-Wei. Hong Kong Nat, 6: 7-17

Holmes R. T., Bonney R. E., Pacala S. W. 1979. Guild Structure of the Hubbard Brook Bird Community: A Multivariate Approach. Ecology, 60(3): 512-520

Howard R., Moore A. 1980. A Complete Checklist of the Birds of the World. Oxford: Oxford University Press

Hoyt D. F. 1979. Practical Methods of Estimating Volume and Fresh Weight of Bird Eggs. AUK, 96(1): 73-77

Huang W., Zhou L. Z., Zhao N. N. 2014. Temporal-spatial patterns of intestinal parasites of the Hooded Crane (*Grus monacha*) wintering in lakes of the middle and lower Yangtze River floodplain. Avian Research, 5: 6

Huang Y., Zhou L. Z. 2011. Screening and application of microsatellite markers for ganetic diversity analysis of Oriental White Stork (*Ciconia boyciana*). Chinese Birds, 2(1): 33-38

Hussell D. J. T. 1972. Factors Affecting Clutch Size in Arctic Passerines. Ecological Monographs, 42(3): 317-364

Jiang P. P., Ding P., Fang S. G. 2006. Isolation and characterization of microsatellite markers in Elliot's pheasant (*Syrmaticus ellioti*). Molecular Ecology Notes, 6: 1160-1161

Jiang P. P., Ge Y. F., Lang Q. L., et al. 2007. Genetic structure among wild populations of Elliot's pheasant *Syrmaticus ellioti* in China from mitochondrial DNA analyses. Bird Conservation International, 17(2): 177-185

Jiang P. P., Lang Q. L., Fang S. G., et al. 2005. M. A genetic diversity comparison between captive individuals and wild individuals of Elliot's Pheasant (*Syrmaticus ellioti*) using mitochondrial DNA. J Zhejiang Univ. SCI, 6B(5): 413-417

Jiang P. P., S. G. Fang, P. Ding. 2005. An application of control region sequence as a matrilineage marker for Elliot's Pheasant of a zoo population. Animal Biotechnology, 16: 1-5

Johnsgard P. A. 1983. Cranes of the World. Indiana University Press, Bloomington: 1-257

Kolthoff K. 1932. Studies on birds in the Chinese province of Kiangsu and Anhwei, 1921-1922. Goteborgs Kungl. Vetenak. Vitterh. Samh-Handl. Foljden, ser. B. 3: 1-190

Kothe K. 1907. Zur Vogelfauna von Kiautschou. Journal of Ornithology, 55(3): 379-390

Kushlan J. A. 1981. Resource use strategies of wading birds. The Wilson Bulletin, 93(2): 145-163

L'abbé M. A. D., Oustalet M. E. 1987. Les Oiseaux de la China. Paris

La Touche J. D. D. 1925-1930. A handbook of the birds of eastern China. London: Taylor and Francis, 1: xx, 1-500

La Touche J. D. D. 1931-934. A handbook of the birds of eastern China. London: Taylor and Francis, 2: xxiii, 1-566

Lack D. 1947. The Significance of Clutch-Size in the Partridge (*Perdix perdix*). Journal of Animal Ecology, 16(1): 19-25

Lack D. 1968. Ecological adaptations for breeding in birds. London: Methuen

Lancaster R. K., Rees W. E. 1979. Bird community and structure of urban habitats. Can. J. Zool., 57: 2358-2368

Lee K. A., Karasov W. H., Caviedesvidal E. 2002. Digestive response to restricted feeding in migratory Yellow-Rumped warblers. Physiological & Biochemical Zoology, 75(3): 314-323

Lefever R. H. 1927a. Birds migration notes (nr. Tsinanfu). China Journ, 6: 89-92, 331-332

LeFever R. H. 1927b. Some winter birds of central Shantung. China Journ, 6: 201-204

Lefever R. H. 1927b. Some winter birds of central shantung. China Journ, 6: 201-204

Lefever R. H. 1962. The birds of northern Shantung Provine, China. York Pennsylvania: 1-151

Li B. C., Ding P., Jiang P. P. 2007. First Breeding Observations and a New Locality Record of White-eared Night-heron *Gorsachius magnificus* in Southeast China. Waterbirdsthe International Journal of Waterbird Biology, 30(2): 301-304

Li J. W., Yeung C. K., Tsai P. W., et al. 2010. Rejecting strictly allopatric speciation on a continental island: prolonged postdivergence gene flow between Taiwan (*Leucodioptron taewanus*, Passeriformes Timaliidae) and Chinese (*L. canorumcanorum*) hwameis. Molecular Ecology 19: 494-507

Li P., Ding P., Feeley K. J., et al. 2010. Patterns of species diversity and functional diversity of the breeding birds in Hangzhou across an urbanization gradient. Chinese Birds, 1(1): 1-8

Li S. H., Yeung C. K., Feinstein J. L., et al. 2009. Sailing through the Late Pleistocene: unusual historical demography of an East Asian endemic, the Chinese Hwamei (*Leucodioptron canorum canorum*), during the last glacial period. Molecular Ecology, 18: 622-633

Li S. H., Yeung C. K., Han L. X., et al. 2010. Genetic introgression between an introduced babbler, the Chinese Hwamei *Leucodioptron c. canorum*, and the endemic Taiwan Hwamei *L. taewanus*: a multiple marker systems analysis. Journal of Avian Biology, 41: 64-73

Li Y. B., Ding P., Huang C. M., et al. 2009. Dietary Response of a François's langur group in a fragmented habitat in Fusui County, China: implications for conservation. Wildlife Biology, 15: 137-146

Li Y. B., Huang C. M., Ding P., et al. 2007. Chris Wood, Dramatic decline of François' langur *Trachypithecus francoisi* in Guangxi Province, China. Oryx, 41(1): 38-43

Liao H. H., Cheng T. H. 1947. Notes on birds collected from Shun-Chang Hsien and Chiang-Loh Hsien in north-eastern Fukien.(Chinese with English summary) Biol Bull, Fukien Chr Univ, 5: 123-136

Liu G., Zhou L. Z., Gu C. M. 2012. Complete sequence and gene organization of the mitochondrial genome of scaly-sided merganser (*Mergus squamatus*) and phylogeny of some Anatidae species. Mol Biol Rep, 39(3): 2139-2145

Liu G., Zhou L. Z., Zhang L. L. 2013. The complete mitochondrial genome of Bean goose (*Anser fabalis*) and implications for Anseriformes taxonomy. PLoS ONE, 8(5): 163-334

Loftin R. W., Bowman R. D. 1978. Device for Measuring Egg Volumes. Auk, 95(1): 190-192

Lu H. L., Ding G. H., Ding P., et al. 2010. Tail autotomy plays no important role in influencing locomotor performance and anti-predator behavior in a cursorial gecko. Ethology, 116: 627-634

Ma Z. J., Li B., Jing K., et al. 2003. Effects of tidewater on the feeding ecology of hooded crane (*Grus monacha*) and conservation of their wintering habitats at Chongming Dongtan, China. Ecological Research, 8(3): 325-333

MacArthur R. H. 1961. MacArthur J. W. On Bird Species Diversity, 42(3): 594-598

MacArthur R. H. 1965. Patterns of Species Diversity. Biological Reviews, 40(4): 510-533

MacArthur R. H., Wilson E. O. 1967. The theory of island biogeography. Princeton: Princeton University Press.

Margules C., Higgs A. J., Rafe R. W. 1982. Modern biogeographic theory: Are there any lessons for nature design? Biological Conservation, 24: 115-128

May R. M. 1976. Models for two interacting population. In: May R. M. Theoretical Ecology: Principles and Applications. Philadelphia: Saunders: 49-70

Mock D. W., Parker G. A. 1986. Advantages and Disadvantages of Egret and Heron Brood Reduction. Evolution, 40(3): 459-470

Mock D. W., Ploger B. J. 1987. Parental manipulation of optimal hatch asynchrony in cattle egrets: An experimental study. Animal Behaviour, 35(1): 150-160

Moffett L. I. 1912. Common Birds of the Yangtze Delta. Shanghai: Reported from the National Review: 1-16

Moffett L. I., GeeN. G. 1913. check list of birds the lower yangtze valley from hankou to sea (with an appendix by C. W. Richmond). Journ N China Br Roy As Soc, 44: 113-143; 143a-143f

O'Connor R. J. 1978a. Growth strategies in nestling passerines. Living Bird, 16: 209-238

O'Connor R. J. 1978b. Structure in avian growth patterns: a multivariate study of passerine development. Journal of Zoology, 185(2): 147-172

Odum E. P. 1971. Fundamentals of ecology. Chap. 7. Phldelphia: W, B. Saunders Co.

Pielou E. C. 1966. Shannoṅs formula as a measurement of specific diversity: its use and misuse. American Naturalist, 100(914): 463-465

Pielou E. C. 1984. The Interpretation of Ecological Data: A Primer on Classification and Ordination. Wiley-Interscience Publication

Preston F. W. 1960. Time and space and the variation of species. Ecology, 41: 611-627

Preston F. W. 1962. The canonical distribution of commonness and rarity. Ecology, 43: 185-215, 410-432

Quentin A. P. 1929. Some birds common to West China and the lower Yangtse valley. Journ W China Bord Res Soc, 3: 1-8

Reichenow A. 1903. Zur Vogelfauna von Kiautschou. Orn Mbr, XI: 81-87

Richter W. 1982. Hatching Asynchrony: The Nest Failure Hypothesis and Brood Reduction. American Naturalist, 120(6): 828-832

Ricklefs R. E. 1967. A Graphical Method of Fitting Equations to Growth Curves. ECOLOGY, 48(6): 978-983

Ricklefs R. E. 1976. Growth rates of birds in the humid New World topics. Ibis, 118: 179-207

Ricklefs R. E. 1980. Geographical Variation in Clutch Size among Passerine Birds: Ashmole's Hypothesis. Auk, 97(1): 38-49

Ricklefs R. E., Cullen J. 1980. Energetics of Postnatal Growth in Leach's Storm-Petrel. Auk, 97(3): 566-575

Robb J. M. 1935. Wei-hai-wei, bird notes. Hong Kong Nat, 6: 5-6

Shaw T. H. 1927. Notes on birds from Fukien. Science, 12: 1289-1296

Shaw T. H. 1934a. A bearded vulture from Sha-Chung, Chahar. China Journ, 20: 359-361

Shaw T. H. 1934b. Notes on the birds of Chekiang. Bull Fan Mem Inst Biol, 6: 150-158

Shaw T. H. 1938a. The avifauna of Tsingtao and neighbouring districts. Bull. Fan Mem Inet Biol, 8: 133-222

Shaw T. H. 1938b An addition to the avifauna of Tsingtao. China Journ, 29: 208-209

She H. S., Zhao G. H., Zhou L. Z., et al. 2015. Complete mitochondrial genome of Grey-headed Lapwing *Vanellus cinereus* (Ciconiiformes: Charadriidae). Mitochondrial DNA, (5): 1-2

Shuihua C., Qin H., Zhongyong F., et al. 2012. The update of Zhejiang bird checklist. Chinese Birds, 3(2): 118-136

Sibly R. M. 1981. Strategies of digestion and defecation. *In*: Townsend C. R., Calow P. Physiological Ecology: An Evolutionary Approach to Resource Use. Oxford: Blackwell Science: 109-139

Sowerby A. de C. 1932. The fauna of the Shanghai area. Birds China Journ, 16: 279-280

Sowerby A. de C. 1943. Birds recorded from or known to occur in the Shanghai area. Heude Not. d'orn, 1-212

StyanF. W. 1891. On the Birds of the Lower Yangtse Basin.-Part I. Ibis, 33(3): 316-359

StyanF. W. 1891. On the Birds of the Lower Yangtse Basin.-Part II. Ibis, 33(4): 481-510

Swinhoe R. 1875. Ornithological Notes made at Chefoo (Province of Shantung, North China). Ibis, 17(1): 114-140

Swinhoe R. 1972. Descriptions of two new Pheasants and a new *Garrulax* from Ningpo, China. London: Proceedings of the Zoological Society: 550-554

Swinhoe R. 1973. On a scaup duck in china. London: Proceedings of the Zoological Society: 411-413

Swinhoe R. 1987. A revised catalogus of birds of China and its Islands, with decription of new species, reference to former notes, and occasional remarks. London: Proc. Zool. Soc.: 337-423

Swinhoe R., Consul H. M. 1874. Ornithological Notes made at Chefoo (Province of Shantung, North China). Ibis, 16(4): 422-447

Tang S. X., Wang T. H. 1995. Waterbird hunting in East China. Kuala Lumper: Asian wetland Bureau Publication: 114

Wan Q. H., Fang S. G., Chen G. F., et al. 2003. Use of oligonucleotide fingerprinting and faecal DNA in identifying the distribution of the Chinese tiger (*Panthera tigris amoyensis* Hilzheimer). Biodiversity and Conservation, 12: 1641-1648

Wang J. H., Liu G., Zhou L. Z., et al. 2014. Complete mitochondrial genome of Tundra swan *Cygnus columbianus jankowskii* (Anseriformes: Anatidae). Mitochondrial DNA, 27(1): 1-2

Wang Y. P., Bao Y. X., Yu M. J., et al. 2010. Nestedness for different reasons: the distributions of birds, lizards and small mammals on islands of an inundated lake. Diversity and Distributions, 16(5): 862-873

Wang Y. P., Chen S. H., Blair R. B., et al. 2009. Nest composition adjustments by Chinese Bulbuls *Pycnonotus sinensis* in an urbanizing landscape of Hangzhou (E China). Acta Ornithologica, 44(2): 185-192

Wang Y. P., Chen S. H., Ding P. 2011. Testing multiple assembly rule models in avian communities on Islands of an Inundated Lake, Zhejiang Province, China. Journal of Biogeography, 38(7): 1330-1344

Wang Y. P., Chen S. H., Jiang P. P., et al. 2008. Black-billed Magpies (*Pica pica*) adjust nest characteristics to adapt to urbanization in Hangzhou, China. Canadian Journal of Zoology, 86: 676-684

Wang Y., Ding P. 2011. Polymorphic microsatellite loci in the Chinese piebald odorous frog (*Odorrana schmackeri*). Journal of Genetics, 90(2): 1-3

Wilkinson E. S. 1926. Further notes on some of the birds seen in Shanghai. China Journ Sci and Arts, 5: 28-34, 133-139

Wilkinson E. S. 1927. Rus in urbe. Some observations of birds in Shanghai from December to April. China Journ Sci and Arts, 7: 31-37

Wilkinson E. S. 1929. Shanghai birds. A study of bird life in Shanghai and the surrounding districts. Shanghai: North-China Daily News & Herald Limited: xxi, 1-24

Wilkinson E. S. 1931. Peregrine falcon in Shanghai city. Ibis, 1(13): 89-90

Wilkinson E. S. 1935. The Shanghai bird year. Shanghai: North-China Daily News & Herald Limited: 1-219

Witmer M. C., Rio N. D. 2001. The membrane-bound intestinal enzymes of waxwings and thrushes: adaptive and functional implications of patterns of enzyme activity. Physiological & Biochemical Zoology Pbz, 74(4): 584-593

Wolf L. L., Stiles F. G., Hainsworth F. R. 1976. Ecological Organization of a Tropical, Highland Hummingbird Community. Journal of Animal Ecology, 45(2): 349-379

Wood C., Qiao Y., Li P., etal. 2010. Implications of rice agriculture for wild birds in China. Waterbirdsthe International Journal of Waterbird Biology, 33: 30-43

Yang C., Hou Y. X., Zhou L. Z. 2013. Behaviors of the Oriental White Stork (*Ciconia boyciana*) in a semi-natural enclosure. Chinese Birds, 4(2): 161-169

Yang L., Zhou L. Z., Song Y. W. 2015. The effects of food abundance and disturbance on foraging flock patterns of the wintering Hooded Crane (*Grus monacha*). Avian Research, 6: 15

Yu M., Xu X., Ding P. 2011. Economic loss versus ecological gain: the outbreaks of invaded pinewood nematode in China. Biological Invasions 13(6): 1283-1290

Zan S. T., Zhou L. Z., Jiang H., et al. 2008. Genetic structure of the oriental white stork (*Ciconia boyciana*): implications for a breeding colony in a non-breeding area. Integrative Zoology, 3(3): 235-244

Zhang L. L., Zhou L. Z., Dai Y. L. 2012. Genetic structure of wintering Hooded Crane (*Grus monacha*) based on mitochondrial DNA D-loop sequences. Chinese Birds, 3(2): 71-81

Zhang L., Wang Y. P., Zhou Y. B., et al. 2010. Ranging and activity patterns of the group-living ferret badger Melogale moschata in central China. Journal of Mammalogy, 91(1): 101-108

Zhang L., Zhou Y. B., Newman C., et al. 2009. Niche overlap and sett-site resource partitioning for two sympatric species of badger. Ethology Ecology & Evolution 21(2): 89-100

Zhang M., Sun Z., Wang Y. P., et al. 2010. Effects of habitat fragmentation on the use of nest site resources by great tits in Thousand Island Lake, Zhejiang Province. Biodiversity Science, 18(4): 383-389

Zhao F. T., Zhou L. Z., Xu W. B. 2013. Habitat utilization and resource partitioning of wintering hooded crane and three goose species at Shengjin Lake. Chinese Birds, 4(4): 281-290

Zheng M., Zhou L. Z., Zhao N. N. 2015. Effects of variation in food resources on foraging habitat use by wintering Hooded Crane (*Grus monacha*). Avian Research, 6(1): 11

Zhou B., Zhou L. Z., Chen J. Y., et al. 2010. Diurnal time-activity budgets of wintering hooded cranes (*Grus monacha*) in Shengjin Lake, China. Waterbirdsthe International Journal of Waterbird Biology, 33(1): 110-115

Zhou L. Z., Xue W. W., Zhou S. Y., et al. 2013. Foraging habitat use of Oriental White Stork (*Ciconia boyciana*) recently breeding in China. Zoolgoical Science, 30(7): 559-564

Zhu H. Y., Li B., Li L. Y., et al. 2015. Complete mitochondrial genome of Swan goose *Anser cygnoides* (Anseriformes: Anatidae). Mitochondrial DNA, 27(5): 1

Zhu X. 1986. Preliminary study of the ecological benefit of terrestrial vertebrates in the hilly region of northwest Zhejiang Province, China. Intecol Bulletin, 13: 129-132

Zhu X. 1990. Studies on the homerange growth of the nestling and biomass production of breeding population of great tits *Parus major artatus*. Abstracts of the Plenary, Symposium Papers and Posters Presented at the V International Congress of Ecology. Japan: Yokohama: 318